YEYA SIFU BILI KONGZHI
JI PLC YINGYONG

液压伺服比例控制及PLC应用

黄志坚　编著

化学工业出版社
·北京·

本书结合大量工程应用实例，系统介绍了液压伺服与比例系统PLC控制技术。主要内容包括：液压伺服与比例元件及系统的结构原理、控制技术和应用（涵盖电液伺服阀及控制器、电液比例控制阀、电液数字元件与智能元件、变量泵电液控制技术）；PLC基本原理及应用（PLC结构原理与编程、三菱和西门子新型PLC控制应用）；液压伺服与比例-PLC控制系统（压力控制系统、速度控制系统、位置控制系统、同步控制系统、机器人控制系统、能源监控系统等），以及液压伺服与比例-PLC控制系统中的传感器、人机界面和现场总线。

本书取材新颖、技术先进实用、案例丰富，涉及液压与PLC两个专业和多个应用领域。本书可供液压与PLC设计开发、设备使用与维修人员使用，也可作为高校相关专业师生的参考书。

图书在版编目（CIP）数据

液压伺服比例控制及PLC应用/黄志坚编著.—2版.
北京：化学工业出版社，2018.10（2021.5重印）
ISBN 978-7-122-32923-3

Ⅰ.①液… Ⅱ.①黄… Ⅲ.①PLC技术-应用-电液伺服系统-比例控制-研究 Ⅳ.①TH137

中国版本图书馆CIP数据核字（2018）第199153号

责任编辑：张兴辉　　文字编辑：陈　喆
责任校对：边　涛　　装帧设计：王晓宇

出版发行：化学工业出版社（北京市东城区青年湖南街13号　邮政编码100011）
印　　装：北京七彩京通数码快印有限公司
787mm×1092mm　1/16　印张 23¼　字数 572千字　2021年5月北京第2版第3次印刷

购书咨询：010-64518888　　售后服务：010-64518899
网　　址：http://www.cip.com.cn
凡购买本书，如有缺损质量问题，本社销售中心负责调换。

定　　价：98.00元

前言

Preface

液压控制系统主要包括电液伺服控制系统和电液比例控制系统，这类控制系统具有容量大、响应速度快、刚度大和控制精度高等突出优点，因此在各类机床、重型机械、工程机械、建材建筑机械、汽车、大型试验设备、航空航天、船舶和武器装备等领域获得了广泛应用。与一般液压系统相比，液压伺服/比例控制系统结构复杂、与多种专业技术相关，对工程技术人员的要求更高。

PLC 控制的液压系统克服了采用继电器控制系统必须是手工接线、安装、改动所需要花费大量时间及人力和物力的缺点，也克服了继电器控制系统的可靠性差、控制不方便、响应速度慢等不足。将 PLC 应用到液压系统，能较好地满足控制系统的要求，并且测试精确，运行高速、可靠，提高了生产效率，延长了设备使用寿命。目前，在大多数情况下，液压系统均采用 PLC 控制。

本书结合大量实例，系统介绍了液压伺服/比例系统 PLC 控制技术。

本书自 2014 年出版以来，受到读者的欢迎。这些年，我国正积极实施“中国制造 2025”规划，液压伺服/比例系统 PLC 控制技术正在向着智能化、网络化方向迈进。第二版根据技术的进步，主要增加了数字元件、智能元件、新型 PLC、机器人液压控制等内容。

本书第 1~4 章介绍液压伺服元件、比例元件及数字元件的结构原理和应用。第 5 章介绍 PLC 基本原理及应用注意事项。第 6 章介绍 PLC-液压伺服/比例控制系统，包括压力控制系统、速度控制系统、位置控制系统、同步控制系统、能源监控系统等，这是本书的中心内容。第 7~9 章分别介绍液压伺服/比例-PLC 控制系统中的传感器、人机界面和现场总线。

本书取材新颖、技术先进实用、案例丰富，涉及液压与 PLC 两个专业和多个应用领域。在实际应用中，设备电、液两部分既相对独立又密切相关，一些问题的处理需要电、液两方面专业人员的合作，只有同时掌握两方面的专业知识，相互间才能顺畅地沟通与协作，才能顺利地解决实际问题。本书将液压伺服/比例技术与 PLC 技术的专业知识结合起来，形成了一个较独立完整的电-液控制知识体系。这样，既有利于液压专业人员读者扩充 PLC 专业知识，也有利于 PLC 专业人员读者扩充液压专业知识。在控制技术飞速发展、机电技术高度渗透的今天，这种探索和处理的积极意义是显而易见的。

本书的读者对象主要是液压与 PLC 设计开发、使用维修人员，大学及职业技术学院相关专业师生。

由于水平有限，不足之处在所难免，欢迎广大读者批评指正。

编著者

目录
Contents

第1章　电液伺服控制技术及应用

电液伺服系统是一种采用电液伺服机构，根据液压传动原理建立起来的自动控制系统。在这种系统中，执行元件的运动随着控制信号的改变而改变。

1.1　电液伺服阀

伺服阀通过改变输入信号，连续的、成比例地控制液压系统的流量或压力。电液伺服阀输入信号功率很小（通常仅有几十毫瓦），功率放大系数高；能够对输出流量和压力进行连续双向控制。其突出特点是：体积小、结构紧凑、直线性好、动态响应好、死区小、精度高，符合高精度伺服控制系统的要求。电液伺服阀是现代电液控制系统中的关键部件，它能用于诸如位置控制、速度控制、加速度控制、力控制等各方面。因此，伺服阀在各种工业自动控制系统中得到了越来越多的应用。

1.1.1　工作原理及组成

(1) 基本组成与控制机理

电液伺服阀是一种自动控制阀，它既是电液转换组件，又是功率放大组件，其功用是将小功率的模拟量电信号输入转换为随电信号大小和极性变化且快速响应的大功率液压能［流量（或）和压力］输出，从而实现对液压执行器位移（或转速）、速度（或角速度）、加速度（或角加速度）和力（或转矩）的控制。电液伺服阀通常是由电气-机械转换器、液压放大器（先导级阀和功率级主阀）和检测反馈机构组成的（见图1-1）。

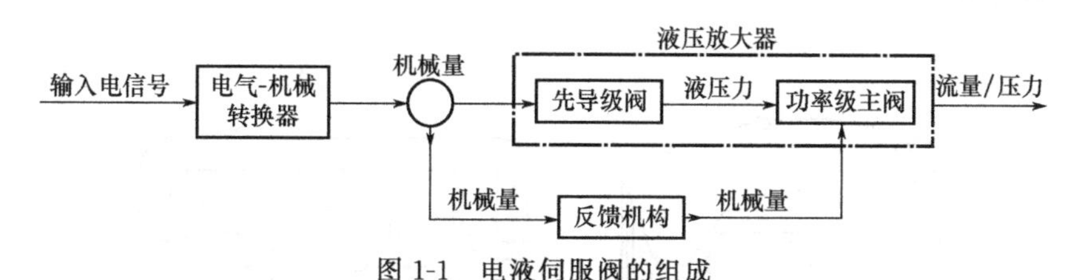

图1-1　电液伺服阀的组成

(2) 电气-机械转换器

电气-机械转换器包括电流-力转换和力-位移转换两个功能。

典型的电气-机械转换器为力马达或力矩马达。力马达是一种直线运动电气-机械转换器，而力矩马达则是旋转运动的电气-机械转换器。力马达和力矩马达的功用是将输入的控制电流信号转换为与电流成比例的输出力或力矩，再经弹性组件（弹簧管、弹簧片等）转换为驱动先导级阀运动的直线位移或转角，使先导级阀定位、回零。通常力马达的输入电流为150～300mA，输出力为3～5N。力矩马达的输入电流为10～30mA，输出力矩为0.02～0.06N·m。

伺服阀中所用的电气-机械转换器有动圈式和动铁式两种结构。

① 动圈式电气-机械转换器 动圈式电气-机械转换器产生运动的部分是控制线圈，故称为“动圈式”。输入电流信号后，产生相应大小和方向的力信号，再通过反馈弹簧（复位弹簧）转化为相应的位移量输出，故简称为动圈式“力马达”（平动式）或“力矩马达”（转动式）。动圈式力马达和力矩马达的工作原理是位于磁场中的载流导体（即动圈）受力作用。

动圈式力马达的结构原理如图 1-2 所示，永久磁铁 1 及内、外导磁体 2、3 构成闭合磁路，在环状工作气隙中安放着可移动的控制线圈 4，它通常绕制在线圈架上，以提高结构强度，并采用弹簧 5 悬挂。当线圈中通入控制电流时，按照载流导线在磁场中受力的原理移动并带动阀芯（图中未画出）移动，此力的大小与磁场强度、导线长度及电流大小成比例，力的方向由电流方向及固定磁通方向按电磁学中的左手定则确定。图 1-3 为动圈式力矩马达，与力马达所不同的是采用扭力弹簧或轴承加盘圈扭力弹簧悬挂控制线圈。当线圈中通入控制电流时，按照载流导线在磁场中受力的原理使转子转动。

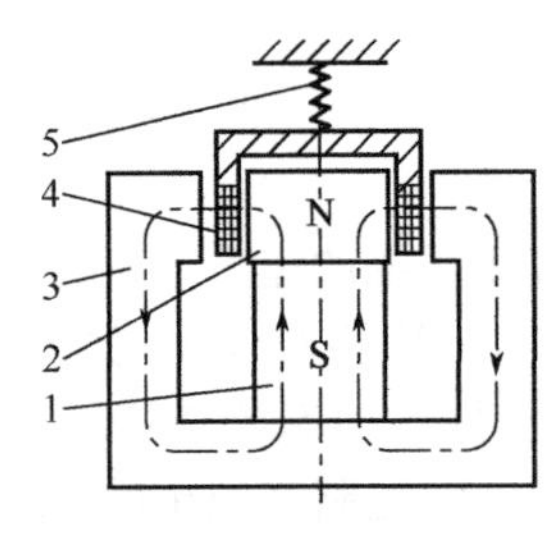

图 1-2 动圈式力马达

1—永久磁铁；2—内导磁体；3—外导磁体；4—线圈；5—弹簧

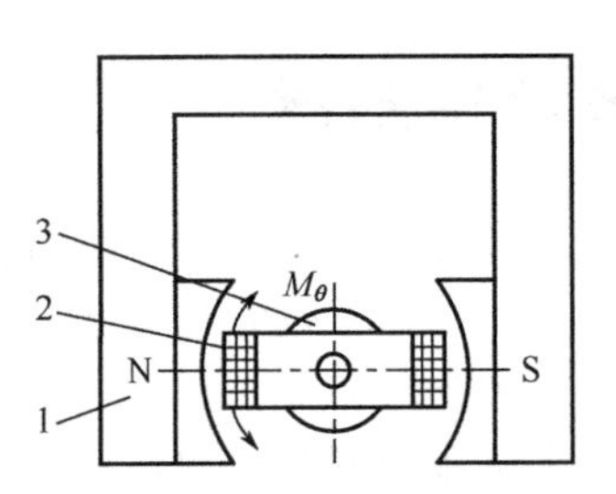

图 1-3 动圈式力矩马达

1—永久磁铁；2—线圈；3—转子

磁场的励磁方式有永磁式和电磁式两种，工程上多采用永磁式结构，其尺寸紧凑。

动圈式力马达和力矩马达的控制电流较大（可达几百毫安至几安培），输出行程也较大[±(2～4)mm]，而且稳态特性线性度较好，滞环小，故应用较多。但其体积较大，且由于动圈受油的阻尼较大，其动态响应不如动铁式力矩马达快。多用于控制工业伺服阀，也有用于控制高频伺服阀的特殊结构动圈式力马达。

② 动铁式力矩马达 动铁式力矩马达输入为电信号，输出为力矩。图 1-4 为动铁式力矩马达的结构原理。

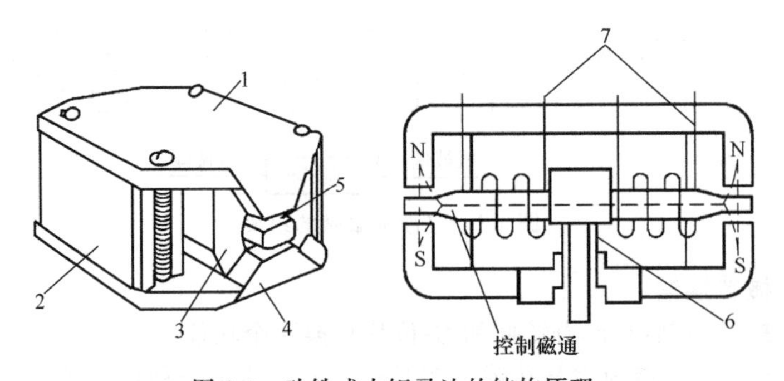

图 1-4 动铁式力矩马达的结构原理

1—上导磁体；2—永久磁铁；3—线圈；4—下导磁体；5—衔铁；6—弹簧管；7—线圈引出线

它由左右两块永久磁铁、上下两块导磁体 1 及 4、带扭轴（弹簧管）6 的衔铁 5 及套在线圈上的两个控制线圈 3 组成，衔铁悬挂在弹簧管上，可以绕弹簧管在 4 个气隙中摆动。左右两块永久磁铁使上下导磁体的气隙中产生相同方向的极化磁场。没有输入信号时，衔铁与上下导磁体之间的4个气隙距离相等，衔铁受到的电磁力相互抵消而使衔铁处于中间平衡状态。当输入控制电流时，产生相应的控制磁场，它在上下气隙中的方向相反，因此打破了原有的平衡，使衔铁产生与控制电流大小和方向相对应的转矩，并且使衔铁转动，直至电磁力矩与负载力矩和弹簧反力矩等相平衡。但转角是很小的，可以看成是微小的直线位移。

动铁式力矩马达输出力矩较小，适合控制喷嘴挡板之类的先导级阀。其优点是自振频率较高，动态响应快，功率、重量比较大，抗加速度零漂性好。缺点是：限于气隙的形式，其转角和工作行程很小（通常小于0.2mm），材料性能及制造精度要求高，价格昂贵；此外，它的控制电流较小（仅几十毫安），故抗干扰能力较差。

(3) 先导级阀

先导级阀又称前置级，用于接受小功率的电气-机械转换器输入的位移或转角信号，将机械量转换为液压力驱动功率级主阀，犹如一对称四通阀控制的液压缸；主阀多为滑阀，它将先导级阀的液压力转换为流量或压力输出。电液伺服阀先导级主要有喷嘴挡板式和射流管式两种。

① 喷嘴挡板式先导级阀　它的结构及组成原理如图1-5所示［图1-5(a)为单喷嘴，图1-5(b)为双喷嘴］，它是通过改变喷嘴与挡板之间的相对位移来改变液流通路开度的大小以实现控制的，具有体积小、运动部件惯量小、无摩擦、所需驱动力小、灵敏度高等优点，特别适用于小信号工作，因此常用作二级伺服阀的前置放大级。其缺点主要是中位泄漏量大，负载刚性差，输出流量小，节流孔及喷嘴的间隙小（0.02～0.06mm），易堵塞，抗污染能力差。

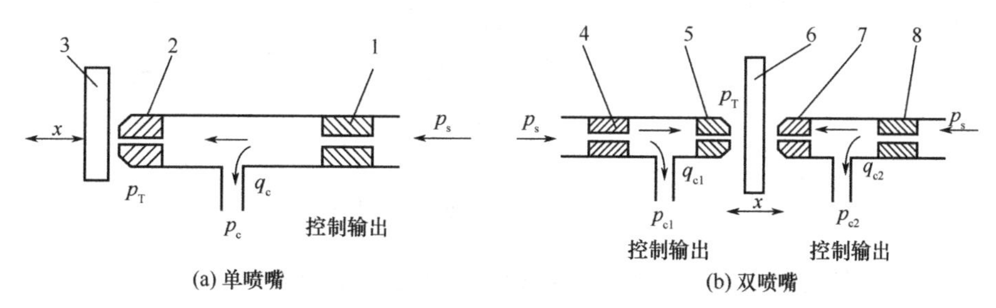

图1-5　喷嘴挡板式先导级阀

1,4,8—固定节流孔；2,5,7—喷嘴；3,6—挡板；p_s—输入压力；

p_T—喷嘴处油液压力；p_c,q_c—控制输出压力、流量

② 射流管式先导级阀　如图1-6所示，射流管阀由射流管3、接收板2和液压缸1组成，射流管3由垂直于图面的轴c支撑并可绕轴左右摆动一个不大的角度。接收板上的两个小孔a和b分别和液压缸1的两腔相通。当射流管3处于两个接受孔道a、b的中间位置时，两个收受孔道a、b内的油液的压力相等，液压缸1不动；如有输入信号使射流管3向左偏转一个很小的角度时，两个接收孔道a、b内的压力不相等，液压缸1左腔的压力大于右腔，液压缸1向右移动，反之亦然。

射流管的优点是结构简单、加工精度低、抗污染能力强。缺点是惯性大：响应速度低、功率损耗大。因此这种阀只适用于低压及功率较小的伺服系统。

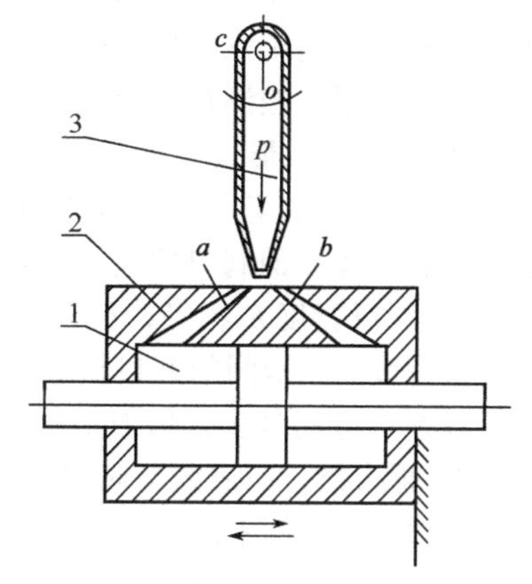

图1-6　射流管式先导级阀

1—液压缸；2—接收板；3　射流管

(4) 功率级主阀(滑阀)

电液伺服阀中的功率级主阀是靠节流原理进行工作,即借助阀芯与阀体(套)的相对运动改变节流口通流面积的大小,对液体流量或压力进行控制。滑阀的结构及特点如下。

① 控制边数 根据控制边数的不同,滑阀有单边控制、双边控制和四边控制三种类型(见图 1-7)。单边控制滑阀仅有一个控制边,控制边的开口量 x 控制了执行器(此处为单杆液压缸)中的压力和流量,从而改变了缸的运动速度和方向。双边控制滑阀有两个控制边,压力油一路进入单杆液压缸有杆腔,另一路经滑阀控制边 x_1 的开口和无杆腔相通,并经控制边 x_2 的开口流回油箱;当滑阀移动时,x_1 增大,x_2 减小,或相反,从而控制液压缸无杆腔的回油阻力,故改变了液压缸的运动速度和方向。四边控制滑阀有 4 个控制边,x_1 和 x_2 是用于控制压力油进入双杆液压缸的左、右腔,x_3 和 x_4 用于控制左、右腔通向油箱;当滑阀移动时,x_3 和 x_4 增大,x_2 和 x_3 减小,或相反,这样控制了进入液压缸左、右腔的油液压力和流量,从而控制了液压缸的运动速度和方向。

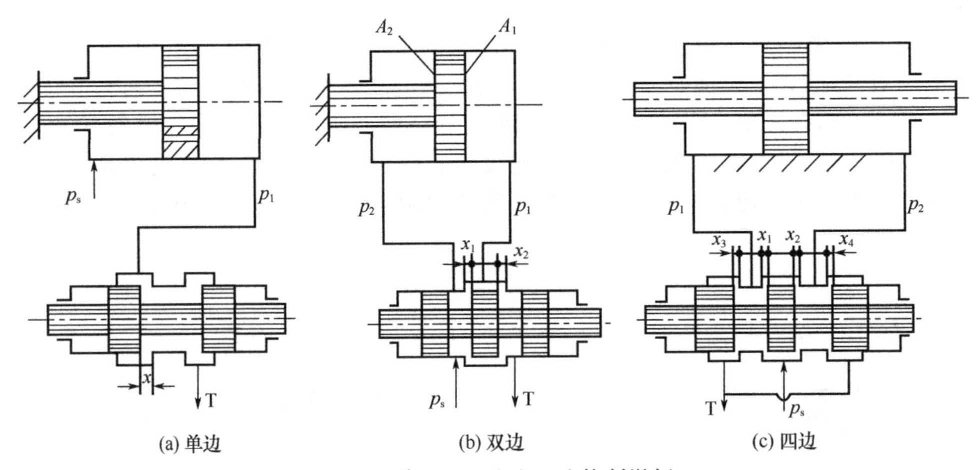

(a) 单边 (b) 双边 (c) 四边

图 1-7 单边、双边和四边控制滑阀

单边、双边和四边控制滑阀的控制作用相同。单边和双边滑阀用于控制单杆液压缸;四边控制滑阀既可以控制双杆缸,也可以控制单杆缸。四边控制滑阀的控制质量好,双边控制滑阀居中,单边控制滑阀最差。但是,单边滑阀无关键性的轴向尺寸,双边滑阀有一个关键性的轴向尺寸,而四边滑阀有 3 个关键性的轴向尺寸,所以单边滑阀易于制造、成本较低,而四边滑阀制造困难、成本较高。通常,单边和双边滑阀用于一般控制精度的液压系统,而四边滑阀则用于控制精度及稳定性要求较高的液压系统。

② 零位开口形式 滑阀在零位(平衡位置)时,有正开口、零开口和负开口三种开口形式(见图 1-8)。正开口(又称负重叠)的滑阀,阀芯的凸肩宽度(也称凸肩宽,下同)t 小于阀套(体)的阀口宽度 h;零开口(又称零重叠)的滑阀,阀芯的凸肩宽度 t 与阀套(体)的阀口宽度 h 相等;负开口(又称正重叠)的滑阀,阀芯的凸肩宽度 t 大于阀套(体)的阀口宽度 h。滑阀的开口形式对其零位附近(零区)的特性具有很大影响,零开口滑阀的特性较好,应用最多,但加工比较困难,价格昂贵。

③ 通路数、凸肩数与阀口形状 按通路数,滑阀有二通、三通和四通等几种。二通滑阀(单边阀)[见图 1-7(a)]只有一个可变节流口(可变液阻),使用时必须和一个固定节流口配合,才能控制一腔的压力,用来控制差动液压缸。三通滑阀 [见图 1-7(b)]只有一个控制口,故只能用来控制差动液压缸,为实现液压缸反向运动,需在有杆腔设置固定偏压(可由供油压力产生)。四通滑阀 [见图 1-7(c)]有 4 个控制口,故能控制各种液压执行器。

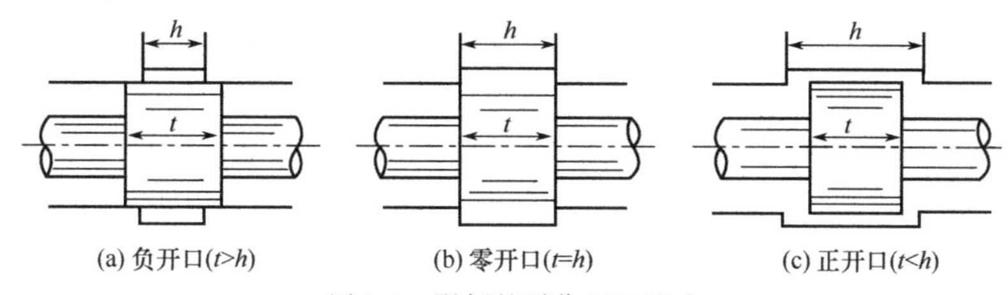

图 1-8 滑阀的零位开口形式

阀芯上的凸肩数与阀的通路数、供油及回油密封、控制边的布置等因素有关。二通阀一般为 2 个凸肩，三通阀为 2 个或 3 个凸肩，四通阀为 3 个或 4 个凸肩。三凸肩滑阀为最常用的结构形式。凸肩数过多将加大阀的结构复杂程度、长度和摩擦力，影响阀的成本和性能。

滑阀的阀口形状有矩形、圆形等多种形式，矩形阀口又有全周开口和部分开口之分。矩形阀口的开口面积与阀芯位移成正比，具有线性流量增益，故应用较多。

(5) 检测反馈机构

设在阀内部的检测反馈机构将先导阀或主阀控制口的压力、流量或阀芯的位移反馈到先导级阀的输入端或比例放大器的输入端，实现输入输出的比较，解决功率级主阀的定位问题，并获得所需的伺服阀压力-流量性能。常用的反馈形式有机械反馈（位移反馈、力反馈）、液压反馈（压力反馈、微分压力反馈等）和电气反馈。

1.1.2 电液伺服阀的分类

电液伺服阀的分类见图 1-9。

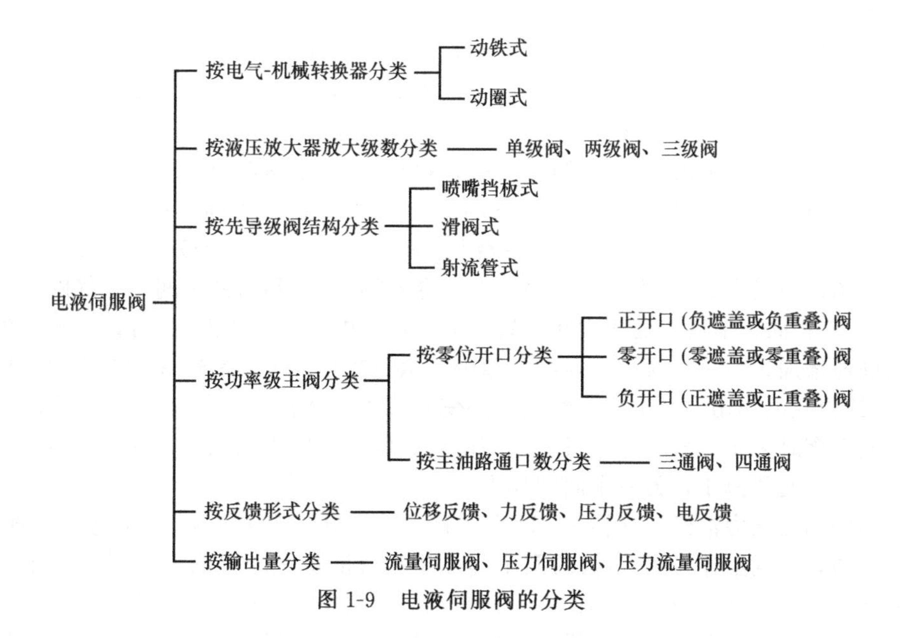

图 1-9 电液伺服阀的分类

1.1.3 典型结构

(1) 动圈式力马达型单级电液伺服阀

单级电液伺服阀没有先导级阀，由电气-机械转换器和一级液压阀构成，其结构和原理均较简单。

图 1-10(a) 所示为动圈式力马达型单级电液伺服阀的结构图，它由力马达和带液动力补偿结构的一级滑阀两部分组成。永久磁铁 1 产生一固定磁场，可动线圈 2 通电后在磁场内产生力，从而驱动滑阀阀芯 4 运动，并由右端弹簧 8 作力反馈。阀左端的位移传感器 5，可提供控制所需的补偿信号。因阀芯带有液动力补偿结构，故控制流量较大，响应快。额定流量为 90～100L/min 的阀在±40%输入幅值条件下，对应相位滞后 90°时，频响为 200Hz，常用于冶金机械的高速大流量控制。

动圈式力马达型单级电液伺服阀的原理方块图如图 1-10(b) 所示。

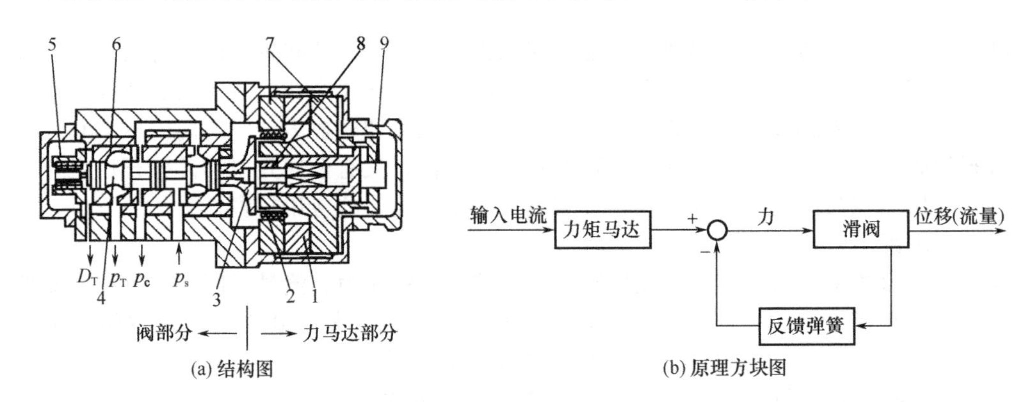

图 1-10 动圈式力马达型单级电液伺服阀

1—永久磁铁；2—可动线圈；3—线圈架；4—阀芯（滑阀）；5—位移传感器；6—阀套；7—导磁体；8—弹簧；9—零位调节螺钉

(2) 喷嘴挡板式力反馈型两级电液伺服阀

两级电液伺服阀多用于控制流量较大（80～250L/min）的场合。两级电液伺服阀由电气-机械转换器、先导级阀和功率级主阀组成，种类较多。喷嘴挡板式力反馈电液伺服阀是使用量大、适用面广的两级电液伺服阀。

图 1-11(a) 所示为电液伺服阀结构，它由力矩马达、喷嘴挡板式液压前置放大级和四边滑阀功率放大级等三部分组成。衔铁 3 与挡板 5 连接在一起，由固定在阀体 11 上的弹簧管 10 支撑着。挡板 5 下端为一球头，嵌放在滑阀 9 的凹槽内，永久磁铁 1 和导磁体 2、4 形成一个固定磁场，当线圈 12 中没有电流通过时，导磁体 2、4 和衔铁 3 间 4 个气隙中的磁通都是 Φ_g，且方向相同，衔铁 3 处于中间位置。当有控制电流通入线圈 12 时，一组对角方向的气隙中的磁通增加，另一组对角方向的气隙中的磁通减小，于是衔铁 3 就在磁力作用下克服弹簧管 10 的弹性反作用力而偏转一角度，并偏转到磁力所产生的转矩与弹性反作用力所产生的反转矩平衡时为止。同时，挡板 5 因随衔铁 3 偏转而发生挠曲，改变了它与两个喷嘴 6 间的间隙，一个间隙减小，另一个间隙加大。

通入伺服阀的压力油经过滤器 8、两个对称的节流孔 7 和左右喷嘴 6 流出，通向回油。当挡板 5 挠曲，出现上述喷嘴-挡板的两个间隙不相等的情况时，两喷嘴后侧的压力就不相等，它们作用在滑阀 9 的左、右端面上，使滑阀 9 向相应方向移动一段距离，压力油就通过滑阀 9 上的一个阀口输向液压执行机构，由液压执行机构回来的油则经滑阀 9 上的另一个阀口通向回油。滑阀 9 移动时，挡板 5 下端球头跟着移动。在衔铁挡板组件上产生了一个转矩，使衔铁 3 向相应方向偏转，并使挡板 5 在两喷嘴 6 间的偏移量减少，这就是反馈作用。反馈作用的后果是使滑阀 9 两端的压差减小。当滑阀 9 上的液压作用力和挡板 5 下端球头因移动而产生的弹性反作用力达到平衡时，滑阀 9 便不再移动，并一直使其阀口保持在这一开度上。

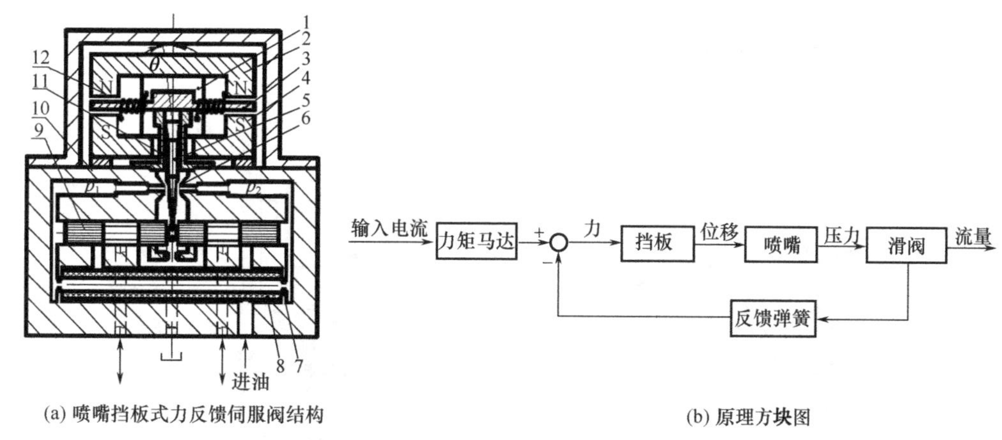

(a) 喷嘴挡板式力反馈伺服阀结构

(b) 原理方块图

图 1-11 喷嘴挡板式力反馈型两级电液伺服阀

1—永久磁铁；2，4—导磁体；3—衔铁；5—挡板；6—喷嘴；7—固定节流孔；8—过滤油器；9—滑阀；10—弹簧管；11—阀体；12—线圈

通入线圈 12 的控制电流越大，使衔铁 3 偏转的转矩、挡板 5 挠曲变形、滑阀 9 两端的压差以及滑阀 9 的偏移量就越大，伺服阀输出的流量也越大。由于滑阀 9 的位移、喷嘴 6 与挡板 5 之间的间隙、衔铁 3 的转角都依次和输入电流成正比，因此这种阀的输出流量也和电流成正比。输入电流反向时，输出流量也反向。

喷嘴挡板式力反馈电液伺服阀的原理方块图如图 1-11(b) 所示。

双喷嘴挡板式电液伺服阀具有线性度好、动态响应快、压力灵敏度高、阀芯基本处于浮动、不易卡阻、温度和压力零漂小等优点，其缺点是抗污染能力差［喷嘴挡板级间隙较小(仅 0.02～0.06mm)，阀易堵塞］，内泄漏较大、功率损失大、效率低，力反馈回路包围力矩马达，流量大时提高阀的频宽受到限制。

(3) 直接位置反馈型电液伺服阀

直接位置反馈型电液伺服阀的主阀芯与先导阀芯构成直接位置比较和反馈，其工作原理如图 1-12 所示。图中，先导阀直径较小，直接由动圈式力马达的线圈驱动，力马达的输入电流为 0～±300mA。当输入电流 $I=0$ 时，力马达线圈的驱动力 $F_i=0$，先导阀芯位于主阀零位没有运动；当输入电流逐步加大到 $I=300$mA 时，力马达线圈的驱动力也逐步加大到约为 40N，压缩力马达弹簧后，使先导阀芯产生位移约为 4mm；当输入电流改变方向，$I=300$mA 时，力马达线圈的驱动力也变成约 40N，带动先导阀芯产生反向位移约 4mm。上述过程说明先导阀芯的位移 $X_{芯}$ 与输入电流 I 成比例，运动方向与电流方向保持一致。先导阀芯直径小，无法控制系统中的大流量；主阀芯的阻力很大，力马达的推力又不足以驱动主阀芯。解决的办法是，先用力马达比例地驱动直径小的导阀芯，再用位置随动（直接位置反馈）的办法让主阀芯等量跟随先导阀运动，最后达到用小信号比例地控制系统中的大流量之目的。

主阀芯两端容腔为驱动主阀芯的对称双作用液压缸，该缸由先导阀供油，以控制主阀芯上下运动。由于先导阀芯直径小，加工困难，为了降低加工难度，可将先导阀上用于控制主阀芯上下两腔的进油阀口由两个固定节流孔代替，这样先导阀可看成是由两个带固定节流孔的半桥组成的全桥。为了实现直接位置反馈，将主阀芯、驱动油缸、先导阀阀套三者做成一体，因此主阀芯位移 X_P（被控位移）反馈到先导阀上，与先导阀套位移 $X_{套}$ 相等。当导阀芯在力马达的驱动下向上运动产生位移 $X_{芯}$ 时，导阀芯与阀套之间产生开口量 $X_{芯}-X_{套}$，主阀芯上腔的回油口打开，压差驱动主阀芯自下而上运动，同时先导阀口在反馈的作用下逐步关小。当导阀口关闭时，主阀停止运动且主阀位移 $X_P = X_{套} = X_{芯}$。反向运动亦然。在这种反馈中，主阀芯等量跟随先导阀运动，故称为直接位置反馈。

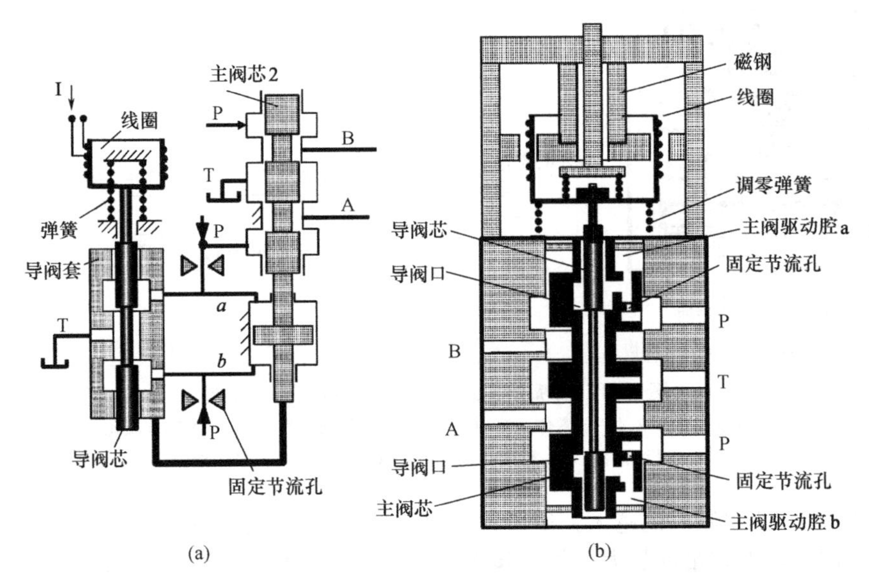

图 1-12　直接位置反馈型电液伺服阀的工作原理

图 1-13(a) 是 DY 系列直接位置反馈型电液伺服阀的结构图。上部为动圈式力马达，下部是两级滑阀装置。压力油由 P 口进入，A、B 口接执行元件，T 口回油。由动圈 7 带动的小滑阀 6 与空心主滑阀 4 的内孔配合，动圈与先导滑阀固连，并用两个弹簧 8、9 定位对中。小滑阀上的两条控制边与主滑阀上两个横向孔形成两个可变节流口 11、12。P 口来的压力油除经主控油路外，还经过固定节流口 3、5 和可变节流口 11、12，先导阀的环形槽和主滑阀中部的横向孔到了回油口，形成如图 1-13(b) 所示的前置级液压放大器油路（桥路）。显然，前置级液压放大器是由具有两个可变节流口 11、12 的先导滑阀和两个固定节流口 3、5 组合而成的。桥路中固定节流口与可变节流口连接的节点 a、b 分别与主滑阀上、下两个台肩端面连通，主滑阀可在节点压力作用下运动。平衡位置时，节点 a、b 的压力相同，主滑阀保持不动。如果先导滑阀在动圈作用下向上运动，节流口 11 加大，12 减小，a 点压力降低，b 点压力上升，主滑阀随之向上运动。由于主滑阀又兼作先导滑阀的阀套（位置反馈），故当主滑阀向上移动的距离与先导滑阀一致时，停止运动。同样，在先导滑阀向下运动时，主滑阀也随之向下移动相同的距离，故为直接位置反馈系统。这种情况下，动圈只需带动小滑阀，力马达的结构尺寸就不至于太大。

主阀芯凸肩控制棱边与阀体油窗口的相应棱边的轴向尺寸是零开口状态精密配合，在工作过程中，动圈的位移量、先导阀芯的位移量与主阀芯的位移量均相等，而动圈的位移量与输入控制电流成比例，所以输出流量的大小在负载压力恒定的条件下与控制电流的大小成比例，输出流量的方向则取决于控制电流的极性。除控制电流外，在动圈绕组中加入高频小振幅颤振电流，可以克服阀芯的静摩擦，保证伺服阀具有灵敏的控制性能。

动圈滑阀式力马达型两级电液流量伺服阀的优点是：力马达结构简单、磁滞小、工作行程大；阀的工作行程大、成本低、零区分辨率高、固定节流孔的尺寸大（直径达 0.8mm）、抗污染能力强；主阀芯两端作用面积大，加大了驱动力，使主阀芯不易被卡阻。该阀价格低廉，工作可靠性高，且便于调整维护。特别适合用于一般工业设备的液压伺服控制。

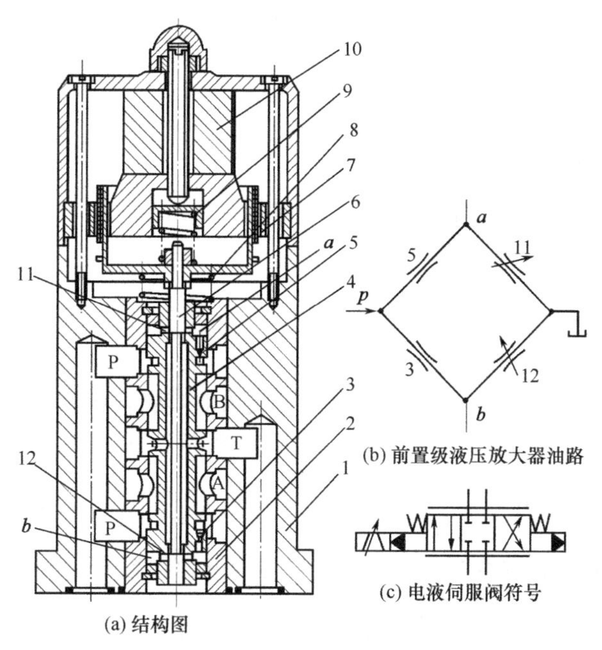

图 1-13 DY 型电液伺服阀

1—阀体；2—阀座；3,5—固定节流口；4—主滑阀；6—先导阀；7—线圈（动圈）；8—下弹簧；9—上弹簧；10—磁钢（永久磁铁）；11,12—可变节流口

1.1.4 主要特性及性能参数

(1) 静态特性

电液伺服阀的静态特性是指稳定工作条件下，伺服阀的各静态参数（输出流量、输入电流和负载压力）之间的相互关系。主要包括负载流量特性、空载流量特性和压力特性，并由此可得到一系列静态指标参数。它可以用特性方程、特性曲线及静态性能指标和阀系数三种方法表示。

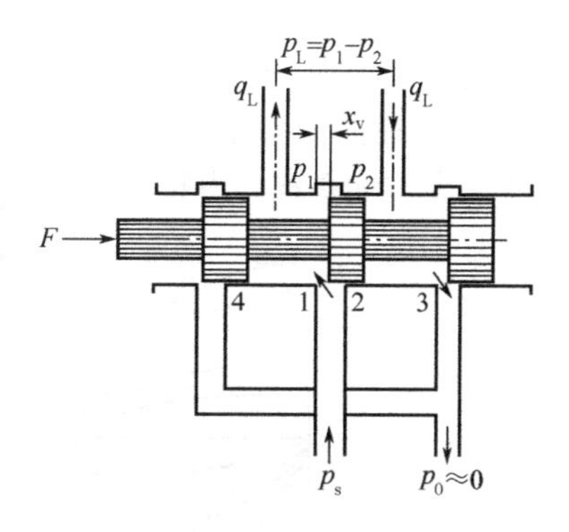

图 1-14 零开口四边滑阀

① 特性方程 理想零开口四边滑阀见图 1-14，设阀口对称，各阀口流量系数相等，油液是理想液体，不计泄漏和压力损失，供油压力 p_s 恒定不变。当阀芯从零位右移 x_v 时，则流入、流出阀的流量 q_1、q_3 为：

$$q_1=C_dWx_v\sqrt{\frac{2}{\rho}(p_s-p_1)} \tag{1-1}$$

$$q_3=C_dWx_v\sqrt{\frac{2}{\rho}p_2} \tag{1-2}$$

稳态时，$q_1=q_3=q_L$，则可得供油压力 $p_s=p_1+p_2$。令负载压力 $p_L=p_1-p_2$，则有：

$$p_1=(p_s+p_L)/2 \tag{1-3}$$

$$p_2=(p_s-p_L)/2 \tag{1-4}$$

将式(1-3) 或式(1-4) 代入式(1-1) 或式(1-2) 可得滑阀的负载流量（压力-流量特性）方程：

$$q_L = C_d W x_v \sqrt{\frac{1}{\rho}(p_s - p_L)} \tag{1-5}$$

$$W = \pi d$$

式中 q_L——负载流量；

C_d——流量系数；

W——滑阀的面积梯度（阀口沿圆周方向的宽度）；

d——滑阀阀芯凸肩直径；

x_v——滑阀位移；

p_s——伺服阀供油压力；

p_L——伺服阀负载压力。

对于典型两级力反馈电液伺服流量阀（先导级为双喷嘴挡板阀、功率级为零开口四边滑阀），滑阀位移 $x_v = K x_v i$，所以其负载流量（压力-流量特性）方程为：

$$q_L = C_d W x_v \sqrt{\frac{1}{\rho}(p_s - p_L)} = C_d W K_{xv} i \sqrt{\frac{1}{\rho}(p_s - p_L)} \tag{1-6}$$

式中 K_{xv}——伺服阀增益（取决于力矩马达结构及几何参数）；

i——力矩马达线圈输入电流。

其余符号意义与式(1-5) 相同。由式(1-6) 可知，电液流量伺服阀的负载流量 q_L 与功率级滑阀的位移 x_v。成比例，而功率级滑阀的位移 x_v 与输入电流 i 成正比，所以电液流量伺服阀的负载流量 q_L 与输入电流 i 成比例。由此，可列出电液伺服阀负载流量的一般表达式为：

$$q_L = q_L(x_v, p_L) \tag{1-7}$$

式(1-7) 是一个非线性方程。

② 特性曲线及静态性能指标 由特性方程可以绘制出相应的特性曲线，并由此得到一系列静态指标参数。由特性曲线和相应的静态指标可以对阀的静态特性进行评定。

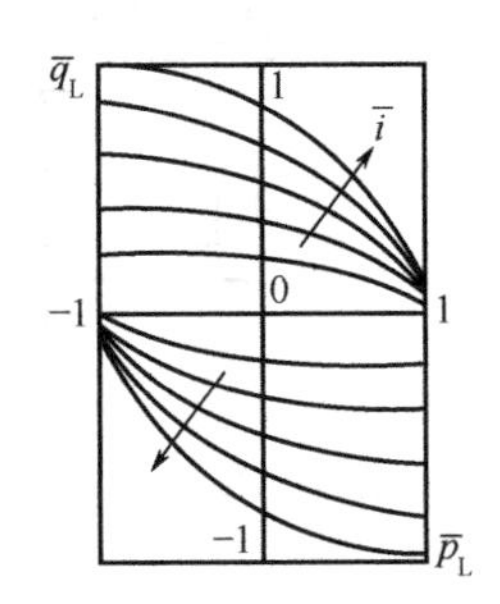

图 1-15 电液伺服阀的负载流量特性曲线

注：1. $\bar{p}_L$ 为无量纲压力，$\bar{p}_L = p_L/p_s$，p_L 为负载压力，p_s 为供油压力。2. $\bar{i}$ 为无量纲电流，$\bar{i} = i/i_m$，i 为输入电流，i_m 为额定电流。3. $\bar{q}_L$ 为无量纲流量，$\bar{q}_L = q_L/q_{Lm}$，q_L 为负载流量，q_{Lm} 为最大空载流量。

a. 负载流量特性曲线。它是输入不同电流时对应的流量与负载压力构成的抛物线簇曲线，如图 1-15 所示。负载流量特性曲线完全描述了伺服阀的静态特性。要测得这组曲线却相当麻烦，在零位附近很难测出精确的数值，而伺服阀却正好是在此处工作的。所以这些曲线主要用来确定伺服阀的类型和估计伺服阀的规格，以便与所要求的负载流量和负载压力相匹配。

b. 空载流量特性曲线。它是输出流量与输入电流呈回环状的函数曲线（见图 1-16），是在给定的伺服阀压降和零负载压力下，输入电流在正负额定电流之间作一完整的循环，输出流量点形成的完整连续变化曲线（简称流量曲线）。通过流量曲线，可以得出电液伺服阀的额定流量 q_R、流量增益、非线性度、滞环、不对称度、分辨率、零偏等性能指标参数。

c. 压力特性曲线。它是输出流量为零（将两个负载口堵死）时，负载压降与输入电流呈回环状的函数曲线（见图 1-17）。在压力特性曲线上某点或某段的斜率称为压力增益，它直接影响伺服系统的承载能力和系统刚度，压力增益大，则系统的承载能力强、系统刚度大、误差小。

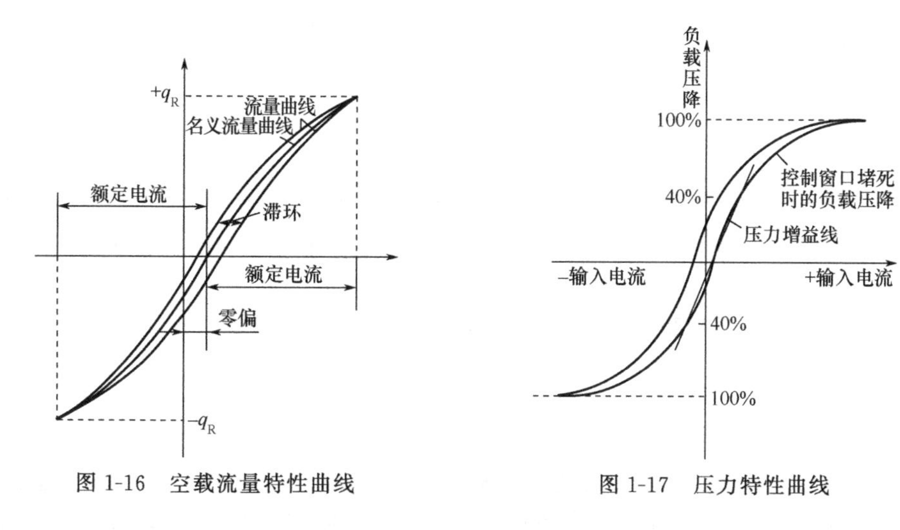

图 1-16 空载流量特性曲线

图 1-17 压力特性曲线

d. 静耗流量特性（内泄特性）曲线。输出流量为零时，由回油口流出的内部泄漏量称为静耗流量。静耗流量随输入电流变化，当阀处于零位时，静耗流量最大（见图 1-18）。对于两级伺服阀，静耗流量由先导级的泄漏流量和功率级的泄漏流量两部分组成，减小前者将影响阀的响应速度；后者与滑阀的重叠情况有关，较大重叠可以减少泄漏，但会使阀产生死区，并可能导致阀淤塞，从而使阀的滞环与分辨率增大。

③ 阀系数　阀系数主要用于系统动态分析。将式(1-7) 线性化处理，并以增量形式表示为：

$$\Delta q_L=\frac{\partial q_L}{\partial x_v}\Delta x_v+\frac{\partial q_L}{\partial p_L}\Delta p_L \tag{1-8}$$

式中，各符号意义与式(1-7) 相同。

作为示例，表 1-1 的阀系数依据理想零开口四边滑阀的负载流量方程有：

$$q_L=C_dWx_v\sqrt{\frac{1}{\rho}\left(p_s-\frac{x_v}{|x_v|}p_L\right)} \tag{1-9}$$

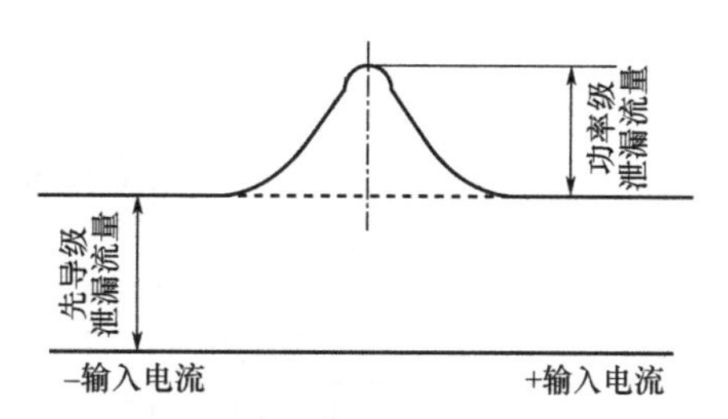

图 1-18 静耗流量特性曲线

表 1-1　伺服阀的阀系数示例（理想零开口四边滑阀）

阀系数	定义	意义	示例(理想零开口四边滑阀)	
			阀系数表达式	零位阀系数
流量增益(流量放大系数)K_q	$K_q=\frac{\partial q_L}{\partial x_v}$	流量特性曲线的斜率，表示负载压力一定时，阀单位位移所引起的负载流量变化的大小。流量增益越大，对负载流量的控制越灵敏	$K_q=C_dW\sqrt{\frac{p_s-p_L}{\rho}}$	$K_{q0}=C_dW\sqrt{\frac{p_{sL}}{\rho}}$
流量压力系数 K_c	$K_c=-\frac{\partial q_L}{\partial p_L}$	压力-流量特性曲线的斜率并冠以负号，使其成为正值。流量压力系数表示阀的开度一定时，负载压降变化所引起的负载流量变化的大小。它反映了阀的抗负载变化能力，即 K_c 越小，阀的抗负载变化能力越强，亦即阀的刚性越大	$K_c=\frac{C_dWx_v}{2\sqrt{\rho(p_s-p_L)}}$	$K_{c0}=0$

续表

阀系数	定义	意义	示例(理想零开口四边滑阀)	
			阀系数表达式	零位阀系数
压力增益(也称压力灵敏度)K_p	$K_p=\frac{\partial p_L}{\partial x_v}$	压力特性曲线的斜率。通常,压力增益表示负载流量为零(将控制口关死)时,单位输入位移所引起的负载压降变化的大小。此值大,阀对负载压降的控制灵敏度高	$K_p=\frac{2(p_s-p_L)}{x_v}$	$K_{p0}=\infty$

表1-1给出了此阀的三个阀系数表达式。根据阀系数的定义,式(1-8)可表示为:

$$\Delta q_L=K_q\Delta x_v-K_c\Delta p_L \tag{1-10}$$

伺服阀通常工作在零位附近,工作点在零位,其参数的增量也就是它的绝对值,因此阀方程式(1-10)也可以写成以下形式:

$$q_L=K_q x_v-K_c p_L \tag{1-11}$$

三个阀系数的具体数值随工作点变化而变化,而最重要的工作点为负载流量特性曲线的原点($q_L=p_L=x_v=0$处),由于阀经常在原点附近(即零位)工作,此处阀的流量增益最大(即系统的增益最高),但流量压力系数最小(即系统阻尼最小),所以此处稳定性最差。若系统在零位稳定,则在其余工作点也稳定。

(2)动态特性

电液伺服阀的动态特性可用频率响应(频域特性)或瞬态响应(时域特性)表示。

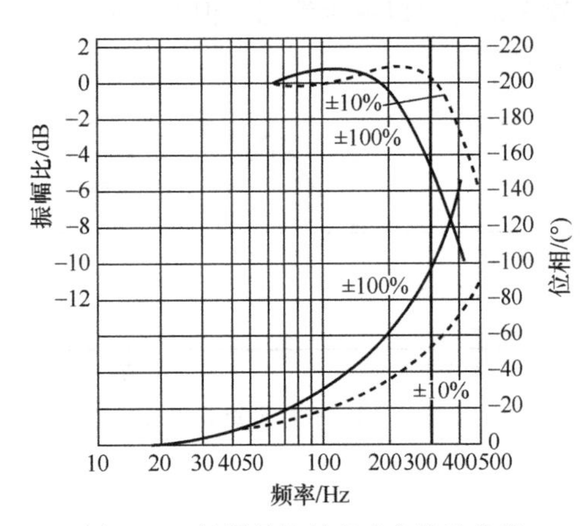

图1-19 伺服阀的频率响应特性曲线

① 频率响应 频率响应是指输入电流在某一频率范围内作等幅变频正弦变化时,空载流量与输入电流的百分比。频率响应特性用幅值比(分贝)与频率及相位滞后(度)与频率的关系曲线[波德(Bode)图]表示(见图1-19)。输入信号或供油压力不同,动态特性曲线也不同,所以,动态响应总是对应一定的工作条件,伺服阀产品型录通常给出±10%、±100%两组输入信号试验曲线,而供油压力通常规定为7MPa。

幅值比是某一特定频率下的输出流量幅值与输入电流之比,除以一指定频率(输入电流基准频率,通常为5周/s或10周/s)下的输出流量与同样输入电流幅值之比。相位滞后是指某一指定频率下所测得的输入电流和与其相对应的输出流量变化之间的相位差。

伺服阀的幅值比为−3dB(即输出流量为基准频率时输出流量的70.7%)时的频率定义为幅频宽,用$\omega-3$或$f-3$表示;以相位滞后达到−90°时的频率定义为相频宽,用$\omega-90°$或$f-90°$表示。由阀的频率特性可以直接查得幅频宽$\omega-3$和相频宽$\omega-90°$,应取其中较小者作为阀的频宽值。频宽是伺服阀动态响应速度的度量,频宽过低会影响系统的响应速度,过高会使高频传到负载上去。伺服阀的幅值比一般不允许大于+2dB。通常力矩马达喷嘴挡板式两级电液伺服阀的频宽在100~130Hz之间,动圈滑阀式两级电液伺服阀的频宽在50~100Hz之间,电反馈高频电液伺服阀的频宽可达250Hz,甚至更高。

② 瞬态响应 瞬态响应是指电液伺服阀施加一个典型输入信号(通常为阶跃信号)时,阀的输出流量对阶跃输入电流的跟踪过程中表现出的振荡衰减特性(见图1-20)。反映电液伺服阀瞬态响应快速性的时域性能主要指标有超调量、峰值时间、响应时间和过渡过程时

间。超调量M_p是指响应曲线的最大峰值$E(t_{p1})$与稳态值$E(\infty)$的差；峰值时间t_{p1}是指响应曲线从零上升到第一个峰值点所需要的时间。响应时间t_r是指从指令值（或设定值）的5%～95%的运动时间；过渡过程时间是指输出振荡减小到规定值（通常为指令值的5%）所用的时间（t_s）。

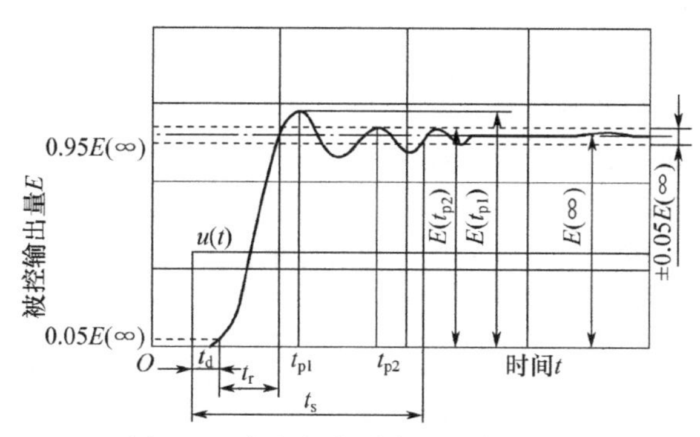

图1-20 伺服阀的瞬态响应特性曲线

1.1.5 伺服阀的使用与维修

(1) 伺服阀的选用

电液伺服阀分为单级、二级和三级。单级电液伺服阀直接由力马达或力矩马达驱动滑阀阀芯，用于压力低于6.3MPa、流量小于4L/min和负载变化小的系统；二级电液伺服阀有两级液压放大器，用于流量小于200L/mm的系统：三级电液伺服阀可输出更大的流量和功率。

选用伺服阀要依据伺服阀的特点和系统性能要求。伺服阀最大的弱点是抗污染能力差，过滤器的颗粒粒度必须小于3μm。伺服阀侧重应用在动态精度和控制精度高、抗干扰能力强的闭环系统中，对动态精度要求一般的系统可用比例阀。

从响应速度优先的原则考虑，伺服阀的前置级优先选择喷嘴挡板阀，其次是射流管阀，最后是滑阀；从功率考虑，射流管阀压力效率和容积效率在70%以上，应首先选择，然后是选择滑阀和喷嘴挡板阀；从抗污染和可靠性方面考虑，射流管阀的通径大，抗污染能力强，可延长系统无故障工作时间；从性能稳定方面考虑，射流管阀的磨蚀是对称的，不会引起零漂，性能稳定，寿命长；滑阀的开口形式一般选择零开口结构；伺服阀规格由系统的功率和流量决定，并留有15%～30%的流量裕度；伺服阀的频宽按照伺服系统频宽的5倍选择，以减少对系统响应特性的影响，但不要过宽，否则系统抗干扰能力减小。

(2) 伺服阀的安装调试

伺服阀在安装时，阀芯应处于水平位置，管路采用钢管连接，安装位置尽可能靠近执行器；伺服阀有2个线圈，接法有单线圈、双线圈，串联、并联和差动等方式。

① 特别注意油路的过滤和清洗问题，进入伺服阀前必须安装有过滤精度在5μm以下的精密过滤器。

② 在整个液压伺服系统安装完毕后，伺服阀装入系统前必须对油路进行彻底清洗，同时观察滤芯污染情况，系统冲洗24～36h后卸下过滤器，清洗或换掉滤芯。

③ 液压管路不允许采用焊接式连接件，建议采用卡套式24°锥结构形式的连接件。

④ 在安装伺服阀前，不得随意拨动调零装置。

⑤ 安装伺服阀的安装面应光滑平直、清洁。

⑥ 安装伺服阀时，应检查下列各项：安装面是否有污物？进出油口是否接好？O形圈

是否完好？定位销孔是否正确？将伺服阀安装在连接板上时，连接螺钉用力均匀拧紧。接通电路前，注意检查接线柱，一切正常后进入极性检查。

⑦ 伺服系统的油箱须密封并加空气滤清器和磁性滤油器。更换新油必须经过严格的精过滤（过滤精度在 5μm 以下）。

⑧ 液压油定期更换，每半年换油一次，油液尽量保持 40～50℃的范围内工作。

⑨ 伺服阀应严格按照说明书规定的条件使用。

(3) 喷嘴挡板式电液伺服阀故障

电液伺服阀出现故障时，将导致系统无法正常工作，不能实现自动控制，甚至引起系统剧烈振荡，造成巨大的经济损失。

当系统发生严重的故障时，应首先检查和排除电路和伺服阀以外的环节后，再检查伺服阀。电液伺服阀的一些常见的、典型的故障原因及现象归纳于表 1-2。

表 1-2 电液伺服阀的一些常见的、典型的故障原因及现象

项目	故障模式	故障原因	现象	对系统影响
力矩马达	①线圈断线	零件加工粗糙，引线位置太紧凑	阀无动作，驱动电流 $I=0$	系统不能正常工作
	②衔铁卡住或受到限制	工作气隙内有杂物	阀无动作、运动受到限制	系统不能正常工作或执行机构速度受限制
	③反馈小球磨损或脱落	磨损	伺服阀滞环增大，零区不稳定	系统迟缓增大，系统不稳定
	④磁钢磁性太强或太弱	主要是环境影响	振动、流量太小	系统不稳定，执行机构反应慢
	⑤反馈杆弯曲	疲劳或人为所致	阀不能正常工作	系统失效
喷嘴挡板	①喷嘴或节流孔局部堵塞或全部堵塞	油液污染	伺服阀零偏改变或伺服阀无流量输出	系统零偏变化，系统频响大幅度下降，系统不稳定
	②滤芯堵塞	油液污染	伺服阀流量减少，逐渐堵塞	引起系统频响有所下降，系统不稳定
滑阀放大器	①刃边磨损	磨损	泄漏、流体噪声增大、零偏增大	系统承卸载比变化，油温升高，其他液压组件磨损加剧
	②径向阀芯磨损	磨损	泄漏逐渐增大、零偏增大、增益下降	系统承卸载比变化油温升高，其他液压组件磨损加剧
	③滑阀卡滞	污染、变形	滞环增大、卡死	系统频响降低，迟缓增大
密封件	密封件老化、密封件与工作介质不符	寿命已到、油液不适所致	阀不能正常工作，内、外渗油、堵塞	伺服阀不能正常工作，阀门不能参与调节或使油质劣化

1.2 电液伺服控制器

1.2.1 电液伺服控制器概述

由于伺服阀马达线圈匝数较多，具有很大的感抗，所以伺服放大器必须是具有深度电流负反馈的放大器。只有极少响应较慢的系统才用电压反馈的放大器。电流负反馈放大器输出阻抗比较大，放大器和伺服阀线圈组成了一个一阶滞后环节，输出阻抗大，那么这个一阶环节的频率高，对伺服阀的频带就不会有太大的影响。不同的伺服系统对伺服放大器有各种不同的要求，例如不同的校正环节，不同的增益范围及其他功能。但为了确保伺服阀的正常使用，阀对放大器还提出：放大器要带有限流功能，确保放大器最大输出电流不至于烧坏线圈或不至于引起阀的其他失败。伺服阀应能耐受2倍额定电流的负荷。

要有一个输出调零电位器，因为伺服阀一般容许2%的零偏，及工况不同的零漂，在伺服阀寿命期内零偏允差可到5%～6%，所以调零机构要可调1%的额定电流输出值，某些伺服阀和系统还要求放大器带有颤振信号发生电路。

输出端不要有过大的旁路电容或泄漏电容，避免与伺服阀线圈感抗一起产生不希望的谐振。

伺服阀线圈与放大器的连接，推荐并联接法，此法可靠性高而且具有最小的电感值。

电液伺服控制器包括误差比较器、校正放大器、反相及增益控制、功率放大器、颤振信号源、显示器、电源等。

某电液伺服控制系统结构原理如图1-21所示。

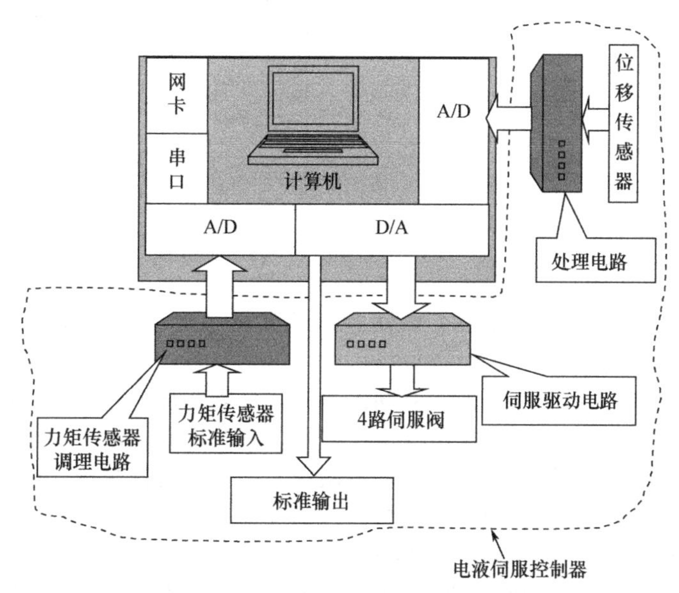

图1-21 电液伺服控制器原理示意图

由图1-21可以看出，电液伺服控制器的主要功能是将电液控制系统的力矩信号和角位置信号进行调理送入计算机的A/D，同时将计算机D/A输出的控制信号（伺服阀控制信号）进行转换和放大，去驱动伺服阀按要求运动。系统的特点如下。

① 力矩传感器感受的力矩信号比较微弱，输出信号为毫伏级，经过传输线后进入调理电路引入很大干扰，故除了对其功率放大和调零外，另加入滤波电路。

② 为了保证电液伺服控制器的可扩展性，还设计了标准输入和标准输出接口。

③ 配置了显示仪表以实现实时监测电液伺服系统工作情况的目的。

在此以电液伺服阀FF102驱动放大电路、显示电路及位移传感器调理电路为例介绍其结构原理。

1.2.2 电液伺服阀驱动电路

驱动模块是电液伺服阀驱动电路的核心，它由第一级仪表运算放大器AD622AN和第二级功率运算放大器LH0041组成。电液伺服阀驱动电路的要求在D/A1端加－10～10V的电压，A B端（接电液伺服阀）输出－40～40mA的电流信号。

第二级功率运算放大器LH0041的使用原理：图1-22为电液伺服阀驱动电路图。电液伺服阀作为驱动的负载，其线圈具有电感而非纯电阻阻抗，所以流过线圈的电流将不与加在其两端的电压，即放大器的输出电压成正比。为了使控制电流正比于输入电压，采用电阻R-S107与电液伺服阀控制线圈串联，并将其上电压与经过电阻R-ST1反馈到放大器输入端，因为反馈电压是由电流产生的，故为电流负反馈。

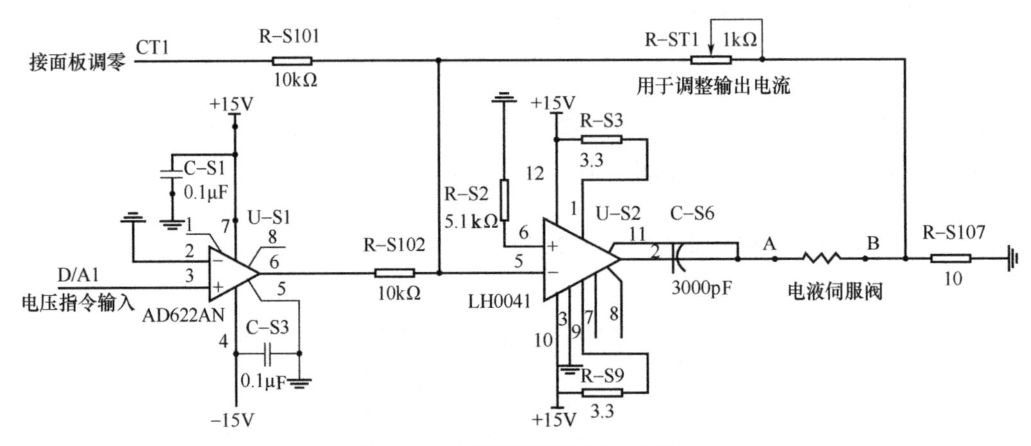

图1-22 电液伺服阀驱动电路图

1.2.3 电液伺服阀电流显示电路

电流式模拟表头电路（见图1-23）直接把电流式模拟表头串联在电路中，在采样电阻的位置换上电流式模拟表头。

要用一个模拟表头显示两路电液伺服阀的电流，也需要加入通道选择电路。通道选择电路的功能是：当测量电液伺服阀的电流以电流式模拟表头串联在电液伺服阀的电路中，电液伺服阀二的相应部分短接；同理要测量电液伺服阀二的电流时把电流式模拟表头串联在电液伺服阀电路中，电液伺服阀的相应部分短接。

实现此功能的通道选择电路如图1-23所示，K1、K2、K3、K4为同一继电器的4个双置开关，当K1打到1，K2打到3，K3打到5，K4打到7时，电流式模拟表头测量电液伺服阀一的电流，电液伺服阀二相应测量部分为短接。

采用电流式模拟表头的显示电路使输入驱动电压与电液伺服阀输出电流保持了比例关系，提高了显示电液伺服阀电流的精度和线性度。

1.2.4 传感器调理电路

位移传感器数据一般不能直接用来显示，通过调理电路才能显示。调理电路是采用仪表放大器AD622AN，它是一种低功耗、高精度的仪表放大器，其放大倍数可以达到2～1000，其次AD622AN使用更方便，只要在1、8之间加一可变电阻，就可以改变其增益（不接电阻时增益为1），调理电路如图1-24所示。

1.2.5 基于DSP的电液伺服驱动器

随着技术的不断进步，电液伺服驱动器朝着数字化、集成化方向的发展，采用高性能的处理器来完成其控制功能成为一个主流趋势。为了消除阀的非线性特性和提高伺服控制输出电流的精度，控制输出采用高精度D/A转换器和V/I转换电路实现，不仅能保证输出精度，还有利于后期软件拟合直接消除阀的非线性特性。考虑到阀响应速度要求较高，需要引入振颤信号消除阀静摩擦力以提高其频响品质，采用软件直接输出的办法实现振颤信号的叠加，振颤信号的频率及幅度可以用软件灵活配置。

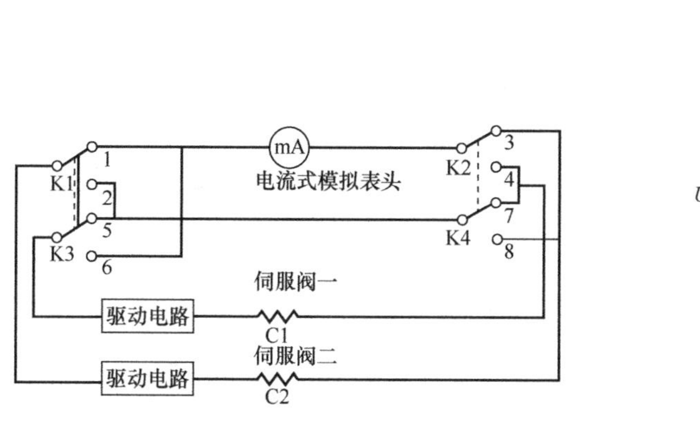

图 1-23　通道选择电路图

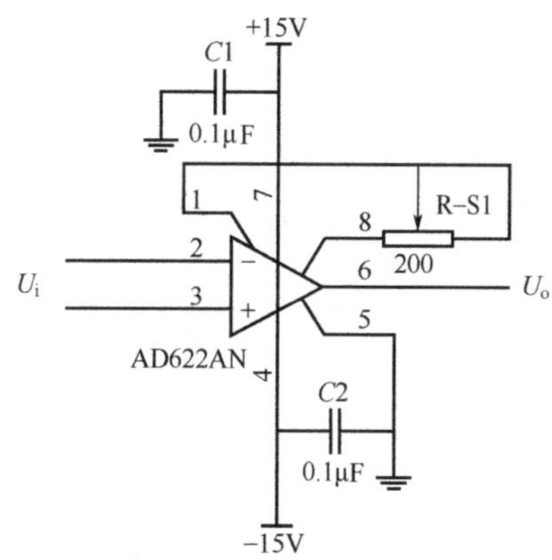

图 1-24　仪表放大器 AD622AN 调理电路图

(1) 总体概况

某二自由度液压转台的电液伺服控制驱动器，要保证转台的角位移范围为－45°～45°，误差不大于 1°。伺服控制驱动有两个控制通道和一个扩展通道，伺服线圈的电流输出电流范围为－40～40mA，误差不超过 0.5mA。

为了实现以上指标，伺服放大器采用嵌入式架构，其原理框图及其与执行单元的原理如图 1-25 所示。

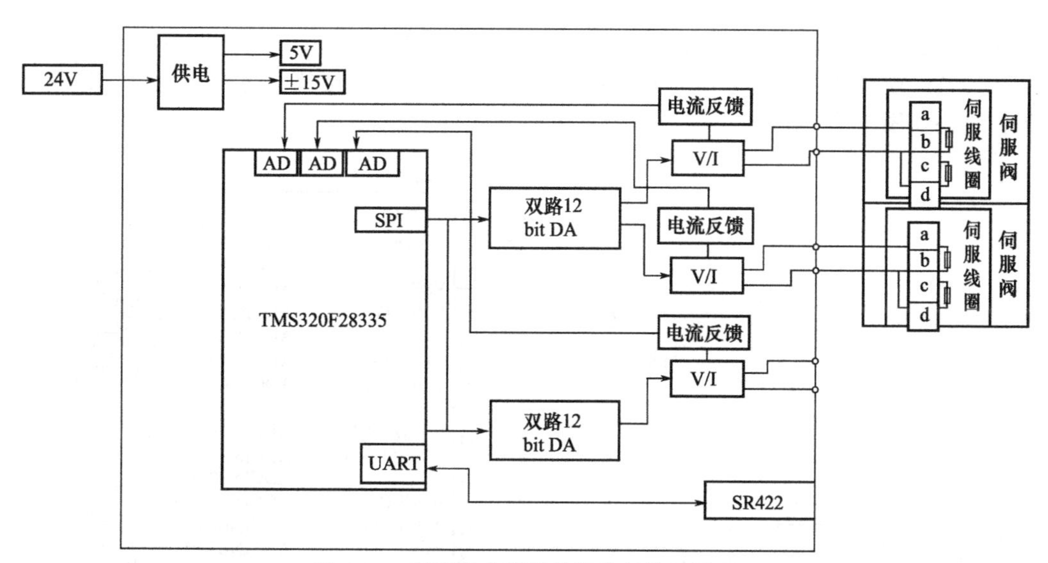

图 1-25　伺服放大器硬件及执行单元原理

伺服放大器可扩充为三通道，由于第 3 通道原理和 1 和 2 通道一致，图 1-25 中未给出。该伺服放大器的微处理器采用德州仪器的高性能定/浮点 DSP-TMS320F28335。该 DSP150MHz 的主频及强大的数字信号处理能力保证了控制系统的实时性，其高性能的内置 12bit AD 转换保证了反馈信号的精度。电液伺服驱动主要由 DSP 核心板、电源模块、通信模块、12bit D/A、V/I 变换和电流反馈组成，其中控制电流反馈信号可送回给 DSP 的 A/D 监控输出量。电源模块为整个系统提供能源，通信模块实现命令的发送和对系统的监控，

D/A、V/I、DSP核心板和电流反馈构成一个闭环控制系统，实现对输出电流的精确控制。

(2) 硬件方案

① DSP核心板 为了保证数据融合算法的实时性，选取了TI公司的TMS320F28335作为控制CPU。DSP核心板包括DSP芯片、JTAG调试模块、AD参考电压模块和与之相连的供电电路等部分。核心板的输入电压为5V，而TMS320F28335的核心电压为1.8V，I/O的电压为3.3V，所以在核心板上应该有一个电压转换的电路，实现对芯片的供电。采用TI公司的TPS767D301，该芯片带有可单独供电的双路输出，一路固定输出电压为3.3V，另一路输出电压可以调节，范围为1.5～5.5V。这种调整主要是通过外接一个电阻采样网络来实现的。其具体电路如图1-26所示。

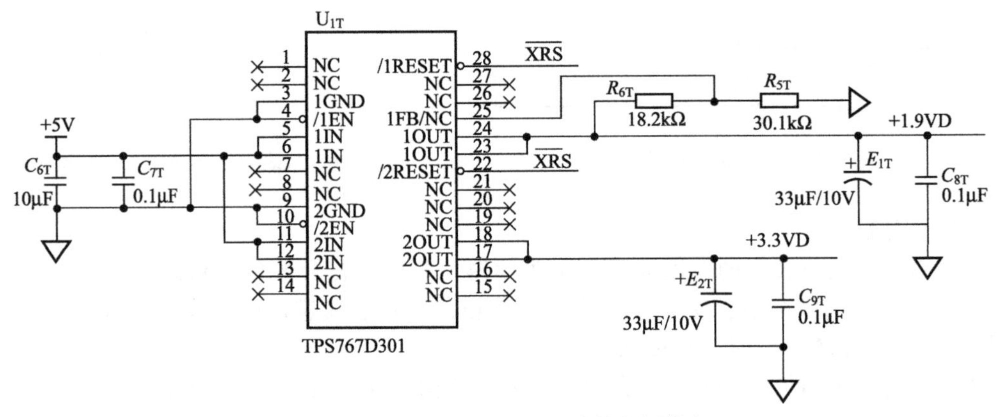

图1-26 TMS320F28335芯片的电源供电

AD参考电压模块通过MAX6021A芯片将供电模块输出的3.3V的电压转换为2.048V，为芯片的AD模块提供参考电压，并且提供了16路AD转换接口，可用于电流反馈信号的采集，电路如图1-27所示。

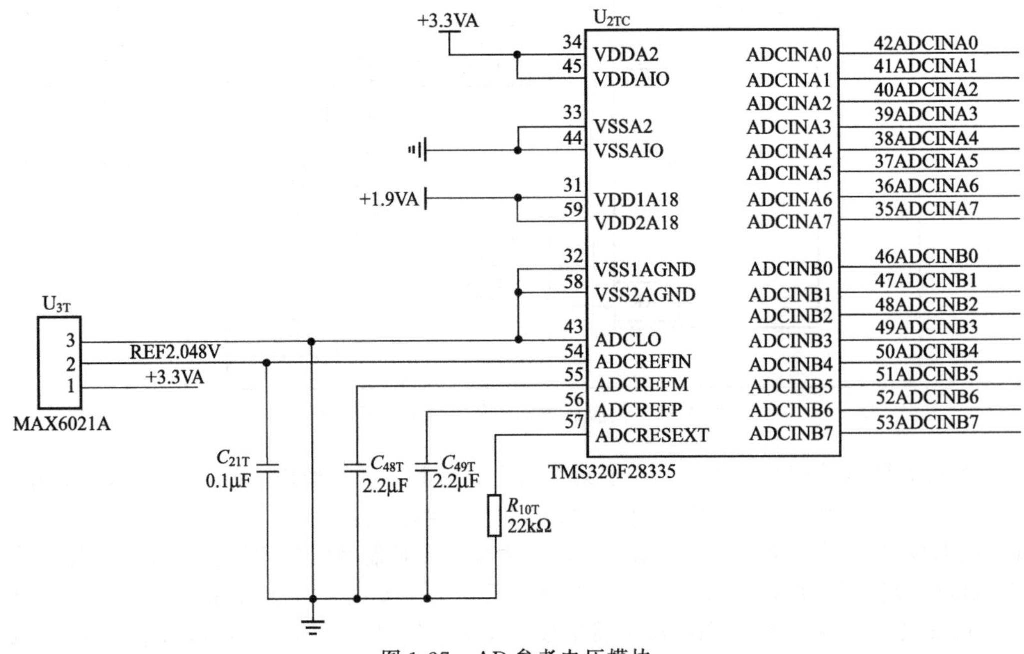

图1-27 AD参考电压模块

JTAG 调试模块通过外部晶振为芯片提供时钟信号，并引出 JTAG 接口，实现程序的调试和烧写。电路如图 1-28 所示。此外，核心板还引出了 120 个接口，这 120 个引脚是复用的引脚，以便在该系统中实现上位机与控制器的 UART 通信、DSP 与 MAX532 芯片的 SPI 通信和限位信号输入。

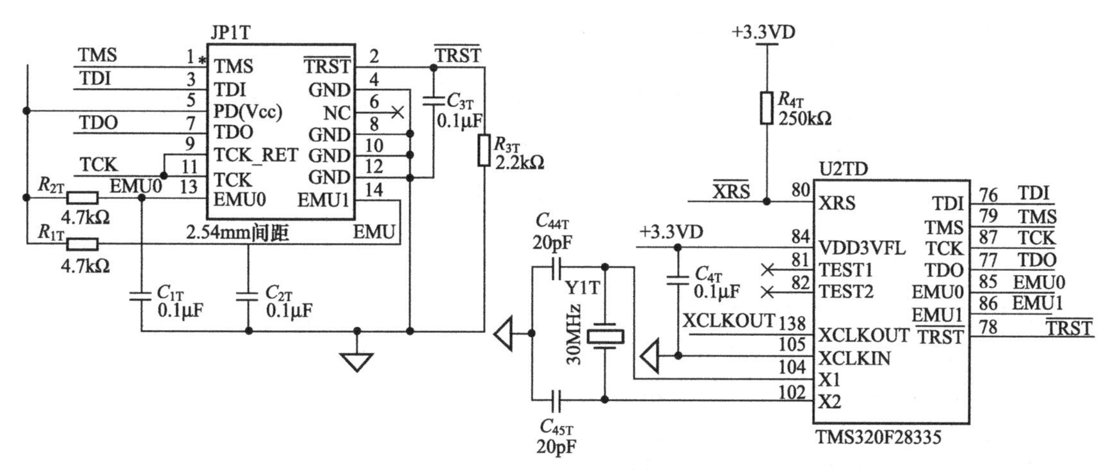

图 1-28 JTAG 模块

② 电源模块　控制器的构成比较复杂，电源模块要提供多种不同的电源。核心板、AS1117-3.3 和 75179 需要 5V 的供电。通信模块的 MAX3232 需要 3.3V 电源，MAX532、LM358、REF102、OP07 和 AD620 需要±15V 电源。UNL2003、DC-DC 和 LM2576HV-ADJ 需要 24V 电源，MAX532 需要 10V 的基准电压。供电模块结构框图如图 1-29 所示。在此采用由 220V AC 直接供电的朝阳电源模块来解决电源问题。具体方案为：采用 220V AC 转 24V/1A 的 4NIC-X24 来提供 24V 的电源。±15V、5V、3.3V 的电源通过构建电路从 24V 逐步转换而得到。朝阳电源能将纹波控制在 100mV 以内，通过和转换电路的同时使用便可满足电路中的供电需求。

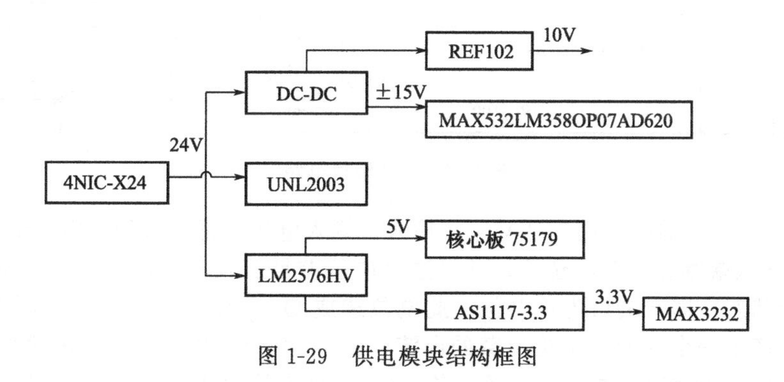

图 1-29 供电模块结构框图

③ D/A　D/A 转换电路采用 MAXIM 公司的 MAX532 芯片。MAX532 是一个双路串行输入的 12bit D/A 转换器，数据传输速度为 6MHz 的三线 SPI 接口，15V 双极供电，±10mA 输入电流，最低转换时间可低至 2.5μs。MAX532 通过 SPI 接口接收核心板的数据，并将其转化为相应的电压信号，电路图如图 1-30 所示。

图 1-30 中 SCLK 是时钟信号输入，DIN 是 SPI 数据的传输，CS1 是 SPI 的片选信号，LDAC 为低电平时才能进行 AD 转换，VOUTA 和 VOUTB 是两路模拟信号的输出，10V 的基准电压由 REF102 芯片产生。

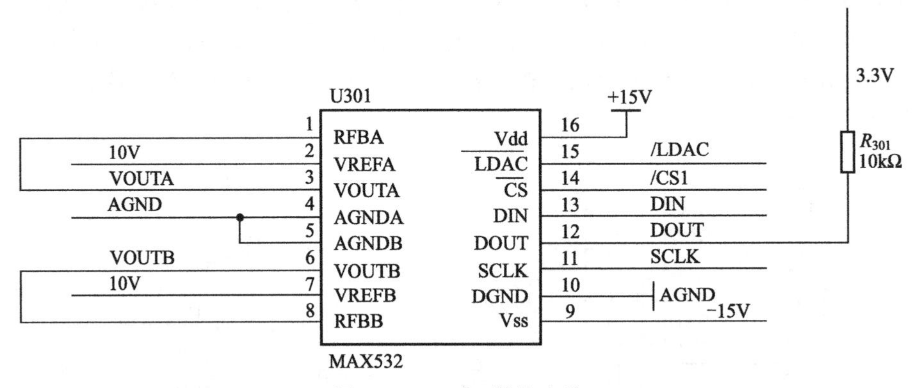

图 1-30 6D/A 转换电路

④ V/I 由于所采用的 Moog 电液伺服阀，其输入电流范围为－40～40mA，而 VOUTA 的电压范围为－10～0V。所以先通过 LM358 将电压调理到－10～10V，再进行 V/I 转换，V/I 转换电路如图 1-31 所示。

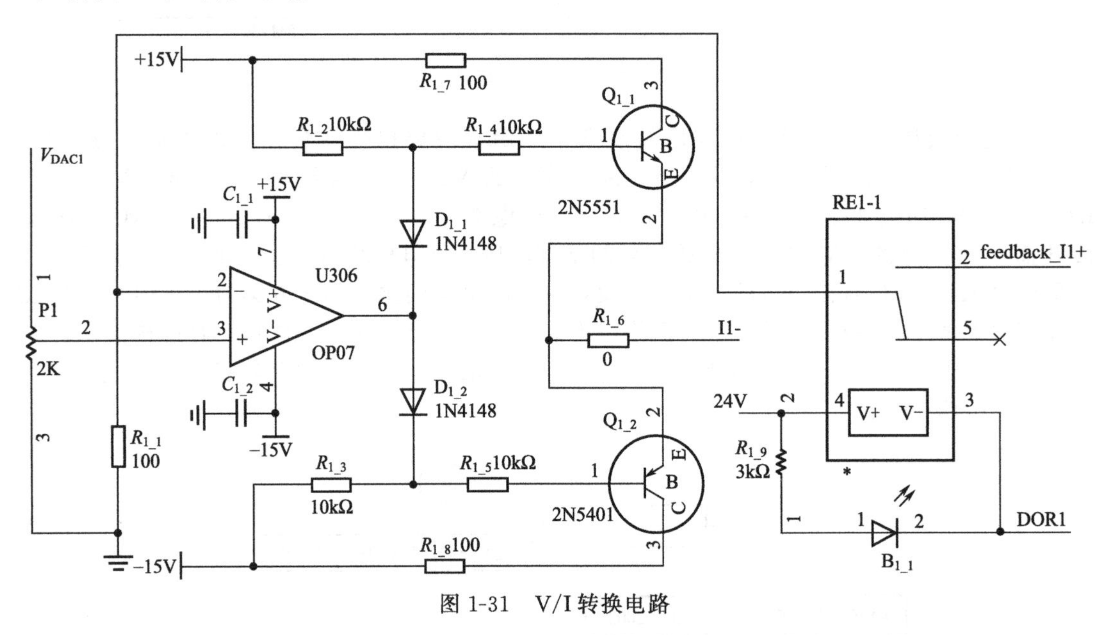

图 1-31 V/I 转换电路

经 LM358 调理后的电压信号从 V_{DAC1} 输入。输入电压为正的瞬间，负端信号依然为零，OP07 正、负输入端存在一个电位差，并且这个电位差足够大，使运放 OP07 输出端的输出达到正的饱和状态，即 6 端口为正电位。此电位造成 Q_{1_1} 处于放大状态，而 Q_{1_2} 处于截止状态。从而产生一个从 I1－输出负载的电流，R_{1_1} 得到一个电位，使电路处于一个稳定的状态。输入电压为负时，端口 6 为负电位，Q_{1_2} 处于放大状态，Q_{1_1} 截止，产生相反的电流。在电路中，两个二极管的作用是提供一定的压降，从而使两个三极管在静态时均处于微导通状态。这样两个三极管均工作在甲乙类状态，静态工作点较高，可以有效避免三极管由于死区电压的存在而造成的交越失真现象。在稳定工作状态时，OP07 的正反输入端电压相等，取 P1＝800Ω，当 V_{DAC}＝10V，则：

$$I+=-\frac{V-}{R_{1\_1}}=-\frac{V+}{R_{1\_1}}=-\frac{(V_{DAC}/2000)\times 800}{R_{1\_1}}=-40\text{mA}$$

同理可知当 $V_{DAC}=-10V$ 时：

$$I+=-\frac{V-}{R_{1\_1}}=-\frac{V+}{R_{1\_1}}=-\frac{(V_{DAC}/2000)\times 800}{R_{1\_1}}=40mA$$

$I+$在$-40\sim40mA$之间，满足要求。

⑤ 电流反馈　电流通过电阻 R_{225} 时将电流转换为电压，利用 AD620 和 LM358 进行电压调理到 0～3V，以便 DSP 进行采集。其原理如图 1-32 所示。

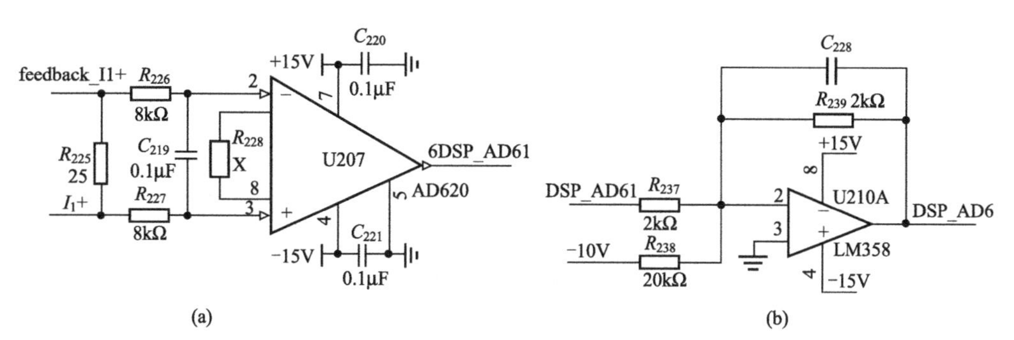

图 1-32　电流反馈电路

电流 $I1+$的范围为$-40\sim40mA$，调理后的电压值计算公式如下：

$$V_{DSP\_AD61}=(I1+)\times R_{225} \tag{1-12}$$

$$V_{DSP\_AD6}=-\left(\frac{-I_0}{R_{238}}+\frac{V_{DSP\_AD6}}{R_{237}}\right)\times R_F \tag{1-13}$$

取 $R_{225}=25\Omega$，$R_{238}=20k\Omega$，$R_{237}=2k\Omega$，$R_{239}=2k\Omega$，由式(1-12) 和式(1-13) 可以得到输出电压范围为 0～2V，DSP 的 AD 采集范围为 0～3V，可以对输出电压进行采集。

⑥ 通信模块　通信模块包括 RS-232 和 RS-422 两种串口通信。RS-232 用于驱动电路的调试，RS-422 用于实际应用。MAX3232 带有两个接收器和两个驱动器，工作在高数据速率下仍能保持 RS-232 电平的输出，所以采用 MAX3232 作为 RS-232 驱动芯片，实现 TTL 电平到 RS-232 电平的转换。SN75179 芯片以满足 RS-422 标准，可将 TTL 电平转换为 RS-422 电平，并在可提升总线传输距离情况下，实现全双工数据传输，采用该芯片实现 RS-422 通信，能满足通信要求。

(3) 软件颤振的实现

颤振信号能够有效提高伺服阀的灵敏度，减少伺服阀卡堵概率，改善阀的控制性能，所以伺服阀驱动采用颤振信号改善控制性能。

颤振信号产生有硬件和软件两种方法。硬件方法需要设计相关的电路，而且颤振信号的幅值和频率不易调节，所以通过软件实现频率为 400Hz 小幅颤振信号发生。将一个正弦信号离散为 20 点，在单位正弦信号上，每隔 0.05 个周期取一个点。因为信号频率为 400Hz，所以每两个点的时间为：

$$T=(1/f)(1/N)=(1/400)\times(1/20)(s)=0.125ms$$

通过 DSP 的定时器，每隔 0.125ms 通过 SPI 发送对应点与颤振信号幅值的乘积，每 20 个点循环一次。最后，在输出的电流中可以得到 400Hz 小幅值的正弦信号。

(4) 仿真试验

为了降低实验的风险，进行实物在回路仿真实验。通过 RS-232 串口线将控制器与 PC 机进行连接，用一个阻值与负载阻值一致的电阻代替负载。连接好后上电，并烧写程序，运行 PC 机上的监控软件，PC 机发出命令，观察试验结果。

① 通过上位机给定控制器输出电流从最小值到最大再回到最小　从输出电流为$-40mA$

至输出电流为40mA，再回到－40mA，在两个输出端得到的实际电流如图1-33(a)所示。图1-33(a)中，up$I$为电流由－40～40mA变化时的实际电流；down$I$为电流由40～－40mA变化时的实际电流。由图1-33(a)可知：up$I$和down$I$的电流基本重合，说明系统拥有很好的重合度。由图1-33(b)可知：给定电流和输出电流误差最大为0.4mA，满足试验要求。

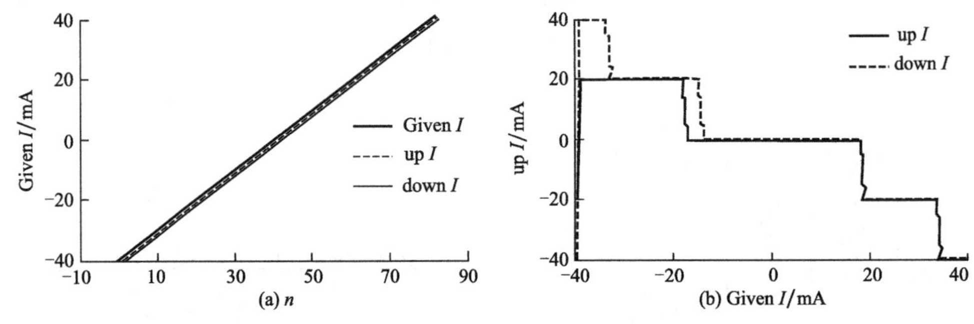

图1-33 给定电流与输出电流及实际电流与给定值的误差关系

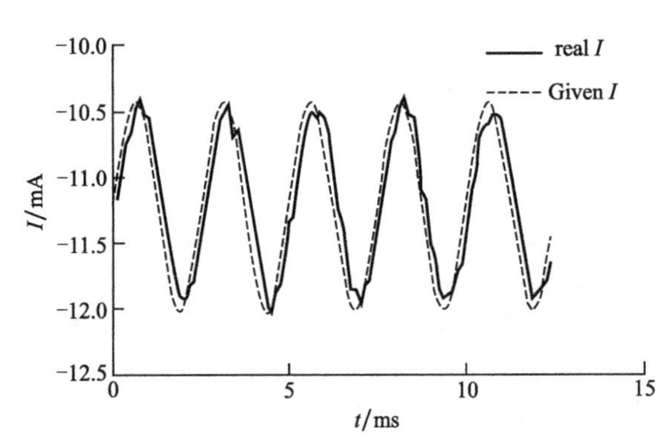

图1-34 实际的颤振信号与理想信号的比较

② 通过电流反馈得到输出端的电流颤振的实验结果如图1-34所示。

图1-34中，real I为实际的电流输出，Given I为上位机的给定值。由该图可知：真实的颤振信号与理想的信号在幅值最大误差为0.35，频率与理想信号一致为400Hz，满足要求。

③ 结论 控制器的通信模块和电液伺服阀驱动模块都满足要求；系统能够精确地采集反馈电流，能够对输出电流精确地控制；系统能够产生要求的阀颤振信号；电液伺服驱动满足要求。

1.2.6 电液伺服系统嵌入式数字控制器

(1) 数字式电液伺服装置

数字式电液伺服装置由基于嵌入式伺服放大器的电液伺服阀、嵌入式控制器、角位置传感器、伺服阀诊断与动压反馈集成块、液压系统等部分组成。电液伺服装置的液压系统见图1-35。

双联泵3由电动机1驱动，液压泵压出的油液经精过滤器8到电液伺服阀9。系统的压力由溢流阀6.1调定。当系统的压力达到卸荷阀5的控制压力（大约低于溢流阀6.1的调定压力0.3MPa）时，卸荷阀5接通油路，双联泵3的第一级泵压出的油流回油箱。如果系统的压力下降至比溢流阀6.1的调定压力大约低0.5MPa时，卸荷阀5关闭，双联泵的第一级又自动恢复向系统供油。电液伺服阀9根据输入信号的大小来控制工作缸11的动作。伺服阀输出油口前装有一对液控单向阀10，当系统压力意外失落时，单向阀10关闭工作缸进出口油路，液压缸的活塞被油液锁住，与之连接的输出轴则在原位不动，防止系统产生误动作。

在电动机1关闭时，该系统能用手动泵17人工泵油以驱动工作缸动作，其动作方向由三位四通手动换向阀16确定。

(2) 嵌入式控制器的功能和特点

对象和负载的变化会导致液压控制系统参数和结构的变化，而传统的模拟液压伺服装置

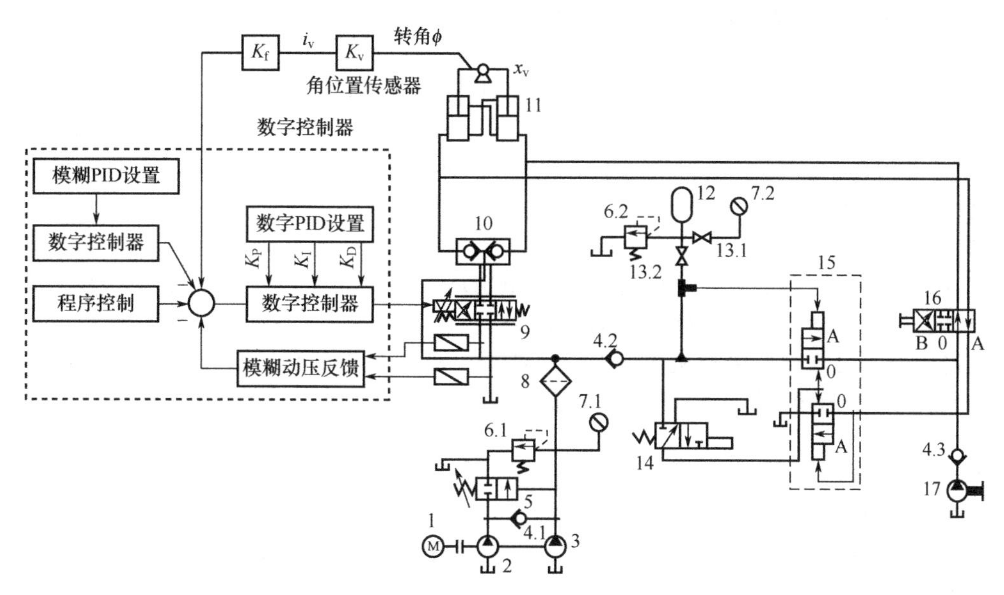

图 1-35 数字式电液伺服装置的液压系统图

1—电动机；2,3—液压泵；4—单向阀；5—卸荷阀；6—溢流阀；7—压力表；8—精过滤器；9—电液伺服阀；10—液控单向阀；11—工作缸；12—蓄能器；13—截止阀；14,15—换向阀；16—手动换向阀；17—手动泵

调整范围有限，无法实现复杂的现场整定，因此其控制器只能是一种根据不同对象而专门设计、任务专一、缺乏柔性硬件，因此使用不便，维护困难，这种状况严重地阻碍了液压伺服系统的普及应用。

嵌入式数字控制器组成见图 1-36。嵌入式数字控制器的功能和特点如下。

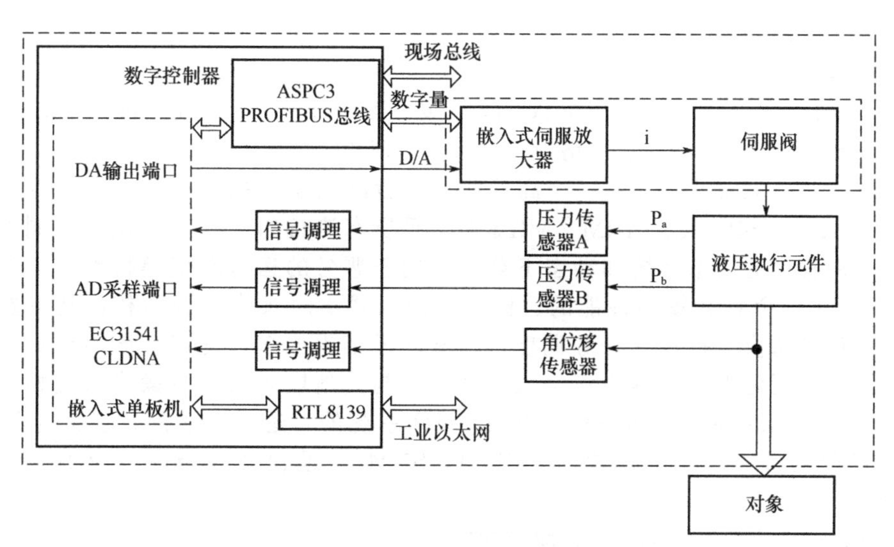

图 1-36 嵌入式数字控制器框图

① 数字式、一体化采用嵌入式计算机和嵌入式操作系统 VxWorks，实现了伺服控制器的数字化及与伺服装置的一体化。

② 工作模式具有程序控制和微压力反馈控制模式两种任选模式。

③ 柔性设置可实现面向用户的分段程序设定、数字 PID 设定、工作模式设定、传感器设定、斜坡时间设定等功能。

④ 控制算法具有数字 PID、神经网络 PID 算法、模型跟踪算法、滞环补偿算法和数字滤波算法。

⑤ 远程数据通信具有工业以太网和 PORFIBUS 通口，可实现车间级和厂级的网络控制。

⑥ 自诊断具有跟踪精度自动测试、阀诊断、通道诊断等自诊断功能，诊断结果可通过工业网络实现远程传送。

(3) 硬件配置

嵌入式数字控制器的硬件平台为 EC3154ICIDNA 型单板机，该单板机 CPU 采用美国国民半导体公司的低功耗整合型处理器 GeodeGX1。GeodeGX1 运行时不用散热风扇，提高了系统的稳定性和可靠性。单板机主频为 200MHz，具有 128MBRAM，16MB DiskonChip 电子盘。利用该单板机已有的 PC/104 总线，可以扩充 PC/104 总线的数据采集模块 HT-7484。

① 嵌入式数字控制器数据采集模块指标

a. A/D 性能。单端 16 路 A/D；转换时间为 10s；12 位 A/D 分辨率，转换芯片是 AD774；单极性时输入量程为 0～5V 或 0～10V；双极性时输入量程为±2.5V、±5V、±l0V，软件查询工作方式。

b. D/A 性能。独立 4 路输出；输出信号范围为 0～5V 或 0～10V，±5V，±10V。D/A 转换分辨率：12 位，转换芯片是 DAC7625；D/A 转换时间≤1s，电流输出方式，负载能力为 4～20mA/路。

c. DI/DO 性能。16 路 TTI 电平开关量输入/输出，范围是 0～5V。

② 通信接口　嵌入式数字控制器的通信接口是利用西门子的 ASPC3 实现了 PROFIBUS DP 现场总线接口；Realtek 的网络芯片 RTI8139 实现工业以太网接口。RTI8139 芯片遵循 IEEE802.3 标准协议，它集成了介质访问控制子层（MAC）和物理层的功能，可以方便地和 MCU 系统进行接口。

(4) 软件操作系统

嵌入式控制器的操作系统选用 VxWorks。其主要组成部分为：实时操作系统内核、I/O 系统、文件系统、板级支持包、网络设施、目标代理和实用库。

VxWorks 嵌入式操作系统是一个高性能、可裁减的实时操作系统。它具有支持包括 x86、POWERPC、SPARC、ARM、MIPS 等几乎所有流行的 CPU，适用于不同的硬件平台，支持应用程序的动态链接和动态下载，适用于恶劣的运行环境等特点。VxWorks 的微内核 Wind 是一个具有较高性能的、标准的嵌入式实时操作系统内核，其主要特点包括：快速多任务切换、抢占式任务调度、任务间通信手段多样化等。该内核具有任务间切换时间短、中断延迟小、网络流量大等特点，与其他嵌入式实时操作系统相比具有一定的优势。VxWorks 对其他网络和 TCP/IP 网络系统的“透明”访问，包括与 BSD 套接字兼容的编程接口，远程过程调用（RPC），SNMP，远程文件访问以及 B（X）TP 和 ARP 代理。

(5) 嵌入式数字控制器的软件模块及功能

软件设计采用自顶向下的层次结构法和自底向上的程序编制法。层次结构的关系是一种树状结构的从属关系，即上层模块拥有控制下层模块的执行权。它包括主程序块、控制程序块、监测程序块、阀诊断程序块。通过面向用户的触摸式程序界面，分别可以实现“微压差控制及工艺矩阵设置”“程序控制及目标曲线设定”“PID 参数设置”“控制算法选择”“传感器选择设置”“斜坡设定”“伺服阀特性自诊断”“位置跟踪特性自诊断”“通道测试”等功能。功能界面如图 1-37 所示。

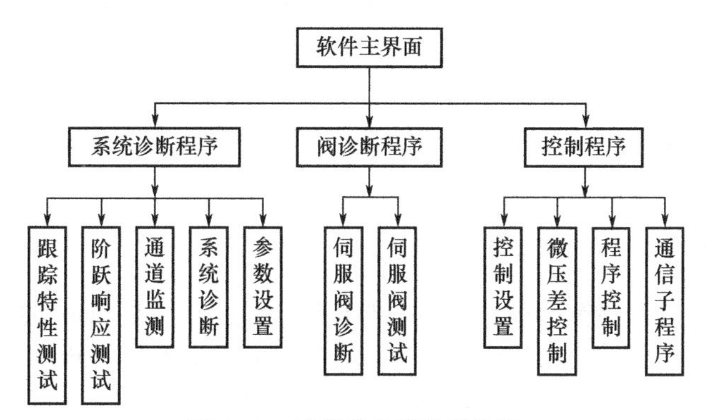

图 1-37 系统软件模块结构图

1.3 伺服液压缸及其伺服控制系统

1.3.1 伺服液压缸概述

伺服液压缸是指将步进电动机、液压滑阀、闭环位置反馈设计组合在液压缸内部，能实现精确的位移。伺服液压缸可内置活塞、外置缸体或端部不同检测传感器，集成伺服阀及放大器于一体，实现位置、力、速度闭环，安装方式可以有多种选择。

虽然已有很多将伺服缸、伺服阀、反馈传感器组成一体的产品可供选用，但由于各种原因，在实际应用中，常常需要自行设计伺服缸。

伺服缸与普通缸不同之处在于，伺服缸要满足伺服系统的静态精度、动态品质的要求，要求低摩擦、无爬行、无滞涩、高响应、无外漏、长寿命。因此，伺服缸的最低启动压力、泄漏量等指标与普通缸要求不同，除此之外，伺服缸在频率特性方面还有要求。

在设计计算时，伺服缸设计必须与伺服阀选用同时考虑，伺服缸除了要像普通缸一样根据力值、速度选取适当的缸径、杆径，还需要对固有频率进行校核，以满足系统或伺服阀的要求，为提高响应速度，伺服阀还应尽量装在缸体上，以减少阀与缸之间的管路，同时，避免使用软管。

在结构设计上，伺服缸的密封和导向设计极为重要，不能简单地沿用普通液压缸的密封与支撑导向。这是因为伺服缸和普通缸的性能指标要求不同。伺服缸要求启动压力低（即低摩擦），通常双向活塞杆的最低启动压力不高于 0.2MPa，单向活塞杆的最低启动压力不高于 0.1MPa。而普通缸根据密封形式及压力等级等的不同，最低启动压力在 0.1～0.75MPa，在标称压力高的情况下，按百分比计算确定，有的可高达 1.8MPa。只有密封和支撑导向的低摩擦才能保证无爬行、无滞涩、高响应，而无外漏、长寿命等要求也都和密封与支撑导向密切相关。其实，密封与支撑导向的不同就是伺服缸和普通缸最本质的不同。现在，已有很多专门用于伺服缸的成熟的密封产品，既可保证密封效果，又可保证低摩擦，可供选用。因此，设计伺服缸的关键是选择和设计密封与支撑导向部分。

此外，设计伺服缸也还要考虑如何保证缸的刚性，有的还要考虑如何安装传感器等。

伺服缸总体来说在各方面要求比普通缸高，但在内泄漏方面是个例外。伺服缸的内泄漏量一般要求≤0.5mL/min 或由专门技术条件规定。而普通缸内泄漏量根据缸径和密封形式等不同最低可达 0.03mL/min。可见，伺服缸的内泄漏量指标并不比普通缸要求高，甚至可以低于普通缸的要求。这是因为伺服系统一般都有闭环反馈控制，内泄漏引起的误差可以通过系统的闭环反馈得到调节补偿，即使稍大一些也无妨。另外，内泄漏量能够影响系统的稳定性和响应速度等动态指标，有时还会希望稍大一些，以增大系统稳定性。

伺服缸在系统中的匹配计算，尺寸确定也是很重要的。

在液压伺服系统中，最常见的是电液位置伺服系统。由于它能充分地发挥电子和液压两方面的优点，既能产生很大的力和力矩，又具有很高的精度和快速响应性，还具有很好的灵活性和适应能力，因而得到了广泛的应用。

1.3.2 闭环控制数字液压缸及其控制系统

目前的数字液压缸主要有两种：一种是能够输出数字或者模拟信号的内反馈式数字液压缸；另一种是使用数字信号控制运行速度和位移的开环控制数字液压缸。前者仅能够将液压缸运行的速度和位移信号传递出来，其运动控制依靠外部的液压系统实现，数字液压缸本身无法完成运动控制；而后者虽然可以通过发送脉冲完成对数字液压缸的运动控制，但由于它是一个开环控制系统，无法对由于系统温度、压力负载、内泄及死区等因素引起的速度和位移的变化进行补偿。使用一个中空式光电编码器将两者的优点结合在一起，数字液压缸既能输出准确反映液压缸运动的数字信号，又能对系统温度、压力负载、内泄及死区等因素的影响进行补偿，进一步提高运动精度。

(1) 闭环控制数字液压缸的结构及工作原理

图 1-38 是一种闭环控制数字液压缸的结构原理。

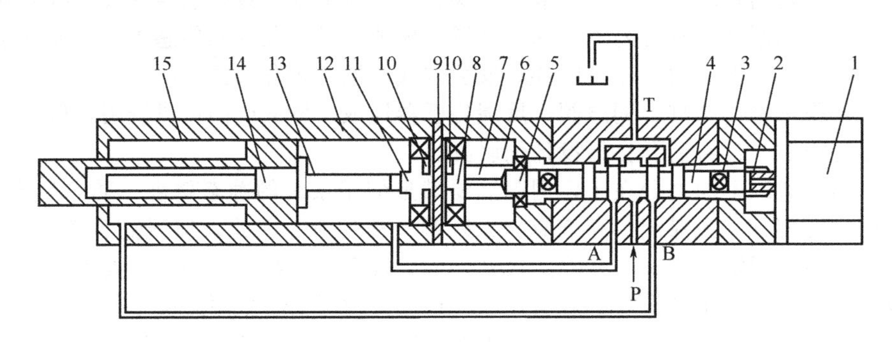

图 1-38 数字液压缸结构原理

1—步进电动机；2—花键；3—万向联轴器；4—阀芯；5—外螺纹；6—编码器；7—缸外转轴；8—缸外转盘；9—后缸盖；10—磁铁；11—缸内转盘；12—缸体；13—滚珠丝杠；14—丝杠螺母；15—空心活塞杆

步进电动机 1 接到脉冲信号，其输出轴旋转一定的角度，旋转运动通过花键 2、万向联轴器 3、阀芯 4 传递给外螺纹 5，外螺纹 5 和沉入缸外转轴 7 右端的内螺纹相互配合，内螺纹位置固定，在旋转作用下外螺纹带动阀芯发生轴向的移动。本数字液压缸采用负开口三位四通阀控制流量，阀口存在一定的死区，开始的几个脉冲产生的一小段位移并不能将 P 口处的高压油与 A 口或 B 口接通。死区过后，步进电动机再旋转一定角度，在旋转作用下阀芯又发生一定的轴向位移。如果阀芯向左移动，P 口和 A 口连通，B 口和 T 口连通。P 口处的高压油，通过 A 口流入液压缸的后腔。后腔增压，空心活塞杆向左运动，前腔的油经过 B 口、T 口流回油箱。空心活塞杆向左移动时，带动固定在空心活塞杆上的丝杠螺母 14 向左运动，滚珠丝杠 13 在轴向上不移动，丝杠与步进电动机旋向相反，带动缸内转盘 11 旋转。后缸盖 9 两边的磁铁 10 相互吸引，使得缸外转盘 8 和缸内转盘 11 同时旋转相同的角度。反向旋转运动通过这样一个磁耦合机构被准确地传递到液压缸外。缸外转轴 7 和缸外转盘 8 是一个整体，缸外转轴 7 和编码器 6 通过平键连接，沉入缸外转轴 7 右端的内螺纹和外螺纹 5 配合。缸外转轴 7 反向旋转，外螺纹 5 向右移动，阀口关闭，一个步进过程结束。

滚珠丝杠旋转的角度被平键连接于缸外转轴7上的编码器6检测到，此旋转角度和空心活塞杆的位移对应，此信号传给以单片机为核心的控制系统，控制系统根据运行位移和速度要求，对步进电动机进行闭环控制。

阀芯的两端使用万向联轴器连接，不限制径向的小位移，防止阀芯被拉伤，同时保证轴向运动、旋转运动的双向传递。数字液压缸在向前运动的同时不断关闭阀口，形成一个伺服控制系统。

和开环控制数字液压缸相比，该闭环控制数字液压缸的创新之处有以下两点。

第一，采用了光电编码器反馈的闭环控制系统，能对系统温度、压力负载、内泄及死区等因素的影响进行补偿，并进一步提高了控制精度。当油液温度升高时，黏度降低，流动速度加快，在阀的开口大小一定的情况下，即步进电动机接收到的控制脉冲速度一定的情况下，液压缸的运动速度加快；使用闭环控制系统，可以设定一个速度值，如果使用光电编码器检测到的液压缸速度大于此速度，就减小对步进电动机的脉冲发送速度，如果使用光电编码器检测到的液压缸速度小于设定速度，就增加对步进电动机的脉冲发送速度，这样始终可以使数字液压缸的运动速度保持在设定值。当压力负载增大时，缸体内外的油液压力差减小，油液的流动速度减小，再加上油液所受的压力增大，液体体积被压缩，这两个因素都会造成液压缸的运动速度降低。这种误差可以通过在闭环控制系统中增大对步进电动机脉冲的发送速度来消除。同样，如果出现内泄现象，在发送脉冲速度（即阀的开口大小）一定的情况下，液压缸的运动速度也会降低，这种误差也可以在闭环控制系统中被灵活地补偿。在开环控制数字液压缸中，步进电动机和滚珠丝杠之间部分的传动误差会对位移产生影响，三位四通控制阀的死区也会对开环控制数字液压缸的位移产生影响，若采用闭环控制系统，就可以消除这些影响，这样，可以适当降低步进电动机和滚珠丝杠之间的各传动结构的精度，从而降低该部分的加工成本。

第二，通过使用磁耦合机构，既回避了旋转密封，同时又保证了旋转运动从缸体内部到缸体外部的准确传递。所谓磁耦合机构是指后缸盖两边内嵌磁铁的两个圆盘，它们在轴承的支撑作用和磁铁的吸引作用下，可以同时转动相同的角度。无须透过后缸盖伸出杆件就可以将旋转运动传递出来。对于精度要求不太高、传递扭矩不太大的情况，这种结构完全可以满足使用要求。当传递大动力或要求运动精度较高时，必须从后缸盖伸出杆件，将缸内的旋转运动传递出来，这就需要使用旋转密封圈进行良好密封，当然其价格就比较昂贵。

（2）闭环控制数字液压缸的控制过程

在此通过使用闭环控制数字液压缸实现机床刀具快进—工进—延时—快退的运动循环过程，来说明闭环控制数字液压缸的控制方法。

在加工工件的过程中，为了提高工作效率，刀具遇到工件前都希望刀具运动较快；在加工工件的过程中，刀具切削工件受到的阻力较大，为了避免刀具折断，其运动速度应该放慢；刀具返回过程中不切削工件，同样，为了提高工作效率，希望刀具运动较快。在半自动机床上通常使用液压缸来带动刀具前进，如果使用传统的控制方式，系统工作原理如图1-39所示，系统的工作过程如下。

① 快进。1DT、3DT通电，其余电磁铁断电，压力油经电磁阀1、2、3左位进入液压缸右腔，推动液压缸杆快速接近工件。

② 工进。当液压缸活塞杆前端固定的磁铁靠近霍尔开关7，2SQ通电时，电磁铁1DT、3DT、5DT通电，压力油经电磁阀1、2左位，电磁阀3右位，节流阀4进入液压缸右腔，推动液压缸活塞杆低速工进，切削工件。

③ 延时。当液压缸活塞杆前端固定的磁铁靠近霍尔开关8，3SQ通电时，电磁铁1DT通电，其余电磁铁断电，液压缸停止不动。

④ 快退。延时结束，电磁铁 1DT、4DT 通电，其余电磁铁断电，压力油经电磁阀 1、2 进入液压缸左腔，使液压缸快速退回，直到液压缸活塞杆前端固定的磁铁靠近霍尔开关 6，1SQ 通电为止。

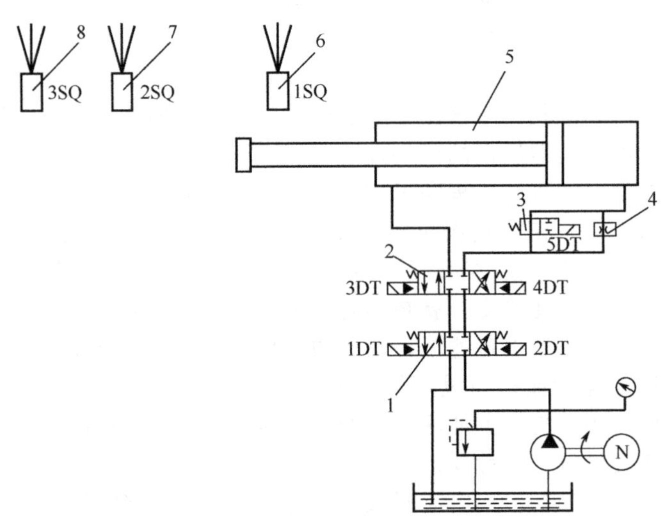

图 1-39 传统液压执行系统图

1～3—电磁阀；4—节流阀；5—液压缸；6～8—霍尔开关

使用闭环控制数字液压缸实现上述运动，控制框图如图 1-40 所示。

① 复位。判断绝对脉冲存储区的数据是否为零。如果是零，说明液压缸在零位；如果不是零，说明液压缸不在零位。不在零位，则反向旋转步进电动机（图 1-40 以 1200Hz 为例），当光电编码器返回一个脉冲信号时，说明液压缸后退了一个脉冲当量，绝对脉冲存储区的数据减 1，液压缸后退到零位为止。

② 开关判断。开关按下，执行运动，否则不动。

③ 报警。如果液压缸不在零位，说明在工作过程当中，即使此时按下开关，也不能使液压缸运动。

④ 快进。给步进电动机发送正向高速脉冲（图 1-40 以 1000Hz 为例），同时当光电编码器返回一个脉冲信号时，说明液压缸前进了一个脉冲当量，绝对脉冲存储区的数据 1。

⑤ 工进。当液压缸走到指定的位置（图 1-40 以相对零位置 6000 个脉冲当量为例），即将开始加工工件的时候，降低发给步进电动机的正向脉冲速度（图 1-40 以 200Hz 为例），同样光电编码器每返回一个脉冲信号，绝对脉冲存储区的数据加 1。

⑥ 延时。当液压缸走到终点位置（图 1-40 以相对零位置 6400 个脉冲当量为例），根据加工要求通常在终点位置停留一段时间，在数字液压缸系统中，只需要是步进电动机停止旋转，液压缸就会停止运动。

⑦ 后退。延时结束后，反向旋转步进电动机（图 1-40 以 1200Hz 为例），当光电编码器返回一个脉冲信号时，说明液压缸后退了一个脉冲当量，这时绝对脉冲存储区的数据减 1，液压缸后退到零位为止。

按照以上方法控制液压缸运动的特点是：单片机绝对脉冲存储区所存储的数据和液压缸相对于零点的位移是唯一对应的，不需使用会影响液压缸控制精度的霍尔开关。通过以上方法就可以有效地保证液压缸行程精度。

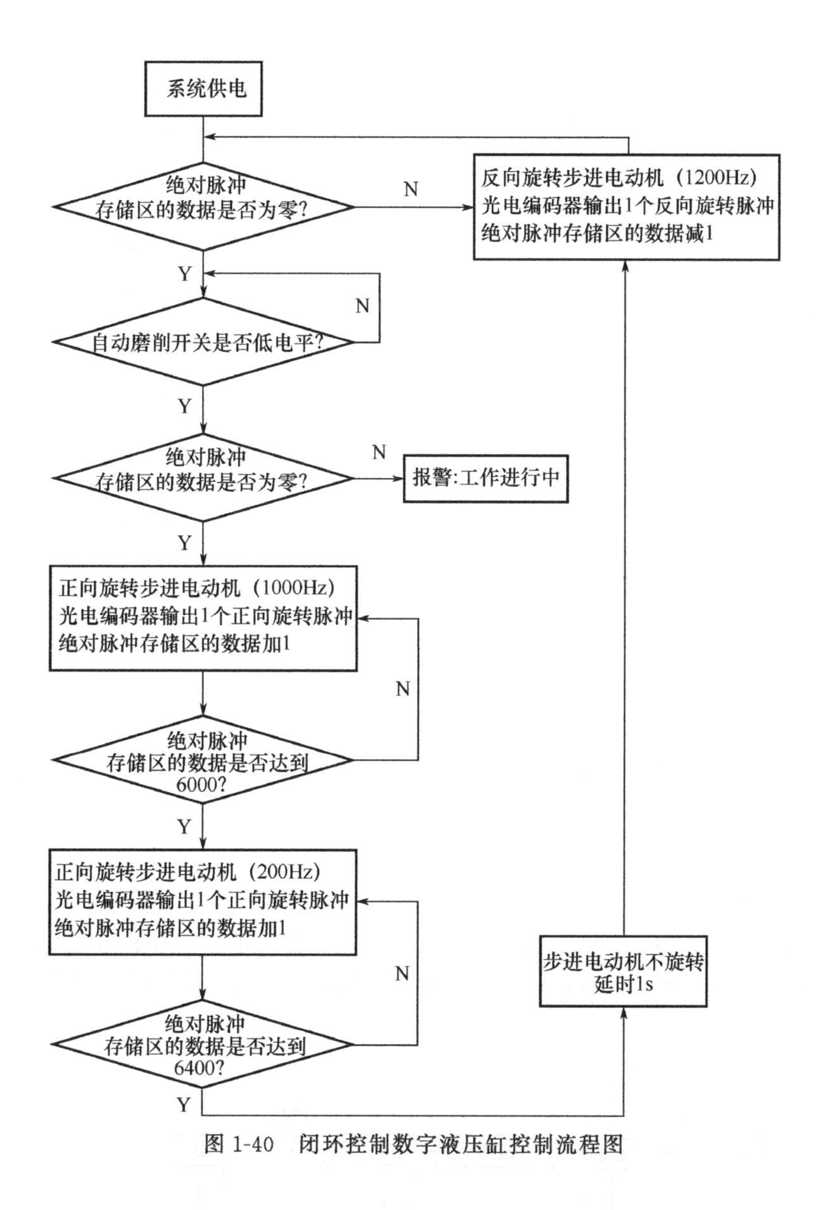

图 1-40 闭环控制数字液压缸控制流程图

1.3.3 机器人液压伺服系统

某机器人研究中心在以往四足机器人平台，以及四足动物运动的研究基础上，围绕适用于腿足式机器人的高功率密度的液压驱动、动态平衡控制、仿生机构、环境感知与适应控制五大关键技术展开研究与设计工作，最终研制出配备机载动力系统、具有一定野外适应能力的高性能四足仿生机器人平台 SCalf。

(1) SCalf 机器人结构

SCalf 液压驱动四足机器人以大型有蹄类动物为仿生对象，同时考虑到运动能量消耗、载重、运动指标以及开发成本，以刚性框架作为其躯干，并对其腿部骨骼进行简化，最终形成了 12 个主动自由度、4 个被动自由度的四足仿生机构，其中，每条腿上分别有 1 个横摆关节和 2 个俯仰关节，由铝合金材料加工制成，通过安装在腿末端被动自由度上的直线弹簧来吸收来自地面的冲击。SCalf 机器人的整体结构如图 1-41 所示。

SCalf 集成了发动机系统、传动系统、液压驱动系统、控制系统、传感系统、热交换系

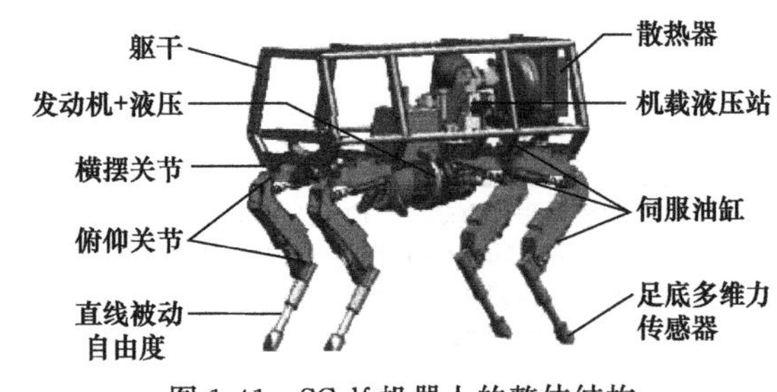

图 1-41 SCalf 机器人的整体结构

统及燃料箱等。SCalf 具有较好的负重行走能力，可以携带一定的燃料和其他重物，采用支撑系数为 0.5 的对角小跑步态（trotting）。在普通路面、斜坡和较为崎岖的泥土、草地中行走，并且能够使用爬行步态（creeping）跨越障碍。SCalf 机器人的尺寸、重量及性能的测试参数如表 1-3 所示。

表 1-3 SCalf 机器人参数

名称	参数
长/mm	1100
宽/mm	490
站立高度/mm	1000
自重/kg	123
步态	trotting，creeping
负重/kg	120
行走速度/(km/h)	>5
最大爬坡角度/(°)	10
续航时间/min	40
跨越垂直障碍高度/mm	150

(2) 动力与驱动

① 机载动力系统 SCalf 的机载动力系统由一台 22kW 单缸两冲程卡丁车发动机、变量柱塞泵、机载液压站及其燃料箱、热交换、排气、传动、转速控制与状态监控单元组成，如图 1-42 所示。

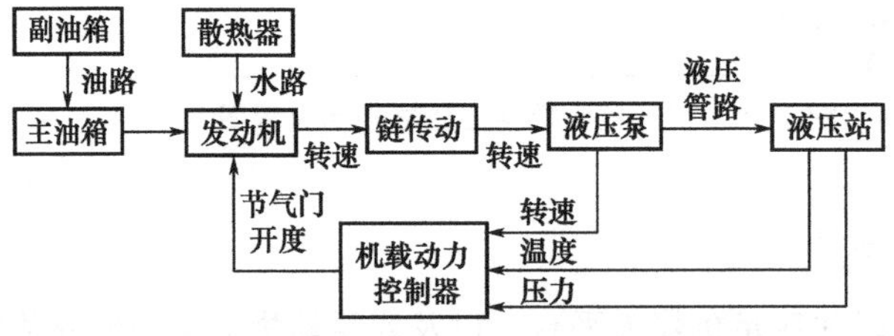

图 1-42 机载动力系统结构框图

考虑到发动机与液压泵配合工作的问题，为了使二者都能工作在一个良好的功率输出和转速曲线上，在发动机与液压泵之间安装了传动比为 1.5∶1 的高速链条传动机构，将发动机的输出转速降速作为液压泵的转速输入。根据液压系统的工作流量，液压泵的转速输入期望范围在 5500～7500r/min，发动机的转速输出需控制在 8000～11000r/min。根据发动机的输出特性曲线，在这个范围内，发动机的功率输出特性稳定，而且覆盖发动机的最大扭矩输出点，从而避免了机器人运动过程中，因动力匹配问题而造成发动机转速与液压系统流量大幅波动。

为了避免发动机系统与液压泵系统烦琐、复杂的建模工作，将发动机与液压泵系统看成黑箱，采用 PID（比例-积分-微分）控制器控制舵机位置，改变发动机节气门开度，以 20Hz

的频率伺服液压泵的转速。在机器人运动时，液压系统的流量一直快速变化，为了提高系统的鲁棒性，设计了分段 PID 控制器，在速度偏差值较大时，采用强收敛性参数，保证控制器响应的快速性；在偏差较小时，使用调节较弱的参数，保证控制器稳定输出，避免系统振荡。转速控制器的控制框图如图 1-43 所示。其中，q_{pd} 为液压泵的期望值，$|e|$ 为 q_{pd} 与液压泵的实测转速 q_p 经过卡尔曼滤波后的偏差的绝对值，E_1、E_2 为偏差 $|e|$ 的两个阈值。与此同时，控制器模块还负责采集机载动力系统液压输出压力及液压系统的工作温度，以方便对动力系统的状态进行评估。

② 一体化液压驱动单元　在有限的空间中，一体化的液压驱动单元是实现每个关节液压伺服驱动的关键。该单元将电液伺服阀、杆端拉压力传感器以及直线位移传感器集成在一个直线伺服油缸上，如图 1-44 所示。SCalf 每一个主动关节都由一个这样的一体式液压伺服驱动单元驱动。油缸的 PID 伺服控制器以 500Hz 的伺服频率对油缸直线位移进行伺服，同时以 100Hz 的频率通过杆端拉压力传感器检测油缸的出力状态。

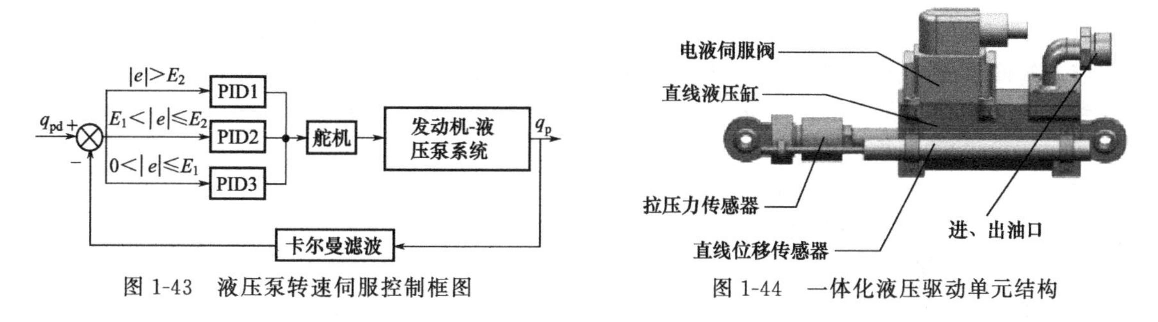

图 1-43　液压泵转速伺服控制框图　　图 1-44　一体化液压驱动单元结构

(3) 控制系统与控制方法

① 控制系统　由于 SCalf 的各个控制、传感设备分散在机器人本体的各个位置，而且发动机、电瓶等能源设备同时存在，因此 SCalf 的控制系统必须具备分布式采集与控制、可抵抗复杂外部干扰的特点。为此，将 SCalf 的控制系统设计成一个具有双 CAN 总线与分层结构的分布式网络系统，如图 1-45 所示。

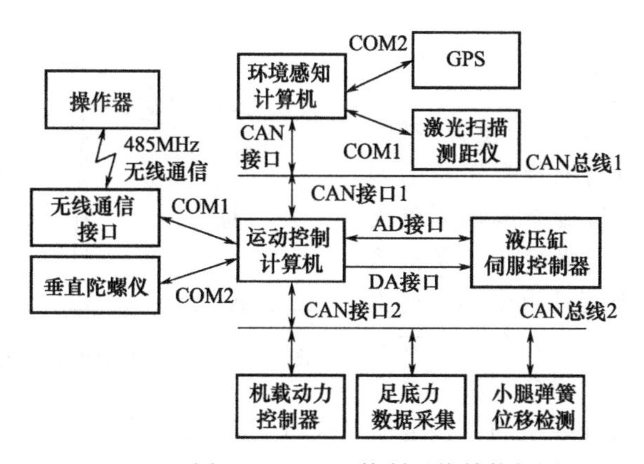

图 1-45　SCalf 控制系统结构框图

运动控制计算机负责底层的运动伺服及运动相关传感器的数据采集。由于对实时性要求较高，因此采用了 QNX 实时操作系统。在 SCalf 自动运行模式下，运动控制计算机的运动指令来自上层的环境感知计算机；在手动操作模式下，运动控制计算机的运动指令直接来自无线操作器。

环境感知计算机对实时性的要求低于运动控制计算机，因此在环境感知计算机上运行实时性低、通用性较强、易于扩展的 Linux 内核的通用操作系统。环境感知计算机负责采集 GPS（全球定位系统）数据以及二维激光扫描测距仪的数据，同时根据上述数据进行路径、人员跟踪以及避障的运动规划。

② 控制方法 SCalf 有一套简便、快速、实用性强的运动控制方法，使其能够在不同的地形条件下稳定行走。如图 1-46 所示，SCalf 的运动控制指令分为躯干运动线速度 v_d 与航向角速度 $\omega_{\gamma d}$ 的速度输入，姿态横滚角 α_d 以及姿态俯仰角 β_d 的角度输入。

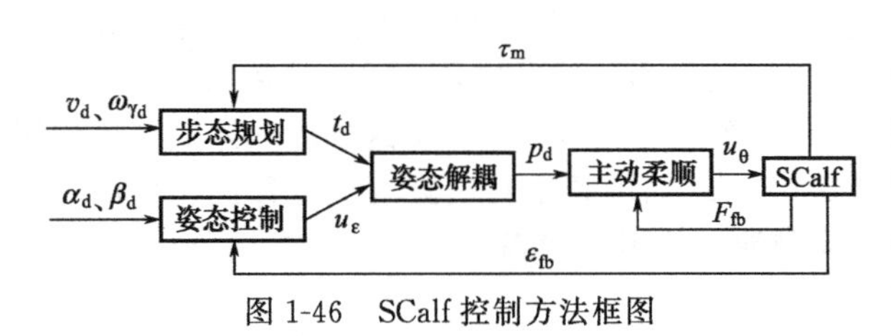

图 1-46 SCalf 控制方法框图

步态规划以躯干运动线速度指令 v_d 与航向角速度指令 $\omega_{\gamma d}$ 为参考，以 SCalf 机器人检测关节力矩 τ_m 作为腿部支撑条件及状态的判断依据，得到机器人腿部髋关节坐标系下期望的足端运动轨迹 t_d。

姿态控制器以姿态横滚角指令 α_d 与姿态俯仰角指令 β_d 作为参考输入，以垂直陀螺仪的姿态观测欧拉角 ε_{fb} 作为修正依据，得到姿态调整欧拉角 u_ε（$u_{\varepsilon\alpha}$，$u_{\varepsilon\beta}$，$u_{\varepsilon\gamma}$）。式(1-14) 为机器人的姿态解耦方程：

$$p_d(i)=R_{zyx}(u_{\varepsilon\alpha},u_{\varepsilon\beta},u_{\varepsilon\gamma})t_d(i)-k_{hip}(i) \tag{1-14}$$

式中 R_{zyx}——ZYX 欧拉角旋转矩阵；

k_{hip}——髋关节在躯干坐标系中的坐标，为常量；

i——腿号。

姿态解耦将机器人的移动控制与躯干姿态控制完全分离，实现了机器人在站立或移动过程中的躯干横滚、俯仰、扭转控制，使机器人的运动更加灵活多样。同时，解耦控制降低了机器人整体控制时的规划复杂度，使 4 条腿的支撑点向躯干正下方偏移，减小重力产生的翻转力矩，从而实现对地面坡度的适应。机器人通过分别控制前进速度、侧移速度、自转速度实现全方位移动。这三部分进行独立规划，然后依照期望速度和角速度按比例进行叠加，得到机器人的足端期望位置 p_d。实验测试中，SCalf 可在斜坡上稳定行走，在平面上向任意方向移动，绕任意半径转动，甚至完成坡上的自转运动。由于运动过程中重心投影始终在支撑对角线附近，因此姿态角偏转不大，行走平稳。

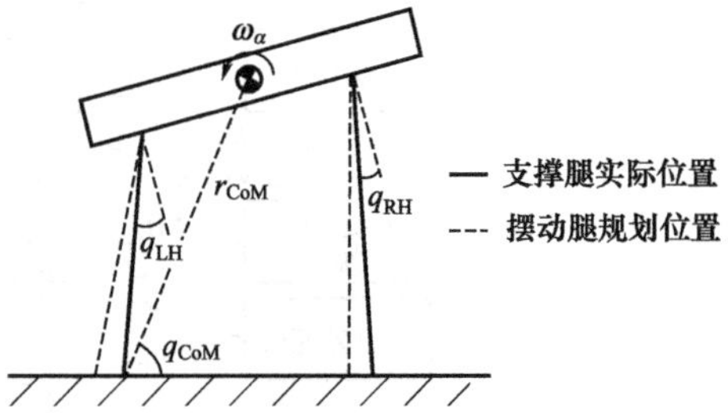

SCalf 机器人的腿部柔顺是基于位置控制，姿态控制器根据反馈姿态角与期望姿态角的偏差来输出姿态调整量，再经过姿态解耦调整支撑腿；同时，根据反馈的躯干横滚角 α 及横滚角速度 ω_α，实时调整摆动腿落地点坐标，使得机器人进入下一个支撑相时，质心在铅锤方向上的投影仍然在支撑腿之间。调整方法示意图如图 1-47 所示，摆动相步态曲线中的侧移量通过式(1-15) 进行计算：

图 1-47 SCalf 平衡控制（冠状面）示意图

$$t_{dz}=\begin{cases}0, & |\alpha|<\alpha_{st}\\ k_{SA}r_{CoM}\omega_\alpha \sin q_{CoM}, & |\alpha|\geqslant\alpha_{st}\end{cases} \tag{1-15}$$

式中 r_{CoM}——躯干质心到支撑脚的平面距离，可由机器人运动学获得，是腿部关节角的函数；

q_{CoM}——躯干质心与支撑脚连线在冠状面中与地面的夹角，同样可以通过机器人运动学获得，是腿部关节角与躯干横滚角的函数；

k_{SA}——侧移量调节系数，可以在试验中进行调节；

α_{st}——调节阈值，在设定范围内，摆动相不进行侧移量调节，当躯干横滚角超出阈值范围，机器人增加摆动相侧移量。

以上方法通过步态调整与姿态解耦来实现在姿态扰动下的平衡保持，抵消外来冲击的是机器人躯干的重力，以及足与地面之间的侧向摩擦力。调整阶段，机器人的施力腿与地面之间一直保持接触，机构不会发生剧烈碰撞，同时还可以通过摆动相实现连续调节。

机器人以对角小跑步态为主，移动平稳、速度快而且节能。对于较高障碍和地面起伏较大的地形，机器人使用爬行步态。SCalf 通过检测安装于液压缸推杆上的力传感器计算关节力矩，进而估计脚的触地状态，控制各腿支撑相与摆动相的切换。

在机器人的爬行过程中，根据标准能量稳定裕度(NESM) 实时调整质心位置，保持机器人在行走中的稳定性。由于姿态与移动控制已解耦，机器人在爬行过程中还可以进行躯干姿态的调整，以增大特定腿的实际工作空间，提高越障能力。SCalf 可以在非结构化环境中移动，地形的起伏导致实际姿态与期望姿态间存在偏差，这会影响机器人的稳定性。因此，机器人通过垂直陀螺仪检测实时姿态并对足端位置进行调整，补偿偏差，增强稳定性。

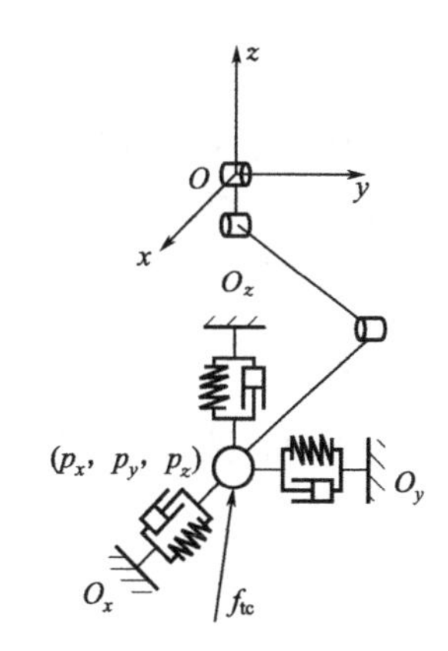

图 1-48 腿部主动柔顺控制简化模型

为了提高机器人适应复杂地形的能力，采用阻抗控制方法，无期望足端速度输入，在足端期望位置基础上，将机器人的腿等效为在机器人躯干坐标系方向的 3 个一维弹性阻尼环节，如图 1-48 所示。

腿部末端位置给定的误差值 e 与足底检测接触力 f_{tc} 之间的关系如式(1-16) 所示：

$$f_{tc}^{T}=\boldsymbol{k}_{d}\dot{e}^{T}+\boldsymbol{k}_{s}e^{T} \tag{1-16}$$

式中 $\boldsymbol{k}_d$——虚拟阻尼系数矩阵；

$\boldsymbol{k}_s$——虚拟刚度系数矩阵。

其中：

$$\boldsymbol{k}_{d}=\begin{bmatrix} k_{dx} & 0 & 0 \\ 0 & k_{dy} & 0 \\ 0 & 0 & k_{dz} \end{bmatrix}$$

$$\boldsymbol{k}_{s}=\begin{bmatrix} k_{sx} & 0 & 0 \\ 0 & k_{sy} & 0 \\ 0 & 0 & k_{sz} \end{bmatrix}$$

$$f_{tc}=(f_{tcx} \quad f_{tcy} \quad f_{tcz}), \quad e=(e_x \quad e_y \quad e_z)$$

图 1-49 为机器人腿部主动柔顺控制框图，足底接触力由安装在足底的三维力传感器直接测量。这里需要注意的是，由于机器人的重量较大，因此在室外条件行走时，足与地面之间的瞬间接触力很大，所以机器人足底采用尽量软的材料，以减小足与地面的接触冲击，这样既可以保护传感器，同时也能够避

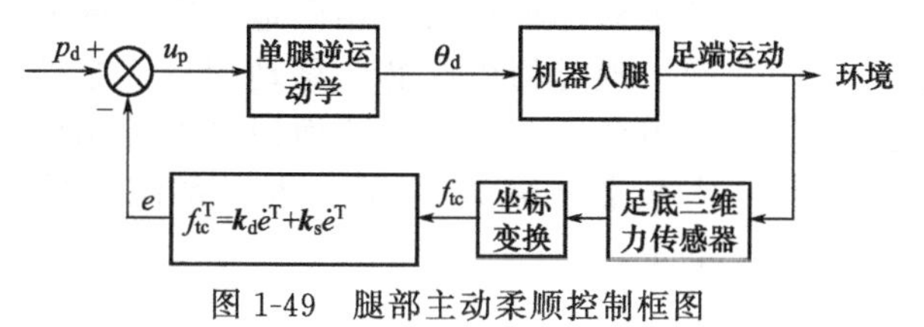

图 1-49 腿部主动柔顺控制框图

免接触时检测数据的剧烈抖动。多维力传感器的安装位置尽量接近足端，以增加对接触力测量的准确度。

足底三维力数据经过卡尔曼滤波后，由传感器测量坐标系转换为腿基坐标系（图1-48中坐标系 O），变换为腿基坐标系下的接触力数据。

通过足端位置期望 p_d 与计算的位置误差 e，得到机器人足端实际控制位置 u_p，经过机器人腿部的逆运动学运算，得到期望关节角度 θ_d，作为机器人腿部关节位置伺服的输入，驱动机器人腿部运动。

检测接触力来进行腿部柔顺控制可以避免关节力控制时的非线性环节，降低控制的难度与复杂度，大大提高可靠性。但在室外环境下，机器人行走和越障时并不一定完全是用脚接触环境，还有可能是小腿等位置，这时候足底接触力检测是失效的；此外，足与地面间的碰撞，也会给足底多维力传感器带来很大误差。因此，采用足底接触力柔顺控制，结合关节力检测的方法来提高机器人在接触多种环境时的稳定运行能力。

1.3.4 数字泵控缸位置伺服系统

工程应用中，液压缸的位置伺服控制方法较多，通常在用电液伺服阀或高速开关阀来实现，在一些较恶劣的工作环境中，也可利用普通的三位四通电磁换向阀来实现液压缸的位置控制，各有其特点：电液伺服阀效率低，能耗大，而且对环境的要求较高，价格比较昂贵；高速开关阀虽然可以通过调整占空比来实现连续流量控制，但流量较小常用作先导级控制，一般不直接用于位置伺服控制；而普通的三位四通电磁换向阀一般用于控制精度要求不高的场合。利用数字泵对液压缸直接进行位置伺服控制，除了具有精确的位置伺服控制外，还具有很好的节能效果，以及对环境要求不高，成本低等特点。

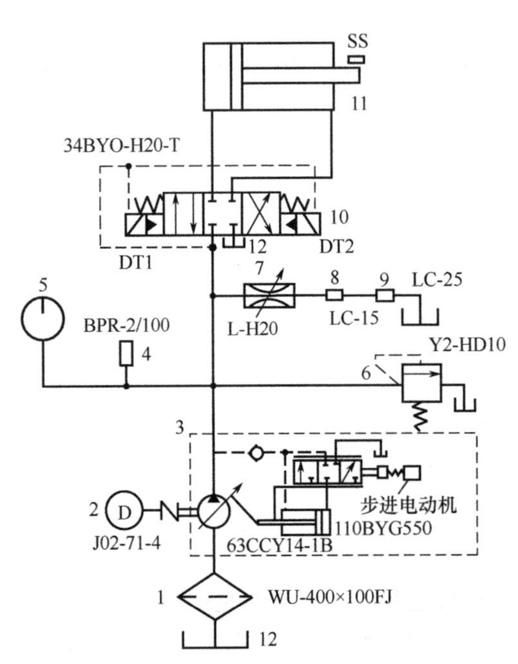

图1-50 数字泵控缸液压系统图

1—滤油器；2—电动机；3—数控变量泵；4—压力传感器；5—压力表；6—安全阀；7—节流阀；8—涡轮流量变送器；9—椭圆齿轮流量计；10—电液换向阀；11—液压缸；12—油箱

（1）数字泵控缸液压系统组成

系统组成如图1-50所示，压力传感器用来检测数字泵出口压力；位移传感器用来检测液压缸的位置，并将测量信号传给控制器；涡轮流量变送器和椭圆齿轮流量计用来标定步进电动机脉冲数与泵出口流量的线性关系。数字泵用来实现进出液压缸的液体的流量控制，液动电磁换向阀用来实现液压缸的位置控制。

（2）系统节能原理

系统使用的数字泵是由步进电动机控制的63CCY14-1B型轴向柱塞变量泵。步进电动机接收单片机发出的脉冲信号后旋转并通过丝杠-螺母传动副转化为特定的直线运动，从而改变与丝杠相连的伺服阀芯的位置，相应地改变阀的开口量。通过伺服阀芯的移动使柱塞泵的斜盘倾角相应改变，从而使泵的输出流量与负载的需求匹配，达到系统节能的目的。

1.4 液压马达速度伺服系统及应用

液压马达速度伺服系统是工程上常用的伺服控制系统，它具有响应速度快、功率/重量比大、负载刚性高和性能价格比高等特点，能实现高精度、高速度和大功率的控制，因此在航空航天、冶金、船舶、机床、动力设备和煤矿机械等工业领域得到了广泛采用，如用于飞机发动机转速模拟系统、大型雷达天线、火炮自动跟随系统、注塑机和油压机等。

1.4.1 液压马达速度伺服系统的种类、原理及特点

液压马达速度伺服系统的基本类型有泵控（容积控制）和阀控（节流控制）系统两种。前者效率高，但由于斜盘变量机构的结构尺寸及惯量大，因此动态响应慢，适用于大功率和对快速性要求不高的场合；后者由于采用伺服阀或比例阀控制，动态响应快，但效率低，适用于对快速性要求高的中小功率场合。为了解决快速性和系统效率之间的矛盾，将阀控（调节时间短和超调小）和泵控（较高的系统效率）结合起来联合控制是现今液压马达速度伺服系统发展的一种趋势。这种阀泵同时控制的系统在动态调节过程中利用阀控输出保证动态性能，在稳态调节时主要利用泵控输出进行功率调节，因而这种系统在保证快速性的同时具有较高的效率。

(1) 泵控液压马达速度伺服系统

泵控液压马达速度伺服系统是由变量泵和定量马达组成的传动装置。这种系统的工作原理是通过改变变量泵的斜盘倾角来控制供给液压马达的流量，从而调节液压马达的转速。按其结构形式和控制指令给定方式可分开环泵控液压马达速度伺服系统（见图 1-51）、带位置环的闭环泵控液压马达速度伺服系统（见图 1-52）和不带位置环的闭环泵控液压马达速度伺服系统（见图 1-53）三种。

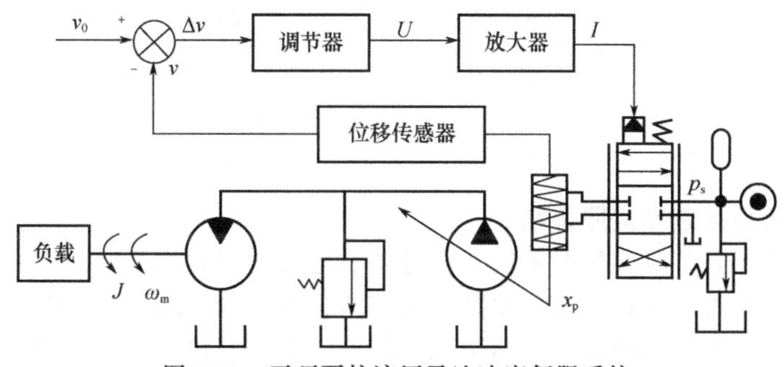

图 1-51　开环泵控液压马达速度伺服系统

① 开环泵控液压马达速度伺服系统　这是一个用位置闭环系统间接地控制马达转速的速度开环控制系统。由于是开环控制，没有速度负反馈，系统受负载和温度的影响大，如当压力从无负载变化到额定负载时，系统流量变化范围为 8%～12%，故精度很低，只适用于要求不高的场合。

为了改善精度，可以采用压力反馈补偿，用压力传感器检测负载压力，作为第二指令输入变量泵伺服机构，使变量泵的流量随负载压力的升高而增加，以此来补偿变量泵驱动电动机转差和泄漏所造成的流量减少。由于这个压力反馈是正反馈，因此有可能造成稳定性问题，在应用时必须注意。

② 带位置环的闭环泵控液压马达速度伺服系统　这类系统是在开环控制的基础上，增加速度传感器，将液压马达的速度进行反馈，从而构成速度闭环系统。速度反馈信号与指令

信号的差值经调节器加到变量机构的输入端，使泵的流量向减小速度误差的方向变化。与开环速度控制系统相比，它增加了一个主反馈通道和一个积分放大器，构成了Ⅰ型系统，因此其精度远比开环系统高。缺点是系统构成较复杂，成本高，设计难度大。这里斜盘变量机构在系统中可看成积分环节，因此系统的动态特性主要由泵控液压马达决定。此种系统最有使用价值，因此应用较为广泛。

③ 不带位置环的闭环泵控液压马达速度伺服系统　从图 1-52 看出，斜盘位置系统的反馈回路仅是速度系统中的一个小闭环，从控制理论的角度看，此小闭环可以“打开”，即去掉位置反馈，此时就构成该系统，如图 1-53 所示。因为变量液压缸本身含有积分环节，为了保证系统的稳定性，积分放大器改用比例放大器，系统仍是Ⅰ型系统。但伺服阀零漂和负载力变化引起的速度误差仍然存在。由于省去了位移传感器和积分放大器，此类系统的结构比带位置环的泵控系统简单。但对斜盘干扰力来说系统是零型系统，因此为了满足同一精度要求，需要很高的开环增益，这不但增加了实现难度，而且引入了噪声干扰。

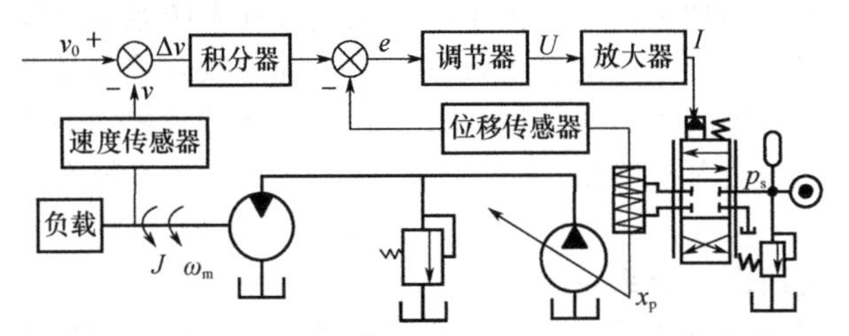

图 1-52　带位置环的闭环泵控液压马达速度伺服系统

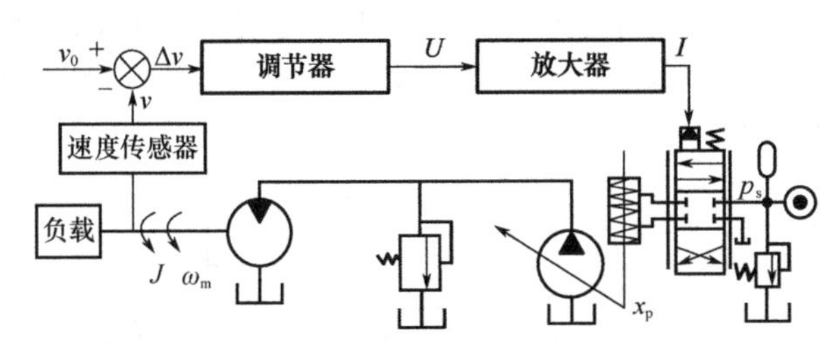

图 1-53　不带位置环的闭环泵控液压马达速度伺服系统

(2) 阀控液压马达速度伺服系统

这类系统实质上是节流式伺服系统，通过调节电液伺服阀的开口大小来调节进入液压马达的流量，进而调节液压马达转速，使其与设定值保持一致。此类系统由于伺服阀的频响很高，因此系统的响应很快，精度高，结构也较简单，但效率较低。一般用于中小功率和高精度场合。该类系统按其结构形式分为以下三种类型：串联阀控液压马达速度伺服系统（见图 1-54），节流式并联阀控液压马达速度伺服系统（见图 1-55）和补油式并联阀控液压马达速度伺服系统（见图 1-56）。

① 串联阀控液压马达速度伺服系统　系统的构成是伺服阀串联于泵、马达之间，液压马达的转速由测速装置检测，经反馈构成速度闭环。系统的工作原理是：当液压马达的转速发生变化时，测速装置将实际速度信号反馈，与参考信号 R 进行比较并产生偏差 e，控制器按 e 的大小，通过一定的控制规律控制输入伺服阀的电流，改变伺服阀的开口大小，从而改变伺服阀的输出流量，也即改变进入液压马达的流量，使马达的转速达到期望值。这种系统的特点是：由于伺服阀直接控制进入液压马达的流量，因此系统的频响较快；但由于系统中节流损失的存在，系统的效率很低，理论上最大效率只有 30%；而且由于节流损失都转化为热量，系统的温升很快。这种系统只适用于中、小功率场合。

② 节流式并联阀控液压马达速度伺服系统　在此系统中，伺服阀并联在系统中，其结构如图 1-55 所示。系统的工作原理是：先给伺服阀一个预开口，预开口的大小视液压马达的转速范围和系统的泄漏而定，具体数据可根据实验确定。液压马达的转速确定后，使旁路部分泄漏的流量达到需要调节的最大值。

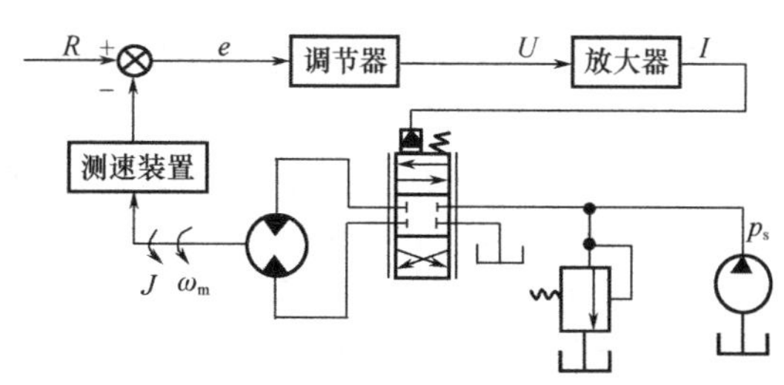

图 1-54　串联阀控液压马达速度伺服系统

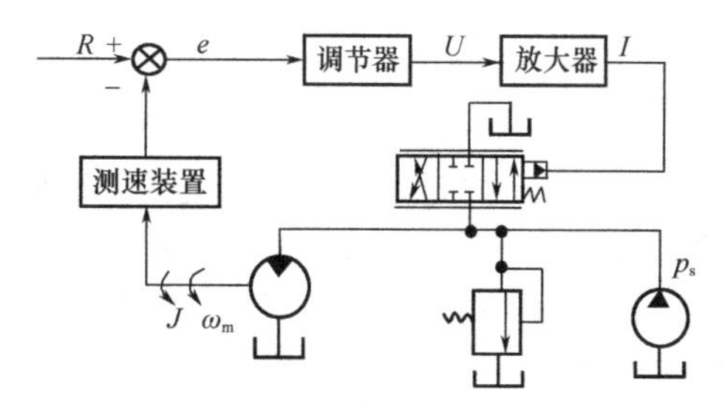

图 1-55　节流式并联阀控液压马达速度伺服系统

如负载从零变化到满负荷时转速下降了 15%，则使旁路泄漏部分的流量为系统总流量的 15%。当外负载增大或温度升高时，液压马达转速下降，此时将伺服阀的开口减小，以补偿变量泵驱动电动机转差和泄漏所造成的流量减少，使马达转速恢复到设定值。反之，当外负载减小时，液压马达的转速上升，此时将伺服阀的开口加大，增加系统的外泄漏以保持液压马达的转速恒定。

这种系统的特点是：由于伺服阀本身不带负载，所以频响很高，可使系统的调节时间大大缩短；系统从旁路流回油箱的流量不大，旁路功耗较小，效率比串联阀控系统高，一般可达 80%左右；旁路的泄漏增加了系统的阻尼，从而提高了系统的稳定性；但该系统的刚度较差。如果采用合适的调节手段，来弥补节流式并联阀控液压马达调速系统刚度差的弱点，那么该系统就可获得较快的调节时间和较高的效率，可用于高精度、大功率场合。

③ 补油式并联阀控液压马达速度伺服系统　与节流式并联阀控系统相比，补油式并联阀控支路（见图 1-56）有自己的单独能源，伺服阀工作于向系统补油状态。系统的工作原理是：当系统受到阶跃负载或负载扰动时，液压马达的转速发生变化，系统通过闭环控制方式调节旁路伺服阀的开口，从而调节进入马达的流量，实现对系统调速或稳速的目的。从系统原理来看，泵提供马达运转的主要流量，保证大功率系统稳态高效，伺服阀由于在旁路上未直接带动负载，能充分发挥其快速响应的特性，保证系统快速调节。当采用适当的控制率时，可使系统的调节时间变得很短。

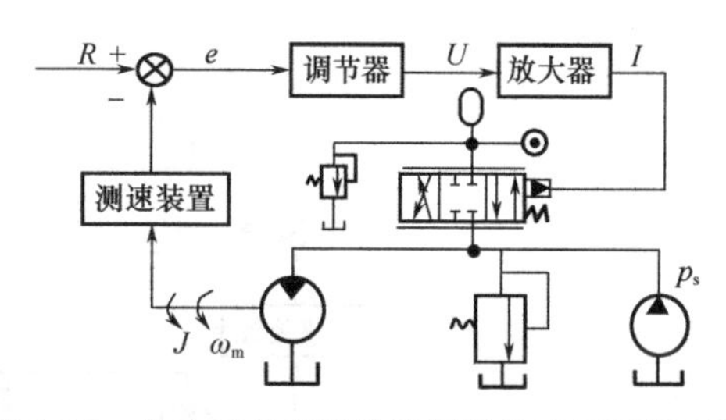

图 1-56　补油式并联阀控液压马达速度伺服系统

该系统与节流式并联阀控系统相比有两个突出的优点：旁路伺服阀有自己独立的供油系统，总是工作于向系统补油状态，从而使系统能获得较好的刚度；伺服阀阀口压差不仅决定于系统压力，还受补油压力的影响。提高补油压力，可以提高系统的响应速度。

该系统适于解决大功率系统高效与快速调节的问题，特别是对于有些系统重点要求在阶跃负载作用时的动态调节性能时，可采用此系统。

(3) 阀泵联合控制液压马达速度伺服系统

对于大功率速度伺服系统，传统的阀控形式无法解决溢流损失造成的系统温升高、散热难的问题，因此必须采用效率较高的容积控制系统以解决发热量大的问题，但容积控制系统虽然效率较高，可动态性能较差，不适于高精度的场合。因此研究一种动态性能好、精度高、适于大功率场合的液压马达速度伺服系统成为必要。该类系统按其结构形式和控制方式的不同分为以下两种类型：阀泵串联控制液压马达速度调节系统（见图 1-57 和图 1-58），阀泵并联控制液压马达速度调节系统（见图 1-59）。

① 阀泵串联控制液压马达速度调节系统　这种系统在伺服变量泵和液压马达之间再用一个电液伺服阀来控制泵的输出流量。图 1-57 为用同一指令同时控制伺服阀和油泵的系统形式。系统用同一误差信号来控制伺服阀的开度和变量泵的斜盘倾角，因斜盘倾角的变化速度低于伺服阀开口的变化速度，故用一个给定信号 γ 来保证液压泵时刻都有一个固定输出 Q_0。这个 Q_0 应足以满足执行机构瞬时加速度和速度的要求，即 Q_0 要足够大。另外，当负载需求量较小时，Q_0 的大部分将以溢流阀调定的压力流回油箱，造成能量的无用损耗，并引起系统温度的升高，故要求 Q_0 尽量小。因此 γ 的选择是本系统设计的关键之一。γ 的选择要视具体指标而定，如执行机构初始速度的要求、系统长期工作温升的要求等。

阀泵串联控制的另一种形式如图 1-58 所示。系统的工作原理为：变量泵斜盘变量机构的控制信号取自能源压力和负载压力之差，使能源压力跟随负载压力的变化，这样可以消除恒压油源的溢流损失，并减少压力油通过伺服阀的节流损失以及系统和液压泵的泄漏损失。液压泵也必须有一个高于负载压力的设计信号 Δ，当泵出口压力高于负载压力时，经比较后得到的差值再与 Δ 比较。比 Δ 小时，泵控调节子系统将使液压泵斜盘倾角加大；差值比 Δ 大时，使液压泵斜盘倾角减小；差值与 Δ 相等时，斜盘倾角不变，保证定压差下的流量输出。在系统有一控制指令时，直接控制电液伺服阀的输出流量，来保证液压马达的瞬态性能。

这两种结构的阀泵串联控制有如下特点：变量液压泵和串联伺服阀的输出流量在控制过程中可同时调节；工作过程中，伺服阀前必须有保持其额定工作压力的值。图 1-57 中通过 γ 值设定，图 1-58 中通过 Δ 值设定。这种系统在节能方面比普通阀控伺服系统好，尤其是图 1-58 的系统节能效果更加显著，其他性能方面与普通阀控系统基本一致。

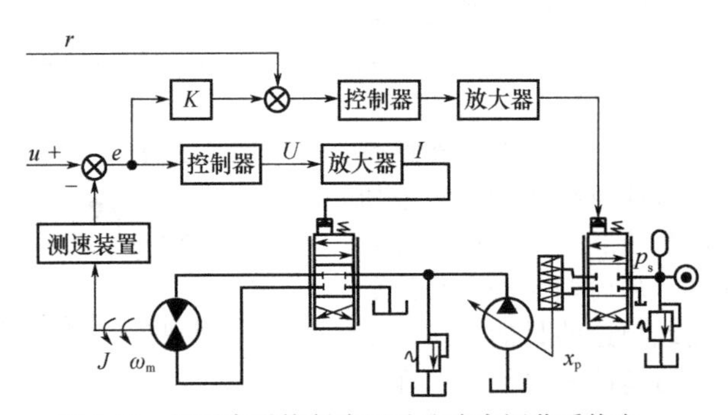

图 1-57　阀泵串联控制液压马达速度调节系统之一

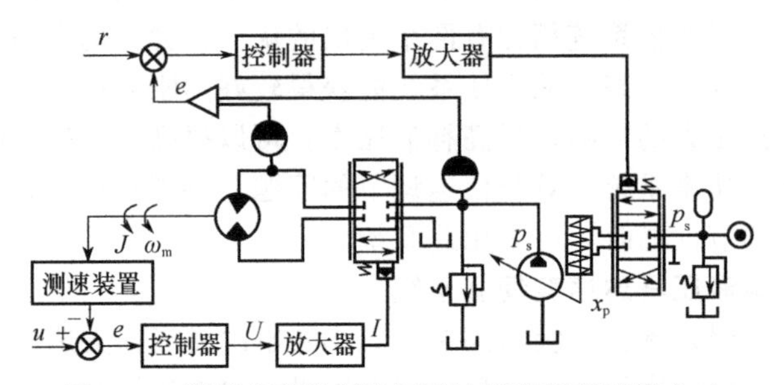

图 1-58　阀泵串联控制液压马达速度调节系统之二

② 阀泵并联控制液压马达速度调节系统

该系统（见图 1-59）将电液伺服阀的输出流量与可控变量泵的输出流量合起来控制液压马达转速。在动态调节过程中，主要由电液伺服阀瞬时控制输出流量，阀控系统的快速响应特性使系统输出尽快恢复到期望值，保证了系统具有良好的动态调节性能，达到了急则治标的功效。达到稳态过程后，伺服阀关闭，变量伺服泵根据系统的实际需要提供流量，这时又充分发挥了泵控回路缓慢调节的作用，消除了偏差，从而使系统具有较好的静态性能。因而这种结构在保证快速性的同时也有较高的传动效率。根据理论分析，这种系统的传动效率几乎接近泵控系统本身，而动态过程基本接近阀控系统，因此，部分地解决了大功率、高性能、高效率伺服控制系统的矛盾——快速响应和节能之间的矛盾，是未来液压马达速度伺服系统的发展方向。

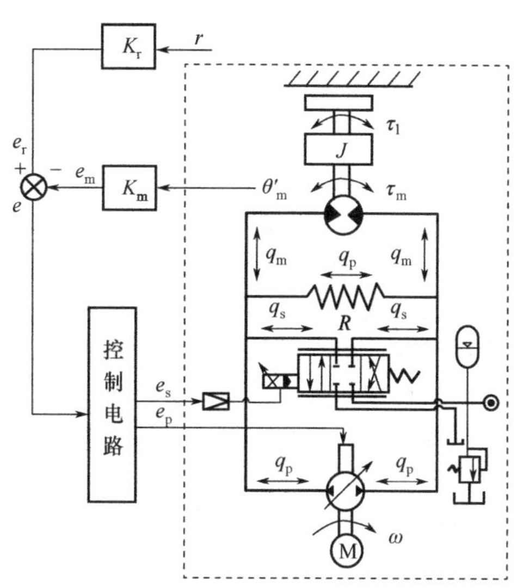

图 1-59 阀泵并联控制液压马达速度调节系统

(4) 小结

液压马达速度伺服系统的基本形式有容积调速和节流调速两类。容积调速系统的典型结构是泵控液压马达系统，它通过改变变量泵的排量来对马达输出进行控制。这种控制方法具有功率损失小、效率高的优点，因此在很多场合得到了应用，尤其是大功率系统中，但它具有低速不稳定、动态特性较差的缺陷。节流调速系统是通过调节伺服阀的开度来调节进入液压马达的流量，从而控制马达的速度，这种系统的特点是响应快、效率低，适于动态特性要求高的场合。而阀泵联合调节系统的出现则部分地解决了快速性和系统效率之间的矛盾，具有响应快和效率高的特点，可适用于大功率、高精度、快响应的场合。综上所述，液压马达速度伺服系统的主要结构形式、特点和使用场合归纳为表 1-4，作为应用时参考。

表 1-4 液压马达速度伺服系统结构与性能比较

结构形式		动态特性	系统效率	应用场合
泵控	开环	差	高	大功率
	带位置环	一般	高	大功率
	无位置环	一般	高	大功率
阀控	串联	好	低	中、小功率
	节流并联	好	较高	中、大功率
	补油并联	好	较高	中、大功率
阀泵联合	串联①	好	较高	中、大功率
	串联②	好	较高	中、大功率
	并联	好	高	大功率

1.4.2 电液伺服马达控制系统的应用

某型装备电液伺服马达控制系统用来高速驱动传输链，安全可靠地进行物料双向传输的系统。根据装备的技术要求和传输物料的特点，电液伺服马达系统应具有响应快、控制精度高和高速、大转矩输出及紧急制动与安全保护功能的特点。为了使系统获得快速响应和高的控制精度，不宜采用液压泵控系统，必须采用阀控电液伺服系统，因为阀控电液伺服系统响应快、控制精度高。

(1) 系统

系统工作压力为15MPa；输出转矩为380N·m；系统转速范围为－810～＋810r/min；速度控制线性度为±3%。

① 构成　参考图1-60所示电液伺服马达控制系统原理图，电液伺服马达系统由下述各部分构成：液压马达，轴向柱塞式液压马达，实现转速和转矩的输出；电液伺服阀，喷嘴挡板式伺服阀，用于电动机械转换和液压放大及控制，驱动液压马达；测速发电机，完成马达速度的测量和系统的反馈闭环；伺服控制器，完成指令信号与反馈信号的比较与放大并驱动电液伺服阀；制动阀，用1个电磁球阀控制2个液控单向阀，将其集成在一个阀块上，当遇到紧急情况时切断马达的控制油路，对快速转动的马达进行制动；安全阀，当液压马达紧急制动后，由于受到负载的惯性冲击，负载要带动马达继续旋转，在马达中一腔的压力瞬时升高，为了保护液压马达，在系统中设计了安全阀；信号源，系统给定控制信号；液压油源，为整个伺服系统提供压力恒定且具有一定清洁度等级的液压能源。

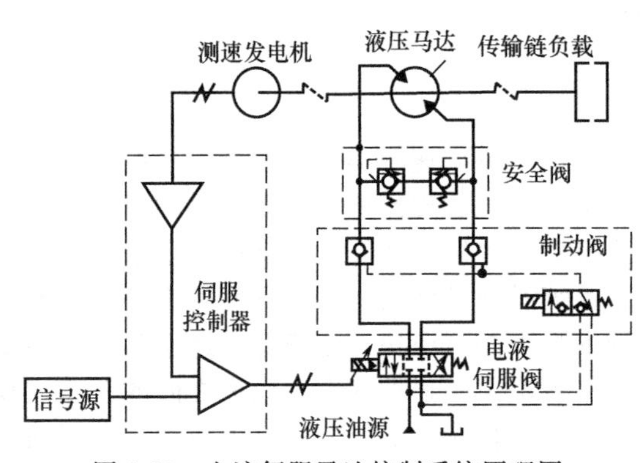

图1-60　电液伺服马达控制系统原理图

② 工作原理　参考图1-60，伺服控制器将来自信号源的指令信号与测速发电机的速度反馈信号的误差信号进行放大并驱动电液伺服阀，经过电液伺服阀完成液压功率放大并驱动液压马达转动，液压马达的转速由测速发电机测量反馈给伺服控制器，实现马达速度的电液伺服控制。电磁球阀不通电时，2个液控单向阀的控制油路与系统回油路沟通，2个液控单向阀的反向没有打开，所以伺服阀到液压马达的2个控制油路没有形成回路，马达不能转动；当电磁球阀通电时，2个液控单向阀的控制油路与系统压力油路沟通，2个液控单向阀反向打开，伺服阀到液压马达的2个控制油路畅通，马达由伺服阀控制转动。

③ 特点　电液伺服马达系统是为某型装备研制而用来安全可靠地高速驱动传输链的系统，在系统设计时，不但要考虑系统的负载特性和控制精度要求，还要对系统的工作安全性给予特别的考虑。

当系统遇到紧急情况时，要快速切断马达的控制油路，对高速转动的马达进行制动，系统中设计了制动阀。当液压马达紧急制动后，由于受到负载的惯性冲击，负载要带动马达继续旋转，在马达一腔中的压力瞬时升高。为了保护液压马达，在系统中设计了安全阀，来限制冲击压力。

由于马达所驱动的传输链上的各个传动轴之间存在着传动比，分析计算系统的动力特性时要按照式(1-17)将马达所驱动的整个传输链上的各个转动轴的转动惯量和直线运动部分的运动质量当量到马达轴上，计算出当量转动惯量J_v；按照式(1-18)将传输链上的垂直提升部分的各个重力和各个轴上的转矩当量到马达轴上，重力方向、转矩方向与运动方向相同时取正号，重力方向、转矩方向与运动方向相反时取负号，计算出马达轴上的当量力矩T_v。

$$J_v=\sum_{i=1}^{n}J_i\left(\frac{\omega_i}{\omega}\right)^2+\sum_{i=1}^{k}m_i\left(\frac{\nu_i}{\omega}\right)^2 \tag{1-17}$$

$$T_v=\sum_{i=1}^{n}\pm T_i\left(\frac{\omega_i}{\omega}\right)+\sum_{i=1}^{k}\pm G_i\left(\frac{\nu_i}{\omega}\right) \tag{1-18}$$

依据以上两式的计算结果，可以写出马达轴的动力方程（1-19）。

$$T_v=J_v\frac{d^2\varphi}{dt^2} \tag{1-19}$$

根据式(1-19) 可以分析计算马达驱动系统在启动和停止时的运动过渡过程情况。特别是在马达高速运转时的紧急制动停车，此时伺服阀的控制节流口关闭、制动阀断电关闭，由于马达的角加速度 $\varepsilon=d^2\varphi/dt^2$ 非常大，将产生很大的制动力矩 T_v，因为马达的排量一定，从而在马达的一腔内将产生非常高的冲击压力。为了避免马达的冲击压力过高，损坏液压马达，所以系统中设计有 2 个安全阀限制系统的冲击压力。通常情况下安全压力的设定值为系统工作压力的 1.5 倍。在 2 个安全阀的压力设定好以后，可以计算得到最大制动力矩 T_{vmax}，还可以根据式(1-19) 计算出最大角加速度 ε_{max} 以及最大制动角度和制动时间。

(2) 主要元件

液压马达采用点接触式端面配流轴向柱塞马达，该马达结构紧凑、启动力矩小。其技术参数为：额定工作压力 16MPa，排量 $160cm^3/r$，最大输出转矩为 400N·m。

制动阀的主阀采用液控单向阀，先导控制由一个具有快速响应的电磁球阀进行控制。电磁球阀由系统中的安全回路进行控制，系统正常运行时，电磁铁通电，液控单向阀打开，系统正常工作；若系统出现异常情况，譬如系统超载，则电磁铁断电，系统制动，马达停止转动。

安全阀采用插装式结构，将 2 个单向阀和 2 个溢流阀插装在一个阀块内，安全压力在实验台上分别设定好，设定安全压力为 22MPa。

电液伺服马达控制系统可以安全可靠地进行物料的双向高速传输，具有响应快、控制精度高和高速、大转矩输出及紧急制动与安全保护功能的特点。

第2章 电液比例控制阀及应用

电液比例控制阀是介于普通液压阀和电液伺服阀之间的一种液压控制阀，与电液伺服阀的功能相似，其输出的液压量与输入的电信号成比例关系。

2.1 电液比例控制阀概述

1967年瑞士某公司生产的KL比例复合阀标志着比例控制技术在液压系统中正式开始应用，主要是将比例型的电-机械转换器（比例电磁铁）应用于工业液压阀。到20世纪80年代，随着微电子技术的发展，比例控制技术已达到较完善的程度，主要表现在3个方面：首先是采用了压力、流量、位移、动压等反馈及电校正手段，提高了阀的稳态精度和动态响应品质，这些标志着比例控制设计原理已经完善；其次是比例技术与插装阀已经结合，诞生了比例插装技术；最后是以比例控制泵为代表的比例容积元件的诞生。电液比例阀在工业生产中获得了广泛的应用，可用于控制位置（转角）、速度（转速）、加速度（角加速度）、压力（压差）、力（力矩）等参数。如陶瓷地板砖制坯压力机、带钢轧机的带钢恒张力控制、压力容器疲劳寿命试验机、液压电梯运动及控制系统、金属切削机床工作台运动控制、轧钢机压下及控制系统、液压冲床、弯管机、塑料注射成型机等。

2.1.1 比例控制原理

电液比例阀多用于开环液压控制系统中，实现对液压参数的遥控，也可以作为信号转换与放大组件用于闭环控制系统。与手动调节和通断控制的普通液压阀相比，它能显著地简化液压系统，实现复杂程序和运动规律的控制，便于机电一体化，通过电信号实现远距离控制，大大提高液压系统的控制水平；与电液伺服阀相比，尽管其动态、静态性能有些逊色，但在结构与成本上具有明显优势，能够满足多数对动静态性能指标要求不高的场合。随着电液伺服比例阀的出现，电液比例阀的性能已接近甚至超过了伺服阀。

电液比例阀通常由电气-机械转换器、液压放大器（先导级阀和功率级主阀）和检测反馈机构三部分组成（见图2-1）。若是单级阀，则无先导级阀。

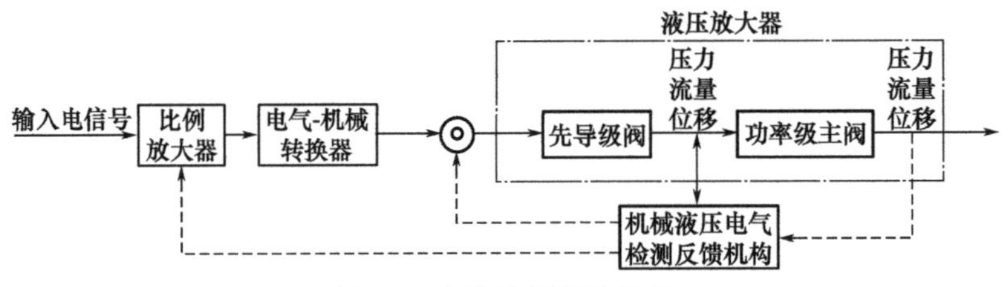

图2-1 电液比例阀的组成

电液比例阀是比例控制系统中的主要功率放大元件，按输入电信号指令连续地成比例地控制液压系统的压力、流量等参数。与伺服控制系统中的伺服阀相比，在某些方面还有一定的性能差距（主要性能比较如表2-1所示），但它显著的优点是抗污染能力强，大大地减少了由污染而造成的工作故障，提高了液压系统的工作稳定性和可靠性；另外比例阀的成本比伺服阀低，结构也简单，已在许多场合获得广泛应用。

表2-1 比例阀和伺服阀主要性能比较

性能	比例阀	伺服阀	开关阀
过滤精度/μm	25	3	25～50
阀内压降/MPa	0.5～2	7	0.25～0.5
滞环/%	1～3	1～3	—
重复精度/%	0.5～1	0.5～	—
频宽/(Hz/3dB)	25	20～200	—
中位死区	有	无	有
价格比	1	3	0.5

2.1.2 比例电磁铁

常用的比例阀大都采用了比例电磁铁，比例电磁铁根据电磁原理设计，能使其产生的机械量（力或力矩和位移）与输入电信号（电流）的大小成比例，再连续地控制液压阀阀芯的位置，进而实现连续地控制液压系统的压力、方向和流量。比例电磁铁由线圈、衔铁、推杆等组成，当有信号输入线圈时，线圈内磁场对衔铁产生作用力，衔铁在磁场中按信号电流的大小和方向成比例、连续地运动，再通过固连在一起的销钉带动推杆运动，从而控制滑阀阀芯的运动。应用最广泛的比例电磁铁是耐高压直流比例电磁铁。

输入电信号通过比例放大器放大后（通常为24V直流，800mA或更大的额定电流），比例电磁铁将其转换为力或位移，以产生驱动先导级阀运动的位移或转角。

比例电磁铁结构简单、成本低廉、输出推力和位移大，对油质要求不高，维护方便。对比例电磁铁的主要技术要求有：①水平的位移-力特性，即在比例电磁铁有效工作行程内，当线圈电流一定时，其输出力保持恒定，与位移无关。②稳态电流-力特性，具有良好的线性度，较小的死区及滞回。③动态特性阶跃响应快，频响高。

比例电磁铁有单向和双向两种，单向比例电磁铁较常用。

(1) 单向比例电磁铁

典型的耐高压单向比例电磁铁结构原理图如图2-2所示，它主要由推杆1、衔铁7、导向套10、壳体11、轭铁13等部分组成。导向套10前后两段为导磁材料（工业纯铁），导向套前段有特殊设计的锥形盆口。两段之间用非导磁材料（隔磁环9）焊接成整体。筒状结构的导向套具有足够的耐压强度，可承受35MPa的液压力。壳体11与导向套10之间配置同心螺线管式控制线圈3。衔铁7前端所装的推杆1用以输出力或位移，后端所装的调节螺钉5和弹簧6组成调零机构。衔铁支撑在轴承上，以减小黏滞摩擦力。比例电磁铁通常为湿式直流控制（内腔要充入液压油），使其成为衔铁移动的一个阻尼器，以保证比例组件具有足够的动态稳定性。

工作时，线圈通电后形成的磁路经壳体、导向套、衔铁后分为两路：一路由导向套前端到轭铁而产生斜面吸力；另一路直接由衔铁断面到轭铁而产生表面吸力，二者的合成力即为比例电磁铁的输出力（见图2-3）。由图2-3可以看到，比例电磁铁在整个行程区内，可以分为吸合区Ⅰ、有效行程区Ⅱ和空行程区Ⅲ三个区段：在吸合区Ⅰ，工作气隙接近于零，输出力急剧上升，由于这一区段不能正常工作，因此结构上用加不导磁的限位片（见图2-2中的

12）的方法将其排除，使衔铁不能移动到该区段内；在空行程区Ⅲ工作气隙较大，电磁铁输出力明显下降，这一区段虽然也不能正常工作，但有时是需要的，例如用于直接控制式比例方向阀的两个比例电磁铁中，当通电的比例电磁铁工作在工作行程区时，另一端不通电的比例电磁铁则处于空行程区Ⅲ；在有效行程区（工作行程区）Ⅱ，比例电磁铁具有基本水平的位移动特性，工作区的长度与电磁铁的类型等有关。

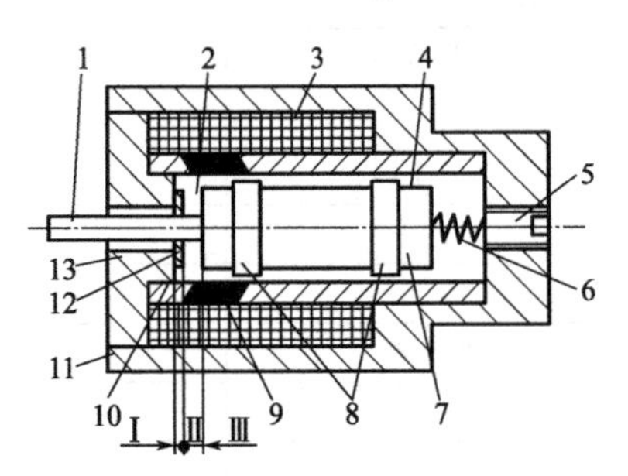

图 2-2 耐高压单向比例电磁铁结构原理

1—推杆；2—工作气隙；3—线圈；4—非工作气隙；5—调节螺钉；6—弹簧；7—衔铁；8—轴承环；9—隔磁环；10—导向套；11—壳体；12—限位片；13—轭铁

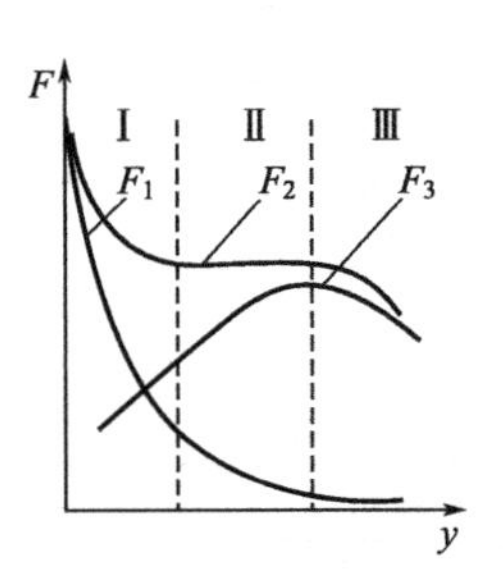

图 2-3 单向电磁铁的位移-吸力特性

y—行程；F_1—表面力；F_2—合成力；F_3—斜面力

比例电磁铁具有与位移无关的水平的位移-力特性，一定的控制电流对应一定的输出力，即输出力与输入电流成比例（见图 2-4），改变电流即可成比例改变输出力。

由图 2-4 可看到，当电磁铁输入电流往复变化时，相同电流对应的吸力不同，一般将相同电流对应的往复输入电流差的最大值与额定电流的百分比称为滞环。引起滞环的主要原因有电磁铁中软磁材料的磁化特性及摩擦力等因素。为了提高比例阀等比例组件的稳态性能，比例电磁铁的滞环越小越好，还希望比例电磁铁的零位死区（比例电磁铁输出力为零时的最大输入电流 I_0 与额定电流的百分比）小且线性度（直线性）好。

(2) 双向比例电磁铁

图 2-5 为耐高压双向极化式比例电磁铁的结构原理。这种比例电磁铁采用了左、右对称的平头-盆口形动铁式结构。左、右线圈中各有一个励磁线圈 1 和控制线圈 2。当励磁线圈 1 通以恒定的励磁电流 I_j 后，在左右两侧产生极化磁场。仅有励磁电流时，由于电磁铁左右结构及线圈的对称性，左右两端吸力相等、方向相反时，衔铁处于平衡状态，输出力为零。当控制线圈通入差动控制电流后，左右两端总磁通分别发生变化，衔铁两端受力不相等而产生与控制电流数值相对应的输出力。

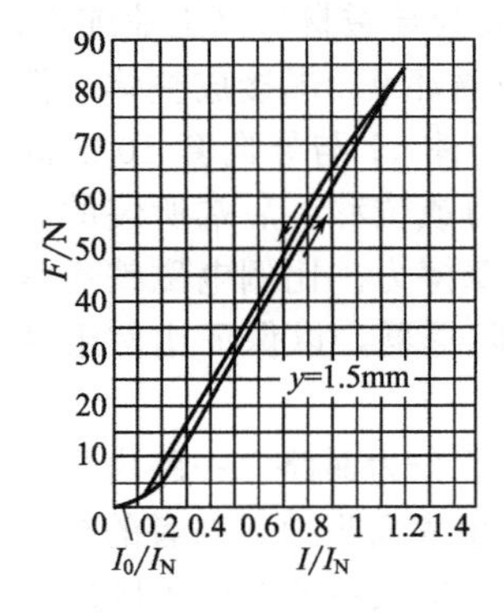

图 2-4 比例电磁间的电流-力特性

I—工作电流；I_N—额定电流；F—吸力；y—行程

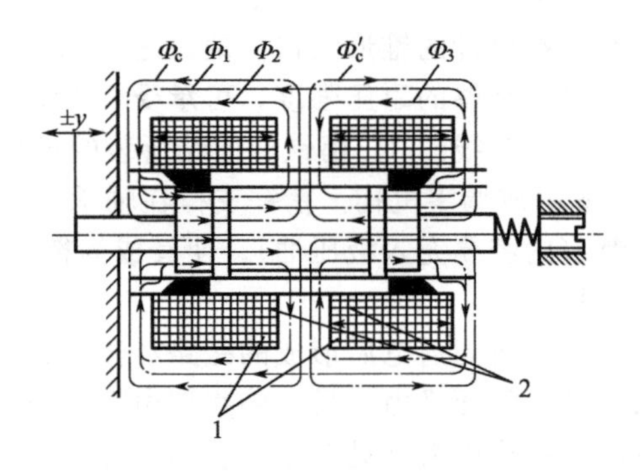

图 2-5 耐高压双向极化式比例电磁铁结构原理

1—励磁线圈；2—控制线圈

该比例电磁铁把极化原理与合理的平头-盆口动铁式结构结合起来，使其具有良好的位移-力水平特性以及良好的电流-输出力比例特性（见图 2-6），且无零位死区、线性度好、滞环小，动态响应特性好。

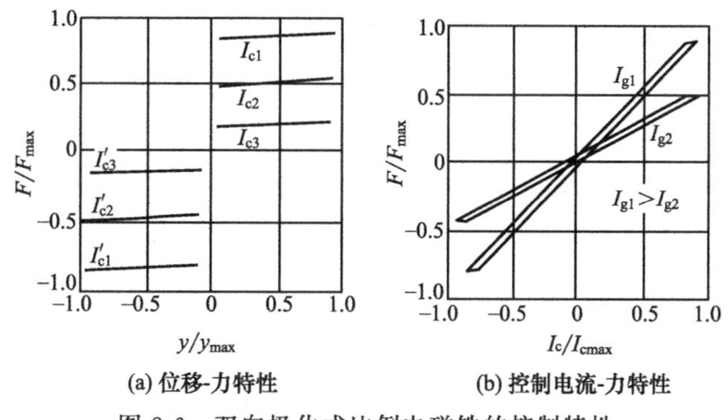

(a) 位移-力特性　(b) 控制电流-力特性

图 2-6　双向极化式比例电磁铁的控制特性

(3) 典型产品

表 2-2 列出了德国 SCHULTZ 公司的几种比例电磁铁产品的技术参数。

表 2-2　SCHULTZ 公司的几种比例电磁铁产品的技术参数

参数名称	型号			参数名称	型号		
	035	045	060		035	045	060
衔铁质量/kg	0.03	0.06	0.14	额定电流滞环/%	<2.5	<2.5	<4
电磁铁质量/kg	0.43	0.75	1.75	非线性度误差/%	2	2	2
总行程/mm	4±0.3	6±0.3	8±0.4	额定线圈电阻/Ω	24.6	21	16.7
有效行程/mm	2	3	4	额定电流/A	0.68	0.81	1.11
理想工作行程范围/mm	0.5～1.5	0.5～2.5	0.5～3.5	最大限制电流/A	0.68	0.81	1.11
空行程/mm	2	3	4	线性段起始电流/A	0.14	0.15	0.15
额定电磁输出力/N	50	60	145	始动电流/A	0.05	0.02	0.05
静态输出力滞环/%	约 1.2	约 1.7	约 1.9	额定功率/W	11.4	13.8	21
动态输出力滞环/%	约 2	约 3	约 3.5				

2.1.3 液压放大器及检测反馈机构

(1) 先导阀

电液比例阀的先导级阀用于接受小功率的电气-机械转换器输入的位移或转角信号，将机械量转换为液压力驱动主阀。先导级阀主要有锥阀式、滑阀式、喷嘴挡板式等结构形式，而大多采用锥阀及滑阀。在比例压力控制阀中，大多采用锥阀作先导级。锥阀如图 2-7(a) 所示，其优点是加工方便，关闭时密封性好，效率高，抗污染能力强。为了改善锥阀阀芯的导向性和阻尼特性或降低噪声等，有时增加圆柱导向阻尼［见图 2-7(b)］或减振活塞［见图 2-7(c)］部分。

(2) 功率级主阀

电液比例阀的功率级主阀用于将先导级阀的液压力转换为流量或压力输出。主阀通常是滑阀式、锥阀式或插装式，其结构与普通液压阀的滑阀、锥阀或插装阀结构类同。

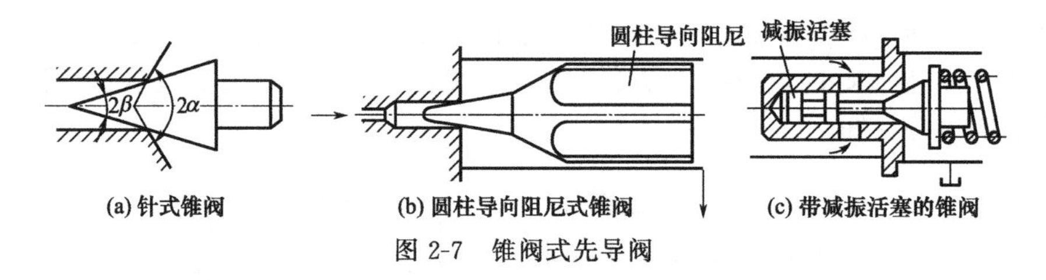

图 2-7 锥阀式先导阀

(3) 反馈检测机构

设在阀内部的机械、液压及电气式检测反馈机构将主阀控制口或先导级阀口的压力、流量或阀芯的位移反馈到先导级阀的输入端或比例放大器，实现输入输出的平衡。

2.1.4 电液比例阀的分类

比例阀按主要功能分类，分为压力控制阀、流量控制阀和方向控制阀三大类，每一类又可以分为直接控制和先导控制两种结构形式，直接控制用在小流量小功率系统中，先导控制用在大流量大功率系统中。电液比例阀的分类见图 2-8。

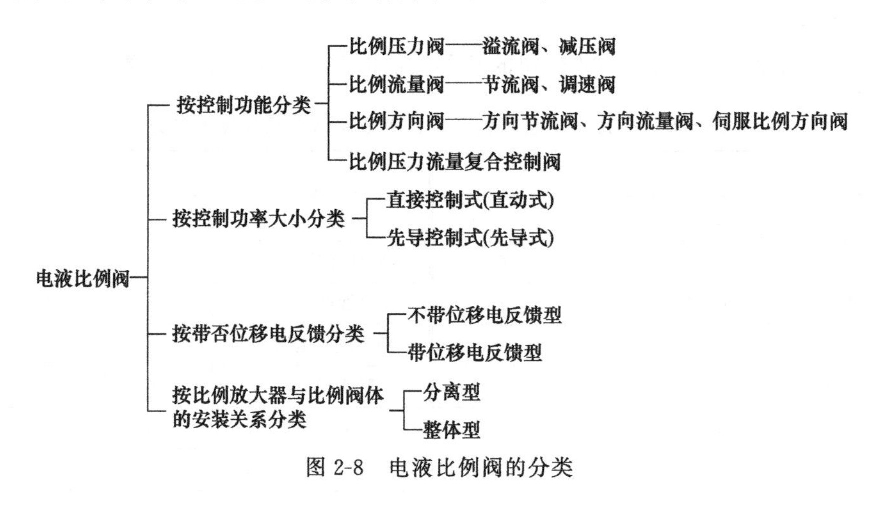

图 2-8 电液比例阀的分类

2.2 电液比例压力阀及应用

2.2.1 电液比例压力阀概述

图 2-9 为一种不带电反馈的直动式电液比例压力阀，它由比例电磁铁和直动式压力阀两部分组成。直动式压力阀的结构与普通压力阀的先导阀相似，所不同的是阀的调压弹簧换为传力弹簧 3，手动调节螺钉部分换装为比例电磁铁。锥阀芯 4 与阀座 6 间的弹簧 5 主要用于防止阀芯的振动撞击。阀体 7 为方向阀式阀体。当比例电磁铁输入控制电流时，衔铁推杆 2 输出的推力通过传力弹簧 3 作用在锥阀芯 4 上，与作用在锥芯上的液压力相平衡，决定了锥阀芯 4 与阀座 6 之间的开口量。由于开口量变化微小，故传力弹簧 3 变形量的变化也很小，若忽略液动力的影响，则可认为在平衡条件下，所控制的压力与比例电磁铁的输出电磁力成正比，从而与输入比例电磁铁的控制电流近似成正比。这种压力阀除了在小流量场合作为调压组件单独使用外，更多的作为先导阀与普通溢流阀、减压阀的主阀组合，构成不带电反馈的先导式电液比例溢流阀、先导式电液比例减压阀，改变输入电流大小，即可改变电磁力，从而改变导阀前腔（即主阀上腔）压力，实现对主阀的进口或出口压力的控制。

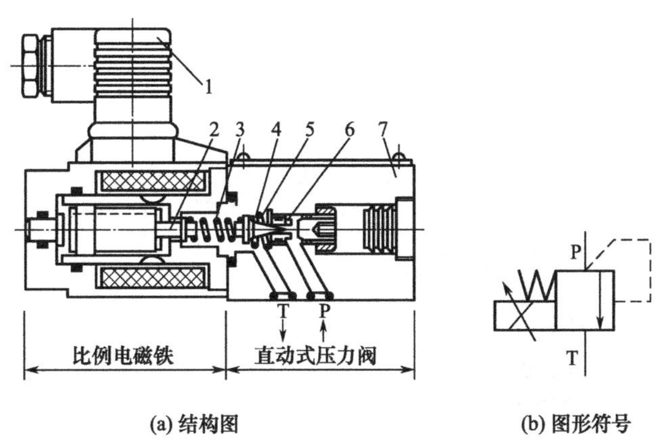

图 2-9 不带电反馈的直动式电液比例压力阀

1—插头；2—衔铁推杆；3—传力弹簧；4—锥阀芯；5—防振弹簧；6—阀座；7—阀体

图 2-10(a) 为位移电反馈型直动式电液比例压力阀的结构图，它与图 2-9 所示的压力阀所不同的是，此处的比例电磁铁带有位移传感器 1，其详细图形符号为图 2-10(b)。工作时，给定设定值电压，比例放大器输出相应控制电流，比例电磁铁推杆输出的与设定值成比例的电磁力，通过传力弹簧 7 作用在锥阀芯 9 上；同时，电感式位移传感器 1 检测电磁铁衔铁推杆的实际位置（即弹簧座 6 的位置），并反馈至比例放大器，利用反馈电压与设定电压比较的误差信号去控制衔铁的位移，即在阀内形成衔铁位置闭环控制。利用位移闭环控制可以消除摩擦力等干扰的影响，保证弹簧座 6 能有一个与输入信号成正比的确定位置，得到一个精确的弹簧压缩量，从而得到精确的压力阀控制压力。电磁力的大小在最大吸力之内由负载需要决定。当系统对重复精度、滞环等有较高要求时，可采用这种带电反馈的比例压力阀。

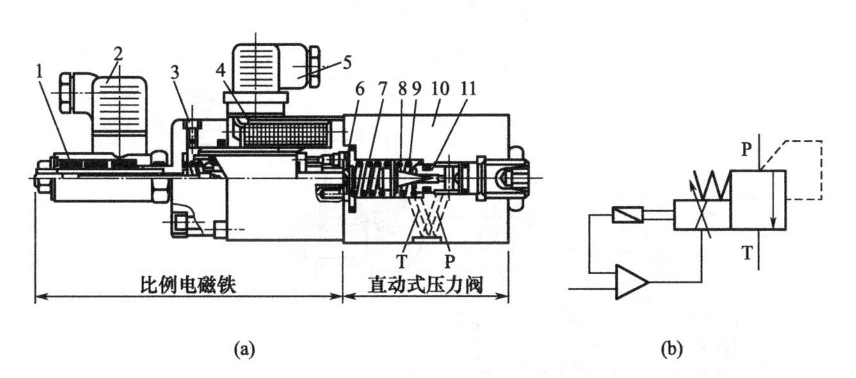

图 2-10 位移电反馈型直动式电液比例压力阀

1—位移传感器；2—传感器插头；3—放气螺钉；4—线圈；5—线圈插头；6—弹簧座；7—传力弹簧；8—防振弹簧；9—锥阀芯；10—阀体；11—阀座

图 2-11 为带手调安全阀的先导式电液比例溢流阀［图 2-11(a) 为结构图，图 2-11(b) 为图形符号］。它的上部为先导级，是一个直动式比例压力阀，下部为功率级主阀组件（带锥度的锥阀结构）5，中部配置了手调限压阀 4，用于防止系统过载。图中，A 为压力油口，B 为溢流口，X 为遥控口，使用时其先导控制回油必须单独从外泄油口 2 无压引回油箱。该阀的工作原理是，除先导级采用比例压力阀之外与普通先导式溢流阀基本相同。手调限压阀与主阀一起构成一个普通的先导式溢流阀，当电气或液压系统发生意外故障时，它能立即开启使系统卸压，以保证液压系统的安全。

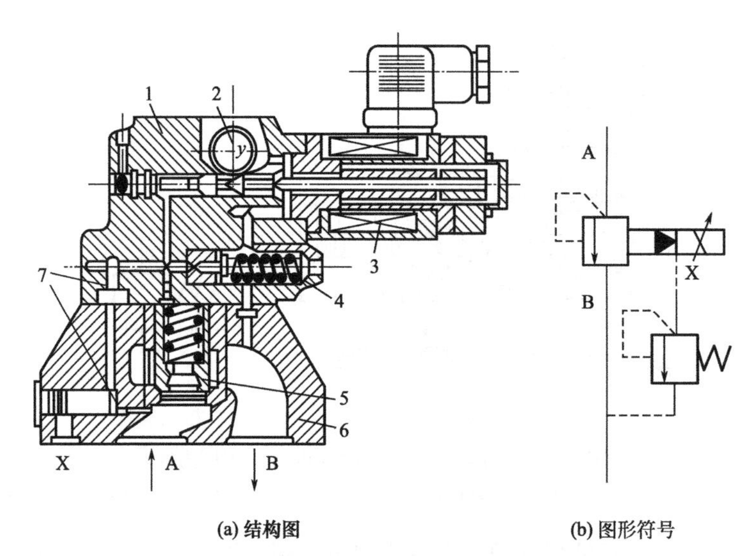

(a) 结构图　　　　(b) 图形符号

图 2-11　带手调限压阀的先导式电液比例溢流阀

1—先导阀体；2—外泄油口；3—比例电磁铁；4—限压阀；5—主阀组件；6—主阀体；7—固定液阻

图 2-12 所示为力士乐单向比例减压阀。与普通单向减压阀相比，比例减压阀用比例电磁铁取代了调压螺栓。

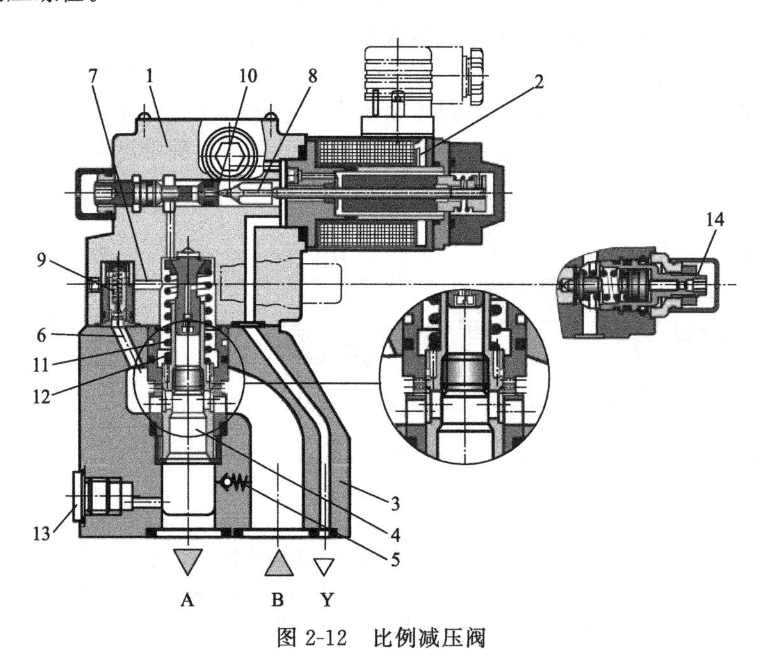

图 2-12　比例减压阀

1—先导阀座；2—比例电磁铁；3—主阀座；4—通道；5—单向阀；6,7—二级压力通道；8—先导阀；9,13—堵头；10—先导阀座；11—弹簧；12—主阀芯；14—安全阀

2.2.2　电液比例溢流阀在发动机上的应用

电液比例溢流阀应用于工程机械发动机液压驱动风扇冷却系统中，根据冷却液的温度实现风扇转速的无级调节，调速方便，能够解决工程机械冷却风扇的转速只随发动机转速的改变而改变及由此而带来的冷却不合理的问题，且安装方便。

(1) 比例阀系统工作原理

电液比例溢流阀用比例电磁铁取代普通开关型液压阀的手动调节装置或普通电磁铁，因而可以对液压参量进行远距离、高精度的连续控制，系统基本工作原理如图 2-13 所示。在工程机械发动机冷却风扇液压驱动系统中，输入信号是冷却液温度传感器根据所采集的发动机冷却液的温度而输出的连续变化的电气量，经比例放大器处理后，作用于比例电磁铁；比例电磁铁作为电-机转换器，输出与其感应线圈电流成比例的牵引力。此力作用于溢流阀的阀芯，所以随输入电流的改变，可改变节流回路的溢流量，从而改变溢流阀的调整压力，控制、输出液压量，使发动机冷却风扇液压驱动系统及液压马达的进出口压力差随冷却液的温度而自动调节。油压的改变就会对冷却风扇起到调速的作用。

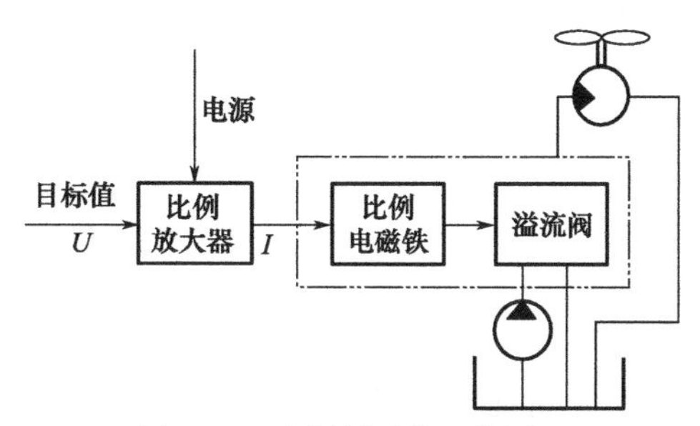

图 2-13 比例阀系统工作原理

(2) 比例阀控制特性的测试

为了确定比例阀入口压力 p 随比例电磁铁线圈中的电流 f 变化关系，必须对比例阀控制特性进行测试。它要求在通过被试比例阀的流量为常数的情况下进行，试验油路与测试方案如图 2-14 所示。

系统选用型号为 EBG-O3-C-T-50 的比例阀和直流输入式直流电源用 SKIOI5-11 型比例控制放大器。因为要求通过被试阀的流量为常数（规定值），所以试验油路采用恒流源供油，阀 2 起安全保护作用。调速阀 4 用于设定通过被试阀的恒定流量，流量的大小由回油管中的流量计 7 来监视和读出。

为了能够连续地描绘出比例阀的控制特性曲线，采用超低频信号发生器 11 产生 0.01～0.02Hz 的三角波信号输给比例控制放大器 10；由比例控制器上的电流检测孔输出 U_i 信号，它代表着线圈中控制电流 I 的大小。被试阀的入口压力由压力传感器 5 测出并转换成信号 U_p 输出。当三角波信号由零逐渐增加至最大值，然后又逐渐减小至零工作一个循环时，被试阀主阀口就由开启逐渐关小然后再逐渐开启至最大经历这样一个循环。因此，入口压力也变化一个循环，故压力传感器 5 的输出信号 U_p 也相应地由 U_{pmin} 逐渐增至 U_{pmax}，然后再逐渐减小至 U_{min}。试验过程中，将 U_i 信号输往 X-Y 记录仪的 X 轴；U_p 信号输往 X-Y 记录仪的 Y 轴，则记录仪就连续实时描绘出控制特性曲线，如图 2-15 所示。

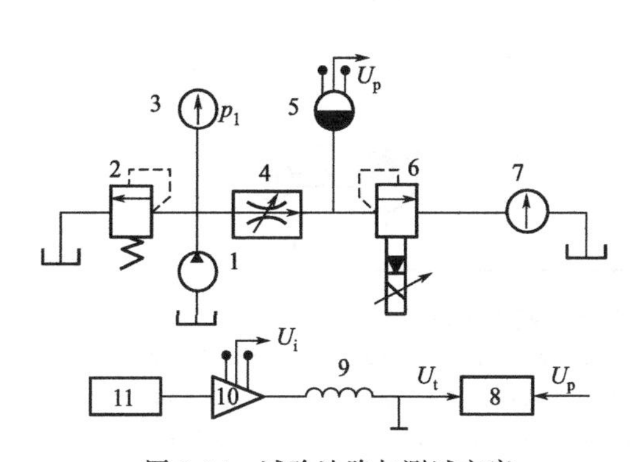

图 2-14 试验油路与测试方案

1—油源泵；2—安全阀；3—压力表；4—调速阀；5—压力传感器；6—被试阀；7—流量计；8—X-Y 记录仪；9—阀线圈；10—比例控制放大器；11—信号发生器

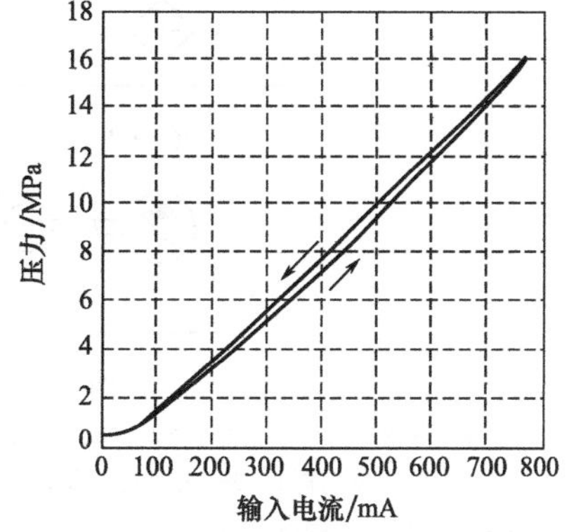

图 2-15 控制特性曲线

由图 2-15 控制特性曲线可以看出，所选比例阀的入口压力 p 随比例电磁铁线圈中的输入电流 i 的变化而变化。当比例电磁铁线圈中的输入电流 i 增加时，比例阀的入口压力 p 也随之增加；当比例电磁铁线圈中的输入电流 f 减少时，比例阀的入口压力 p 也随之减小。在所设计系统中，系统压力即为比例阀的入口压力。所以，比例阀能够根据输入电流 i 的变化调节系统的压力，进而调节液压马达的进口压力，改变风扇的转速。

2.2.3 船用舵机水动力负载模拟装置的比例控制系统

船舶舵机负载模拟器是一种地面半实物仿真设备，用于在实验室条件下模拟舵机所受的外部载荷。舵机在水下所受负载较复杂，有水动力、摩擦力、惯性力等。用于模拟此类负载的加载系统一般都具有惯量大、负载流量大、所需出力大的特点。舵机负载模拟器，包括惯性加载和水动力加载两部分。惯性加载是通过等效转动惯量盘实现，水动力加载是通过基于比例溢流阀的加载回路实现，避免了大流量电液伺服阀的使用。

(1) 水动力加载液压系统

舵机负载模拟器对水动力加载特性有如下要求：按舵叶转角及转动方向进行水动力加载；舵叶转动停止时按恒定力加载；舵叶回中转动时停止加载。根据以上要求，设计的水动力加载装置液压系统如图 2-16 所示。

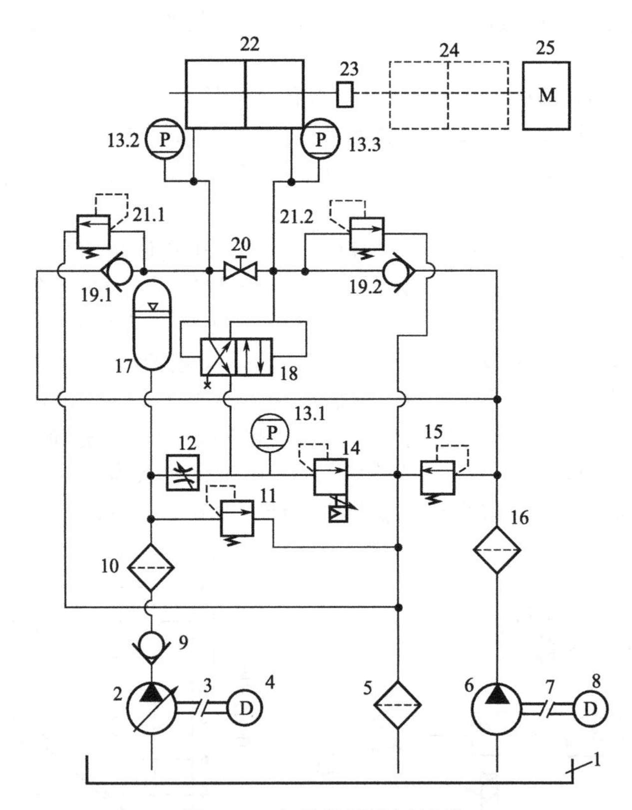

图 2-16　加载装置液压原理

1—油箱；2—恒压变量泵；3,7—联轴器；4,8—电动机；5,16—过滤器；6—低压大排量叶片泵；9,19—单向阀；10—精密过滤器；11,15,12—溢流阀；12—节流阀；13—压力传感器；14—比例溢流阀；17—蓄能器；18—液动换向阀；20—旁通球阀；22—加载缸；23—连接机构；24—舵机液压缸；25—惯性负载

该液压系统主要由以下两个回路组成。

① 加载回路 加载回路由恒压变量泵2、单向阀9、精密过滤器10、溢流阀11、节流阀12、蓄能器17、比例溢流阀14、液动换向阀18、旁通球阀20、溢流阀21以及加载缸22组成。当舵机液压缸24驱动舵轴转动时，加载缸22通过连接机构23提供阻力模拟水动力负载，连接机构上装有转动惯量盘来模拟惯性负载。通过控制比例溢流阀14的溢流压力来控制加载液压缸被拖动时的背压，从而控制了主动缸运动时的负载力。恒压变量泵的作用是，当舵机停止转动时，经过节流阀12向比例溢流阀提供所需要的最低工作流量。所以，变量泵2选用高压小排量的恒压变量泵，变量泵的设定压力为21MPa。

② 补油回路 补油回路由低压大排量叶片泵6、过滤器16、溢流阀15以及单向阀19组成。补油回路的作用是，当加载液压缸被动运动时，为体积增大的一腔补油。故补油回路中的叶片泵为低压大流量压力源，溢流阀15的设定压力为0.5MPa。系统采用高压小排量泵和低压大排量泵构成液压动力源，具有功耗低、效率高的特点。同时，系统避免了复杂的液压惯性系统的存在和成本较高的电液伺服阀的使用，结构更加简单，容易实现。

(2) 控制方法及效果

根据以上设计的液压系统和工作要求，设计出如图2-17所示的控制系统。

① 函数发生器的实现 根据舵机液压缸活塞杆的位移量和舵机的几何关系，可以计算出舵角的大小。函数发生器是根据舵角的大小，得到舵轴在该位置所受到的水动力负载的信号发生器。系统工作时，将实测的舵角-水动力负载的对应值，以合适的间隔添加到函数发生器中，得到一个不同舵角对应不同水动力负载的表格。当函数发生器通过数据采集系统获得舵轴的当前舵角后，通过查表或线性插值得到水动力负载的值。舰船实际航行时，在不同的速度下，有不同的舵角-水动力负载关系曲线。因此，函数发生器可以发生多个航速下不同舵角对应的水动力负载值信号。同时，为了满足“舵机回中转动时不加载”的工作要求，函数发生器还需要对液压缸的位置变化进行判断。当函数发生器判断舵轴向靠近中位的方向运动时，函数发生器的水动力负载的理论值直接输出零。若是判断为远离中位方向，则函数发生器输出正常值。通过上面得到的水动力负载值，可以算出加载腔应该控制的理论压力值。计算公式如式(2-1)所示。

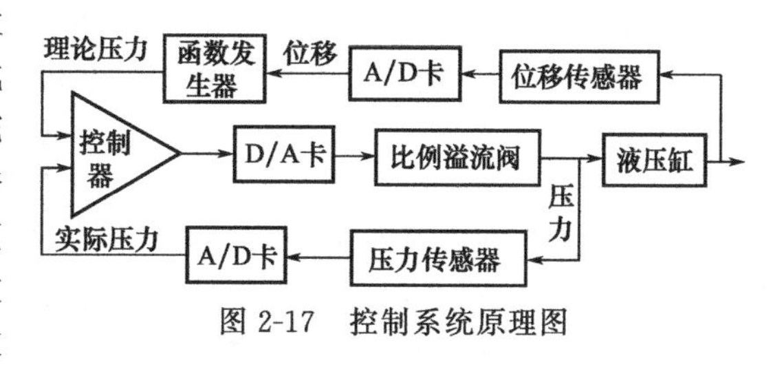

图2-17 控制系统原理图

$$p=F/A+p_1 \tag{2-1}$$

式中 F——理论需要加载的水动力负载；

A——液压缸活塞实际受力面积；

p_1——液压缸另一腔压力，压力值由压力传感器测得。

② 前馈控制的实现 以计算得到的压力值作为理论压力值进行闭环控制，本系统实际为一个电液力控制系统。对于电液力控制系统，要保持一定的输出力就要求电液阀有一定的控制电压，因此该系统是一个零型有差系统。比例溢流阀的溢流压力与输入电压信号近似呈比例关系，要保持一定的负载力，必须要有一定的输入电压。

若用普通的PID控制，要维持系统的输出力，误差的积分必须始终存在，并起主要作用。由控制理论知道，积分环节虽然可以消除系统静差，但它将使系统的动态过程变慢，而且过强的积分作用使系统的稳定性变坏。为了能够消除较大的跟随误差，同时为了避免过大的积分造成的不利影响，系统采用速度前馈加闭环比例控制的方法，控制原理如图2-18所示。

该方法中，比例溢流阀总的控制电压为：

$$U=U_1+U_2 \tag{2-2}$$

由式(2-2)可知：前馈控制电压 U_2 在动态跟随中起主要作用；闭环控制电压 U_1 起微调的作用，相当于PID控制器用误差消除误差的原理。因此，比例溢流阀输入电压与溢流压力之间的关系准确与否，决定实际控制效果的好坏。在实验现场对本系统所使用的比例溢流阀进行反复标定，得到如图2-19所示的溢流压力与输入电压的关系曲线。

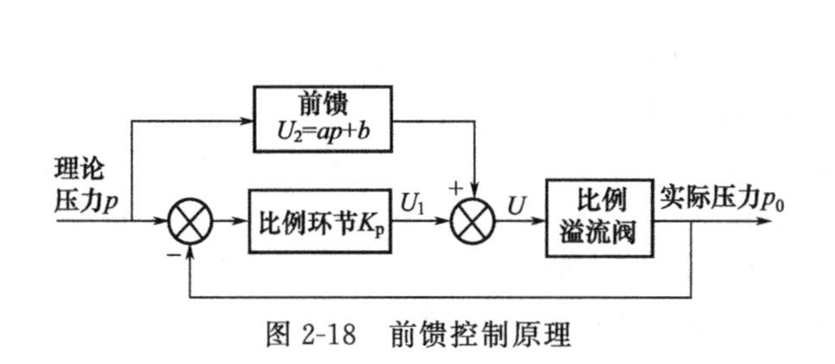

图2-18 前馈控制原理

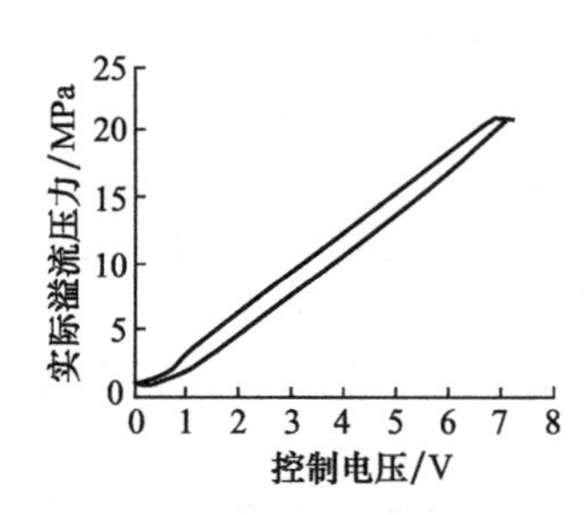

图2-19 比例溢流阀输入电压与溢流压力关系曲线

由图2-19可以看到，比例溢流阀在上升和下降两个阶段其溢流压力与输入电压值呈线性关系，但是存在着明显的滞环。通过直线拟合可以得到式(2-3)和式(2-4)中的 K 和 b 值，从而可以得到比例溢流阀控制电压 U 和溢流压力 p 之间的数学关系式：

$$p_{上}=K_1U+b_1 \tag{2-3}$$

$$p_{下}=K_2U+b_2 \tag{2-4}$$

由于 U 和 p 在上升和下降阶段分别满足不同的关系式，因此在控制器中需要对理论压力值的变化方向进行判断，采用非对称的变换关系式。当理论压力值增大时，前馈控制器应用关系式(2-3)；当减小时，前馈控制器则应用关系式(2-4)。

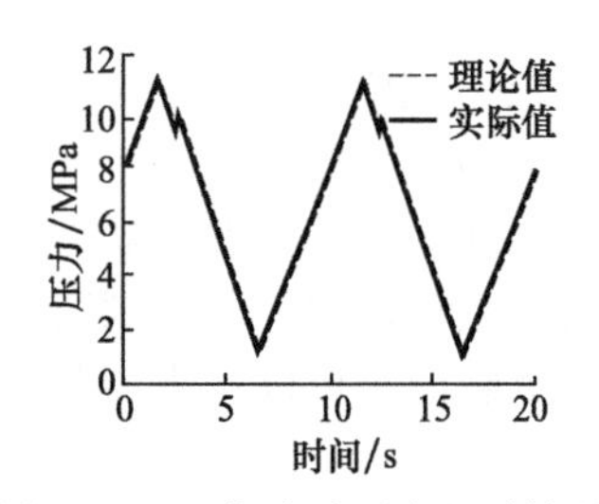

图2-20 三角波时压力跟随情况

③ 控制效果 图2-20是综合使用前馈控制与比例控制时的实际控制效果。由于三角波是一种变化较剧烈的波形，用它可以充分地试验加载系统的动态跟随性能。

由图2-20可以看到，实际曲线除在压力转折点处有略微振荡外，其余跟随良好。由于前馈控制过程中压力的控制值是根据变化趋势选用式(2-3)或式(2-4)，所以控制压力在转折点处出现幅值较小的振荡。船用舵机在实际工作过程中，不会出现如此剧烈的变化工况，所以控制策略对船用舵机的实际应用不会带来额外振动等不利影响。

2.2.4 电液比例减压阀用于挖掘机液压泵流量电控调节

液压系统主要是通过压力补偿变量机构改变液压工作泵输出的流量，从而使发动机转速恒定在选择的位置上。350液压挖掘机液压系统的压力补偿变量机构主要包括：恒功率调节及负载传感调节。

(1) 电液比例减压阀

恒功率调节的主要元件是电液比例减压阀，简称PRV阀，它是一个电磁阀，与普通电磁阀不同的是控制线圈动作的是由电子控制器发出的脉冲信号。

该阀的工作模式简化如图2-21所示。

电子控制器通过对所选择的动力模式、发动机转速挡位及发动机实际的转速等进行信号综合、分析，形成电信号作用到电液比例减压阀上，使滑阀移动，开通控制油道，先导油穿过此阀后，转变为 p_s 信号。上述3个变量中，有一个变量发生改变，都会导致 p_s 信号的改变。

卡特彼勒公司规定：在发动机实际转速比理论转速低 250r/min 时，电液比例减压阀发出 p_s 信号，改变斜盘的倾角，降低主泵的输出流量，防止发动机被迫熄火。在驾驶室右护手前方，有一个旋钮，即为发动机转速选择旋钮。它有十挡，各挡相对应的转速为 900r/min、1020r/min、1160r/min、1300r/min、1470r/min、1590r/min、1700r/min、1800r/min、1900r/min、1970r/min。在动力模式Ⅰ、Ⅱ时，脉宽比恒定，当发动机转速符合设定值时，该 PRV 阀不发出 p_s 信号。电液比例减压阀的脉宽比越高，磁性越大，阀的开口就越小。

(2) 前、后工作泵流量的调节

手柄全行程扳动时，为恒功率控制。此时泵的输出量决定于泵的压力。有 3 种功率水平，即动力模式Ⅰ、Ⅱ、Ⅲ。在动力模式Ⅲ时，功率输出为 100%；在动力模式Ⅱ时，功率输出为 90%；在动力模式Ⅰ时，功率输出为 70%。动力模式改变，PRV 阀输出的 p_s 信号随之改变，泵输出油量也将改变。

由负载压力信号来控制流量。当操作手柄作局部扳动时，泵输出流量决定于手柄扳动量；当操作手柄在中位时，泵的输出量最小。工作泵输出曲线见图 2-22。

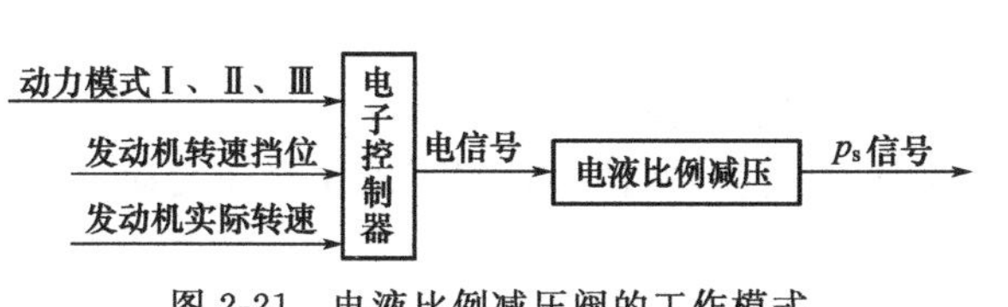

图 2-21 电液比例减压阀的工作模式

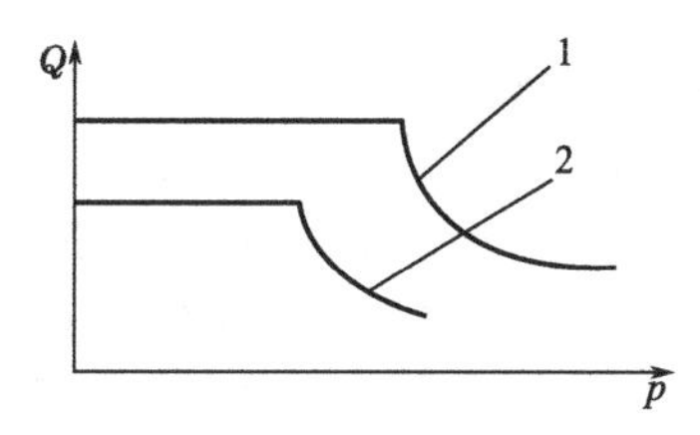

图 2-22 工作泵输出曲线

1—恒功率输出控制；2—手柄局部扳动负载传感

工作泵流量的调节由电液比例减压阀发出的 p_s 信号，到达前泵、后泵后，对主泵恒功率调节器进行作用，其调节原理见图 2-23。

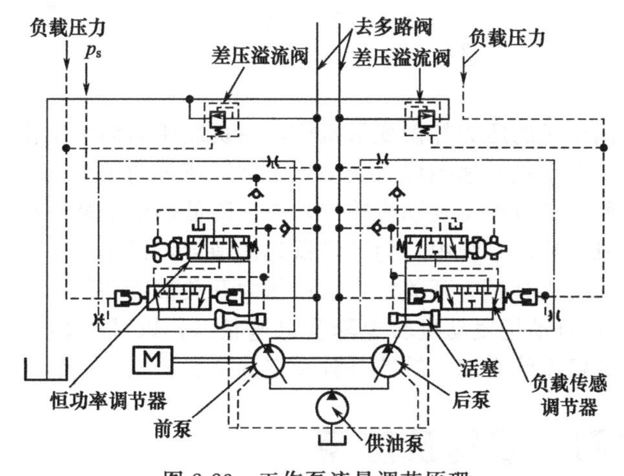

图 2-23 工作泵流量调节原理

工作泵输出压力与负载压力相当时，负载传感调节器的阀芯在弹簧力的作用下，向另一端移动。前泵出口压力 p_D 大于 p_s 信号油压力与恒功率调节器弹簧压力 p_T 之和时，阀芯向右移动，从工作泵流出的压力油，有一分支经单向阀后，穿过恒功率调节器、负载传感调节器后，作用在连接斜盘活塞的大腔上，使活塞向右移动，增加斜盘的倾角，提高工作泵的流量。而连接斜盘活塞的右移，又会带动电液比例减压阀的滑套右移，从而改变了电液比例减压阀阀芯与滑套的相对位置，导致了各油道开口的改变，在压差的作用下，阀芯又开始移动，直至在新的位置上平衡。反之，如果 $p_D < p_s + p_T$ 时，恒功率调节器阀芯向没有弹簧腔移动，此时恒功率调节器的阀芯开口与油箱回油道接通，以便于连接斜盘活塞移动时回油，减少工作泵排量。

工作泵输出压力大于负载压力时，负载传感调节器的阀芯向负载压力端移动。此时工作泵出口油同时到达连接斜盘活塞的两端，因截面积的差异，活塞向小端移动，加大斜盘的倾角，提高工作泵的流量，直到平衡位置。

为了保证前泵、后泵工作时的供油量，在前泵与后泵之间，设置有一个供油泵，其目的是向前泵、后泵供油，避免前泵、后泵大流量工作时形成空穴。

(3) 系统的特点

在典型的液压系统中，工作泵的流量均由负载压力调节，而负载压力的大小决定于工作的载荷。在负载伺服阀阀芯移动的范围内，有一个恒定的位置，在此位置上，斜盘倾角保持不变，直至载荷的改变。只要负载改变，斜盘的倾角也跟着改变。

350 电液比例减压阀的液压系统中，当 $p_D - p_L > 1960\text{kPa}$（$p_L$ 为负载压力）时，负载传感调节器阀芯开始移动，推动连接斜盘的阀芯移动，增大斜盘倾角，直到下一个平衡位置，即 $p_D - p_L = 1960\text{kPa}$。

在负载传感调节方面，350 液压系统具有一般典型液压系统的优点。

350 液压系统的最大特点在于发动机选择。任何转速挡位，都可以在保证发动机不熄火的前提下，满足工作负荷不断变化的需要。该系统允许发动机转速在低于选定挡位转速 0～250r/min 范围内波动，避免了工作泵斜盘频繁地摆动，可较好地适应各种复杂工况的需要。在 $p_D \approx p_L$ 时，电子控制器根据所选择的动力模式、发动机转速挡位及发动机实际转速等的变化信号进行分析后，向电液比例减压阀发出脉冲信号。电液比例减压阀发出的 p_s 信号，仍可对工作泵的流量进行调节，以便于充分地发挥出整机的应有性能。例如液压挖掘机工作压力对某一矿层的硬度适用，如遇硬度较低的矿层时，系统尽可能地加大流量，使工作速度更快；在遇到硬度更大的矿层时，系统又可减少流量，降低工作速度。

这一切均在恒功率的状态下进行。

(4) 小结

由电液比例减压阀组成的压力补偿变量机构，在负载压力调节工作泵流量的基础上，根据所选择的动力模式、发动机转速挡位及发动机实际转速等的微小变化，对液压工作泵的流量作进一步的调整，所以具有稳定发动机输出功率、降低燃油消耗、操作简便等特点。

在 350 液压挖掘机的液压系统中，为了降低燃油消耗，设置有 3 个压力开关，即行走压力开关、回转压力开关、机具压力开关。当这些压力开关都不动作时，即全部控制阀都在中位，发动机系统在 3s 后自动把发动机转速降至怠速状态，以减少燃油的消耗；在任何一个主控制阀动作时，发动机系统自动把转速升到设定的位置，以适应生产工作的需要。

2.3 电液比例流量阀及应用

2.3.1 电液比例流量阀概述

图 2-24 为一种直动式电液比例节流阀［图 2-24(a) 为结构图，图 2-24(b) 为图形符号］，力控制型比例电磁铁 1 直接驱动节流阀阀芯（滑阀）3，阀芯相对于阀体 4 的轴向位移

(即阀口轴向开度）与比例电磁铁的输入电信号成比例。此种阀结构简单、价廉，滑阀机能除了图示常闭式外，还有常开式；但由于没有压力或其他检测补偿措施，工作时受摩擦力及液动力的影响，故控制精度不高，适宜低压小流量液压系统采用。

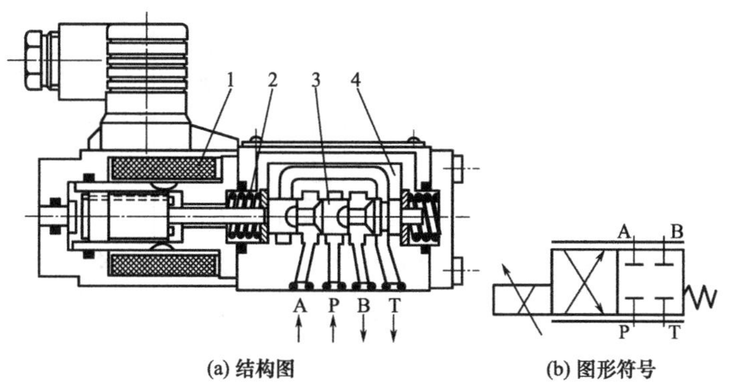

(a) 结构图 (b) 图形符号

图 2-24 普通型直动式电液比例节流阀

1—比例电磁铁；2—弹簧；3—节流阀阀芯；4—阀体

图 2-25 为一种位移电反馈型直动式电液比例调速阀［图 2-25(a) 为结构原理图，图 2-25(b) 为图形符号］。它由节流阀、作为压力补偿器的定差减压阀 4、单向阀 5 和电感式位移传感器 6 等组成。节流阀芯 3 的位置通过位移传感器 6 检测并反馈至比例放大器。当液流从 B 油口流向 A 油口时，单向阀开启，不起比例流量控制作用。这种比例调速阀可以克服干扰力的影响，静态、动态特性较好，主要用于较小流量的系统。

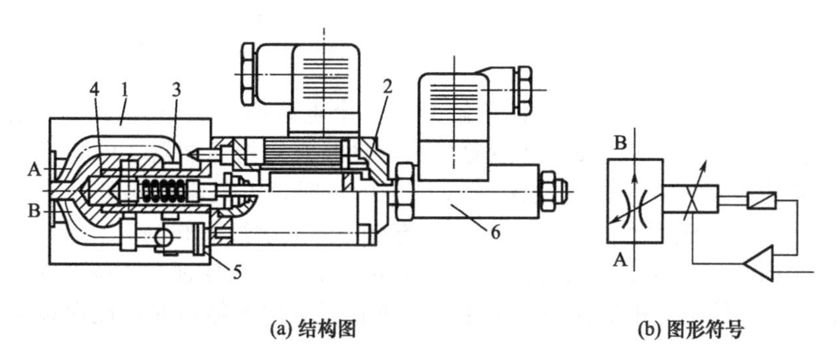

(a) 结构图 (b) 图形符号

图 2-25 位移电反馈型直动式电液比例调速阀

1—阀体；2—比例电磁铁；3—节流阀芯；4—作为压力补偿器的定差减压阀；5—单向阀；6—电感式位移传感器

2.3.2 液压同步连续升降的控制

液压同步连续提升是一项新颖的施工安装技术，实现同步连续升降的技术关键是液压系统的实时流量控制。

(1) 液压连续提升器的液压系统

图 2-26 为连续式提升器的液压系统图。G1～G4 表示 4 套提升液压缸。其中，G1、G3 组成一个液压连续提升器，G2、G4 组成另一个液压连续提升器。若设 G1、G3 的主液压缸为主令缸，则 G2、G4 的主液压缸便为从令缸，从令缸跟随主令缸做同步运动。

4 个主液压缸活塞杆伸缸时为进油路调速回路，缩缸时为回油路调速回路。由各自的定量泵、电液比例调速阀和溢流阀构成的节流调速回路能保证提升器在升降作业时速度稳定。

G1、G2 的主液压缸共用 1 个泵源 B1，G3、G4 的主液压缸共用 1 个泵源 B2。4 个锚具

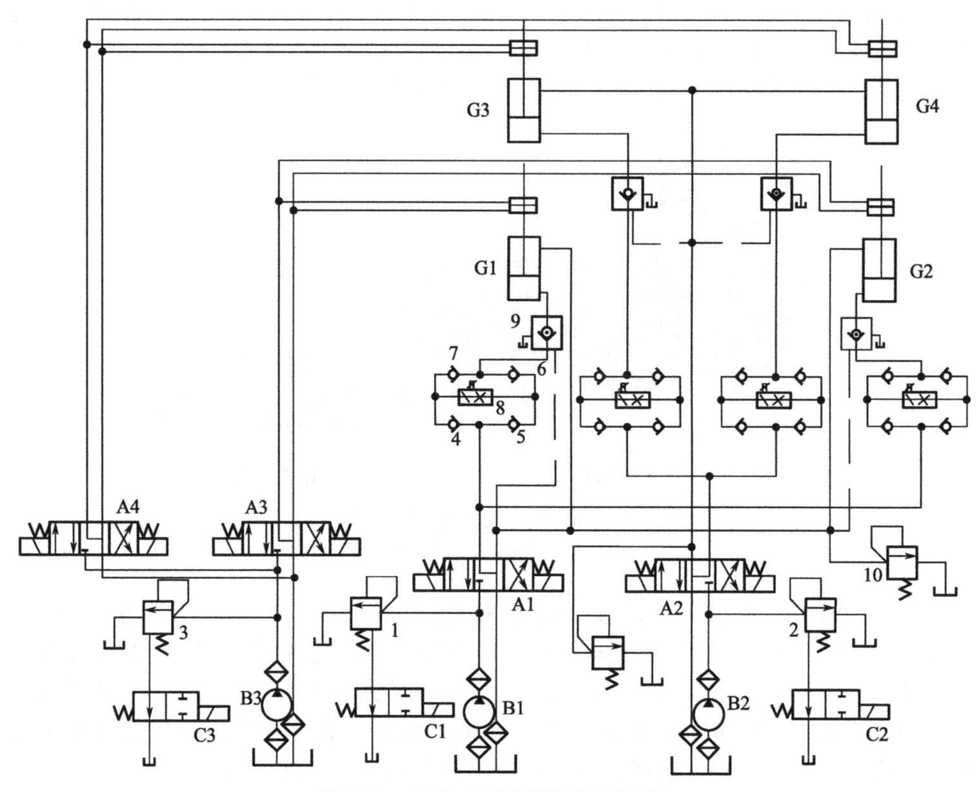

图 2-26 连续式提升器液压系统图

1,2—高压电磁溢流阀；3—低压电磁溢流阀；4～7—单向阀；8—电液比例调速阀；9—液控单向阀；10—低压溢流阀

液压缸共用 1 个泵源 B3，2 个下锚具液压缸共用 1 个电磁换向阀 A3，2 个上锚具液压缸共用 1 个电磁换向阀 A4。B1、B2 和 B3 泵源均由定量泵、粗精滤油器、电磁溢流阀和三位四通电磁换向阀组成。三位四通电磁换向阀 A 处于中位时，电磁溢流阀处于卸荷状态；当油路接通执行机构时，电磁溢流阀建立压力，系统压力由电磁溢流阀调定。

电磁换向阀 A3、A4 的中位机能适应锚具缸的浮动状态，保证上下锚具液压缸工作有相对独立性；A1、A2 的中位机能保证上下主液压缸在任意位置停留时，能保证液控单向阀迅速关闭。

液压连续提升器工作时，由其工作机理可知，G1 和 G3 的主液压缸轮番作为主令缸，通过控制各自的电液比例调速阀的开度来保证提升器按预定的速度运行，G2 和 G4 主液压缸分别为从动缸，通过位移传感器容栅检测对应缸的行程误差，使用一定的控制算法调节从动缸的电液比例调速阀开度，以达到减少主动缸和从动缸的行程差，从而保证两个提升器输出速度一致。

4 个单向阀 4、5、6、7 组成桥式回路，实现使用一个电液比例调速阀 8 即能完成提升和下降两种工况的调速功能。单向阀的可靠性较高，将它们组合在集成块里结构特别紧凑。

液控单向阀 9 装在主液压缸无杆腔上，能有效地保证主液压缸在任意位置的锁定，电液比例阀对主液压缸有一个回油阻力，故采用外泄式液控单向阀，以降低开锁压力、节省能源。低压溢流阀 10 在主液压缸活塞下降时起低压溢流作用，有很好的节能效果。

大型构件设计通常考虑其就位后的应力状态，因此在提升过程中，不允许产生额外的应力和变形。通过闭环控制不仅保持各吊点的位置同步，还可控制各吊点的受力在规定值内，以免出现结构变形，甚至破坏。

两个连续液压提升器其闭环系统控制过程表达式如图 2-27 所示。两缸一个是主令缸，另一个是从令缸，以主令缸的位移为输入，从令缸的位移为输出。

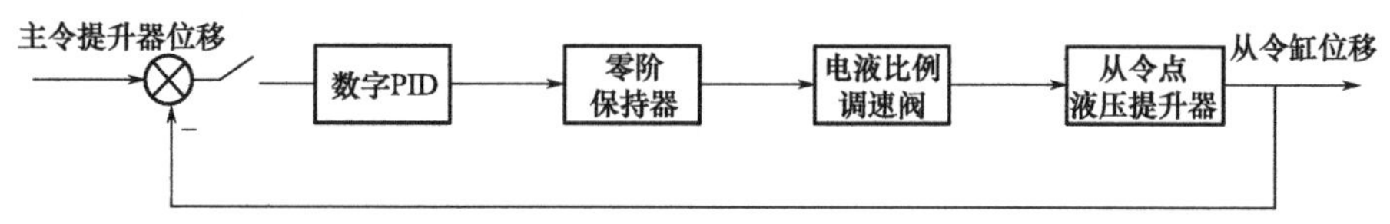

图 2-27 同步控制系统

(2) 数字 PID 控制技术

连续式液压提升器控制系统的硬件结构采用以单片微机 MSP430 为核心、上位 PC 机为显示和控制命令发布终端的综合控制系统。连续提升单片微机控制系统是一个实时控制系统，信号采集、控制计算、连续提升器驱动、图形显示与数据通信是其主要任务，为了保证提升器液压缸的高精度同步跟踪性能，同步系统采用了数字 PID 控制技术。PID 控制可以看成比例控制、积分控制和微分控制的组合作用。比例控制为有差调节，但响应速度快；积分控制为历史积累调节，能消除稳态误差，提高精度，但有滞后现象，超调量增大；微分作用使控制器增加了超前（或预测）作用，有利于补偿控制环节中任何滞后，增加了系统的快速性和稳定性。

2.3.3 液压顶升同步控制系统

(1) 液压顶升同步控制系统的组成与原理

① 系统组成及功能 液压顶升同步控制系统主要由 3 部分组成：a. 负载环节，由顶升油缸和支梁及不可吊装结构物组成。b. 比例环节。由比例调速阀组成。c. 控制环节。由开度仪、放大器、电磁换向阀、液控单向阀、溢流阀、截止阀和可编程序控制器等组成（见图 2-28）。

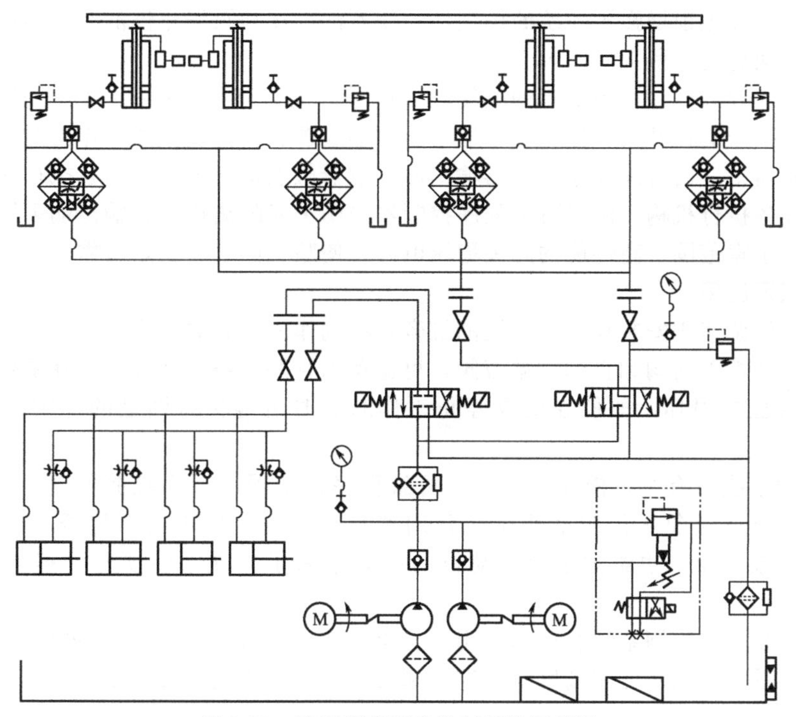

图 2-28 液压顶升同步控制系统原理图

② 原理 图2-29所示是系统的控制框图，脚标1、2分别表示主令，由缸控制系统和从令油缸控制系统，Y 是液压缸柱塞位移，x_v 是电磁铁的输出位移，U 是加在比例阀电磁铁线圈的电压，K_q 是比例阀的流量增益，K_c 是比例阀的流量压力系数，$G_v(s)$ 是阀以及放大器等的传递函数，$G_L(s)$ 是指负载环节的传递函数，这是系统外来的干扰信号。可以在框图中加入各种反馈，如升降平台升降速度的直接反馈、流量 Q 的反馈以及在阀环节中阀芯位移 x 的小闭环反馈等。

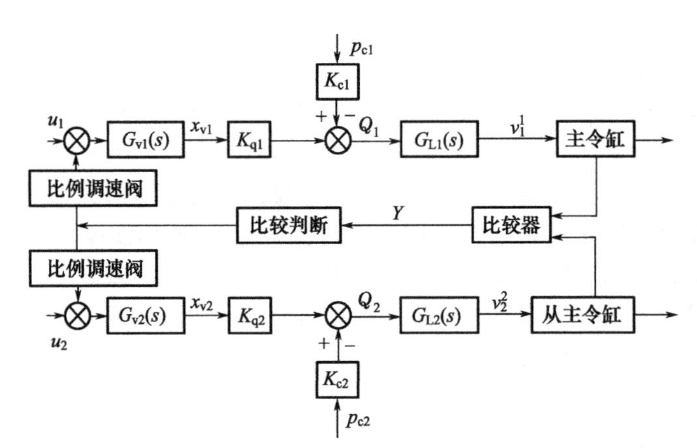

图2-29 液压系统控制框图

当液压系统或其他机构发生故障，位置误差达到某一设定值时，可编程序控制器发出控制信号，启动电气报警装置发出报警信号。当位置误差达到极限值时，可编程序控制器向电气系统发出停机信号，紧急停机。在缸旁阀块上设置有液控单向阀和直动式溢流阀，可以实现4个油缸在全行程的任意位置停留，并避免因管路破裂而使液压平台失稳，防止液压冲击对油缸的损坏。液压锁增强了系统的稳定性，使各油缸在油泵停止供油时依然可以在行程中任意位置长时间稳定停留。

该系统在一般运行过程中所有的电气输入信号，包括油泵电动机启停、锁定缸的启停、平台的升降等按钮旋钮开关，液压控制器、压力继电器、滤油发讯器等作为开关量直接送入可编程序控制器中，由可编程序控制器输出的继电器触点信号直接供给各执行元件，由控制逻辑决定启停各执行机构。由于可编程序控制器采用了光隔离措施，输出端采用了继电器隔离，电源采用了宽范围、高性能的开关稳压电源，使整机的工作稳定可靠。

(2) 优点及应用

采用将比例调速阀安装在各个油缸的缸旁，各制作一个独立缸旁阀块，同时在每个缸旁阀块上设置有液控单向阀和直动式溢流阀，可避免因管路破裂而使液压升降平台失稳，防止液压冲击对油缸的损坏，即使在油泵停止工作卸载时也能保持油缸的稳定性，使用安全可靠。

液压驱动系统设有2台液压泵，通过可编程序控制器的程序控制使其自动交替运行，互为备用。这样既避免了传统液压系统备用油泵因长期搁置不用而生锈、破损，而主泵因频繁使用磨损严重，也给油泵及电动机的维修带来了方便，使顶升过程不会因维修而无法运行。

该液压顶升同步控制系统曾成功应用于自重为100t船舶的装卸和起重量为200t起重机的同步顶升。系统除同步控制精度、稳定性和安全性能够满足一般同步顶升工程需要外，还具有较好的经济性。

2.4 比例压力-流量复合阀（P-Q 阀）及应用

电液比例压力-流量复合阀（简称 P-Q 阀）是一种新型的节能型复合阀，它能够对执行元件（液压缸或液压马达）的不同工作状态进行速度和输出力或力矩进行比例控制，既能实现具有确定增益系统的开环控制，又能实现自调整的闭环控制，因此能够满足特殊工艺的应用要求。

2.4.1 P-Q 阀的稳态控制特性

P-Q 阀是多参数控制阀，由先导式比例溢流阀与比例流量阀组成，用两路电信号分别控制液压系统的压力和流量。由于节流阀流量的比例调节和负载的压力变化，使节流阀出口存在流量的不稳定，工程上复合阀中通常采用具有压力补偿作用的定差溢流阀来保证节流阀进、出阀口保持恒定压力差 Δp，其流量方程为：

$$q_v=C_dA(x)\sqrt{2\Delta p/\rho} \tag{2-5}$$

$$A(x)=\pi dx$$

式中 C_d——流量系数；

$A(x)$——阀口开口面积；

d——滑阀直径；

ρ——流体密度；

Δp——节流阀压力差。

在阀芯通径一定的情况下，通过的流量取决于开口量 x，直接取决于比例电磁铁的推杆位移，故建立如下比例电磁铁数学模型：

$$u_i(t)=L\frac{\mathrm{d}i}{\mathrm{d}t}+(R_c+r_p)i+K_e\frac{\mathrm{d}x}{\mathrm{d}t} \tag{2-6}$$

式中 u_i,i——线圈电压和电流；

L，K_e——线圈电感和感应反电动势系数；

x——比例电磁铁位移。

令 $R_c+r_p=K_p$，对式(2-6) 进行拉普拉斯变换可得：

$$U_i(s)=LsI(s)+K_pI(s)+K_esX(s) \tag{2-7}$$

不考虑液压力、干扰力影响，得到位移方程：

$$M\frac{\mathrm{d}^2x}{\mathrm{d}t^2}+B\frac{\mathrm{d}x}{\mathrm{d}t}+K_sx=F_m \tag{2-8}$$

式中 M——衔铁组件的质量；

B——阻尼系数；

K_s——衔铁组件的弹簧刚度。

在工作区域中，电磁铁推力的近似线性表达式为：

$$F_m=K_ii-K_yx \tag{2-9}$$

式中 K_i——比例电磁铁的电磁力系数；

K_y——位移力系数和调零弹簧刚度之和。

整理方程式(2-8)、式(2-9) 可得二阶系统位移与电流的传递函数：

$$\frac{X(s)}{I(s)}=\frac{K_y}{s^2+\frac{B}{M}s+\frac{K_s+K_y}{M}} \tag{2-10}$$

直流比例电磁铁组件无因次阻尼系数为：

$$\xi_m = \frac{B}{2\sqrt{(K_s + K_y)M}}$$

衔铁组件弹簧质量系统固有频率为：

$$\omega_m = \sqrt{(K_s + K_y)/M}$$

对式(2-8) 式(2-9) 进行拉氏变换，并整理式(2-6) ～式(2-9) 可得：

$$\frac{X(s)}{U(s)} = \frac{K_i}{K_1 s^3 + K_2 s^2 + K_3 s + K_4} \tag{2-11}$$

式中，$K_1 = LM$；$K_2 = LB + K_p M$；$K_3 = [L(K_s + K_y) + K_p B + K_i K_e]$，$K_4 = K_p(K_s + K_p)$。

P-Q 阀的电-机械转换元件将电信号转换成阀芯的运动，通过阀芯的运动去控制流体的压力与流量，完成电-机-液的比例转换。

由于比例电磁铁线圈存在较大的电感，因此需延迟电流上升时间，为了提高其动态性能，可串接电阻或采用较高的启动电压，P-Q 阀的稳态控制特性曲线如图 2-30 和图 2-31 所示。

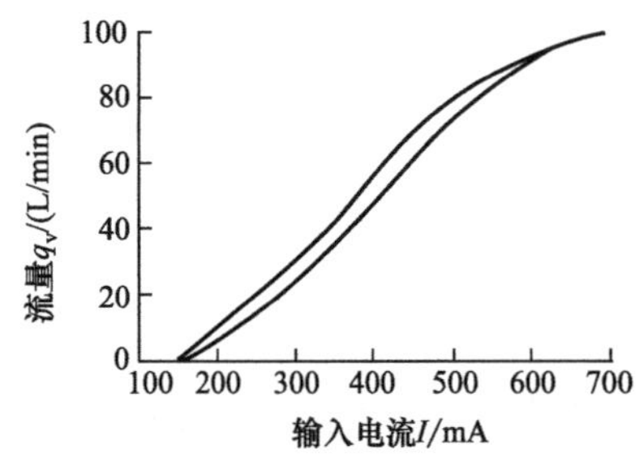

图 2-30 输入电流-流量特性曲线

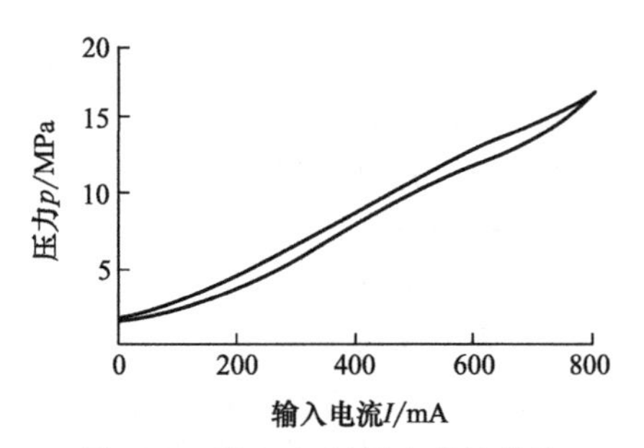

图 2-31 输入电流-压力特性曲线

由于直流比例电磁铁有明显滞环（由电磁滞迟和摩擦形成），因此应在正常工作的稳态电流的基础上，叠加一定频率和幅值的颤振信号。

2.4.2 P-Q 阀构成的液压系统

图 2-32 双点画线所框部分为 P-Q 阀原理图，采用的 P-Q 阀型号为 PQ-E06B-100。P-Q 阀本身所具有的流量系统的滞环小于或等于 5%，压力系统的滞环小于或等于 3%。实际系统有一定的非线性误差，且存在较大的滞环和死区，而微机则可以利用丰富的软件功能来实现滞环和死区的补偿。动态控制时既可采用闭环控制，也可采用开环控制。闭环控制时，可对电液比例阀的压力或流量进行控制，根据控制量的不同而选用压力或流量传感器作为检测元件，以软件算法实现 PID 调节器的控制作用。开环控制时，其动态过程无法控制，为保证快速响应且无振荡和冲击，可用软件算法形成多种曲线，使压力或流量按控制要求变化，通过软件进行配置以达到快速和稳定控制的目的。图 2-32 所示的可控液压单元的设计采用常规的液压系统设计方法，定量泵的型号依据 P-Q 阀可调的稳定的压力和流量最大值选定，系统中的溢流阀 2 起到系统安全阀的双重作用。元件 3 为常通式二位二通电磁换向阀，将液

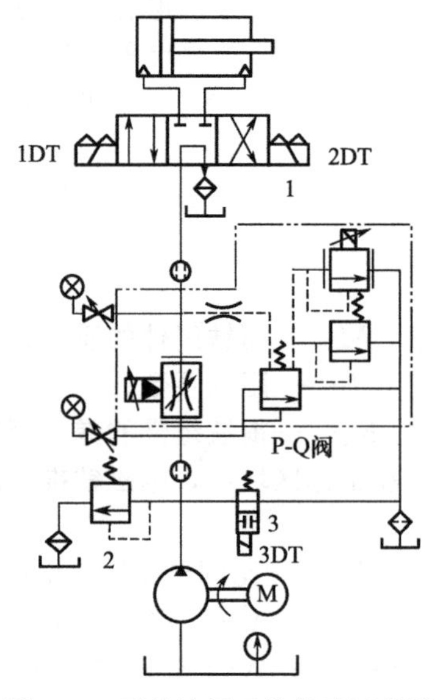

图 2-32 可控液压系统单元原理图

1—电液换向阀；2—溢流阀；3—二位二通电磁换向阀

压执行部分、电液换向阀、P-Q阀组成一个单元，在考察P-Q阀的特性时，可在P-Q阀与电液换向阀1之间采用快换接头的形式(在进行P-Q阀的特性参数测试时，回油管可直接连接到油箱)。

2.4.3 P-Q阀的控制

主要的控制方法按照输入控制信号的形式分为：①模拟信号控制式，如可编程控制器（PLC）的广泛应用；②脉冲宽度调制（PWM）信号控制式，如利用单片机为控制部件，采用软件脉冲调宽复合控制流量压力，技术较成熟；③数字信号控制式，利用PC机为硬件组成可控单元，在分析研究系统控制功能后，可采用计算机语言混合编制实验控制程序，主控调度程序提供人机对话界面、全屏幕下拉式菜单及数据查询功能。

某液压系统采用闭环控制系统，原理如图2-33所示，对于位置精度要求相对较高的工作状态可使工作过程的参数（负载、速度等）程序化，并实现闭环系统过程控制，即对主控参量（流量q_v或压力p）的电反馈，通过D/A转换分别控制两路比例阀（压力和流量）。基于P-Q阀的参数自适应模糊增益调整PID控制策略，其结构如图2-34所示。

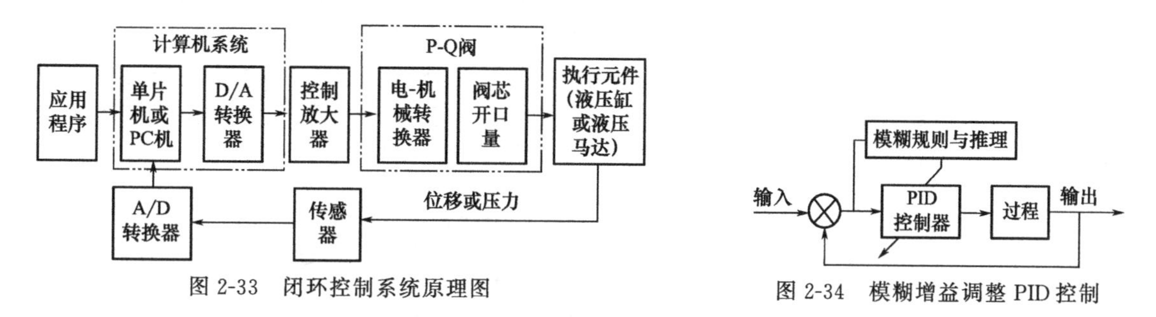

图2-33 闭环控制系统原理图

图2-34 模糊增益调整PID控制

比例控制器件可采用压力流量位移内反馈和动压反馈机电校正等手段，使电液比例控制阀的稳态精度和动态响应速度均与伺服阀相近。

P-Q阀能够容易实现自动连续控制、远程控制和程序控制，结构简单，使用元件少，简化了系统。

2.5 电液比例方向阀及应用

2.5.1 电液比例方向阀概述

电液比例方向控制阀能按输入电信号的极性和幅值大小，同时对液压系统液流方向和流量进行控制，从而实现对执行器运动方向和速度的控制。在压差恒定条件下，通过电液比例方向阀的流量与输入电信号的幅值成比例，而流动方向取决于比例电磁铁是否受到激励。

图2-35为一种普通型直动式电液比例方向节流阀的结构原理图，它主要由两个比例磁铁1、6，阀体3，阀芯（四边滑阀）4，对中弹簧2、5组成。当比例电磁铁1通电时，阀芯右移，油口P与B通，A与T通，而阀口的开度与电磁铁1的输入电流成比例；当电磁铁6通电时，阀芯向左移，油口P与A通、B与T通，阀口开度与电磁铁6的输入电流成比例。与伺服阀不同的是，这种阀的四个控制边有较大的遮盖量，端弹簧具有一定的安装预压缩量。阀的稳态控制特性有较大的中位死区。另外，由于受摩擦力及阀口液动力等干扰的影响，这种直动式电液比例方向节流阀的阀芯定位精度不高，尤其是在高压大流量工况下，稳态液动力的影响更加突出。为了提高电液比例方向阀的控制精度，可以采用位移电反馈型直

动式电液比例方向节流阀。

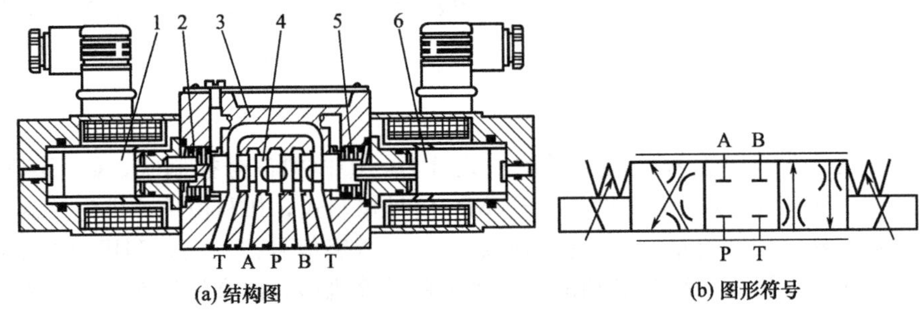

(a) 结构图　　(b) 图形符号

图 2-35　普通型直动式电液比例方向节流阀

1,6—比例电磁铁；2,5—对中弹簧；3—阀体；4—阀芯

图 2-36 为减压型先导级＋主阀弹簧定位型电液比例方向节流阀的结构原理图。其先导阀能输出与输入电信号成比例的控制压力，与输入信号极性相对应的两个出口压力，分别被引至主阀芯 2 的两端，利用它在两个端面上所产生的液压力与对中弹簧 3 的弹簧力平衡，使主阀芯 2 与输入信号成比例定位。采用减压型先导级后不必像原理相似的先导溢流型那样，持续不断地耗费先导控制油。先导控制油既可内供，也可外供，如果先导控制油压力超过规定值，可用先导减压阀块将先导压力降下来。主阀采用单弹簧对中形式，弹簧有预压缩量，当先导阀无输入信号时，主阀芯对中。单弹簧既简化了阀的结构，又使阀的对称性好。

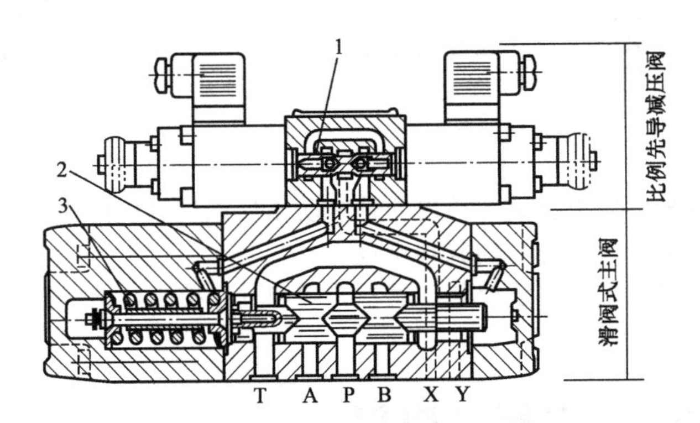

图 2-36　减压型先导级＋主阀弹簧定位型电液比例方向节流阀

1—先导减压阀芯；2—主阀芯；3—对中弹簧

2.5.2　挤压机液压定针比例控制系统

在管材定针挤压过程中，首先穿孔针针尖到达模具定针带，然后穿孔缸保持定针状态，挤压杆开始挤压。此时挤压杆按设定的挤压速度向模口移动，安装在挤压杆内的穿孔针以和挤压杆相同的速度反向移动，使穿孔针在挤压模具定针带内的相对位置保持不变。因此，挤压机定针速度是铝材挤压过程中需要严格控制的一个工艺参数。定针速度必须与挤压速度保持一致，如果定针速度过快，穿孔针远离模口，挤出的管材内径会变小，甚至成为实心；如果定针速度过慢，穿孔针会碰到模具，造成设备损坏。另外，从挤压工艺的角度看，定针挤压速度在挤压过程中必须相对稳定，速度的波动将会造成产品内壁表面出现波纹，影响产品质量。

(1) 液压定针装置控制原理

在实际挤压过程中，由于流动的金属与穿孔针的摩擦力受挤压筒温度、铝锭温度、铝锭材质和变形率等影响，使穿孔针相对模具的位置发生变化，需要通过控制高压变量泵的流量即变量泵泵头的偏角，进而控制流入穿孔液压缸的流量，实现对穿孔缸定针速度的控制。这种泵控系统存在稳定性差、流量控制特性差、控制精度不高等缺点。针对挤压机定针速度控制系统高压、大流量和调速范围大等特点，以及高精度的控制要求，某公司在定针系统设计中增加了一套阀控系统。该定针系统的基本控制原理如图 2-37 所示。由 PLC 控制系统控制电液比例方向阀，从而控制由高压泵经电液比例方向阀流入穿孔液压缸的流量，最终实现对穿孔缸定针速度的精确控制。

(2) 液压系统

采用了大通径电液比例方向阀，该阀具有很好的阀芯位置-流量线性度。对电液比例方向阀阀芯开口度采用闭环控制，在电液比例方向阀压差变化时，系统自动调节阀芯位移以维持电液比例方向阀一定的过流流量，从而使定针速度稳定。液压定针系统的基本控制原理如图 2-38 所示，比例放大器精确调节电液比例阀的输入电流大小，通过连续成比例地调节进入电液比例方向阀的阀芯位置来精确控制电液比例阀的流量。

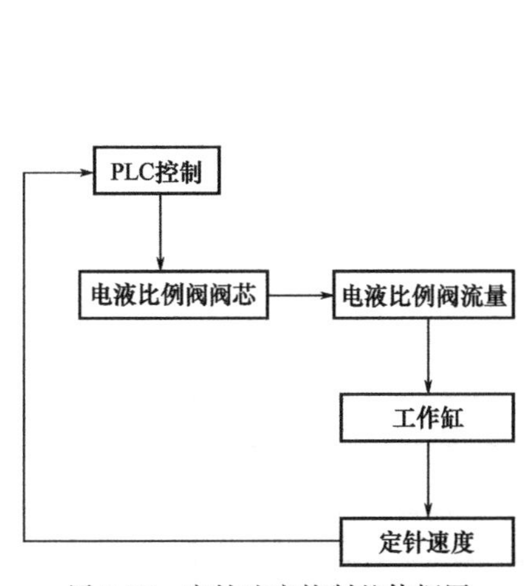

图 2-37 定针速度控制整体框图

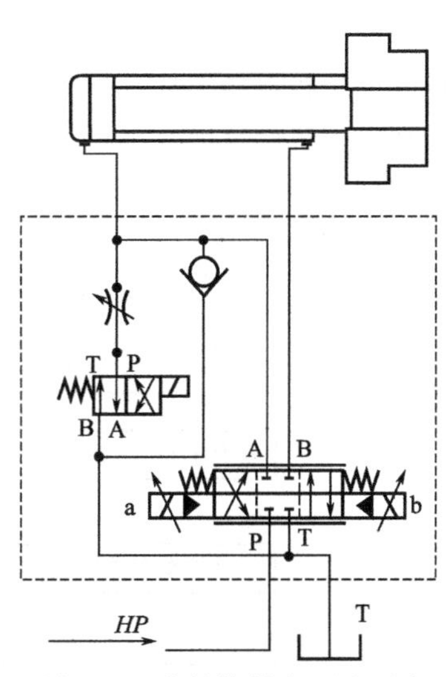

图 2-38 定针控制液压原理图

电液比例方向阀选用先导式、带位置反馈型号的 4WRKE，该阀最高工作压力 3.5MPa。

4WRKE 型阀是二级比例方向控制阀，用来控制液流的大小和方向，主级带位置闭环控制，大流量时阀芯位置和液动力无关。

4WRKE 型阀的基本组成如图 2-39 所示，阀芯行程和控制阀开口度的变化与给定值成比例。没有输入信号，主阀芯 3 在对中弹簧 2 的作用下保持在中位。给定信号输入，通过电子放大器得到给定值和实际值比较后的控制偏差，并产生电流输入先导阀比例电磁铁 1。电流在电磁铁内感应电磁力，传递到电磁铁推杆并推动控制阀芯。通过控制阀口的液流使主阀芯运动。带磁芯感应位移传感器 4 的主阀芯 3 一直运动，直到实际值和给定值相等。在控制条件下，主阀芯 3 处于力平衡，并保持在控制位置。

(3) 定针控制系统

液压定针系统采用工业控制计算机和工业可编程序控制器（PLC）两级控制，PLC 选用西门子 S7 400/ET200M 系列可编程序控制器。

采用拉线式绝对值光电编码器，分别对挤压杆和穿孔针的位置进行检测，检测信号为 SSI 信号。检测到的位置信号通过西门子的 SM338 模块采集到 CPU，挤压杆和穿孔针的实

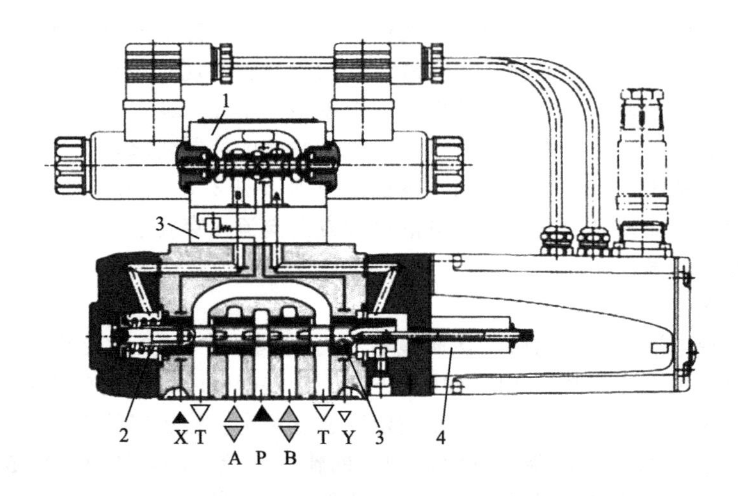

图 2-39 4WRKE 型比例方向阀

1—比例电磁铁；2—弹簧；3—主阀芯；4—位移传感器

际位置值在上位机触摸屏显示。同时在 PLC 内部计算出挤压杆和穿孔针的实际速度，实际速度值也在上位机触摸屏显示。

设置压力传感器，分别对挤压杆主缸和穿孔缸前后腔的压力进行检测，检测信号转换为 4～20mA 的模拟量信号，通过模拟量输入模块传入 CPU。实际压力值在上位机触摸屏上显示。液压定针系统自动控制框图如图 2-40 所示。

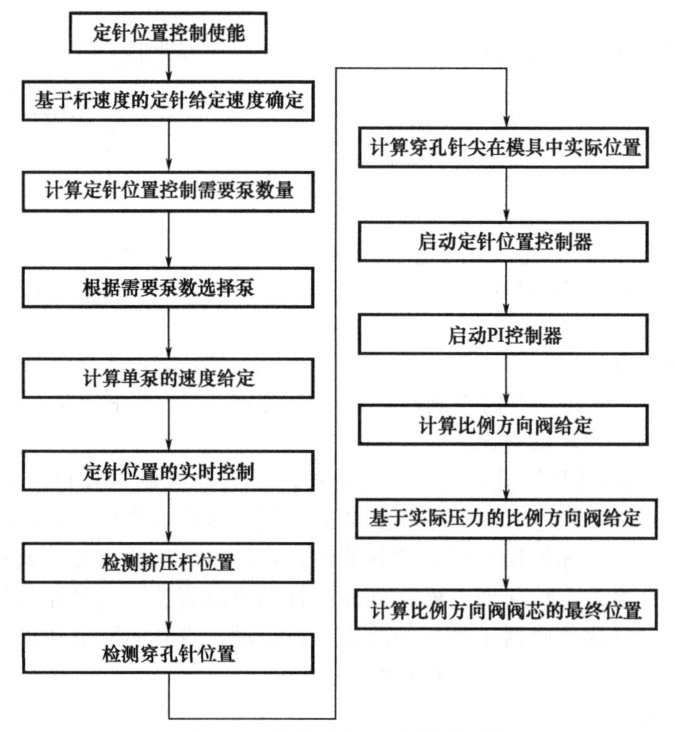

图 2-40 定针系统自动控制框图

操作穿孔针针尖进入模具定针带，当挤压杆处于充填、突破或挤压阶段时，自动启动定针位置控制功能块。

根据挤压杆的速度给定计算定针给定速度基准值。

$$V=1.25V_1+V_2$$

式中 V——定针速度；

V_1——挤压速度；

V_2——偏移速度。

根据定针速度计算液压定针所需投入泵的数量。

$$N=V/V_0\times K_2$$

$$V_0=V_{max}K_1$$

式中 N——需要投入泵数量；

K_2——比例系数；

V_0——单台泵速度；

V_{max}——单台泵最大速度；

K_1——下一台泵切入的比例系数。

由于可能存在故障泵，程序必须根据需要的泵数选择泵。

根据定针速度和投入泵数计算单泵的泵头偏角，即单泵投入的流量 Q。

$$Q=V/(V_{max}N)\times 1000/1000$$

泵的数量及流量确定后，由定针位置的实时控制功能块调整穿孔针在模具中的位置。

首先进行挤压杆位置和穿孔针位置的实时检测，检测功能周期性执行，执行周期为 10ms。

穿孔针针尖在模具中的实际位置为：

$$S=S_1-S_2+(L_{max}-L_1)$$

式中 S——针尖在模具中的实际位置；

S_1——挤压杆位置；

S_2——穿孔针位置；

L_{max}——最大针长；

L_1——实际针长。

针尖在模具中的定针给定位置通过上位机设定，是正数。使用时，因针尖已越过模具端面，故在整个挤压坐标体系中，取负数处理。

当针尖实际位置距离给定位置 2mm 以内，则启动定针位置控制器。

定针位置控制器中调用 PI 控制器，其中积分因子与回程给定速度呈线性关系，如图 2-41 所示，根据当前定针给定速度计算积分因子 $T_i(v)$，其中速度 v 的单位为 0.01mm/s。

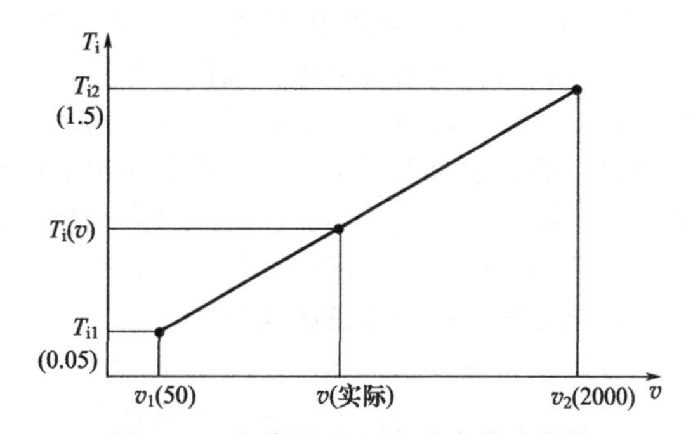

图 2-41 积分因子-回程速度关系曲线

利用 PI 控制器，根据实际位置与设定位置的偏差值，生成一速度输出，作为比例方向阀的基准给定。

根据穿孔缸杆腔的实际压力值对比例方向阀的基准给定进行偏移调整，确定比例方向阀的最终给定值。现场数据证明，该定针控制系统响应快，定针控制精度高，系统具有很高的可靠性，满足工艺要求。

2.5.3 液压数字控制器（HNC）在液压同步系统中应用

高载荷、大功率、长行程的系统通常要求使用多个执行机构来完成它的功能和动作，如水库闸门的提升、大型集装箱的升降和一些大型压机、试验机等。在这样的大负载系统中，解决多个执行机构的液压系统同步问题，保证工程建设的安全性和可靠性成为关键性的技术。在矿山、冶金、建筑和水利等领域中，液压同步系统已经实现了轧机同步运动、大型屋架整体提升以及多闸门同步放落提升等技术应用。HNC 可以简化系统设计和调试的复杂度、参数化、模块化、算法简单好用，易于工程技术人员接受、掌握和调试。HNC 和比例阀组成的系统能够有效提高系统的控制精度和减少同步误差。

(1) 液压同步系统及比例闭环控制同步系统的分析

常用的液压同步有速度同步和位置同步两类。速度同步是指各执行元件的运动速度相等；而位置同步是指各执行元件在运动中或停止时都保持相同的位移量。涉及液压同步精度的控制方式有：容积控制、流量控制和伺服控制。伺服控制的同步精度最高，流量控制的同步精度次之。

电液比例控制阀应用有了很大的推广并取代了一大部分电液伺服控制系统。HNC 的出现及应用，可以有效提高比例阀液压系统的控制精度和动态响应，使其性能达到伺服阀的水平。而比例阀系统具有抗污染强、工作可靠、无零漂、价廉和节能等优点又得以保持。此处所介绍的位置同步系统是一种典型的比例阀闭环控制系统，HNC 在系统中代替 PC 控制器。

(2) HNC 控制系统和基于 PC 的控制系统的比较

控制系统用的 HNC 为 Rexroth 公司的 HNC100-2X 型，它是数字式液压轴控制器，是一个对液压缸进行闭环控制的可编程 NC 控制器，它满足对液压轴闭环控制的特殊指令形式而且还提供电气驱动选项。实际上可以把 HNC 理解为模块化的单片机系统，它的编程语言和编程环境（WIN PED）很简单，而且闭环控制参数在 WIN PED 内部已经做好了，只需把系统参数放在程序的相应位置就可以了，并不需要去设定 PID 参数，系统会自动整定。若系统整定的参数试验效果不理想，调试过程中可根据实际情况调整 PID 参数。HNC 集数字量输入/输出接口、模拟量输入/输出接口于一体，带有串口用于和计算机通信，并有现场总线接口用于 HNC 至上位控制器的通信。HNC 既可以用作控制器直接控制液压伺服系统，也可用作终端驱动器接收上位控制器的指令输出，在本项目中 HNC 用作电液系统的控制器。

PC Based 液压伺服控制系统是在工业计算机的基础上添置模拟量输入/输出卡、数字量输入/输出卡（此部分可用 PLC 替代），通过对液压系统建模、仿真分析优化整定控制系统的控制参数，用高级语言编程实现控制算法，最终根据运动要求，控制程序求得控制输出后送模拟量输出卡，再由卡送电信号给控制阀，同时控制程序采集反馈信号，据此控制器求出控制输出量后送输出卡，接着阀根据卡送出的电信号将运动结果反映在液压执行机构的参数变化上，这样一个控制周期完成。经过多个控制周期系统实现用户要求的运动。此方法系统复杂、参数整定麻烦且程序可移植性差，劳动强度大，可靠性差。

(3) 电液同步控制系统的组成

电液同步系统的原理图见图 2-42，由图可知，电液伺服同步系统采用一对比例换向阀控制伺服缸，液压缸内部装有磁致伸缩直线模拟式传感器用于实时检测液压缸的位移，反馈信号直接送 HNC。HNC 内部有滤波电路，可以对采集到的信号进行滤波处理，同时 HNC 根据要求的运动命令信号和反馈信号分析计算后求得系统的控制信号分别送给比例阀，同样阀可根据电信号的强弱将运动结果反映在两液压缸的位移变化上，这样一个控制运动周期完成。经过多个控制周期后，系统完成指定的运动。HNC 有数字量输入/输出端口，程序能够根据输入端口的信号跳转到相应的子程序，这点类似PLC的输入输出端口，数字端可以直接连接控制面板，方便易用。

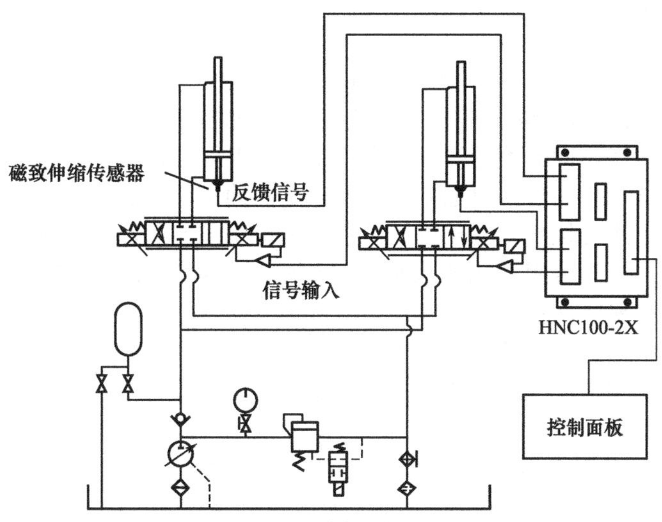

图2-42 电液同步系统的原理图

本项目采用BOSCH比例阀0811404046，该阀有两种增益，在工作电压－6～6V是小增益，－10～－6V，6～10V是大增益。小增益能够提高系统在低速时的平稳性和同步精度，而大增益能够实现大流量控制，使液压缸快速同步接近工作点，节约行程时间，提高工作效率。试验数据表明该阀能够满足应用要求，效果很好。

(4) 系统调试及分析

同PC Based液压伺服系统不同，HNC控制系统只要少量几个参数即可以调试出一个近乎最优的控制系统。在系统稳定的前提下，只需知道系统最大流量、液压缸的有效作用面积和系统压力及外作用力，由此计算出液压缸的最大运动速度及加速度就可以编写程序了。在调试过程中应该注意的事项如下。

① 将一对位移传感器零点和满量程点调整一致，这样能够保证液压缸的同步精度最大限度的接近传感器精度，方便调试。

② 液压缸的运动速度和加速度、减速度不能够超过理论最大运动速度和加减速度，否则会有意想不到的情况发生。

③ HNC带有PID运算功能，调试过程中P增益不宜调得太大，应由小慢慢往上加，否则会带来系统不稳定问题。

④ 信号干扰和屏蔽是要重点考虑的问题之一。

试验表明，液压缸从位移100mm同步运动到位移350mm过程中，同步误差小于0.5mm，稳态同步误差为0.1mm左右，单缸稳态误差小于0.02mm。可见系统同步精度高，稳定误差小，动态同步效果好，能够满足大多数工程实际应用。

2.5.4 带恒压模块的比例同步控制系统

比例同步系统最大的优点是控制精确，可以达到精确控制油缸速度和同步精度的目的，但是比例同步系统需要电气控制系统大力支持，越精确的同步精度要求对电气控制要求越高。

比例同步系统对其执行元件（液压缸、液压马达）也有要求，执行元件必须安装有行程检测元件（线型传感器、旋转编码器），行程检测元件用于随时检测执行元件的工作行程，用于反馈信号控制比例阀的信号调整，达到实时同步的目的。

比例控制系统对于液压系统本身的设计要求较高，同时对执行元件承受负载的情况也有要求。理想的同步条件是外部负载处于不变化或者变化很小并且尽量避免出现负载偏差。为了保证液压缸的运动不受到外负载的影响，可以采用入口恒压模块保证比例阀的工作环境。同时对比例阀的选型也很重要，要求系统运动的流量信号线性区间位于比例阀 40%～60% 最好，若工作在 10%以下或 90%以上，很难控制油缸的同步运行。

图 2-43 是一种典型的带恒压模块的高精度的比例控制同步回路，在该液压系统中，两油缸的负载会根据生产不同品种的产品而存在很大的差异，因此该系统中设置了入口恒压模块。该系统要求油缸运动的任何过程不能存在较大的冲击，因此增加了安全阀，以便于在油缸意外冲击的情况下进行缓冲。在比例同步系统中，要求的同步精度越高，就要对比例阀的工作特性进行详细分析，常用的比例阀都是在试验台下对流量-信号进行测试的。在实际使用的过程中，要求比例阀的控制精度越高，就更加需要满足比例阀的工作状况。在试验室的情况下，要保证比例阀进出口的压差为 1MPa 进行试验，也就是说，比例阀在恒压差的情况下工作状态最稳定。增加恒压模块的目的就是要保证比例阀的进出口压差恒定。

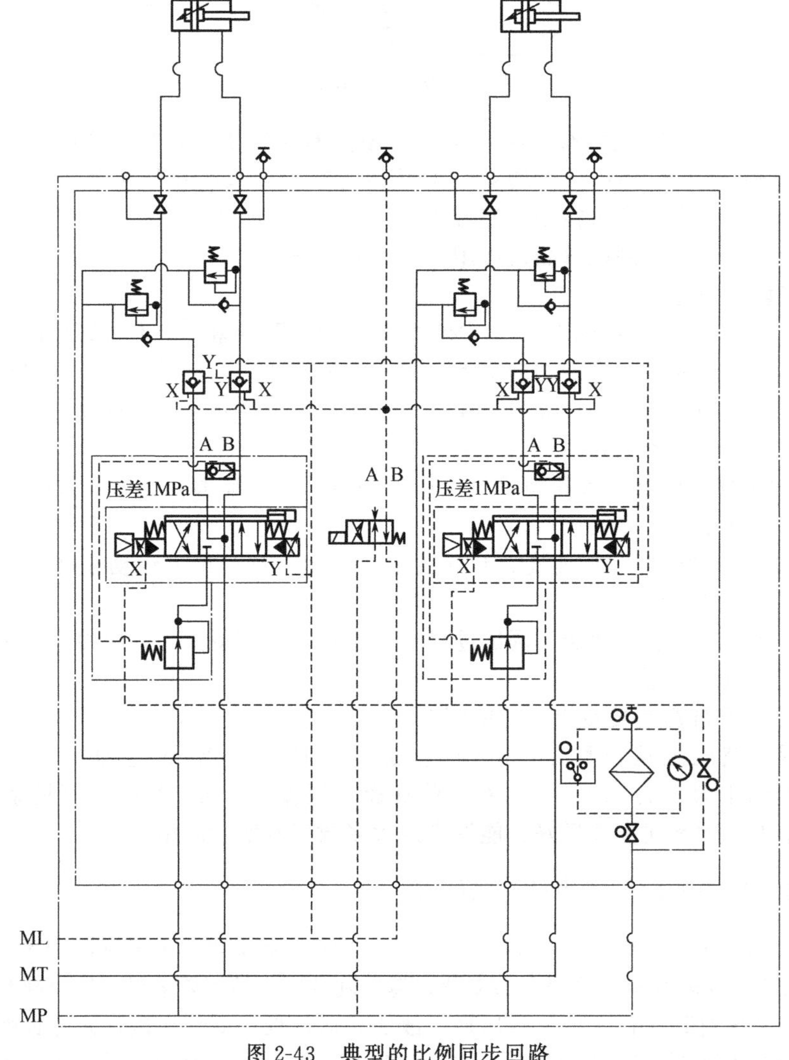

图 2-43 典型的比例同步回路

图 2-44 是一个典型的恒压模块原理图，图 2-44 中先导式减压阀和梭阀共同组合形成了一套入口恒压模块。实际工作中，梭阀向先导式减压阀提供先导控制油，若先导控制油的压力为 x，比例阀出口压力为 p_A/p_B，比例阀的入口压力为 p，而恒压模块中先导式减压阀的弹簧压力调整为 1MPa，实际减压阀的输出压力为 $x+1$MPa，即比例阀入口的压力 $p=x+1$MPa，那么比例阀进出口的压差 $=p-p_A/p_B=x+1\text{MPa}-p_A/p_B$，而 x 实际就是引用比例阀的出口压力，即 $x=p_A/p_B$；比例阀的进出口压差：$x+1\text{MPa}-x=1$MPa，不管外负载如何变化，比例阀进出口压差的值保持恒定（1MPa），也就是比例阀工作环境很理想，有利于控制油缸的同步性能。

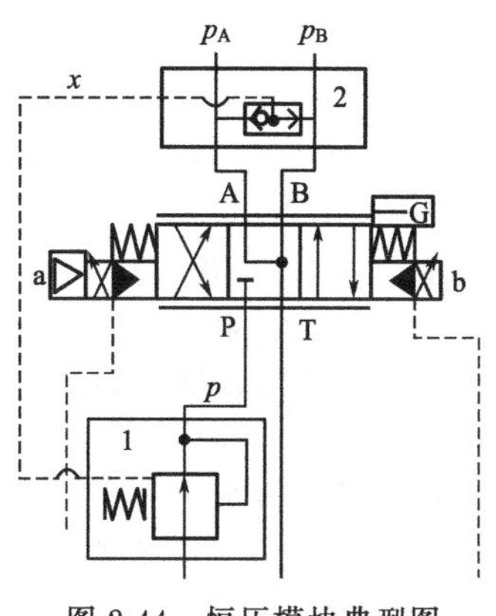

图 2-44 恒压模块典型图

1—先导压减压阀；2—梭阀

2.5.5 比例方向控制回路中的压力补偿

(1) 概述

通过比例阀的流量可由下列公式得出：

$$Q=C_d A\sqrt{\frac{2\Delta p}{\rho}} \tag{2-12}$$

式中 Q——通过阀的流量；

C_d——流量系数；

A——孔口面积；

ρ——油液密度；

Δp——阀前后压差。

在面积 A 一定，即比例阀给定电信号为一定值时，通过阀的流量与 ΔP 有关，只有负载压力波动不大或几乎不波动时，节流阀才能起到流量控制作用。图 2-45 所示为典型的比例阀流量-压力特性曲线簇。

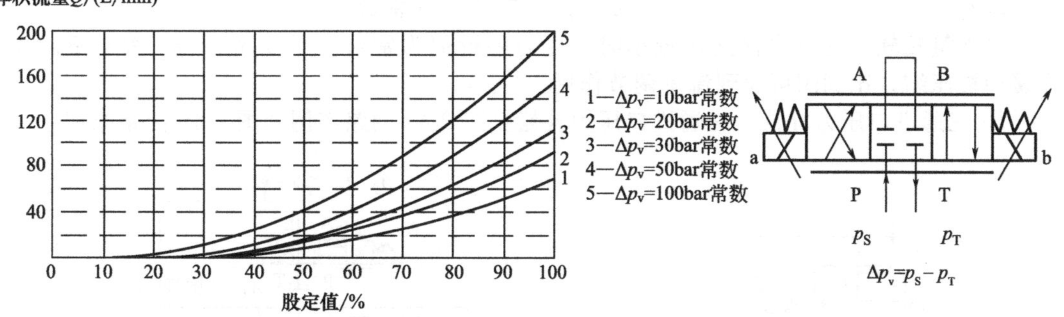

图 2-45 比例阀流量-压力曲线簇

$$\Delta p_v=p_s-p_t \tag{2-13}$$

式中 p_s——系统压力；

p_t——比例阀回油口背压；

Δp_v——比例阀进出口压差。

在油缸-比例方向阀系统中，有：

$$p_s = p_v + p_L + p_t \tag{2-14}$$

式中　p_v——比例阀前后压差；

　　p_L——负载压力。

由式(2-13)、式(2-14) 联立可知：

$$\Delta p_v = p_v + \Delta p_L = p_s + \Delta p_t = 常量 \tag{2-15}$$

即 p_v 在油泵出口压力 p_s 和比例阀出口背压压力 p_t 为常量时与负载直接有关。因此在比例阀控制回路中，上述的负载效应必须通过适当手段进行校正。其目的就是保证 p_v 为一近似定值，不随负载压力的波动而改变，从而保证通过比例阀的流量与输入的电信号成比例的变化。

(2) 控制方案

① 二通进口压力补偿　二通进口压力补偿见图 2-46 油路实例和图 2-47 油路原理。如图 2-47 所示，二通压力补偿器的阀芯左边作用着比例阀进口压力 p，右边作用着比例阀后压力 p_2 及弹簧力，当略去液动力，阀芯处于平衡位置时可知：

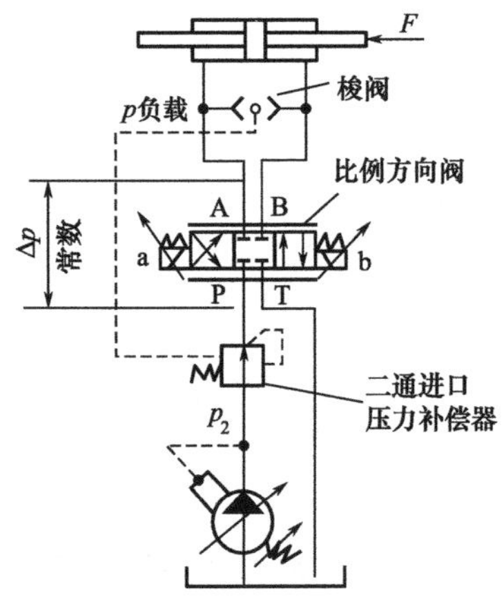

图 2-46　二通压力补偿器油路实例

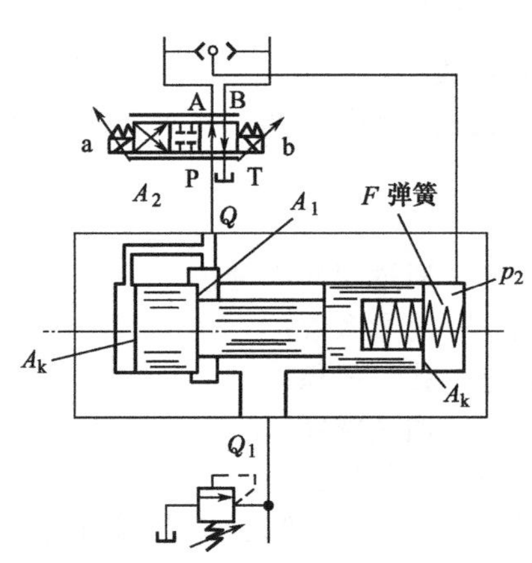

图 2-47　二通压力补偿器原理图

$$pA_k = p_2 A_K + F_F \tag{2-16}$$

则有：
$$\Delta p = p - p_2 = F_F / A_K \approx 常数$$

当弹簧较软、调节位移又比较小时，压力差近似为常数。只要 $p_p - p_2$ 大于 F_F/A_K，弹簧即被压缩，比例阀可起到流量调节作用。

② 三通进口压力补偿　三通进口压力补偿见图 2-48 油路实例和图 2-49 油路原理。

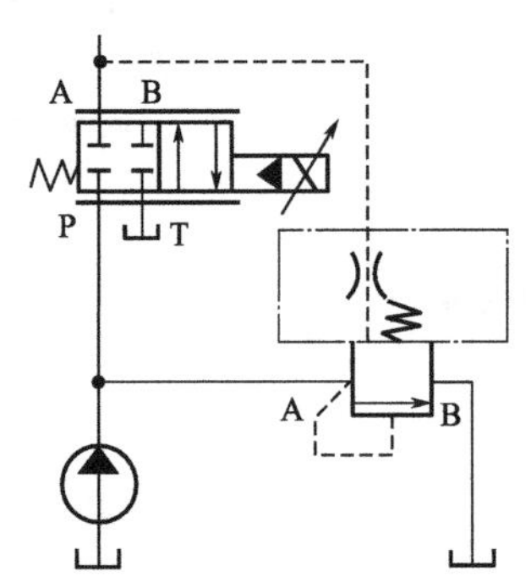

图 2-48　三通压力补偿器油路实例

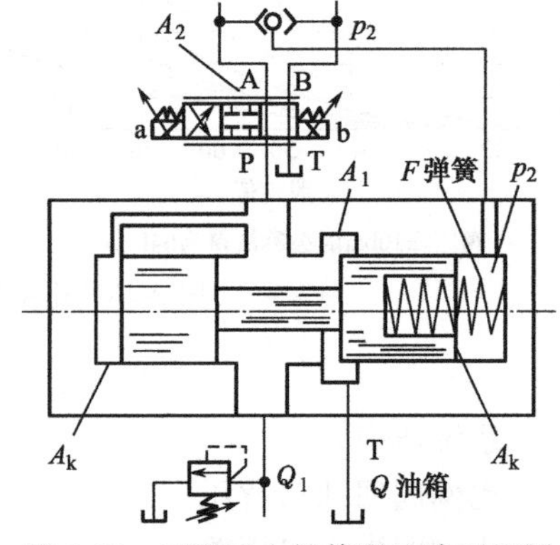

图 2-49　三通压力补偿器油路原理图

在该回路中的固定油口 A_2 与压力补偿器控制的调节油口 A_1 并联。A_1 同时作为油泵的回油管路的出油口。同样当该阀阀芯处于平衡位置时，不考虑摩擦力和液动力时，可得到如下公式：

$$p_1 A_k = p_2 A_k + F_F \tag{2-17}$$

则有 $\Delta p = p_1 - p_2 = F_F / A_k \approx$ 常数，这样在阀口的压力差可近似保持恒定，并使通过比例阀的流量与给定的电信号成正比而与负载的变化无关。

使用二通进口压力补偿器时。油泵始终需提供由溢流阀调定系统最高压力，而使用三通进口压力补偿器时进口工作压力仅需比负载压力高 Δp 值即可，因而功率损失相对较少。

配置进口压力补偿器，当油缸制动减速过程中，特别是当负载压力高于弹簧设定的进口检测阀口处的压差时，由式(2-14) 可知：

$$p_s - p_L = p_v + p_t = F_F / A_k + P_t \approx \text{常数} \tag{2-18}$$

当 $p_s - p_L \leqslant F_F / A_k$ 时，调节阀口全部打开，因而压力补偿器失去调节作用。

对于双向控制使用梭阀的回路，如图 2-47 所示，在减速过程中，与压力补偿器弹簧腔相通的油压不再来自 A 而是 B 口。在此工况下，B 侧压力较高，可将压力补偿器打开，通过压力补偿器的流量增加。此时传动装置试图加速，而比例阀阀芯向关闭的方向运动。这样会有效地减缓在油缸进油管路的气蚀。因此传动装置是通过简单的节流作用而非流量控制作用，减速到静止状态。

如没有梭阀，由于进口压差保持不变，在油路上就会出现气蚀现象而引起油缸动作速度不稳定。因此必须在油缸两端加装压力控制阀防止超压，使油缸平稳制动。

如果没有设置压力控制阀，进口压力补偿器就只能限制在负载仅作用在一个方向的系统中使用。

③ 直接采用成品的压力补偿阀　压力补偿阀成品有力士乐 ZDC 型阀等。某钢卷步进平移回路如图 2-50 所示，在比例阀 2 的下面直接安装一个叠加式压力补偿阀 1。也能实现相同的功能。

④ 使用常闭型插装式减压阀　该阀阀芯为 LC-DB 型，盖板为 LFA-DR 型。钢板翻转装置是将轧制过程中有问题的钢板翻面进行检查或修磨的装置，接受的钢板是已经按规定尺寸切割好的，故也存在负载不等的情况，比例升降控制需要压力补偿。其控制回路如图 2-51 所示。

换向阀 6 首先打开油缸处液控单向阀 5。假设比例阀 1 处于平行位。P→A。这时常闭式减压阀 3.1 处于关闭位，单向阀 4.1 打开，高压油直接进入油缸的无杆腔，而有杆腔的回油则关闭掉单向阀 4.2，经过插装式减压阀 3.2，进入比例阀的 B 油口。减压溢流阀 2.2 的反馈压力取自该阀的油口 A。其值大小可认为等于比例阀油口 B 处压力。当油口 A 处压力大于设定值时。减压阀 3.2 主阀芯的先导控制油就要经由减压溢流阀溢出，主阀芯控制油腔压力降低，主阀芯向上运动，减压阀 3.2 就往比例阀油口 B 处补油；当阀 2.2 的油口 A 处压力小于设定压力时，减压阀 3.2 主阀芯就处于关闭状态。直至比例阀油口 B 处的压力等于减压溢流阀设定的压力为止。由于比例阀油口 T 的压力为 0，那么比例阀在油口 B 处与 T 口压差就被控制为定值，也就达到了比例控制的要求。A—B 相连，亦然。

2.5.6 比例多路换向阀

多路换向阀是指以两个以上的换向阀为主体，集安全阀、单向阀、过载阀、补油阀、分流阀、制动阀等于一体的多功能组合阀，它具有结构紧凑、管路简单、压力损失小、工作可靠和安装简便等优点。多路阀有整体式和组合式两种。整体式多路阀结构紧凑，但对阀体铸造要求较高，比较适合于相对稳定的液压设备上使用；组合式多路阀可按不同的使用要求组装，通用性较强。多路换向阀特别适合在工程机械中应用，挖掘机（单斗和斗轮挖掘机）、铲土运输机械（推土机、装载机、铲运机、自行式平地机）和工程起重机（汽车起重机、轮胎起重机、履带起重机等）都广泛地采用了多路阀控制的液压传动系统。随着加工工艺水平的提高和比例技术及电子技术的引入，多路换向阀有了长足的发展，出现了比例多路换向阀。

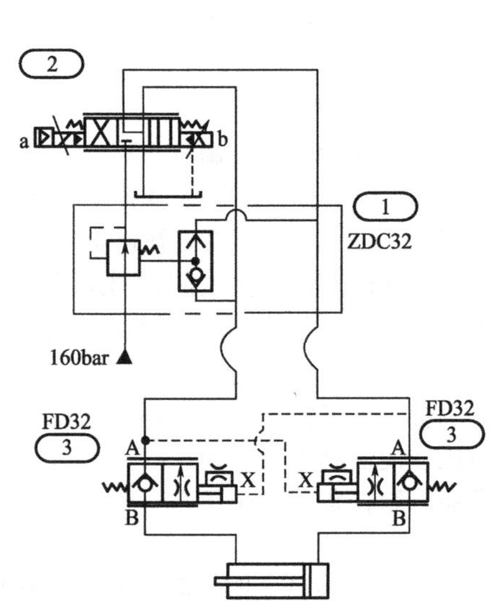

图 2-50 钢卷步进平移回路
1—压力补偿阀；2—比例阀；3—平衡阀

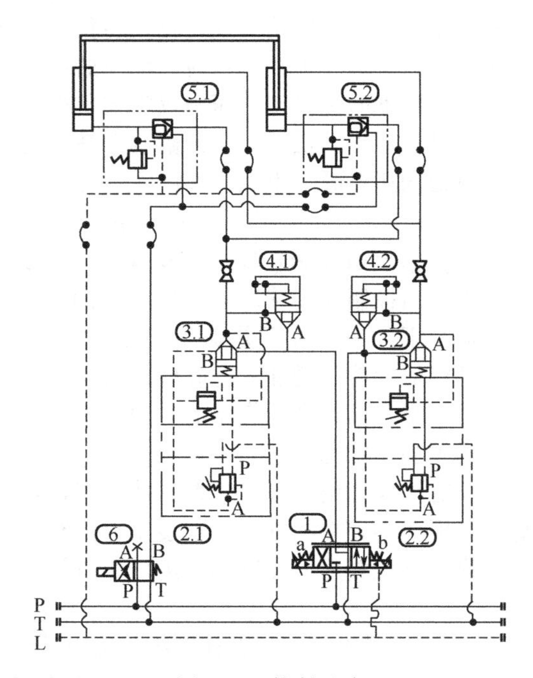

图 2-51 控制回路
1—比例阀；2—减压溢流阀；3—常闭式减压阀；4—插装阀；5—背压阀与液控单向阀；6—换向阀

(1) 比例多路换向阀的组成

图 2-52 比例多路换向阀的外形

比例多路换向阀的外形如图 2-52 所示，它的压力最高可达 42MPa，最大流量可达 300L/min，阀体有钢和铸铁两种材料，钢件的承压能力强，但通流能力差；铸铁的通流能力强，但承压能力稍低些。比例多路换向阀可以由多至 12 片换向阀块组合在一起，采用负载敏感技术，使其输出流量不受负载影响，具有良好的比例特性。比例多路换向阀可以分成泵侧阀块、基本阀块、驱动阀块、端板、遥控单元、电子附件 6 大部分。这类阀可以细化分为泵侧阀块、换向阀块、手柄、阀心、端板、定位装置或盖板、比例电磁铁、遥控单元、电子附件等组成。

① 泵侧阀块。是连接油泵和油箱的阀块，由进出油口、内置溢流阀、压力表接口、三通负载敏感流量控制阀、限压阀、卸荷阀等组成。有定量泵开式回路、变量泵闭式回路、恒压回路等形式供选择。

② 基本阀块。是比例多路换向阀的主体部分，由 A 油口、B 油口、换向阀块、可互换的阀芯、二通负载敏感流量控制阀、缓冲阀、补油阀、负载敏感限压阀等组成。

③ 驱动阀块。是比例多路换向阀的驱动部分和定位装置或盖板，有开关电驱动、比例电磁铁驱动、液压驱动、手动驱动、电驱动＋手动驱动、液压驱动＋手动驱动等多种形式供选择。

④ 端板。是比例多路换向阀最靠边的基本阀块的终端块，把最靠边的基本阀块的叠加油口堵住或相互导通，有的带有附加的 LS 进口和回油接口。

⑤ 遥控单元。是远端控制比例多路换向阀的电操作手柄和液控操作手柄，操作力小，一般装在驾驶室或控制室里。电操作手柄的形式有很多种，一个手柄可以控制多个阀，可以是开关的，也可以是比例的。液控操作手柄品种较少，有单联的和双联的，最多可以控制两个阀。

⑥ 电子附件。是有流量调节单元、斜波发生器、速度控制单元、闭环速度控制单元、警报逻辑电路、闭环位置控制单元等供选择。

(2) 负载敏感流量控制阀的结构及原理

比例多路换向阀使用了负载敏感技术，在泵侧阀块中使用了三通负载敏感流量控制阀，保证泵的供油随负载变化而变化；在基本阀块中使用了二通负载敏感流量控制阀，保证比例多路换向阀的出油口的流量不随负载变化而变化。三通负载敏感流量控制阀，其结构图如图 2-53 所示，其原理图如图 2-54 所示，进油口 1 接泵出口，出油口 2 接油箱，控制油口 3 接执行机构的负载反馈压力 LS，阀芯的受力公式为 $F_{1口}=F_{3口}+F_{弹簧}$。

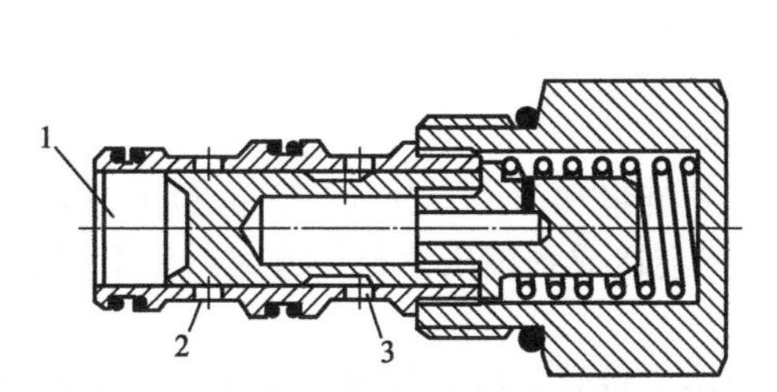

图 2-53　三通负载敏感流量控制阀结构

1—进油口；2—出油口；3—控制油口

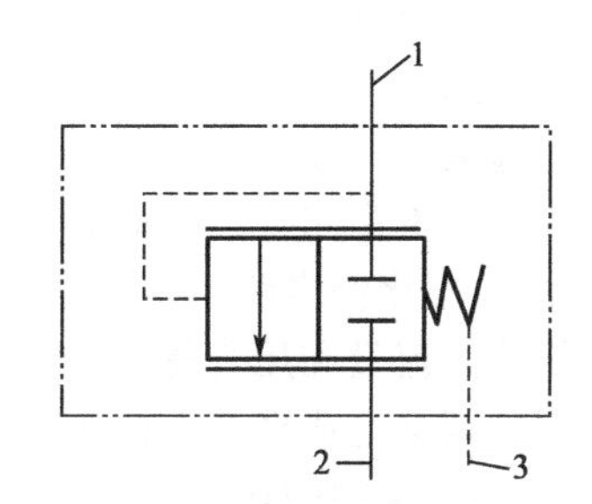

图 2-54　三通负载敏感流量控制阀原理

1—进油口；2—出油口；3—控制油口

进油口 1 到出油口 2 的液压油流量随控制油口 3 的压力升高而减小，随控制油口 3 的压力降低而增大，保证泵的供油随负载变化而变化，当执行机构停止工作时，主阀芯右移打开阀口，泵则通过该阀卸压，可以防止系统发热。

二通负载敏感流量控制阀，其结构图如图 2-55 所示，其原理图如图 2-56 所示，进油口 2 接泵出口，出油口 1 接比例多路换向阀的进油口，控制油口 3 经过外部节流口 4（是比例多路换向阀的阀口阻尼）后接到出油口 1 处，阀芯的受力公式为 $F_{1口}=F_{3口}+F_{弹簧}$。

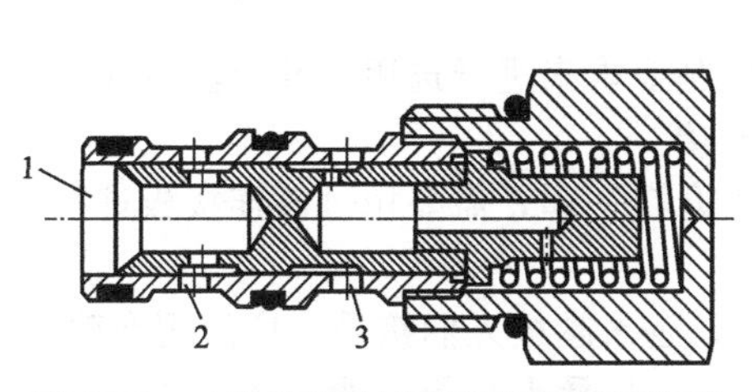

图 2-55　二通负载敏感流量控制阀结构图

1—出油口；2—进油口；3—控制油口

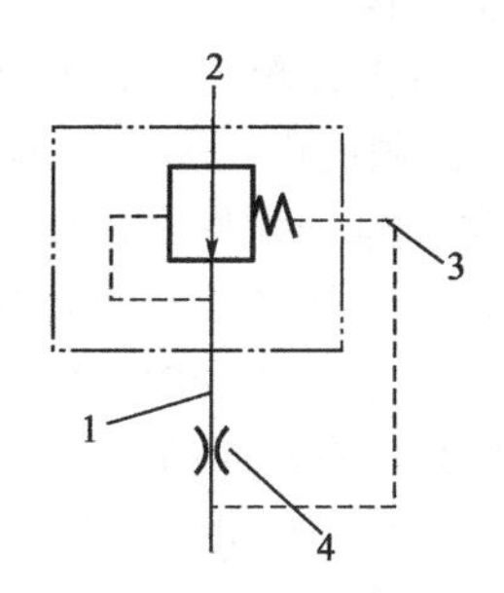

图 2-56　二通负载敏感流量控制阀原理图

1—出油口；2—进油口；3—控制油口；4—外部节流口

当进油口 2 没有油液通过时，阀芯在弹簧的作用下左移，阀口全部打开；当进油口 2 有油液通过时，阀芯在压力油的作用下右移，阀口趋于关闭，直至达到新的力平衡；当进油口 2 处压力增大时，出油口 1 处的压力也增大，阀芯右移，阀开口减小；当进油口 2 处压力减小时，出油口 1 处的压力也减小，阀芯左移，阀开口增大。当出油口 1 处的压力增大，控制油口 3 处的压力也增大，阀芯左移，阀开口增大。当出油口 1 处的压力减小，控制油口 3 处的压力也减小，阀芯右移，阀开口减小。由于压力补偿器不断地起补偿作用，使流量保持恒定，不随负载变化而变化。

(3) 比例多路换向阀的特点

优点：能够实现比例的无级调速控制，调节性能良好；采用二通负载敏感流量控制阀，使执行元件的速度与负载变化无关；能够满足多个执行机构同时工作，最多有 12 组执行机构，一般不超过 8 组执行机构；采用三通负载敏感流量控制阀，泵的输出流量随负载变化而变化，提高了液压系统的效率，减少了系统发热；具有减振削峰的功能，换向冲击小，系统运行平稳；高集成性，体积小，重量轻，适合于行走工程机械；组合方便，调整方便，可靠性高；操作形式有多种选择，既可以用电控制，又可以保留手动控制，也可以使用液动；电子元件、附件齐全，可以轻松实现速度开环比例控制、位置开环比例控制、闭环速度比例控制和闭环位置比例控制；引入了比例技术、GPS 定位技术和 CAN 总线技术，可以实现工程机械的远程计算机控制或网络控制，使工程机械实现无人驾驶成为现实。

缺点：选型复杂，常常需要专业的技术人员才能正确选型；价格较为昂贵。

(4) 选型注意事项

在选用比例多路换向阀时，要注意以下几点。

① 在选用比例多路换向阀时，一定要看清其流量和压力，如允许泵的最大流量和压力、阀输出的最大流量和压力等。若选型过小，往往会造成系统压力损失太大，使系统发热；若选型过大，则会造成经济上的浪费。

② 在选择泵侧阀块时，一定要先确认是采用定量泵系统、变量泵系统，还是恒压系统，否则无法选型，有三通负载敏感流量控制阀、限压阀、卸荷阀等选项。

③ 在选择基本阀块时，要认真核对滑阀机能，确定选择什么附加功能，有二通负载敏感流量控制阀、缓冲阀、补油阀、负载敏感限压阀等选项。

④ 在选择驱动阀块时，可以选择一种驱动方式，也可以选择两种驱动方式。电驱动有开关电驱动和比例电驱动之分，比例电驱动有中等性能、高性能和极高性能之分，电压有直流 12V 和直流 24V 之分，手动操作有摩擦定位和弹簧复位之分，还有液控、气控和防爆系列比例电磁铁可供选择，要根据系统的需要做选择。

⑤ 在选择端板时，可以根据系统的要求选择油口堵住或相互导通、LS 进口和回油接口的个数和接口形式。

⑥ 在选择遥控单元时，要注意哪些动作有联锁关系、哪几个动作要放到一个手柄上来控制和所控制阀的电压是多少等。

⑦ 在选择电子附件时，要根据自己的控制要求来进行选用，并要注意匹配。

⑧ 出口的连接形式有螺纹连接和法兰连接。

⑨ 可以把不同通径的比例多路换向阀组合在一起，需要用过渡连接板进行连接。

(5) 比例多路换向阀的应用

比例多路换向阀由于其自身的一些优点，越来越被人们接受，广泛用在建筑机械、森林机械、消防车辆、起重机、钻机、市政机械、混凝土拖泵、掘进机、摊铺机、高空作业车等。

某工程机械的比例多路换向阀液压系统原理图如图 2-57 所示。从原理图可以看出使用的是变量泵，泵侧阀块选用的是变量泵中位闭式回路，带有压力表连接口；所有的基本阀块的A/B口都带有二通负载敏感流量控制阀，确保各个阀输出流量不受负载的影响；所有阀芯选用的都是三位四通中位闭式的阀芯；第一组基本阀块A/B口带有缓冲阀和补油阀，第二组基本阀块A/B口带有补油阀，第四组基本阀块A口带有补油阀，B口带有缓冲阀和补油阀，缓冲阀可以消除尖峰压力，使系统平稳，补油阀可以防止液压缸和马达吸空。

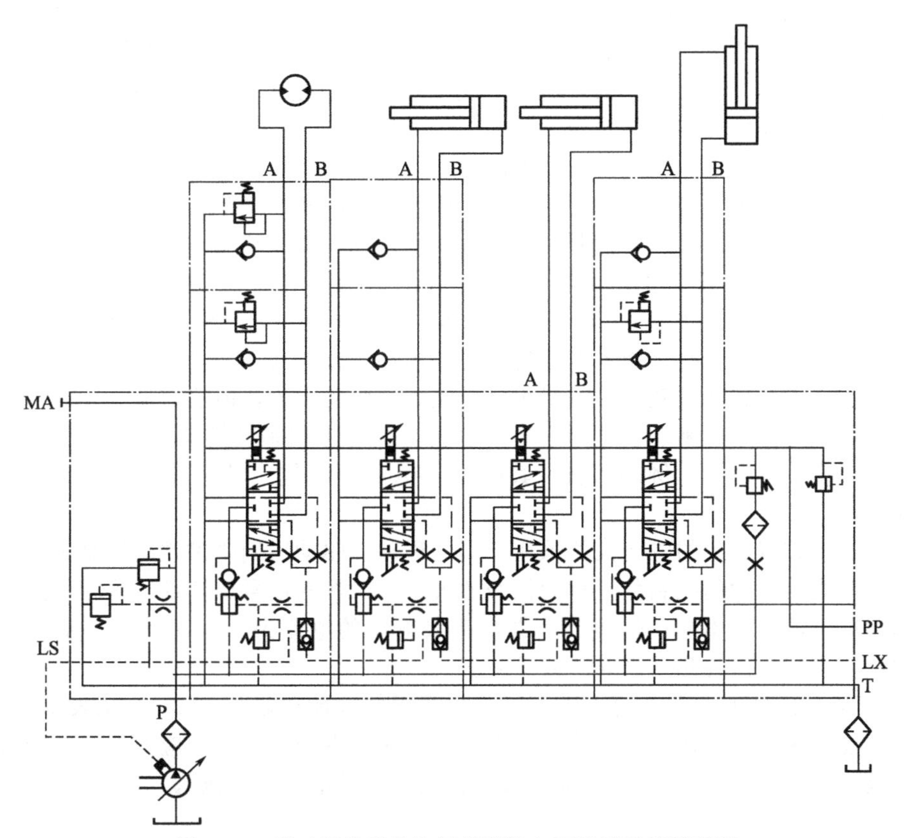

图2-57　某工程机械的比例多路换向阀液压系统原理图

2.6 伺服比例阀及应用

2.6.1 伺服比例阀概述

(1) 伺服比例阀的产生

早在第二次世界大战时期，出于军事的需要，电液伺服阀首先出现在飞机的控制系统上。伺服阀的高成本、对流体介质清洁度的苛刻要求及维护的困难，使其成为电液伺服技术推广民用化的障碍。

伺服比例阀是比例技术和伺服技术结合的产物，早起出现的比例伺服阀由于其关键的电-机转换器仍然是最大控制电流仅几十毫安的力马达或力矩马达，仍属于伺服阀的范畴，也称为工业伺服阀。

电液伺服比例是一种性能和价格介于伺服阀和普通比例阀之间的控制阀，它具有传统比例阀的特征，采用比例电磁铁作为电-机械转换器；同时，它又采用伺服阀的加工工艺、零遮盖阀口，其阀芯与阀套之间的配合精度与伺服阀相当，无零位死区，频率响应比一般比例阀高，而可靠性高于一般伺服阀。电液比例伺服方向阀对油液的清洁度要求低于电液伺服阀，而它的控制性能已与普通电液伺服阀相当，特别适用于各种工业领域的闭环控制系统。值得指出的是，电液伺服比例阀还有一个普通伺服阀不易实现的附加特性：当阀的电源失效，电磁铁失电时，由于弹簧的作用，能使阀芯处于一个确定的位置，从而使其4个通口具有固定的通断形式。

随着伺服比例技术的不断发展和创新，以及和电子、计算机技术的紧密结合，伺服比例阀已可以和伺服阀相媲美，同时由于其具有传统比例阀可靠、耐用、使用维护成本低的优点，必将使伺服技术在工业领域的广泛使用成为现实，也将给用户带来明显的经济效益。

(2) 比例技术与伺服技术的比较

比例技术和伺服技术的主要区别是液压控制系统中采用的控制元件不同。电液比例控制系统（含开环控制和闭环控制）采用的控制元件为比例阀和比例泵，液压伺服控制系统（只含闭环控制）采用的控制元件为伺服阀。主要区别表现在以下几个方面。

① 控制元件采用的驱动装置（电-机械转换器）不同　比例控制元件采用的驱动装置为比例电磁铁（动铁式电-机械转换器），它的输入电信号通常为几十到几千毫安，且为了提高工作可靠性和输出力，还有采用大电流的趋势，衔铁输出的电磁力大小为几十至几百牛顿。比例电磁铁的特点是感性负载大，电阻小，电流大，驱动力大，但响应低。

伺服控制元件采用的驱动装置为力矩马达（动圈式电-机械转换器），其输入电信号一般为十到几百毫安，相对于比例阀而言，其电-机械转换器的输出功率较小，感抗小，驱动力小，但响应快。

不同的驱动装置配用的电放大器采用不同的称呼：驱动比例电磁铁的控制装置称为比例放大器，驱动力矩马达的控制装置称为伺服放大器。二者的信号调整部分是相似的，主要是功率级输出的电流大小不同。伺服放大器功率级输出的电流为10mA到几百毫安，比例放大器功率级输出的电流为几十毫安到数千毫安。

② 控制元件的性能参数不同　比例阀与伺服阀的性能比较见表2-3。从表中可以看出，伺服阀的性能最优，伺服比例阀的静态特性与伺服阀基本相同，但响应偏低（介于普通比例阀和伺服阀之间），普通比例阀（含无电反馈比例阀和带电反馈比例阀）的死区大，滞环大，动态响应低。

表2-3　比例阀与伺服阀的性能比较

特性	伺服阀	比例阀		
		伺服比例阀	无电反馈比例阀	带电反馈比例阀
滞环/%	0.1～0.5	0.2～0.5	3～7	0.3～1
中位死区/%	理论上为零	理论上为零	±5～20	
频宽/Hz	100～500	50～150	10～50	10～70
过滤精度(ISO 4406)	13/9～15/11	16/13～18/14	16/13～18/14	16/13～18/14
应用场合	闭环控制系统		开环控制系统及闭环速度控制系统	

电液伺服阀几乎没有零位死区，通常工作在零位附近，零位特性只应用在闭环控制系统[含位置控制系统、速度控制系统、力（或压力）控制系统]。这类系统对控制精度和响应要求特别高，应用在如军事装备等对系统快速性有特别高要求的场合。

伺服比例阀基本没有零位死区，既可以在零位附近工作，也可以在大开口（大流量工况）下运行。

因此伺服比例阀要考虑整个阀芯工作行程内的特性。伺服比例阀主要用于对性能要求通常不是特别高的闭环控制系统。

普通的比例阀对零位特性没有特殊要求，它主要工作于开环系统中时，必须在比例放大器中采用快速越过死区的措施来减小死区的影响，并使之工作在大开口状态。

③ 阀芯结构及加工精度不同　普通比例阀阀芯采用阀芯＋阀体的结构，阀体兼作阀套。由于死区大，阀芯与阀体允许的配合间隙较大，阀口台阶之间的尺寸公差也比较大，一般具有互换性。伺服阀和伺服比例阀采用阀芯＋阀体的结构，或者配做成组件，加工精度要求极高，不具备互换性。比例阀与伺服比例阀在结构和加工精度的这些区别，直接导致价格上的差异，也是对油液过滤精度要求不同的原因。而过滤净度的不同，导致系统维护的难易程度和维护成本不同。

(3) 伺服比例阀的特性

伺服比例阀是采用比例电磁铁作为电-机械转换器，而功率级滑阀又采用伺服阀的加工工艺，是比例和伺服技术紧密结合的结果。伺服比例阀阀芯采用伺服阀的结构和加工工艺(零遮盖阀口，阀芯与阀套之间的配合精度与伺服阀相当)，解决了闭环控制要求死区小的问题。它的性能介于伺服阀和普通比例阀之间，但它对油的清洁度要求低于电液伺服阀，特别适用于各种工业的闭环控制。

2.6.2 伺服比例阀在水电站的应用

某电站调速器系统，采用德国BOSCH公司生产的伺服比例阀作为调速器液压系统的电液转换元件。每套调速器采用两个伺服比例阀，两个伺服比例阀工作时是热备用的关系，一个为主用、一个为备用。当主通道故障后会自动切换到备用通道，而备用通道故障时不能自动切换到主用通道，必须手动切换。

伺服比例阀有四个工位，如图2-58所示（从右到左分别是第一工位到第四工位）。线圈不励磁时处于第四工位，第四工位是保护位。根据伺服比例阀的输入输出特性，伺服比例阀功放板接受±10V的控制信号，经其放大后输出相应的电流信号，电流信号在伺服比例阀线圈中产生的磁场驱动比例电磁铁移动相应的位移量，从而带动伺服比例阀的阀芯移动，输出相应的流量，输出流量与输入控制信号成比例线性关系。阀芯移动的同时，内置差动变压器式位移传感器检测阀芯位置，并将其信号反馈到比例放大器，与比例电磁铁形成闭环位置控制。

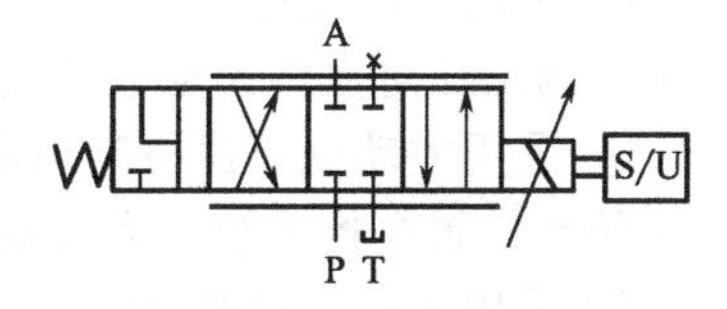

图2-58　伺服比例阀原理图

伺服比例阀的主要特点如下。

① 动态响应好，阶跃信号的调节时间<25ms，－3dB频宽为40～70Hz。

② 静态精度高，其滞环，重复精度为0.1%～0.2%。

③ 采用强电流信号控制，功率大，提高了伺服比例阀的操作力，加上结构简单，无阻尼孔，因此抗油污能力强，提高了伺服比例阀工作的可靠性。

④ 精确制造的硬质阀芯和硬质阀套。其轴向配合精度达到0.002mm，保证了其液压功率级达到伺服阀所要求的零开口工作状态，以及陡峭的压力增益特性和平直的流量增益特性。

⑤ 零位耗油量小，公称流量100L/min。在10MPa压力下泄漏量<2L/min。温漂小，当ΔT＝40℃时，其输出变化<1%。

⑥ 内置差动变压器式位移传感器检测阀芯位置，并将其信号反馈到比例放大器，与比例电磁铁形成闭环位置控制系统，大大提高了比例电磁铁的动态特性。

⑦ DC/DC 位置检测方式，提高了差动变压器的响应特性和抗干扰能力。

⑧ 与之配套的比例放大器采用桥式双控高频脉宽调制驱动电路，配合小电感电磁线圈，提高了伺服比例阀的响应速度，并且使电磁线圈中电流升高和降低的延时基本相同，在电路上为提高伺服比例阀的频响提供了条件。比例放大器所设置的具有 PID 调节功能的电流和位置两个闭环控制回路，使伺服比例阀达到了最佳特性。

2.6.3 伺服比例阀在铜带轧机厚度控制中的应用

(1) 伺服比例阀的结构及特性

系统选用的是 BOSCH 伺服比例阀 NG6，其结构如图 2-59 所示。

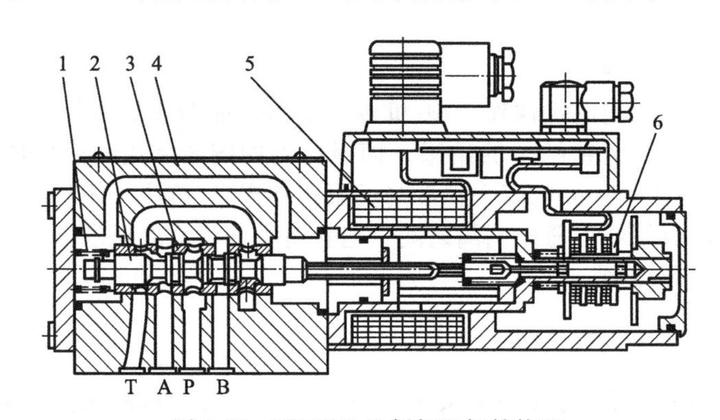

图 2-59 BOSCH 比例伺服阀结构图

1—阀芯复位弹簧；2—阀芯；3—钢质阀套；4—铸造阀体；5—比例电磁铁；6—位移传感器

这种伺服比例阀的特点如下。

① 采用大电流连续作用的比例电磁铁，最大线圈电流达 2.7A，功率大（25V·A），提高了阀的工作可靠性及动态性能。

② 采用差动变压器检测阀芯位置，将位置信号反馈到比例放大器，与比例电磁铁形成一个闭环位置电控系统，大大提高了比例电磁铁的动静态特性。

③ 采用带钢质阀套的滑阀结构，不但耐磨性提高，而且保证了阀所必须的零开口工作状态，以确保中位时阀口的精确零遮盖，提高了系统的快速性和控制精度。

④ 具有故障保险位，当系统意外断电时，阀芯自行进入安全位，以确保控制系统的执行元件处于安全状态。

比例伺服阀采用与伺服阀一样的性能考核指标，阀的特性包括静态特性和动态特性。静态特性包括控制特性（输出流量与输入电压或电流关系）、压力特性和内泄漏特性。该款比例伺服阀其流量/输入信号关系为 100%线性，如图 2-60 所示。

对用于闭环控制系统的阀来说，一个重要的指标就是中位时的零重叠，零重叠的精确度由压力增益曲线来表示，如图 2-61 所示。它要求加工精度高，材料耐磨。

其他静态性能指标参数见表 2-4，可见该款比例伺服阀的静态特性已达到传统伺服阀的性能指标。

表 2-4 比例伺服阀的静态特性指标

特 性	数 值
滞环	<0.2%
重复误差	<0.1%
温漂	<1%，在 $\Delta T<40$℃

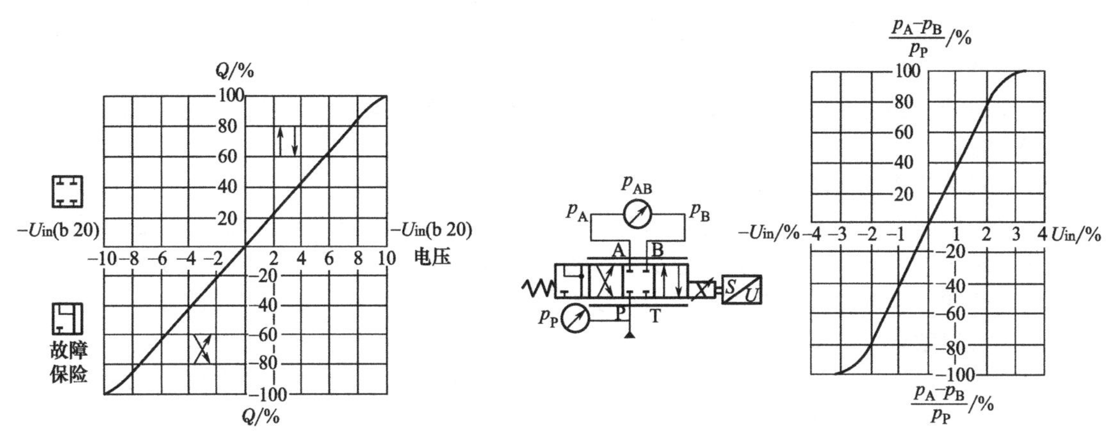

图 2-60　比例伺服阀线性控制特性　　　　图 2-61　比例伺服阀的压力增益特性

动态性能是指对快速变化信号的瞬态反映的能力，动态性能可用频率响应（波德图）来表述，如图 2-62 所示。

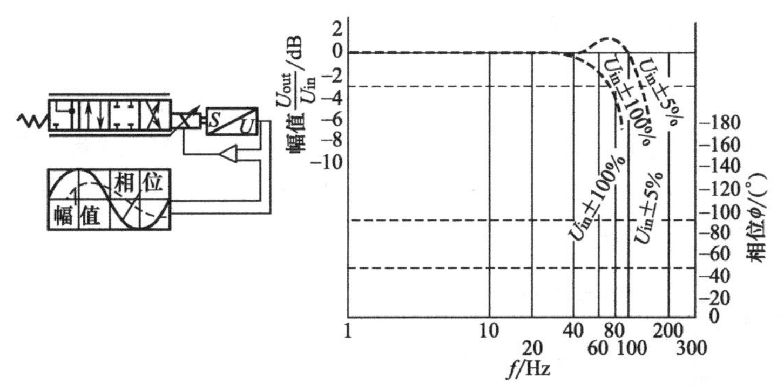

图 2-62　比例伺服阀的频率响应特性

取幅频宽（－3dB 时的频率）和相频宽（相位滞后－90°时的频率）中较小者作为阀的频宽值，可知该款比例伺服阀的频宽值约为 65Hz。

(2) 伺服比例阀在铜带轧机厚度控制系统中的应用

轧机最大轧制力为 500kN，轧机刚度 250t/mm，轧制最高速度为 2.2～5m/s，成品出口厚度为 0.2～0.6mm，公差要求在±5μm 之内，材质为黄铜。液压系统压力为 24MPa，系统流量为 24L/min。

液压厚度控制系统用来控制铜带产品的纵向厚度公差在一定的精度范围之内。该款比例伺服阀的最大压力为 31.5MPa，额定流量为 40L/min（压差为 3.5MPa 时）；由此可见该比例伺服阀满足液压系统的要求。

液压厚度控制系统具有响应快、精度高等特点。其动态性能越好，对带材的厚度偏差的纠偏能力就越强。同时，轧制速度越高，对动态性能的要求也越高。控制系统频宽（－3dB 点）为 13Hz 左右。阀的频宽约为系统频宽的 5 倍，符合设计要求。由于该轧机轧速较低，系统控制周期为 100ms，而阀的响应时间（信号变化从 0～100%）<10ms。

由表 2-4 的数据，该款伺服比例阀的滞环、重复误差等指标已满足闭环控制系统的要求。温漂小，工作温度范围宽。

在系统调试过程中，可以方便地通过调节设置在控制室中的比例伺服阀放大器来实现调零±5%。放大器输入信号电压为±10V，控制系统经限幅 PID 调节输出电压信号为±5V，在负载工作状态下，油缸位置环控制精度达到±2μm。在动态工况下，系统响应快速，厚度控制效果满意。

构建的液压厚度控制系统包括位置、压力闭环控制，监控 AGC、预控 AGC、流量 AGC 等控制。

(3) 对油液清洁度的要求

通常伺服阀需要油液清洁度达到 NAS1638 的 5 级，而伺服比例阀的抗污染能力强，可工作在 NAS1638 的 7～9 级，大大减少了由污染而造成的工作故障，提高了厚度控制系统的工作稳定性和可靠性。实际使用过程中，没有发生因伺服阀塞堵引起的系统故障。

(4) 应用效果

自正式投入运行，经过连续生产，NG6 运行稳定可靠，产品精度实测值为 0.20mm±5μm，厚度公差在±5μm 内的带材占整卷 99.3%。

2.6.4 D633 系列直动伺服比例控制阀

D633 系列直动伺服比例控制阀是由穆格公司按照欧共体（EC）标准要求的电磁兼容性（EMC）进行生产制作的。D633 伺服控制阀现在广泛应用于压铸机械、冶金设备、重工业设备、造纸业和木材加工业及其他产业。

(1) 原理

D633 系列阀（见图 2-63）主要由带放大器和电阻零位调节的集成电路板（Integrated electronics）、线性位置传感器（Position transducer）、电阻调零螺母（Null adjust cover plug）、信号线插头（Valve connector）、阀芯（Spool）、阀腔（Bushing）、线性力马达（Linear force motor）、对中弹簧（Centering spring）等组成。

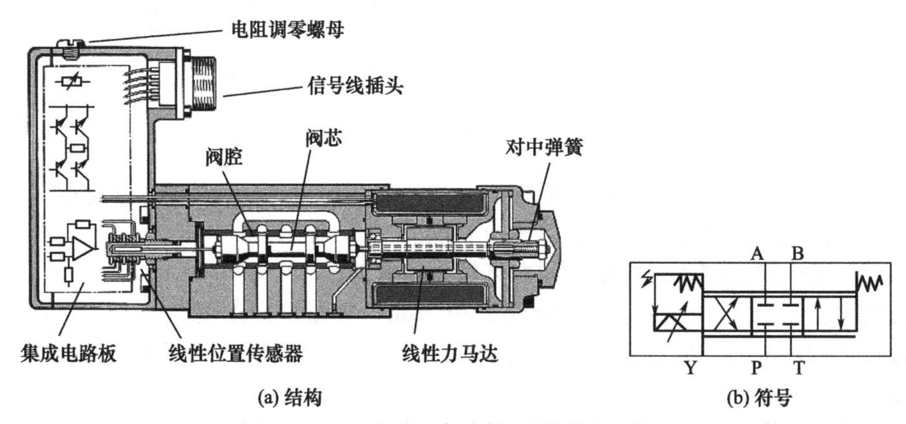

图 2-63 D633 系列直动伺服控制阀原理图

D633 系列阀按照节流阀原理进行流量控制，三位四通 O 型中位机能，当力矩马达旋转时，通过类似外六角的传动杆将力矩传递到阀芯，阀芯与检测连杆固连在一起，通过连杆在螺纹中的转动，带动阀芯动作，连杆的另一头与线性传感器连接，复位对中弹簧始终给一个与力矩马达的力方向相反的力，利用胡克定律和力矩的力的平衡关系实现阀芯正负 2 个方向的任意位置的设定。D633 系列阀适用于电液位置、速度、压力和受力控制系统。

线性力马达（Linear force motor）实际上是个力矩马达，只是实现的动作为线性动作，因而在此处也可称为力马达。力马达是一个永久磁铁的电磁线圈驱动装置，这种马达能驱使阀芯从它的初始中心位置正负两个方向动作，电磁线圈闭环控制的线性力马达（DDV）的电磁铁是一种连续比例电磁铁，它的力矩的大小成线性变化，从而能实现马达任意转动角度的调整功能，比例电磁阀芯作线性动作是它的一个优点。

D633系列阀允许阀的直线动作控制（例如一个机械控制）没有附带的电气控制信号干扰；永久磁铁力马达的驱动具有高水平动力性能，永久磁铁提供所需要的磁力；没有向导控制油路要求；压力不受外力变化；直线马达所需要的电流是更低的比例电磁阀所需要的电流，低的磁滞和低极限，接近液压系统零位时低电流消耗；直动马达有一个原始中位，在中位位置它可以实现正反方向动作，根据电流的大小正反力成比例变化。

线性位置传感器（Position transducer）带有灵敏的信号动态检测反馈装置，检测反馈装置是通过螺纹旋转带动线性位置传感器进行动作，从而实现检测和反馈信号的功能。与阀芯的位置相一致的电气信号是应用到集成电路板和产生对应调制脉宽（PWM）电流，从而驱动直线马达线圈，所得到的驱动力将驱使阀芯动作。振荡器刺激位置传感器，产生一个与阀的位置成比例的电信号。解调阀芯位置的电信号与命令信号和得到的阀的实际位置进行比较，比较的误差值将产生一个电流驱动马达线圈动作，直到阀芯移动到命令信号所要求的位置，阀芯的误差是逐渐减少到零。阀芯位置与命令信号成比例。

集成电路板（Integrated electronics）是一种信号输入输出和处理装置，它包括阀芯位置的闭环检查信号的放大处理和驱动的宽频脉冲调制解调器的电流调质处理，并将处理后的信号与命令信号进行对比，从而发讯给线性力马达驱动阀芯达到所要求的位置，阀的集成电路技术是具有发展潜力的脉宽调制解调电流输出和提供24V直流电压的SMD新技术。带控制线圈和力马达的阀芯位置控制的磁力线圈是集成在一个闭环控制的集成电路板上。从而产生一个所希望达到的位置电信号宽频脉宽调整电流波，这个电流波直接驱动力马达运转。一个振荡器激活线圈位置传感器产生一个与阀芯位置成比例的电信号。集成电路板具有低的残余电波的标准化的阀芯位置监控信号；电动的零位调整装置；具有较低的电压供给，配有继电器、急停按钮，阀芯返回到中位不用加载外力动作。

高弹力和附加对中力（例如由于污染引起的流量阻力和摩擦力）必须在动力输出期间被克服。在中位复位时，对中弹簧弹力增加到直动马达上和提供格外的阀芯复位驱动力，从而尽量减小污染敏感影响。在弹簧的中心位置，直动马达只需要很低电流保持。

比例电磁阀系统需要两个带更多的卷缆柱的具有同样作用的电磁线圈。一个用于单独使用，反抗弹簧力。万一电流低于电磁线圈要求的电流，这时弹力驱动阀芯到底位而全开阀，这将导致无控制动作。

(2) 特性

液压系统曲线特性如图2-64～图2-68所示。

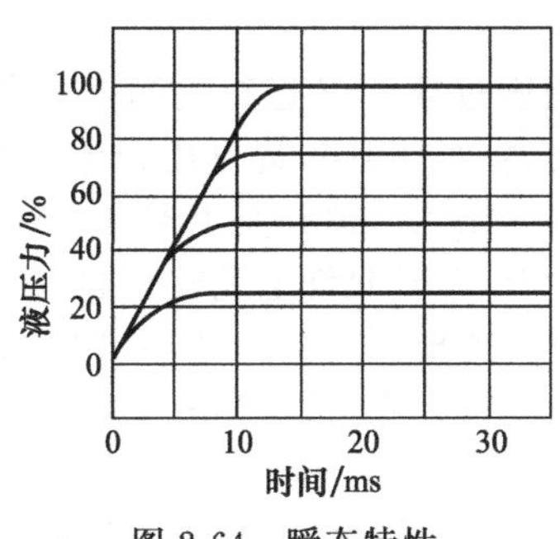

图2-64 瞬态特性

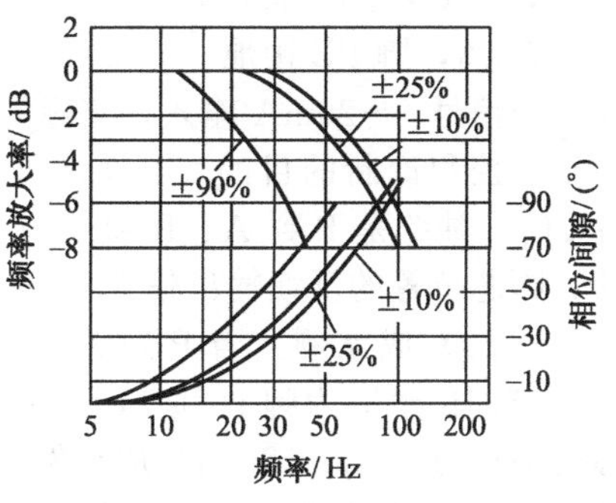

图2-65 频率响应

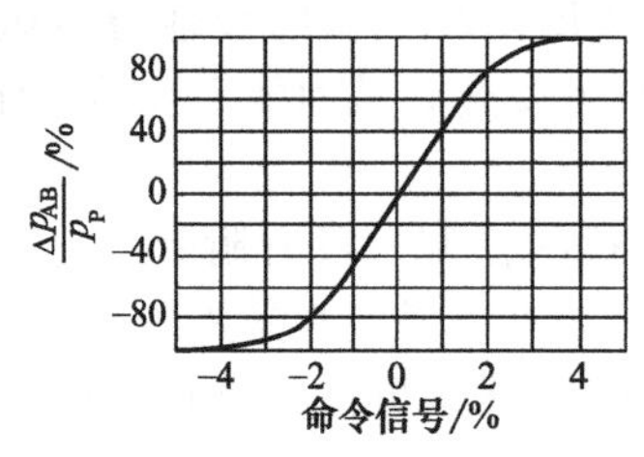

图 2-66 压力信号特性曲线

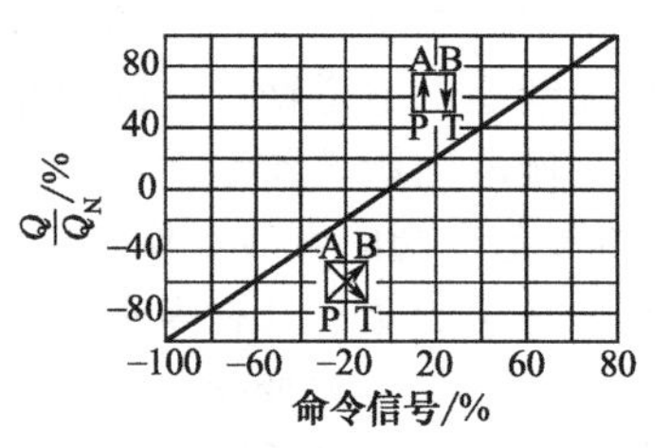

图 2-67 流量信号特性曲线

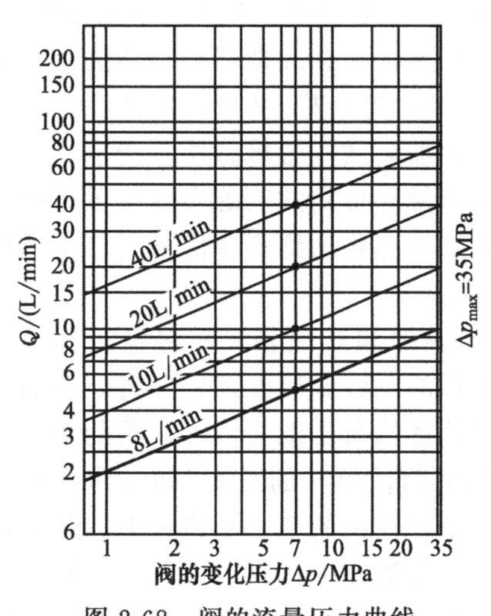

图 2-68 阀的流量压力曲线

操作最高压力 35MPa，回油口压力 5MPa。温度范围：环境温度 −20～60℃；液流温度 −20～80℃。系统过滤器：高压过滤器（没有旁通，带有污染报警）位于向阀供压力油的主管路上，液压油的清洁度特别影响系统性能（包括阀芯位置、高灵敏度）和伺服系统的动作（检测、压力、泄漏）。推荐清洁度等级：正常生产 $\beta_{10} \geqslant 75$（微粒直径最大 10μm），比较久的生产 $\beta_6 \geqslant 75$（微粒直径最大 6μm）。振动：30g，3 轴。保护级别：EN60524：IP65 带交换连接器包好带油封交货。推荐流速：15～100mm/s。允许使用流速：5～400mm/s；流量控制（通过阀）通过 A、B 口，如果回油管路压力 P_T > 5MPa 时，Y 口将使用，当应用三通时可关闭多余的 A 口或 B 口，阀芯的轴线加工误差为 1.5%～3% 或 10% 间隙也可。阀的流量计算：$Q = Q_N\sqrt{\frac{\Delta p}{\Delta p_N}}$，P/A/B/T 平均流速不小于 30m/s。电压 24VDC，最小 19VDC，最大 32VDC。消耗电流：I_{Amax} = 2A。所用的信号线，包括所有的外用传感器、接线箱、动力电等屏蔽线连接地。必需的发讯器：EN55011，1998+A1，1999（等级为 B）和抗干扰 EN61000-6-2，1999。导线的最小界面大于 0.75mm^2。

(3) 自动控制技术

D633 系列直动伺服比例控制阀的自动控制部分具备与机组在线控制程序 SIMATIC Step7 对接功能，能通过编程和主缸的电磁位置检测器及伺服阀本身的集成电路板对它进行闭环自动控制。D633 具有电压和电流命令输入两种模式。

如图 2-69 所示，I/O 插头有 A、B、C、D、E、F、PE 7 个插脚，脚 A 供应 24VDC，脚 B 零电压，脚 C 不用（备用），脚 D 输入命令信号 4～20mA，脚 E 不用（备用），脚 F 反馈信号 4～20mA，脚 PE 接地。

实际命令信号 4～20mA 输入，实际的阀芯位置值能通过插脚 F 进行检测，这个检测信号能被用于监控和诊断的目的。当 I_0 = 12mA 时，阀芯通过对中弹簧作用位于中心位置；I_0 = 20mA 时，油路是 P 到 A、B 到 T 阀芯全打开；I_0 = 4mA，油路是 P 到 B、A 到 T 阀芯全打开。阀芯位置的反馈输出信号 4～20mA，当 I_F = 0mA 时允许电缆检波通过，阀芯的动作与（$I_D - I_E$）成比例。当 P 到 A 和 B 到 T 时 100% 阀全开，$I_D - I_E$ = 10mA（I_D = 20mA），对应的信号脚为脚 D 和 E，从而得到希望的液流量；在 12～20mA 命令信号范围内，阀芯的动作与（I_D − 12mA）成比例。

当 P 到 B 和 A 到 T 时 100% 阀全开，$I_D - I_E$ = −10mA（I_D = 4mA），对应的信号脚为脚 D 和 E，从而得到希望的液流量；在 4～12mA 命令信号范围内，阀芯的动作与

(I_D—12mA) 成比例。检测输出信号 (实际阀芯位置) 的电路原理图如图 2-70 所示。

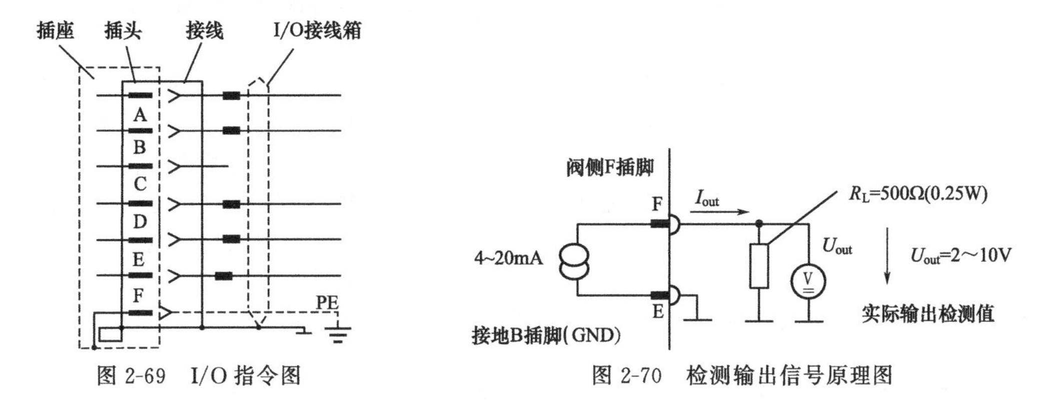

图 2-69 I/O 指令图

图 2-70 检测输出信号原理图

实际的检测值 I_F 电流回路 (阀芯的位置) 配用 6+PE 电极连接器。为了故障检测，对交换连接器建议连接脚 F，信号线路走控制柜。在 4～20mA 范围内实际阀芯位置信号 I_F 是可靠的。100%阀开口 P 到 A、B 到 T 时，电流 20mA；100%阀开口 P 到 B、A 到 T 时，电流 4mA。

(4) 小结

精密电液伺服控制系统多采用喷嘴挡板型伺服阀。伺服阀加工困难、电路结构复杂、检测信号误差大、比例特性和稳定性不高。

D633 系列直动伺服比例控制阀为线性力马达直接驱动，动作稳定、刚性好。喷嘴挡板型伺服阀采用压差力驱动，靠挡板的变形改变压差，受到挡板的材质和性能的影响，同时压差变化不可控制，从而影响驱动力，因此稳定性和刚性较差。

D633 系列直动伺服比例控制阀的反馈通过线性传感器检测，通过刚性连接精准检测阀芯的实际位置，检测时不受压力、流量等外界因素影响，检测信号真实可信。喷嘴挡板型伺服阀的是通过挡板的变形力、负载流量等反馈，反馈信号受压力、流量等外界因素干扰，使控制的稳定性大大降低。

D633 系列直动伺服比例控制阀采用先进的集成控制技术，喷嘴挡板型伺服阀能使用这种技术。

D633 系列直动伺服比例控制阀对阀芯阀体的加工精度要求不高，允许误差大，易于加工。喷嘴挡板型伺服阀的截流孔和挡板都要求精密加工，一般加工工艺难于满足要求。前者阀体结构紧凑，阀体小巧，对油路块要求不高，油路原理清晰明了。后者刚好相反。

D633 系列直动伺服比例控制阀线路连接简便，插头自带备用脚，更适宜现场实际使用，喷嘴挡板型伺服阀无连线备用，现场适应性差。

2.7 比例控制放大器及控制系统

比例控制放大器是一种用来对比例电磁铁提供特定性能电流，并对电液比例阀或电液比例控制系统进行开环或闭环调节的电子装置。它是电液比例控制元件或系统的重要组成单元。

2.7.1 比例控制放大器概述

一个完整的电液比例系统是由比例阀和比例放大器共同组成，比例放大器的作用是对比例阀进行控制。它的主要功能是产生放大器所需的电信号，并对电信号进行综合、比较、校正和放大。为了使用方便，往往还包括放大器所需的稳压电源、颤振信号发生器等，此外，还有带传感器的测量放大器等。其中校正和放大对电液比例系统的性能影响最大。

（1）基本要求

对比例放大器的基本要求是能及时地产生正确有效的控制信号。及时地产生控制信号意味着除了有产生信号的装置外，还必须有正确无误的逻辑控制与信号处理装置。正确有效的控制信号意味着信号的幅值和波形都应该满足比例阀的要求，与电-机械转换装置（比例电磁铁）相匹配。为了减小比例元件零位死区的影响，放大器应具有幅值可调的初始电流功能；为减小滞环的影响，放大器的输出电流中应含有一定频率和幅值的颤振电流；为减小系统启动和制动时的冲击，对阶跃输入信号能自动生成可调的斜坡输入信号。同时，由于控制系统中用于处理的电信号为弱电信号，而比例电磁铁的控制功率相对较高，所以必须用功率放大器进行放大。

在比例控制系统中，对比例控制放大器一般要求：良好的稳态控制特性；动态响应快，频带宽；功率放大级的功耗小；抗干扰能力强，有很好的稳定性和可靠性；较强的控制功能；标准化，规范化。

实际上，比例放大器是一个能够对弱电的控制信号进行整形、运算和功率放大的电子控制装置。

（2）典型构成

根据电-机械转换器的类别和受控对象的不同技术要求，比例控制放大器的原理、构成和参数各不相同。随着电子技术的发展，放大器的元件、线路以及结构也不断改善。图 2-71 所示是比例控制放大器的典型构成。它一般由电源、输入接口、信号处理、调节器、前置放大级、功率放大级、测量放大电路等部分组成。

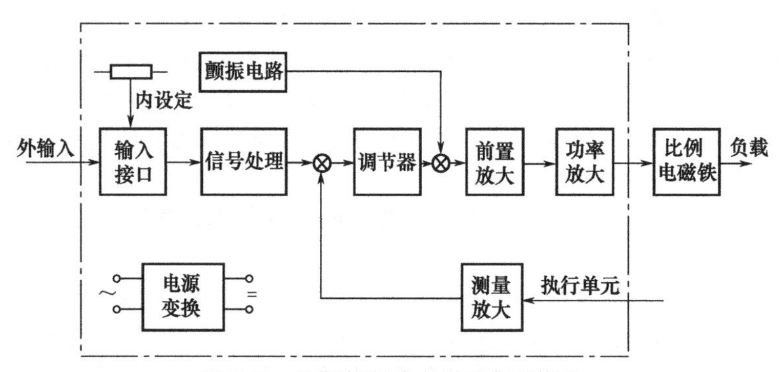

图 2-71 比例控制放大器的典型构成

图 2-72 所示是一双路电反馈比例控制放大器的结构框图。当然，其他类型的比例控制放大器在结构上与图 2-72 有一定差别，尤其是信号处理单元，常需要根据系统要求进行专门设计；另外，根据使用要求，也常省略某些单元，以简化结构，降低成本，提高可靠性。

（3）分类

比例控制放大器根据受控对象、功率级工作原理等的不同，可有多种分类方式。常见的有以下几种类型。

① 单路和双路比例控制放大器　单路比例控制放大器，用来控制单个比例电磁铁驱动工作的比例阀，如比例流量阀、压力阀、单电磁铁二位（三位）比例方向阀等。双路比例控制放大器主要用来控制双电磁铁驱动工作的三位比例方向阀等。双路比例控制放大器工作时，始终只让其中一个比例电磁铁通电，这是三位比例方向阀工作所要求的。因此，它与下述的双通道比例控制放大器是完全不同的。

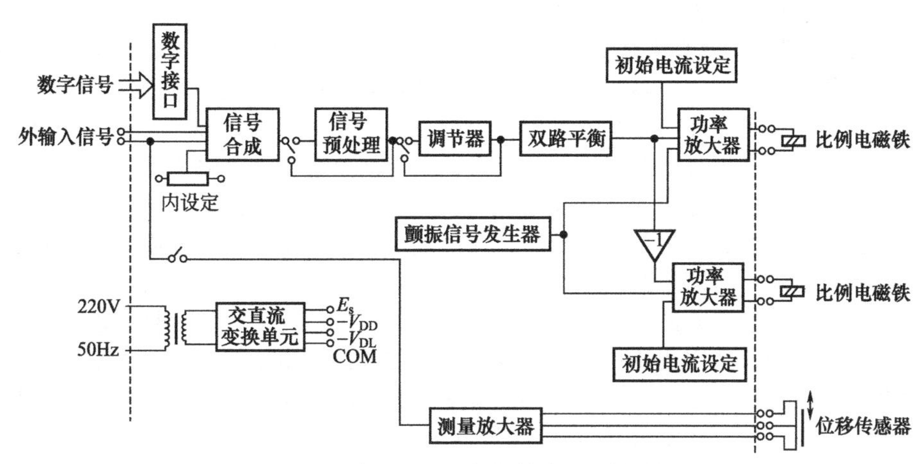

图 2-72 双路电反馈比例控制放大器结构框图

② 单通道、双通道和多通道比例控制放大器 单通道比例控制放大器，就是上述的单路比例控制放大器，只能控制一个比例电磁铁。

对于某些比例阀，如比例压力流量复合阀、多路比例阀等，需要两个或两个以上比例电磁铁同时工作，这时就需要配置相应数量的单通道比例控制放大器。为减少比例控制放大器的数量，增加集中控制功能，将两个或两个以上比例控制放大器集中在一块标准的控制板上，就构成了双通道或多通道比例控制放大器。因此，双通道或多通道比例控制放大器能同时单独控制两个或两个以上比例电磁铁。当然，双通道或多通道比例控制放大器并不是两个或多个单通道比例控制放大器的简单组合，而是在结构上作了有机调整组合而成的，如公用电源等。

③ 电反馈和不带电反馈比例控制放大器 电反馈比例控制放大器用来控制电反馈比例阀，也可作为某些闭环控制系统的控制器。

不带电反馈比例控制放大器用来控制不带电反馈的比例阀，不能作为闭环控制系统的控制器。两者在电路结构上的最大区别是，前者设置有测量放大电路、反馈比较电路和调节器，但不一定有颤振信号发生器；后者没有测放电路、反馈单元和调节器，但一般有颤振信号发生器。

④ 模拟式功率级和开关式功率级比例控制放大器 这是根据功率级不同的工作原理加以区分的。模拟式比例控制放大器属于连续电压控制式，功放管工作在线性放大区，比例电磁铁控制线圈两端的电压为连续的直流电压，因而功耗较大。开关式比例控制放大器的功放管工作在截止或饱和区，即开关状态，比例电磁铁控制线圈两端电压为脉冲电压，因而功耗很小。开关式比例控制放大器又可分为脉宽调制（PWM）、脉频调制（PFM）、脉幅调制（PAM）、脉码调制（PCM）、脉数调制（PNM）等多种形式，但常用的主要是 PWM 式。

⑤ 单向和双向比例控制放大器 这是根据所控比例电磁铁的类型而分的。单向比例控制放大器就是通常所称的比例控制放大器，用来控制普通单向比例电磁铁。双向比例控制放大器用来控制双向比例电磁铁。单向与双向这两种比例电磁铁的不同（双向比例电磁铁常制成带主、副两对线圈），决定了与之相适应的比例控制放大器需要采用不同的功率放大级线路。

⑥ 恒压式和恒流式比例控制放大器 这是按比例电磁铁控制线圈上需要恒定的信号不同所作的区分。与恒压式相比，恒流式能抑制负载阻抗热特性的影响，且有较优的动态特

性，因而比例控制放大器大多采用恒流式结构。

⑦ 模拟式处理单元或数字式处理单元比例放大器　这是按信号处理单元所采用的电路性质分类的。传统的比例放大器对输入信号的处理是采用运算放大器所构成的模拟电路实现的。该方法的优点是可靠性高，缺点是硬件电路复杂、灵活性差。随着数字器件不断发展，比例放大器中引入了微处理器单元。首先通过模数转换单元对外部输入的模拟量信号进行采样，将其转换为数字量信号；其次由运行于微处理器上的软件完成对该数字信号的实时处理；最后将处理完毕的数字量信号由数字量输出端口直接输出给功率级或者通过数模转换单元转换为模拟量后输出给功率驱动级，具体输出何种信号由采用的功率级形式决定。这种放大器的优点是数据处理单元的灵活性好，可通过软件实现较为复杂的信号处理任务，而无须改变硬件电路。另外，数字式比例放大器除了提供传统的模拟量接口和数字量接口以外，还可以提供各种总线接口，如485总线接口及CAN总线接口等，这一特点符合电控系统的网络化趋势。其缺点是稳定性不容易做好，一旦由于外部干扰导致程序跑飞或复位，将会造成严重的错误输出。尽管如此，只要通过合理的设计，软硬件系统是可以最大限度地减小故障率的，因此，比例放大器的数字化是必然趋势。

2.7.2 比例放大器典型产品

(1) 比例压力阀用比例放大器

比例压力阀常用的比例放大器有VT2000、VT2010、VT2013，这几种比例放大器的功能类似，区别在于初始段电流情况不一样，需根据具体的比例压力阀来选用，而且仅适用比例电磁铁阻抗为19.5Ω的比例压力阀。对于电磁铁阻抗为5.4Ω的比例压力阀，需用VT-VSPA1-1比例放大器来控制，同时VT-VSPA1-1比例放大器通过内部开关切换，还可分别实现VT2000、VT2010、VT2013等放大器功能，用来控制比例电磁铁阻抗为19.5Ω的比例压力阀。

图2-73所示为VT2000比例放大器的结构框图。它主要由差动放大器①、加法器②、内部指令③、斜坡函数发生器④、电流调节器⑤、输出级⑥、脉宽调制⑦、和分压器⑧等组成。

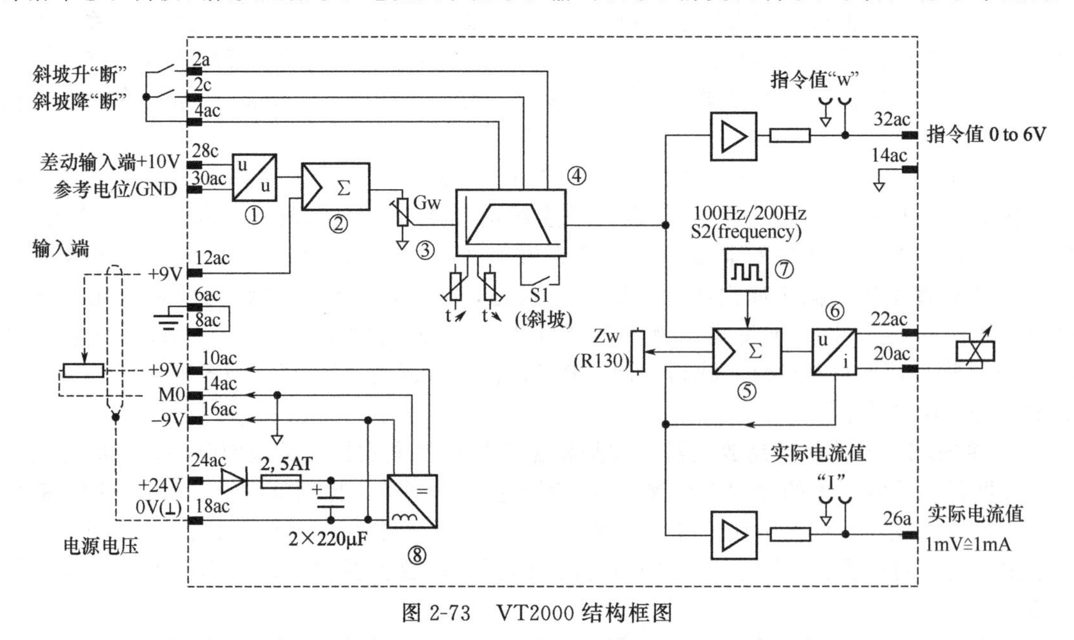

图2-73　VT2000结构框图

VT-VSPA1-1比例放大器比VT2000在功能上要强大，其内部结构与VT2000有一定的差别，但原理相似。图 2-74 所示为 VT-VSPA1-1 的结构框图，它主要有差动放大器①加法器②、⑤、⑮内部指令③斜坡发生器④典型曲线①和②的发生器⑥、⑦电流调节器⑧输出级⑨脉宽调制⑩信号监测器⑫监测器⑬及电源块⑭等组成，图 2-74 中⑪为比例电磁铁。

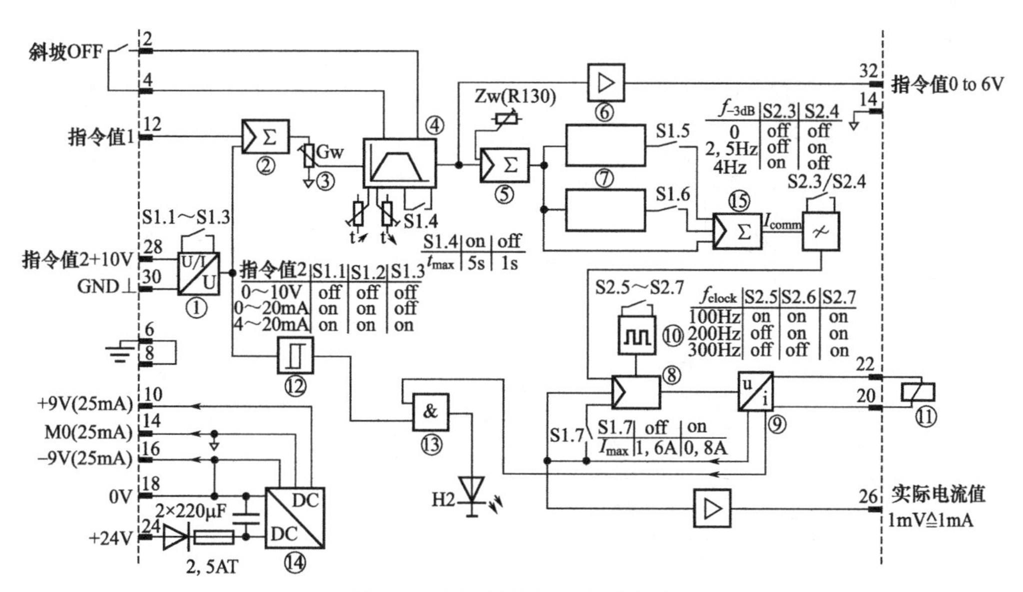

图 2-74　VT-VSPA1-1 结构框图

(2) 比例方向阀用比例放大器

比例方向阀的形式多种多样，所用的比例放大器也各不相同，在此介绍不带电反馈的 4WRZ 型先导式比例方向阀所用的比例放大器。4WRZ 型比例方向阀的电磁铁阻抗又有 19.5Ω 和 5.4Ω 之分，对这两种阻抗的比例方向阀分别用 VT3006 或 VT3000 和 VT-VSPA2-50 控制。实际上，这两种放大器结构和功能相似，其最大的区别在于放大器输出电流不同。

图 2-75 所示为 VT3006 比例放大器的结构框图，它主要由指令信号控制装置①、差动放大器②、加法器③和⑥、斜坡发生器④、阶跃函数发生器⑤、功率放大级⑦和电源⑧组成。

VT-VSPA2-50 可以分为 T5 和 T1 两种，分别对应于 VT3006 和 VT3000，T5 能实现五个斜坡，而 T1 只能实现一个斜坡。图 2-76 所示为 VT-VSPA2-50 T5 型比例放大器结构框图，它主要由指令信号控制装置①、差动放大器②、加法器③和⑥、斜坡发生器④、阶跃函数发生器⑤、PI 调节器⑦、输出级⑧、电源⑨、监测器⑩等组成。

(3) Rexroth VT-VRPD-1 型数字式双路带位移电反馈比例放大器

该放大器的核心部分是一个高性能的微控制器，通过其中的程序实现模拟式比例放大器中信号处理电路的所有功能，而对比例电磁铁的电流进行闭环调节部分的功能仍然采用模拟电路实现。图 2-77 为其功能框图。

该比例放大器的基本特征是：适用于控制带位置电反馈的比例阀；通过 485 串行接口对放大器进行配置和参数设置；采用一个功能强大的微型控制器实现信号处理任务；程序内预置各种适用类型的阀参数，通过串口接口选择受控阀的型号；设定值的输入可根据实际需要选定电压或电流，电压输入为差分输入；设定值输入可进行增益及偏置调节；内部电源为开关电源；四个二进制代码的输入信号用来启动来自记忆体的参数设置（设定值），该存储器最多可存储 16 套参数。

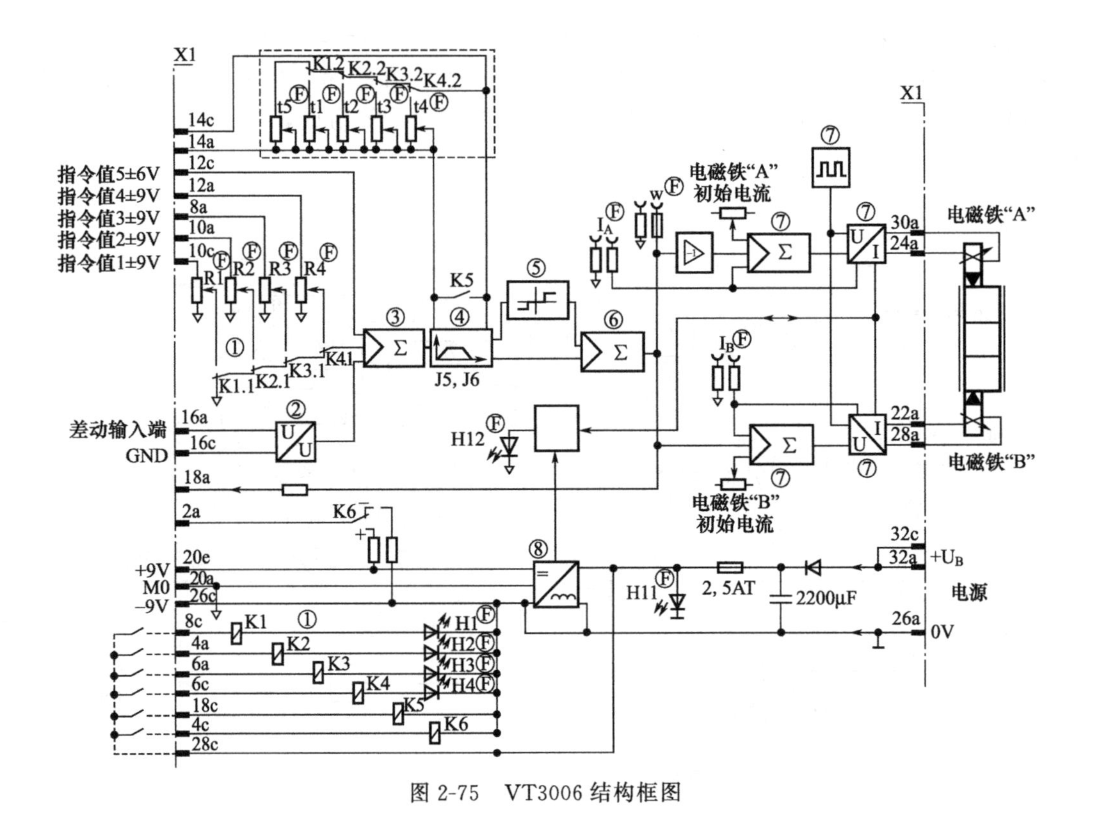

图 2-75 VT3006 结构框图

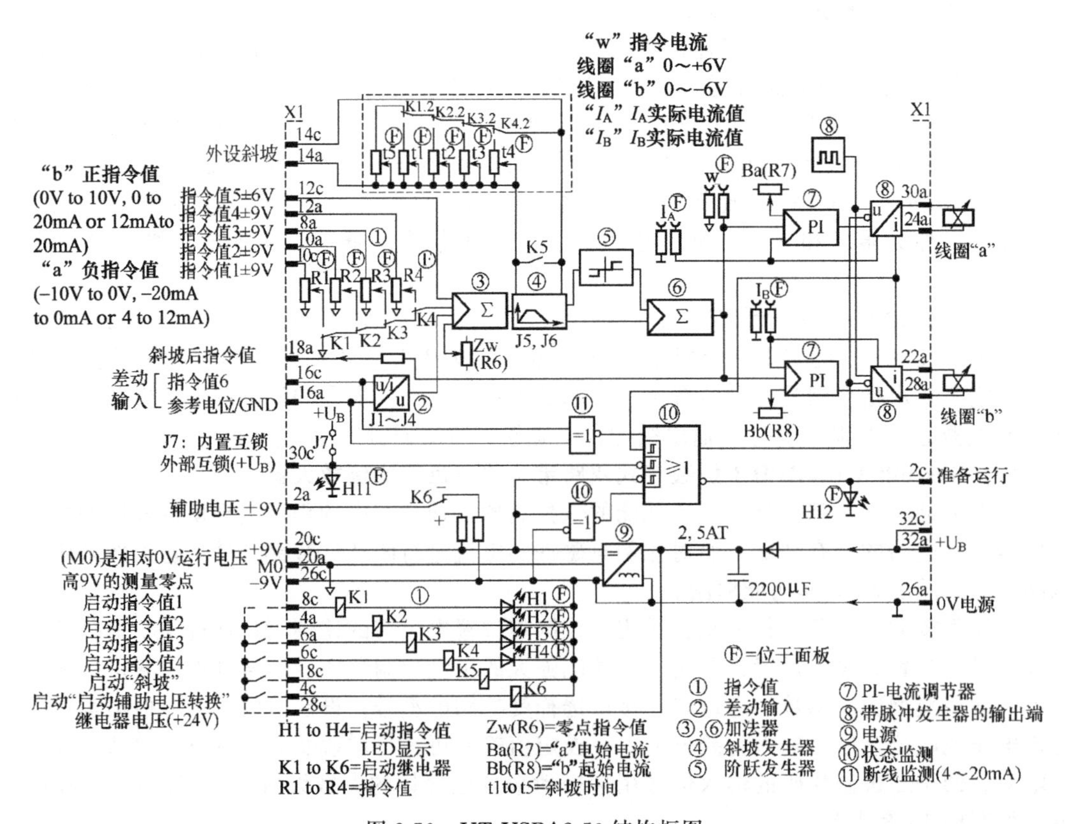

图 2-76 VT-VSPA2-50 结构框图

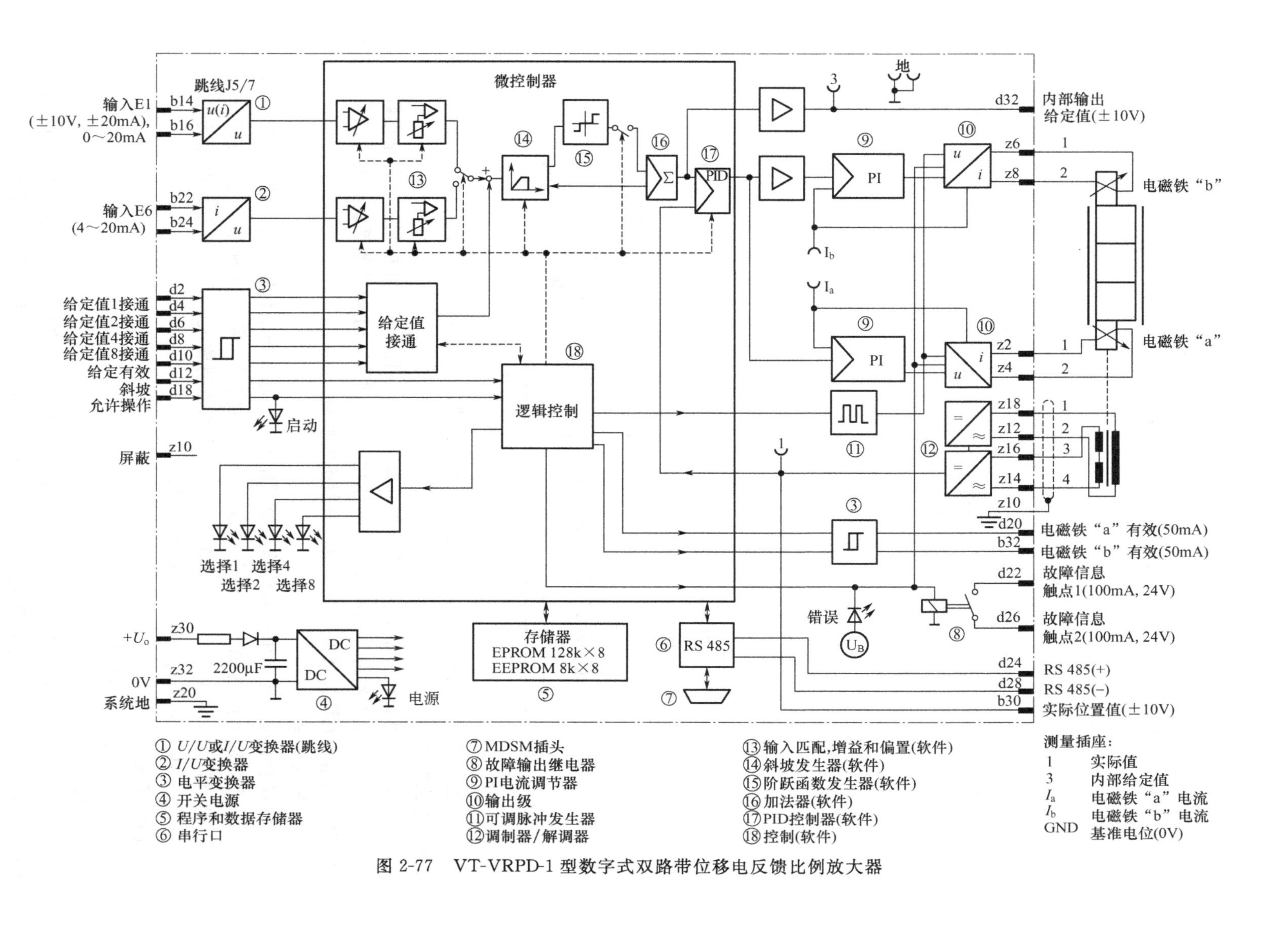

图 2-77 VT-VRPD-1型数字式双路带位移电反馈比例放大器

2.7.3　比例控制放大器的正确使用

(1) 电源

一般来说，比例控制放大器既能使用220V、50Hz交流电源（配置电源供给装置等），也能使用过程控制及工业仪表电气控制柜内的公用标准24V_{eff}全波整流单极性直流电源。对车辆等行走机械中使用的比例控制放大器，一般采用12V蓄电池直流电源。

(2) 规格及连接插座

比例控制放大器按其结构形式分为板式、盒式、插头式和集成式四种类型，板式比例控制放大器主要应用于工业电控系统中，其特点是性能好、控制参数可调但需要安装机箱。其印制电路板的幅面已标准化。如EURO（欧罗卡）印制电路板幅面规格为160mm×100mm，配用符合德国工业标准DIN41612的D32型插座或F32型插座（见图2-78）和相应的电路板保持架。由于比例阀功能相差很大，因此与D32/F32插座相配的放大器插头各引脚的含义随放大器功能的不同而变化。在接线时必须按样本或其他技术资料查明各引脚的含义。

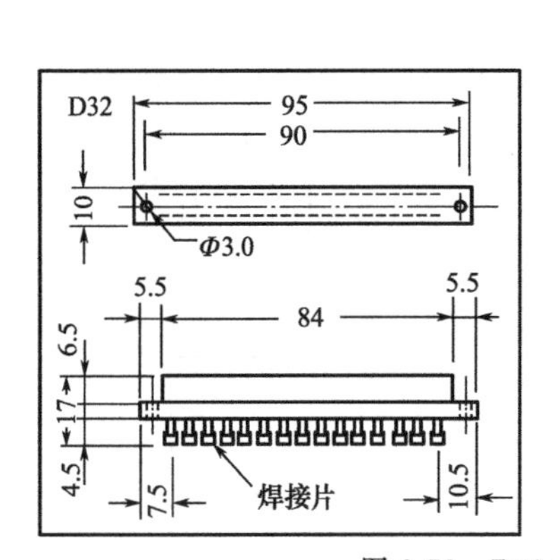

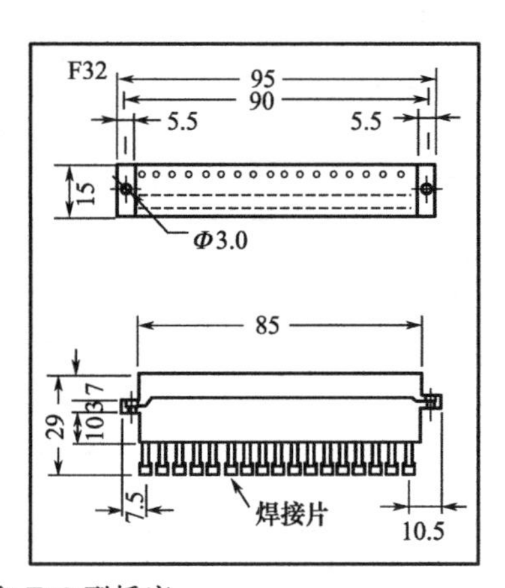

图2-78　D32和F32型插座

盒式比例控制放大器主要应用于行走机械，有保护外壳，可防水、防尘，其控制参数也可通过电位器调整。

插头式比例控制放大器结构紧凑，但功能较弱。一般不带位移控制，可调整参数少。

集成式比例放大器是与比例阀做成一体化的，主要用于工业控制系统，其控制参数在出厂时均已根据阀的特性调整完毕，用户一般不能调整。

(3) 输入信号

工业仪表和过程控制中信号传输主要采用电压传输和电流传输两种。比例控制放大器也同样，一般能接受控制源的标准电压及电流控制信号。常用的标准信号有：0～±5V，0～±10V和0～20mA，4～20mA等。当然，比例控制放大器也可引用其内部的参考电压（±9V，±10V等）作为输入电压控制信号。

(4) 接线与安装

在接线与安装时应注意以下几点。

① 只能在断电时拔插头。

② 一些比例放大器的内部测量零点比电源电压的0V高出一内部参考电压（例如+9V等），此时测量零点不得与电源电压的0V相连接。而另一些比例放大器的内部参考零点与电源0V是相同的，此时可以将设定值输入端子的负相端直接与电源地相连接。因此，使用

前必须确认放大器内部参考地与电源地线是否共地。即使是共地的情况，也应该考虑到放大器供电线路上的压损导致放大器参考地与电源地之间有可能具有一定的压差，如果存在这种现象，信号源的地线与设定值输入端子的负相端应直接相连。

③ 电感式位移传感器的接地端不得与电源电压的0V相连接，传感器的电缆必须屏蔽且长度不得超过60m（就100pF/m电缆而言）。

④ 放大器必须离各种无线电设备1m以上。

⑤ 如果附近有扩散电信号装置和感应电压的可能性，则输入信号应采用屏蔽电缆。

⑥ 电磁铁导线不应靠近动力线敷设。印制线路板不应直接装在功率继电器旁，否则感应电压的峰值可能引起集成电路损坏。

⑦ 只能用电流＜1mA的触点进行设定值的切换。

⑧ 放大器滤波电容如果由于空间位置所限，不能装在印制电路板上，则必须尽可能靠近印制电路板安装（≤0.5m）。

⑨ 诸如直流24V的电源，电容器（滤波电容）及连到比例电磁铁的功率输送线的截面必须大于或等于0.75mm²。

（5）调整

比例控制放大器在安装后一般进行如下现场调节。

① 初始检查。按电路图检查接线，确保电源电压在容许的范围内，且输出级已被接通。

② 零位调整。由于大多数放大器存在一调节死区，也就是说，当输入信号在调节死区范围内时，输出电流信号始终为零。因此，当输入信号为零时调节零位电位器是没有效果的。正确的方法是由0V开始逐渐增加输入信号，观测比例电磁铁两端电压，当其产生跳变时说明输入信号已越过零位调节死区，此时保持输入信号不变调节零位电位器，直到比例阀所控制的物理量（如压力、流量或执行器速度）达到所需的最小值即可。对压力阀用放大器，调节调零电位器，直到压力发生变化并得到所需的最小压力。对节流、流量阀用放大器，调节调零电位器，直到执行机构有明显的运动，然后反向旋转电位器，直到执行机构刚好停止为止。对方向阀用放大器，通过调整调零电位器，使控制机构在两个操纵方向的运动对称。

③ 灵敏度调整。在零位调整完毕以后，将比例放大器的输入设置值信号增加至信号源所能提供的最大值（一般是±10V或20mA），然后调节灵敏度电位器，使比例阀所控制的物理量（如压力、流量或执行器速度）达到所需要的最大值即可。对控制比例压力阀的放大器，通过调整灵敏度电位器，可使阀建立所需的最大压力。对比例节流阀、流量阀和比例方向阀而言，可调定所需的阀的最大控制开度，即执行机构的最大速度。

④ 斜坡。通过调整斜坡信号发生器电位器，调节斜坡时间，即压力或流量的变化率，直到达到所要求的平稳度为止。

通常，对比例控制放大器而言，除零位（初始设定值）、灵敏度（p_{max}、q_{max}）和斜坡时间可在现场进行必要的调整外，其他诸如颤振信号幅值、频率、调节器参数等在出厂时均已调整好，不应在现场再次调整，以免引起故障。

2.7.4 工程机械用新型电液比例阀放大器

传统的比例阀放大器一般以模拟电路为主，参数设置、控制算法调节和现场调试比较困难，无法满足当前工程机械在线调试、网络集成和分布控制的要求。为适应这一需求，对现有的PWM比例放大技术进行改进。目标是以微处理器为核心，扩展CANopen总线接口，实现远程参数设置、程序下载和网络互联。

(1) 比例放大器原理及相关因素

应用于工程机械的电液比例阀，按功能划分有流量阀、方向阀和压力阀等类型。其内部大都采用一种具有固定行程的线性马达，称为螺旋管。在稳定条件下，流过线圈的电流与阀芯位移直接相关。比例放大器正是通过改变线圈平均电流来间接调节阀芯位移。作为一个实际系统，比例阀放大器设计不仅要实现控制信号放大，还要考虑诸多复杂因素。

① 高频PWM与颤振　工程机械电液比例阀一般采用直流电源供电。假设线圈内阻恒定，通过PWM信号控制开关功率管的通断时间，能实现线圈平均电流调节。电流大小与PWM波占空比成正比。PWM波频率取值范围为100Hz～5kHz，一般将100～400Hz称为低频，5kHz以上称为高频。与PWM波频率紧密相关的是颤振现象。它表现为阀芯相对理想位置的快速、小幅往复移动。颤振能有效消除摩擦阻力和回程误差，是实际系统中必须考虑的一种有利因素。颤振设计要求幅值足够大、频率足够低，使阀芯能正确响应。通常，颤振幅值和频率应该针对不同类型、不同工作环境的比例阀进行调节。从电气角度分析，颤振本质上是线圈电流的纹波。

颤振信号的发生方式受PWM波频率的制约。对低频PWM波（典型值200～300Hz）而言，由于线圈的电感特性，线圈电流在临近周期过渡区域表现为一定幅值的下降和上升。这实际上是一种寄生的纹波，其幅值和频率受PWM信号和线圈电感的共同影响。由于纹波与PWM信号耦合，该方法不能实现平均电流和颤振的独立调节。目前，微电子技术的发展使得5kHz以上高频PWM在电液比例控制中的应用成为可能。高频PWM作用于阀芯线圈时，其低通特性占主导地位，在单个控制周期中线圈电流相对平稳，基本上消除了寄生纹波。此时需要外接纹波发生电路，与控制信号叠加共同完成平均电流和纹波调节。实现了平均电流与纹波的解耦，两者单独可调。

② 电流检测和反馈　在电源电压和线圈内阻恒定的条件下，线圈电流与PWM占空比成比例关系。但是，在工程机械运行过程中，电源电压波动和线圈发热引起内阻变化是常见问题。此时，需要测量线圈电流，作为反馈、构成闭环系统（内环）将平均电流调节到设定值。线圈电流闭环控制可以用硬件或软件实现。传统放大器大都采用硬件构成PI调节器，但调试、参数设置和灵活性方面存在缺陷。软件方法以MCU为基础，通过嵌入式算法完成PID整定和在线测量参数反馈。比较适合网络环境下的电液比例控制系统开发和调试。

电流检测的另一个重要用途是用于间接测量阀芯位移。直接测量比例阀的下游液压参数往往比较困难、或者成本很高，比例阀外环控制的反馈常以阀芯位移代替。虽然内置LVDT（线性可变差分变压器）位移传感器的比例阀产品已经面市，但由于价格和体积等原因在工程机械领域难以普及。通过线圈电流间接测量阀芯位移是一种现实可行的选择。因为机械负载施加在螺旋管上的力与磁场强度成比例关系，而磁场强度与线圈电流成比例。然而，实际系统中比例阀的构造、外部负载的变化甚至不同工况都会影响螺旋管运动与线圈电流间的对应关系。此时必须依靠特性曲线进行校正。

③ 斜坡控制、死区、增益及其他　斜坡控制模块主要用于延缓输入命令信号的变化速度。不同控制周期间的输入瞬变会造成比例阀输出振荡，长期作用会损害比例阀性能、降低使用寿命。斜坡控制分上升沿调节和下降沿调节，一般要求单独可调。

阀芯类比例阀通常在起始或中心位置设置一定的死区（或交叠）。此时，线圈电流必须超过一定阈值，系统才能动作。死区能消除零位置的阀芯泄漏，同时也为电源故障或紧急刹车等异常情况提供了更大的安全保障。放大器增益定义为输出电流与输入命令信号的比值。如果定义I_{max}为满量程命令信号输入时所对应的最大输出电流，那么调节I_{max}就等效于调节增益。

另外，工程机械用比例放大器通常要求提供“使能”控制引脚。它通过一定电平信号打开或关闭放大器，主要用于紧急刹车和安全互锁。

④ 现场总线与网络接口　以现场总线为基础的分布式控制系统是现代工程机械电子控制技术发展的方向。作为汽车内部ECU串行通信的标准，CAN总线在工程机械领域得到广泛应用。但是传统的CAN总线只包含数据链路层和物理层的部分内容。要解决不同厂商设备间信息互换和检测、组态、操作节点等问题，尚需一种开放、标准化的高层（应用层）协议。目前，由CiA（CAN in Automation）组织提出的CANopen协议，在汽车和工程机械领域处于主导地位，已成为事实上的应用层标准。

比例阀放大器是工程机械现场总线网络和分布式控制系统的典型节点。支持ISO 11898标准的CAN收发器和控制器芯片已相当普及，因此放大器节点实现的难点主要集中在CANopen协议的实现。工程上主要有三种方法。

a. 根据CiA的CANopen协议和设备行规，自行开发应用层软件。

b. 购买源码（如SysTec、Peak、Port等），针对特定的MCU进行移植。

c. 选择带协议固件（Firmware）的CANopen模块，利用开发套件进行参数配置和网络组态。

其中，自行开发的方法一般周期较长，而且存在协议不兼容的风险。模块方法成本较高且灵活性较差，难于扩展。源码移植方法难度介于两者之间，批量成本低且灵活性强，比较适合于OEM设备的开发。

放大器CANopen接口产生的价值不仅限于分布式控制所带有的可靠性增强、硬件成本降低和连线简化。CANopen协议所提供的SDO（服务数据对象）可用于远程参数设置和程序下载（前提是微控制器具有在系统和在应用编程功能），PDO（过程数据对象）能将过程参数实时传送到组态、显示终端。这使得比例放大器的在线和在现场调试成为可能，为产品开发、安装、调试和维护带来了方便。

（2）系统设计与实现

比例阀放大器的系统结构如图2-79所示。图中，螺线管驱动采用BB公司的PWM高端（High-Side）驱动芯片Drv104。高端驱动的优点是允许负载接地，符合工程机械电气设计的规范。Drv104芯片内置PWM波发生器：振荡频率通过外接电阻设计，在500Hz～100kHz间可调，占空比可由控制引脚的外加电压调节，输入范围为1.3～3.9V，对应占空比为5%～90%。PWM信号直接驱动片内的DMOS开关管，最大负载能力为1.2A。Drv104还具有满量程启动、内部过电流保护和过热关断功能。本设计中微处理器的DAC输出经斜坡调制、纹波叠加后与Drv104相连，实现线圈电流的数字调节。

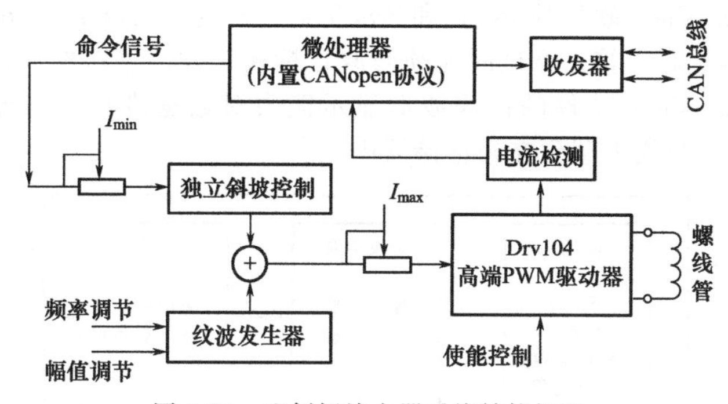

图2-79　比例阀放大器系统结构框图

纹波发生器是比例阀颤振的实现方式。采用专用信号发生器芯片ICL8038构成三角波发生器，信号频率通过外接电阻调节，信号幅值通过增益电阻调节。颤振频率和幅值需要针对特定的比例阀和负载设定，为方便调试，本设计中用数字电位器代替传统电位器，由微处理器完成参数设置。斜坡控制模块本质上是一阶惯性环节，利用二极管的单项选择功能，可实现上升、下降斜坡单独可调。调试过程中，斜坡坡度设置也是通过数字电位器由微处理器完成。死区和增益调节相对简单，在微处理器软件中对 DAC 输出做相应限制即可。与传统比例放大器比较，分布式环境下的紧急刹车和安全互锁实现方式差异较大。此处利用 Drv104 的使能引脚实现。但控制量包括微处理器的看门狗复位、外接急停开关、网络紧急报文和安全互锁 PDO 绑定等，各控制量通过逻辑运算、经 I/O 口与 Drv104 使能引脚相连。

螺线管线圈电流检测是比例放大器设计中的重要环节。从精度、成本、安装尺寸等方面考虑，采用采样电阻分压的测量方法。电阻采样的一个主要问题是电阻发热引起的温漂误差。根据经验，如果电阻分压值不超过 100mV，在散热良好的环境下温漂误差可限制在 1%以下。另外，为检测螺线管漏电电流，汽车行业相关标准强制要求采用高端采样（High-Side Sense）。此时，采样电阻安装在螺线管之上、靠近电源端。为抑制高达 24V 的共模电压，采用 AD 公司 AD8202 高共模电压差分放大器进行调理放大。考虑到感兴趣的是线圈平均电流，低通滤波是必需的，滤波器截止频率要求足够低，以抑制纹波和线圈产生的噪声，在此采用模拟滤波与数字滤波相结合的方法，模拟滤波截止频率 200Hz，数字滤波器根据具体应用进行调整。

(3) 微处理器选型和 CANopen 移植

作为现场总线网络的节点，比例放大器不光要完成传统的控制和检测功能，还要求支持程序和组态参数的网络下载。ATMEL 公司的增强 8 位 MCU 芯片 AT89C51CC03，内置标准 CAN 控制器、64K Flash 存储器，更重要的是，它支持基于 CAN 总线的在系统和在应用编程，这使得系统开发、调试和维护可以采用统一的总线接口。选用 AT89C51CC03 作为放大器微处理器，再加上 TJA1050 高速收发器，系统就具备了 CAN-open 接口的硬件基础。

典型 CANopen 设备（节点）要求符合 DS-301 或 DS-401 标准，其设备模型如图 2-80 所示，由“通信接口和协议软件”“对象字典”“过程接口和应用程序”三部分组成。考虑成本、周期和存储容量等因素，选用 Esacademy 公司的 MicroCANopen 源码进行移植。MicroCANopen 是一种简化版的 CANopen 协议实现，它支持基于 SDO 的对象字典访问，最多 4 个发送和接受 PDO、层设置服务（LSS）以及用户回调函数等功能。对放大器而言，这些功能已经可以满足网络互联和分布式控制的要求。将 MicroCANopen 移植到 AT89C51CC03 后所占的存储容量为 8kbs 左右，包括对象字典、对象映射和回调函数接口等。系统调试平台由安装 NI 公司 LabView 软件的 PC 机和 Sys Tec 公司的 USB-CANmodul 接口模块组成，通过双绞线与放大器远程连接。调试时无须修改目标板软件，过程参数经 CANopen 网络传送到 PC 机，利用 LabView 软件的优秀波形显示能力对数据进行实时分析。调试完毕后，参数和代码仍由 CAN 总线下载到在板存储器中。

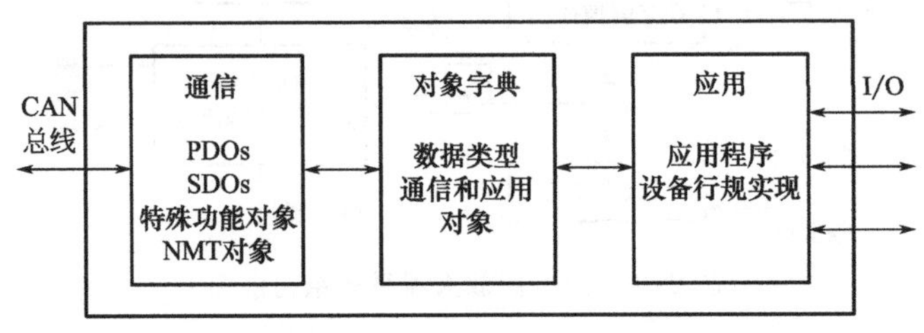

图 2-80 CANopen 设备模型

2.7.5 基于PROFIBUS-DP总线的数字电液比例控制器

基于PROFIBUS-DP工业现场总线的智能数字电液比例控制器的特点是：数字化、智能化、网络化。

(1) 系统硬件组成

数字电液比例控制器结构如图2-81所示。

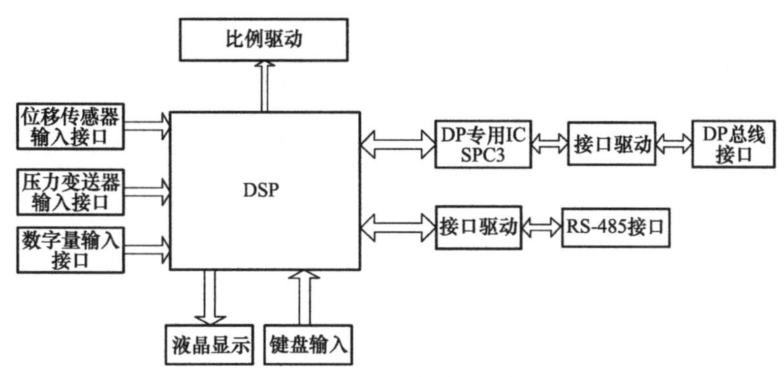

图2-81 控制器基本结构框图

① 核心单元 控制器核心单元采用微芯科技的DSP-dsPIC6012A控制整个程序和实现闭环控制。处理器工作速度高达30MIPS，可以有效缩短闭环控制周期；内部集成4K的EEPROM可以存放放大器的特殊数据（配置、参数、给定值选择）；处理器还集成了144K的闪存程序存储器以及8K的数据存储器。

② 输入量接口模块 控制器的输入量主要有：执行元件的位置（或速度、转速）信号、执行元件的压力信号、比例电磁铁的电流采样反馈信号等。数字式传感器所输出的数字量经光电隔离处理后通过I/O输入DSP。模拟量输入信号经过信号匹配电路转化为0～5V的与dsPIC6012A的12位A/D口匹配的电压后进行采样。

③ 输出量接口模块 数字控制放大器带有2路驱动比例电磁铁的输出接口，用于控制比例阀的电磁铁。输出控制信号采用PWM方式，使用dsHC6012A的输出比较模块实现。功率输出电路如图2-82所示。

④ 网络接口模块 控制器带有PROFIBUS-DP总线的网络接口以及RS-485接口。随着PROFIBUS现场总线的广泛应用，开发具有PROFIBUS-DP总线接口的产品已是一种趋势。采用PROFIBUS-DP技术的数字控制比例放大器可以实现在线参数设定、故障诊断、自动报警和故障在线排除等功能，同时，借助于PROFIBUS现场总线技术，实现车间级和厂级的网络控制。

DP接口使用西门子的PROFIBUS-DP专用集成芯片SPC3。使用该协议芯片开发产品抛开了复杂的通信协议，只需要较少的软件工作。PROFIBUS-DP接口电路包括两个部分：一个是DSP与SPC3的连接；另一个是SPC3与D型9针接口的连接。DP接口采用RS-485串行通信方式。RTS为SPC3的请求发送信号，连接到收发器的输出使能端。RXD和TXD分别为串行接收和发送端。为提高抗干扰性，接口部分在电气上采取了隔离。总线驱动芯片选用了TI公司的SN75ALS176，RTS的光电隔离采用6N137，TXD和RXD通道电气隔离采用HCPL7101。

⑤ 人机交互接口 人机接口液晶选用的是金鹏公司的OCMJ中文160×80的模块。按键采用的是开关式按键。

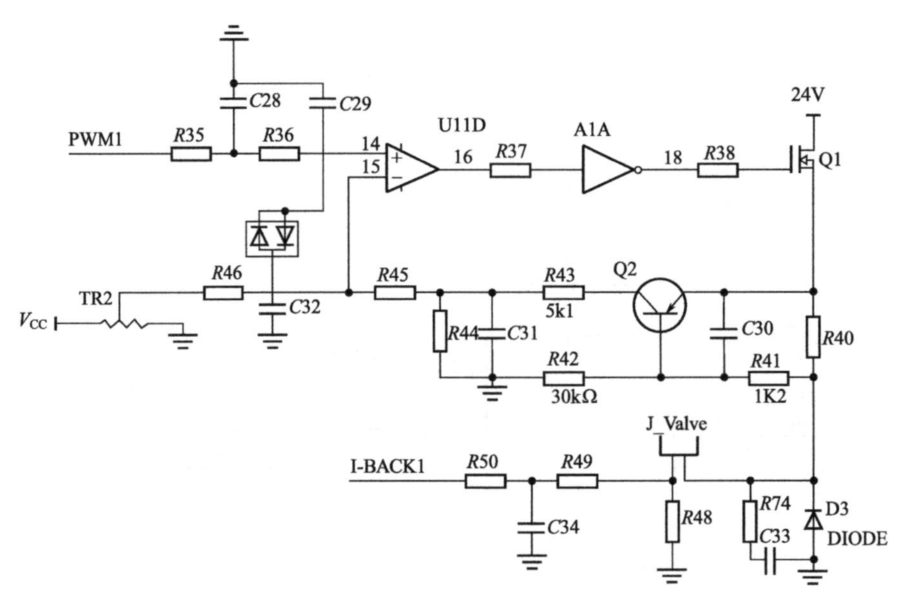

图 2-82　功率输出电路原理图

(2) 系统软件

系统使用模块化编程，软件可靠，通用性强且便于扩展与修改。控制软件总体结构如图 2-83 所示。

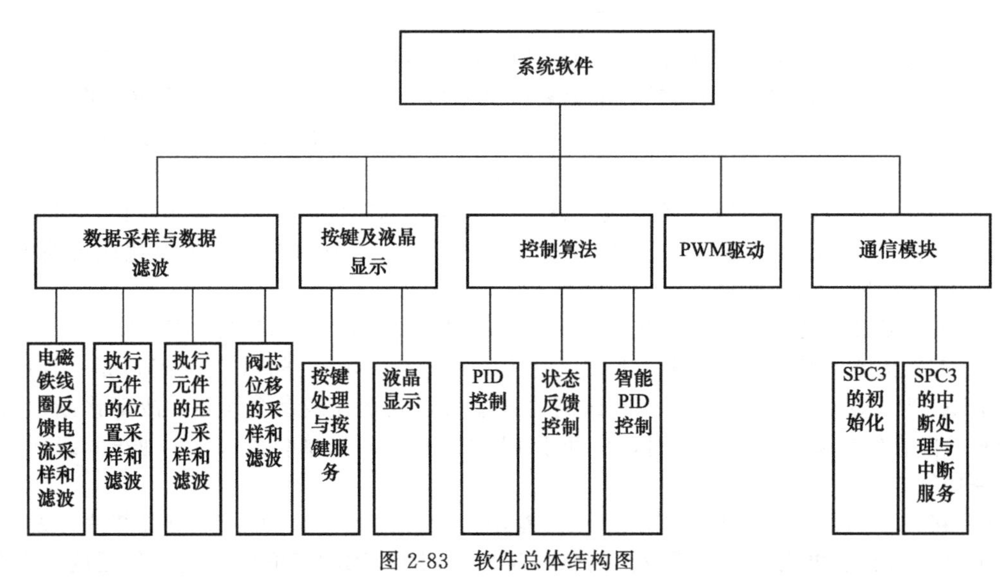

图 2-83　软件总体结构图

(3) 试验

① 控制性能试验　将控制器用于如图 2-84 所示的单通道位置控制液压系统中进行试验，测得控制器单轴伺服周期接近 100μs，位置稳态控制精度可达±0.05mm。系统在恒定负载条件下的响应曲线如图 2-85 所示。稳定时间约为 200ms，几乎没有超调量。

② DP 总线通信试验　将控制器与西门子 S7-300 系列的 CPU315-2DP 组网，设定 CPU 315-2DP 的站地址为 1，控制放大器的站地址为 3。

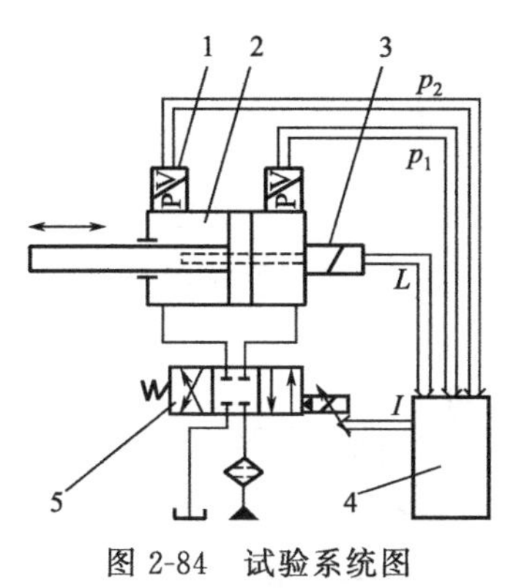

图 2-84 试验系统图

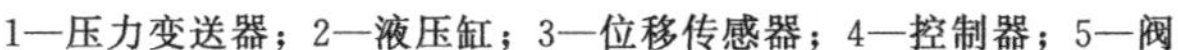
1—压力变送器；2—液压缸；3—位移传感器；4—控制器；5—阀

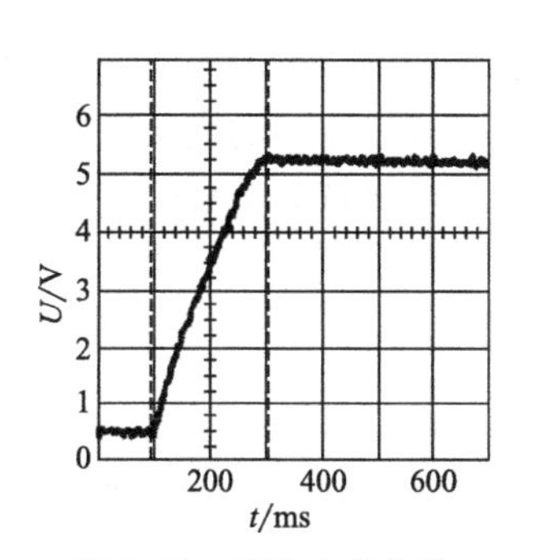

图 2-85 系统响应曲线

2.8 比例阀故障分析与排除

2.8.1 比例电磁铁故障

比例电磁铁故障有以下几种。

① 由于插头组件的接线插座（基座）老化、接触不良以及电磁铁引线脱焊等原因，导致比例电磁铁不能工作（不能通入电流）。此时可用电表检测，如发现电阻无限大，可重新将引线焊牢，修复插座并将插座插牢。

② 线圈组件的故障有线圈老化、线圈烧毁、线圈内部断线以及线圈温升过大等现象。线圈温升过大会造成比例电磁铁的输出力不够，其余会使比例电磁铁不能工作。对于线圈温升过大，可检查通入电流是否过大，线圈是否漆包线绝缘不良，阀芯是否因污物卡死等原因所致，一一查明原因并排除之；对于断线、烧坏等现象，须更换线圈。

③ 衔铁组件的故障主要有衔铁因其与导磁套构成的摩擦副在使用过程中磨损，导致阀的力滞环增加。还有推杆导杆与衔铁不同心，也会引起力滞环增加，必须排除之。

④ 因焊接不牢，或者使用中在比例阀脉冲压力的作用下使导磁套的焊接处断裂，使比例电磁铁丧失功能。

⑤ 导磁套在冲击压力下发生变形，以及导磁套与衔铁构成的摩擦副在使用过程中磨损，导致比例阀出现力滞环增加的现象。

⑥ 比例放大器有故障，导致比例电磁铁不工作。此时应检查放大器电路的各种元件情况，消除比例放大器电路故障。

⑦ 比例放大器和电磁铁之间的连线断线或放大器接线端子接线脱开，使比例电磁铁不工作。此时应更换断线，重新连接牢靠。

2.8.2 比例压力阀故障分析与排除

由于比例压力阀只不过是在普通的压力阀的基础上，将调压手柄换成比例电磁铁而已。因此，它也会产生各种压力阀所产生的那些故障，其对应的故障原因和排除方法完全适用于对应的比例压力阀（如溢流阀对应比例溢流阀），可参照进行处理。此外还有以下故障处理方法。

① 比例电磁铁无电流通过，使调压失灵。

此时可按比例电磁铁故障的内容进行分析。发生调压失灵时，可先用电表检查电流值，断定究竟是电磁铁的控制电路有问题，还是比例电磁铁有问题，或者阀部分有问题，可对症处理。

② 虽然流过比例电磁铁的电流为额定值，但压力上不去，或者得不到所需压力。

例如，图 2-86 所示的比例溢流阀，在比例先导调压阀 1（溢流阀）和主阀 5 之间，仍保留了普通先导式溢流阀的先导手调调压阀 4，在此处起安全阀的作用。当阀 4 调压压力过低时，虽然比例电磁铁 3 的通过电流为额定值，但压力也上不去。此时相当于两级调压（比例先导阀 1 为一级，阀 4 为一级）。若阀 4 的设定压力过低，则先导流量从阀 4 流回油箱，使压力上不来。

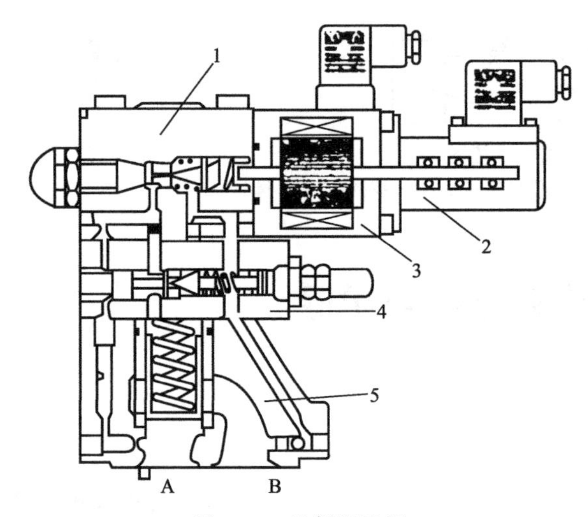

图 2-86 比例溢流阀

1—先导阀；2—位移传感器；3—比例电磁铁；4—安全阀；5—主阀体

此时应将阀 4 调定的压力比阀 1 的最大工作压力调高 1MPa 左右。

2.8.3 比例流量阀的故障分析与排除

(1) 流量不能调节，节流调节作用失效

比例电磁铁未能通电：产生原因有：①比例电磁铁插座老化，接触不良；②电磁铁引线脱焊；③线圈内部断线等，可参照 2.8.1 中①的方法进行故障排除。

比例放大器有故障：可参照 2.8.1 中①、⑤、⑥的方法进行故障排除。

(2) 调好的流量不稳定

比例流量阀流量的调节是通过改变通入其比例电磁铁的电流决定的。当输入电流值不变，调好的流量应该不变。但实际上调好的流量（输入同一讯号值时）在工作过程中常发生某种变化，这是力滞环增加所致，滞环是指当输入同一讯号（电流）值时，由于输入的方向不同（正、反两个方向）经过某同一电流讯号值时，引起输出流量（或压力）的最大变化值。

影响力滞环的因素主要是存在径向不平衡力及机械摩擦所致。那么减小径向不平衡力及减小摩擦系数等措施可减少机械摩擦对滞环的影响。滞环减小，调好的流量自然变化较小。具体可采取如下措施：①尽量减小衔铁和导磁套的磨损。②推杆导杆与衔铁要同心。③注意油液清洁，防止污物进入衔铁与导磁套之间的间隙内而卡住衔铁，使衔铁能随输入电流值按比例地均匀移动，不产生突跳现象。突跳现象一旦产生，比例流量阀输出流量也会跟着突跳而使所调流量不稳定。④导磁套衔铁磨损后，要注意修复，使二者之间的间隙保持在合适的范围内。这些措施对维持比例流量阀所调流量的稳定性是相当有好处和有效的。

另外一般比例电磁铁驱动的比例阀滞环为 3%～7%，力矩马达驱动的比例阀滞环为 1.5%～3%，伺服电动机驱动的比例阀为 1.5%左右，亦即采用伺服电动机驱动的比例流量阀，流量的改变量相对要小一些。

第3章 电液数字元件与智能元件及应用

3.1 数字液压元件及应用

液压元件具有流量离散化（Fluid flow discretization）或控制信号离散化（Control signal discretization）特征的液压元件，称为数字液压元件（Digital hydraulic component），具有数字液压元件特征的液压系统称为数字液压系统（Digital hydraulic system）。

数字元件具有节流损失小、重复性好、与计算机接口方便、抗干扰性好等特点，适宜在液压控制系统中应用，数字控制是液压元件智能化的重要基础。

3.1.1 数字液压阀现状与发展历程

数字阀的出现是液压阀技术发展的最典型代表，其极大提高了控制的灵活性，它直接与计算机连接，无须 D/A 转换元件，机械加工相对容易，成本低、功耗小，且对油液不敏感。

(1) 数字阀概述

图 3-1 所示为现有数字阀产品及分类。从现有的液压阀元件来看，狭义的数字阀特指由数字信号控制的开关阀及由开关集成的阀岛元件。广义的数字阀则包含由数字信号或者数字先导控制的具有参数反馈和参数控制功能的液压阀。

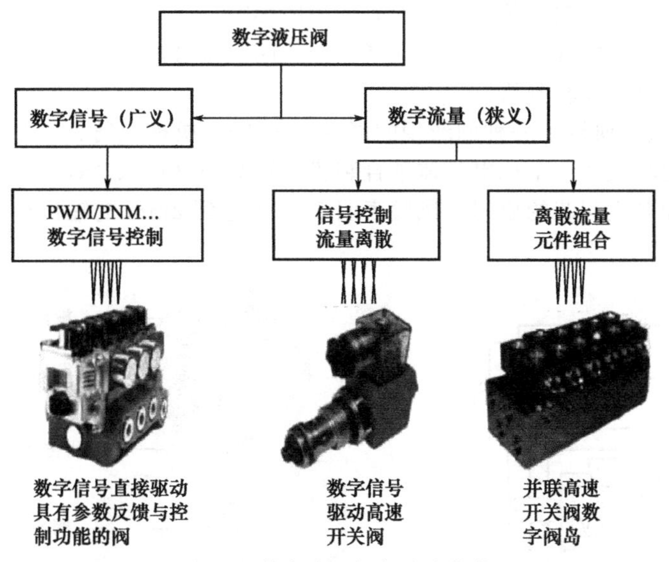

图 3-1 数字液压阀产品及分类

从数字液压阀的发展历程可以将数字阀的研究分为两个方向：增量式数字阀与高速开关

式数字阀。增量式数字阀将步进电动机与液压阀相结合，脉冲信号通过驱动器使步进电动机动作，步进电动机输出与脉冲数成正比的步距角，再转换成液压阀阀芯的位移。20 世纪末是增量式数字阀发展的黄金时期，以日本东京计器公司生产的数字调速阀为代表，国内外很多科研机构与工业界都相继推出了增量式数字阀产品。然而，受制于步进电动机低频、失步的局限性，增量式数字阀并非目前研究的热点。

高速开关式数字阀一直在全开或者全闭的工作状态下，因此压力损失较小、能耗低、对油液污染不敏感。相对于传统伺服比例阀，高速开关阀能直接将 ON/OFF 数字信号转化成流量信号，使得数字信号直接与液压系统结合。近些年来，高速开关式数字阀一直是行业研究热点，主要集中在电-机械执行器、高速开关阀阀体结构优化及创新、高速开关阀并联阀岛以及高速开关阀新应用等方面。

（2）高速开关电-机械执行器

20 世纪中期开始，对于高速开关电磁铁的研究就一直是高速开关阀研究的重点。英国 LUCAS 公司，美国福特公司，日本 Diesel Kiki 公司，加拿大多伦多大学等对传统 E 型电磁铁进行改进，提高了电磁力与响应速度。浙江大学研发了一种并联电磁铁线圈提高电磁力。试验显示电磁铁的开关转换时间与延迟都得到了明显的缩短。芬兰 Aalto 工程大学（Aalto University School of Engineering）研究了 5 种软磁材料用于电磁铁线圈的效果以及不同的匝数及尺寸对驱动力的影响。奥地利林茨大学（Johannes Kepler University Linz）对因加工误差、摩擦力和装配倾斜造成的电磁铁性能差异进行了详细的分析。

超磁滞伸缩材料与压电晶体材料的应用为高速开关阀的研发提供了新的思路。瑞典用超磁致伸缩材料开发了一款高速燃料喷射阀。通过控制驱动线圈的电流，使超磁滞伸缩棒产生伸缩位移，直接驱动使阀口开启或关闭，达到控制燃料液体流动的目的。这种结构省去了机械部件的连接，实现燃料和排气系统快速、精确的无级控制。超磁致伸缩材料对温度敏感，应用时需要设计相应的热抑制装置和热补偿装置。中国航天科技集团公司利用 PZT 材料锆钛酸铅二元系压电陶瓷的逆压电效应，研发了一款由 PZT 压电材料制作的超高速开关阀，如图 3-2 所示。该阀在额定压力 10MPa 下流量为 8L/min，打开关闭时间均小于 1.7ms。压电材料脆性大，成本高，输出位移小，容易受温度影响，因此其运用受到限制。浙江大学欧阳小平等与南京工程学院许有熊等就压电高速开关阀大流量输出和疲劳强度问题设计了新的结构，并进行了仿真与实验分析。

美国 Purdue 大学研制了一种创新型的高速开关阀电-机械执行器，如图 3-3 所示。其包括一个持续运动的转盘和一个压电晶体耦合装置。转盘一直在顺时针运动，通过左右两个耦合机构分时耦合控制主阀芯的启闭。试验表明 5ms 内达到 2mm 的输出行程。

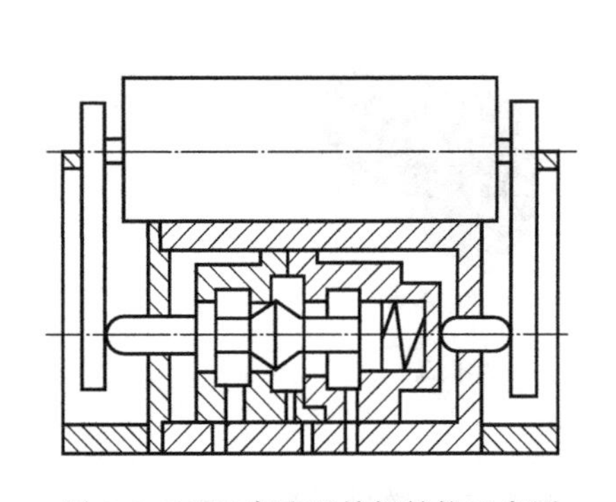

图 3-2 PZT 高速开关阀结构示意图

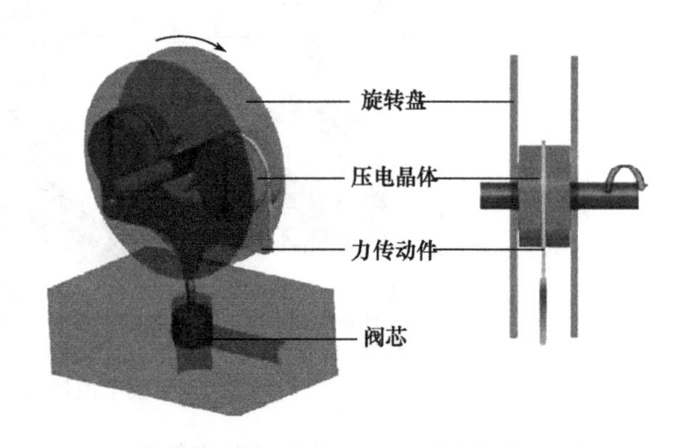

图 3-3 压电高速开关阀电-机械执行器原理概念图

(3) 高速开关阀阀体结构优化与创新

高速开关阀常用的阀芯结构为球阀式和锥阀式。浙江大学周盛研究了不同阀芯阀体结构液动力的影响及补偿方法。通过对阀口射流流场进行试验研究，对流场内气穴现象及压力分布进行观测和测量。美国 BKM 公司与贵州红林机械有限公司合作研发生产了一种螺纹插装式的高速开关阀（HSV），使用球阀结构，通过液压力实现衔铁的复位，避免弹簧复位时由于疲劳带来复位失效的影响。推杆与分离销可以调节球阀开度，且具有自动对中功能。该阀采用脉宽调制信号（占空比为 20%～80%）控制，压力最高可达 20MPa，流量为 2～9L/min，启闭时间≤3.5ms。该高速开关阀代表了国内产业化高速开关阀的先进水平，如图 3-4 所示。

美国 Caterpillar 公司研发了一款锥阀式高速开关阀，如图 3-5 所示。该阀的阀芯设计为中空结构，降低了运动质量，提高了响应速度与加速度。其将复位弹簧从衔铁位置移动至阀芯中间部位，使得阀芯在尾部受到电磁力，中间部位受到弹簧回复力，在运动过程中更加稳定。但是此设计使得阀芯前后座有较高的同轴度要求，初始气隙与阀芯行程调节较难，加工难度高，制造成本大。该阀开启、关闭时间为 1ms 左右，目前已经在电控燃油喷射系统中得到运用。美国 Sturman Industries 公司开发了基于数字阀的电喷系统，其系统所用高速开关阀最小响应时间可达 0.15ms。

图 3-4　贵州红林 HSV 高速开关阀

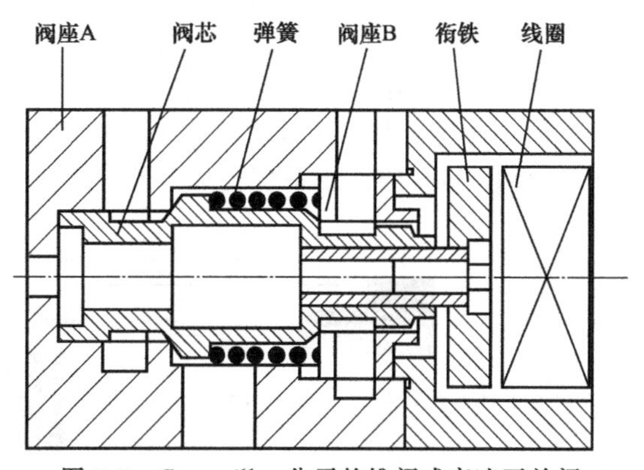

图 3-5　Caterpillar 公司的锥阀式高速开关阀

除了采用传统结构的高速开关阀，新型的数字阀结构也是研究的重点。明尼苏达大学（University of Minnesota）设计了一种通过 PWM 信号控制的高速开关转阀，如图 3-6 所示。该阀的阀芯表面呈螺旋形，PWM 信号与阀芯的转速成比例。传统直线运动阀芯运动需要克服阀芯惯性而造成的电动机械转换器功率较大，而该阀的驱动功率与阀芯行程无关。从试验结果可知，在试验压力小于 10MPa 的情况下，该阀流量可以达到 40L/min，频响 100Hz，驱动功率 30W。

浙江工业大学在 2D 电液数字换向阀方面展开研究，如图 3-7 所示。其利用三位四通 2D 数字伺服阀，在阀套的内表面对称的开一对螺旋槽。通过低压孔、高压孔与螺旋槽构成的面积，推动阀芯左右移动。步进电动机通过传动机构驱动阀芯在一定的角度范围内转动。该阀利用旋转电磁铁和拨杆拨叉机构驱动阀芯作旋转运动；由油液压力差推动阀芯作轴向移动，实现阀口的高速开启与关闭。当用旋转电磁铁驱动时，在 28MPa 工作压力下，阀芯轴向行程为 0.8mm，开启时间约为 18ms，6mm 通径阀流量高达 60L/min。

(4) 高速开关阀并联阀岛

由于阀芯质量、液动力和频响之间的相互制约关系，单独的高速开关阀都面临着压力低、流量小的限制，在挖掘机、起重机工程机械上应用还具有一定的局限性。为解决在大流量场合情况下的应用问题，国外研究机构提出了使用多个高速开关阀并联控制流量的数字阀岛结构。以坦佩雷理工大学为代表，丹麦奥尔堡大学（Aalborg University）与巴西圣卡塔琳娜州联邦大学（Federal University of Santa Catarina）都在这方面有深入的研究。

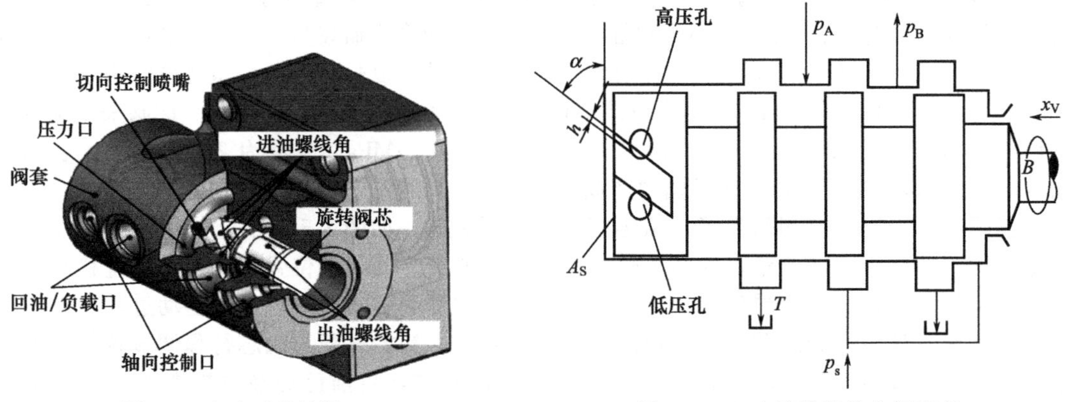

图 3-6 高速开关转阀

图 3-7 2D电液数字换向阀原理

坦佩雷理工大学（Tampere University of Technology）研究的 SMISMO 系统。采用 4×5 个螺纹插装式开关阀控制一个执行器，使油路从 P—A、P—B、A—T、B—T 处于完全可控状态，每个油路包含 5 个高速开关阀，每个高速开关阀后有大小不同的节流孔，如图 3-8 所示。通过控制高速开关阀启闭的逻辑组合，实现对流量的控制。通过仿真和试验研究，采用 SMISMO 的液压系统更加节能。

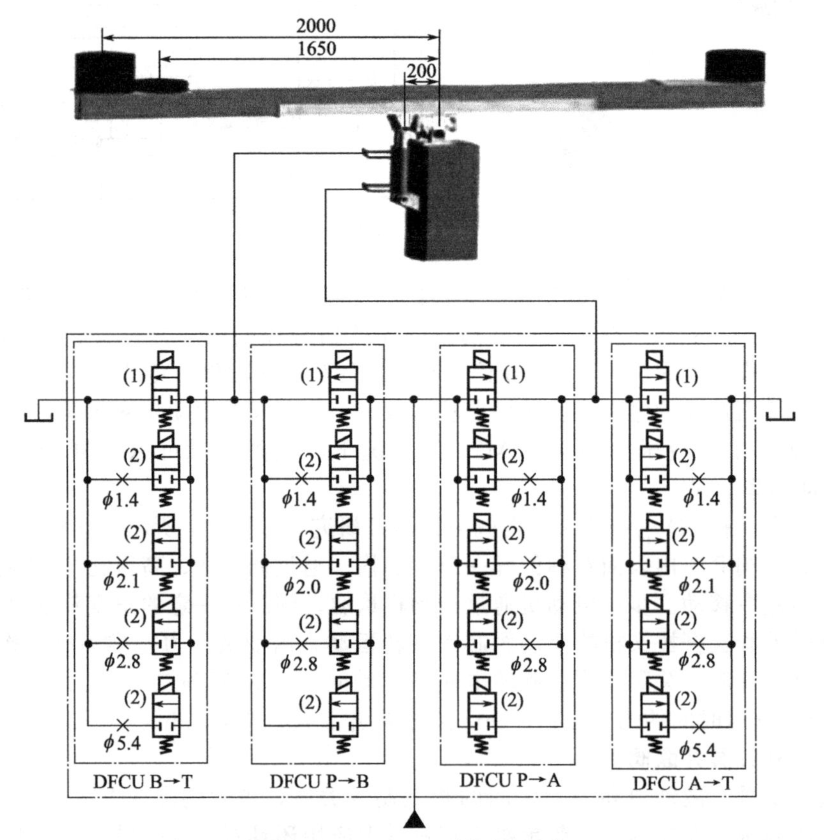

图 3-8 SMISMO 系统原理图

由此发展的 DVS（Digital hydraulic valve system）将数个高速开关阀集成标准接口的阀岛，如图 3-9 所示。其采用层合板技术，把数百层 2mm 厚的钢板电镀后热处理融合，解决了高速开关阀与标准液压阀接口匹配的问题。目前，已经成功地在一个阀岛上最高集成 64 个高速开关阀。关于数字并联阀岛，最新的研究进展关注在数字阀系统的容错及系统中单阀的故障对系统性能的影响。

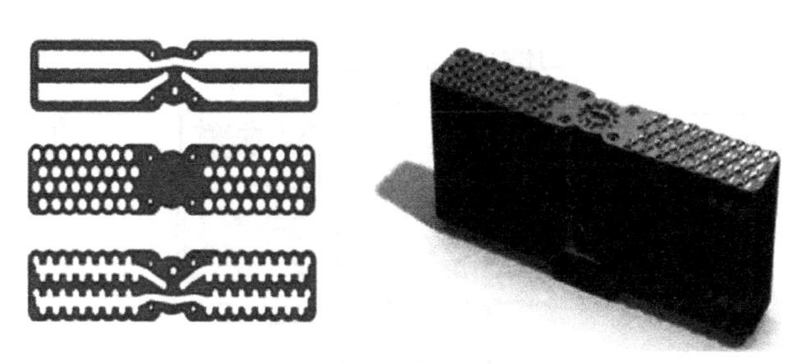

图 3-9 数字阀层板与集成阀岛

(5) 高速开关阀应用新领域

高速开关阀的快速性和灵活性使得其迅速应用在工业领域。目前在汽车燃油发动机喷射、ABS 刹车系统、车身悬架控制以及电网的切断中，高速开关阀都有着广泛的应用。维也纳技术大学（Vienna University of Technology）将高速开关阀应用于汽车的阻尼器中，分析了采用并联和串联方案的区别。并且通过试验与传统阻尼器的性能进行对比，比较结果说明了数字阀应用的优点。

英国巴斯大学（University of Bath）利用流体的可压缩性以及管路的感抗效应建立了 SID（Switched Inertance Device）以及 SIHS 系统，其最主要的元件为两位三通高速开关阀和一细长管路，如图 3-10 所示。SIHS 系统有两种模式：流量提升和压力提升，压力的升高对应流量的减小，反之流量的增加对应压力的降低。在流量提升时，首先是高压端与工作油口连通使得在细长管路内的流体速度升高。高速开关阀此时快速切换使得低压端与工作油口连通，因为细长管在液压回路中呈感性，会将流量从低压端拉入细长管，实现提高流量降低压力的效果。对于压力提升，供油端通过细长管与高速开关阀相连。初始细长管与工作油口相连，高速开关阀换向使得细长管的出口连接回油端。因回油压力远小于供油压力，此时细长管中的流体开始加速。此后再将高速开关阀切换到初始位置，因流体的可压缩性使得工作油口的压力升高。通过仿真和试验证实了使用高速开关阀快速切换性带来压力和流量提升的正确性。功率分析结果与试验表明，如果进一步提高参数优化和控制方式，此方案能够提升液压传动效率。

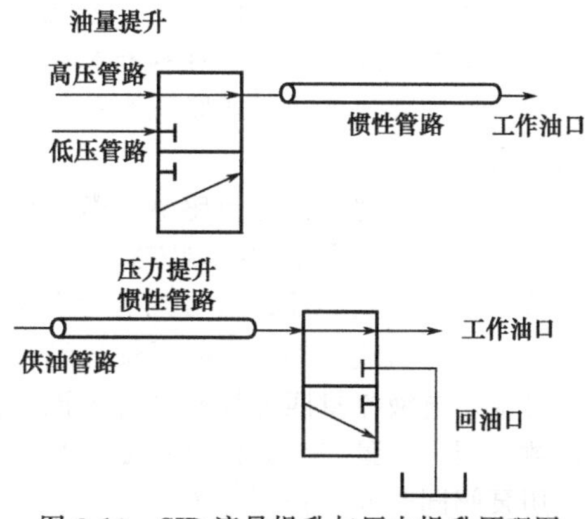

图 3-10 SID 流量提升与压力提升原理图

将高速开关阀作为先导级控制主阀的运动，获得高压大流量是目前工业界研究和推广的重点。Sauer-Danfoss 公司开发了 PVU 系列比例多路阀，其先导阀采用电液控制模块（PVE），将电子元件、传感器和驱动器集成为一个独立单元，然后直接和比例阀阀体相连。电液控制模块（PVE）包含 4 个高速开关阀组成液压桥路控制主阀芯两控制腔的压力。通过检测主阀芯的位移产生反馈信号，与输入信号做比较，调节 4 个高速开关阀信号的占空比。

主阀芯到达所需位置，调制停比，阀芯位置被锁定。电液控制模块（PVE）控制先导压力为 13.5×10^5Pa，额定开启时间为 150 ms，关闭时间为 90ms，流量为 5L/min。

Parker 公司生产的 VPL 系列多路阀同样采用这种先导高速开关阀方案，区别是使用两个二位三通高速开关阀作为先导，如图 3-11 所示。其先导控制采用 PWM 信号，额定电压/电流为 12V/430mA 或 24V/370mA，控制频率为 33Hz。

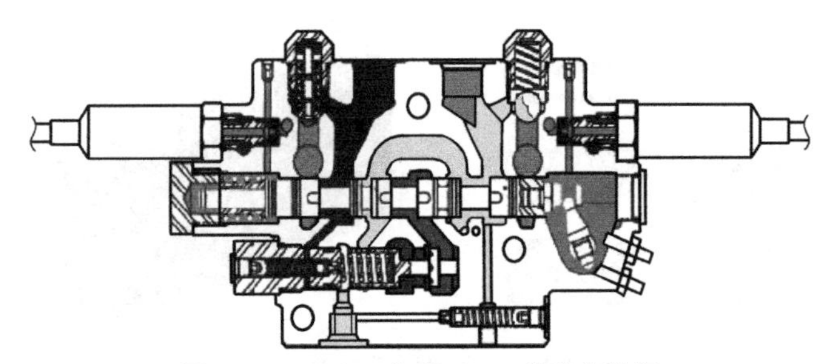

图 3-11 Parker 公司 VPL 系列多路阀

3.1.2 数字阀控制技术

阀控液压系统依靠控制阀的开口来控制执行液压元件的速度。液压阀从早期的手动阀到电磁换向阀，再到比例阀和伺服阀。电液比例控制技术的发展与普及，使工程系统的控制技术进入了现代控制工程的行列，构成电液比例技术的液压元件，也在此基础上有了进一步发展。传统液压阀容易受到负载或者油源压力波动的影响。针对此问题，负载敏感技术利用压力补偿器保持阀口压差近似不变，系统压力总是和最高负载压力相适应，最大限度地降低能耗。多路阀的负载敏感系统在执行机构需求流量超过泵的最大流量时不能实现多缸同时操作，抗流量饱和技术通过各联压力补偿器的压差同时变化实现各联负载工作速度保持原设定比例不变。

数字阀的出现，其与传感器、微处理器的紧密结合大大增加了系统的自由度，使阀控系统能够更灵活的结合多种控制方式。

数字阀的控制、反馈信号均为电信号，因此无须额外梭阀组或者压力补偿器等液压元件，系统的压力流量参数实时反馈控制器，应用电液流量匹配控制技术，根据阀的信号控制泵的排量。电液流量匹配控制系统由流量需求命令元件，流量消耗元件执行机构，流量分配元件数字阀，流量产生元件电控变量泵和流量计算元件控制器等组成。电液流量匹配控制技术采用泵阀同步并行控制的方式，可以基本消除传统负载敏感系统控制中泵滞后阀的现象。电液流量匹配控制系统致力于结合传统机液负载敏感系统、电液负载敏感系统和正流量控制系统各自的优点，充分发挥电液控制系统的柔性和灵活性，提高系统的阻尼特性、节能性和响应操控性。

相对于传统液压阀阀芯进出口联动调节、出油口靠平衡阀或单向节流阀形成背压而带来的灵活性差、能耗高的缺点，目前国内外研究的高速开关式数字阀基本都使用负载口独立控制技术，从而实现进出油口的压力、流量分别调节。瑞典林雪平（Linkoping）大学的 Jan Ove Palmberg 教授根据 Backe 教授的插装阀控制理论首先提出负载口独立控制（Separate controls of meter-in and meter-out orifices）概念。在液压执行机构的每一侧用一个三位三通电液比例滑阀控制执行器的速度或者压力。通过对两腔压力的解耦，实现控制目标速度控制。此外，在负载口独立方向阀控制器设计上，采用 LQU 最优控制方法。在其应用于起重机液压系统的试验中获得了良好的压力和速度控制性能。丹麦的奥尔堡（Aalborg）大学研究了独立控制策略以及阀的结构参数对负载口独立控制性能的影响。美国普渡（Purdue）

大学用5个锥阀组合，研究了鲁棒自适应控制策略实现轨迹跟踪控制和节能控制。其中4个锥阀实现负载口独立控制功能，一个中间锥阀实现流量再生功能。德国德累斯顿工业大学（Technical University Dresden）在执行器的负载口两边分别使用一个比例方向阀和一个开关阀的结构，并研究了阀组的并联串联以及控制参数对执行器性能的影响。德国亚琛工业大学（RWTH Aachen University）研究了负载口独立控制的各种方式，并提出了一种单边出口控制策略。美国明尼苏达（Minnesota）大学设计了双阀芯结构的负载口独立控制阀，并对其建立了非线性的数学模型和仿真。国内学者从20世纪90年代开始对负载口独立控制技术进行深入研究，浙江大学、中南大学、太原理工大学、太原科技大学、北京理工大学等均在此技术研究与工程应用方面取得相关进展。

负载口独立控制系统如图3-12所示，其优点主要体现在：负载口独立系统进出口阀芯可以分别控制，因此可以通过增大出口阀阀口开度，降低背腔压力，以减小节流损失；由于控制的自由度增加，可根据负载工况实时修改控制策略，所有工作点均可达到最佳控制性能与节能效果；使用负载口独立控制液压阀可以方便替代多种阀的功能，使得液压系统中使用的阀种类减少。

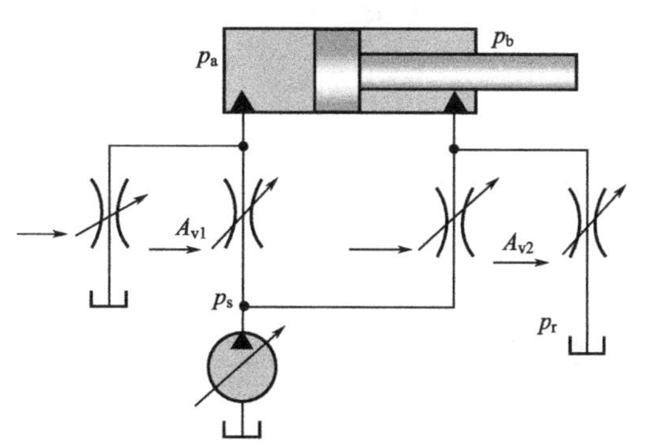

图3-12　负载口独立控制系统原理图

电液比例控制技术、电液负载敏感技术、电液流量匹配控制技术与负载口独立控制技术的研究和应用进一步提高了液压阀的控制精度和节能性。数字液压阀的发展必然会与这些阀控技术相结合以提高控制的精确性和灵活性。

3.1.3　可编程阀控单元

以高速开关阀为代表的数字流量控制技术采用数字信号控制阀或者阀组，使得阀控系统输出与控制信号相应的离散流量。高速开关阀只有全开和全关两种状态，节流损失大大减小；增加了控制的灵活性和功能性；阀口开度固定，对油液污染的敏感度降低。然而，正因为这些特性，这种数字阀要大规模的应用于工业，还有许多问题需要解决：首先，高速开关阀在开启和关闭的瞬间，对系统造成的压力尖峰和流量脉动，执行器的运动出现不连续的现象。其次，高速开关阀的响应必须进一步提高，稳定长时间的切换寿命也是必须的。最后，在数字阀岛的应用中，所选择的高速开关阀的启闭需要同步。在数字流量控制技术发展成熟之前，国外一些厂家综合了数字信号控制的灵活性以及比例阀在高压大流量工业场合的成熟应用，开发出阀内自带压力流量检测方式，结合电液流量匹配控制技术与负载口独立控制技术，阀的功能依靠计算机编程实现的可编程阀控单元（Programmable valve control unit）。

Husco公司研发了采用螺纹插装阀结构的EHPV液压阀，采用双向两位控制阀，且带压力补偿机构，如图3-13所示。通过4个阀组形成的液压桥式回路控制执行器端口的运动状态。该阀使用CANJ 1939总线进行信号的传递和控制，可以根据操作者的指令，通过执行器端口的压力来调节阀的开度。使用该阀可以省去平衡阀组，使得系统的控制功能增加。在复杂运动控制中，采用协调控制算法，提高了操作者的操作效率。EHPV的PWM控制信号频率为100Hz，额定压力为350×10^5Pa，有75L/min、150L/min和800L/min三种规格。佐治亚理工学院（Georgia Institute of Technology）的Amir Shenouda对其应用在小型挖掘机上的性能进行了试验。其试验特点在于，将装有插装阀阀组的集成阀块安装在近执行

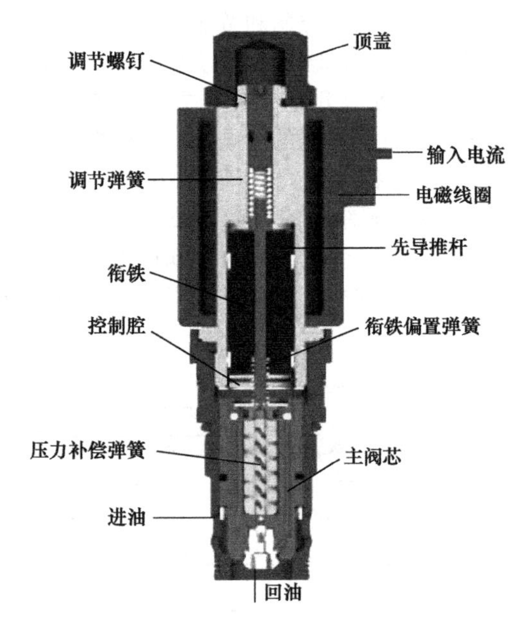

图 3-13 Husco公司的FHPV阀

器端，避免了液压管路对控制系统的影响和液压容腔对控制性能的延迟作用。对于EHPV可编程阀在流量模式切换上和节能性方面的优点给予了理论和试验证明。另外，此系列阀还应用于JLG公司的登高车上，并进行了系列化生产，动臂下降速度增加12%，泄漏点减少27%，流量增加25%，系统稳定性增加。

虽然可编程阀控单元（Programmable valve control unit）并不能算严格意义上的数字阀，但其采用数字信号直接控制，能够实现高压大流量的应用。内置传感器且与数字控制器相配合使用。通过程序，可以自主的决定阀的功能，使得多种多样的功能阀和先导阀可以用同一种阀控单元的形式替代。在数字液压元件真正产业化之前，是现有工业应用升级换代和研究的重要方向。对于可编程阀控单元的研究，目前的研究重点在于：①嵌入式传感器技术与数字信号处理技术；②控制策略开发与传统功能阀等效技术；③负载功率匹配和多执行器流量分配控制技术。

3.1.4 数字液压阀发展展望

液压阀的发展经历了如图3-14所示发展历程，从最开始手动控制只有油路切换功能的液压阀到采用数字信号能够进行压力流量闭环控制的可编程阀再到流量离散化的数字阀，这些元件的产生是液压、机械、电子、材料、控制等学科交叉发展的结果。而液压阀的智能化与数字化又增进了工业设备及工程机械的自动化、控制智能化、能量利用效率。

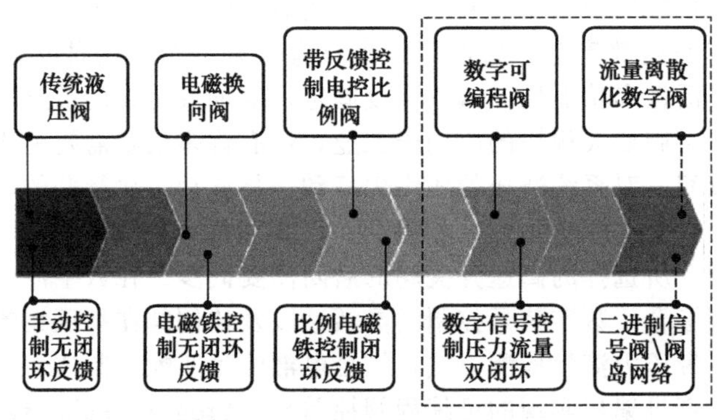

图 3-14 液压阀的发展历程

数字阀的发展和应用可以使从事液压领域工作的技术人员和研究人员从复杂的机械结构和液压流道中解放出来，专注于液压功能和控制性能的实现。与传感器及控制器相结合，可以通过程序与数字阀的组合简化现有复杂的液压系统回路。模块化的数字阀需要其参数、规格与接口统一，让液压系统的设计与电路设计一样标准化。

数字阀的重要应用就是利用其高频特性达到快速启闭的开关效果或者生成相对连续的压力和流量。目前，采用新形式、新材料的电-机械执行器，降低阀芯质量和合理的信号控制方式，使得数字阀的频响提高，应用范围越来越广。然而，对于高压力、大流量系统，普遍存在电-机械转换器推力不足、阀芯启闭时间存在滞环等问题。因此，在确保数字阀稳定性的情况下如何提高响应，尤其是在高压大流量的液压系统中的使用一直是数字阀的研究重点。

随着人类社会责任感的提高，工业界能量利用效率、对环境的影响都是亟须关注的问题。不能做到节能减排的工业必将会被替代和淘汰。相对而言，液压传动的效率并不高，但这也恰恰说明其具有较大的提升空间。与新型的控制方式与电子技术相结合，数字阀工作的过程可以监控其工作端的压力流量参数、减少背压、根据工况反馈调节泵参数甚至发动机的参数，以达到节能效果。

3.1.5 基于数字流量阀的负载口独立控制

负载口独立控制技术解决了传统阀控缸系统操纵性和节能性难以同时达到最优的问题，但负载口独立控制系统在恶劣工况下，控制器的抗干扰能力可能成为制约负载口独立控制技术广泛应用的一个关键问题。一种新型流量控制阀，该阀先导级为PWM控制的数字阀，主级为基于流量放大原理的Valvistor阀。Valvistor阀通过阀芯上的反馈节流槽连通进油口与主阀上腔，稳态时节流槽流量与先导流量相同，构成内部位移反馈，先导阀流量反馈至主阀出口。该新型数字流量阀采用了两级流量放大的原理解决了数字阀通流能力小的问题，该阀具有二位二通的特点，适合在负载口独立控制系统中应用，数字控制具有负载口独立控制抗干扰能力，能实现独立负载口智能化控制。

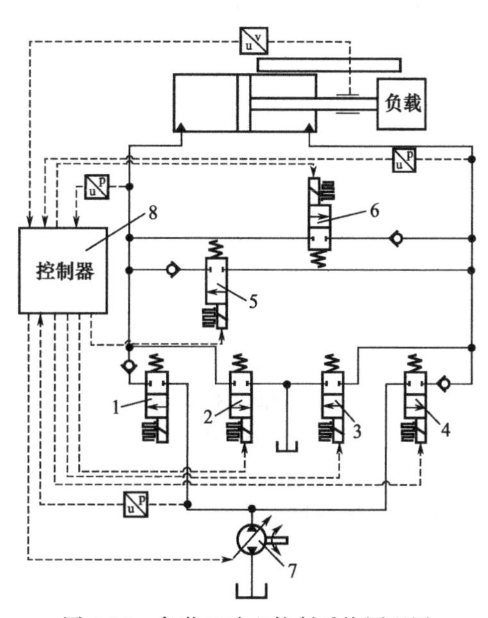

图3-15 负载口独立控制系统原理图
1～6—数字流量阀；7—液压源；8—控制器

(1) 工作原理

① 系统组成　基于数字流量阀的负载口独立控制系统如图3-15所示，因该数字流量阀主阀采用Valvistor阀，该主阀仅能实现一个方向的流量控制另一个方向流通时流量阀仅相当于节流阀难以实现控制，所以为避免流量反向通过数字流量阀，在数字流量阀前边加了单向阀。在负载口独立控制系统中，为实现系统所有机能，采用6个数字流量阀控制的负载口独立控制系统。该系统包括6个数字流量阀、4个单向阀、液压源、控制器等组成。3个压力传感器检测液压缸两腔及液压泵出口压力，速度传感器检测活塞杆速度。根据输入控制器速度信号，控制器输出信号控制6个数字流量阀的占空比、液压泵出口压力，实现对液压缸速度控制。

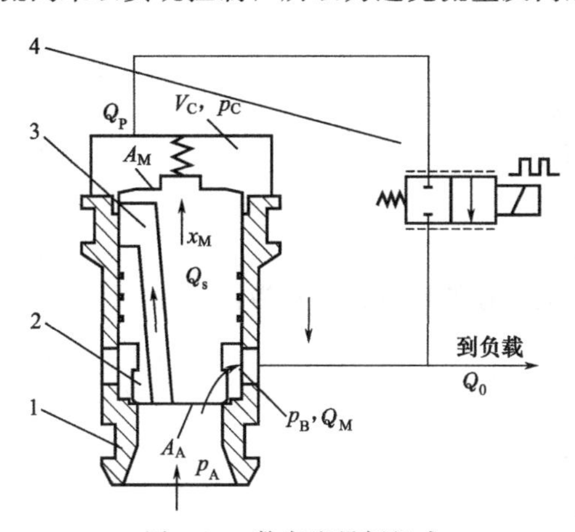

图3-16 数字流量阀组成
1—主阀阀套；2—反馈槽；3—主阀阀芯；4—先导阀

② 数字流量阀组成　数字流量阀如图3-16所示，该阀由主阀、数字先导阀组成。主阀采用基于流量-位移反馈的Valvistor阀，先导阀为二位二通数字阀。当先导阀不通时，控制腔压力

p_C 等于入口处压力 p_A，由于弹簧力及上下腔面积差作用，主阀关闭。当先导阀有流量通过时，控制腔压力降低，主阀芯向上移动，直至流过反馈节流槽的流量与先导阀的流量相同时，达到稳态，主阀芯移动 x_M。该阀出口流量 Q_0 等于流过主阀流量 Q_M 与先导阀流量 Q_p 之和。

(2) 数学模型

假设阀芯运动过程中入口压力 p_A、出口压力 p_B 不变，控制腔压力为 p_C，建立通过数字流量阀先导阀及主阀静态流量平衡方程。

通过先导阀平均流量为：

$$\overline{Q}_p=\frac{DT}{T}Q_p=DK_p\sqrt{p_C-p_B} \tag{3-1}$$

式中 Q_p——开关阀压差为 p_C-p_B 时的流量；
K_p——先导阀液导；
D——PWM 控制信号占空比，$D\in[0, 1]$；
p_C——控制腔压力；
p_B——主阀出口压力。

流过主阀芯反馈槽可变节流口流量为：

$$Q_s=K_s\sqrt{p_A-p_C} \tag{3-2}$$

$$K_s=c_{ds}w_s(x_0+x_M)\sqrt{\frac{2}{\rho}}$$

式中 K_s——通过反馈槽液导；
c_{ds}——反馈槽流量系数；
w_s——反馈槽面积梯度；
x_M——主阀芯位移；
x_0——主阀芯预开口量。

流过主阀流量方程：

$$Q_M=K_M\sqrt{(p_A-p_B)} \tag{3-3}$$

$$K_M=c_{dM}w_Mx_M\sqrt{\frac{2}{\rho}}$$

式中 K_M——通过主阀芯液导；
c_{dM}——主阀芯流量系数；
w_M——主阀芯面积梯度。

稳态时，主阀对先导阀流量放大倍数 g：

$$g=\frac{Q_M}{Q_p}=\sqrt{2}\frac{K_M}{DK_p} \tag{3-4}$$

总阀出口流量为：

$$Q_0=Q_p+Q_M \tag{3-5}$$

液压缸无杆腔、有杆腔、泵出口压力腔的容腔流量连续性方程分别为：

$$\frac{V_1}{\beta_e}\times\frac{dp_1}{dt}=Q_3-A_1\dot{x} \tag{3-6}$$

$$\frac{V_2}{\beta_e}\times\frac{dp_2}{dt}=A_2\dot{x}-Q_4 \tag{3-7}$$

$$Q_s-Q_3+Q_4=\frac{V_3}{\beta_e}\times\frac{dp_s}{dt} \tag{3-8}$$

式中 V_1，V_2，V_3——液压缸无杆腔、有杆腔和系统泵出口压力腔的容腔体积；

β_e——液压弹性模量；

p_1，p_2——液压缸无杆腔和有杆腔压力；

A_1，A_2——液压缸无杆腔和有杆腔作用面积；

$\dot{x}$——活塞杆速度。

活塞杆力平衡方程为：

$$A_1p_1-A_2p_2=m\ddot{x}+b\dot{x}+k_hx+F_1 \tag{3-9}$$

式中 m——活塞及负载质量；

F_1——外负载；

b——阻尼系数；

k_h——弹性负载刚度。

(3) 控制策略

负载口独立控制系统针对液压缸不同工作模式[图 3-17(a) 为阻抗伸出，图 3-17(b) 为超越缩回，图 3-17(c) 为超越伸出，图 3-17(d) 为阻抗缩回] 选择不同控制策略，其中 F_1 为外负载，v 为液压缸运行速度。对液压缸的不同工作模式分别选用两个阀对液压缸的速度和流量进行控制如表 3-1 所示。

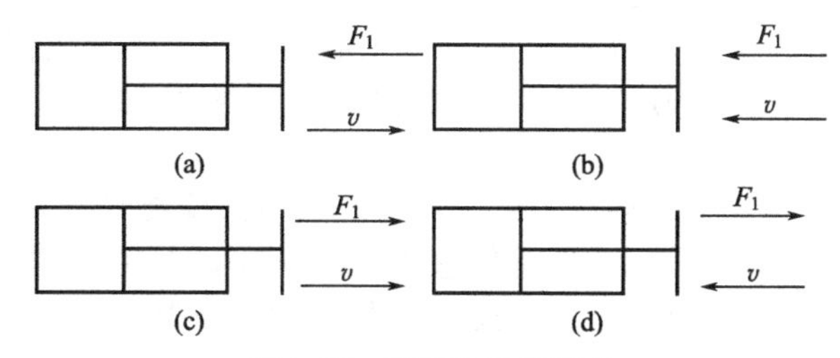

图 3-17 液压缸工作模式

以图 3-17(a) 中 F_1、v 为负载力、速度正方向，对液压缸不同工作模式分别选择两个流量阀对液压缸两腔流量、压力进行控制。不同工作模式时选择控制阀如表 3-1 所示。

表 3-1 负载口独立控制系统工作模式表

项目		阀 1	阀 2	阀 3	阀 4	阀 5	阀 6
$F_1>0,v>0$		开	关	开	关	关	关
$F_1>0$ $v<0$	$p_1>p_2$	关	开	关	关	关	开
	$p_1<p_2$	关	开	关	开	关	关
$F_1<0$ $v>0$	$p_1>p_2$	开	关	开	关	关	关
	$p_1<p_2$	开	关	关	关	开	关
$F_1<0,v<0$		关	开	关	开	关	关

负载口独立控制系统中，供油压力响应可测但无法准确控制且负载力可测不可控，且数字流量阀的压差对通过数字流量阀的流量影响显著，因此在控制策略上采用了前馈控制系统来避免系统扰动对控制性能影响。又因为在液压系统中通过数字流量阀的液导、油液体积弹性模量等受油液温度、油液含气量等因素影响，所以采取前馈控制的开环控制策略是难以获得对系统准确控制性能，因此采用了前馈反馈复合控制的控制策略。

系统控制原理如图 3-18 所示。操作手柄发出的唯一操作信号 v 为系统的输入信号，控制器首先根据液压缸的工况选择控制阀（见表 3-1），然后根据图 3-18(a) 所示流量控制策略和图3-18(b)所示压力控制策略实现对液压缸流量和压力的复合控制。通过对系统流量、压力进行复合控制提高系统操纵性，使液压缸速度仅与v（输入信号）有关，而与负载变化无关，同时在液压缸变速时响应快，稳态时速度平稳。

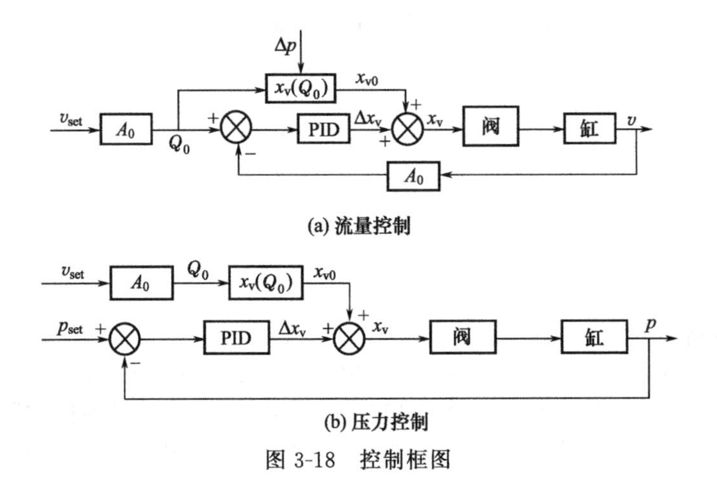

图3-18 控制框图

为了获得较精确的数字阀（先导级）液导，利用试验装置对其进行测试，两个压力传感器分别测量入口压力p_c、出口压力p_s，流量传感器测量通过先导阀流量Q_p，计算机和驱动控制器实现对数字阀输入信号的控制。试验测得的先导阀液导K_p与占空比D关系如图3-19所示。

为了获得较精确的Valvistor阀（主级）液导，利用试验装置对其进行测试，压力传感器分别测量入口p_A、出口压力p_B，流量传感器测量主阀流量Q_M、位移传感器测定主阀芯位移x_M，通过dSPACE完成控制信号的施加和数据采集。试验测得的主阀液导K_p与主阀芯位移x_m关系如图3-20所示。

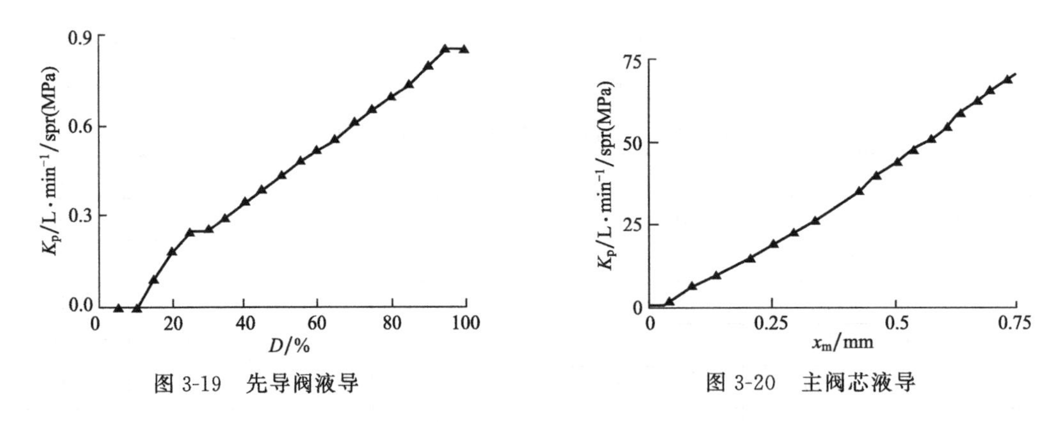

图3-19 先导阀液导　　图3-20 主阀芯液导

基于数字流量阀负载口独立控制系统，既能实现对液压缸速度的平稳控制，又能够在负载和速度信号阶跃变化时，实现活塞杆速度的快速响应。

系统仿真表明，对数字流量阀输入信号的载波频率在40Hz以上时，系统速度粗糙度明显减低。

3.1.6 电液比例数字控制

在采用比例控制的液压系统中，力值的精确控制是衡量系统性能最重要的技术指标，控制的基本原理是通过调节伺服比例阀线圈电流控制阀芯开口，以达到流量及压力的控制。而对比例阀线圈电流的控制，目前有模拟控制和数字控制两种方式。模拟控制以V/I转换电路、运算放大电路、功率放大电路、可调电位器为主组成控制放大器，控制比例阀比例电磁铁线圈电流和衔铁推力的大小，从而改变其阀口大小。由于模拟器件自身固有的缺点，如元件温漂大、分散性大、对外围阻容元件参数依赖性大等，使得模拟控制的功能较为单一、控制参数难以灵活调整和量化处理，此外，模拟控制器与计算机之间无法实时通信，不能实现力值的闭环控制，严重影响了设备的自动化与智能化的水平。一种比例阀数字控制技术，采用微型处理器与比例阀控制芯片实现比例电磁铁线圈电流的数字控制与精密控制，具有响应快、控制灵活、集成度高、稳定性好、易于扩展应用等特点。

(1) 比例阀特性与控制芯片选择

① 比例阀特性　比例阀是液压控制系统中关键控制部件之一，其电-机械转换装置采用比例电磁铁，它把来自比例控制放大器的电流信号转换成力或位移。其工作原理是将两端的等效电压转换成正比的电流信号，进而产生与电流成正比例的阀芯位移。比例阀的特性及工作可靠性，对电液比例控制系统和组件具有十分重要的影响，比例电磁铁产生的推力大，结构简单，对油质要求不高，维护方便，成本低廉。采用德国Have公司的PWVP型比例阀进行研究与试验，压力控制范围为0～700bar，与电气控制相关的主要技术参数如表3-2所示。

表3-2　比例阀电气参数表

参数名称	额定电压 U_N	线圈电阻 R_0	冷态电流 I_0	额定电流 I_N	冷态功率 P_0	额定功率 P_N	颤振频率 F	颤振幅值 A_m
技术指标	24V	24Ω	1A	0.63A	24W	9.5W	60～150Hz	$(0.2\sim0.4)\times I_0$

由于比例阀线圈磁铁的磁滞特性和运动的摩擦会导致比例阀的稳态特性存在滞环现象，影响阀的动态响应性能，减小滞环的有效方法是在比例阀电流信号中叠加一定频率的颤振信号，给电磁铁一个间断的脉冲电流，使阀芯一直处于非常小的运动状态，可防止阀芯卡死。颤振频率一般取值为60～150Hz，颤振幅值不宜太大，过大易引起输出电流及负载特性的变化，一般取值为冷态电流的30%。当额定电压为24V时，PWVP型比例阀实际的控制电流范围为0.1～0.63A，其0～0.1A为比例阀最低压力工作区，即比例阀控制电流值在0.1～0.63A范围时，压力值与电流值呈近似线性关系。

② 控制芯片选择　根据比例阀的特性，其控制的关键参数为线圈额定电流、颤振频率及颤振信号，即比例阀控制器的正常运行需要连续可调而稳定的电流信号及固定的颤振频率和颤振信号。根据需求，英飞凌公司相继推出了TLE7241、TLE7242等专用控制芯片。作为汽车电子级IC芯片，具有很好的抗干扰性和较大的电压裕度。内部集成了恒流控制单元、PWM调制控制、颤振信号发生单元、SPI总线控制单元、PI调节和外部电流采样等功能，可实现外部比例电磁铁的驱动控制。在减少了外围模拟器件的同时，提高了整个系统的数字化水平。

由表3-3可知，TLE7241E及TLE82453SA的最大控制电流及采样电阻固定，其内部集成了MOSFET驱动电路，用户可直接连接外部电磁铁进行操作，但采样电阻值直接决定了电流控制精度，如TLE7241E对于0.24Ω的采用电阻，其控制精度为1.5mA/bit，所以对于控制精度、最大控制电流值及操作电压范围满足应用要求的情况下，可选用前述两种芯片。由于采用24V比例阀，控制精度要求满足小于0.5mA/bit，所以采用TLE7242-2G作为控制芯片，通过外接MOSFET及采样电阻的方式，实现对电磁铁的高精度控制。

表 3-3 几种常用控制芯片参数一览表

型号	输出通道数	最大控制电流/A	电压范围/V	采样电阻/Ω	颤振频率/Hz	颤振幅值/A
TLE7241E	2	1.2	5.5～18	0.24	41～1000	0～1.2
TLE7242-2G	4	可调	5.5～40	可配置	可配置	可配置
TLE8242-2G	8	可调	5.5～40	可配置	可配置	可配置
TLE82453SA	3	1.5	5.5～40	0.25	可配置	0～1.5

(2) 比例阀驱动接口设计

比例阀驱动及控制系统结构示意图如图 3-21 所示。

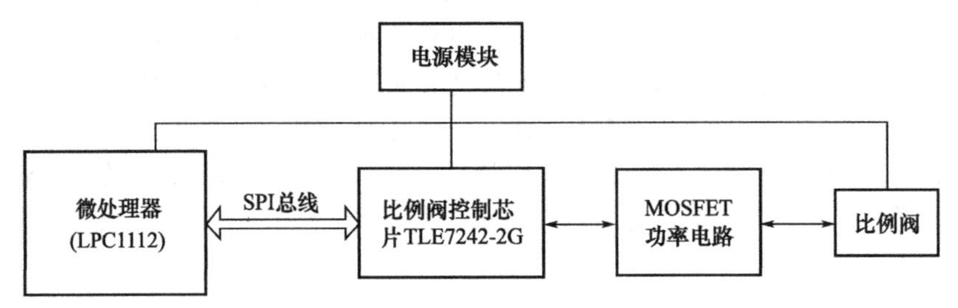

图 3-21 比例阀控制系统结构图

图 3-21 所示以 ARM 处理器构建的控制系统中 LPC1112 通过 SPI 接口实现与 TLE7242 通信控制 TLE7242 通过功率模块驱动比例电磁铁工作。

LPC1112 是基于 ARM Cortex-MO 的 32 位微型处理器，提供高性能、低功率、简单指令集和内存寻址，与现有 8 位/16 位架构相比，代码尺寸更小。LPC1112 的 CPU 工作频率最高可达 50MHz，内部包括 16kB 的闪存、4kB 的数据存储器、I^2C 总线接口、RS-485/232 接口、SSP/SPI 接口、通用计数/定时器、10 位 ADC 以及最多 22 个通用 I/O 引脚。TTLE7242 有 4 个完整的独立的比例电磁铁驱动通道，芯片内部集成了数据寄存器组模块、PWM 模块、颤振信号发生器模块、A/D 模块、PI 调节模块、SPI 总线模块，实现可编程的控制电流输出和颤振信号信号叠加输出。

所以通过本 LPC1112＋TLE7242 便可构建一个完整的比例阀伺服控制系统，实现比例阀控制的数字化、小型化与智能化。其控制系统及驱动电路如图 3-22 所示。

如图 3-22 所示，当采样电阻值为 0.5Ω 时，输出电流的范围为 0～640mA，且输出电流与二进制值呈比例关系，其比例系数为 0.3125mA/bit，即最小控制电流为 0.3125mA，满足系统高精度的要求。当需要更大的电流输出范围时，可调整采用电阻 Rsensor（图 3-22 中 $R1$ 值）阻值，其关系满足式(3-10)。

$$最大电流值=320/R_{sensor} \tag{3-10}$$

图 3-22 中，控制器可通过 RS-232 接口与 PC 机及其他控制设备实时通信。在控制器内部，微处理器通过 SPI 接口与 TLE7242G 进行通信，实现控制命令、寄存器状态等数字信息的接收与发送。SPI 总线系统接口使用 3 线制：串行时钟线（SCK）、主入/从出数据线（MISO）和主出/从入数据线（MOSI），故可以大大地简化硬件电路设计及获取串行外围设备接口。

TLE7242 是从机型器件，主控制器需要通过 32 位的 SPI 接口发送指定数据的帧结构来实现控制功能。由于 LPC1112 中内置 16 位高速 SPI 接口，不满足 TLE7242 的 32 位 SPI 接口要求，所以采用 CPU 普通 I/O 口模拟 32 位 SPI 接口协议的方式实现 SPI 通信，由于 TLE7242 在收到命令字时，总是要发送一帧诊断信息，所以 CPU 访问 TLE7242 内部寄存器时，应连续发送 2 帧相同的 SPI 命令字。

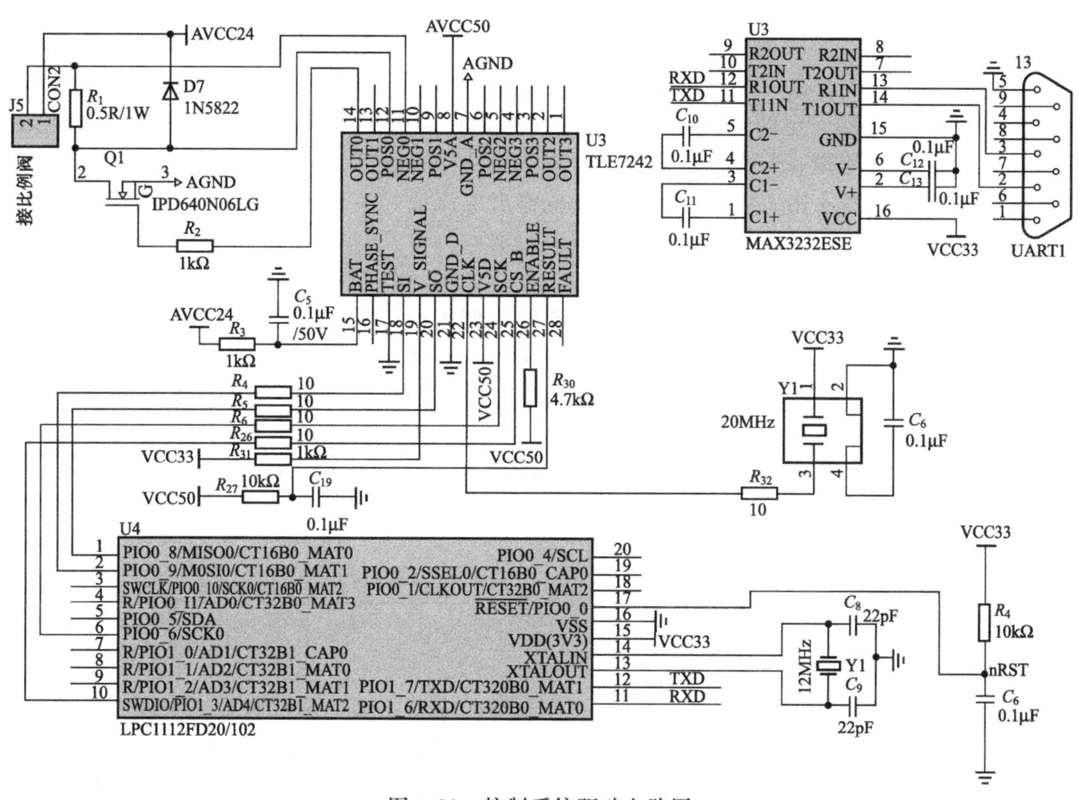

图 3-22　控制系统驱动电路图

(3) 驱动软件设计

比例电磁铁的驱动程序使用 C 语言进行底层软件开发，其整体流程如图 3-23 所示。

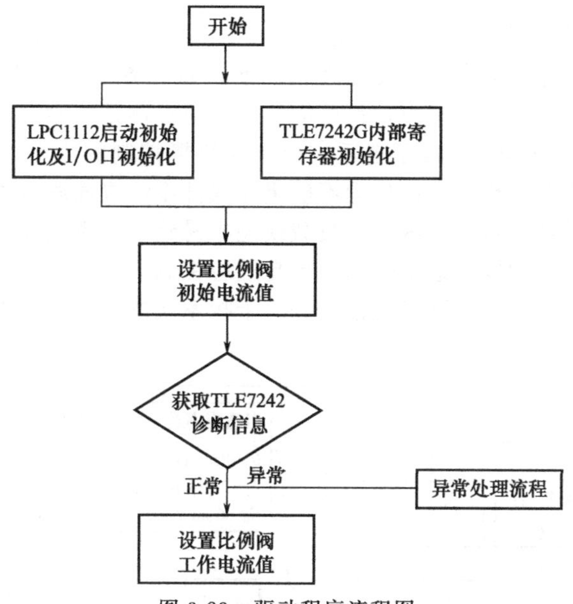

图 3-23　驱动程序流程图

控制系统上电后，首先对 LPC1112 和 TLE7242 两个芯片进行初始化，其中 LPC1112

包括芯片内部寄存器、时钟、中断、串行通信接口、模拟 SPI 接口和普通 I/O 口等的初始化工作；TLE7242 主要是对内部寄存器进行初始化，除电流设置寄存器外，其他寄存器仅需上电时初始化一次，在运行过程中不需要进行操作。由于 Have 公司的 PWVP 型比例阀工作在线性区前需要一定的初始电流，所以在初始化完成后，应使 TLE7242 输出 100mA 的电流值，使其比例阀处于线性工作状态，对 SPI Message $3^{\#}$ 寄存器（即电流设置与颤振幅值设置寄存器）写入相应数字量，即可改变输出电流值，实现对比例阀电流的精确控制及整个液压系统压力的精确控制。

(4) 小结

由于采用了数字化设计，控制器可实时获取比例阀运行状态，并可与其他控制设备和远程控制设备进行信息交互，便于系统的集成应用。随着移动通信网络不断发展，物联网与工程机械设备的结合将更加紧密，这就要求位于工地现场的机械设备具有高的数字化和智能化程度，以满足工程机械实现智能化识别、定位、跟踪、监控和管理以及远程设备故障诊断等要求，实现异地、远程、动态、全天候的“物物相连、人人相连、物人相连”。

3.1.7 电液伺服数字控制

近年来随着电子技术、控制理论的研究和发展，电液伺服数字控制技术已得到迅速发展和应用。

(1) 硬件控制器

高性能的 PLC、DSP、PC104 等嵌入式控制器的应用，为电液伺服系统实现先进控制算法奠定了基础。另外，采用数字通信技术，使上位机能够通过 CAN 总线、ProfiBus 总线、以太网等向电液伺服系统的控制器发送指令、实时传送参数，并在线监控系统运行状态。

(2) 控制算法

在控制算法方面，针对电液伺服系统的非线性、参数时变、存在滞回、负载复杂等问题，一些先进控制算法得到了应用。除常用的 PID 算法外，其他比较典型的控制算法主要包括以下几种。

① 鲁棒自适应控制　在传统自适应控制系统中，扰动能使系统参数严重漂移，导致系统不稳定，特别是在未建模的高频动态特性条件下，如果指令信号过大，或含有高频成分，或自适应增益过大，或存在测量噪声，都可能使自适应控制系统丧失稳定性。自适应鲁棒控制（Adaptive robust control）结合了自适应控制与鲁棒控制的优点，以确定性鲁棒控制为基础增加了参数自适应前馈环节，在处理不确定非线性系统方面取得了良好的效果。电液伺服系统中，普遍存在系统参数获取困难、负载模型不易建立、系统强耦合且非线性严重（如滞回、摩擦、死区等）等问题，通常采用鲁棒自适应控制方法实现在线估计参数，对非线性环节进行补偿，保证了存在建模不确定性和外界干扰系统的鲁棒性。鲁棒自适应控制器的原理如图 3-24 所示。

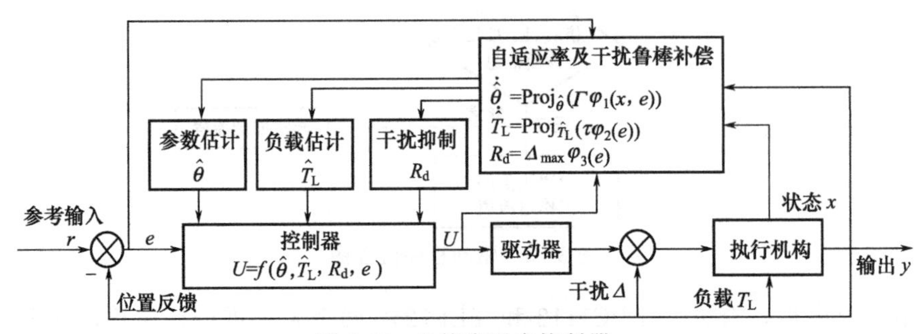

图 3-24　鲁棒自适应控制器

② 有参数自整定功能的PID控制　PID控制因其结构简单、含义明确、容易理解等特点在工程中得到广泛使用。但是电液伺服系统属于非线性系统，大量的实际应用表明，当系统状态发生变化时，固定参数的PID控制器性能变差。因此，具有参数自整定功能的PID控制得到了研究和应用。PID控制器的参数整定方法包括常规的ZN法、继电反馈法、临界比例度法等。在传统方法中，有的需要依靠系统精确数学模型进行参数整定，有的需要开环试验确定控制器参数，这些方法都容易造成系统振荡。因此，基于闭环系统试验数据的PID控制器参数整定算法得到了重视。比较典型的方法包括：迭代反馈整定算法和极限搜索算法。这两种算法均是利用闭环系统的输入输出数据进行控制参数的整定，其不同之处在于迭代反馈整定法每次迭代过程需要进行三次试验，而极限搜索方法只需要进行一次试验。

③ 抗扰控制　自抗扰控制是中科院韩京清研究员提出的一种控制算法，该算法的优点是不考虑被控系统的数学模型，将系统内部扰动和外部扰动一起作为总扰动，通过构造扩张状态观测器，根据被控系统的输入输出信号，把扰动信息提炼观测出来，并以该信息为依据，在扰动影响系统之前用控制信号将其抵消掉，从而获得最优的控制效果。从频域角度看，这样的控制手段要优于一般“基于误差”设计的PID控制器，自抗扰控制器原理如图3-25所示。

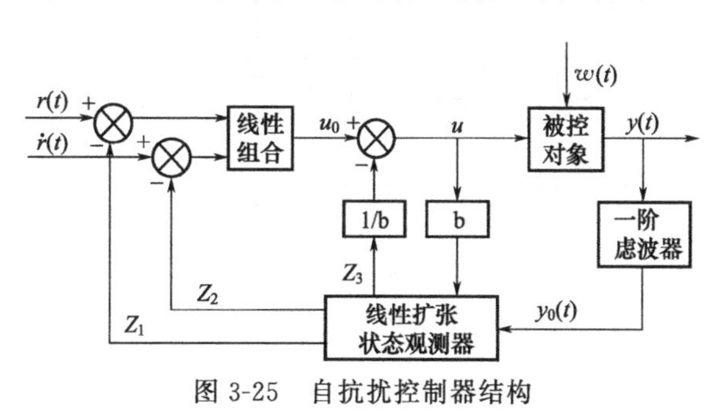

图3-25　自抗扰控制器结构

(3) 故障检测与诊断功能

随着工业过程对电液伺服系统的可靠性要求越来越高，故障检测和诊断已成为控制器中一个必不可少的功能。

通过故障检测可向用户发出故障报警，如传感器故障、伺服阀故障等。目前，比较成熟的故障检测技术主要以数据为主，如专家系统故障检测、神经网络故障检测等。上述方法都需要大量的数据样本或专家知识作为前提。现有的故障检测技术还只能局限于一些简单故障，对于复杂故障的诊断还有待于新故障诊断技术的发展。

3.1.8　2D高频数字阀在电液激振器的应用

振动试验作为现代工业的一项基础试验和产品研发的重要手段，广泛应用于许多重要的工程领域，振动试验的主要设备为振动台，其性能直接影响到振动试验结果的准确性。

电液振动台因激振力大、振幅大、低频性能好以及台面无磁场等优点而得到较为广泛的应用。随着现代工业，尤其航空航天等高科技领域的不断发展，对振动台的工作频率范围及输出推力的要求也越来越高，提高工作频率范围及增大输出推力成为当务之急。电液伺服阀频响难以大范围突破，因而电液伺服振动台的工作频率范围难以进一步提高。目前推力50kN以上电液式振动台工作频率已经达到1000Hz。

一种国内开发的新型高频激振器，它的核心是一高频激振阀（即2D高频数字换向阀）。

(1) 2D数字换向阀的工作原理

2D阀具有双自由度，即阀芯具有径向的旋转运动和轴向的直线运动，阀芯上有4个台肩，每个台肩上沿周向均匀开设有沟槽，相邻沟槽的圆心角为θ，第1、3个台肩沟槽的位置相同，第2、4个台肩沟槽的位置相同，相邻台肩上的沟槽相互错位，错位角度为$\theta/2$。阀芯由伺服电动机驱动旋转，使得阀芯沟槽与阀套上的窗口相配合的阀口面积大小成周期性变化，由于相邻台肩上的沟槽相互错位，因而使得进出口的两个通道的流量大小及方向以相

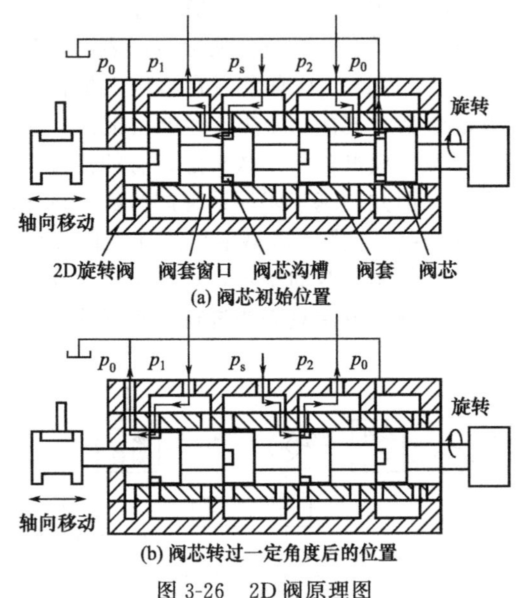

图 3-26　2D 阀原理图

位差为 180°发生周期性的变化，以达到换向的目的。当阀芯在转动过程中位于图 3-26(a) 所示的位置时，p_S 口和 p_1 口沟通，p_2 口和 p_0 口沟通；当阀芯旋转过一定角度（如 $\theta/2$）处于图 3-26(b) 所示位置时，p_S 口和 p_2 口沟通，p_1 口和 p_0 口沟通。即阀芯在伺服电动机驱动下旋转，p_s 口周期性地和 p_2 口、p_1 口沟通。2D 阀台肩上的沟槽与阀套上窗口构成的面积除因阀芯旋转发生周期性变化外，还可通过阀芯的轴向运动使阀口从零（阀口完全关闭）到最大实现连续控制，因而，可由另一伺服电动机通过偏心机构驱动阀芯作轴向运动，从而改变周期性变化阀口面积的大小，进而控制 2D 阀的流量输出。

2D 换向阀的截面结构如图 3-27 所示，阀芯沟槽数与阀套窗口数相等，这种结构形式称为全开口型配合。2D 换向阀的工作频率f（Hz）为：

$$f=nZ/60 \tag{3-11}$$

式中　n——阀芯的旋转转速，r/min；

Z——阀芯沟槽每转与阀套窗口之间的沟通次数（即阀芯沟槽数）。

采用传统滑阀结构的换向阀，易产生一些故障，其中阀芯卡紧是液压换向阀最常见的；换向的频率也因受到阀芯运动惯性的影响，一直无法得到有效的提高。而从式(3-11) 可知，2D 数字换向阀的换向频率仅与阀芯的转速和阀芯沟槽数有关，同时提高两项参数或单独提高其中的任何一个都能提高换向频率。由于阀芯为细长结构转动惯量很小，又处于液压油的很好润滑状态中，因而容易提高阀芯的旋转速度，同时提高阀芯沟槽数也较容易，这样有利于得到很高的频率。旋转式换向也从根本上避免了阀芯卡紧现象。

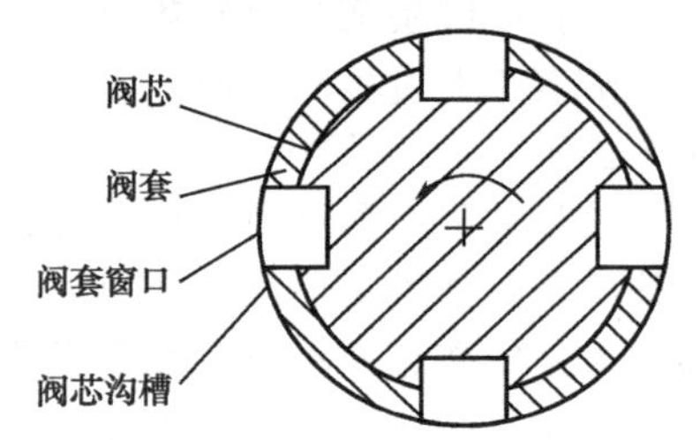

图 3-27　2D 阀沟槽结构图

(2) 阀套窗口、阀芯沟槽数 Z 的确定

阀芯以角速度 ω 旋转时，阀套窗口与阀芯沟槽的油液流通宽度变化情况如图 3-28 所示，阀套窗口与阀芯沟槽轴向的形状均为矩形，则：

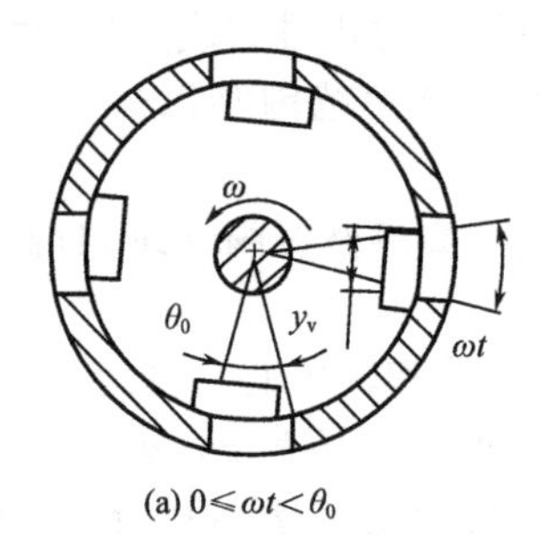

(a) $0\leqslant\omega t<\theta_0$

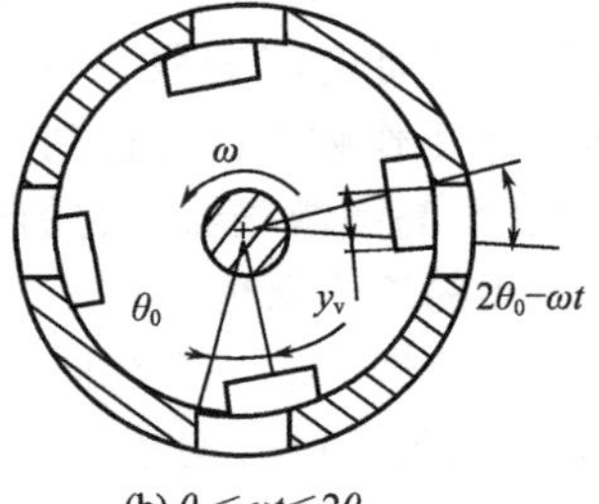

(b) $\theta_0\leqslant\omega t\leqslant2\theta_0$

图 3-28　2D 阀油液流通宽度变化

$$A_v = Zx_v y_v \tag{3-12}$$

式中 A_v——阀芯沟槽的油液导通面积，m^2；

x_v——阀芯轴向移动距离，m；

y_v——阀套窗口与阀芯沟槽的导通宽度，m。

根据阀套与阀芯接触宽度 y_v 的变化（$0\sim y_{vmax}$，$y_{vmax}\sim 0$）位置关系，可得：

$$\theta_0 = \frac{2\pi}{4Z} \tag{3-13}$$

阀芯沟槽的油液导通的最大面积为：

$$A_{max} = Zx_{max} 2R\sin\frac{\theta_0}{2} \tag{3-14}$$

式中 θ_0——阀芯沟槽宽所对应的圆心角；

R——阀芯半径，m。

由式（3-14）求得最大流通面积与阀芯沟槽数的关系，当 $Z\geqslant 6$ 时，A_{max} 已基本不变化，此时流通宽度与圆周弧长之比已接近1/4，因此 Z 的取值至少为6。

（3）2D阀的数学模型

当阀芯旋转的角度 ωt 在 $[0, 4\theta_0]$ 内变化时，第1个台肩的阀芯与阀套接触宽度变化的分段函数为：

$$y_{v1} = \begin{cases} 2R\sin\dfrac{\omega t}{2} & (0\leqslant \omega t\leqslant \theta_0) \\ 2R\sin\dfrac{2\theta_0-\omega t}{2} & (\theta_0\leqslant \omega t\leqslant 2\theta_0) \\ 0 & (2\theta_0\leqslant \omega t\leqslant 3\theta_0) \\ 0 & (3\theta_0\leqslant \omega t\leqslant 4\theta_0) \end{cases} \tag{3-15}$$

而与之相邻的第2个台肩阀芯与阀套接触宽度 y_{v2} 变化情况则相反，在 $[0, 2\theta_0]$ 时为0，在 $[2\theta_0, 4\theta_0]$ 时导通；第3、4个台肩的变化与第1、2个相同。

容易得到一个周期内油液流通面积的变化情况，如式（3-16），在阀芯回转一周内其他阶段的变化以此类推，所以，油液流通面积在理论上有严格的周期性。如图3-29所示，面积的变化曲线非常接近参考的正弦波形曲线。

$$A = \begin{cases} 2x_v ZR\sin\dfrac{\omega t}{2} & (0\leqslant \omega t\leqslant \theta_0) \\ 2x_v ZR\sin\dfrac{2\theta_0-\omega t}{2} & (\theta_0\leqslant \omega t\leqslant 2\theta_0) \\ 2x_v ZR\sin\dfrac{2\theta_0-\omega t}{2} & (2\theta_0\leqslant \omega t\leqslant 3\theta_0) \\ -2x_v ZR\sin\dfrac{4\theta_0-\omega t}{2} & (3\theta_0\leqslant \omega t\leqslant 4\theta_0) \end{cases} \tag{3-16}$$

为考察油液流通面积与参考正弦波形曲线面积的误差，设：

$$e = \frac{A-A_y}{A_y}100\% \tag{3-17}$$

式中 e——相对误差；

A_y——参考正弦波形所对应的面积值。

$Z=8$ 时，一个周期内相对误差的变化如图3-30所示，考虑到流量变化的连续性，实际的流量变化最大误差还应更小。

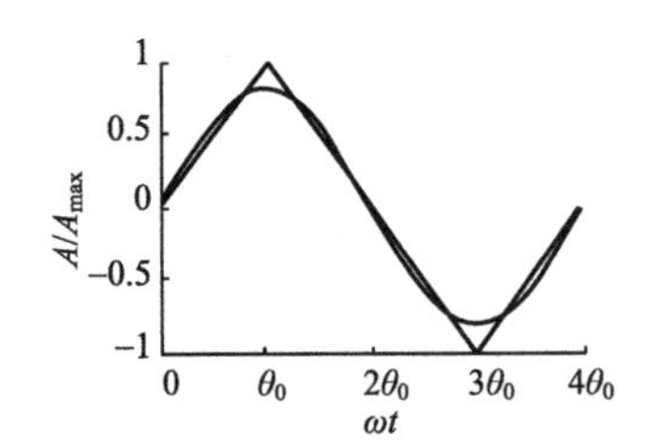

图 3-29 2D阀油液流通面积变化

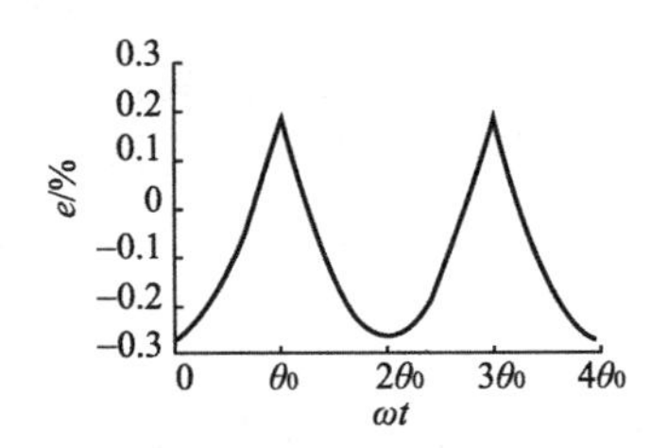

图 3-30 流通面积与正弦波形面积的相对误差

式(3-16) 表明在 $[0, 4\theta_0]$ 内，流通面积的变化是非线性的，需对其进行线性化处理。采用傅里叶变换，得傅里叶变换函数为

$$A(t)=\sum_{k=1}^{\infty}\frac{1}{[2Z(2k-1)]^2}\times\frac{16RZ^2x_v(-1)^{(k-1)}}{\pi}\cos\frac{\theta_0}{2}\sin[(2k-1)Z\omega t],k=1、2、3、\cdots \tag{3-18}$$

显然，$k=2$、3、…时，高次谐波的幅值仅为 $k=1$ 时的 1/9、1/25、…直至 0，衰减迅速，因此可用基波分量代替阀芯与阀套接触面积变化的分段函数。即取 $k=1$，得

$$A(t)=\frac{1}{(2Z)^2-1}-\frac{16RZ^2x_v}{\pi}\cos\frac{\theta_0}{2}\sin(Z\omega t) \tag{3-19}$$

式 (3-19) 表明面积傅里叶变换的基波是一个与 Z 相关的正弦函数，周期为 $4\theta_0$，该波形即为阀的输入信号，其周期即为阀的换向周期。当 x_v 为常值时，不管阀芯转速大小如何变化，输入信号始终为正弦波形；而当 x_v 为按一定规律发生变化时（如 $x_v=B\sin\omega_1 t$），输入信号的波形将发生变化。反之，如果能对所需要的信号进行幅值、频率和平均值分解，就能对分解的信号实行独立控制，以满足所需信号。

(4) 小结

① 2D 阀的结构简单，换向可靠，抗污染能力强，且易于控制，新型结构有利于得到高的频率，适用于各种类型的液压式高速换向的场合，如高频激振器等。

② 单独配置一个伺服电动机通过偏心机构驱动阀芯作轴向运动，以改变周期性变化阀口面积的大小，进而控制 2D 阀的流量输出。

③ 采用直接数字控制，具有重复精度高、无滞环的优点，输入波形在理论上有严格的周期性，且按正弦规律变化。

3.1.9 内循环数字液压缸

内循环数字液压缸为一体化的液压系统。这种数字液压缸通过独特的设计，将动力元件、执行元件、控制元件的功能进行有机的集成，解决了液压系统由于液压元件众多，管道长致使压力损失、泄漏损失、导致液压系统效率较低的问题。

(1) 控制概况

图 3-31 所示为内循环数字液压缸的结构，它把传统液压系统需要的方向阀、流量阀、单向阀、溢流阀等多种液压元件有机的融合在一个柱塞里。液压缸活塞上均匀分布 10 个柱塞，5 个柱塞使液压缸向左运动做功（A 组），5 个柱塞使液压缸向右运动做功（B 组）。A、B 两组柱塞交替反向放置，利用柱塞与活塞的面积比实现力的放大，通过柱塞的运动实现 1 腔、2 腔的液体体积等量变换，构成一个等行程等速双作用缸。液压缸以电磁铁为动力元件，将电磁铁放入小柱塞内，当电磁铁通电做功时，液压油通过小柱塞从液压缸的一腔流入

另一腔，从而带动液压缸做功。液压缸的工作速度通过控制电磁铁的通电频率来控制。

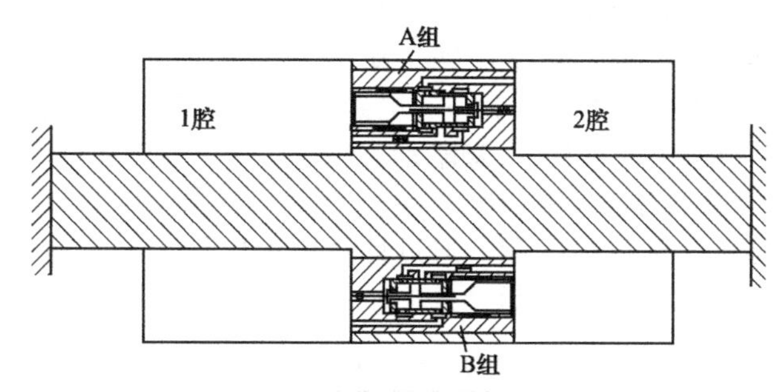

图 3-31 内循环数字液压缸的结构

整个液压系统无须额外的液压泵和液压循环管路，液压油在做功时流程短，使液体因流动时的黏性摩擦所产生的沿程压力损失减少很多；液压系统结构简单，使液压油流经管道的弯头、管接头、突变截面以及阀口等局部装置的次数很少，使液压缸在做功过程中的局部压力损失也很少。在控制上通过 DSP 控制电磁铁的通断电来控制液压缸的运动。由于在液压缸内有两组方向相反的小柱塞，通过控制柱塞工作组，便能控制液压缸的工作方向，也省去了方向阀。

（2）柱塞

如图 3-32 所示，在脉冲电流的控制下电磁铁推动活塞向左运动，3 腔体积变小，4 腔体积变大。3 腔里的液压油通过单向阀被排到 2 腔，推动液压缸向左运动，在结构设计时保证 3 腔和 4 腔的体积同步变化，1 腔的液压油便可在电磁铁做功的时候暂时存于 4 腔中，防止因液压油压缩而出现困油现象。做功完成后，在电磁铁弹簧力的作用下，活塞右移，4 腔的油通过 1 腔、单向阀被吸回 3 腔，完成吸油过程。

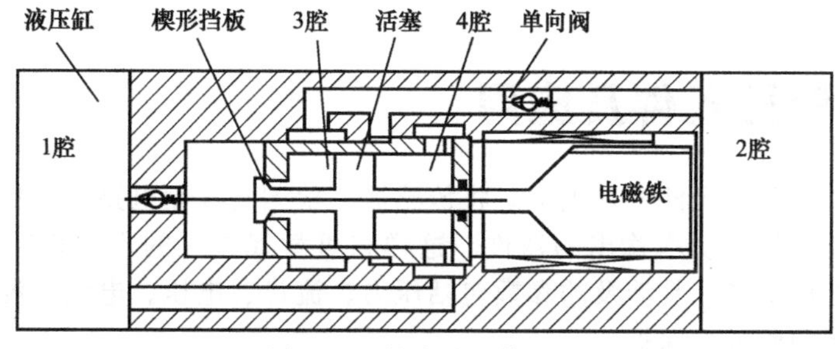

图 3-32 柱塞的工作原理

楔形挡板的作用为：当 A 组柱塞工作时，保证液压缸 1 腔与 2 腔不能通过 B 组柱塞相通。如果没有此挡板，当 A 组柱塞把液压油排到 2 腔后，2 腔的压力增大，液压油通过 B 组的单向阀、3 腔、排油管被压回液压缸 1 腔，液压缸不动作。

（3）液压缸动力元件

此内循环数字液压缸系统以电磁铁为动力元件，电磁铁选用众恒电器的 ZHT2551L/S 型号。电磁铁推力曲线如图 3-33 所示。

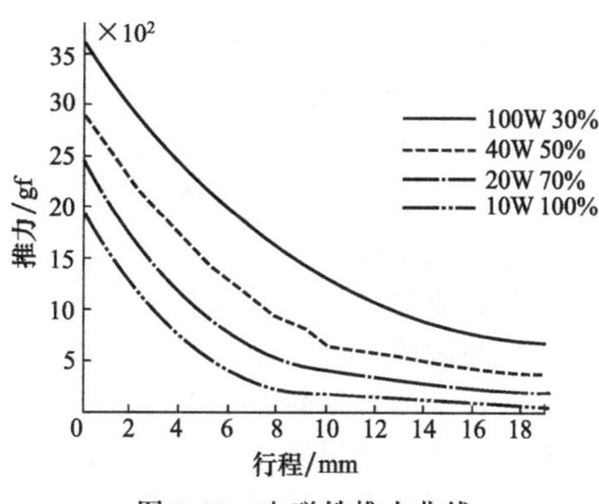

图 3-33 电磁铁推力曲线

由于电磁铁做功是在液压缸到达极限点位置后立即停止供电，所以电磁铁每次通电时间大概为几十毫米，这个值远远小于厂家提供的单次最长工作时间，电磁铁通电的实际比例可稍微大于提供的比例。为使液压缸有更快的速度，先假定选用通电时间比为30%的曲线。

若使液压缸工作效率高，就应使电磁铁每动作一次对油液做功最大。设图3-33中的活塞面积为S，负载在活塞上产生的压强为p，电磁铁做功位移为x。电磁铁运行时克服柱塞表面油液压力$F=pS$，做功$W=Fx$（忽略动态效应），并且要使柱塞运动则有$F \geqslant f_{\min}$，$f_{\min}$为电磁铁曲线上的最小力，极限情况$W=f_{\min}x$。显然有用功W对应横纵坐标（行程）与电磁铁推力曲线形成的矩形区域面积。通过计算矩形区域所对应的格子数量，可得到W的最大值。x与W的关系如表3-4所示。

表3-4　x与W的关系

x	1	2	3	4	5	6	7	8	9	10
W	7	12	16	20	22.5	24	25.2	25	26	25

$x>10$后由于位移太大不予考虑，由表3-4可得当$x=9$时，W值最大。但x越大，电磁铁做功一次所用的时间也就越长，综合考虑各种因素暂取$x=6$。由图3-34在图上取点(0，3650)、(1，3300)、(2，2950)、(3，2700)、(4，2500)、(5，2250)、(6，2000)可在Matlab中模拟出曲线的函数关系。由于电磁铁做功时是以$x=6$时为起点，设此点为0点。在Matlab中模拟曲线的三次函数，可得电磁铁推力与位移的拟合函数为：

$$f(x)=0.042\times(1000x)^3-0.244\times(1000x)^2+2726x+20.012 \tag{3-20}$$

(4) 内循环数字液压缸的控制方式

对液压缸采用位置控制，在液压缸外安装一高精度位移传感器，实时检测液压缸位移。根据传感器输出的位置信号为脉冲波形提供转换依据。

利用DSP事件管理器的PWM脉宽调制输出产生五路波形分别控制5个电磁铁的通断电，每路波形的有效波形及其周期的值就决定了各柱塞之间能否有条不紊的依次工作，其值由时间或位置决定。

3.2 智能液压元件及应用

智能液压元件在原有元件的基础上，将传感器、检测与控制电路、保护电路及故障自诊断电路集成为一体并具有功率输出的器件。这样它可替代人工的干预来完成元件的性能调节、控制与故障处理功能。其涉及的参数包括压力、流量、电压、电流、温度、位置等，甚至包括瞬态的性能的监督与保护。

3.2.1 智能液压元件的特点

液压智能元件一般需要具备三种基本功能。

① 液压元件主体功能。

② 液压元件性能的控制功能。

③ 对液压元件性能服务的总线及其通信功能。

实际上它是在原有液压元件的基础上，将传感器、检测与控制电路、保护电路及故障自诊断电路集成为一体并具有功率输出的器件。这样它可替代人工的干预来完成元件的性能调节、控制与故障处理功能。其中保护功能可能包括压力、流量、电压、电流、温度、位置等性能参数，甚至包括瞬态的性能的监督与保护，从而提高系统的稳定性与可靠性。从结构上看具有体积小、重量轻、性能好、抗干扰能力强、使用寿命长等显著优点。在智能电控模块上，往往采用微电子技术和先进的制造工艺，将它们尽可能采用嵌入式组装成一体，再与液压主体元件连接。

智能液压元件技术是成熟的，工程实施是可以进行的，但是作为元件增加的功能无疑会对现有液压行业提出极大的挑战。这个挑战来自技术、人员素质、上下游关系与经营理念等。因此必须不断通过创新解决面临的液压技术智能化新的问题。

（1）智能液压元件的主体

作为液压智能元件与液压传统无智能元件主体，在原理上可以完全相同，在结构上也可以基本相同。所不同的是，作为液压智能元件往往要将微处理器嵌入在元件中，因此结构需要有所适应而变化。同时，现在也在发展更适合发挥液压元件智能作用的新结构，元件的功能与外形甚至都会有所改变。

智能液压元件必须是机电一体化为基体的元件，智能液压元件一定具有电动或电子器件在内，与此同时还必须具备嵌入式微处理器在内的电控板或电控器件，以及在元件主体内部的传感器。实际上，一个元件也就是一个完整的具有闭环自主调整分散控制的控制系统。

以Danfoss的PVC比例多路阀为例，这是一款20世纪开发在市场有一定占有率的比较有代表性的液压智能元件，如图3-34所示。

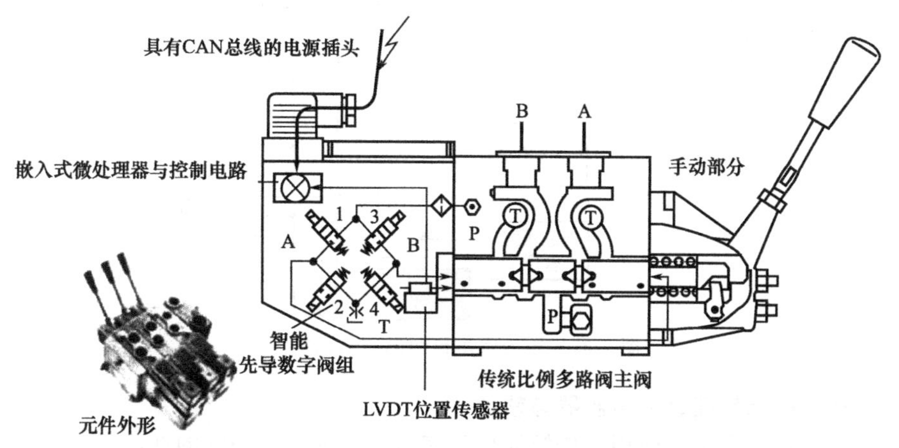

图3-34 Danfoss PVC智能元件的组成与智能先导数字阀组

（2）智能液压元件的控制功能与特点

在一般液压比例元件的基础上，带有电控驱动放大器配套，归属与电液控制元件。这种元件的比例控制驱动放大器是外置的。还有就是液压3.0时代的产品。

将控制驱动放大器与一个带有嵌入式微处理器的控制板组合并嵌入液压主元件体内形成一个整体，这样这个元件就具有分散控制的智能性。从而带来下列好处：减少外接线，无须维护，降低安装与维护成本，简化施工设计，免除电磁兼容问题，可以故障自诊断自监测，可以进行控制性能参数的选择与调整，能源可管理，仅在需要时提供可节能，可以快速插接并通过软件轻易获得有关信号值，可以通过软件轻易地设置元件或系统参数等。这样一来，这种智能元件就将传统的集中控制的方式，转变成为分散式控制系统。不仅实现了智能控制功能，系统设置也是柔性的，通信连接采用标准的广泛应用的CAN总线协议，外接线减到最少，系统是可编程的可故障诊断的。这种演变实际上从20世纪的80年代就开始了，现在已经在液压元件上采用了较长时间，结构、外形、质量、性能等各方面都比较成熟。

液压智能元件在控制与调节功能上与传统的液电一体化产品相比，有相同地方，如流量调节、斜坡发生调节、速度控制、闭环速度控制、闭环位置控制与死区调节等，但性能参数会有提高，这包括控制精度的提高、CAN总线的采用、故障监控与报警电路等。例如PVG阀的比例控制的滞环可以降低到0.2%（一般可能3%～5%）。在故障监控上，具有输入信号监控、传感器监控、闭环监控、内部时钟方面。

(3) 对液压元件性能服务的总线及其通信功能

对于智能性液压元件的分散控制的智能性表现在它不仅可以有驱动电流以及电信号的输入，也可以有信息输出。由于在此元件部分增加了需要的传感器，因此此时液压元件具有自检测与自控制、自保护及故障自诊断功能，并具有功率输出的器件。这样它可替代人工的手动干预来完成元件的性能调节、控制与故障处理功能。其中保护功能可能包括压力、流量、电压、电流、温度、位置等性能参数，甚至包括瞬态的性能的监督与保护，从而提高系统的稳定性与可靠性。这里的传感器有一些是根据液压元件的特点与特性开发出来的，体积小适合液压元件应用，诸如溅射薄膜压力传感器就是其中的一种。

图 3-35 所示为汽车控制 CAN 连接，液压智能元件 CAN 连接与其相近。

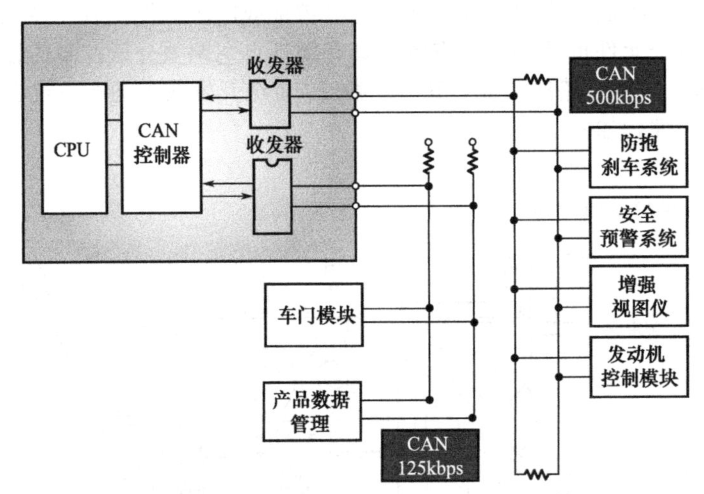

图 3-35 用于汽车控制的 CAN 连接图

(4) 液压智能元件配套的控制器与软件

液压智能元件在系统的使用与传统元件是完全一样的。但是它的性能参数的设置、调整等需要提供外设进行，这些外设可以是公司专设的控制器或者一般的 PC 机，但都需要该产品所对应的该公司提供的开发软件系统。

图 3-36 所示为智能元件配套控制器与软件。液压智能元件需要该厂商提供相应的控制器与配套软件，用来进行对该元件的设置、控制以及监控等。这部分是对应于该系列元件或该公司同类型智能元件的，因此对用户而言，可以只购买一次即可以用于相应所有同类型元件进行设置等功能。

3.2.2 智能元件应用的效益

当前人类的技术发展已经进入了智能化的阶段，人类对于简单重复性的劳动随着社会发展与人员素质的提高也乐意采用智能自动化，因此形成了工业向智能化发展的工业革命。但是在此过程中，要用更大的经济代价来换取这种生产方式还存在不少难点。例如人们还在意价格战，就对智能装备的采用产生困惑性，还有人们追求的是采购成本还是运营成本会对智能的采用产生决定性影响。因此这种效益的比较还需要我们用更多的创新去解决。

对于采用智能元件带来的效益不仅是对用户也包括生产商。

对于用户来讲，采用上述的智能元件显示得到了更多、更好、更符合工况的功能，例如采用上述比例阀，会增加不少功能，对双阀芯电子液压阀而言，可以实现挖掘机铲斗振动、电子换挡、水平挖掘、软掘、抗流量饱和等，还可以实现高低速自动换挡、多级恒功率控

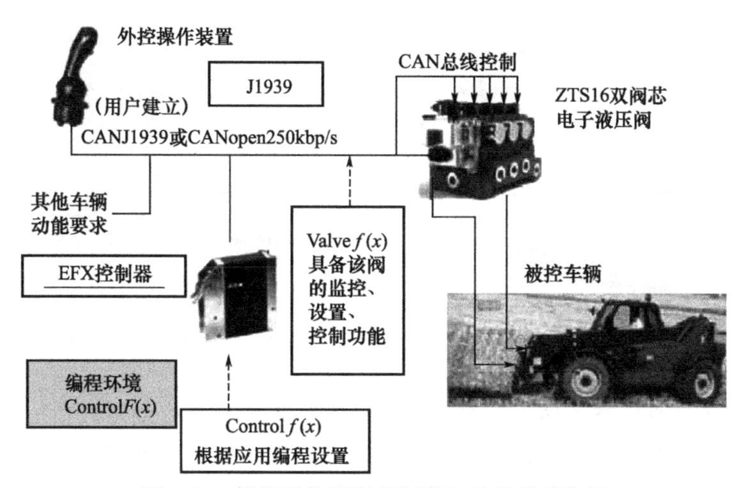

图 3-36 智能元件配套控制器与软件及其作用

制、熄火铲斗下降、无线遥控、自动程序动作等等。这些功能所最后表现的是发动机与液压系统功率的匹配，从而节能15%～20%。

从中可见，智能化给用户带来的是两个方面的利益，在功能上更全面更有效率，但可能采购成本会有所增加。在经济上带来的是主机运转工作效率的提高，节省了工时（即人力成本），以及机器消耗的能量的降低（即耗油量的降低），节省了运营成本，另外则是机器提高了安全可靠性，降低了不可预计的由于故障产生的额外成本。

对于生产商来说，也带来了各方面的效益。首先是电控智能使主机的性能提高通过控制方面来解决，而不是过去只能通过机械或机械加工的方面解决。

由于采用了开放式电控平台，方便了设计面向个体需求，降低了设计成本；由于采用了分散式的控制方式，使系统动态可变参数配置、触发采用使系统运行更可靠方式，使调试手段与方式更灵活，降低了流量调试维修成本；由于采用CAN总线后在电控接线更简单，省线、省查、省工时，可以取消传统控制必须的接线箱，提高生产效率，降低劳动强度与难度，降低了人力成本与采购成本；由于采用总线，不仅电控布线简单易行，而且对于硬件管路的放置更加灵活，便于安装，可以降低安装成本；由于故障的便捷诊断与维护的远程性，方便维修维护，降低了售后服务成本；产品开发方便快捷，可以个性化定制，降低了营销成本，增加了市场的竞争性。

3.2.3 DSV数字智能阀

瑞士万福乐公司推出了数字智能（Digital smart valve，DSV），如图3-37与图3-38所示。之所以称它为数字智能阀，是因为此阀可在最小的允许空间内放置一块数字式控制器，这是迄今为止市场上能见到的结构最紧凑的控制模块，其结构尺寸只相当于普通电子控制器的一半。用户可以在不进行任何调整和设置的情况下直接安装使用，而且这种产品还具有自诊断及动作状态显示的功能。

这种液压阀具备以下特点。

① 即插即用简便的使用性能且易于更换。

② 便利实现设备的平稳精确控制。

③ 高质量，具有极高的操作可靠性能。

④ 自检测元部件操作状态诊断功能。

图 3-37 型号：DNVPM22-25-24VA-1

图 3-38 型号：BVWS4Z41a-08-24A-1

新型智能控制模块扩充了瑞士万福乐公司的产品系列，此模块可以适配万福乐的各种比例阀。这种智能电子控制器拥有许多优点，内置此种控制器的比例阀在出厂前经过统一设置和调整，使相同型号的产品具备完全相同的工作特性。由于这种控制器的结构紧凑，采用超薄设计，可与四通径阀结合，由此，万福乐即可为客户提供最为完美的微型液压元件。

另外，万福乐公司也是目前唯一可提供 M22 和 M33 内置数字放大器的螺纹插装式比例阀的生产厂商，此系列产品是专为固定式模块系统及移动液压系统而特殊设计。

DSV（数字智能阀）可适用于各种用途，例如，在林业设备或装载机械中控制比例换向阀，也可用于液压电梯、升降平台或叉车的液压系统中，对升降运动进行平稳的控制；或者，在风力发电机的设备上控制叶轮的转角。板式结构的 DSV 阀还可为各种机床提供开环的比例方向控制、比例节流或比例流量控制。

另外，此阀应用在简单的位置控制系统中，外部控制器可以非常容易的操纵此阀。此阀还具有多种适配功能，比例阀操作状态诊断可通过简洁的基于 Windows 模式下的参数控制软件——PASO 轻松实现。

因为控制软件可以根据客户的特殊需求及实际工况条件任意进行修改，故万福乐的比例阀配合内置数字式控制器依然保留着灵活的特性。另外，此控制器还允许扩展传感器读值的功能，例如，在通风系统中作温度控制或对油缸的压力进行监控等特殊功能。

万福乐公司开发的数字智能阀使比例阀的发展和应用上升到一新的台阶。应用 DSV 数字智能阀的客户无需了解元件的详细原理，只需将其安装到系统上即可直接享有 DSV 提供的完美的功能。

3.2.4 新型与智能型伺服阀

电液伺服阀是电液伺服系统的核心，其性能在很大程度上决定了整个系统的性能。目前广泛应用的电液伺服阀以喷嘴挡板阀居多。与喷嘴挡板阀相比，射流管阀具有抗污染性能好、可靠性高等特点，越来越多的伺服阀生产厂商研制并推出了射流管式电液伺服阀。新型伺服阀主要体现在采用新驱动方式，使用新材料、新原理或新结构，应用数字控制技术，以及智能化等几个方面。

(1) 新驱动方式

尽管射流管伺服阀比喷嘴挡板伺服阀在抗污染能力方面要好，但这两种类型的伺服阀存在的突出问题仍然是抗污染能力差，对介质的清洁度要求非常高，这给其使用和维护造成了诸多不便。因此，如何提高电液伺服阀的抗污染能力和提高可靠性，成为伺服阀未来的发展趋势。采用阀芯直接驱动技术省掉了喷嘴挡板或射流管等易污染的元部件，是近年来出现的一种新型驱动方式，如采用直线电动机、步进电动机、伺服电动机、音圈电动机等。这些新技术的应用不仅提高了伺服阀的性能，而且为伺服阀发展提供了新思路。

① 阀芯直线运动方式　这种伺服阀采用直线电动机、步进电动机、伺服电动机或音圈电动机作为驱动元件，直接驱动伺服阀阀芯。对于电动机输出轴，可以通过偏心机构将旋转运动变成直线运动，如图 3-39 所示，也可通过其他高精度传动机构将旋转运动转换为直线运动。这种驱动方式一般都有位移传感器，可构成位置闭环系统精确定位开口度，保证伺服阀稳定工作。其特点在于结构简单、抗污染能力好、制造装配容易、伺服阀的频带主要由电动机频响决定。

② 阀芯旋转运动方式　旋转式驱动是指通过主阀芯旋转实现伺服阀节流口大小的控制和机能切换，图 3-40 所示为一种旋转阀的油路结构原理。主要由阀套、转轴和驱动元件组成。转轴由步进电动机、伺服电动机或音圈电动机直接驱动，转轴沿圆周方向分别开有 4 个可与压力油腔相通的油槽和 4 个可与回油腔相通的油槽。阀套上均匀分布 4 个进油孔和 4 个回油孔，油孔的直径略小于转轴上油槽的宽度，使进油和回油互不连通。另一种转阀的形式是阀芯上开有螺旋式结构的油槽，通过电动机转动阀芯实现节流口大小的调节。

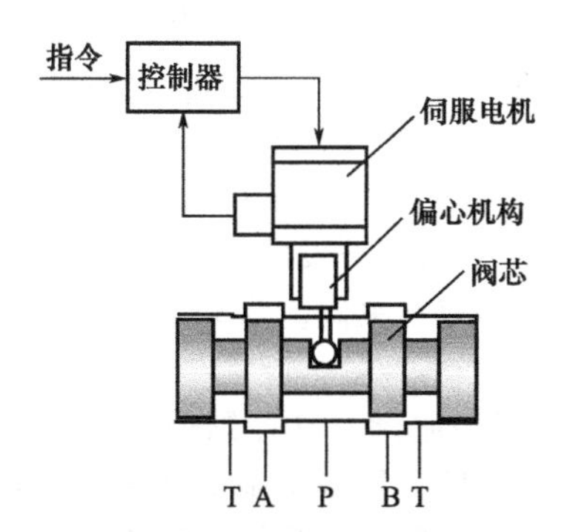

图 3-39　采用偏心机构的电动机驱动伺服阀原理

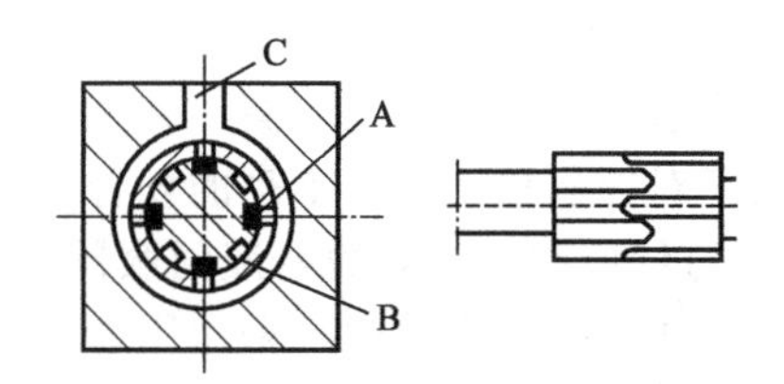

图 3-40　旋转阀的油路结构

由于伺服电动机响应频率快，因此可以带动阀芯进行快速旋转，实现工作油口的快速切换和节流口的快速调节，从而保证了伺服阀的频带。

(2) 新材料

由于一些新材料表现出较好的运动特性，许多研究机构尝试将它们应用于电液伺服阀的先导级驱动中，以代替原有的力矩马达驱动方式。与传统伺服阀相比，采用新型材料的伺服阀具有抗污染能力强、结构紧凑等优点。虽然目前还有一些关键技术问题没有得到解决（如滞环大、重复性差等），但新材料的应用和发展给电液伺服阀的技术发展注入了新的活力。

① 压电晶体材料　压电晶体材料在一定的电压作用下会产生外形尺寸变化，在一定范围内形变与电场强度成正比。压电晶体驱动的原理是将阀芯分别与两块压电晶体执行机构相连，通过两侧施加不同的驱动电压，可使阀芯产生移动，从而实现节流口控制。但是，压电晶体的滞环非常明显，导致阀芯与控制信号之间的非线性比较严重，给高精度控制带来一定的难度。

② 超磁致伸缩材料　超磁致伸缩材料在磁场的作用下能产生较大的尺寸变化，因此可利用这种材料直接驱动伺服阀阀芯。其原理是将磁致伸缩材料与阀芯直接相连，通过控制电流大小驱动材料的伸缩量，以带动阀芯运动。由于超磁致伸缩材料具有较高的动态响应特性，使这种伺服阀较传统伺服阀具有更高的频率响应。

③ 形状记忆合金材料　形状记忆合金的特点是具有形状记忆效应，将其在高温下定型后，冷却到低温状态并对其施加外力时，一般金属在超过其弹性变形后会发生永久塑性变形，而形状记忆合金却在加热到某一温度以上时，会恢复其原来高温下的形状。通过在阀芯

上连接一组由形状记忆合金绕制的执行器，对其进行加热或冷却，就可使执行器的位移发生变化，从而驱动阀芯运动。形状记忆合金的位移比较大，但其响应速度慢，且变形不连续，因此不适合于高精度的应用场合。

(3) 新原理和新结构

传统的伺服阀存在节流损失大、抗污染能力差等缺陷，为此，一些新原理或新结构的伺服阀被提出并得到应用。前面提到的旋转阀便是一种新结构的伺服阀，其他还包括以下几种。

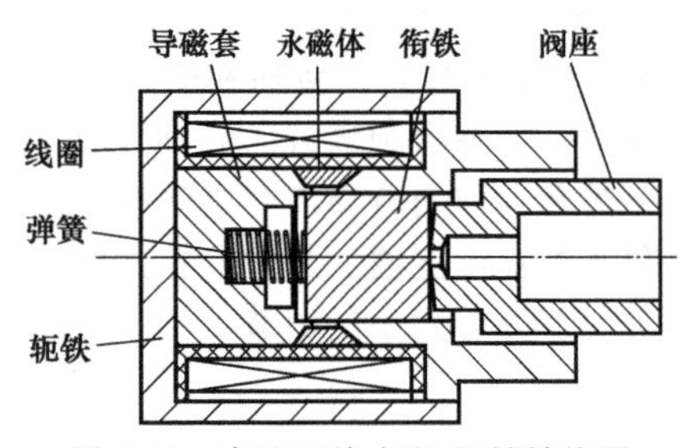

图 3-41　高速开关式电-机械转换器

① 高速开关阀　高速开关阀的原理如图 3-41 所示，这种伺服阀具有较强的抗污染能力和较高的效率。其工作原理是根据一系列脉冲电信号控制高频电磁开关阀的通断，通过改变通断时间即可实现阀输出流量的调节。由于阀芯始终处于开、关高频运动状态，而不是传统的连续控制，因此这种阀具有抗污染能力强、能量损失小等特点。高速开关阀的研究主要体现在三个方面：一是电-机械转换器结构创新；二是阀芯和阀体新结构研制；三是新材料应用。国外研究高速开关阀有代表性的厂商和产品有：美国 Sturman Industries 公司设计的磁门阀、日本 Nachi 公司设计生产的高速开关阀、美国 CAT 公司开发的锥阀式高速开关阀等。国内主要有浙江大学研制的耐高压高速开关阀等。由于高速开关阀流量分辨率不够高，因此主要应用于对控制精度要求不高的场合。

② 压力伺服阀　常规的电液伺服阀一般都为流量型伺服阀，其控制信号与流量成比例关系。在一些力控制系统中，采用压力伺服阀较为理想。压力伺服阀是指其控制信号与输出压力成比例关系。图 3-42 所示为压力伺服阀的结构原理，通过将两个负载口的压力反馈到衔铁组件上，与控制信号达到力平衡，实现压力控制。由于压力伺服阀对加工工艺要求较高，目前国内还没有相关成熟产品。

③ 多余度伺服阀　鉴于伺服阀容易出现故障，影响系统的可靠性，在一些要求高可靠性的场合（如航空航天），一般都采用多余度伺服阀。大多数多余度伺服阀都是在常规伺服阀的基础上进行结构改进并增加冗余，比如针对喷嘴挡板阀故障率较高的问题，将伺服阀力矩马达、反馈元件、滑阀副做成多套，发生故障随时切换，保证伺服阀正常工作。图 3-43 所示为一种双喷嘴挡板式余度伺服阀，通过一个电磁线圈带动两个喷嘴挡板转动，当其中一个喷嘴挡板卡滞后，另一个可以继续工作。

④ 动圈式全电反馈大功率伺服阀（MK 阀）　动圈式全电反馈伺服阀（MK 阀）可以分为直动式和两级先导式两种，其中两级阀中的先导级直接采用直动阀结构，功率级为滑阀结构。图 3-44 为动圈式全电反馈的直动式伺服阀结构原理，当线圈通电后（电流从几安培到十几安培），在电磁场作用下动圈产生位移，从而推动阀芯运动，通过位移传感器精确测量阀芯位移构成阀芯的位置闭环控制。

⑤ 非对称伺服阀　传统电液伺服阀阀芯是对称的，两个负载口的流量增益基本相同，但是用其控制非称缸时，会使系统开环增益突变，从而影响系统的控制性能。为此，通过特殊阀芯结构设计研制的非对称电液伺服阀，可有效改善对非对称缸的控制性能。

(4) 伺服阀的智能化发展趋势

随着数字控制及总线通信技术的发展，电液伺服阀朝着智能化方向发展，具体表现在以下几个方面。

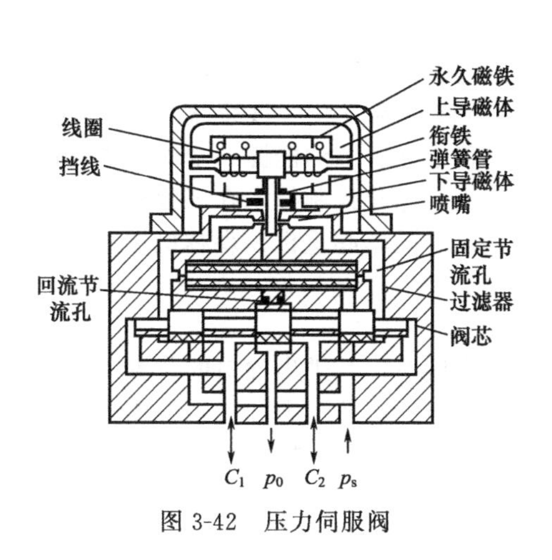

图 3-42 压力伺服阀

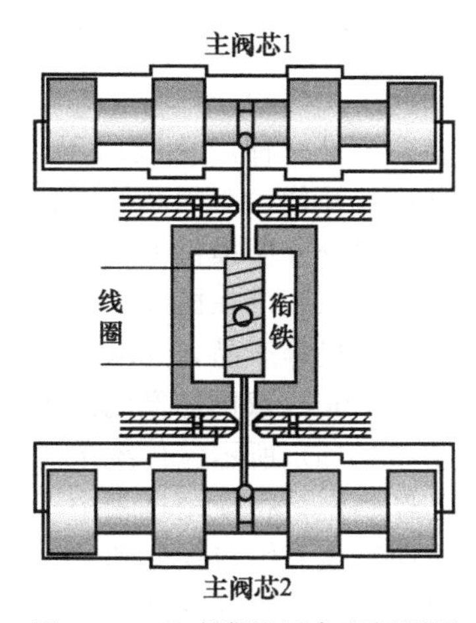

图 3-43 双喷嘴挡板余度伺服阀

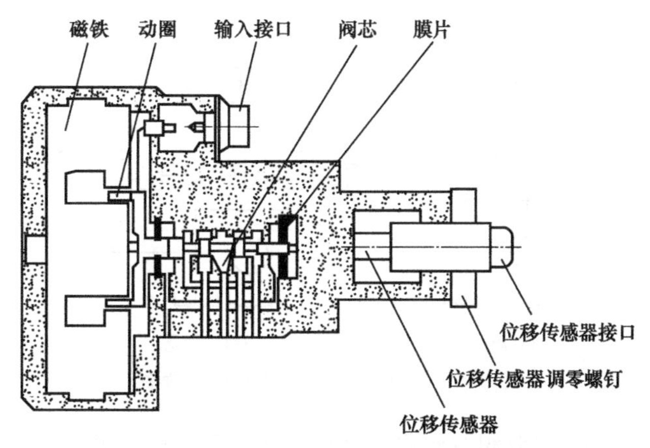

图 3-44 MK 两级阀中的先导级结构原理

① 伺服阀内集成数字驱动控制器　对于直驱式伺服阀或三级伺服阀，由于需要对主阀芯位移进行闭环控制以提高伺服阀的控制精度，因此在伺服阀内直接集成了驱动控制器，用户无须关心阀芯控制，只需要把重点放在液压系统整体性能方面。另外，在一些电液伺服阀内还集成了阀控系统的数字控制器，这种控制器具有较强的通用性，可采集伺服阀控制腔压力、阀芯位移或执行机构位移等，通过控制算法实现位置、力闭环控制，而且控制器参数还可根据实际情况进行修改。

② 具有故障检测功能　伺服阀属于机、电、液高度集成的综合性精密部件，液压伺服系统的故障大部分都集中在伺服阀上。因此，实时检测与诊断伺服阀故障，对于提高系统维修效率非常重要。目前可通过数字技术对伺服阀的故障（如线圈短路或断路、喷嘴堵塞、阀芯卡滞、力反馈杆折断等）进行监测。

③ 采用通信技术　传统的伺服阀控制指令均是以模拟信号形式进行传输，对于干扰比较严重的场合，常会造成控制精度不高的问题。通过引入数字通信技术，上位机的控制指令可以通过数字通信形式发送给电液伺服阀的数字控制器，避免了模拟信号传输过程中的噪声干扰。目前，常见的通信方式包括 CAN 总线、ProfiBus 现场总线等。

3.2.5 基于双阀芯控制技术的智能液压元件

智能液压元件的一种发展思路是英国 Ultronics 公司的双阀芯控制系统。Ultronics 电子液压控制系统是一种广泛应用于工程机械的新型电液控制系统。该系统采用 CAN 总线通信、软件压力补偿、双阀芯控制技术，为增加系统稳定性、节约能源、功能多样化以及产品快速升级换代等方面提供了新的思路，并使得机电液一体化控制技术在工程机械上的广泛应用成为可能。该系统在国外已广泛应用于液压挖掘机、随车起重机、森林机械、伸缩臂叉装机、挖掘装载机等产品，并取得了良好的效果。

(1) Ultronics 双阀芯阀的原理

如图 3-45(a) 所示，传统单阀芯换向阀采用一个阀芯，其进出油口的位置关系在加工的时候就已经确定，在使用过程中不能修改，而且其进出油口的压力和流量不能独立调节。同时由于不同液压系统对换向阀进出油口开口位置关系的要求不一样，所以，针对不同的液压系统需要设计加工不同的阀芯，使得阀芯互换性较差。

Ultronics 双阀芯阀的基本原理如图 3-45(b) 所示。双阀芯阀的每片阀内有两个阀芯，分别对应执行机构的进油口和出油口。两个阀芯既可以单独控制，也可以通过一定的逻辑和控制策略成对协调控制。

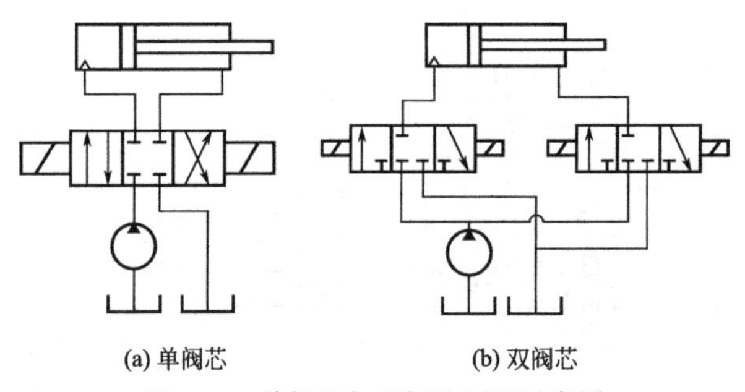

(a) 单阀芯　　(b) 双阀芯

图 3-45　单阀芯与双阀芯原理示意图

图 3-46 所示为 ZTS16 型双阀芯阀内部结构，在双阀芯阀的两个阀芯上都装有位置传感器，两个工作油口分别装有压力传感器，可以通过对传感器信号的闭环制方案，以满足液压系统的需要。

Ultronics 控制系统的关键在于其独特的双阀芯控制技术，每片阀有两个阀芯，相当于将一个三位四通阀变成两个三位四通阀的组合，两个阀芯既可以单独控制，也可以根据控制逻辑进行成对控制，并且两个工作油口都有压力传感器，每个阀芯都有位置传感器，通过对传感信号的闭环控制可以分别对两路液压油的压力或流量进行控制，从而具有很高的控制精度，而且通过不同的组合许多的控制方案使机器可以实现多种功能。

(2) 系统硬件

Ultronics 电子液压控制系统的系统硬件非常简单，执行机构所需要的功能都通过软件编程来实现。系统硬件主要是指系统调节阀片、工作阀片、控制装置 ECU、手柄以及 CAN 总线等。

① 系统调节阀片　系统调节阀片的主要功能是负责系统工作压力的调节。系统工作时，通过手柄指令控制输入比例阀电磁铁的电流大小来控制比例阀阀芯的开口，从而控制比例阀入口处的工作压力，该压力加上弹簧力构成变量泵 LS 口处的工作压力。对比例阀入口处压力的调节也就是对变量泵 LS 口处压力的调节，进而调节变量泵斜盘的摆角，从而调节恒功率变量泵的排量，以实现液压系统工作压力的调节。

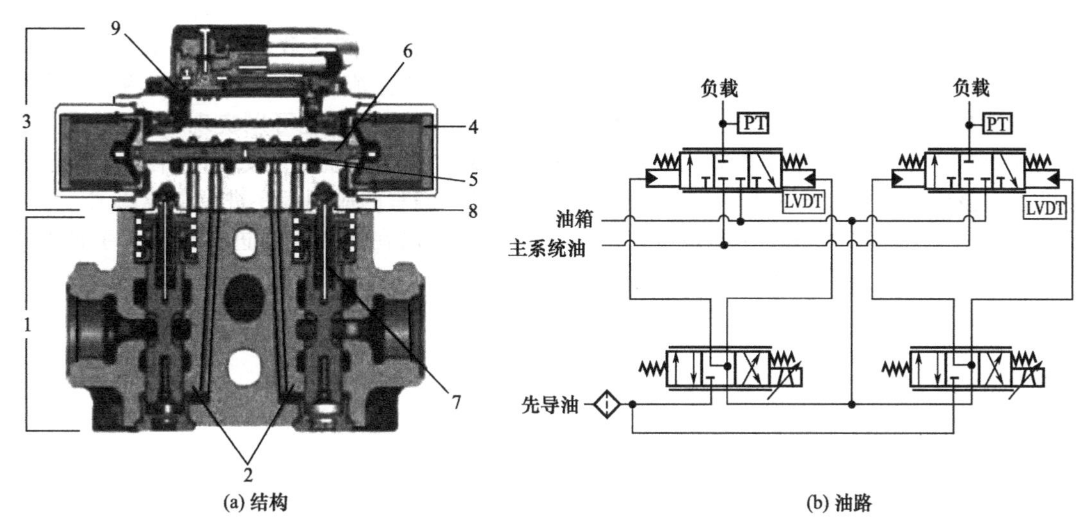

(a) 结构

(b) 油路

图 3-46 双阀芯阀结构图与油路

1—主阀块；2—主阀芯；3—先导阀块；4—励磁线圈；5—复位弹簧；6—先导阀芯；7—位置传感器；8—压力传感器；9—集成电子系统

② 工作阀片 Ultronics 控制系统的核心在于其独特的双阀芯控制技术。其每一工作阀片都有 2 个阀芯，进、出油路各一，相当于将 1 个三位四通阀片变成 2 个三位三通阀片的组合，工作阀片的 2 个阀芯由先导阀片的 2 个相应的阀芯进行控制。工作阀片的 2 个阀芯可以进行单独控制，也可以根据控制逻辑进行成对控制。2 个工作油口都有压力传感器，2 个主阀阀芯都有 LVDT 位移传感器，通过对传感器所检测到的反馈信号进行控制，可以分别实现对 2 个工作油路压力或流量的控制，具有很高的控制精度；通过对 2 个工作油路进行压力、流量控制的不同组合，可以得到多种控制方案，从而满足不同液压系统的功能需求。

③ 控制装置 ECU 控制装置 ECU 有 25 路和 50 路两种，可以采用模拟方式或者数字方式与系统进行连接。它主要用于接收手柄所输入的信号，经过处理之后发出相应的控制指令以驱动相关的执行机构。同时，它还提供 CAN 卡接点，以便从 PC 机上下载编写好的应用程序，并对所编写的应用程序进行在线调试。

④ 手柄 手柄主要用于向控制装置 ECU 输入指令信号以驱动相关的执行机构，可以输出模拟、数字和 CAN 总线 3 种信号。手柄的瞬时延迟与输出曲线可以通过 JoyCal Can Edition 进行调节与校准。

⑤ CAN 总线 采用 CAN2.0B 无源两线式串行电缆将系统调节阀片、工作阀片、控制装置 ECU、手柄等连接起来；通过转接头还可以将 CAN 卡与 PC 机相连，以进行用户程序的下载与在线调试工作。其传输速度为 1Mbps、最大传输长度为 30m、最大节点数为 100 个，最多可以 8 个节点进行同步通信。

(3) 系统软件

与传统液压控制系统不同的是，Ultronics 控制系统的所有功能均在系统软件中进行开发，所以系统软件也是 Ultronics 控制系统的重要组成部分。系统软件主要是指程序编辑与编译环境 CodeWright、工具软件 CanTools 以及手柄调节与校准工具 JoyCal Can Edition。

① CodeWright CodeWright 是一个 C 语言编辑与编译环境，用户可以在该环境中应用 C 语言开发自己的程序以实现所需要的功能。同时，该软件还可以将编译好的用户程序通过 CAN 卡下载到 ECU 中，从而实现应用程序所设计的功能。

② CanTools　CanTools是Ultronics控制系统的工具软件。通过该软件可以对阀芯的工作模式、先导阀片的更换等进行管理，可以对阀芯的流量配置参数、零位指令时的阀芯位置、阀芯允许的最大流量、阀口的最大工作压力、阀口的溢流压力、连接设备两腔的面积比，铲斗振动掘削的频率、振幅以及输入波形等参数进行设置，还可以实现对压力控制器、流量控制器的PID参数进行调节，以及对系统调节阀片进行训练以生成前馈曲线等。此外，还可以在该软件中开展阀片和手柄的模拟工作，以对所编写的应用程序进行离线调试。

③ JoyCal CanEdition　手柄的按钮开关、轴方向可以在该软件中进行校准，手柄的瞬时延迟与输出曲线也可以在该软件中进行调节。

第4章 变量泵电液控制技术

4.1 变量泵控制方式及其应用

变量泵可以通过排量调节来适应机械在作业时的复杂工况要求，由于其具有明显的优点而被泛使用。变量泵的控制方式多种多样，主要有压力切断控制、功率控制、排量控制和负载敏感控制四种基本控制方式。通过这四种基本控制方式的组合，可以得到具有复杂输出特性的组合控制。

4.1.1 压力切断控制

压力切断控制是对系统压力限制的控制方式，有时也简称为压力控制。当系统压力达到切断压力值，排量调节机构通过减小排量使系统的压力限制在切断压力值以下，其输出特性如图 4-1(a) 所示。如果切断力值在工作中可以调节则称为变压力控制，否则称为恒压力控制。图 4-1(b) 所示为压力切断控制的典型实现方式。当系统压力升高达到切断压力时，变量控制阀阀芯左移，推动变量机构使排量减小，从而实现压力切断控制。阀芯上的 p_r 为液控口，可以对切断压力进行液压远程控制和电液比例控制。

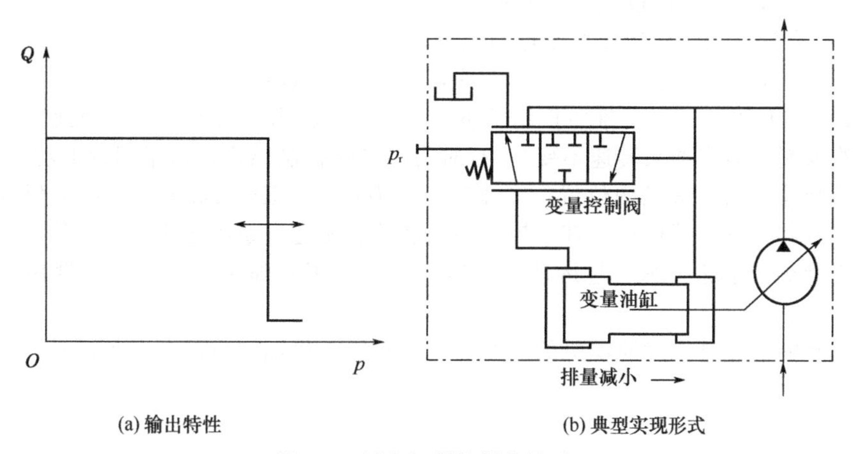

(a) 输出特性　　(b) 典型实现形式

图 4-1　压力切断控制变量泵

一些液压工况复杂，作业中执行机构需要的流量变化很大，压力切断控制可以根据执行机构的调速要求按所需供油，避免了溢流产生的能量损失，同时对系统起到过载保护的作用。

4.1.2 功率控制

功率控制是对系统功率限制的控制方式。当系统功率达到调定的功率值时，排量调节机构通过减小排量使系统的功率限制在调定功率值以下。如果功率限制值在工作中可调，则称为变功率控制，否则称为恒功率控制。图 4-2 中所示为力士乐（Rexroth）A11V0 恒功率泵的输出特性和具体实现结构。其工作原理如下。

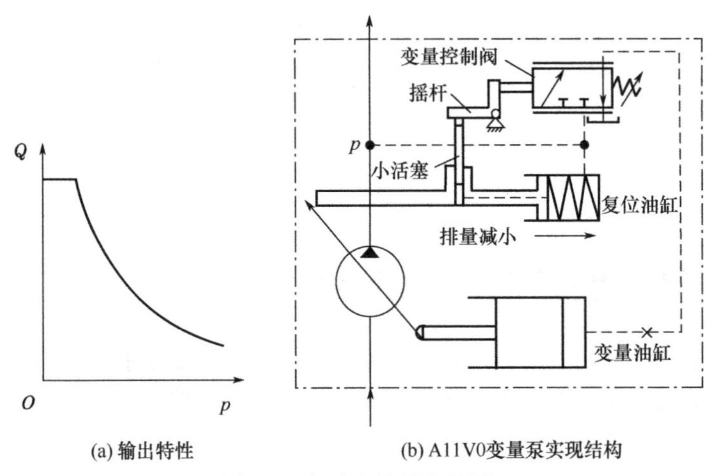

(a) 输出特性　　(b) A11V0变量泵实现结构

图 4-2　恒功率控制变量泵

变量油缸和复位油缸分别布置在泵体两侧，对变量机构进行差动控制，其中面积较大的变量油缸的压力受到变量控制阀的控制。作用在小活塞上的系统压力经摇杆在控制阀芯左侧作用推力 F，而阀芯右侧受到弹簧力的作用。由于小活塞装在与变量机构一起运动的复位活塞上，所以摇杆对阀芯的推力为：

$$F=pAL_1/L_2 \tag{4-1}$$

式中　p——系统压力；

A——小活塞面积；

L_1——小活塞到摇杆铰点的距离；

L_2——变量控制阀杆到摇杆铰点的距离。

当摇杆推力大于弹簧推力时，阀芯右移，使泵的排量减小，从而维持摇杆推力为近似常数。根据式(4-1) 可知，摇杆推力正比于 pL_1，而 L_1 正比于油泵排量，因此实现了对变量泵的功率的限制（假定油泵转速不变）。有时为了简化控制结构，常采用近似功率控制方式，常用双弹簧结构控制变量机构位置。图 4-3 所示为川崎（Kawasaki）K3V 系列变功率控制泵的输出特性和具体实现结构。其中控制阀阀芯位置是通过系统压力与双弹簧弹力的平衡决定的，而变量机构跟随阀芯一起运动，这样就可以利用双弹簧的变刚度特性用折线近似双曲线。

功率控制能够充分发挥原动机的功率，达到按能力供油的目的，避免原动机因过载而停车或损坏。

4.1.3　排量控制

排量控制是指对变量泵的排量进行直接控制的控制方式，施加一个控制压力就可以得到一个相应的排量值。图 4-4 所示为川崎（Kawasaki）K3V 系列负流量控制（指流量变化与先导控制压力成反比）的输出特性和具体控制方式。当先导控制压力 p_r 增大时，变量控制阀阀芯右移，使泵的排量减小，从而使泵的流量 Q 随着 p_r 的增大成比例的减小。

图 4-5 所示是 EHYUNDAI 液压挖掘机的负流量控制系统的局部简化原理图。当所有多路换向阀位于中位时，从液压泵排出的压力油经多路换向阀的直通供油道和节流孔回油箱，

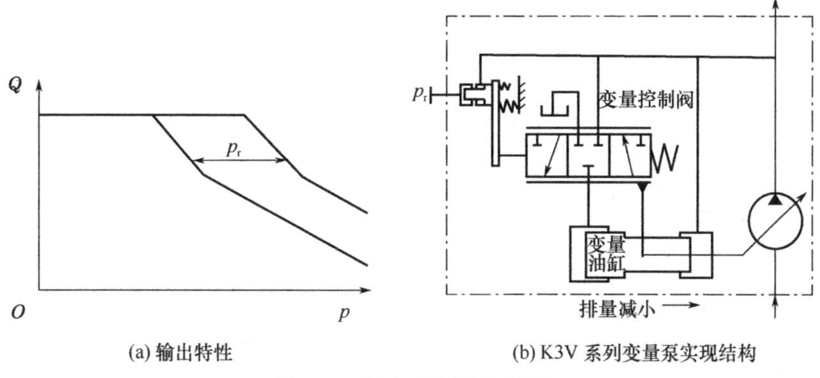

(a) 输出特性　　(b) K3V 系列变量泵实现结构

图 4-3　变功率控制变量泵

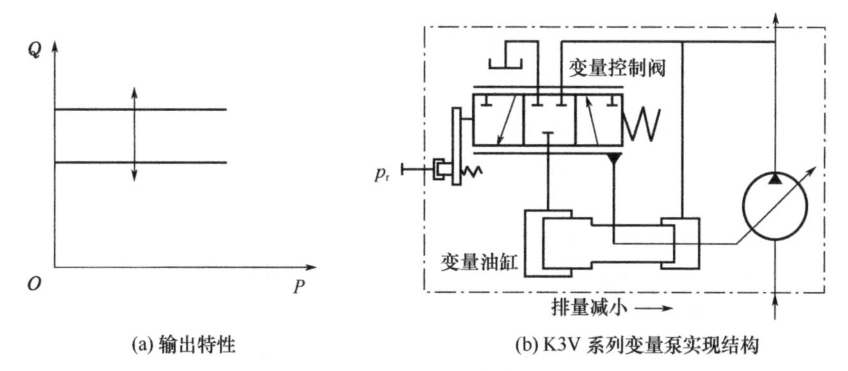

(a) 输出特性　　(b) K3V 系列变量泵实现结构

图 4-4　负流量控制变量泵

将节流孔的回油流量作为控制量，通过排量调节机构来控制泵的排量。当通过节流孔回油的流量达到一定值时（设定值远小于系统总流量），节流孔前的先导压力 p_r 就开始调节变量泵，使泵的排量仅提供运动速度所需的流量，即通过多路阀对执行元件进行调速时，变量泵具有自动调节排量按需供流的功能。

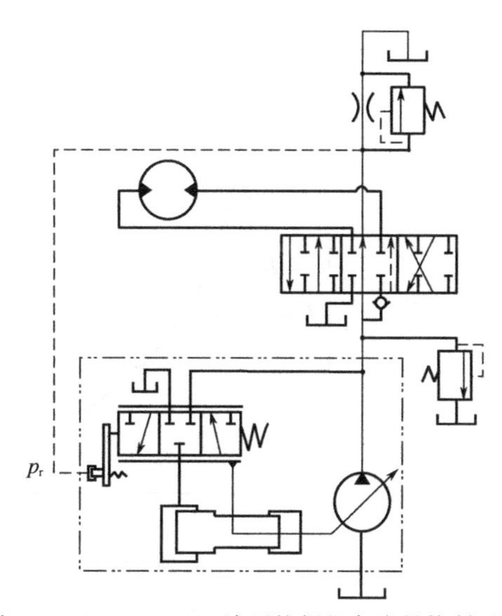

图 4-5　EHYUNDAI 液压挖掘机负流量控制系统

4.1.4 LS（负载敏感）控制

LS 控制方式是对变量泵排量变化率控制的控制方式。LS 控制变量泵的输出特性与排量控制相同，但其控制信号反映的不是排量本身，而是排量的变化值。图 4-6 所示是 LS 控制的典型实现形式，它过压力差对泵的排量进行控制，当 Δp 与阀芯弹簧压力不平衡时，变量控制阀阀芯偏移，使泵排量发生相应变化。

图 4-7 所示是采用 LS 控制变量泵实现的 LS 调速系统的基本原理。Δp 为节流口前后压力差，$\Delta p = p_A - p_L$，其中 p_A 为泵口压力，p_L 为负载压力，其最大的特点就是可以根据

负载大小和调速要求对泵进行控制，从而实现在按需供流的同时，使调速节流损失 Δp 控制在很小的固定值。

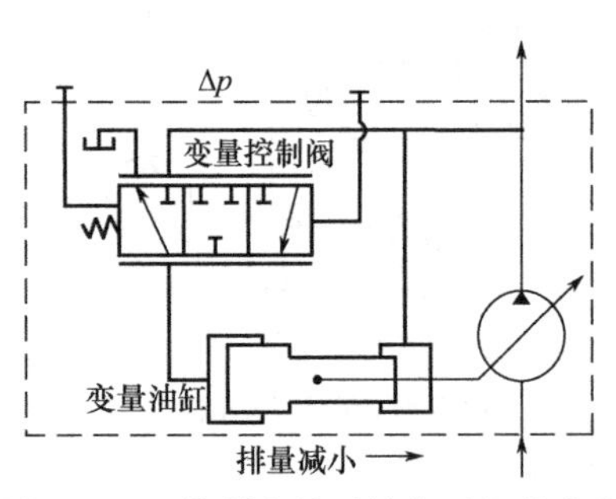

图 4-6 LS 控制变量泵的典型实现形式

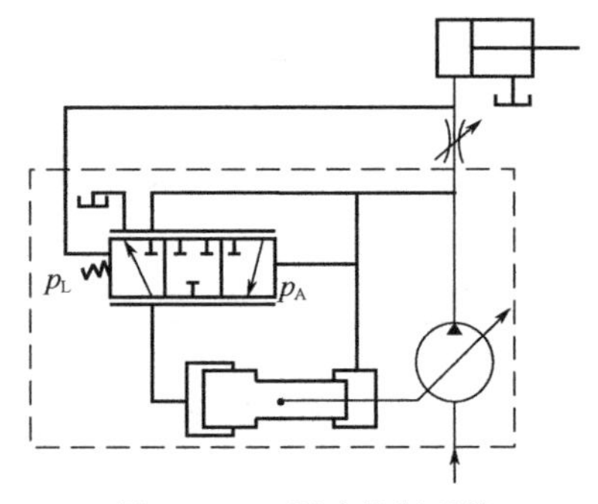

图 4-7 LS 调速控制系统

负载敏感变量泵与压力补偿阀配合使用可以实现单泵驱动多个执行机构的独立调速，各执行元件不受外部负载变动和其他执行元件的干扰。由于 LS 调速系统不仅实现按需供油，同时也是按需供压，是能量损失很小的调速方案。

4.1.5 基本控制方式的组合及其应用

系统的压力限制、原动机的功率限制以及对执行元件的可调速性，往往对同一台机械的液压系统是同时需要的，因此需要对多种控制方式进行组合，以便使变量泵能够满足机械设备的复杂工况要求，控制方式的组合应根据具体的应用要求而定。图 4-8 所示为力乐士（Rexroth）压力切断控制、功率控制和 LS 控制组合的输出特性和具体实现结构。

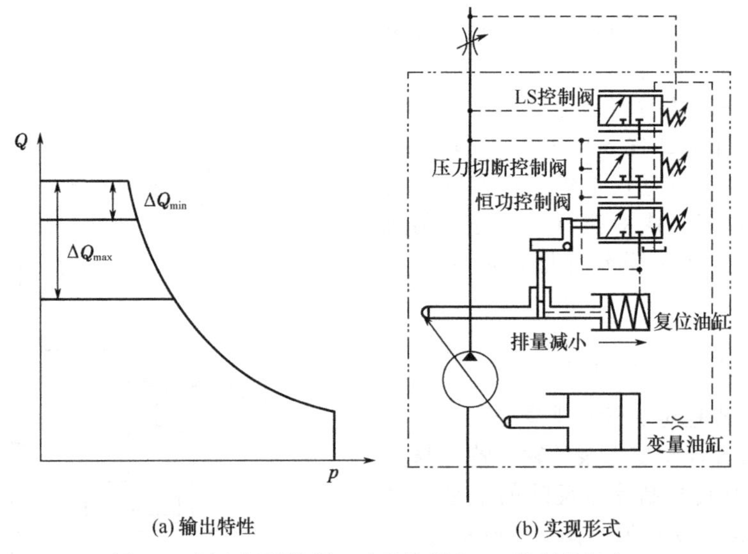

图 4-8 压力切断控制、功率控制和 LS 控制的组合

图 4-8 中，三个控制阀并联连接，当系统状态达到其中任一个限制条件时，对应的控制阀动作，使泵的排量减小，组合后的输出特性如图 4-8(a) 所示，兼具压力切断控制、功率控制和 LS 控制的特点，可以较好地满足复杂工况的要求。

4.2 伺服变量泵及其应用

伺服泵变量执行机构大多采用液压伺服驱动，通过伺服阀控制液压缸来驱动泵的变量机构实现变排量。变量机构的工作油液由系统直接提供或采用与变量泵同轴的一个小泵提供。

4.2.1 250CKZBB 电液伺服变量泵

250CKZBB 电液伺服数字变量装置见图 4-9。它是一个电液伺服随动装置，将数字装置发出的数字脉冲信号转换为脉冲电动机的步进角，带动旋转伺服阀转动，引起阀口位移，随动活塞跟随，泵斜盘偏转实现变量。该变量机构的主要优点在于工作稳定可靠，控制精度高，抗干扰能力强，对油质不敏感，具有结构简单、体积小、重量轻、能实现无级变量控制等优点，用于高压大流量斜盘柱塞泵的容积变量系统。

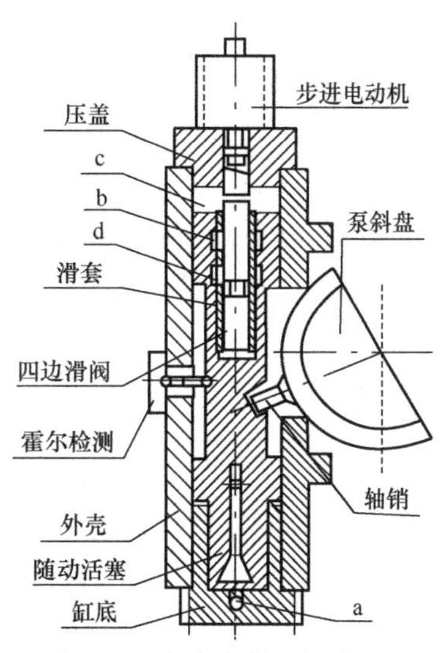

图 4-9 数字伺服变量装置

装置主要由步进电动机、液压伺服变量机构、轴向柱塞泵斜盘三部分组成。

步进电动机位移量与输入脉冲成正比，位移速度与输入脉冲频率成正比。每输入一个脉冲，它就转一个固定角度（步距角）。输出转角与输入脉冲成正比，转子的转动惯量小，启停时间短，输出转角精度高，虽有相邻误差，但无累计误差。伺服变量部分结构及工作原理见图 4-9。伺服变量采用单独油泵供油，外控式不受干扰，控制压力 8.0MPa 控制油通过缸底 a 孔进入壳体下腔。当步进电动机顺时针转动时，四边零开口螺旋伺服阀阀芯也按顺时针转动，相当于螺旋槽上升时阀芯向上移动一定距离，c 腔的油液通过阀芯螺旋槽经 d 回油，c 腔压力降低，a 腔油压推动随动活塞向上运动，直到螺旋四边阀处于零位。随动活塞则通过轴销带动变量头斜盘转动，使柱塞行程变化以达到变量目的。

当步进电动机逆时针转动时，四边零开口螺旋阀芯也逆时针转动，螺旋槽下降，相当于阀芯下降，控制油经 a、b 及螺旋槽进入上腔 c；由于 c 腔面积比 a 腔大，在差压作用下，推动随动活塞向下运动，直到四边阀芯处于零位为止。随动阀带动轴销使变量头转动，柱塞行程变大，增大油泵流量。

随位动置式伺服阀结构简单，工作行程大（28mm），从而降低了工艺要求，提高了零区分辨率，减少了因油液污染造成的卡死和堵塞等故障。无节油孔，阀口开口宽 1mm，长 12mm，不易被堵塞，另外还加大了驱动力，使随动阀不易卡死。这些措施提高了伺服变量机构的抗污染能力和可靠性。

该系统是电液伺服阀控制的一个油泵负载，各环节所对应的方框图及传递函数见图 4-10。

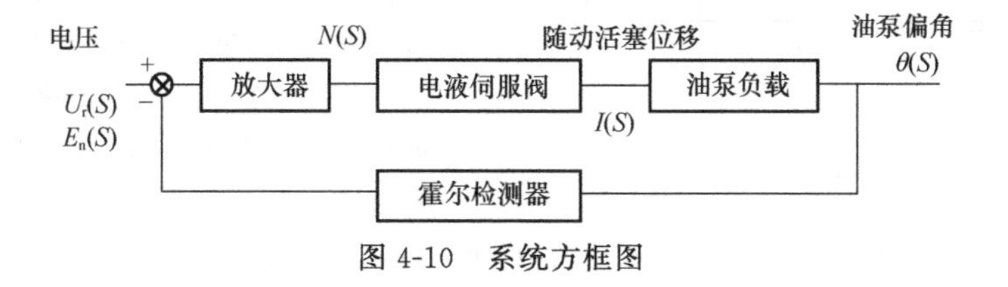

图 4-10 系统方框图

4.2.2 A4V伺服变量泵

德国力士乐公司生产的 A4V 变量柱塞泵属斜盘结构轴向柱塞变量泵，其排量从零到最大无级可调，改变斜盘倾角方向，可改变输出流量。工程应用一般采取闭式回路，通过自带并联齿轮泵作为辅助泵提供备压，进行补油。其控制方式主要包括：与压力有关的液压控制 HD、液压手动伺服控制 HW、电气控制 EL、与速度有关的液压控制 DA。

A4V 系列泵的伺服变量系统通过伺服阀把控制压力转变为驱动油缸伸出杆的位移，再推动斜盘转动，以改变泵的排量。因此，该系统为力反馈闭环控制回路。控制油压力在变化范围内对应于斜盘倾角（泵的流量）的改变。该伺服系统有结构紧凑、响应快速等优点，易于实现远程控制。

伺服阀是变量系统中的核心元件，其作用是根据输入油压的变化导通控制油路与变量油缸的油路，推动变量油缸的活塞做直线运动。伺服阀的结构如图 4-11 所示。

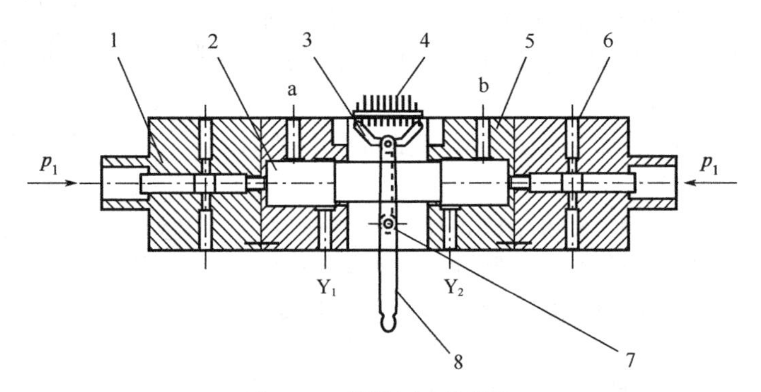

图 4-11 伺服阀内部结构

1—推杆；2—主阀芯；3—弹簧拉杆；4—弹簧；5—主阀体；6—限位螺钉；7—固定销；8—反馈杠杆

伺服阀为 O 型三位四通换向阀。主阀芯 2 的中位为关闭状态，a—Y_1、b—Y_2 都不通，该位变量油缸处于静止状态，泵不变量；左位（阀芯右移）导通 a—Y_1 及 Y_2 与回油口；右位时，导通 b—Y_2 及 Y_1 与回油口。力反馈机构主要包括：弹簧 4、弹簧拉杆 3、反馈杠杆 8。反馈杠杆将变量油缸的位移通过反馈杠杆 8、弹簧拉杆 3、弹簧 4 转变成作用在主阀芯上的反馈力 F_f。A4V 变量泵的变量系统是闭环控制系统，通过力反馈实现斜盘的位置控制。图 4-12 是其变量系统原理图。

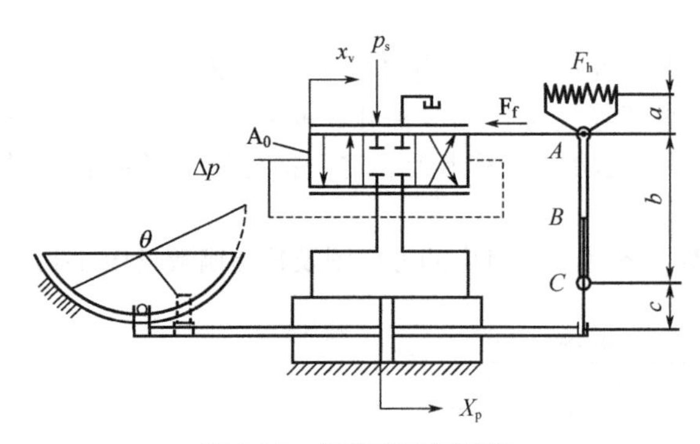

图 4-12 伺服变量原理图

设 F_f 为弹簧拉力，A_0 为控制油作用于推杆的有效面积。为了便于说明其工作原理，忽略作用在阀芯上的黏性摩擦力、瞬态液动力和稳态液动力的影响。则当主阀芯的平衡条件 $\Delta pA_0=F_f$ 满足时，处于中间位置，控制油压 p_s 不能进入伺服油缸；当 $\Delta pA_0=F_f=0$ 时，$x_p=0$，则斜盘倾角 $\theta=0$，泵的输出流量为 0。

当 $\Delta pA_0>F_f$ 时，平衡破坏，主阀芯向右运动，伺服阀处于左位机能，压力为 p_s 的控制油进入油缸左腔，推动活塞向右走；同时，活塞杆推动反馈杠杆逆时针绕 C 点的固定销转动，反馈杠杆带动左弹簧拉杆向左摆。A 点与主阀芯固定，因此弹簧拉伸，与 Δp 方向相反的弹簧力 F_h 增加，作用在主

阀芯上的反馈力 F_f 也增加。当再次达到 $\Delta pA_0=F_f$ 时（实际上 F_f 稍大一些），主阀芯回到平衡位置，截断油路，伺服油缸停止运动，斜盘摆角 θ 稳定，液压泵稳定在某一稳定输出流量下工作。

当 $\Delta pA_0<F_f$ 时，同理可得到类似的结果，只是运动方向相反。

总之，在 Δp 变化时，主阀芯向不同的方向运动，导通不同的油路，使伺服油缸作相应的运动，调节弹簧的拉力，使反馈力 F_f 与液压力 ΔpA_0 最后达到新的平衡。在此平衡后，油缸位移 x_p 和斜盘倾角 θ 得到新的值，液压泵获得对应流量的工况与 Δp 的值一一对应。

该伺服系统的输入开环传递函数为两个振荡环节和两个比例环节的串联；负载开环传递函数为一个比例环节和一个振荡环节串联。系统开环增益大，响应速度加快，但参数选择不当，可能引起超调量过大，稳定速度变慢，甚至产生振荡，使系统不稳定。

出泵的排量 q 与斜盘倾角 θ 成正比，θ 与伺服油缸位移活塞 x_p 成正比，x_p 受压力 Δp 控制，因此排量 q 是受 Δp 控制的对象。泵在一定的转速 n 下，流量 Q 与排量 q 成正比关系。

4.2.3 伺服变量泵在一体化电动静液作动器中的应用

未来飞机机载作动系统，如舵面操纵系统等，将使用新型功率电传作动器（Power-by-wire，PBW），主要包括电动静液作动器（Electro-Hydrostatic Actuator，EHA）和机电作动器（Electro-Mechanical Actuator，EMA）两种，是多电飞机（More Electric Aircraft，MEA）的关键子技术之一。

按采用电动机和泵形式以及控制方式的不同，EHA 可分为定排量变转速（EHA-FPVM）、变排量定转速（EHA-VPFM）和变排量变转速（EHA-VPVM）3 种。EHA 通过液压泵将电动机的转动传递到作动器输出，这使得在作动系统的设计中可以采取更加复杂的结构，电动机和泵相对于液压缸的方位容易安排以适应一体化系统的结构尺寸要求。而 EMA 系统中电动机、变速箱和滚珠丝杠间的连接方位是不容易改变的，这就使 EHA 具有比 EMA 优越的地方。EHA 也能通过改变泵的排量使改变系统的传动比成为可能。这就增加了作动器的刚度，减小了体积，并减少了系统的发热量。

(1) 系统发热的改进

在功率电传作动系统中，电动机的发热是一个重要的问题。与中央泵源系统相比，EHA 由于采用集成化设计，散热的实现比较困难，因此必须在系统的设计中考虑此问题，减小系统的发热。阀控系统由于伺服阀处的压降在工作过程中将产生大量热量，而在 EHA 或 EMA 中，由于采用直接驱动的方式，效率远高于阀控系统，热量主要来源于空气动力负载与元件的无用功，这其中最重要的就是电动机的 I^2R 损失。EHA 中电动机的输出力矩与电流成比例，而电动机所需输出力矩取决于泵的排量和负载压力。在固定负载下，可以通过匹配泵的排量和电动机转速来维持系统流量，使作动器有合适的回转速度。因此，采用变排量泵可以在大负载（p_b 高）和低速率（Q 小）的情况下减小泵的排量，增大电动机转速 n，保持输出功率不变，以减小电动机输出转矩，即使电动机工作在较低的电流下，这样就限制了电动机的 I^2R 损失。

(2) 电动机的功率合理匹配

在 EHA 系统中使用变量泵的另一个好处是可以使电动机和作动器的功率需求更加匹配。在给定的散热情况下，电动机有一条功率曲线（角速度-力矩曲线）。根据作动器的应用负载要求，也有一条相对应的功率曲线（速度-力曲线）。EHA 的流量方程为：

$$Q=\Omega q=vA \tag{4-2}$$

式中　Q——系统流量；

Ω——电动机转速；

v——作动器速度；

A——作动器活塞面积。

取液压速率 $K=q/A$，则式(4-2) 可表示为 $\Omega=v/K$，而电动机转矩为 $T_m=FK$。通过以上转换，可以将电动机和负载的功率曲线表示在同一个图里面。如图 4-13 所示，为了使电动机满足负载要求，当使用定量泵时，K 为定值，可取其值为 $K=T_{max}F_{max}$（F 为作动器负载力），以满足堵转负载的要求，电动机功率可取负载的最大功率。但此时不能保证电动机满足负载在每一点的功率要求，因此电动机必须有一定余量，以使在固定 K 下电动机功率曲线完全包含负载的功率曲线。当使用变量泵时，K 为一个变量，只要电动机功率满足负载最大功率要求，在不同负载情况下，可以通过调节 K 值使电动机工作在合适的速度与转矩下，满足负载每一点的功率需求。这样就可以选择更小的电动机，优化 EHA 系统。

(3) 系统的刚度提高

在飞控系统中，当采用 EHA 取代传统的阀控作动系统时，刚度是一个需要重点考虑的问题。因为 EHA 不具有阀控作动器的闭环刚度。在阀控作动系统中，负载压力不能反向驱动影响阀芯的位置，而在 EHA 中，随负载压力的增加，油液会反向驱动泵从而带动电动机反转。

对组成舵机的阀控电液位置伺服系统，动态方块图如图 4-14 所示。

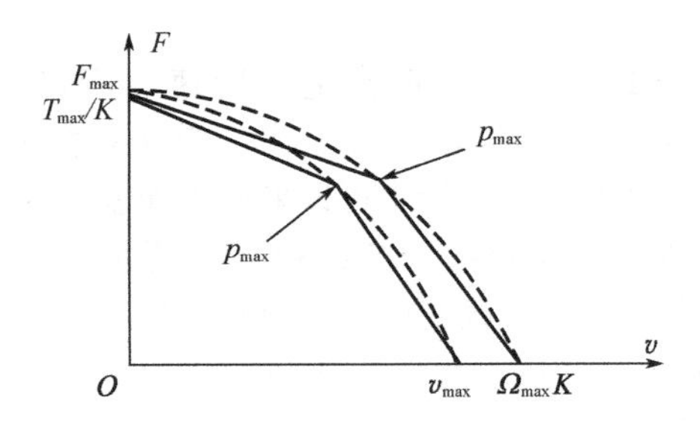

图 4-13 电动机与负载的功率匹配示意图

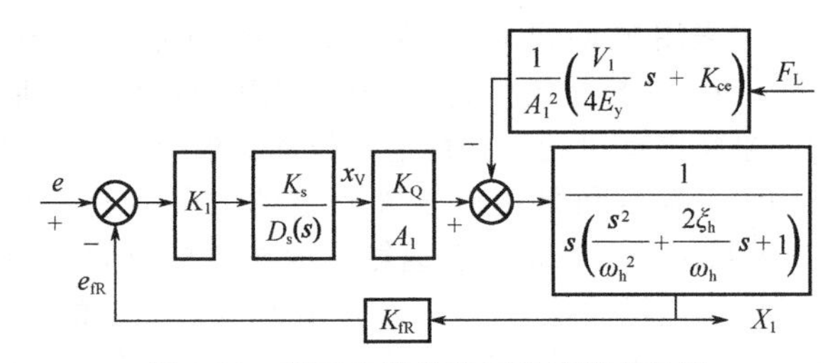

图 4-14 阀控电液位置伺服系统方块图

对干扰信号 F_L 来说，系统是零型结构，有位置误差，干扰力引起的输出即是误差，闭环系统刚度越大，F_L 引起的误差就越小。闭环系统刚度可写为：

$$\frac{F_L}{X_1}=-\frac{GHA_1^2}{K_{ce}}\left[\frac{s^2}{\omega_{nc}^2}+\frac{2\xi_{nc}}{\omega_{nc}}(s+1)\right] \tag{4-3}$$

$$\omega_{nc}=\sqrt{\frac{4E_yA_1^2}{m_1V_1^2}}$$

$$\xi_{nc}=\frac{K_{ce}}{A_1}\sqrt{\frac{E_ym_1}{V_1}}+\frac{B_1}{4A_1}\sqrt{\frac{V_1}{E_ym_1}}$$

式中 F_L——干扰力；

X_1——作动器输出位移；

GH——开环增益；

A_1——作动器活塞面积；

K_{ce}——总压力流量系数；

ω_{nc}——液压固有频率；

ξ_{nc}——液压相对阻尼系数；

E_y——等效容积弹性模数；

m_1——活塞与负载等价质量；

V_1——液压缸总体积。

由 $K_{ce}=K_c+C_{sl}$，其中 K_c 为滑阀的流量压力放大系数（或称弹性系数），C_{sl} 为总泄漏系数。根据系统方块图可知，对阀控位置系统，其在干扰力下的位移输出主要是由于外干扰力导致系统工作压力的变化，改变了油液的压缩量、缸的泄漏和伺服阀零位动态泄漏，从而改变了系统的流量而引起。

变量泵的采用对 EHA 系统性能带来较大影响，在散热、功率匹配、刚度等方面改善系统的特性。EHA 系统中采用伺服变量泵后，泵的驱动电动机速度的调节和变量泵排量的调节均可改变系统流量，达到位置控制的目的。

4.2.4 变量泵在注塑机液压伺服系统中的应用

REXROTH 斜盘式轴向柱塞伺服变量泵已大量地用于液压伺服系统，由它们组成的泵站可为大型注塑机提供高压、大流量、节能、响应快的液压源，现以 A10VSO100 DFE1＋A10VSO71DR 斜盘式轴向柱塞伺服双联变量泵的安装调试实例导出该类泵的选用、安装、调试的方法。

(1) 电动机的选择

首先根据注塑机油缸、油马达等执行元件的规格和注射工艺对压力及速度的要求，确定系统的工作压力及流量，选择双联泵组合（一般由一台伺服变量泵和一台定量泵组成）。若工作循环周期各阶段液压功率波动较大，需算出整个循环周期的平均液压功率，按此功率值选取电动机；也可以用最大液压功率除以电动机的过载系数所得的值来选取电动机。每台这种泵都带有一个伺服比例阀、一个石英压力传感器、2 个电感式传感器和控制电路板。由 PC 根据工作循环周期各阶段对压力和流量的需求进行数/模（D/A）转换，给出命令流量（压力）电压，通过控制电路板进行 PID 闭环控制，再将实际流量（压力）电压［模/数（A/D）转换］反馈给 PC。

变量泵 A10VSO 100 DFE1 的最大排量为 100mL/r，若选 4 级电动机（1480r/min），则流量为－148～＋148L/min；系统工作压力设定为 21MPa。同理可知，定量泵 A10V71DR 的流量为 105L/min，双联泵的输出流量在 0～253L/min 间连续可调；双联泵的最大输出功率 $P=210\times253\times0.735\times10/(60\times75)=85.75$kW，取异步电动机的过载系数为 1.5，$P_{max}/1.5=57$kW，所以选用 55kW 的 4 极异步电动机。若系统的总流量为 500L/min，则需要 2 套以上型号的双联泵组成该泵站。

(2) 安装

按图 4-15 连接电液元件，每台双联泵供油回路需装入一个安全阀（21MPa）和一个插装阀，起安全保护作用；所有传感器接线应尽量短、用低电容电缆、屏蔽接地（接 25a）、远离动力线；若电缆长度大于 10m（不得大于 50m），用 4 芯电缆，其中 2 芯接地；泵、阀和控制电路板之间不能串接开关和继电器；32c 使能开关通常情况是断开的，系统出错时可闭合复位；控制电路板不要靠近电磁铁。系统装有一台恒压的信号泵，为系统提供（7MPa）信号压力油（图中的 S）。斜盘的支承轴瓦面的压力油、电液伺服比例阀液动阀芯的推动等都要靠信号压力油的作用。伺服变量泵（端面配流）和伺服比例阀对油液的清洁要求是非常高的，所以液压系统需有严格的滤油措施，泵（特别是信号泵）进口和出口均需滤油。

(3) 调试

测量各信号电压要用输入电阻＞100kΩ 的测量仪器；阀的补偿按传感器接线 4m 长的电缆调整；因为该型号的双联泵只要按规定的方向和额定转速（1480r/min）旋转，则其定量

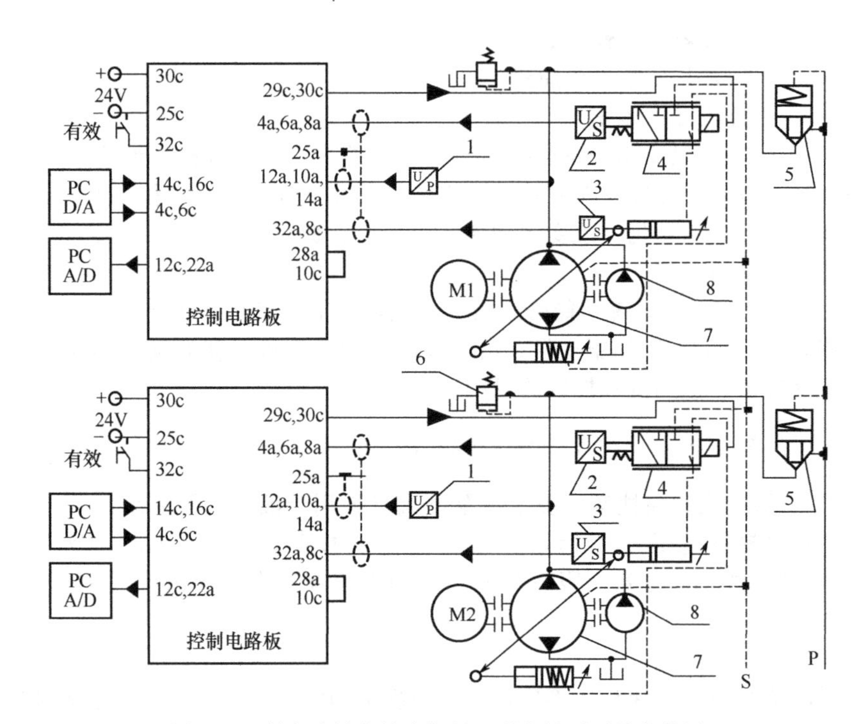

图 4-15 斜盘式轴向柱塞伺服双联变量泵泵站安装图

1—石英压力传感器；2—比例伺服阀心位置（电感）传感器；3—斜盘位置（电感）传感器；4—比例伺服阀；5—逻辑阀；6—安全阀；7—定量泵；8—定量泵；32c—使能端；14c,16c—命令流量电压；4c,6c—命令压力电压；12c,22a—实际流量电压；29c,30c—比例伺服阀电磁线圈控制电压；4a,6a,8a—比例伺服阀芯位置反馈电压；25a—接地；12a,10a,14a—压力传感器反馈电压（实际压力）；32a,8c,10c—斜盘位置反馈电压

泵的流量均为105L/min。所以当每台双联泵的输出为0流量时，双联泵中的变量泵为负流量（为－105L/min)，即定量泵输出的油由变量泵返回油箱；当每台双联泵的输出等于105L/min时，变量泵为0排量；大于105L/min时，变量泵为正排量。这样每台双联泵的输出流量能在0～253L/min之间连续变化。整个泵站的输出流量能在0～506L/min间连续变化。变量泵斜盘上的传感器将流量信号变为电压信号，即－7.1（对应－105L/min）～＋10V（对应148L/min）间连续变化。

为使泵站内的每台双联泵的负荷均匀，各双联泵中变量泵斜盘的最大角度应该相同，且同步变化。控制电路板的12c和22a（斜盘角度、实际流量）的电压应调为－7.1～＋10V。伺服比例阀电磁线圈的控制电压（29c和30c）调整在0～＋10V之间；石英压力传感器的（实际压力）电压（12a和10a）也为0～＋10V；命令压力（流量）电压（14c和16c，4c和6c）也调为0～＋10V。

4.3 比例变量泵及其应用

4.3.1 电液比例负载敏感控制变量径向柱塞泵

液压泵的负载敏感控制以其对流量和压力的复合控制，使流量和压力自动适应负载的需求而达到节能目的，因此日渐受到重视。

(1) 径向柱塞泵工作原理

如图 4-16 所示，新型径向柱塞泵主要由定子、连杆、柱塞、转子、配油轴及左右两侧的变量机构构成，转子和定子之间存在一个偏心量，连杆瓦面紧贴定子内圆，连杆和柱塞通过球铰相连。输入轴通过十字键带动转子转动，通过连杆-柱塞组件相对于转子的相对运动完成吸排油过程。通过两侧的变量机构可以改变定子和转子之间的偏心量从而改变泵的输出流量。新型径向柱塞泵具有结构紧凑、参数高、变量形式多样、寿命长、噪声低等优点。

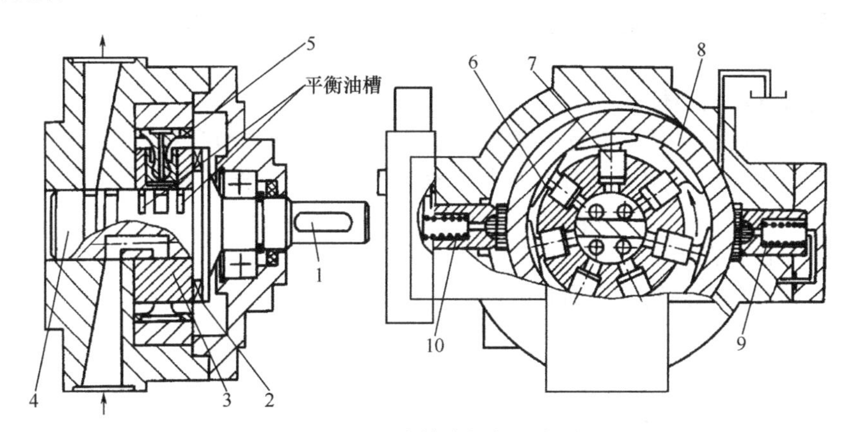

图 4-16 配流轴式径向柱塞泵

1—传动轴；2—离合器；3—缸体（转子）；4—配流轴；5—回程环；6—滑履；7—柱塞；8—定子；9，10—控制活塞

(2) 负载敏感控制结构及工作原理

① 负载敏感控制结构 如图 4-17 所示，负载敏感控制机构主要由泵出口节流阀、先导压力阀和二级公用阀构成。节流阀和二级公用阀完成恒流调节过程；先导压力阀和二级公用阀完成恒压调节过程。此种结构由于采用了公用的二级阀，因此结构简单，调节方便，实现较为容易。

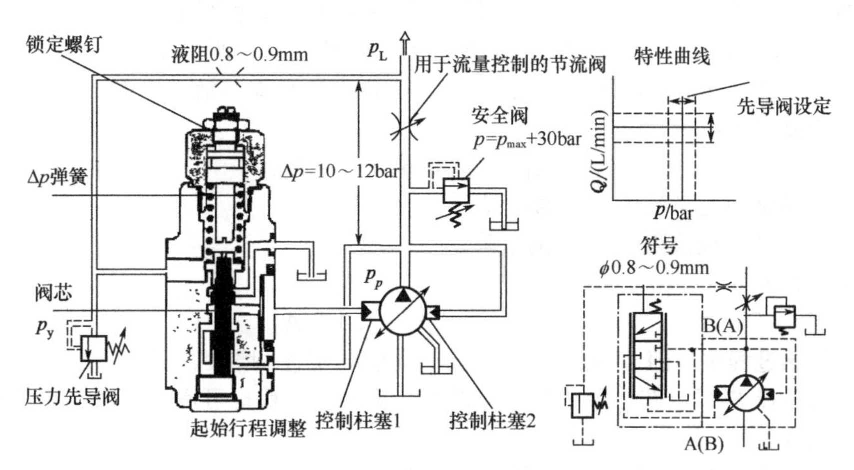

图 4-17 负载敏感控制结构与工作原理图

② 流量敏感工作原理 二级公用阀阀芯上腔接节流阀出口，下腔接节流阀入口即泵出口，与节流阀一起构成一个特殊的溢流节流阀。在负载压力 p_L 小于先导压力阀设定值 p_y 时，先导压力阀不工作。此时负载压力 p_L 的任何变动必将使通过节流阀的流量发生变化，导致节流阀的前后压差 $\Delta p = p_p - p_L$ 发生变化，从而打破了二级公用阀阀芯的平衡条件，

使阀芯产生相应的动作，进而使定子的位置发生一定的变化，使泵的输出流量稳定在变化之前的流量，因此进入系统的流量不受负载的影响，只由节流阀的开口面积来决定。泵的出口压力 p_p 追随负载压力 p_L 变化，两者相差一个不大的常数 Δp，所以它是一个压力适应的动力源。

③ 压力敏感工作原理　当负载压力达到先导压力阀的调定压力 p_y 时，先导压力阀开启，液阻 R 后关联两个可变液阻——先导阀的阀口和二级公用阀阀口，液阻 R 上的压差进一步加大，因此二级公用阀芯迅速上移，使定子向偏心减小的方向运动，使输出流量迅速降低，维持负载压力近似为一定值，在此过程中由于先导阀的定压作用，流量检测已不起控制作用。

(3) 负载敏感控制的性能

负载敏感控制过程主要有流量敏感调节过程和压力敏感调节过程。

① 流量敏感特性　由其工作原理可得到阀芯的力平衡方程（忽略稳态轴向态液动力）：

$$p_pA_R=p_LA_R+K(y_0+y) \tag{4-4}$$

式中　p_p——泵出口压力；

A_R——二级公用阀阀芯端面积；

p_L——负载压力；

K——弹簧刚度；

y——弹簧预压缩量。

其增量方程为：

$$\Delta p_pA_R=\Delta p_LA_R+K\Delta y \tag{4-5}$$

$$(\Delta p_p-\Delta p_L)A_R=K\Delta y \tag{4-6}$$

从上式可以看出只有在 $\Delta p_p=\Delta p_L$ 时阀芯才能保持对中位置。但此时只能是 R 上无压差，对应状态是流量稳定状态即流过 R 的流量为零。只要在流量调节状态，R 上总会有压差，增量 Δp_p 总是大于增量 Δp_L。因此随着 p_p 的增大，阀芯向上偏移，使泵的偏心距减小。Δp_p 越大，泵的流量偏差也越大。从分析可知，欲提高恒流精度，须减小在液阻 R 上的压降，即增大液阻 R 的尺寸。同时适当提高弹簧刚度也可达到同样的效果。

② 压力敏感特性　当负载压力 p_L 大于或等于先导压力阀调定压力 p_y 时，先导压力阀开启。设先导压力阀阀口控制压力恒定为 p_y，在忽略稳态轴向液动力时，可得二级公用阀阀芯的力平衡方程为：

$$(p_p-p_Y)A_R=(p_1+p_2)A_R=K(y_0+y) \tag{4-7}$$

式中　p_1——油液流经节流阀产生的压降；

p_2——油液流经液阻 R 产生的压降。

其增量方程为：

$$\Delta p=\Delta p_1+\Delta p_2=K\Delta y/A_R \tag{4-8}$$

在压力敏感过程中，随着 p_p 的增大，p_1 减小，而 p_2 增大。因此 Δp_1 为负，Δp_2 为正，所以合理选择 R 可以获得最小的恒压误差。从增量方程也可看出，减小弹簧刚度 K 也可提高恒压精度。

(4) 负载敏感控制变量泵应用实例

在某负载敏感控制变量径向柱塞泵中，先导压力阀、节流阀均采用比例电磁铁控制在先导压力阀中，利用阀芯的面积差获得的小液压力和电磁力平衡，提高了先导压力控制精度；比例节流阀采用力反馈控制形式，有效消除了液动力等的干扰；在二级公用阀中，合理设计阀芯结构；通过大量计算、试验确定弹簧刚度、液阻 R 的尺寸。试验结果如图 4-18 所示，可看出，新型负载敏感控制变量径向柱塞泵控制精度较高。

4.3.2 多变量泵比例与恒功率控制及其在盾构机的应用

盾构机工况复杂，地质条件下差异很大。刀盘是盾构挖掘土层的关键部件，盾构刀盘驱动具有功率大、转矩变化大和转速范围广等特点。

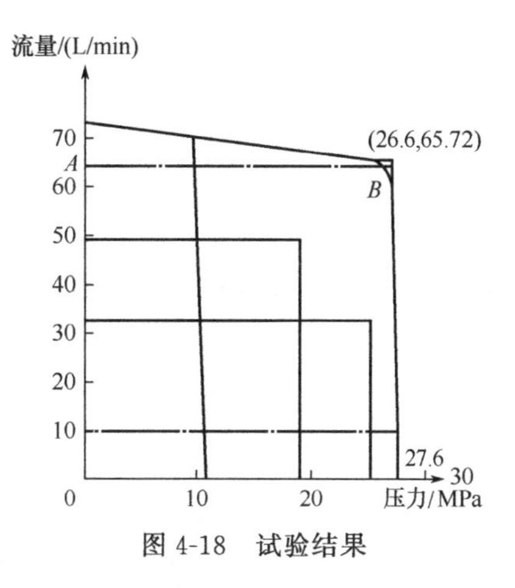

图 4-18 试验结果

泵控马达调速回路具有很高的效率和速度刚度，采用多个大流量变量泵并联驱动多个高速小转矩液压马达，再通过减速机和齿轮传动机构驱动刀盘是目前较为先进的控制方式。其特点是系统组成简单，安全可靠，负载变化对刀盘转速影响小。采用 HD 型液控比例变量泵，通过 1 个控制模块进行集中控制，可实现整个系统的比例控制、恒功率控制和不同工作模式下的安全压力控制。通过这个控制模块可实现多泵、多马达的同时调节，实现安全压力的同时设定，因此系统结构简化，可靠性高。

(1) 系统结构

图 4-19 所示液压系统是应用在某地铁隧道施工的盾构刀盘驱动液压系统。

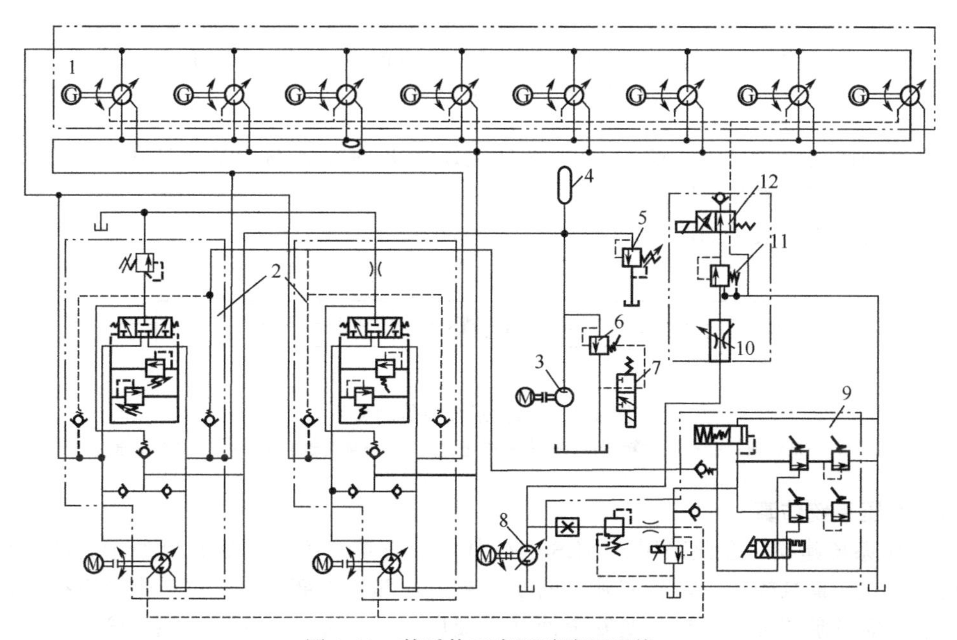

图 4-19 某盾构刀盘驱动液压系统

1—变量马达组；2—变量泵组；3—补油泵；4—蓄能器；5,6—溢流阀；7,12—换向阀；8—先导液压泵；9—液压控制模块；10—调速阀；11—减压阀

整个液压系统由 3 个回路组成，包括主驱动回路、补油回路和液压控制回路。主驱动回路是闭式回路，由两台比例变量泵（HD 型，最大排量 750mL/r）驱动 8 台变量马达（两点液控型，最大排量 500mL/r，高速挡排量 300mL/r）。液压控制模块 9 提供控制油，实现主驱动泵排量的比例控制和恒功率控制以及液压马达排量的控制。调速阀 10 和减压阀 11 调节进入马达的控制油流量和压力，换向阀 12 实现马达排量的两挡控制。蓄能器 4 用于减少补油油路的压力脉动，溢流阀 5 设定补油及主驱动泵的换油压力。

液压控制模块 9 有 3 个功能，通过比例溢流阀调节主驱动泵的排量；通过顺序阀和溢流阀设定系统的最大工作压力；通过功率限制阀实现系统中两个变量泵的恒功率控制，即在反馈系统压力作用下，调节主驱动泵的排量，使刀盘转速降低，同时还能降低系统压力，减小刀盘承受的转矩。模块选用 Rexroth 公司的 LV06 型功率限制阀，如图 4-20 所示。这个功率限制阀由 1 个直动溢流阀和阶梯阀芯 1 组成，阶梯阀芯两端分别是阀口开度控制弹簧 2 和组合调节弹簧 3，调节弹簧抵抗作用在阶梯阀芯上的液压力。控制口 p_{st} 与主驱动泵的先导控制油口相连接，高压口 p_{hd} 通过梭阀与主回路相连接。如果系统压力超过功率限制阀的设定压力，阶梯阀芯向右运动压缩调节弹簧，减小了阀口开度控制弹簧上的压力，阀口溢流，减小控制压力，使主驱动泵保持恒功率输出。

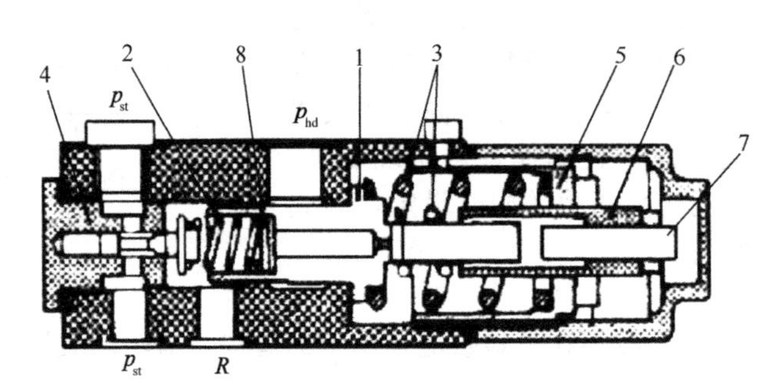

图 4-20 功率限制阀原理图

1—阶梯阀芯；2—阀口开度控制弹簧；3—组合调节弹簧；4—左端盖；5—螺母；6—中空螺母；7—调节螺杆；8—垫片

为使控制回路压力稳定，图 4-19 中先导液压泵 8 即控制油变量泵选用了恒压螺杆泵，回路中采用了调速阀和减压阀。

动力系统的传动关系如图 4-21 所示。

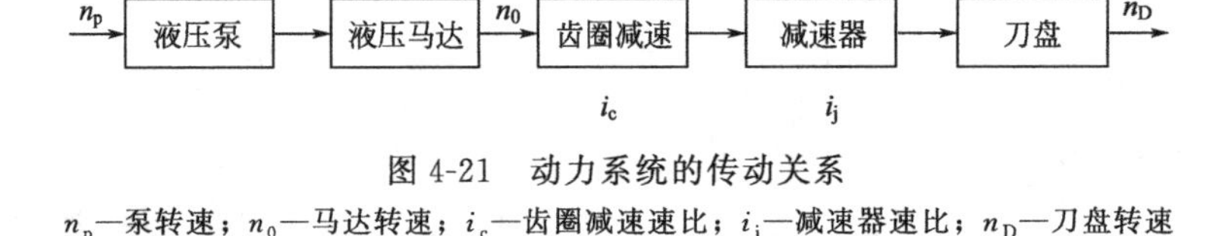

图 4-21 动力系统的传动关系

n_p—泵转速；n_0—马达转速；i_c—齿圈减速速比；i_j—减速器速比；n_D—刀盘转速

（2）液压系统仿真

① 液压系统建模　在此采用 AMESim 软件对液压系统仿真，图 4-22 所示为液压系统仿真模型。建立变量泵模型时，将实际双向变量泵的外部和内部泄漏通过 3 个液阻模拟，模型中还考虑了变量泵的补油、换油及安全回路。液压马达组及减速器子模型通过 AMESim 的子模型库建立成为 1 个独立封装的子模型，其具体结构见图 4-23。负载模型用转动惯量子模型和转矩子模型及分段输入信号子模型搭建。控制油回路中，选用了恒压变量泵子模型，功率限制阀通过 HCD 库元件搭建。

② 液压系统仿真　液压系统的仿真参数设定：刀盘转动部件的转动惯量 45000kg·m^2；工作模式：液压马达调节到最大排量 500mL/r，刀盘转矩随机最大变化量 400kN·m。

图 4-24 为某软土工况时刀盘转矩的仿真信号与比例溢流阀的调节信号。

控制压力、单液压泵输出流量如图 4-25 所示。0～7s 时，控制压力按比例溢流阀的控制信号成比例变化，7s 后系统达到恒功率点，功率限制阀开启，控制信号不再按调节信号成比例变化，液压泵进入恒功率状态。

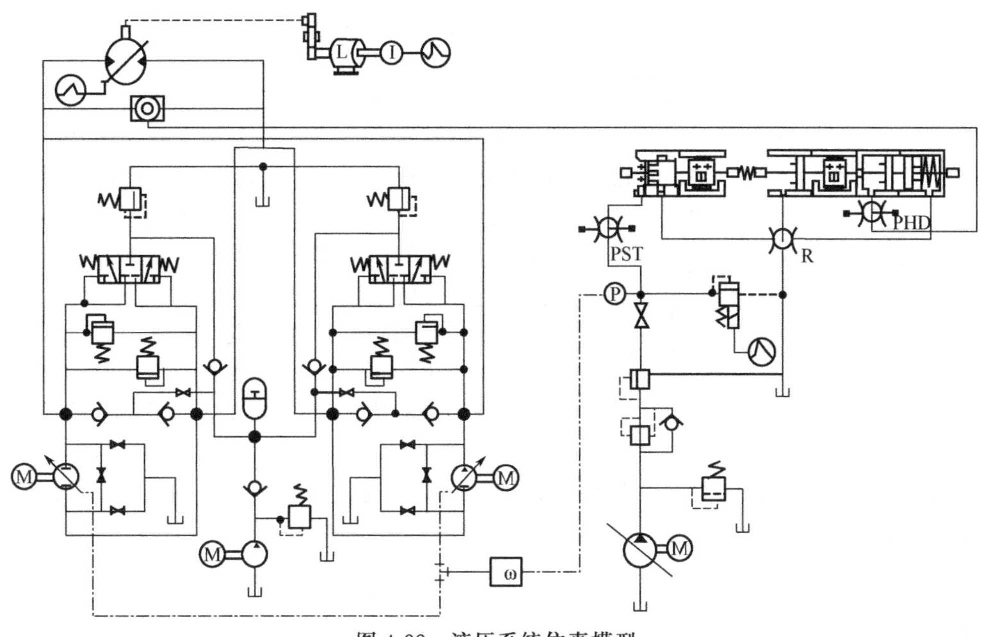

图 4-22 液压系统仿真模型

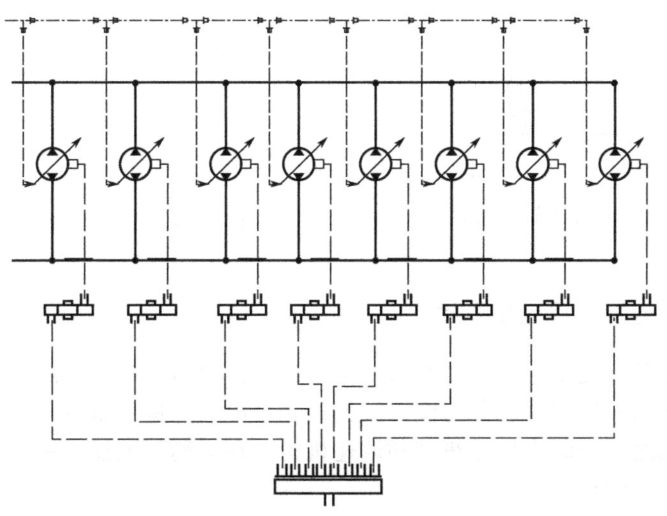

图 4-23 马达组及减速器仿真模型

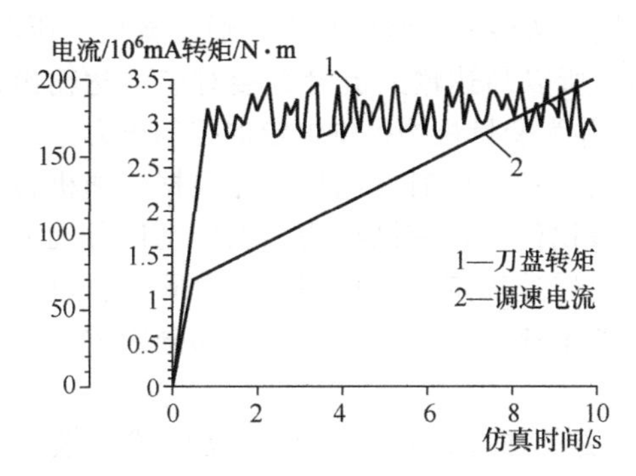

图 4-24 刀盘转矩和比例溢流阀调节信号

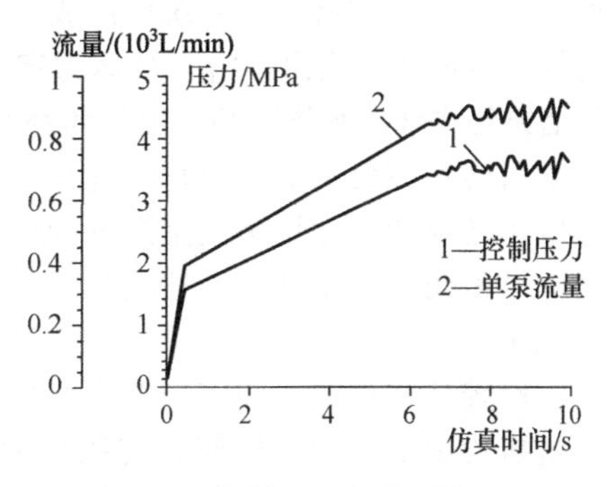

图 4-25 控制压力和单泵输出流量

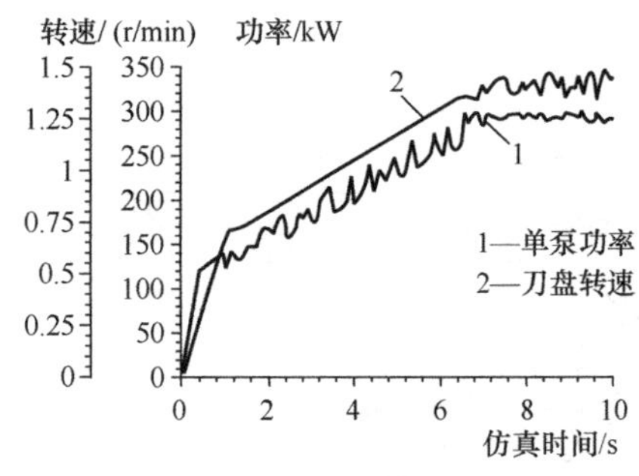

图 4-26 单泵输出功率和刀盘转速

单泵输出功率和刀盘转速如图 4-26 所示。可见，尽管比例调速时负载变化很大，刀盘转速却能按调节电流实现稳定调节，主要原因是系统采用高速小转矩马达驱动方式且刀盘具有大惯量。但是功率限制阀开启后，由于负载有大幅度的波动，控制信号很难保持稳定。因此，刀盘转速有一定波动。但由于液压马达有泄漏，相当于旁路有油液溢流，实际的刀盘转速波动要小一些。

比例溢流阀和功率限制阀的流量特性见图 4-27。由图可见，比例溢流阀工作时的流量以及在恒功率点时比例溢流阀与功率限制阀的流量变化情况。图 4-28 所示为控制回路中是否有调速阀时的控制泵 8 输出流量仿真曲线，可以看出，带调速阀时泵输出流量恒定，而不带调速阀时，控制泵输出流量较大。因此，带调速阀的控制回路功率小，更节能。

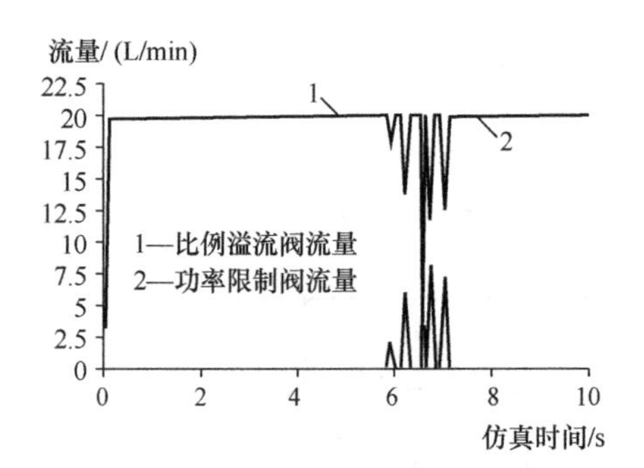

图 4-27 比例溢流阀和功率限制阀的流量特性

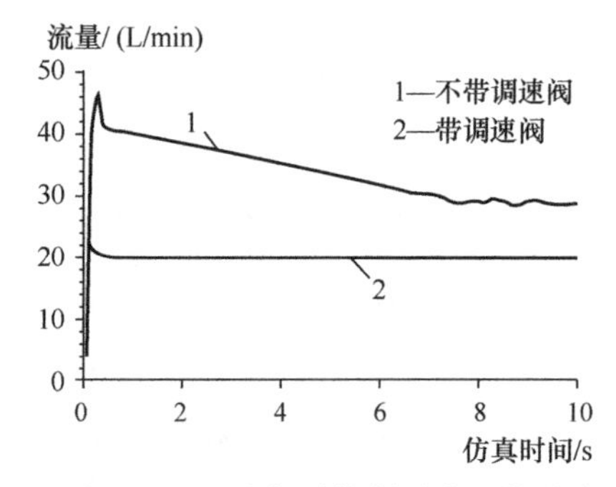

图 4-28 调速阀对控制泵流量的影响

4.3.3 电液比例变量泵控定量马达

电液比例变量泵和定量马达组成的闭式液压控制系统，在变量泵广泛的输入转速范围内，具有对马达输出转速进行调节的能力。例如，把电液比例变量泵控定量马达系统作为柴油机和恒转速负载之间的动力传递纽带和调速机构，在车辆行驶过程中，通过调节电液比例变量泵来实现恒转速输出。

当变量泵输入转速在较大范围（1000～2600r/min）变化时，要实现马达的恒速控制，主要需克服两种扰动：负载转矩扰动、变量泵输入转速扰动。

图 4-29 为变量泵控马达系统的组成原理图。变量泵从柴油机吸收功率，通过输出液压能，驱动定量马达恒转速输出。由于马达为定排量马达，所以马达输入流量直接对应马达输出速度。补油泵用作液压系统冷却、散热和补充泄漏等，并为变量机构提供恒定的控制压力。

柴油机转速或负载的变化均引起马达输出转速的波动。此时，电控单元根据柴油机转速和马达输出转速的变化调整变量泵的控制信号，电液比例变量控制机构根据控制信号调节变量泵斜盘倾斜角度，来补偿上述变化，保持马达输出转速恒定。变量柱塞、滑阀和斜盘位置反馈组成了一个闭环位置控制系统。变量泵控系统的恒速控制模型主要由两部分组成：变量机构——阀控柱塞位置闭环控制模型；泵控马达模型。

变量机构由电比例减压阀、初级柱塞、滑阀、变量柱塞以及斜盘和斜盘位置反馈等组成。当一侧电比例减压阀的输出压力作用在初级柱塞上的作用力小于初级柱塞的弹簧力时，

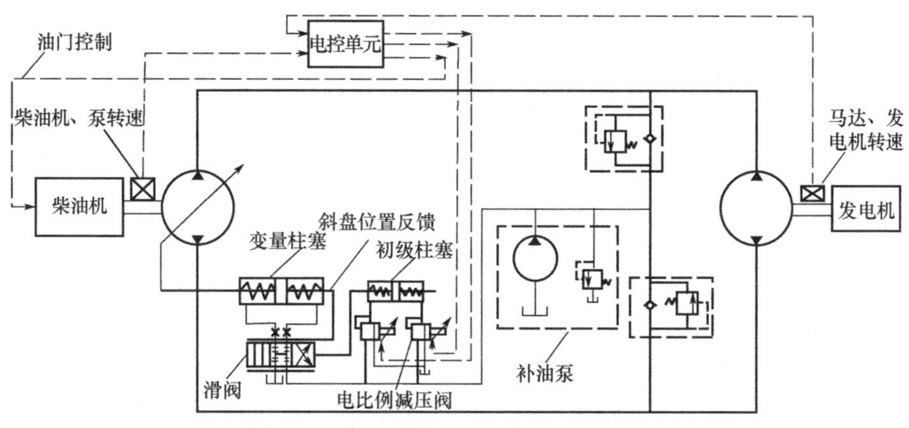

图 4-29 变量泵控马达系统的组成原理图

初级柱塞没有位移。因此，主泵处于液压零点，没有流量输出。增加控制信号，初级柱塞输出一个与输出压力成正比的位移，带动三位四通滑阀偏移中位，使变量柱塞的一侧接通回油，另一侧接通控制油压，推动斜盘偏转，主泵输出流量。因此，由电比例减压阀和初级柱塞组成的先导级，其本质上可以简化成一个比例环节。

4.3.4 闭环控制轴向柱塞泵

在液压系统中，常常要求系统压力、速度在工作过程中能进行无级调节，以适应生产工艺的需求。对于比例压力调节，传统方法一般是使用比例调压阀（见图 4-30）来实现，对于比例速度调节，一般使用比例方向阀、比例流量阀或比例泵来实现（见图 4-30）。图 4-30 中的比例泵为电气控制变量泵，该泵的排量允许无级和可编程设定，排量大小与 2Y2 比例流量控制阀的比例电磁铁中的电流大小成正比。当电动机功率选定后，为了防止电动机过载，在泵出口增加了压力传感器，通过设定值和传感器实测比较，由电气控制保证系统功率小于电动机功率。如果一个液压系统既要比例调速又要比例调压，则需要将多个元件进行叠加，这一方面增加了液压系统的复杂性，另一方面也增加了电气控制的复杂性。

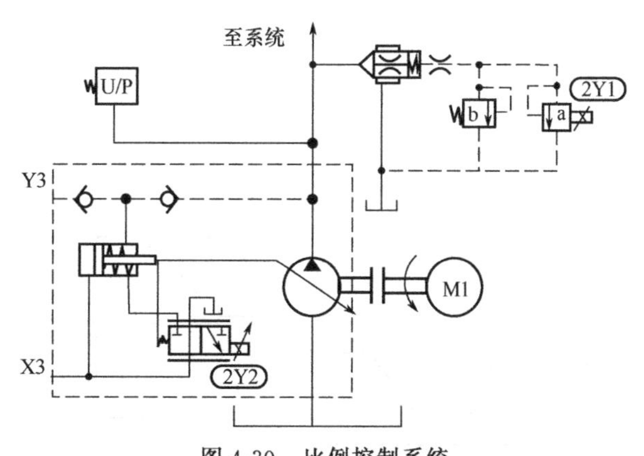

图 4-30 比例控制系统

2Y1—比例压力控制阀；2Y2—比例流量控制阀

(1) 系统特点

电子闭环控制轴向柱塞泵可对压力、流量、功率进行连续闭环控制，控制精度小于 0.2%（传统比例阀控制精度为 2%），并具有很好的动态特性。对于复杂的液压系统，如果采用新型电子闭环控制柱塞泵，只要一个泵就可替代原有多个元件，不仅实现比例调速、比例调压还能实现比例功率调节。对于小流量、小功率的工艺，应用常规的元件，需要通过溢流阀溢掉多余的油液，这不仅造成能源浪费，还会带来系统发热，降低泵的容积效率，增加泄漏，对系统是非常不利的。若改用这种新型的电子闭环控制轴向柱塞泵后，可实现恒功率控制。

电子闭环控制轴向柱塞泵是由多种元件叠加复合在轴向柱塞泵上形成的组合体。根据使用环境、使用方法不同，有多种控制系统，但一般由轴向柱塞泵、压力传感器、放大器、预加载阀等元件组成。

压力传感器测量值为压力实测值，与放大器的设定值比较后，输出信号控制泵。位置控制与压力控制相同。预加载阀为可选项，主要功用是在泵口建立 2MPa 以上控制压力，控制泵的斜盘倾角改变，达到变量的目的。如果没有选择预加载阀，则需要有大于 2MPa 的外部控制油压，或在泵出口增加一个 2MPa 以上的外控顺序阀。既没有预加载阀，也没在泵口建立 2MPa 以上压力，泵将没法正常运行，这是设计中需要注意的问题。

(2) 闭环控制在液压系统中的应用

某 50t 专用液压机（简称 50t 压机）。该压机有上下两个滑块，上滑块由一个缸径 ϕ160mm 活塞缸驱动，下滑块由两个缸径 ϕ125mm 活塞缸驱动。

当两滑块同时空载运行时，速度快，需要的流量大（见图 4-31），而此时不带负载，系统压力较低；当两滑块同时加压慢速运行时，流量较大、压力高；当一个滑块加压慢速运行时，流量小、压力高；当一个滑块慢速退回时，则为小流量，低压力。因为压机需要多级流量、压力和功率控制，为此选用了电子闭环控制轴向柱塞泵，并且没有选择预加载阀，而是在泵口增加了外控顺序阀，建立大于 2MPa 的系统控制压力，如图 4-32 所示。虽然系统要求有多级变化，但只要改变输入的电信号量，就可轻易实现，现在液压设备多数都为 PLC 控制，这就使得输入信号大小的改变非常容易。另外还在程序中设定了功率控制，让泵的功率随着工艺要求的改变而改变。

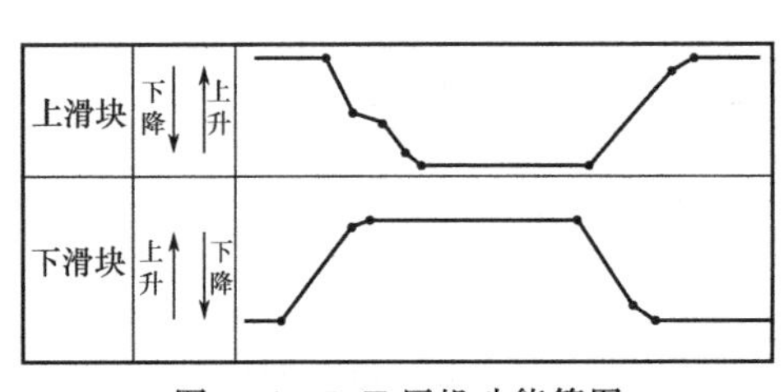

图 4-31　50T 压机功能简图

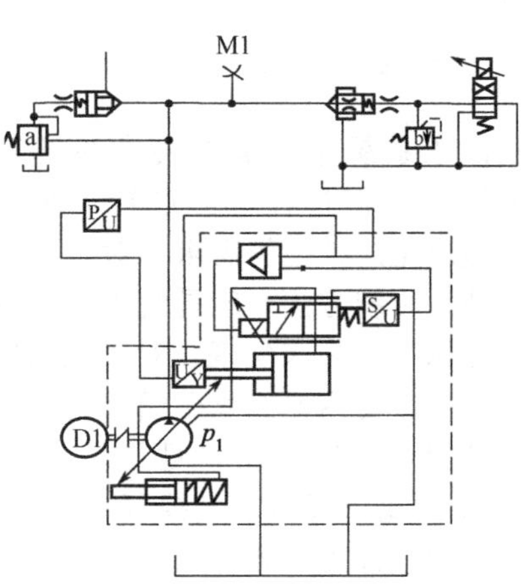

图 4-32　50T 压机部分原理图

对于小流量、低压力的工况，功率要求低，采用这种电子闭环控制轴向柱塞泵既节省了电能，也无须将多余的油液进行溢流，油箱尺寸减小了，节省了时间，减少发热量，也改善了系统性能。

电子泵也可运用在其他液压系统中，要求越复杂的系统，越能体现它的优越性，并且精度高，动态特性好，节能降耗，在高精尖系统中的运用必将越来越多。

4.3.5 比例变量泵在注塑机上的应用

为了迅速满足市场需求，某公司开发了节能型注塑机，应用了比例变量泵系统。

(1) 系统构成与工作原理

① 常规的注塑机比例控制系统　目前，国产注塑机的液压控制系统绝大多数采用定量泵＋比例流量/压力复合阀（P-Q 阀）的控制方式，其系统构成原理见图 4-33。系统工作时，通过注塑机电控系统输出的模拟压力、流量控制信号，可实现系统的压力、流量的连续、按比例控制。P-Q 阀系统由于满足了注塑机开、合模速度、注射速度、螺杆转速、注射压力、保压压力、螺杆扭矩、顶出力等动作的控制要求，改善了传统注塑机采用普通泵＋节流阀＋

溢流阀系统时只有几级速度与压力控制的状态，因而在注塑机液压系统中得到十分广泛的应用。这种控制方式自20世纪80年代以来，一直沿用。

然而，普通的定量泵＋P-Q比例阀的控制系统虽然满足了注塑机控制的要求，保证了注塑成形工艺的稳定性和重复性，但由于系统工作时存在较多的节流损失与溢流损失，因而功率损耗较大，特别是对于一些保压压力较高，保压时间长的制品而言，表现更为明显。注塑成形工艺中，保压时间有时达15～20s，普通P-Q系统的功率损失相当大。

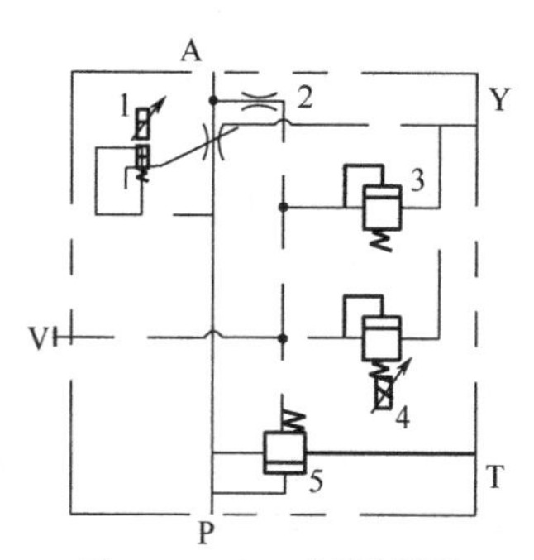

图4-33 P-Q阀原理图

1—比例节流阀；2—压差节流阀；3—主溢流阀；4—比例溢流阀；5—安全溢流阀

② 新型的比例变量泵系统

a. 比例变量泵的系统构成。图4-34是应用了比例变量泵系统的注塑机的液压原理图，这一系统改变了常规的比例控制方法，由定量泵＋P-Q比例阀系统转变为比例变量泵系统，其核心的控制元件采用了兼具比例压力、比例流量、负载压力反馈等多种复合控制功能的负载敏感型比例变量柱塞泵。

b. 比例变量泵的结构和工作原理。图4-35所示为负载敏感型比例变量柱塞泵的结构图（以日本YUKEN公司油泵为例）。由该图可见，整个比例变量泵由斜盘式变量柱塞泵、比例先导溢流阀、比例先导节流阀、压力反馈阀、流量反馈阀、手动压力调整机构、手动流量调整机构等部分组成。系统工作时，通过改变I_1、I_2两个电信号，对比例变量泵的排量参数（斜盘倾角）进行控制和调整，就可向系统提供驱动负载所需要的压力和流量。其工作原理是：当系统处于流量控制状态时，首先给比例变量泵上的比例先导溢流阀输入一个电信号I_1，由负载决定的系统工作压力在比例溢流阀设定的压力范围内变化时，比例先导溢流阀能可靠地关闭，油泵出口压力与负载保持一定的压差Δp，在最高限压范围内能适应负载的变化，系统处于流量调节状态。

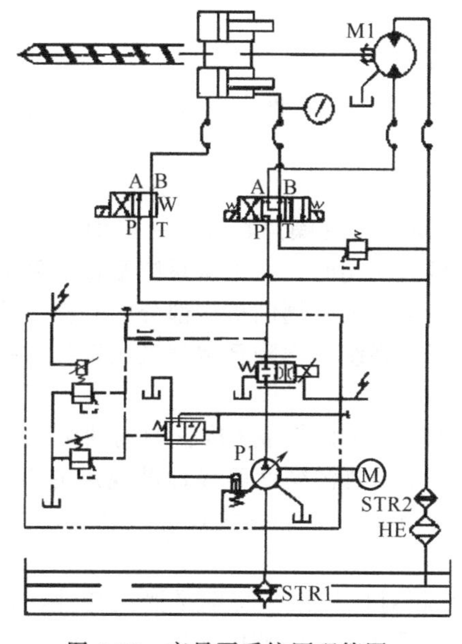

图4-34 变量泵系统原理简图

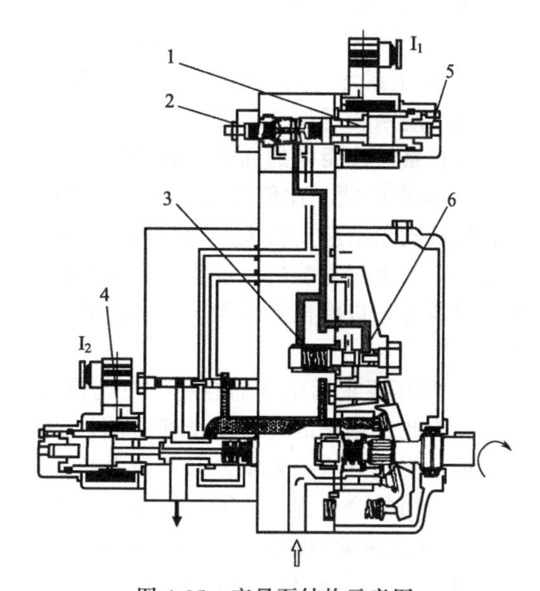

图4-35 变量泵结构示意图

1—比例压力阀；2—安全压力阀；3—压力反馈阀；4—比例节流阀；5—手动压力阀；6—变量柱塞泵

比例先导节流阀随给定的电信号 I_2 的不同，保持相应的开口，在进出口压差确定的情况下，其输出流量只与 I_2 有关（在液压油温保持稳定的情况下），不受负载变化或油泵马达转速波动的影响。

对于特定的控制信号 I_2，若比例先导节流阀进出口压差不变，表示油泵输出的流量与输入信号相对应。而当负载压力变化时，可能会有两种情况：第一，比例先导节流阀口两端压差减小，说明油泵的输出流量低于输入电信号的对应值，这时系统压力会通过压力、流量反馈阀反馈给变量机构，变量柱塞泵斜盘倾角随之变大，油泵输出排量自动增加；第二，比例先导节流阀口两端压差增大，说明油泵的输出流量高于输入电信号的对应值，这时系统压力同样会反馈给变量机构，变量柱塞泵斜盘倾角随之变小，油泵输出排量自动减少。

当系统进入压力控制状态时，给比例先导节流阀输入一个电信号，保证油泵有一定的流量输出。此时，通过改变比例先导溢流阀的控制信号 I_1，就可得到与之成比例的油泵输出压力。在这种状态下，变量柱塞泵的斜盘倾角很小，油泵输出的流量很小，只保证形成保压压力的需要。

(2) 比例变量泵系统的主要优点

比例变量泵系统的应用，实现了注塑机液压系统由阀控向泵控的转变，使常规的节流调速系统转变为比例变量调速系统，整机的控制性能指标有了新的改善和提高。具体而言，比例变量泵系统除具有常规比例控制系统的优点外，更具有如下优点。

① 相同功率的机器，注射速率可提高 25%以上，更适应薄壁精密注射要求。由于普通 P-Q 系统功率计算以保压状态为标准，比例变量泵系统在这一动作时功率消耗很低，因而油泵排量可加大 25%以上。

② 系统发热降低，液压元件使用寿命延长。比例变量系统几乎无节流、溢流损失，系统运行时发热大大减少。不仅可节省冷却水之消耗，且低油温使密封元件寿命大大提高。

③ 能量消耗减少，系统效率提高。比例变量泵系统具有良好的自适应性，其输出的压力和流量能够与负载需求相一致，解决了节流调速系统的流量不适应和压力不适应问题，能量损耗大大减少，系统效率提高，节能效果十分明显，与普通定量泵＋P-Q 比例阀系统相比较，可节电 25%～45%。

④ 实现数控比例背压的控制，塑化效果得到了改善。

⑤ 液压系统污染度水平降低，系统故障明显减少，运动稳定性大大提高，液压油使用时间比常规系统延长 3 年以上。

(3) 系统应用中的几个关键问题

① 噪声问题　比例变量柱塞泵的结构与工作原理决定了其噪声特性。一般而言，其压力、流量输出的脉动较大，因而液压系统噪声比较明显。使用时，必须从系统配置上采取相应措施，如采用蓄能器、吸震器等元件减小输出脉动，增强油泵周围机械部分的刚性，采用吸音材料等，以降低系统噪声。通过综合性的措施，可使系统噪声降至常规液压系统的噪声水平。

② 液压系统污染度的控制　在比例变量泵系统中，污染度指标直接影响到油泵的使用寿命。为此，系统的污染度指标必须控制在按 NAS1638 油液污染度等级标准规定的 NAS8 级以内，要达到这一要求，必须按系统工程原理去规划实施，控制系统设计、制造、安装、调试及使用的全过程，才能保证系统长期稳定工作。

③ 响应速度的调整　比例变量泵系统的响应速度相对比较慢，特别是泄压特性，差别比较明显。为了解决这一问题，要考虑增加泄压回路，提高系统的响应速度。

4.3.6 钻机液压系统中的电控比例变量泵

建筑业和交通运输业对大直径工程钻机的技术装备要求越来越高。液压传动以其独具的优越性越来越受到重视。全液压钻机具有部件布置灵活，传动系统简单，操作方便，可无级调速，过载保护性能良好，可监视工作负荷大小及时调整工艺参数等优点。GDY-40 钻机液压系统中采用了电控比例变量泵，实现了用电控代替手控的操纵方式。

(1) 钻机液压系统基本原理

钻机总体结构由转盘、绞车、机架和液压系统 4 大部分组成。该钻机采用液压传动，其液压系统由油箱、滤油器、电动机、变量泵、比例溢流阀、电液换向阀、液控单向阀、压力表、快速接头组、液压马达、节流阀、油缸、冷却器等组成。

恒功率系统的特点是可控制工作机始终在恒功率状态下工作。这对提高时效、提高工作效率及提高设备的寿命都大有益处。大直径钻机上的液压恒功率控制系统的基本原理是：电动机带动油泵把电能转变为液压能，油泵输出的压力油由调压阀调整在额定压力内，经电磁换向阀控制，压力油驱动液压马达正转或反转，从而控制回转器的正反转。小油泵输出的压力油，经多路换向阀组的控制驱动油缸伸缩，从而带动动力头作直线往复运动，实现钻机的钻孔工作。通过调节调速阀可调节钻孔时的进退速度。

按功率调节的方式，液压系统可分为节流控制系统和容积控制系统，前者采用比例阀调节，后者是通过比例元件控制的液压泵或马达调节。节流控制的优点是动态响应快，利用公共恒压油源，可控制不同的执行元件，但功率损失大。容积控制方式的优点是节能。GDY-40 钻机所采用的液压系统是容积控制系统。

目前，国产钻机大多数采用手动调速。手动调速极不方便，精度也不高。GDY-40 钻机的液压系统采用了电控调速，通过改变电流的大小来改变速度。这种操纵方式可以在控制室里完成，操作方便而且精度高。

现代容积控制大多是通过电液节流控制元件，对液压泵或马达排量参数进行控制。GDY-40 钻机的液压系统采用了国产的 A7V 变量泵，这种电液比例控制的液压泵是在原有变量泵的基础上增设比例电磁铁而成的，利用电-机械转换器来操作变量机构。综合利用微电子技术、计算机控制技术和容积调节的优势，可方便引入各种控制策略，便于利用电信号实现功率协调和各种适应控制。

(2) 电控比例变量泵

GDY-40 钻机的液压系统中所采用的 A7V 变量泵，通过电控比例变量来实现调节。

① 比例电磁铁　比例电磁铁的功能是将比例控制放大器输给的电流信号转换成力或位移信号。比例电磁铁推力大，结构简单，成本低廉，衔铁腔可做成耐高压结构，是应用最广泛的电-机械转换器。作为电液比例控制阀的前置级，比例电磁铁的性能对阀的性能有着十分重要的影响。电液比例控制技术对比例电磁铁提出了以下技术要求。

a. 水平的位移-力特性，即在比例电磁铁有效的工作行程内，当线圈电流一定时，其输出力保持恒定，与位移无关。

b. 稳态电流-力特性，即具有良好的线性度，较小的死区及滞回。

c. 跃阶响应快，频响高。

在恒功率变量泵中，当用比例电磁铁控制时，若系统压力 p 大于预调功率曲线的起始工作压力，则流量按双曲线规律下降；给出不同的控制电流，即可得到不同功率值的恒功率调节特性。比例电磁铁的特性及工作可靠性，对电液比例控制系统和元件具有十分重要的影响，是电液比例控制技术的关键部件之一。

② EP 电控比例变量　电控比例变量可以按程序无极的控制泵的排量。泵排量与电磁铁

吸力成正比，即与电磁铁的电流成正比。变量活塞上的控制力由比例电磁铁产生。比例电磁铁需要一个电流为 300～630mA（600～1260mA）的 24V 直流电源。变量起点约在 300mA（600mA），变量终点约在 630mA（1260mA）。

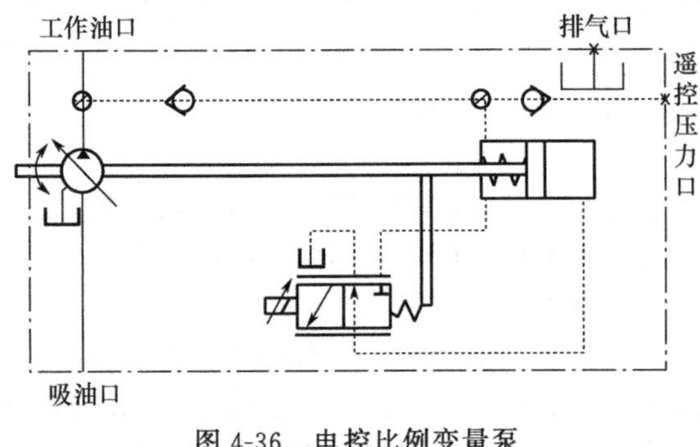

图 4-36 电控比例变量泵

如果泵在零位启动或工作压力小于 4MPa，则遥控压力油口须接入 4MPa 的先导压力，如图 4-36 所示。

（3）测试分析

该钻机采用全液压驱动、恒功率变量回路、电液复合操纵。设有人工操纵钻进和自动钻进两种方式。人工操作钻进时，操作简单、劳动强度低；自动钻进时，能够自动改变转速、扭矩，自动化程度高。根据钻进情况，可自动下放或提升钻具，实现减压钻进，以保证钻孔的垂直度。

在液压系统的工作中，只要改变变量泵的排量，就可以调节回转器的转速。该变量泵通过电控比例变量实现调节，因此，只要调节比例电磁铁的电流的大小就能够改变回转器的速度。为此我们在现场直接测量了不同电流大小下的回转器转速，电流和回转器速度的关系如图 4-37 所示。

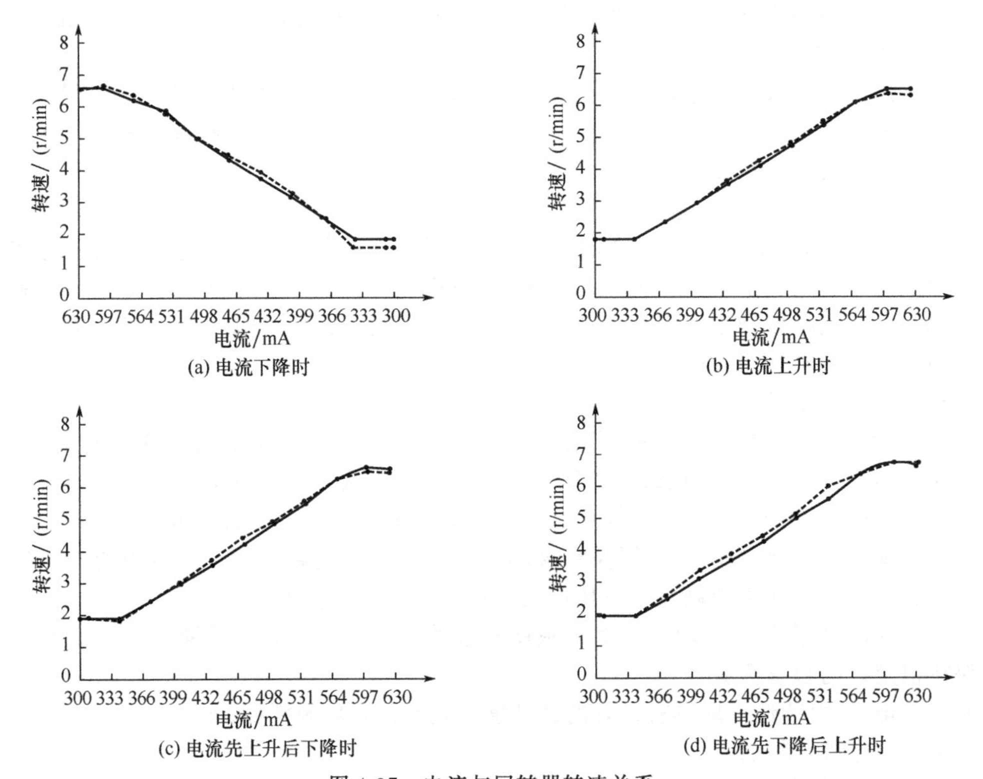

图 4-37 电流与回转器转速关系

图 4-37 中(a) 是回转器在正转时，任意两次测得的回转器转速，图 4-37(b) 是回转器在正转时，任意两次测得的回转器转速。为了测试重复精度，在回转器正转时，多次测量了电流连续上升和下降时回转器的转速，并进行了比较，任意两次测量的结果比较如图 4-37(c)、(d)

所示。

通过测试分析可以发现，在相同电流大小的情况下，回转器的速度重复精度比较高。在初、末状态，电流变化时，回转器的转速改变不明显，实际的有效工作区间大约为85%，这说明比例电磁铁的变化不灵敏。这主要是比例电磁铁自身的局限性所致，由于比例阀的中位死区较大，一般为额定控制电流的10%～15%，从而导致在实际工作中电流在初、末状态变化时，回转器速度的变化不明显。

在钻机液压系统中采用电控比例变量泵，实现了钻机的电控，能适应大型自动化控制系统的要求。这种恒功率变量泵的显著特点是可减小原动机的驱动功率，使液压设备体积小，重量轻，原动机经常处于满负荷工作，原动机效率高，从而降低了功率消耗。

4.3.7 TBM刀盘电液驱动系统

TBM是一种超大型机电液一体化机械，专用于硬岩隧道开挖，具有快速、安全、优质等特点。刀盘系统是TBM的关键系统，具有切削围岩、稳定围岩、清理渣石等功能。近年来，随着不良地质隧道的增加，工程上对刀盘驱动系统提出了更高的要求，尤其是在刀盘卡住的情况下，要求刀盘系统能够提供尽可能大的转矩，实现刀盘脱困，以减少隧道施工风险。

(1) 刀盘驱动系统

TBM刀盘驱动方案为多个驱动器分别驱动减速器，减速器驱动小齿轮带动大齿圈转动，大齿圈与刀盘之间采用螺栓连接，组成整个刀盘驱动系统。由于该驱动系统为机械同步机构，因此要求所有的驱动器尽量减少驱动输出的差异，避免造成驱动系统严重损坏。

刀盘驱动一般分为液压驱动系统和电气驱动系统。液压系统具有功率密度大、负载适应能力强等优点，运用电液比例控制技术，液压马达具有压力自适应、流量无级调节功能，但液压系统存在效率低、发热量大、液压管道和泵站占用空间大等缺点，限制了液压驱动的应用；电气驱动系统具有效率高、简单、节能、易于实现复杂的控制等优点，采用变频驱动技术，电动机调节控制方便，响应快，近年来取得广泛应用，但电气系统存在功率密度较低、低速性能差等缺点，不能提供足够的转矩。

因此，在空间有限的条件下，采用电液混合同步驱动系统，能够提供低速大转矩和脱困转矩，但是要把两个不同特性的驱动方式一起控制，实现同步比较困难。

(2) 电液混合同步驱动系统

TBM刀盘电液同步驱动系统包括控制系统、液压驱动系统、电气驱动系统，如图4-38所示。控制器分别控制电气驱动系统和液压驱动系统，根据电气驱动系统和液压驱动系统的特性关系，通过自学习功能，对电气驱动系统进行动态补偿，实现刀盘速度连续可调，电液混合同步驱动，提供给刀盘足够的转矩。控制系统的核心部件为高性能PLC，实现信号采集、控制、诊断等功能。控制器进行连续电气驱动和液压驱动练习，测量电气和液压的驱动特性，生成输入输出特性关系。

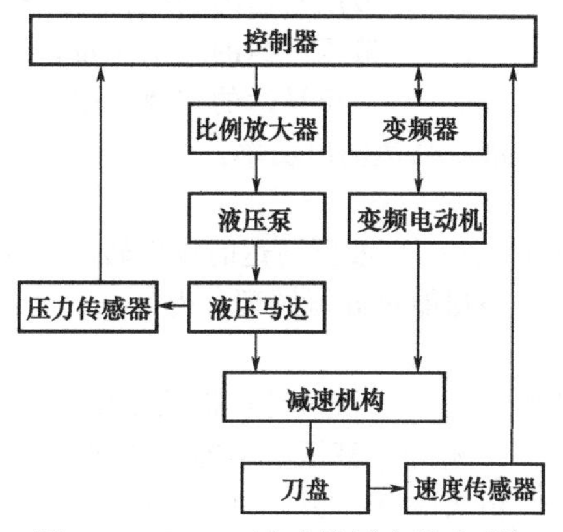

图4-38 TBM刀盘电液同步驱动系统

① 液压驱动系统　液压驱动系统由1台双向比例变量泵、2台定量液压马达和辅助系统组成，采用电液比例控制技术，控制器控制液压泵的排量，实现液压马达的速度调节，系统原理如图4-39所示。

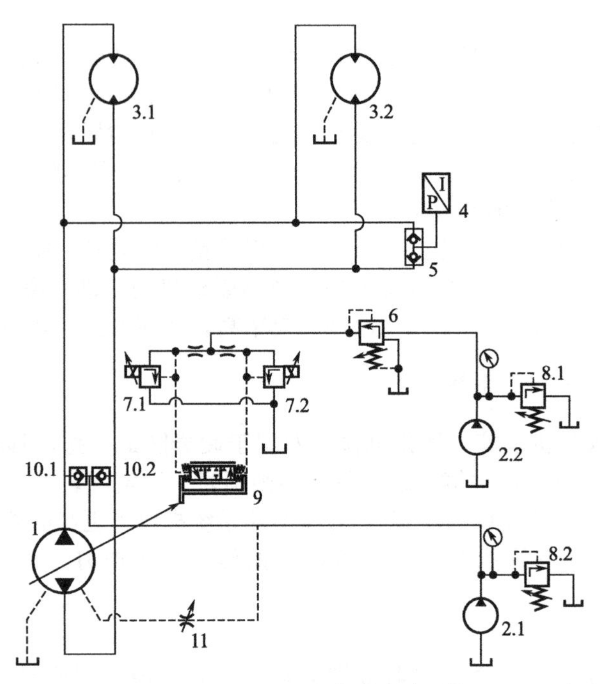

图 4-39 TBM 刀盘液压驱动系统

1—比例变量泵；2—定量泵；3—液压马达；4—压力传感器；5—梭阀；6—减压阀；7—比例溢流阀；8—溢流阀；9—比例变量机构；10—单向阀；11—节流阀

液压系统为闭式系统，电液比例液压泵 1 提供油源，液压马达 3 驱动减速器，实现刀盘旋转。液压泵 2.2 提供控制油源，比例溢流阀 7 控制电液比例液压泵 1，改变其排量和压力油方向。液压泵 2.1 为闭式系统补油源，油液通过单向阀 10 向闭式回路补油，经节流阀 11 对液压泵 1 进行冲洗。液压驱动系统接收控制器的速度指令，通过压力传感器反馈液压马达的驱动压力。

液压马达输入功率：

$$P_1 = pqn \tag{4-9}$$

式中 p——液压马达的驱动压力，Pa；

q——液压马达的理论排量，m^3/r；

n——液压马达的转速，r/s。

液压马达输出功率：

$$P_2 = 2\pi T n \tag{4-10}$$

式中 T——液压马达的输出转矩，N·m。

根据能量守恒原理，得：

$$P_2 = \eta_m \eta_v P_1 \tag{4-11}$$

式中 η_m——液压马达机械效率；

η_v——液压马达容积效率。

由式(4-9)～式(4-11) 可得液压马达的驱动转矩：

$$T = pq\eta_m \eta_v/(2\pi)$$

选用的两个液压马达的排量为 2000mL/r，机械效率为 0.98，容积效率为 0.98，液压马达输出转矩 T 与液压马达驱动压力 p 的关系为：

$$T = 30.6p$$

液压马达的输出转矩与马达驱动压力和马达排量有关，为保证2个液压马达的转矩同步，液压马达的排量差异必须尽可能小。

② 电气驱动系统　电气驱动系统为8台变频器和8台变频电动机组成驱动单元，如图4-40所示。变频器接受控制器的速度指令，实时反馈电动机的驱动转矩，控制器采用矢量控制算法对变频电动机进行控制，变频器对变频电动机的输出转矩进行修正，保证变频电动机速度同步转矩均衡，实现刀盘的电气同步驱动。

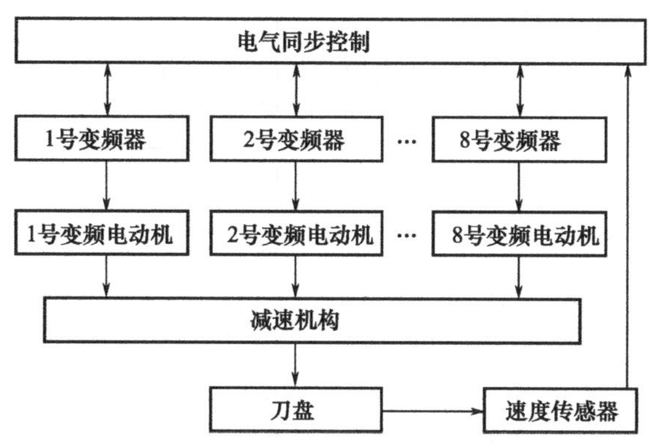

图4-40　TBM刀盘电气驱动系统

③ 电液混合同步驱动系统　控制器对电气和液压同步驱动时的转矩进行实时监控，根据电气和液压驱动的特性关系，通过自学习功能，对电气驱动系统进行动态补偿，实现电气驱动和液压驱动的转矩匹配。如果转矩差值超出一定限制，系统报警或停机，在掘进时，根据参数的变化做出不同等级的反应，能够及时报警、分析故障，增加人机安全、提高效率。在围岩破碎地段，电动机以不大于其额定转矩运行，液压马达转矩以不大于电动机额定转矩运行，使转矩偏差保持在合理范围之内，实现刀盘低速大转矩的驱动。在围岩不稳定地段，刀盘被围岩卡住的情况下，电动机以不大于1.5倍额定转矩运行，液压马达以2.5倍电动机额定转矩运行，电动机和液压马达共同驱动，实现刀盘零速下最大转矩进行脱困。

4.3.8 比例泵在RH精炼炉的应用

RH炉因采用钢水在真空槽环流的技术使其钢水处理时间短、效率高、能够与转炉连铸匹配的优点而被转炉工序大量采用。随着液压行业的发展，系统越来越趋于低能耗、高性能和高可靠性，RH精炼炉液压系统也从原来的阀控柱塞缸系统发展为双向比例变量泵控制柱塞缸系统，采用了电液比例控制技术，提高了自动化水平，容积调速达到了节能的效果。

(1) 钢包升降系统

钢包升降系统由钢包升降装置和钢包升降液压系统组成。钢包升降装置安装在RH真空槽下方的升降坑内，其升降框架沿导轨由钢包顶升液压缸驱动上下运动，升降框架对钢包车和钢包进行顶升，钢包升降液压系统用于驱动和控制钢包顶升液压缸，其主要设备位于液压室内，液压设备与液压缸之间用管路相连，其系统原理如图4-41所示。

如图4-41所示，比例泵变量泵启动时，泵电动机空载启动，比例泵斜盘摆角为0°，输出流量为0，而且此时电磁溢流阀电磁铁YH1失电，电磁溢流阀处于卸荷状态，输出压力也为0；当钢包顶升柱塞缸从原始处理位置上升到钢包顶升位，比例泵斜盘正向摆动，输出流量，电磁溢流YH1得电，柱塞缸开始顶升，待到钢包顶升位后，YH1失电，比例泵斜盘摆角回复为0°，由液控单向阀4保压，保证钢包顶升缸可以长时间处于顶升状态；柱塞缸由顶升位降到原始处理位，柱塞缸靠钢包的自重下降，同时YH2得电打开液控单向阀4，

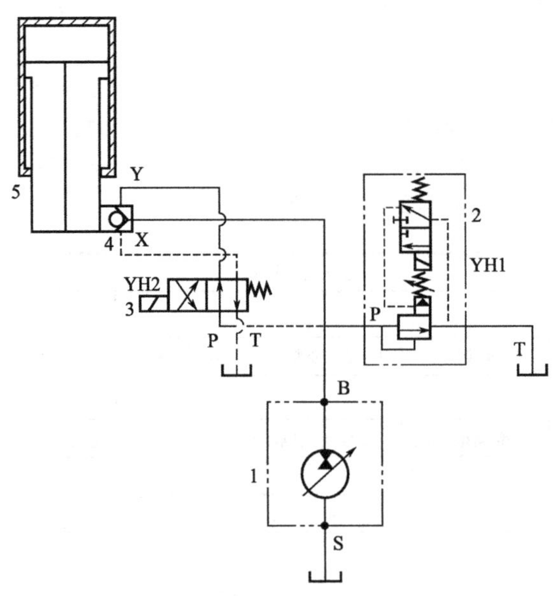

图 4-41 钢包顶升液压原理图

1—双向比例变量柱塞泵；2—电磁安全溢流阀；3—电磁换向阀；4—液控单向阀；5—钢包顶升柱塞缸

YH1 得电，溢流阀上压，比例泵斜盘负向摆动，此时比例泵 B 口进油口，S 口输出油，钢包开始下降；钢包上升和下降的速度通过调整比例泵斜盘的正负摆角的大小来控制，实现了泵控缸容积调速。

(2) RH 真空炉专用比例泵

通过改变比例变量柱塞泵斜盘的正负摆角来实现钢包顶升液压系统中顶升缸的上升和下降，并通过改变斜摆角的大小实现容积调速，控制顶升缸上升和下降的速度。比例变量柱塞泵分解原理如图 4-42 所示。

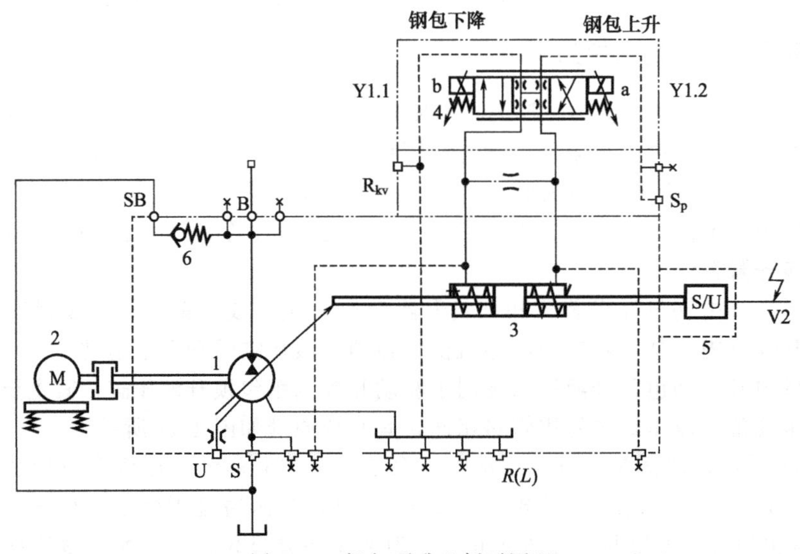

图 4-42 钢包顶升比例泵原理

1—柱塞泵本体；2—电动机；3—比例泵变量活塞；4—比例换向阀；5—位移传感器；6—单向阀

比例泵斜盘摆角由变量活塞控制，活塞位移由比例换向阀 4 控制。比例换向阀比例电磁铁 Y1.1 得电时活塞向右移动，带动变量斜盘呈现正摆角，比例泵 S 口吸油，油 B 口输出油，钢包柱塞缸顶升；当钢包下降时，比例换向阀比例电磁铁 Y1.2 得电时活塞向左移动，带动变量斜盘，斜盘呈现负摆角，比例泵 B 口改为进油口；S 口变出油口，此时的电动机仍然是正向转动，泵克服电磁力带动电动机加速旋转，使电动机转速超过其同步转速而进入发电状态，提供阻力矩以控制钢包的下降；为了保证钢包运行平稳，钢包顶升缸在上升开始速度是渐快，下降结束前速度是渐慢。速度变换是由输入在 Y1.1 和 Y1.2 电压大小来控制比例换向阀的开口度，实现活塞向右或向左的位移量，控制比例泵的斜盘倾角大小，即控制变量泵的输出流量，从而控制顶升缸上升和下降速度；顶升缸速度变换都是由输入比例信号控制，再加上放在活塞上的位移传感器顶升缸的检测，随时检测斜盘摆角大小，即顶升缸的速度，这样既便于自动化控制，又保证了顶升缸运行平稳、准确；单向阀 6 的作用是，当顶升缸下降过快时，B 口吸空的时候通过 SB 口上的单向阀由 S 口向 B 口补油，以保证顶升缸运行平稳。泵上 S_p 口是比例阀的控制油压力口，R_{kv} 口是比例阀的控制泄油口。

RH 真空炉专用泵（双向比例变量泵）与恒压变量泵相比，是比例容积调速，没有节流损失；与一般比例泵相比，是双向比例容积调速，在 RH 真空炉液压系统中可利用钢包自重，改变泵的斜盘为负方向，使钢包自由下降。

(3) 节能效果

RH 精炼钢包顶升液压系统利用双向比例变量泵实现了容积调速，使调速回路达到了泵输出流量与负载元件流量相一致而无溢流损失，即无节流阀和溢流能量损失，所以系统不易发热，效率较高。

钢包顶升液压系统在钢包上升下降的过程中都是利用容积调速达到了节能的效果，除此之外，还利用顶升缸靠自重下降，使电动机转速超过其同步转速而进入发电状态，提供阻力矩以控制钢包的下降；减少电动机的输出功率，又减少了能量损失，减少液压系统发热。

4.4 液压泵变频容积调速技术及应用

在工业生产领域，大功率负载主要是由大功率的交流异步电动机或同步电动机驱动。为适应生产工艺与节能的需要，常要对电动机进行调速控制。变频调速在宽的转速范围内都具有高的调速效率，在液压泵的转速-流量调节方面有开发前景。

4.4.1 交流电动机变频调速原理

交流电动机的同步转速 n_1 与电源频率 f_1、磁极对数 p 间的关系为：

$$n_1=\frac{60f_1}{p} \tag{4-12}$$

异步电动机的转差率 S 定义为：

$$S=\frac{n_1-n}{n_1}=1-\frac{n}{n_1} \tag{4-13}$$

由式(4-12) 及式(4-13) 可得异步电动机的转速为：

$$n=n_1(1-S)=\frac{60f_1}{p}(1-S) \tag{4-14}$$

由式(4-14) 知，极数 p 一定的电动机，在转差率变化不大时，转速 n 基本上与电源频率 f_1 成正比。因此，只要能设法改变 f_1，即可改变转速。

基于这个原理，变频调速就使用晶闸管等变流元件组成的变频器作为变频电源，通过改变电源频率的办法，实现转速调节。图 4-43 为变频调速系统的示意图。

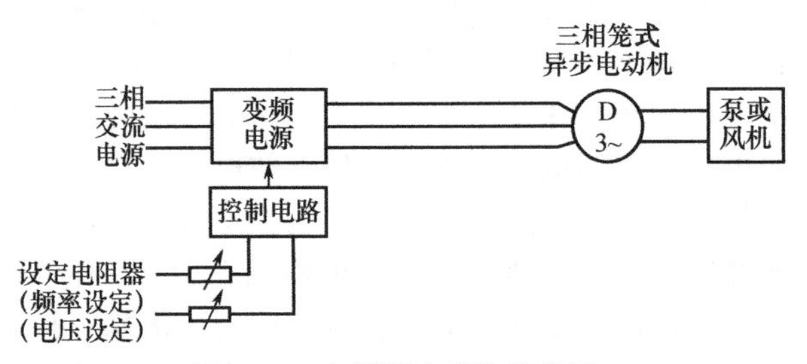

图 4-43 变频调速系统示意图

实际上，若仅改变电源的频率，则不能获得异步电动机满意的调速性能。因此，必须在调节 f_1 的同时，对定子相电压 U_1 也进行调节，使 f_1 与 U_1 之间存在一定的比例关系。故变频电源实际上是变频变压电源，而变频调速准确的称呼应是变频变压调速，其英文术语为 Variable Voltage Variable Frequency，简称为 VVVF 调速。

根据 f_1 与 U_1 的关系，变频调速原则上主要有以下两种。

① 恒转矩变频调速（恒磁通变频调速） 由异步电动机的电势方程可知，电动机定子相电压 U_1 近似于电源频率、磁通 ϕ 的乘积成正比。若 U_1 一定时，则 ϕ 将随着 f_1 的变化而变。若从额定值（我国通常为 50Hz）往下调节时，ϕ 就增大。而一般在电动机设计时，为了充分利用铁芯材料，都把 ϕ 值选在接近磁饱和的数值附近。因此，ϕ 的增大，就会导致磁路过饱和、励磁电流大大增加，这将使电动机带负载的能力降低，功率因数值变小，铁损增加，电动机过热，这是不允许的。反之，若 f_1 从额定值往上调节时，ϕ 就减小，这在一定的负载下又有过电流的危险。为此，通常要求磁通恒定，即 f_1 与 U_1 成正比关系：

$$\frac{U_1}{f_1}=\frac{U_1'}{f_1'}=\text{定值} \tag{4-15}$$

式中 U_1'，f_1'——电动机在非额定工况时的定子电压和电源频率。

又由异步电动机的转矩方程式可知，当有功电流 I_2 额定，ϕ 一定时，电动机的转矩 M 也一定，故为恒磁通（即恒转矩）。

② 恒功率变频调速 当电动机在额定转速以上运转时，定子频率大于额定频率。这时若仍采用恒磁通变频调速，则要求电动机的定子电压随着升高。可是电动机绕组本身不允许耐受过高的电压，电压必须限制在允许范围内，这就不能再应用恒磁通变频调速。

在这种情况下，可以采用恒功率变频调速。根据推导得出恒功率变频调速必须满足以下条件：

$$\frac{U_1}{\sqrt{f_1}}=\frac{U_1'}{\sqrt{f_1'}}=\text{定值} \tag{4-16}$$

由于恒功率变频调速时电压将发生变化，故电动机的效率和功率因数将有可能下降。

从上面对恒磁通和恒功率的变频调速特性分析可以得知，变频调速从额定频率往频率下降的方向调速（即次同步调速）时，应采用恒转矩（恒磁通）变频调速。

变频调速从额定频率往频率增加的方向调速时，即超同步调速时，有时需采用恒功率变频调速。

4.4.2 变频技术与液压技术的结合及其优点

由变频器＋三相异步电动机＋液压泵组成的液压控制系统称变频驱动液压系统，又称电液系统。与传统液压系统比较，电液系统在结构组成上多了一个变频器，但在整机性能上表现出诸多优越性。

(1) 避免了节流损耗

液压系统的节流损失是由阀控节流调速方式造成的。流量-扬程特性如图 4-44 所示，曲线 A 为泵的流量特性曲线，B、C、D 为管阻特性曲线簇，交点 1、2、3 分别对应不同管阻下泵的工作点（operation point）。

当需要流量从 Q_3 减至 Q_2、Q_1 时，泵的出口阀门开度由大变小，对应于管阻特性曲线沿 D—C—B 的顺序过渡，泵的工作点依次对应于图上 3—2—1 点。阀口开度变小使流体受到的局部阻力增大，在阀口产生压降形成节流损失。节流调速虽简单易行，却是以能量的无谓损耗为代价的，牺牲了液压系统的功率效率，降低了经济效益。

图 4-45 中 A、B 分别为低、高转速时变频泵的流量-扬程特性曲线，C 为管阻曲线。易见，区别于节流调速，从大流量点 2 变化到小流量点 1 期间，泵的工作点恒停留在管阻曲线 C 上。变频调速时泵的管阻不增加，故避免了节流损耗。

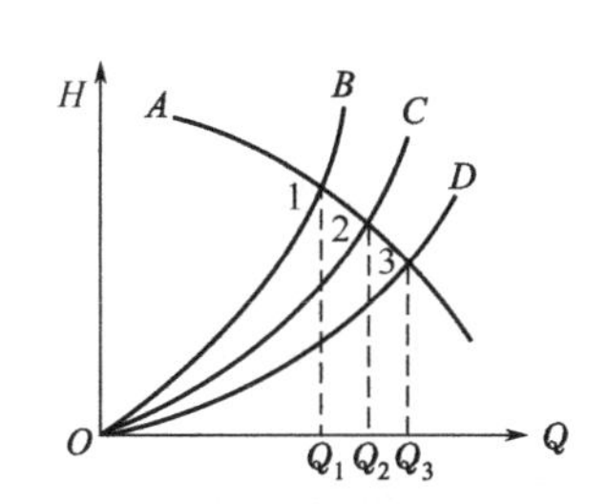

图 4-44 泵的流量-扬程特性曲线

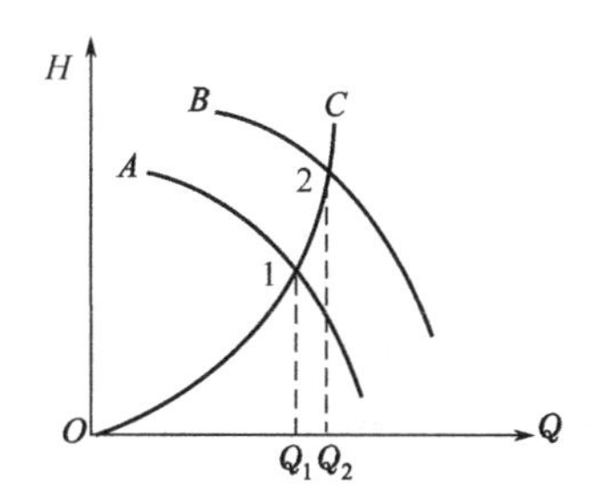

图 4-45 变频泵的流量-扬程特性曲线

(2) 降低了系统噪声与振动

噪声实质是振动的外在表现，而振动主要源自泵内流体的脉动。变频调速避免了阀控调速中因阀门频繁开启闭合而引起的流量流向的突然改变，减小了液压冲击，因而减小了振动与噪声。噪声是对人体有害的污染源，降低噪声提高了系统的综合品质。

(3) 易于实现自动控制

变频液压容积调速还有易于实现微机控制等优势。基于变频技术的液压容积调速系统，既能满足速度控制要求，又能获取变频调速和直接容积调速双重节能的效果。变频驱动模式下，液压泵系统变频装置可配合负载敏感元件进行调控。负载端的变化量可反馈至变频器，由此实现对系统流量、压力、功率等的自动精确控制。

(4) 延长了液压管路和元器件的寿命

振动不仅产生噪声，也会造成液压管道接头的松动，引起漏油和破损。采用变频控制后，振动的减少起到减小液压冲击，保护液压管路和元件的作用。同时电动机和泵可避免长期高速运行，可以有效减少泵的磨损和系统噪声。系统的使用寿命更长，可靠性更高。

4.4.3 液压系统的变频容积调速

(1) 系统结构

图 4-46 所示为液压容积调速系统结构示意图，图 4-47 为其原理框图。用光电编码器采集液压马达的转速信号，经 A/D 卡进行脉冲计数和定时后反馈给计算机，和给定输入值进行比较，再通过控制器、变频器等改变主油泵的转速，最终达到精确控制液压马达转速的目的。溢流阀 3 对系统起安全保护作用；比例溢流阀 6 对液压马达进行背压加载，其调定值由控制器通过 D/A 卡和放大器输出的信号决定。

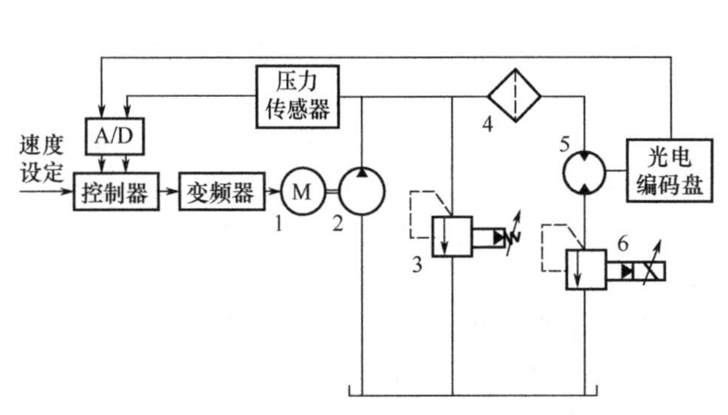

图 4-46 液压容积调速系统结构示意图

1—电动机；2—液压泵；3—溢流阀；4—过滤器；
5—液压马达；6—比例溢流阀

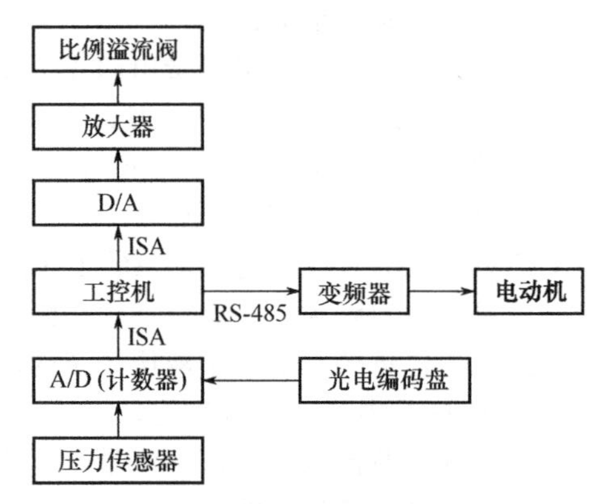

图 4-47 液压容积调速系统原理框图

系统采用转速反馈的闭环控制，以提高系统响应速度，压力传感器采集系统压力值并传递给控制器，对输出控制参数进行调整，补偿系统的容积损失。

① 工控机与变频器通信　系统采用 DANFOSS 公司 VLT2875 型变频器。被控电动机的最大转矩随着频率降低而下降。

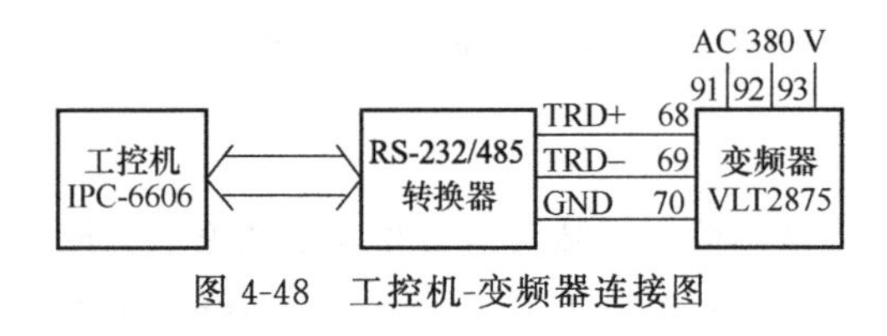

图 4-48 工控机-变频器连接图

变频器具有低频补偿功能，适当提高输入电压，以补偿定子电阻的电压降。在工控机 IPC-6606 和变频器 VLT2875 之间，增加 RS-232/485 电平转换器（见图 4-48）的内部采用光电隔离技术，使工控机的各串口隔离，从而提高系统安全性。工控机通信查询程序见图 4-49。

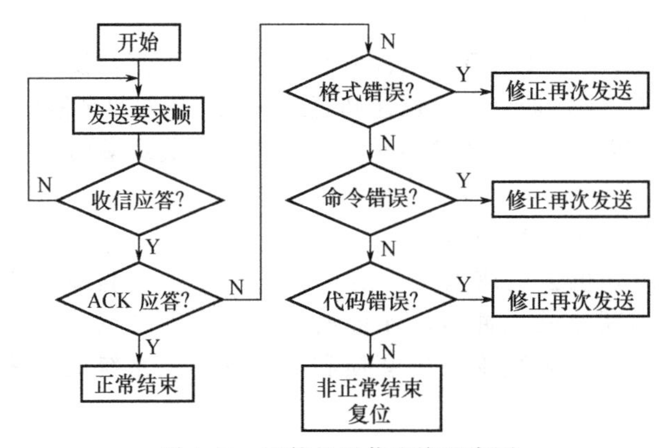

图 4-49 工控机通信查询程序图

② 系统压力控制　系统压力控制和检测环节控制器通过 D/A 卡 PCL726 输出 0～10V 电压，经过比例压力放大器（BOSCH 1M45-2.5A）放大，控制比例溢流阀（BOSCH NG6），实现液压马达背压加载，接线如图 4-50 所示。

压力传感器（BOSCH，p=0～35MPa）安装在集成阀块上，用来检测液压泵出口压力并转换成电信号，经 A/D 卡 PS2129 传送至控制器。

③ 液压马达速度检测　系统选用 LEC-120BM-G05E 光电编码器和 M/T 测量方法。该

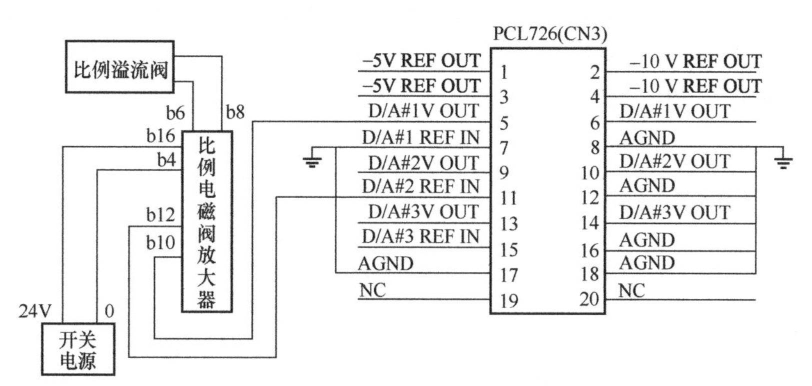

图 4-50 控制元件电路连接图

编码器采用圆光栅，经光电转换，将轴的角位移转换成电脉冲信号 1200p/r。液压马达转速方波信号由 PCL836 计数卡采集并输入控制器。图 4-51 所示为马达速度信号检测电路图。

(2) 试验

变频液压容积调速系统试验台溢流阀的调定压力在 20MPa 左右，当安全阀使用。试验采用程序控制方式，由工控机输出控制信号，分别控制变频器及比例溢流阀。给变频器输入 2.2V 阶跃控制电压信号（对应电动机同步转速 660r/min），液压马达转速、系统压力及加载回路压力，分别由转矩转速仪、系统压力传感器及加载回路的压力传感器测得，通过测试回路进入工控机。

① 阶跃响应　图 4-52 为阶跃响应曲线，A 为转速响应曲线，B 为系统压力响应曲线。因为液压油流过较长的软管，系统中高压回路的体积弹性模量较低，导致转速与压力响应曲线都有约 2s 的纯时延；压力油通过流量计，使系统流量压力产生一定的滞后，管道中的溢流阀等液压元件的泄漏，也对压力和流量的延迟有影响。在系统压力达到 14MPa 左右时，系统压力上升曲线的斜率急速下降，而马达转速上升曲线也有所下降，这时溢流阀开始起作用。由实验曲线发现流量和压力的震荡频率和震荡幅度都比较大，要在 25s 后才稳定。

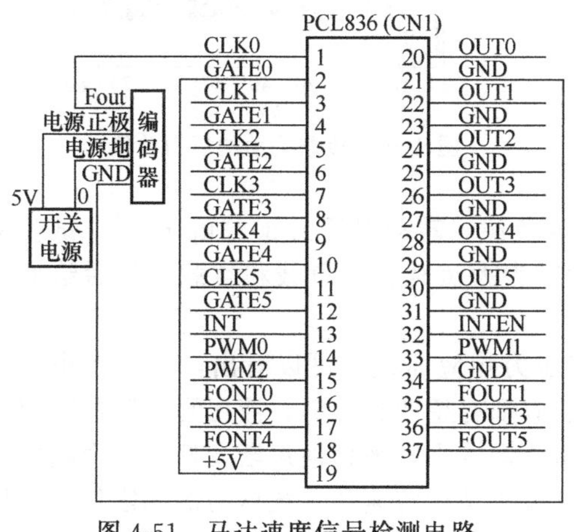

图 4-51 马达速度信号检测电路

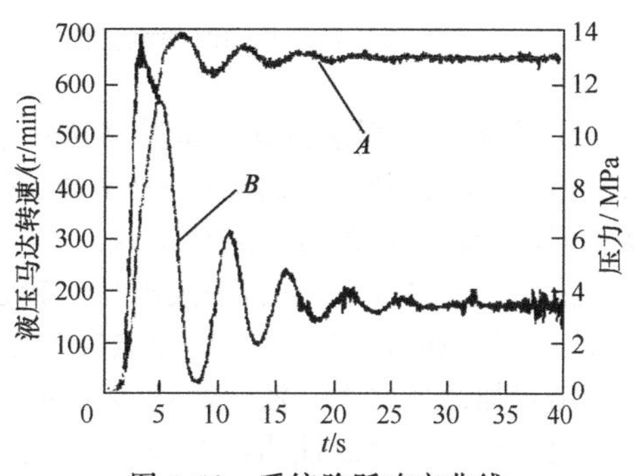

图 4-52 系统阶跃响应曲线

② 液压马达转动惯量影响　液压马达转动轴上装 3 个相同的飞轮，改变安装飞轮的个数，液压马达转动惯量分别为 $8.33kg \cdot m^2$、$16.66kg \cdot m^2$ 和 $25kg \cdot m^2$。

图 4-53 和图 4-54 分别对应系统的流量和压力阶跃响应曲线。系统模拟负载给定为零。

可以看出，随着转动惯量减小，液压马达转速响应曲线上升斜率变陡，响应速度加快，超调量有所增大，平稳性有所下降；而系统压力响应随着转动惯量的减小，超调量减小，平稳性增强，响应的快速性没有什么变化。

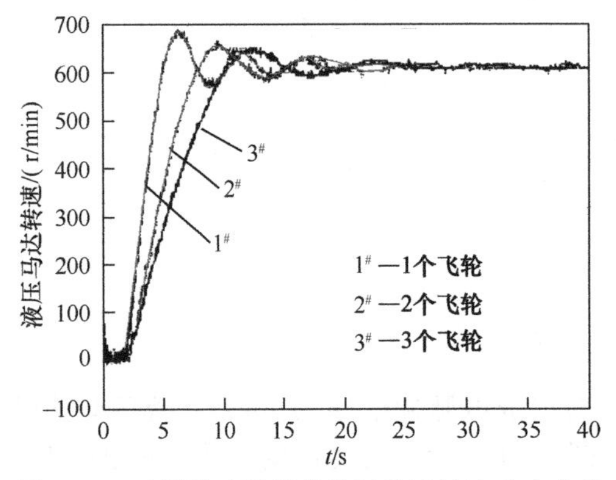

图 4-53　不同转动惯量的液压马达转速响应曲线

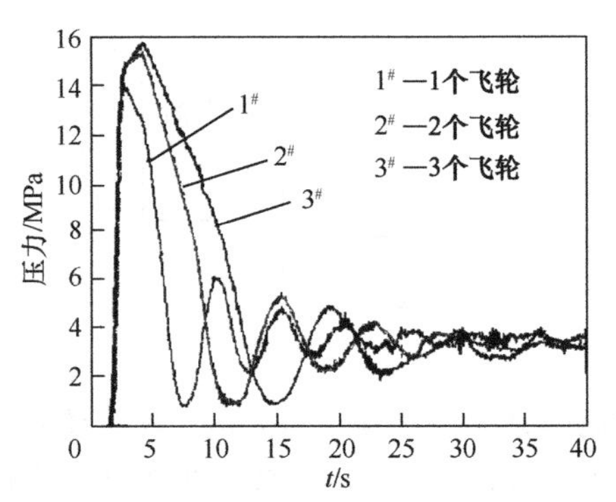

图 4-54　不同转动惯量的系统压力曲线

③ 负载扰动影响试验负载影响试验条件与以上试验类似。开始没有加载，在 36～40s 系统基本稳定运行时，给比例溢流阀加一阶跃信号，使系统有一个负载扰动信号。

图 4-55 和图 4-56 是负载扰动时的流量和压力曲线。由图中可以看出，增大负载转动惯量，有利于吸收系统扰动，运行过程更为稳定。

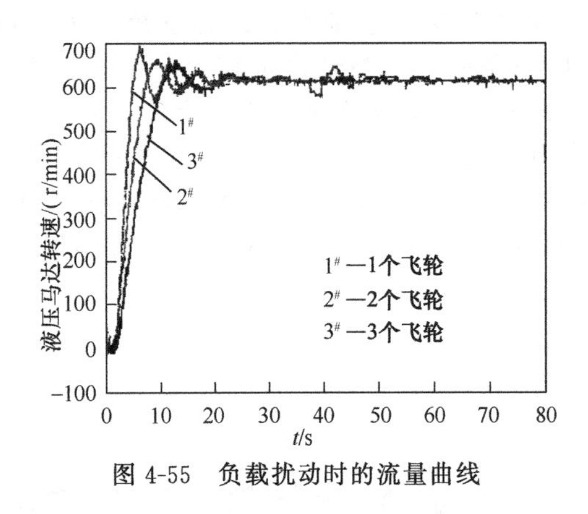

图 4-55　负载扰动时的流量曲线

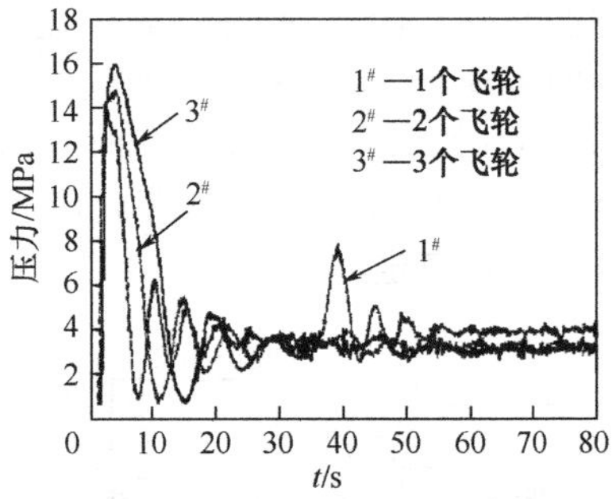

图 4-56　负载扰动的压力曲线

④ 负载大小影响试验　试验马达只带一个飞轮负载，转动惯量为 8.33kg・m^2。试验中依次给比例溢流阀的控制加载 D/A 端子信号，对应为大负载、小负载和空载，然后给变频器相同的阶跃控制信号，进行试验。

图 4-57、图 4-58 分别是液压马达转速和系统压力响应曲线。可以看出，负载大小影响很大。不加载时，液压马达转速响应和系统压力响应都有超调和振荡，液压马达转速响应较快。随着加载的增大，液压马达转速响应变慢，超调量减小，平稳性逐渐变好；压力响应速度变化很小，但稳定性明显变好。另外负载大小对液压马达转速和系统压力的稳定值影响很大。当负载由 2MPa 增加到 13MPa 时，系统压力的稳态值从 3.8MPa 增加到 14.2MPa，液压马达转速的稳态值由 620r/min 减小到 320r/min，损失 48.4%。这说明系统压力较高时，存在较大的泄漏。

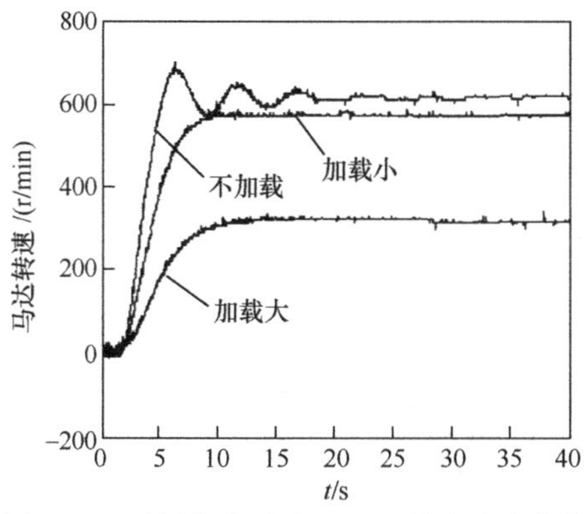

图 4-57 不同负载时液压马达转速响应曲线

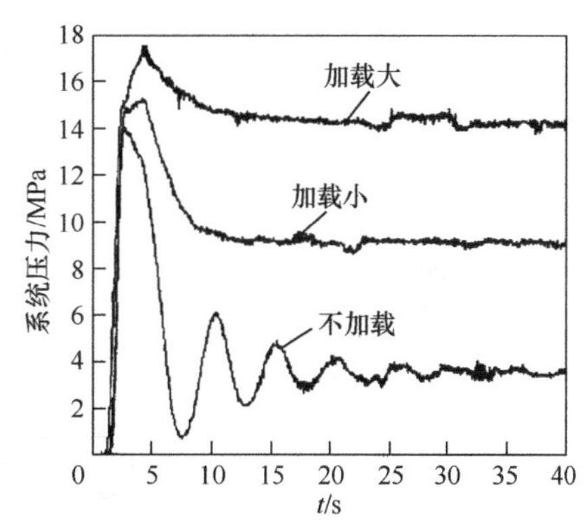

图 4-58 不同负载时系统压力响应曲线

4.4.4 电梯液压变频调速系统

(1) 概述

液压电梯的装机功率一般是曳引电梯的 2～3 倍，节能成为液压电梯技术的热点。

液压电梯能量回收方式主要有回馈电网式、机械式、液压蓄能式、变频调速式和变频-蓄能式五种，而其中变频-蓄能式节能效果最好。

阀控调速、变频（Variable Voltage Variable Frequency，VVVF）调速、活塞拉缸和蓄能器节能技术有机结合起来的开式油路的阀控-变频节能液压电梯系统，在一定程度上降低了液压电梯的能耗。

(2) 系统组成及节能原理

开式油路的阀控-变频节能液压电梯系统节能性好。图 4-59 是双缸直顶式液压电梯结构示意图，图 4-60 是该系统在双缸直顶式液压电梯中的应用原理图。

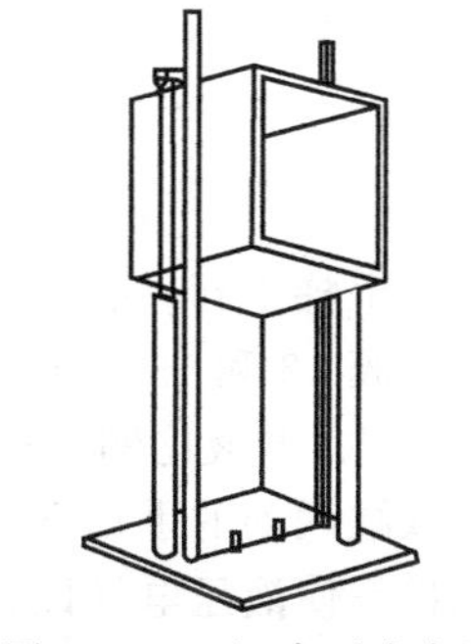
图 4-59 双缸直顶式液压电梯结构示意图

该系统的能量回收原理为：在电梯下降过程中，一部分势能会转换成液压能，将压力能储存在蓄能器中，另一部分势能经过节流阀产生了节流能量损失，最终转化为热能。在电梯上升过程中。采用容积调速，减少节流能量损失，同时蓄能器中的压力油释放出来，补充给液压泵，使上升过程中液压泵消耗电动机的能量减少，达到节能目的。

(3) 工作过程及特点

① 工作过程 开式阀控-变频液压电梯（见图 4-60）的工作过程如下。

a. 电梯上行。微机控制器接到电梯上行指令后，电磁溢流阀 6 得电，电动机 3 旋转，泵启动，泵经过滤器和交替单向阀 22 从油箱吸油，再经过过滤器 4、单向阀 5、二位三通换向阀 7、桥式整流板 9 和 10（控制双缸同步）、电磁单向阀 12 和 13 进入活塞缸 15 和 16，轿厢上升。

在电梯上升的过程中，通过检测到的电梯位置信息向微机控制器输入，然后经过微机处理后，把信号反馈给变频器，使液压泵按照给定的速度指令正向转动，电梯轿厢按照预定的速度曲线完成加速、减速、匀速、减速，再到平层运行阶段。

当电梯到达选定楼层，微机控制器接到停止信号后电磁溢流阀 6 断电，同时变频器停止向电动机供电，液压泵 2 停转，单向阀 5、12、13 在两端压差作用下关闭，电梯轿厢停留在平层位置。

在上行过程中，如果蓄能器内的压力油提供的驱动力矩大于负载阻力矩与系统摩擦力矩之和，主电动机需工作在正向回馈制动状态。反之，则主电动机需工作在正向电磁驱动状态。

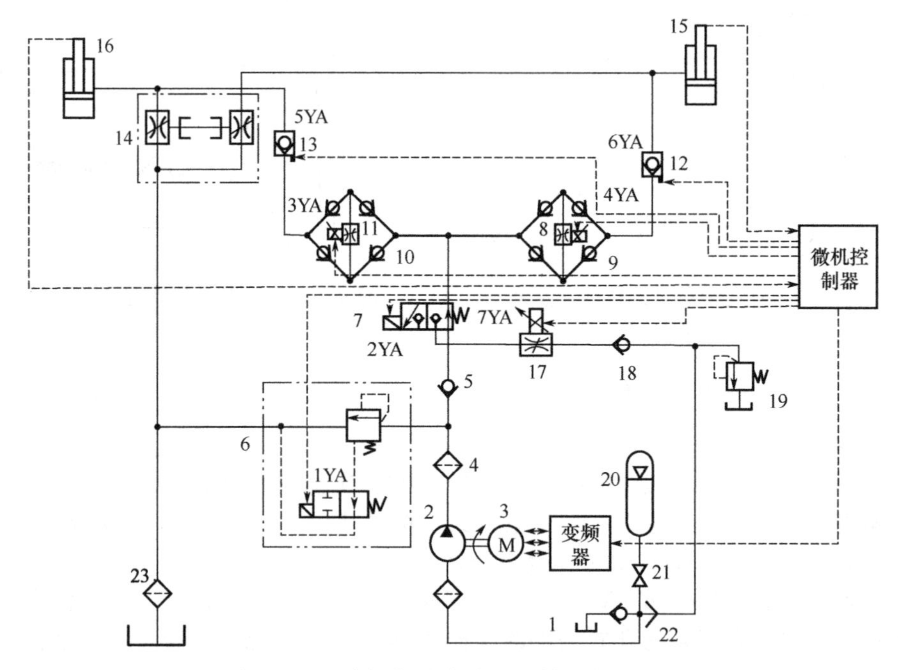

图 4-60 开式阀控-变频液压电梯系统原理图

1—油箱；2—液压泵；3—主电动机；4—过滤器；5,18—单向阀；6—电磁溢流阀；7—二位三通换向阀；8,11,17—电液比例调速阀；9,10—桥式整流板；12,13—电磁单向阀；14—手动下降阀；15,16—活塞缸；19—溢流阀；20—蓄能器；21—截止阀；22—交替单向阀

b. 电梯下行。微机控制器接到电梯下行指令后，电磁溢流阀 6、二位三通换向阀 7、电磁单向阀 12 和 13 得电，液压缸下腔的油液经过电磁单向阀 12 和 13、桥式整流板 9 和 10、换向阀 7、电液比例调速阀 17、单向阀 18、交替单向阀 22，最后到达蓄能器 20，轿厢下降。

双缸联动的手动下降阀 14（应急阀）用于突然断电液压系统因故障无法运行时，通过手动操作使液压电梯以较低的速度下降。

电梯轿厢在下降时，将检测到的液压电梯位置信号输入到微机处理器，然后将速度调节指令反馈到电液比例调速阀 17，通过调节阀口的开度来控制电梯按照规定的速度曲线运行。

当电梯到达指定层后，微机控制器接收到信号，使电磁单向阀 12 和 13 断电，两缸处于自锁状态，电梯停留在平层位置。

动作各电磁铁的通断情况如表 4-1 所示。

表 4-1 电磁铁动作表

动作	1YA	2YA	3YA	4YA	5YA	6YA	7YA
上行	+	−	+	+	−	−	−
上行停止	−	+	−	−	−	−	−
下行	−	+	+	+	+	+	+
下行停止	−	−	−	−	−	−	−

② 特点　开式阀控-变频液压电梯的特点如下。

a. 系统采用了变频调速，阀控调速和蓄能器作液压配重技术来节能。

b. 电梯上行采用变频调速技术实现了系统的变转速容积调速，使之成为“功率传感”系统。

c. 电梯下行采用阀控调速技术减少系统额外功率输入，并将负载部分势能以压力能的形式存储在蓄能器中，降低了系统装机功率。

4.4.5 绞车液压变频调速系统

基于PLC变频容积调速系统采用简单廉价的定量泵，控制精度高，运行平稳。

(1) PLC控制的变频容积调速系统

电动机变频调速技术依靠改变供电电源的频率就可实现对执行机构的速度调节，电动机始终处在高效率的工作状态，变频容积调速方式属于变转速调速方式，不同于变排量调速方式，节能效果好，调速系统具有更好的控制性能，降低了变量泵的成本，提高了系统的可靠性。

PLC控制的变频容积调速系统采用如图4-61所示闭环控制结构。采用速度闭环控制的优点是可提高系统的运行速度的跟随性。液压马达输出转速通过霍尔传感器反馈到PLC的高速计数模块，经处理后与预先设定的运行速度进行比较，输出相应的数字信号，通过PLC把信号输入到变频器，由变频器控制输入到电动机的工作频率，以改变电动机的转动速度（即调节定量泵的转动速度），调节定量泵的输出流量，从而调节定量液压马达的转速。采用速度闭环控制也可以补偿由于负载或温度的变化等各种不确定因素对运行速度的影响。

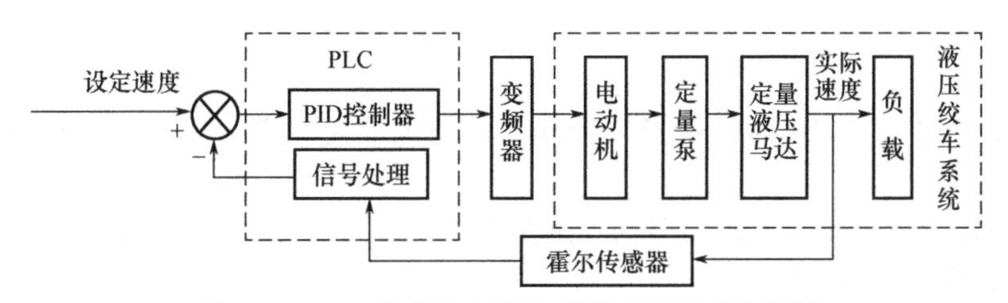

图4-61　PLC控制的变频容积调速控制系统框图

(2) 变频液压绞车

液压绞车作为目前井下主要的提升设备，其容积调速控制需由人工搬动操作手柄来实现，泵控马达的伺服系统比较复杂，非线性因素多，导致控制精度很难精确，启停过程冲击大，不仅加速系统元件的损坏，更影响在提人过程中人员的乘坐舒适性。针对这个问题，拟采用上述基于PLC的变频容积调速的控制策略来解决。

在一个提升过程中，绞车的理想运行速度曲线为一个梯形。首先，通过PLC编程把设定速度保存在寄存器中，从定量液压马达引出的速度负反馈经本安型霍尔传感器返回至PLC，经处理后和设定速度相减，经PLC的PID控制器后，得到控制量。PID控制器使用过程控制模块，这种模块的控制程序是厂家设计的，其PID调节的离散公式为：

$$M_n = K_c \times (SP_n - PV_n) + K_c \times T_s / TI \times (SP_n - PV_n) + MX + K_c \times TD / T_s \times (PV_{n-1} - P_n) \tag{4-17}$$

公式中包含9个用来控制和监视PID运算的参数，在PID指令使用时构成回路表，回路表的格式见表4-2，用户使用时只需要设置这些参数，使用起来非常方便。

表 4-2 PID 回路表

参数	地址偏移量	数据格式	I/O类型	描述
过程变量当前值 PV_n	0	双字,实数	I	过程变量,0.0～1.0
给定值 SP_n	4	双字,实数	I	给定值,0.0～1.0
输出值 M_n	8	双字,实数	I/O	输出值,0.0～1.0
增益 K_c	12	双字,实数	I	比例常数,正、负
采样时间 T_s	16	双字,实数	I	单位为秒,正数
积分时间 TI	20	双字,实数	I	单位为分钟,正数
微分时间 TD	24	双字,实数	I	单位为分钟,正数
积分项前值 MX	28	双字,实数	I/O	积分项前值,0.0～1.0
过程变量前值 PV_{n-1}	32	双字,实数	I/O	最近一次 PID 变量值

PLC 输出的 PWM 信号，直接接至变频器（具有 RS-485 通信功能）的频率给定端，从而达到控制目的。

由于 PLC 与变频器之间没有采用 D/A 转换，而是采用了 RS-485 进行数字通信，从而有效地提高了系统的抗干扰能力。而变频器的数字量输入信号（包括：运行/停止，正转/反转等）则需要利用继电器与 PLC 输出端连接，为了适应井下特殊的工作环境，防止出现因接触不良而带来的误动作，需要使用高可靠性的本安型继电器。

由于液压绞车负载的大惯性，要求电动机在低速下带动负载时输出充足的转矩来带动负载，所以变频器应采取矢量控制方式。可以通过对电动机端的电压降的响应，进行优化补偿，在不增加电流的情况下，允许电动机产出大的转矩，此功能对改善电动机低速时温升也有效果。

PLC 和变频器连接应用时，由于二者涉及用弱电控制强电，变频器在运行中会产生较强的电磁干扰。

因此，应该注意连接时出现的干扰，避免由于干扰造成变频器的误动作，或者由于连接不当导致 PLC 或变频器的损坏。

变频器与 PLC 相连接时应该注意以下几点。

① 对 PLC 本身应按规定的接线标准和接地条件进行接地，而且应注意避免和变频器使用共同的接地线，且在接地时使二者尽可能分开。

② 若变频器和 PLC 安装于同一操作柜中，应尽可能使与变频器有关的电线和与 PLC 有关的电线分开。

③ 通过使用屏蔽线和双绞线达到提高噪声干扰的水平。

4.4.6 抽油机二次调节静液传动-变频回馈系统

二次调节静液传动技术不仅可以避免节流和溢流损失，而且可通过调整液压泵/马达的斜盘倾角来达到调速的目的，具有良好的动静态特性。液压泵/马达可以进行液压马达与液压泵工况的转换，可以达到回收负载的惯性能或重力势能的目的。

将“二次调节静液传动技术”和“变频回馈技术”相结合的电能回馈型液压抽油机，能对负载的下降势能进行功率回收，提高能量利用效率。

(1) 电能回馈型液压抽油机

电能同馈型液压抽油机原理图如图 4-62 所示，主要由负载 1、液压缸 2、安全阀 3、单向阀4、液压泵/马达5、油箱6、异步电动机7和变频回馈单元8组成。当负载1上升时，液压泵/马达5工作在液压泵工况，异步电动机7工作在电动机工况，驱动负载上升；当负载1下降时，液压泵/马达5工作在液压马达工况，负载1下降的势能驱动液压马达以高于异步电动机7同步转速的形式驱动其工作，此时，异步电动机7工作为发电机工况，利用变频回馈单元8将回收的能量通过逆变器输入电网9进行电能回馈，这种方式减少了同一电网多个抽油机的能量需求量，如果抽油机工作是以时间相错开的形式，则更能体现能量消耗的减少。

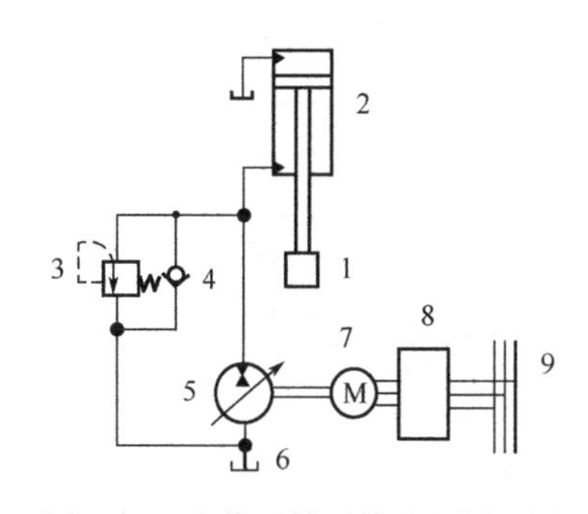

图4-62 电能回馈型抽油机原理图

1—负载；2—液压缸；3—安全阀；4—单向阀；5—液压泵/马达；6—油箱；7—异步电动机；8—变频回馈单元；9—电网

(2) 电能回馈型液压抽油机能量回馈电网机理

① 异步电动机 根据转差率 S 的正负和大小可以判断异步电动机的运行状态，如图4-63所示。在图4-63(a)中定子绕组产生的旋转磁场[图4-63(a)中用磁极N表示]以转速 n_0 旋转，转向假设如图4-63(a)所示为逆时针方向。在电动机运行状态，转子以转速 n 旋转，$n>n$，转子相对定子旋转磁场的转速为 $Sn_0=n_0-n$，显然这时 $0<S<1$。转子导体切割磁场产生感应电势 e_2，根据右手定则确定电势方向如图4-63所示。转子电流有功分量 i_{2a} 与电势 e_2 同相。载流导体在磁场中所受电磁力 F_{em} 的方向用左手定则确定为与定子旋转磁场旋转方向同相，对应的电磁转矩为 T_{em}。转子转动时的负载制动转矩 T_2 如图4-63(a)所示为顺时针方向。

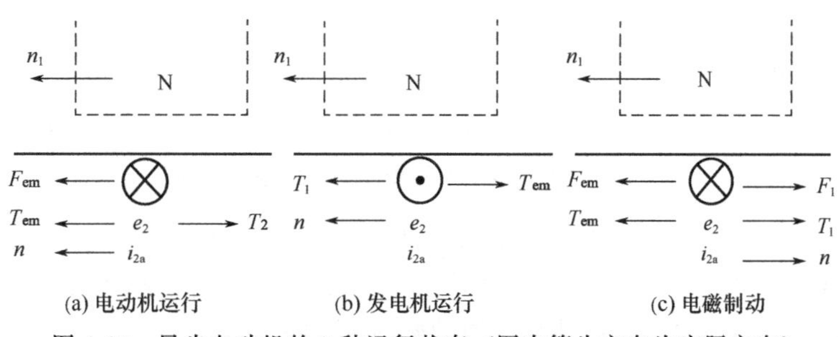

图4-63 异步电动机的3种运行状态（图中箭头方向为实际方向）

当异步电动机转轴受驱动转矩 T_1 作用加速使转速 n 高于同步转速时，n 与 n_0 转向相同，转差率 S 为负值，即 $-\infty<S<0$。导体切割磁场方向与电动机的相反，则 e_2、i_{1a} 方向改变，电磁转矩 T_{em} 随即反向，与 T_1 方向相反而起制动作用。转子从转轴上吸取机械能。定子电流有功分量 i_{1a} 随之反向，电功率 e_1、i_{1a} 为正值，定子绕组向电网输出电功率。异步电动机处于发电机运行状态，如图4-63(b)所示。

外力 F_1 产生的转矩 T_1，作用使电动机转轴按与电子旋转磁场转向相反的方向以转速 n 旋转。转子导体切割磁场速度高于同步转速，切割方向和电动机运行时相同。这时，电势 e_1 和 e_2、电流 i_{1a} 和 i_{2a}、电磁力 F_{em}、电磁转矩 T_{em} 的方向都和电动机运行时一样，如图4-63(c)所示。此时外力 F_1 所做的机械功由转子吸收。

② 变频器回馈单元 变频回馈单元的功用为变频和回馈，即：a.可以改变进入异步电动机交流电频率 f 的值，从而达到改变异步电动机的同步转速 n_0。可将频率固定（通常为工频50Hz）的交流电变换成频率为0～400Hz的三相交流电。b.可将异步电动机作为发电机时输出交流电的频率转化为工频50Hz返回电网，同时避免回馈电能对电网的污染。变频回馈单元的工作原理如图4-64(a)所示，变频器回馈单元的输入端接至频率固定的三相交流

电源，输出端输出的是频率在一定范围内连续可调的三相交流电，接至异步电动机。

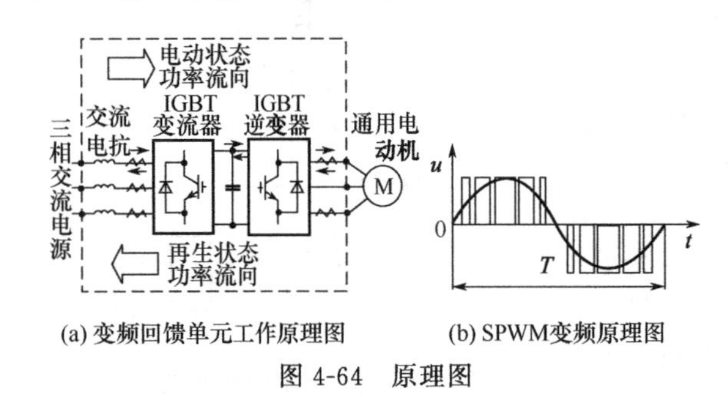

(a) 变频回馈单元工作原理图　(b) SPWM变频原理图

图 4-64　原理图

变频回馈单元采用正弦波脉宽调制(SPWM) 技术，变频原理如图 4-64(b) 所示，通过对一系列脉冲的宽度进行调制来等效地获得所需要的正弦波。在进行脉宽调制时，使脉冲系列的占空比按照正弦规律来安排，当正弦值为最大值时，脉冲的宽度也最大，而脉冲间的间隔则最小。反之，当正弦值较小时，脉冲的宽度也小，而脉冲间的间隔则较大。各脉冲的宽度以及相互间的间隔宽度是由正弦波（基准波或调制波）和等腰三角波（载波）的交点来决定的。

(3) 试验

图 4-65 为负载分别在 1000kg、800kg 和 600kg，异步电动机额定转速为 500r/min，下降速度为 0.1m/s 时，异步电动机的输出功率图。

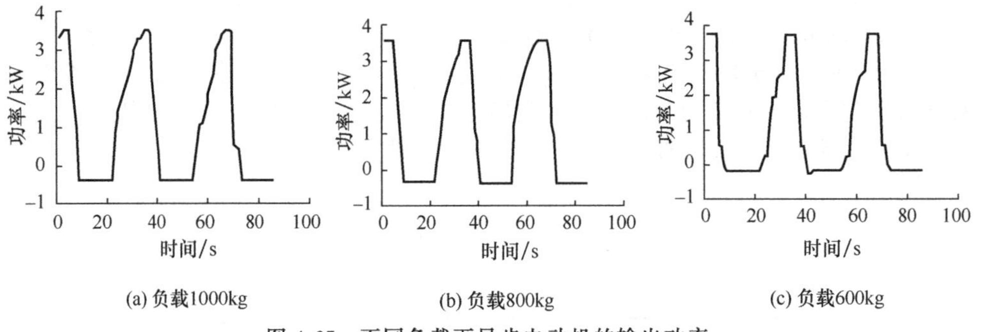

(a) 负载1000kg　(b) 负载800kg　(c) 负载600kg

图 4-65　不同负载下异步电动机的输出功率

由图 4-65 可以看到，当负载为 1000kg 时，平均回馈功率为－0.319kW，同馈率为 31.9%。当负载为 800kg 时，平均回馈功率为－0.262kW，回馈率为 32.75%。当负载为 600kg 时，平均回馈功率为－0.187kW，回馈率为 31.1%。

图 4-66 是负载为 1000kg，下行程异步电动机的同步转速为 500r/min，抽油机在不同速度下，异步电动机的输出功率图。

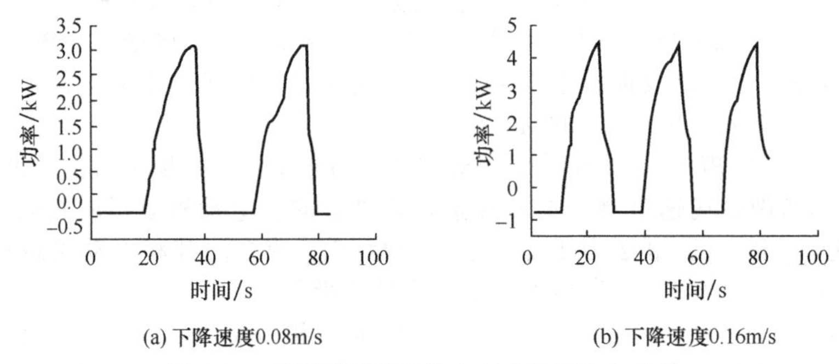

(a) 下降速度0.08m/s　(b) 下降速度0.16m/s

图 4-66　不同下降速度异步电动机的输出功率

由图 4-66 可以看到，当下降速度为 0.08m/s 时，平均回馈功率为－0.244kW，回馈率为 30.5%。当下降速度为 0.16m/s 时，平均回馈功率为－0.613kW，回馈率为 38.1%。结果显示，增加负载的下降速度可以提高抽油机回馈率。

图 4-67 为负载下降速度一定，而异步电动机同步转速分别取 500r/min、800r/min、1200r/min 时，异步电动机的输出功率图。

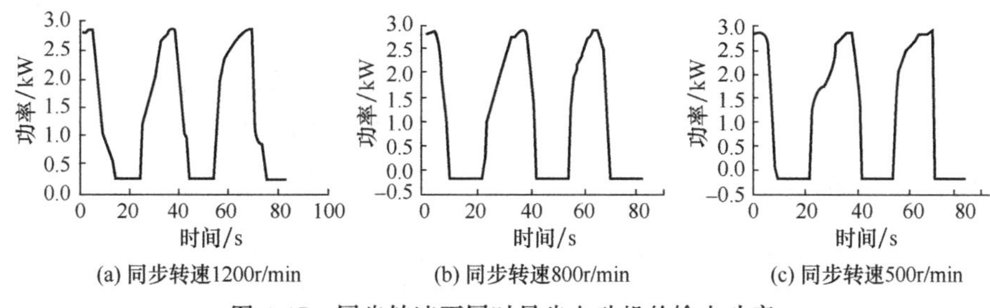

图 4-67 同步转速不同时异步电动机的输出功率

由图 4-67 可以看到在 3 种不同电动机转速时，回馈率分别为 32.07%，31.85%和 31.03%。试验表明：负载下降时，降低异步电动机同步转速，可提高功率回馈率。但试验研究也表明，过低减小异步电动机的同步转速，对回馈率影响不大。负载下行时异步电动机的同步转速约为 500r/min 即可，过低地减少电动机的频率反而会影响电动机的功率因素。

(4) 小结

“二次调节静液传动技术”和“变频回馈技术”相结合的电能回馈型抽油机，可对负载下降势能进行回收，且效果明显，能大大减少抽油过程电能消耗。

试验表明，随着负载增大，回馈能量增大，但对回馈率影响不大；负载下降速度增大，抽油机回馈率提高。可以达到 30%左右的节能率。负载下降时，降低异步电动机同步转速，可提高功率同馈率。但过低地减小异步电动机的同步转速，反而会影响电动机功率因素。

4.5 智能液压泵及应用

所谓的“智能泵（国外称为 smart pump）”，即在高压大功率环境对液压泵源运行方式进行综合管理和调度，使系统的运行工况和工作任务需要相匹配的泵源系统。智能泵最早的雏形是自行式移动机械和塑料注射机上使用的负载敏感泵。但当时泵的调节仅实现了电液比例控制方式。机载液压系统频响速度要求较高，需将执行元件和控制阀集成在一个部件上，故智能液压泵在航空领域有广泛应用。

4.5.1 军用机载智能泵源

结合机载液压系统的技术需求，一种智能泵源系统，它可根据飞行任务进行工作模式的管理和输入量的设置，并在工作模式和输入不变的情况下使输出按照设定的工作模式跟随所设定的输入值，以满足机载液压系统的需要。

(1) 结构组成与工作原理

机载智能泵源系统组成如图 4-68 所示。它由公管液压子系统的计算机、微控制器、电液伺服变量机构、液压泵、集成式传感器 5 部分组成，其中微处理器、电液伺服变量机构、轴向柱塞泵、集成式传感器 4 部分构成智能泵。

图 4-68 中，智能泵的工作模式和控制器的输入由机载公共设备液压子系统的计算机根据飞机的工作任务确定，微控制器接受公管液压计算机的指令，选择与指令工作模式相对应的被调节量进行采集和反馈，并与参考输入比较求得误差信号，对误差信号按规定的控制算法进行计算获得控制量，并通过 D/A 转换器送给伺服放大器去控制电液伺服变量泵按选定

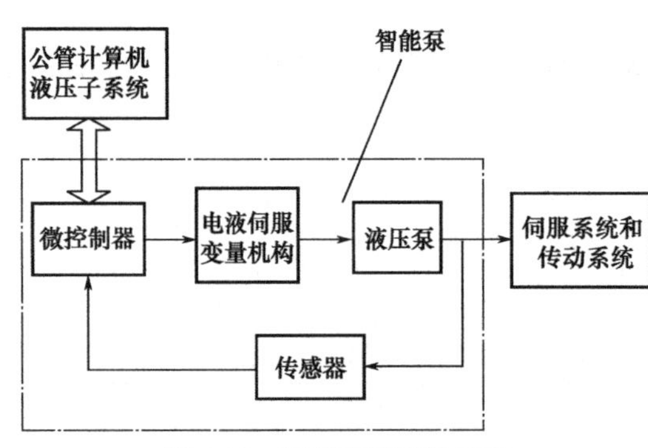

图 4-68　智能泵源系统组成

工作模式和设定的希望输入运转。

智能泵源系统的特点是：按照要求选择工作模式和被调节量，然后采集对应的被调量实现反馈控制。因此，它表现了非常强的柔性和适应性。

(2) 智能泵原理样机

原理样机是在 A4V 泵基础上改制的。改制方法对其他航空液压泵也有参考价值。对 A4V 泵进行改装，将双向变量方式改成了单向方式，取消了双向安全阀，增加了电液伺服变量机构，改造后的智能泵的结构原理如图 4-69 所示。采用电液伺服变量机构的好处是其快速性和可控性比电液比例控制机构好。

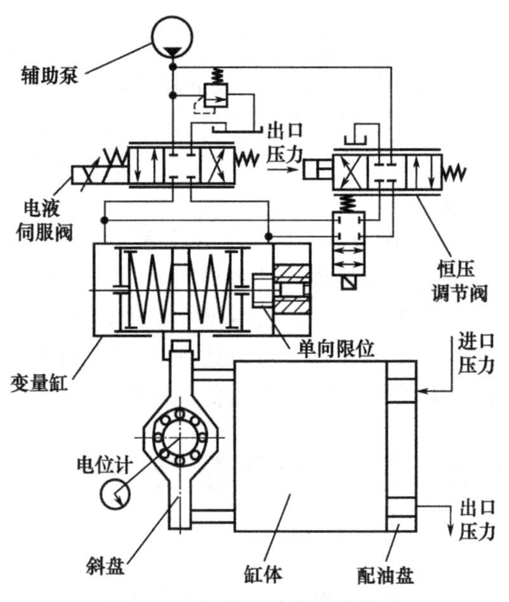

图 4-69　智能泵结构原理样机

此外，考虑到机载泵源系统可靠性要求较高，设置了固定恒压变量功能，当电液伺服变量机构发生故障时退化为固定恒压变量模式运行。系统的压力通过集成一体化传感器测量，理论流量通过排量和转速的乘积求得，压差通过两个压力传感器的差获得。原理样机改装后，对其进行了内漏系数、变流量和变压力测试，具体指标为：泄漏系数 $K_1=3.4\times10^{-12}m^5/(N^\circ s)$；变流量阶跃试验：阶跃为 75%的额定流量时调整时间不大于 200ms；变压力阶跃试验：从 1～20MPa 阶跃调整时间不大于 50ms。

(3) 工作模式管理

与定量泵加溢流阀所组成的恒压源相比，恒压变量泵（压力补偿泵）功口安全阀组成的恒压油源消除了溢流损失，因而提高了系统的效率。但对高压系统来说，当负载甚小或运动速度要求不高时，将有较大的节流压降。美国的研究结果表明，对于一架典型的战斗机来讲，飞机对机载液压泵源要求工作压力为 55.2MPa 的时间还不到飞行时间的 10%，在其余时间内，包括起飞、飞行到战斗位置、返航和着陆，20.7MPa 的机载液压系统已能完全满足要求，表 4-3 是在 Rockwell 实施的军用飞机某项研究所得到的统计结果。

表 4-3　飞行过程时间统计表

任务序号	任务模式	时间/min	百分比/%	飞行高度/km	马赫数
1	起飞	3	1.9		0.28
2	爬升和巡航	48	29.6	10.67	0.8
3	盘旋和下降	36	22.2	9.14	0.7
4	俯冲	4	2.4		1.1
5	格斗	5	3.2	3.05	0.6

续表

任务序号	任务模式	时间/min	百分比/%	飞行高度/km	马赫数
6	巡航和降落	48	29.6	12.19	0.8
7	着陆	18	11.1		0.28
总计		162	100		

从表 4-3 可以看出，工作模式管理对智能泵来说是非常重要的，如果仅有智能泵，但没有对其进行有效的运转模式管理，则不能称之为真正意义上的智能泵。必须根据飞行任务制定工作模式和输入设定程序，才能使智能泵发挥应有的作用，所制定的工作模式和输入设定如表 4-4 所示。

表 4-4 工作模式和输入设定表

任务序号	任务模式	时间百分比/%	工作模式	设定量
1	起飞	1.9	恒流量模式	大
2	爬升和巡航	29.6	负载敏感或恒压	压差设定中或中恒压
3	盘旋和下降	22.2	负载敏感或恒压	压差设定中或中恒压
4	俯冲	2.4	恒压模式	大
5	格斗	3.2	恒压模式	大
6	巡航和降落	29.6	负载敏感或恒压	压差设定中或中恒压
7	着陆	11.1	恒流量模式	大

工作模式的管理和输入设定由机载公共设备智能管理计算机完成，已与智能泵的微控制器通过 1553B 总线构成递阶控制。

(4) 能量利用情况分析

图 4-70 是负载敏感泵与负载连接情况，图 4-71～图 4-73 给出了 3 种泵源的功率利用情况。以上图中 p_p 为泵的输出压力；p_s 为出口压力；p_L 为负载压力；p_{LS} 为所有支路油负载压力的最大值；p_{sh} 为智能泵负载压力的最大值；LS 为负载敏感；SV 为伺服阀；Q_L 为泵的负载流量；Q_s 为最大负载流量；Q_p 为泵的输出流量；Δp 为设定工作压差；i 为控制电流。

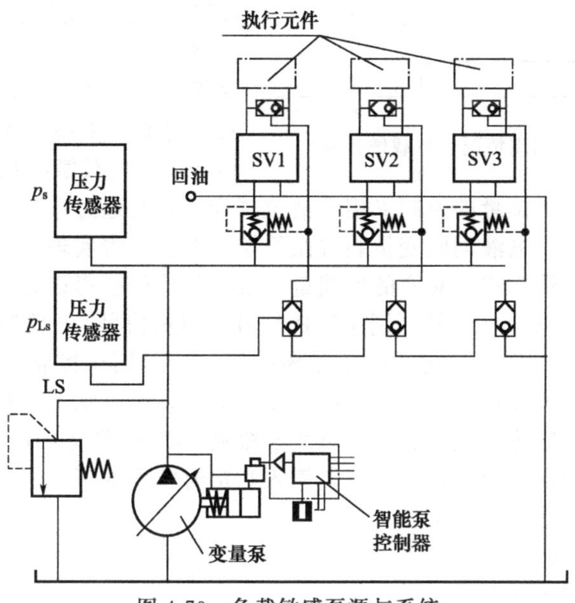

图 4-70 负载敏感泵源与系统

从图 4-71～图 4-73 可以看出，负载敏感变量泵功率利用情况最好但动态特性较差，可调恒压变量泵的功率利用情况较好。值得提出的是，可调恒压是指供油压力随任务不同可以控制，不是像负载敏感泵那样供油压力随负载压力变化；负载敏感泵供油时，由于供油压力随负载压力变化，所以伺服机构的负载压力与负载流量间的抛物线关系已不再成立。图 4-71 和图 4-72 中，$COAB$ 相当于约 90%的工作区。$A_1B_1C_1$ 相当于 10%左右的大机动工作区。从图 4-73 可以看出，如果负载敏感泵驱动多执行元件，当负载相差悬殊时，节流损失仍很大，同时动态特性也不好。如果采用功率电传，末端以泵驱动单执行元件的模式比采用负载敏感泵有一定优越性，但随着电动机调速性能的改善，此方案的可用性已经受到质疑。

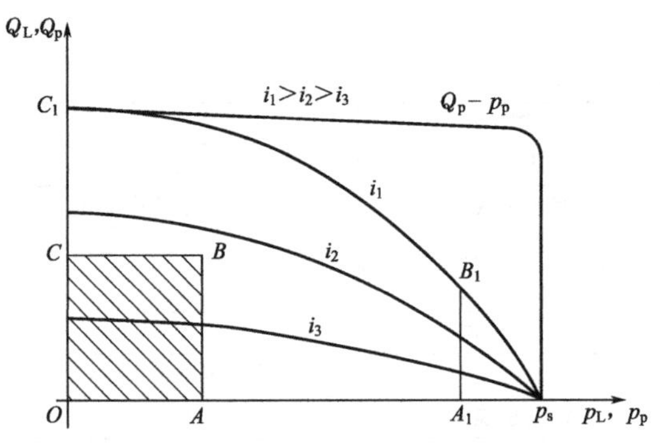

图 4-71 普通恒压泵能量利用情况

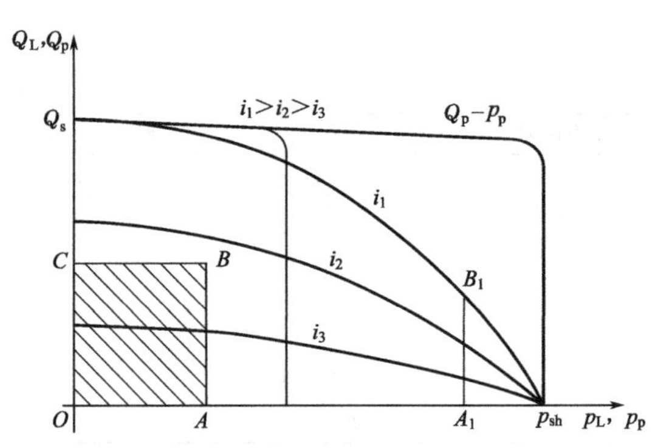

图 4-72 智能泵能量利用情况（可调恒压泵）

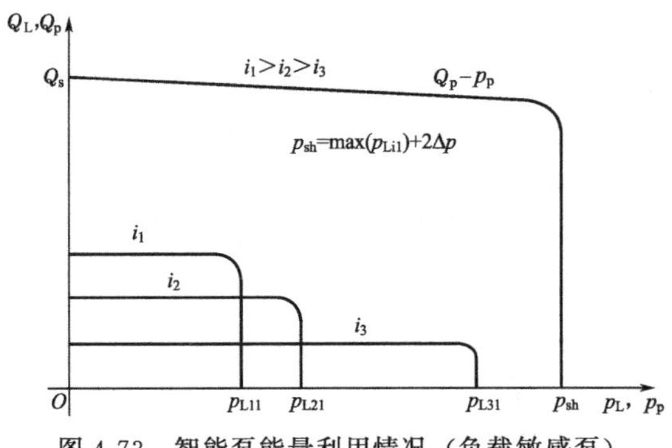

图 4-73 智能泵能量利用情况（负载敏感泵）

(5) 智能泵微控制器

智能泵微控制器基于 89C51 单片机实现，可以通过 1553B（GJB 498）总线与机载公共设备管理系统液压子系统的计算机相连。所研制的智能泵微控制器的结构组成如图 4-74 所示，由 89C51 单片机、AD574A、TLC5620、调理电路、电流负反馈放大电路和显示电路等组成，控制程序固化在 89C51 单片机的 EEPROM 中。对于智能泵来说，无论是流量控制、压力控制还是负载敏感控制，最终均可归结为对变量泵排量的控制，而排量的控制采用电液位置伺服系统通过单片型微机控制系统来调节变量泵的斜盘摆角实现。电液伺服变量装置微机控制系统负责实现用微机控制智能泵的流量探力特性，并选择与运转方式相对应的反馈量与设定量比较获得误差信号进而通过计算求得控制量。图 4-74 中，2 路频率信号分别是转速信号和扭矩信号，2 路数字输出信号分别用于驱动流量检测/加载阀组的两个电磁阀，1 路模拟输出信号用于控制电液伺服变量装置的电液伺服阀。通过串口，可实现上位机与其微控制器通信，实现从上位机向下位机传送变量方式、控制规则和给定参数等。微控制器可以实现模糊 PID 和常规 PID 两种控制算法。

通过智能泵微控制器的测试，其模出、模入和定时精度如下。

模出：单通道，精度优于 0.1%。

模入：4 通道，精度优于 0.1%。

转速测试精度：优于 0.5%。

定时精度：优于采样周期的 0.05%，采样周期可以在 2～50ms 之间设定。

(6) 智能泵试验装置

在飞机上，智能泵由航空发动机通过分动箱（减速比一般为 3：1）驱动。由于航空发动机的功率比液压功率大得多，因此该驱动系统有非常高的速度刚度。为了在实验室进行智能泵的试验，必须设计能模拟发动机转速驱动系统特性的驱动装置。所设计的转速调节系统如图 4-75 中的右半部分所示，采用阀控马达系统稳定液压泵的转速，阀为带位移电反馈的电液比例方向流量控制阀。为了进行泵的加载和工作模式切换，设置了流量检测（如载阀组）。当其中的电磁阀均断电时起流量检测和加载的作用；当左边的电磁铁通电且右边的电磁铁断电时，起加载的作用；当两个电磁铁均通电时，油泵处于卸荷状态。试验系统中的智能泵采用微控制器控制，采用上位机通过串口和采集卡传送指令和采集试验数据并进行数据处理获得试验曲线。上位机 CAT 软件采用 VC6.0 编写。该装置能对智能泵进行变流量、变压力和负载敏感等试验。

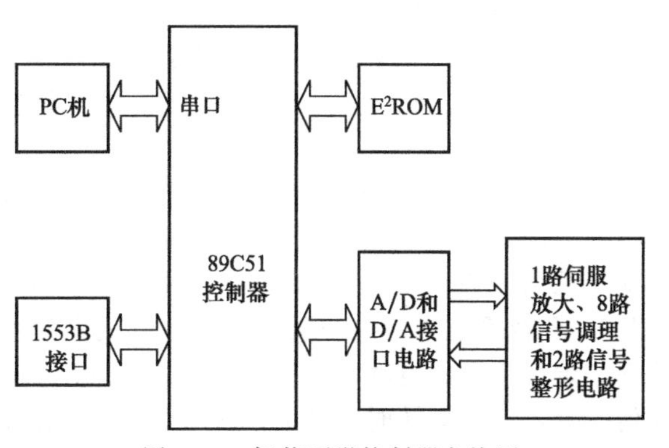

图 4-74 智能泵微控制器方块图

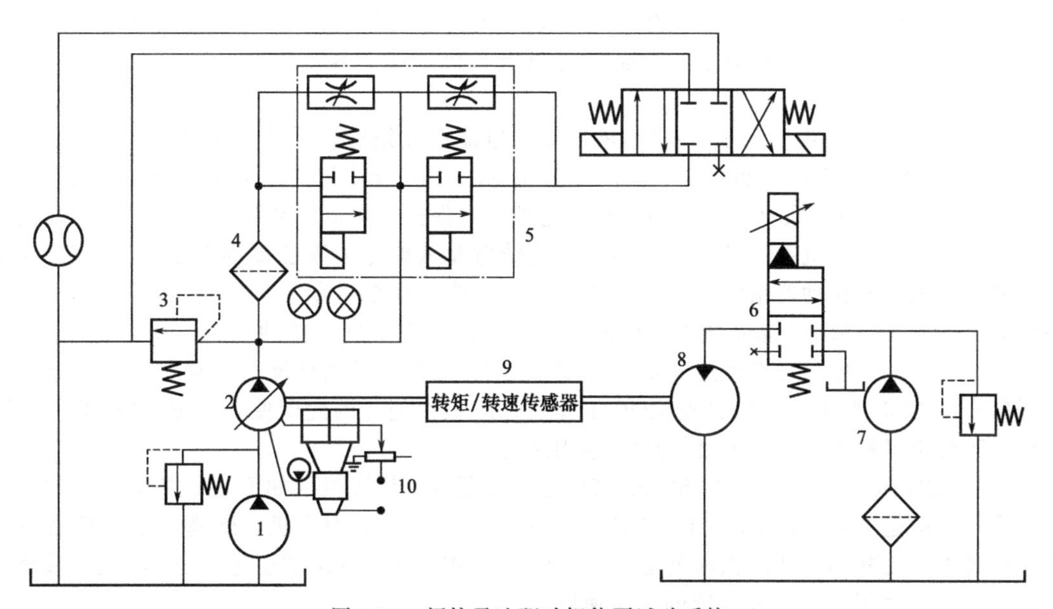

图 4-75 阀控马达驱动智能泵试验系统

1—增压泵；2—智能泵；3—安全阀；4—高压油滤；5—流量检测如载阀组；6—比例方向流量控制阀；7—驱动侧液压泵；8—驱动液压马达；9—转速扭矩测试仪；10—变量控制机构

4.5.2 大型客机液压泵系统

大型客机液压系统是一个多余度、大功率的复杂综合系统，由多套相互独立、相互备份的液压系统组成。每套液压系统由液压能源系统及其对应的不同液压用户系统组成。液压能源系统包括油箱增压系统、泵源系统以及能量转换系统等；用户系统包括飞控系统、起落架系统以及反推力系统等。其中液压能源系统是综合系统的动力核心。

(1) 空中客车公司大型客机液压能源系统

① 空客A320　A320系列客机是空中客车公司研制的双发、中短程、单过道、150座级客机，包括A318、A319、A320及A3214种机型，是第一款采用电传操纵飞行控制系统的音速民航飞机。

A320液压系统由3个封闭的、相对独立的液压源组成，分别用绿、黄、蓝来表示。执行机构的配置形式保证了在2个液压系统失效情况下，飞机能够安全飞行和着落，其液压系统配置见图4-76。在正常工作（无故障）情况下，绿系统和黄系统中的发动机驱动泵（EDP）和蓝系统中的电动泵（EMP）作为系统主泵，为各系统用户提供所需要的实时液压功率。黄系统中的电动泵（EMP）只在飞行剖面中大流量工况或主泵故障工况时启动。当任何一个发动机运转时，蓝系统的电动泵自动启动。3个系统主泵通常设置为开机自动启动，无电情况下，手动泵作为应急动力对货舱门进行控制。蓝系统为备份系统，其冲压空气涡轮（RAT）在飞机失去电源或者发动机全部故障时，通过与其连接的液压泵为蓝系统提供应急压力，此外RAT也可通过恒速马达/发电机（CSM/G）为飞机提供部分应急电源。系统中的双向动力转换单元（PTU）在绿、黄两个液压系统间机械连接，当一个发动机或EDP发生故障，导致两系统压力差大于3.5MPa时，PTU自动启动为故障系统提供压力。优先阀在系统低压情况下，切断重负载用户，优先维持高优先级用户（如主飞控舵面）压力。前轮转弯、起落架、正常刹车由绿系统提供压力，备用刹车由黄系统提供压力。

② 空客A380　A380是空客公司研制的四发、远程、600座级超大型宽体客机，是迄今为止世界上建造的最先进、最宽敞和最高效的飞机，于2007年投入运营。它是目前世界上唯一采用全机身长度双层客舱、4通道的民航客机，被空客视为21世纪“旗舰”产品，其液压系统特点如下。

a. 2H/2E系统结构。A380飞机将液压能与电能有效结合，采用2套液压回路+2套电路的2H/2E双体系飞行控制系统，如图4-77所示。其中2H为传统液压动力作动系统，由8台威格士发动机驱动泵（EDP）和4台带电控及电保护的交流电动泵（EMP）组成两主液压系统的泵源，为飞机主飞控、起落架、前轮转弯及其他相关系统提供液压动力；2E为电动力的分布式电液作动器系统，用于取代早期空客机型的备份系统，该系统由电液作动器与备用电液作动器组成。4套系统中的任何一套都可以对飞机进行单独控制，使A380液压系统的独立性、冗余度和可靠性达到新的高度。所有EDP通过离合器与发动机相连，单独关闭任何一个EDP都不会影响其他EDP工作及系统级性能，因此即便8个EDP中有一个不工作，飞机仍可被放行。EMP作为辅助液压系统备用。

b. 35MPa压力等级。尽管35MPa高压系统在部分军用飞机（如F-22、F-35、C-17）上得到应用，但是A380是首架采用35MPa高压系统的大型民用客机，既满足了飞机液压系统工作需求，又减小了其体积和重量。据统计，35MPa压力等级的引进为A380飞机减轻了1.4t的重量，并提高了飞控系统的响应速度。

c. EHA/EBHA。电液作动器EHA/EBHA与分散式电液能源系统LEHGS等新型技术在A380飞机上的成功使用，开启了飞机液压系统从传统液压伺服控制到多电、多控制的技术先河。通过新一代电液作动器的使用，使得系统设计从传统分配式模式向分布式模式转变，减少了液压元件与管路的使用，减少了飞机重量。

A380飞机采用EHA/EBHA系统来控制主飞行控制舵面，从而减少了一套液压系统，由于EHA/EBHA布置在执行器的附近，因而使驱动舵面的反应速度更快，也简化了液压管路的布置。

(2) 波音公司大型客机液压能源系统

① 波音737（B737）　波音737系列客机是波音公司生产的一种中短程、双发喷气式

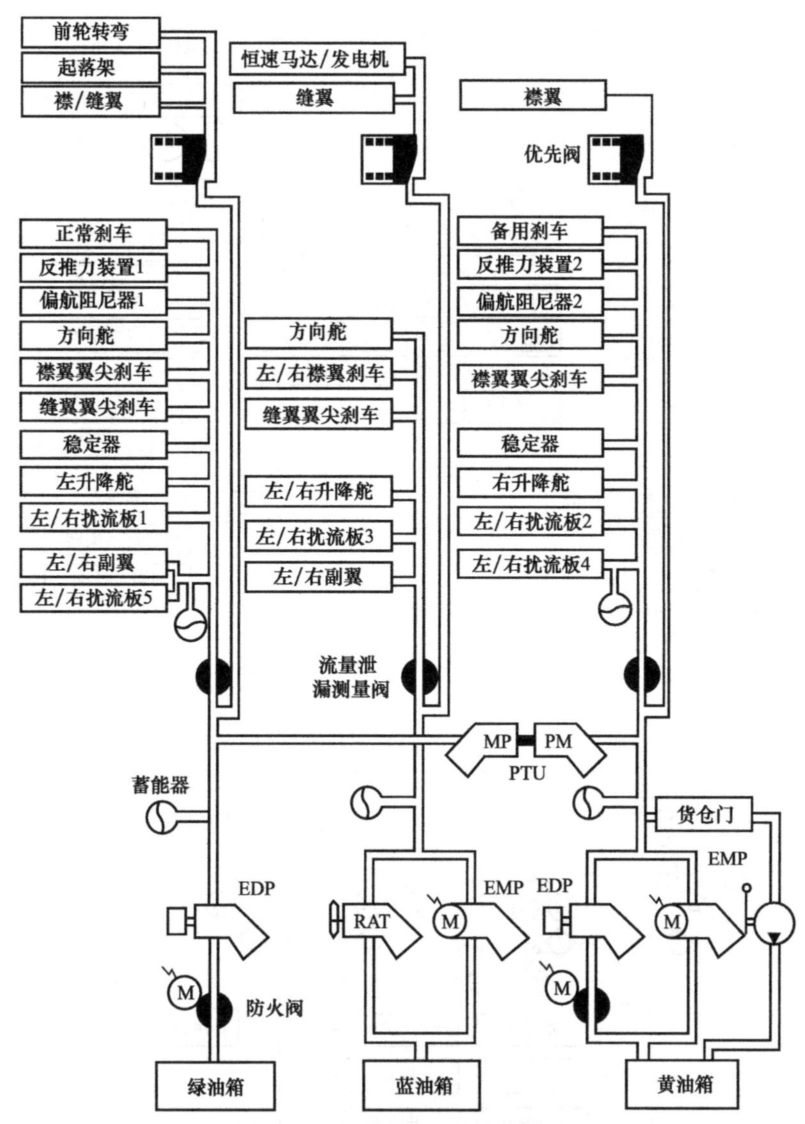

图 4-76 空客 A320 液压系统配置

客机，被称为世界航空史上最成功的窄体民航客机，具有可靠、简捷、运营和维护成本低等特点，是目前民航飞机系列中生产历史最长、交付量最多的飞机。目前市场上主流 737 为-300/-400/-500 型，最新一代 737 为 737-NG（next generation）。

波音 737 有 3 个独立的液压系统，分别为 A 系统、B 系统和备用系统，为飞行操纵系统、襟/缝翼、起落架、前轮转向和机轮刹车等提供动力。波音 737 由线缆等机械装置传输指令进行飞机姿态控制，图 4-78 显示了波音 737 的液压系统配置。

系统 A 与系统 B 是飞机主液压系统，正常飞行状态下由系统 A 和系统 B 提供飞机飞行控制所需压力；A/B 系统泵配置均由一个 EDP 和一个 EMP 组成；A/B 系统的正常压力由系统中的 EDP 提供，如果 EDP 失效，由 EMP 为 A/B 系统补充压力；备用系统由 EMP 为飞机提供动力。波音 737 液压系统中的 PTU 为单向动力传递，即只有当 B 系统中出现严重低压现象时，PTU 在 A 系统的动力驱动下，将动力传递给 B 系统用户，由于传递过程使用同轴连接结构，可保证两系统不发生串油现象；两系统都可以通过起落架转换阀对起落架系

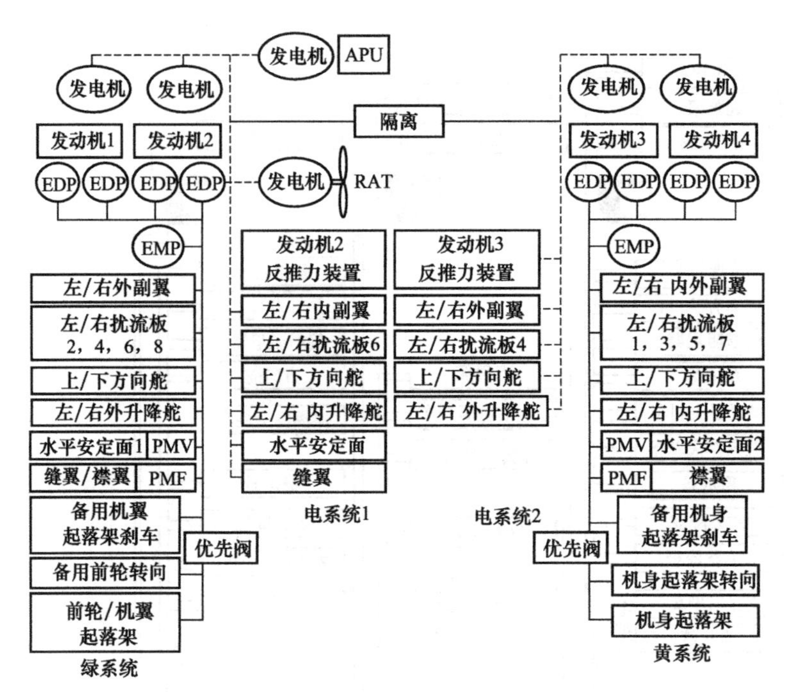

图 4-77　空客 A380 液压系统配置

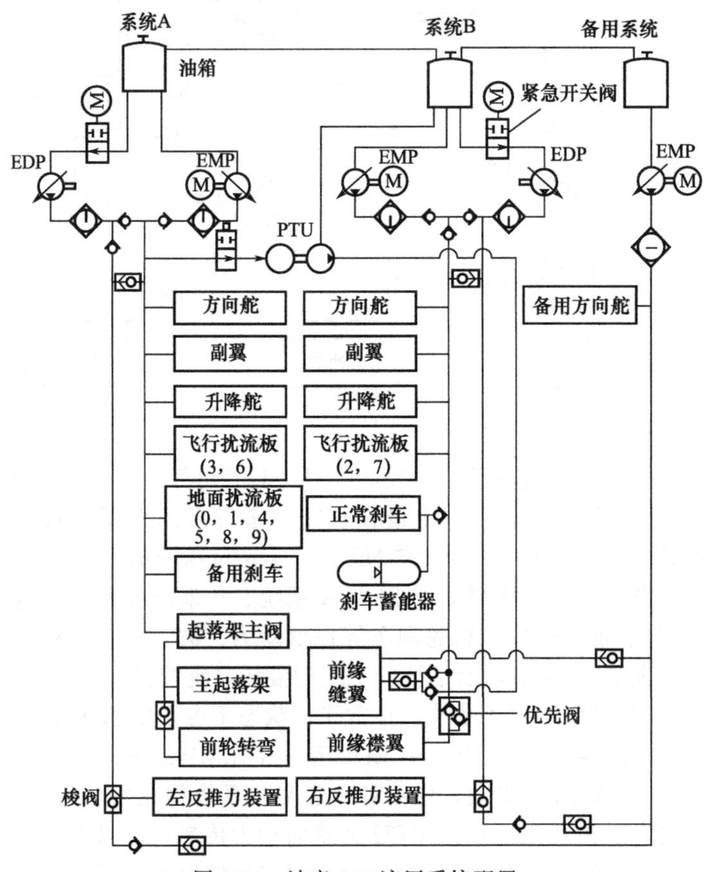

图 4-78　波音 737 液压系统配置

统进行供压，保证两主系统都可以对起落架液压系统进行独立控制。

② 波音 787（B787） 波音 787 是波音公司最新发展的双发、中型宽体客机，可载 210～330 人，航程 6500～16000km。波音 787 的突出特点是采用了高达 50％的复合材料来建造主体结构（包括机身和机翼），具有强度高、重量轻等优点。

波音 787 同样采用 35MPa 工作压力来降低系统重量。液压系统仍由左、中、右三套独立系统构成，其中左/右液压系统由一个 EDP 和一个 EMP 来提供压力，中央系统由两个 EMP 和一个涡轮冲压泵 RAT 来提供压力。液压系统用户分配见图 4-79。

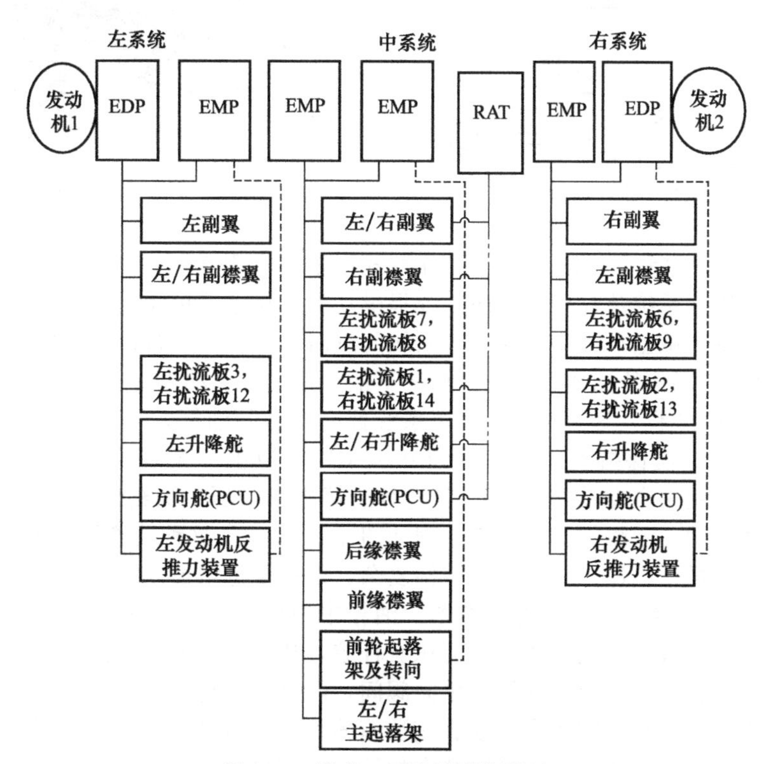

图 4-79 波音 787 液压系统配置

波音 787 液压系统设计体现了未来多电飞机的发展趋势。与波音 737 相比，由于波音 787 采用电动机械（EMA）技术来控制部分飞行控制舵面，因此其液压系统用户减少。此外，波音 787 采用电刹车系统来替代传统的液压刹车系统，刹车系统得到大大简化，系统可靠性得到提高；同时由于没有液压管路，避免了油液泄漏，降低了维修成本。

(3) 客机液压能源系统发展趋势

① 高压化 传统客机液压系统压力等级主要为 21MPa，但从新型客机 A380 和波音 787 应用 35MPa 压力等级可以看出，民用飞机紧随军用飞机液压技术，也具有发展高压系统的趋势，这是因为就传动力和做功而言，高压意味着可以缩小动力元件尺寸、减轻液压系统重量、提升飞机承载能力。当然，高压系统也对设备的强度和密封材料的性能提出了更高的要求。液压系统是否采用高压，还要考虑飞机燃油经济性和维护便利性的要求。

② 分布式 电液作动器 EHA 与分散式电液能源系统 LEHGS 等新型电液技术在 A380 飞机上的成功使用，是大型客机液压能源系统设计理念的创新，使得液压能源系统设计首次从传统集中分配式模式向独立分布式模式转变，大大减少了液压元件与液压管路。EHA 与 LEHGS 的结合运用，替代传统第二套液压能源系统（备用系统），实现了小功率负载用户到大功率负载用户的飞机液压动力备份。

电液作动器EHA将液压能源系统与用户系统有效地集成于同一元件内，从而实现了小功率作动子系统的分散化。图4-80所示为EHA基本原理构架，图4-81为EHA实物图。

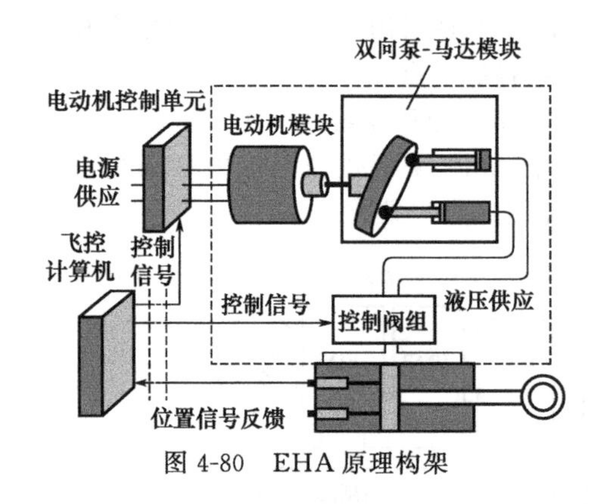

图4-80 EHA原理构架

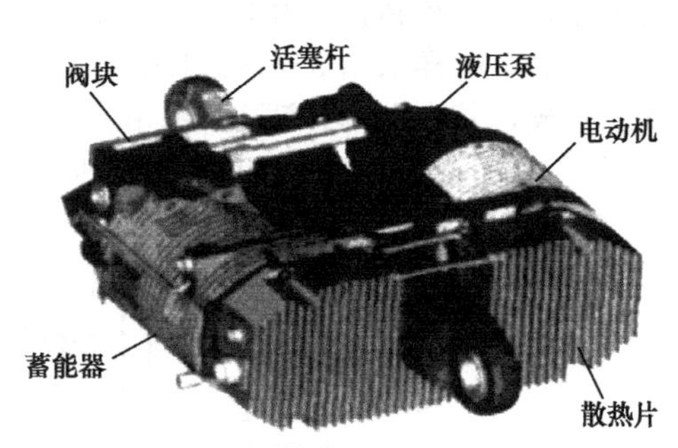

图4-81 EHA实物图

为了减轻A380的重量，创新设计的分散式电液能源系统（LEHGS）通过微型泵技术为大功率用户如制动系统及起落架转向系统提供动力。从电控单元发出的信号激活多个轻质的电动微型泵，每个微型泵都安装在各分系统附近对负载用户进行控制。微型泵能够为制动及转向系统提供35MPa的油压，在应急情况下能为用户提供动力。

③ 自增压油箱技术　飞机上每个液压系统都有自己的油箱，为防止液压系统产生气穴现象，飞机油箱压力需保持在一定值（如0.35MPa）以上。大多数飞机（如A320、波音737、A380等）利用来自发动机的压缩空气对油箱进行增压，油箱内压力油与空气间没有隔膜，多余气体自动经溢流阀排气，其原理如图4-82所示。这种油箱需要大量的引气管路、水分离器以及油箱增压组件，导致系统结构复杂、系统重量增加。

图4-83为自举式增压油箱结构示意图。油箱中使用了一个差动面积的柱塞，柱塞泵出口高压油通过优先阀被引回到柱塞的小面积有杆腔，从而带动大柱塞向下运动，对油箱中的吸油腔油液增压。蓄能器设置在油箱和单向阀间，用以保持自增压回路的压力稳定，减小系统压力波动带来的油箱吸油腔压力波动。该油箱的优点是通过油箱结构的创新设计避免了油箱引气增压系统带来的系统复杂、管路繁多的缺点，使得油箱增压系统得以简化。目前波音787及我国自主研发的ARJ21飞机上都应用了自增压油箱技术。

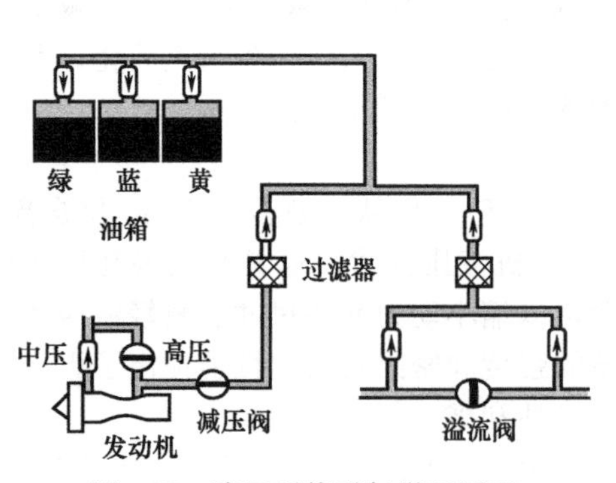

图4-82 液压系统引气增压原理

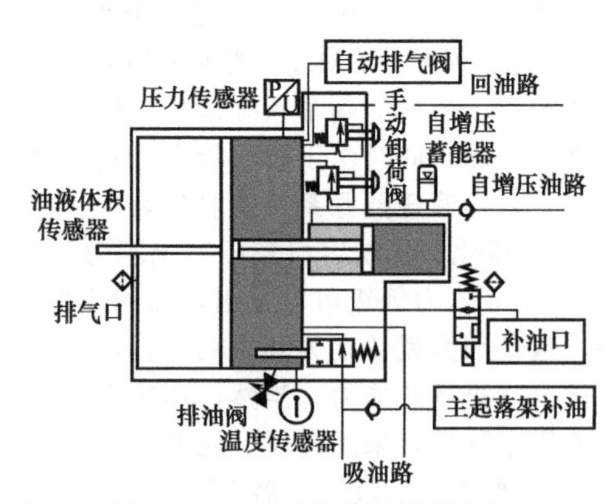

图4-83 自举式增压油箱原理图

④ 故障诊断与健康管理　故障诊断与健康管理（Diagnostics Prognostics and Health Management，DPHM）实现了从基于传感器的反应式事后维修到基于智能系统的先导式视

情维修（CBM）的转变，使飞机能诊断自身健康状况，在事故发生前预测故障。飞机液压系统健康管理的主要难点是如何在有限传感器基础上对所检测的液压系统状况进行智能判别，例如，准确判断柱塞泵失效状况需要大量试验数据作为参数化依据，同时需要合理有效的数据处理方法。图4-84所示的DPHM系统结构主要由机载系统和地面系统组成。

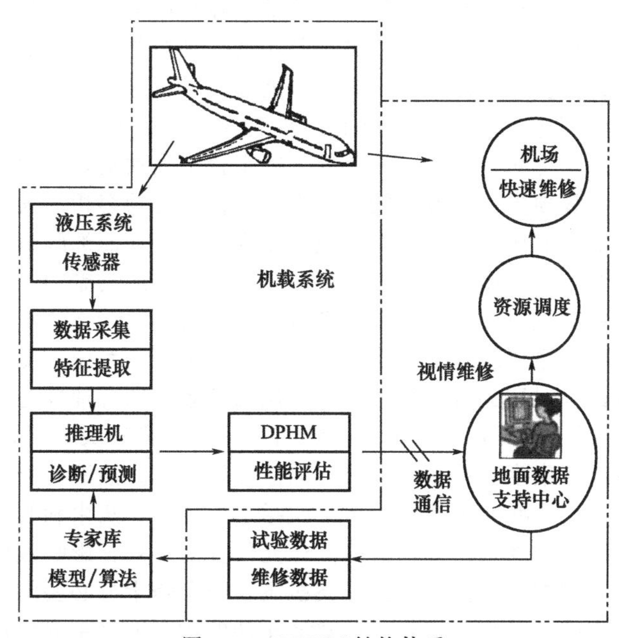

图4-84　DPHM结构体系

⑤ 智能泵源系统　目前，飞机液压系统中的EDP和EMP大多为恒压变量柱塞泵，系统压力设定为负载的最大值，柱塞泵不能根据飞行负载变化输出不同压力值，由此带来了能量的浪费。如果采用带负载敏感的智能泵源系统，液压系统输出压力和流量随飞行负载的变化而实时调解，将大大降低液压系统能耗。

智能泵源系统可根据负载工况自动调节输出功率，使输出与输入最佳匹配，是解决飞机液压系统无效功耗和温升问题的有效途径，其关键技术主要涉及变压力/变流量技术、负载敏感技术、耐久性试验技术以及智能控制技术等。

(4) 液压能源系统关键技术

① 高可靠性液压系统　高可靠性液压系统设计包括液压源的余度配置、高可靠性液压元件、高可靠性传感器选择等。

液压系统余度配置不仅影响飞机的安全性，同时也影响液压系统的重量和飞机控制性能。在进行飞机液压系统设计时，要进行液压系统多余度配置的优化设计论证，找出最佳的系统冗余配置。

高可靠的液压元件主要指EDP、EMP、液压控制阀及附件等，以上元件性能的好坏直接影响液压系统的可靠性。目前国内公司还不能生产高可靠性的航空液压元件，因此研制开发具有自主知识产权的高可靠性液压元件是实现大客飞机国产化、带动国内相关技术领域发展的关键。

此外，高可靠性传感器是飞机控制系统的重要环节。精确可靠的反馈信号是液压系统故障诊断与高精伺服控制的前提。目前飞机液压系统的各类传感器多为进口。

② 压力脉动抑制　压力脉动引起的管路振动是许多液压系统失效的主要原因。柱塞泵由于其优越的性能在飞机液压系统中得到广泛应用，但其固有的自然频率的流量脉动（不能

完全消除）特性，也影响了液压系统性能。流量脉动造成压力脉动和管路振动，不仅带来了严重的噪声，而且能够造成管道系统在过载或疲劳载荷下发生灾难性事故。飞机液压系统的管路振动多年来一直困扰着飞机液压系统设计师，随着飞机液压系统的高压化，这一问题更加突出。因此在设计飞机液压系统时，必须采取有效的方法将管路振动限制在一定范围，尽可能减小压力峰值，并避免机械共振。尽管一些被动控制振动方法（如蓄能器、管夹、阻尼器和振动吸收材料等）证明是可行的，但是部分主动振动控制方法（需第二个能量源来抵消主能量源的振动）对进一步降低液压系统振动也能起到了良好的作用。

③ 油液温度控制　飞机液压系统温度必须控制在一定范围内，否则直接影响飞机的控制性能、机载设备寿命及可靠性。飞机热负载主要来自于发动机热辐射、泵源容积损失与机械损失、液压长管道沿程损失、电液阀的节流损失、作动筒的容积损失以及反行程中气动力作用导致的系统温升等；液压系统高温使油液黏度降低、滑动面油膜破坏、磨损加快、密封件早期老化、油液泄漏增加；高温也使油液加速氧化变质、运动副间隙减小，产生的沉淀物质会堵塞液压元件。针对飞机液压系统温度影响，必须展开关于飞机液压系统温度控制技术的相关研究，从元件级—系统级—综合实验级分别对飞机液压系统温度特性进行热力学建模与仿真分析，同时以试验对比的方式验证飞机液压温控系统的合理性与有效性。

④ 油液污染度控制　液压系统很多故障均与液压油污染有关。飞机液压系统多采用伺服执行器，因此对油液污染度有严格的要求。油液污染定义为油液中出现对液压系统性能产生负面影响的其他物质，这些有害的物质主要包括水、金属、灰尘和其他固体颗粒等。油液污染使液压泵和其他元件的磨损加快，导致液压元件提前失效，影响液压系统的可靠性。因此合理的油液污染检测和控制方法，对保证飞机飞行安全是十分必要的。通常飞机液压油的污染由合理的过滤器来控制，在飞机降落后对液压油的污染度（主要包括颗粒大小、化学成分等）进行采样检测。目前一种轻型在线检测飞机油液污染度的技术正在发展中，可望在不久的将来应用到飞机上，将对飞机液压系统的监测起到很好的促进作用。

第5章　可编程控制器及应用

5.1　PLC的结构与工作原理

5.1.1　可编程控制器的结构形式

按结构形式分：整体结构PLC（见图5-1）和模块式结构PLC（见图5-2）。

按I/O点数及内存容量可分为：小型PLC，256点以下，4K以下；中型PLC，不大于2048点，2～8K；大型PLC，2048点以上，8～16K。

按功能强弱又可分为低档机、中档机和高档机三类。

低档机：控制功能基本，运算能力一般，工作速度较低，输入输出模块较少，如OMRON C60P。

中档机：控制功能较强，运算能力较强，工作速度较快，输入输出模块较多，如S7-300。

高档机：控制功能强大，运算能力极强，工作速度很快，输入输出模块很多，如S7-400。

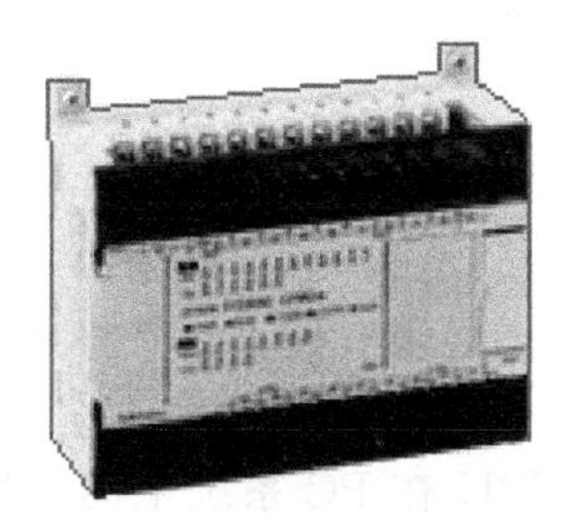

图5-1　OMRON CPM2A

图5-2　西门子S7-300

5.1.2　PLC的工作过程与等效电路

PLC的工作过程是：输入采样阶段，程序执行阶段，输出刷新阶段，如图5-3所示。

PLC的等效电路如图5-4所示。

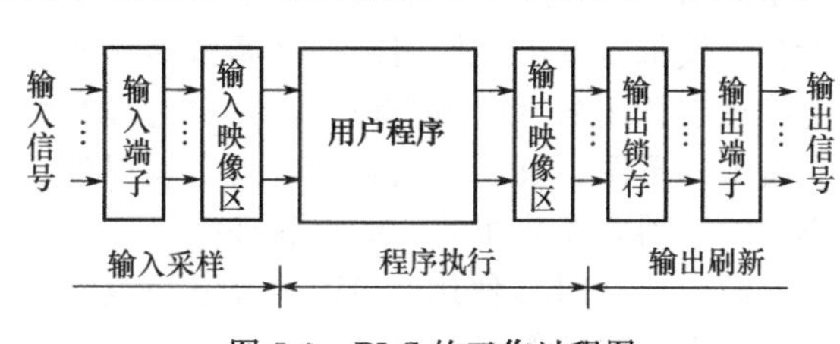

图5-3　PLC的工作过程图

5.1.3　PLC的组成及指标

(1) PLC的组成

PLC的基本组成可归为4大部件，分别是CPU、输入/输出部件（I/O模块）、

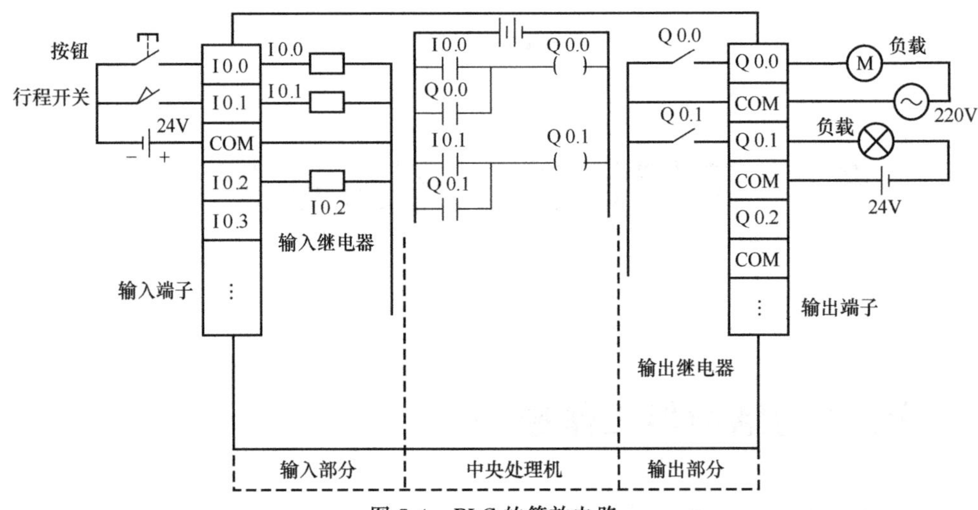

图 5-4 PLC 的等效电路

编程装置、电源模块，如图 5-5 所示。

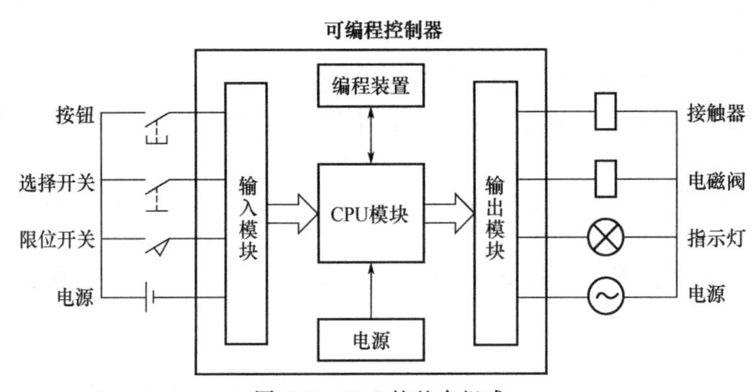

图 5-5 PLC 的基本组成

整体结构的 PLC 的 3 部分装在同一机壳内，模块式结构的 PLC 的各部件独立封装，称为模块，通过机架和总线连接而成。

I/O 的能力可按用户的需要进行扩展和组合。另外，还必须有编程器来将用户程序写进规定的存储器内。

CPU 是 PLC 的核心部分。与通用微机 CPU 一样，CPU 在 PC 系统中的作用类似于人体的神经中枢。

输入/输出部件又称 I/O 模块。数字量输入模块用来接收从按钮、选择开关、数字拨码开关、限位开关、接近开关、光电开关、压力继电器等处来的数字量输入信号；模拟量输入模块用来接收电位器、测速发电机和各种变送器提供的连续变化的模拟量电流、电压信号。数字量输出模块用来控制接触器、电磁阀、电磁铁、指示灯、数字显示装置、报警装置等输出设备；模拟量输出模块用来控制调节阀、变频器等执行装置。

编程装置用来生成用户程序，并对它进行编辑、检查和修改。手持式编程器不能直接输入和编辑梯形图，只能输入和编辑指令表程序，因此又叫作指令编程器。一般可直接以计算机作为编程器，安装相关的编程软件编程。

电源模块。PLC 使用 220V 交流电源或 24V 直流电源。内部的开关电源为各模块提供 5V、±12V、24V 等直流电源。

(2) PLC 的主要功能及性能指标

PLC 的主要功能包括：开关量逻辑控制功能，定时/计数控制功能，数据处理功能，监控、故障诊断功能，步进控制功能，A/D、D/A 转换功能，停电记忆功能，远程 I/O 功能，通信联网功能，扩展功能。

不同厂家的可编程控制器产品技术性能不同，性能指标也有所不同，一般选取常用的主要性能指标为：输入/输出点数，扫描速度，存储器容量，编程语言，指令功能。

5.1.4 PLC 控制系统

(1) 集中式控制系统

集中式控制系统如图 5-6 所示。

(2) 远程式控制系统

远程式控制系统如图 5-7 所示。

(3) 分布式控制系统

分布式控制系统如图 5-8 所示。

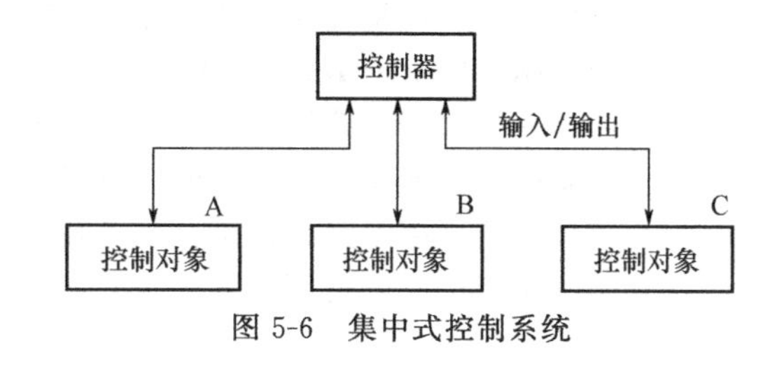

图 5-6 集中式控制系统

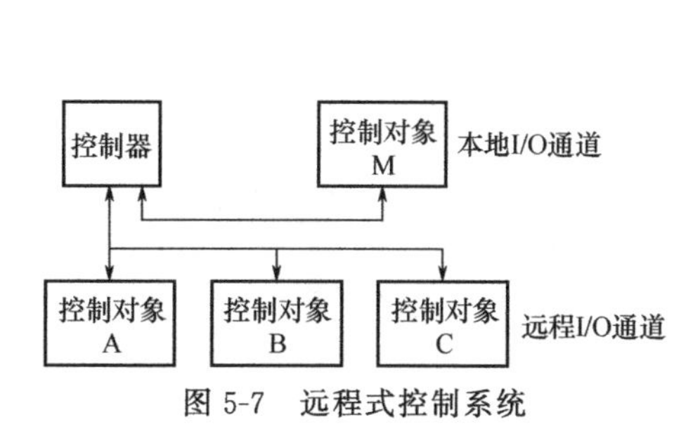

图 5-7 远程式控制系统

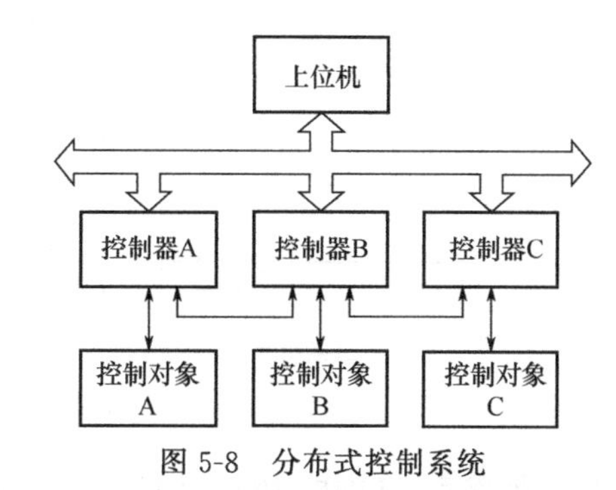

图 5-8 分布式控制系统

5.2 PLC 的编程语言

PLC 的工作过程及硬件功能的实现，要靠软件的支持。首先，PLC 的软件提供了各种逻辑部件（软器件），通过编程来完成逻辑控制功能。

5.2.1 逻辑部件

① 继电器逻辑——触点、线圈。

用逻辑与、或、非等运算处理各种继电器逻辑的连接。

状态 {“1” —ON（得电）
“0” —OFF（失电）

PLC 一般为用户提供以下三类继电器：输入继电器、输出继电器、内部继电器。

② 定时器逻辑。

③ 计数器逻辑。

④ 触发器逻辑，触发器包括：置位输入 S 和复位输入 R，此外触发器还有复位优先或置位优先之分。

⑤ 移位寄存器。移位寄存器长度可变，以适应步进控制的需要。

⑥ 数据寄存器，用于存放数据。

5.2.2 编程语言

可编程控制器类型较多，各个不同机型对应编程软件也有一定的差别，特别是各个生产厂家的可编程控制器之间，它们的编程软件不能通用，但是同一生产厂家生产的可编程控制器一般都可以使用。

目前还没有一种能适合各种可编程控制器的通用的编程语言，但是各个可编程控制器发展过程有类似之处，可编程控制器的编程语言即编程工具都大体差不多，一般有以下 5 种。

(1) 梯形图 (Ladder Diagram)

梯形图是一种以图形符号及图形符号在图中的相互关系表示控制关系的编程语言，它是从继电器控制电路图演变过来的。梯形图将继电器控制电路图进行简化，而实现的功能却大大超过传统继电器控制电路图，是目前最普通的一种可编程控制器编程语言。

符号的画法应按一定规则，各厂家的符号和规则虽不尽相同，但基本上大同小异，如图 5-9 所示。

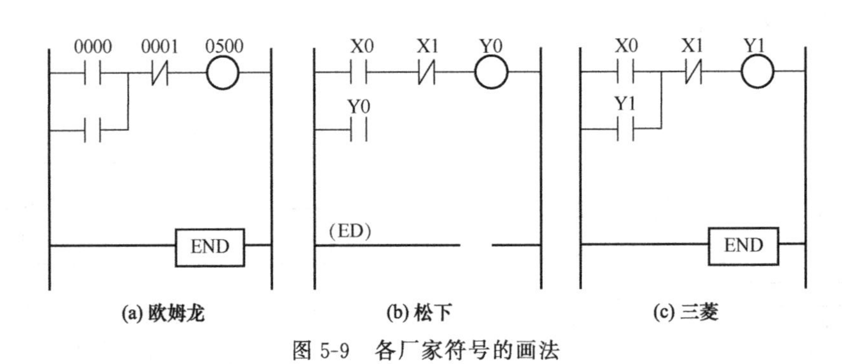

图 5-9 各厂家符号的画法

(2) 指令表 (Instruction List)

梯形图编程语言的优点是直观、简便，但要求用带 CRT 屏幕显示的图形编程器才能输入图形符号。小型的编程器一般无法满足，将程序输入可编程控制器中需使用指令语句（助记符语言），它类似于微机中的汇编语言。语句是指令语句表编程语言的基本单元，每个控制功能由一个或多个语句组成的程序来执行。语句是由操作码和操作数组成的。

操作码用助记符表示要执行的功能，告诉 CPU 该进行什么操作；操作数（参数）内包含执行该操作所必需的信息，告诉 CPU 用什么地方的数据来执行此操作。

(3) 顺序功能图 (Sequential Chart)

顺序功能图常用来编制顺序控制类程序如图 5-10 所示。它包含步、动作、转换三个要素。

顺序功能编程法可将一个复杂的控制过程分解为一些小的顺序控制过程，再连接组合成整体的控制程序。

(4) 功能块图 (Function Block Diagram)

功能块图如图 5-11 所示。功能图编程语言实际上是用逻辑功能符号组成的功能块来表达命令的图形语言，与数字电路中的逻辑图一样，它易于表现条件与结果之间的逻辑功能。

(5) 结构文本 (Structure Text)

随着可编程控制器的飞速发展，如果许多高级功能还是用梯形图来表示，会很不方便。为了增强可编程控制器的数字运算、数据处理、图表显示、报表打印等功能，方便用户的使用，许多大中型可编程控制器都配备了 PASCAL、BASIC、C 等高级编程语言。

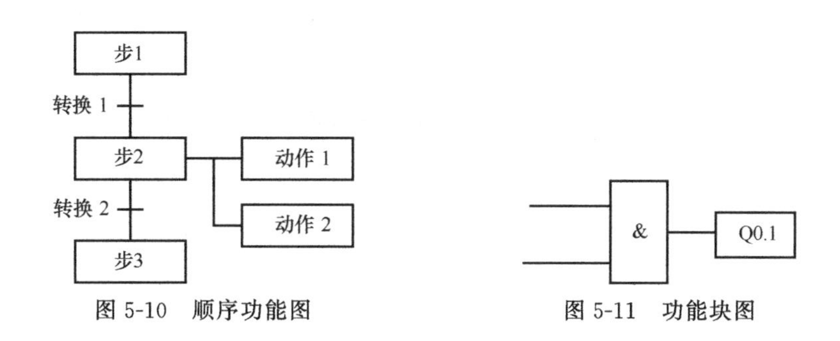

图 5-10 顺序功能图　　图 5-11 功能块图

这种编程方式叫作结构文本。与梯形图相比，结构文本有两个很大的优点：一是能实现复杂的数学运算；二是非常简洁和紧凑。用结构文本编制极其复杂的数学运算程序只占一页纸。结构文本用来编制逻辑运算程序也很容易。

对于一款具体的可编程控制器，生产厂家可提供这 5 种表达方式中的几种供用户选择，但并不是所有的可编程控制器都支持全部的 5 种编程语言。

5.3 新型 PLC

5.3.1 三菱 FX3U/FX5U 系列 PLC

FX3U 是三菱电动机公司推出的第三代 PLC，基本性能大幅提升，晶体管输出型的基本单元内置了 3 轴独立最高 100kHz 的定位功能，并且增加了新的定位指令，从而使得定位控制功能更加强大，使用更为方便。

(1) 基本单元

FX3U 系列 PLC 基本单元的型号的说明如图 5-12 所示。

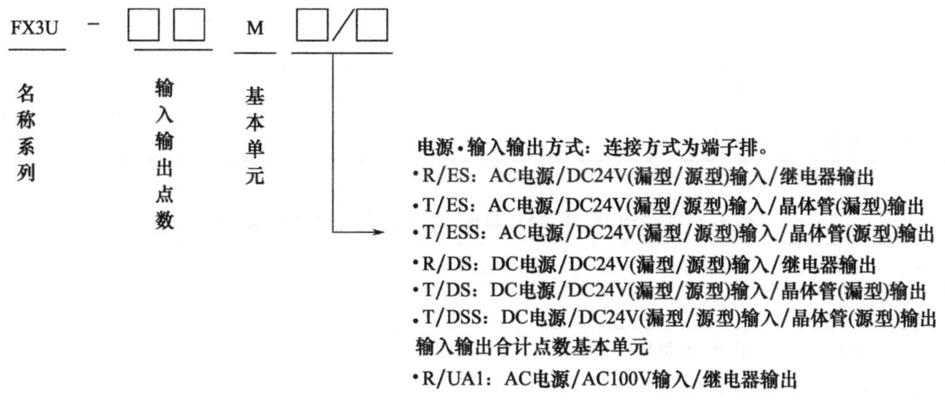

图 5-12 FX3U 系列 PLC 的基本单元型号说明

FX3U 系列 PLC 的基本单元有多种类型。

按照点数分，有 16 点、32 点、48 点、64 点、80 点和 128 点共六种。

按照供电电源分，有交流电源和直流电源两种。

按照输出形式分，有继电器输出、晶体管输出和晶闸管输出三种。晶体管输出的 PLC 又分为源型输出和漏型输出。

按照输入形式分，有直流源型输入和漏型输入。没有交流电输入形式。

AC电源/DC24V漏型/源型输入通用型基本单元见表5-1，DC电源/DC24V漏型/源型输入通用型基本单元见表5-2。

表5-1 AC电源/DC24V漏型/源型输入通用型基本单元

型号	输出形式	输入点数	输出点数	合计点数
FX3U-16MR/ES(-A)	继电器	8	8	16
FX3U-16MT/ES(-A)	晶体管(漏型)	8	8	16
FX3U-16MT/ESS	晶体管(源型)	8	8	16
FX3U-32MR/ES(-A)	继电器	16	16	32
FX3U-32MT/ES(-A)	晶体管(漏型)	16	16	32
FX3U-32MT/ESS	晶体管(源型)	16	16	32
FX3U-32MS/ES	晶闸管	16	16	32
FX3U-48MR/ES(-A)	继电器	24	24	48
FX3U-48MT/ES(-A)	晶体管(漏型)	24	24	48
FX3U-48MT/ESS	晶体管(源型)	24	24	48
FX3U-64MR/ES(-A)	继电器	32	32	64
FX3U-64MT/ES(-A)	晶体管(漏型)	32	32	64
FX3U-64MT/ESS	晶体管(源型)	32	32	64
FX3U-64MS/ES	晶闸管	32	32	64
FX3U-80MR/ES(-A)	继电器	40	40	80
FX3U-80MT/ES(-A)	晶体管(漏型)	40	40	80
FX3U-80MT/ESS	晶体管(源型)	40	40	80
FX3U-128MR/ES(-A)	继电器	64	64	128
FX3U-128MT/ES(-A)	晶体管(漏型)	64	64	128
FX3U-128MT/ESS	晶体管(源型)	64	64	128

表5-2 DC电源/DC24V漏型/源型输入通用型基本单元

型号	输出形式	输入点数	输出点数	合计点数
FX3U-16MR/DS	继电器	8	8	16
FX3U-16MT/DS	晶体管(漏型)	8	8	16
FX3U-16MT/DSS	晶体管(源型)	8	8	16
FX3U-32MR/DS	继电器	16	16	32
FX3U-32MT/DS	晶体管(漏型)	16	16	32
FX3U-32MT/DSS	晶体管(源型)	16	16	32
FX3U-48MR/DS	继电器	24	24	48
FX3U-48MT/DS	晶体管(漏型)	24	24	48
FX3U-48MT/DSS	晶体管(源型)	24	24	48
FX3U-64MR/DS	继电器	32	32	64

续表

型号	输出形式	输入点数	输出点数	合计点数
FX3U-64MT/DS	晶体管(漏型)	32	32	64
FX3U-64MT/DSS	晶体管(源型)	32	32	64
FX3U-80MR/DS	继电器	40	40	80
FX3U-80MT/DS	晶体管(漏型)	40	40	80
FX3U-80MT/DSS	晶体管(源型)	40	40	80

FX2N 系列 PLC 的直流输入为漏型（即低电平有效），但 FX3U 直流输入为源型输入和漏型输入可选，也就是说通过不同的接线选择是源型输入还是漏型输入，这无疑为设计带来极大的便利。FX3U 的晶体管输出也有漏型输出和源型输出两种，但在订购设备时就必须确定需要购买哪种输出类型的 PLC。

(2) 扩展单元

当基本单元的输入输出点不够用时，通常用添加扩展单元的办法解决，FX3U 系列 PLC 扩展单元型号的说明如图 5-13 所示。

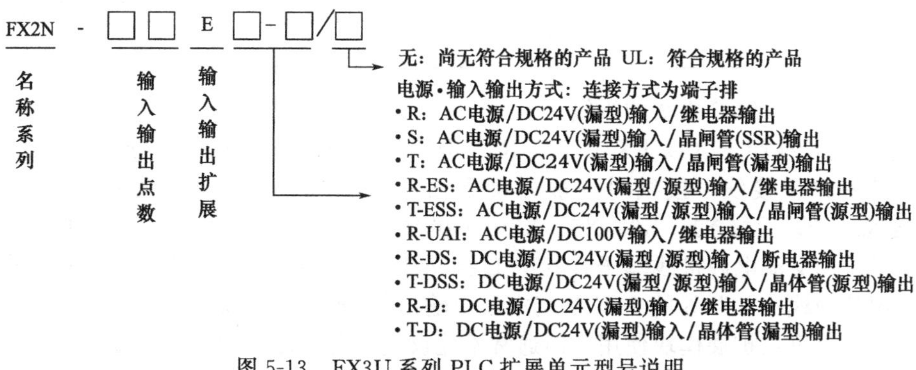

图 5-13 FX3U 系列 PLC 扩展单元型号说明

扩展单元也有多种类型，按照点数分有 32 点和 48 点两种。

按照供电电源分，有交流电源和直流电源两种。

按照输出形式分，有继电器输出、晶闸管和晶体管输出三种。

按照输入形式分，有交流电源和直流电源两种。直流电源输入又可分为源型输入和漏型输入。

AC 电源/DC24V 漏型/源型输入通用型扩展单元见表 5-3，AC 电源/DC24V 漏型输入专用型扩展单元见表 5-4，DC 电源/DC24V 漏型/源型输入通用型扩展单元见表 5-5，DC 电源/DC24V 漏型输入专用型扩展单元见表 5-6，AC 电源/110V 交流输入专用型扩展单元见表 5-7。

表 5-3 AC 电源/DC24V 漏型/源型输入通用型扩展单元

型号	输出形式	输入点数	输出点数	合计点数
FX2N-32ER-ES/UL	继电器	16	16	32
FX2N-32ET-ESS/UL	晶体管(源型)	16	16	32
FX2N-48ER-ES/UL	继电器	24	24	48
FX2N-48ET-ESS/UL	晶体管(源型)	24	24	48

表 5-4　AC 电源/DC24V 漏型输入专用型扩展单元

型号	输出形式	输入点数	输出点数	合计点数
FX2N-32ER	继电器	16	16	32
FX2N-32ET	晶体管(漏型)	16	16	32
FX2N-32ES	晶闸管	16	16	32
FX2N-48ER	继电器	24	24	48
FX2N-48ET	晶体管(漏型)	24	24	48

表 5-5　DC 电源/DC24V 漏型/源型输入通用型扩展单元

型号	输出形式	输入点数	输出点数	合计点数
FX2N-48ER-DS	继电器	24	24	48
FX2N-48ET-DSS	晶体管(源型)	24	24	48

表 5-6　DC 电源/DC24V 漏型输入专用型扩展单元

型号	输出形式	输入点数	输出点数	合计点数
FX2N-48ER-D	继电器	24	24	48
FX2N-48ET-D	晶体管(漏型)	24	24	48

表 5-7　AC 电源/110V 交流输入专用型扩展单元

型号	输出形式	输入点数	输出点数	合计点数
FX2N-48ER-UA1/UL	继电器	24	24	48

(3) FX3U 系列 PLC 模块的接线

FX 系列的接线端子（以 FX3U-32MR 为例）一般由上下两排交错分布，如图 5-14 所示，这样排列方便接线，接线时一般先接下面一排（对于输入端，先接 X0、X2、X4、X6……接线端子，后接 X1、X3、X5、X7……接线端子）。图 5-14 中，“1”处的三个接线端子是基本模块的交流电源接线端子，其中 L 接交流电源的火线，N 接交流电源的零线，⏚接交流电源的地线；“2”处的 24V 是基本模块输出的 DC24V 电源的＋24V，这个电源可供传感器使用，也可供扩展模块使用，但通常不建议使用此电源；“3”处的接线端子是数字量输入接线端子，通常与按钮、开关量的传感器相连；“4”处的圆点表示此处是空白端子，不用；很明显“5”处的粗线是分割线，将第三组输出点和第四组输出点分开；“6”处的 Y5 是数字量输出端子；“7”处的 COM1 是第一组输出端的公共接线端子，这个公共接线端子是输出点 Y0、Y1、Y2、Y3 的公共接线端子。

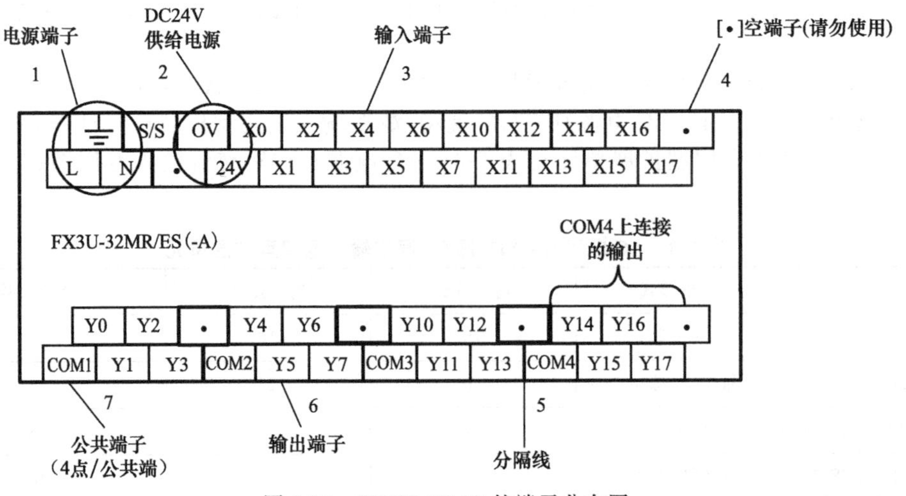

图 5-14　FX3U-32MR 的端子分布图

FX3U 系列 PLC 基本模块的输入端是 NPN（漏型，低电平有效）输入和 PNP（源型，高电平有效）输入可选，只要改换不同的接线即可选择不同的输入形式。当输入端与数字量传感器相连时，能使用 NPN 和 PNP 型传感器，FX3U 的输入端在连接按钮时，并不需要外接电源。FX3U 系列 PLC 的输入端的接线示例如图 5-15～图 5-18 所示，不难看出 FX3U 系列 PLC 基本模块的输入端接线和 FX2N 系列 PLC 基本模块的输入端有所不同。

如图 5-15 所示，模块供电电源为交流电，输入端是漏型接法，24V 端子与 SS 端子短接，0V 端子是输入端的公共端子，这种接法是低电平有效，也叫 NPN 输入。

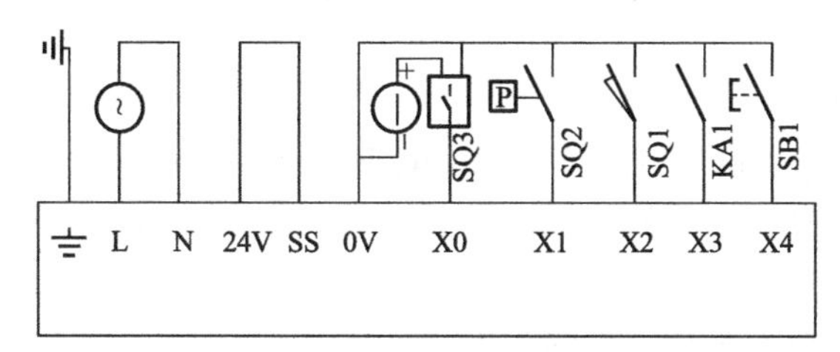

图 5-15 FX3U 系列 PLC 的输入端的接线图（漏型，交流电源）

如图 5-16 所示，模块供电电源为交流电，输入端是源型接法，0V 端子与 SS 端子短接，24V 端子是输入端的公共端子，这种接法是高电平有效，也叫 PNP 输入。

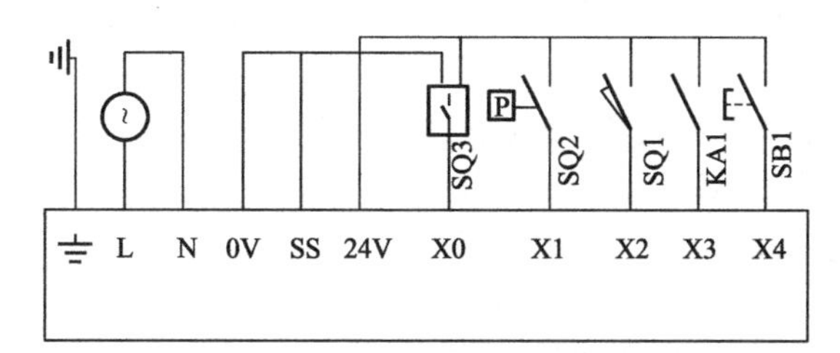

图 5-16 FX3U 系列 PLC 的输入端的接线图（源型，交流电源）

如图 5-17 所示，模块供电电源为直流电，输入端是漏型接法，SS 端子与模块供电电源的 24V 短接，模块供电电源 0V 是输入端的公共端子，这种接法是低电平有效，也叫 NPN 输入。

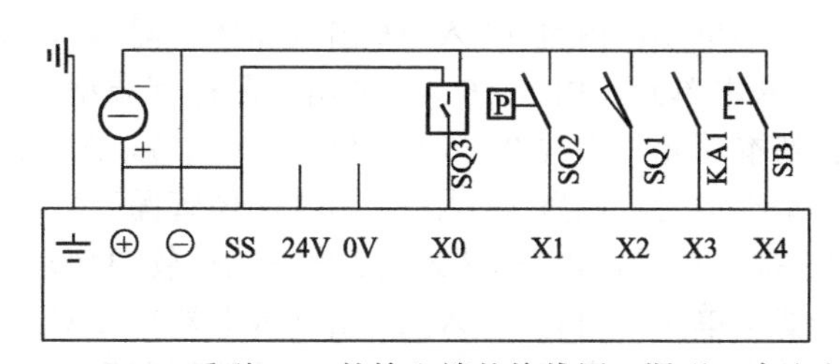

图 5-17 FX3U 系列 PLC 的输入端的接线图（漏型，直流电源）

如图 5-18 所示，模块供电电源为直流电，输入端是源型接法，SS 端子与模块供电电源的 0V 短接，模块供电电源 24V 是输入端的公共端子，这种接法是高电平有效，也叫 PNP 输入。

FX3U 系列中还有 AC100V 输入型 PLC，也就是输入端使用不超过 120V 的交流电源，其接线图如图 5-19 所示。

FX 系列 PLC 的输入端和 PLC 的供电电源很近，特别是使用交流电源时，要注意不要把交流电误接入到信号端子。

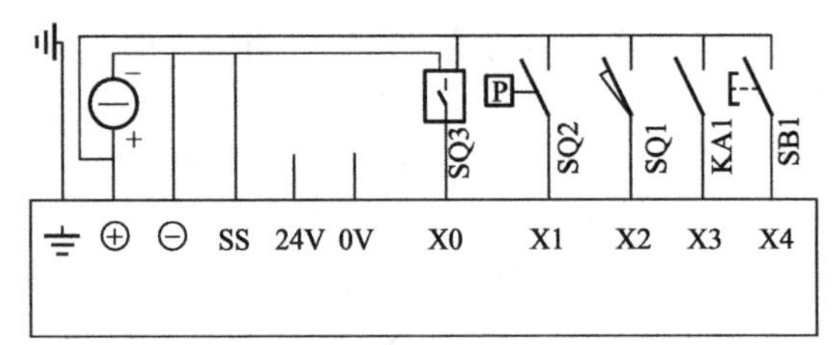

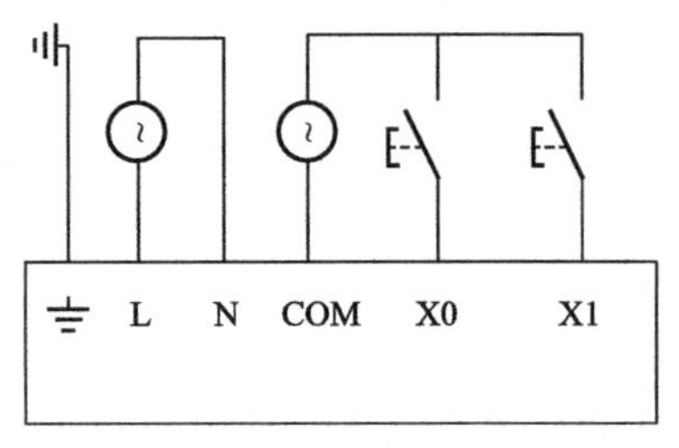

图 5-18 FX3U 系列 PLC 的输入端的接线图（源型，直流电源）

图 5-19 AC100V 输入型的接线图

(4) FX5U 系列 PLC

2015 年 4 月，三菱电动机推出 MELSECiQ-F 系列（FX5U 系列）小型可编程控制器，以基本性能的提升、与驱动产品的连接、软件环境的改善为亮点，作为 FX3U 系列的升级产品，FX5U 系列精益求精。相对比，FX3U 最大脉冲输出频率为 100kHz，内置 3 轴定位功能；而 FX5U 升级为最大脉冲输出频率为 200kHz，内置 4 轴定位功能。显然，FX5U 系列控制伺服电动机具有较大优势。

① FX5U 功能说明

控制规模：32～256 点（CPU 单元：32/64/80 点）。

CC-Link，AnyWireASLINK 和 Bitty 包括远程 I/O 最大 512 点。

程序存储器：64K 步。

内置模拟输入输出：A/D2 通道 12 位、D/A1 通道 12 位。

内置 SD 卡插槽：最大 4G 字节（SD/SDHC 存储卡）。

内置以太网端口：10BASE-T/100BASE-TX。

内置 RS-485 端口：RS-422/RS-485 标准。

内置定位：独立的 4 轴 200kHz 的脉冲输出。

内置高速计数器：最大 8ch 200kHz 高速脉冲输入（FX5U-32M 为 6ch 200kHz＋2ch 10kHz）。

② FX5U 系列 PLC 的 CPU 单元型号

FX5U-32MR/ES：基本单元，内置 16 入/16 出（继电器），AC 电源。

FX5U-32MT/ES：基本单元，内置 16 入/16 出（晶体管漏型），AC 电源。

FX5U-32MT/ESS：基本单元，内置 16 入/16 出（晶体管源型），AC 电源。

FX5U-64MR/ES：基本单元，内置 32 入/32 出（继电器），AC 电源。

FX5U-64MT/ES：基本单元，内置 32 入/32 出（晶体管漏型），AC 电源。

FX5U-64MT/ESS：基本单元，内置 32 入/32 出（晶体管源型），AC 电源。

FX5U-80MR/ES：基本单元，内置 40 入/40 出（继电器），AC 电源。

FX5U-80MT/ES：基本单元，内置 40 入/40 出（晶体管漏型），AC 电源。

FX5U-80MT/ESS：基本单元，内置 40 入/40 出（晶体管源型），AC 电源。

FX5UC-32MT/D：基本单元，内置 16 入（漏型）/16 出（晶体管漏型），DC 电源。

FX5UC-32MT/DSS：基本单元，内置 16 入（源型/漏型）/16 出（晶体管源型），DC 电源。

③ FX5U 输入/输出扩展模块

a. FX5U 输入输出扩展模块。

FX5-32ER/ES：16 点 DC24V（源型/漏型）输入、16 点继电器输出、端子台连接。

FX5-32ET/ES：16 点 DC24V（源型/漏型）输入、16 晶体管（漏型）输出、端子台连接。

FX5-32ET/ESS：16点DC24V（源型/漏型）输入、16晶体管（源型）输出、端子台连接。

FX5-C32ET/D：16点DC24V（漏型）输入、16晶体管（漏型）输出、连接器连接。

FX5-C32ET/DSS：16点DC24V（源型/漏型）输入、16晶体管（源型）输出、端子台连接。

b. FX5U输入扩展模块。

*FX5-8EX/ES：8点DC24V（源型/漏型）输入、端子台连接。

*FX5-16EX/ES：16点DC24V（源型/漏型）输入、端子台连接。

FX5-C32EX/D：32点DC24V（漏型）输入、连接器连接。

FX5-C32EX/DS：32点DC24V（源型/漏型）输入、连接器连接。

c. FX5U输出扩展模块。

*FX5-8EYR/ES：8点继电器输出、端子台连接。

*FX5-8EYT/ES：8点晶体管（漏型）输出、端子台连接。

*FX5-8EYT/ESS：8点晶体管（源型）输出、端子台连接。

*FX5-16EYR/ES：16点继电器输出、端子台连接。

*FX5-16EYT/ES：16点晶体管（漏型）输出、端子台连接。

*FX5-16EYT/ESS：16点晶体管（源型）输出、端子台连接。

FX5-C32EYT/D：32点晶体管（漏型）输出、连接器连接。

FX5-C32EYT/DSS：32点晶体管（源型）输出、连接器连接。

备注：FX5-C开头的只用于FX5UC系列、带*号的可用于FX5UC（必须用FX5-CNV-IFC）。

④ FX5U模拟量输入输出模块

FX5-4AD-ADP：4通道输入、DC-10～10V（输入电阻1MΩ）或DC-20～20mA（输入电阻250Ω）。

FX5-4DA-ADP：4通道输出、DC-10～10V（外部电阻11kΩ～1MΩ）或DC-20～20mA（外部电阻0～500Ω）。

⑤ FX5U其他模块

FX5-40SSC-S：简单的运动/定位模块，4轴（FX5UC连接时必用FX5-CNV-IFC）。

FX5-232-BD：RS-232C通信板，只用于FX5U，最多连1台。

FX5-232ADP：RS-232C通信接口，可用于FX5U、FX5UC，最大连2台。

FX5-485-BD：RS-485通信板，只用于FX5U，最多连1台。

FX5-485ADP：RS-485通信接口，可用于FX5U、FX5UC，最大连2台。

FX5-1PSU-5V：FX5扩展电源模块，内部DC5V：1.2A，内部DC24V：0.3A。

5.3.2 西门子S7-200SMART型PLC

西门子公司于2012年7月推出了高性价比的小型S7-200SMART PLC（以下简称S7-200SMART），它是国内广泛使用的S7-200PLC（以下简称S7-200）的更新换代产品。2013年10月，该公司发布了S7-200SMART2.0版硬件和软件。

S7-200SMART、SMART触摸屏、V20变频器和V80/V60伺服系统完美整合，无缝集成，为OEM（原始设备制造商）客户带来高性价比的小型自动化解决方案，可以满足客户对控制、人机交互、驱动等功能的全方位需求。

(1) 硬件的技术特点

① CPU 模块的特点

a. 增加了点数的 CPU。S7-200 的 CPU 模块集成的 I/O 点数最多为 40 点，S7-200 SMART 的 CPU 模块最多 60 点，一个模块就可以满足大部分小型自动化设备的控制需求。

b. 价格更便宜。S7-200SMART 的 CPU 模块分为经济型和标准型，产品配置更加灵活，可以最大限度地控制成本。经济型有继电器输出的 CPUCR40/CR60 两种。经济型 CPU 不能扩展，没有实时时钟功能，高速计数最高频率 100kHz。其他功能与标准型的 SR40/SR60 基本相同。

标准型有继电器输出的 CPU SR20/SR30/SR40/SR60 和场效应管输出的 CPU ST20/ST30/ST40/ST60 几种。

互联网上 40 点 CPU CR40 的报价在 1000 元左右，与 S7-200 的 24 点 CPU 224 的价格差不多。60 点标准型 CPU SR60 的价格与 40 点 S7-200 的 CPU 226 差不多。

c. 硬件配置更灵活。S7-200 SMART 有 8 点 DI（数字量输入）模块、8 点 DO（数字量输出）模块、8DI/8 D0 模块和 16DI/16D0 模块。DO 模块有继电器和场效应管两种输出。S7-200 SMART 还有 4 路 AI（模拟量输入）模块、2 路 AO（模拟量输出）模块、4AI/2A0 模块、2 路热电阻模块和 4 路热电偶模块。

标准型 CPU 内可以安装一块信号板，配置更为灵活。它有 1 路 12 位模拟量输出信号板、2DI/2DO（晶体管输出）信号板、RS-485/RS-232 信号板和实时时钟保持信号板。后者使用普通的 CR1025 纽扣电池，能保持时钟运行约一年。

d. 运行速度快。因为配备了西门子的专用高速处理器芯片，S7-200 SMART 的基本指令执行时间仅为 0.15μs。

e. 通用存储卡价格更便宜。早期的 S7-1200 可以用 24MB SIMATIC 存储卡来更新操作系统，但是存储卡的价格为 1000 多元，价格和 CPU 模块的差不多。

S7-200 SMART 使用通用的 Micro SD 卡，可以传送程序、更新 CPU 固件和恢复 CPU 出厂设置，4GB 的 Micro SD 卡售价仅 20 多元。

② 强大的通信功能　S7-200 中的 CPU224XP 和 CPU226 有两个 RS-485 接口，其他 CPU 模块只有一个 RS-485 接口。CP 243-1 以太网模块的报价在 2000 元以上。

S7-200 SMART 的 CPU 模块集成了一个以太网接口和一个 RS-485 接口，还可以用廉价的信号板扩展一个 RS-485 或 RS-232 接口。

通过以太网，S7-200 SMART 用普通的网线就可以实现程序的下载和监控，省去了专用的编程电缆。以太网接口还可以与其他 S7-200 SMART CPU 或 S7-200/300/400/1200/1500 CPU、触摸屏和计算机进行通信和组网。用以太网和交换机或路由器实现多台 S7-200 SMART、触摸屏和计算机通信非常方便。

S7-200SMART 的以太网接口支持西门子 S7 协议，可以建立 8 个主动 GET/PUT 连接或 8 个被动 GET/PUT 连接。

S7-200SMART CPU 集成的 RS-485 端口和 RS-232/RS-485 信号板支持 Modbus RTU，PPI 和 USS 协议，还可以实现自由端口通信。

S7-200 用 19.2kbit/s 的传输速率下载一个 30KB 的项目需要 8s。同样的项目，S7-200SMART 用以太网下载，给人的感觉是一瞬间下载就完成了。

SMART 700 IE 是与 S7-200 SMART 配套的触摸屏，互联网上的报价在 1000 元左右。它们之间可以用以太网或 RS-485 接口通信。S7-200 SMART 的每个通信接口可以连接 4 块触摸屏。如果使用以太网通信，它们之间可以快速交换数据，触摸屏画面的反应速度很快。

③ 高速输入和位置控制性能更好　标准型 S7-200 SMART CPU 有 4 路 200kHz 高速输

入，经济型CPU有4路100kHz高速输入。

S7-200仅CPU 224XP有两路200kHz高速计数器，其他CPU的高速计数器最高输入频率只有30kHz。

S7-200 SMART场效应管输出的CPU模块有3路100kHz高速脉冲输出（CPU ST20只有两路），支持PWM/PTO输出方式，以及多种运动控制模式，可以自由设置运动曲线（相当于集成了S7-200位置控制模块EM 253的功能，EM 253的售价约2000元）。S7-200 SMART有方便易用的运动控制向导功能，可以快速实现设备调速、定位等功能。

S7-200的CPU只有两路高速脉冲输出，仅CPU 224XP的高速脉冲输出频率为100kHz，其他CPU的最高输出频率只有20kHz。

（2）指令和编程软件的技术特点

① 指令与S7-200基本上兼容　S7-200 SMART除了下面几条与硬件有关的指令外，其他指令与S7-200完全相同。

a. 增加了GIP ADDR/SIP ADDR（获取以太网IP地址/设置IP地址）指令。

b. GET/PUT指令用于通过以太网从远程设备获取数据和将数据写入远程设备，它们取代了S7-200的NETR/NETW（网络读取/网络写入）指令。

c. GET _ ERROR（获取非致命错误代码）指令替换了S7-200的DIAG LED（诊断LED）指令。

与S7-200相比，S7-200SMART的堆栈由9层增加到32层，中断程序调用子程序的嵌套层数由1层增加到4层。

② 编程软件功能强大、使用方便　S7-200的编程软件STEP7-MicroWIN只能同时显示程序编辑器、符号表、状态表、数据块和交叉引用表中的一个。S7-200 SMART的编程软件STEP7-MicroWIN SMART的变量表、输出窗口、交叉引用表、数据块、符号表、状态图表均可以浮动、隐藏和停靠在程序编辑器或软件界面的四周，浮动时可以调节窗口的大小和位置，可以同时打开和显示多个窗口。项目树窗口也可以浮动、隐藏和停靠在其他位置。

S7-200 SMART的“帮助”增加了搜索功能，指令的帮助不像S7-200那样有固定的区域，整个窗口区都可以上下滚动，可滚动显示的区域比S7-200大。光标放到S7-200 SMART编程软件的指令上时，将出现一个小窗口，显示出该指令的名称和输入、输出参数的数据类型。

S7-200 SMART最新2.0版编程软件短小精练，安装之前容量不到200MB。S7-200编程软件有300MB以上，S7-1200的编程软件STEP7 Basic V11安装之前容量大于3GB。

③ 带ModbusRTU、USS协议的指令库　S7-200 SMART的编程软件自带Modbus RTU指令库和USS协议指令库，S7-200需要用户安装这些库。Modbus主站指令和从站指令读写相同字节数据的时间、初始化Modbus RTU的CRC表格的时间不到S7-200的1/20。S7-200 SMART的两个RS-485接口都可以做Modbus RTU通信的从站，S7-200只有一个RS-485接口可以做Modbus RTU的从站。

④ 具有硬件组态功能　和S7-300/400一样，S7-200 SMART需要对硬件组态（组态界面见图5-20）。硬件组态的任务是生成一个和实际硬件相同的虚拟硬件系统，以及设置CPU模块、扩展模块（EM）和信号板（SB）的参数。组态的系统模块型号、订货号、版本和模块安装位置应与实际系统一致。组态后要将系统块下载到PLC。组态数据在系统运行时用来监控硬件故障。S7-200没有硬件组态功能。

⑤ 简化了编程任务的向导功能　与S7-200一样，S7-200 SMART的编程软件集成了简易快捷的向导设置功能，只要按照向导的提示，就可以完成大量功能复杂的参数设置，自动生成有关的子程序、数据块和符号表。

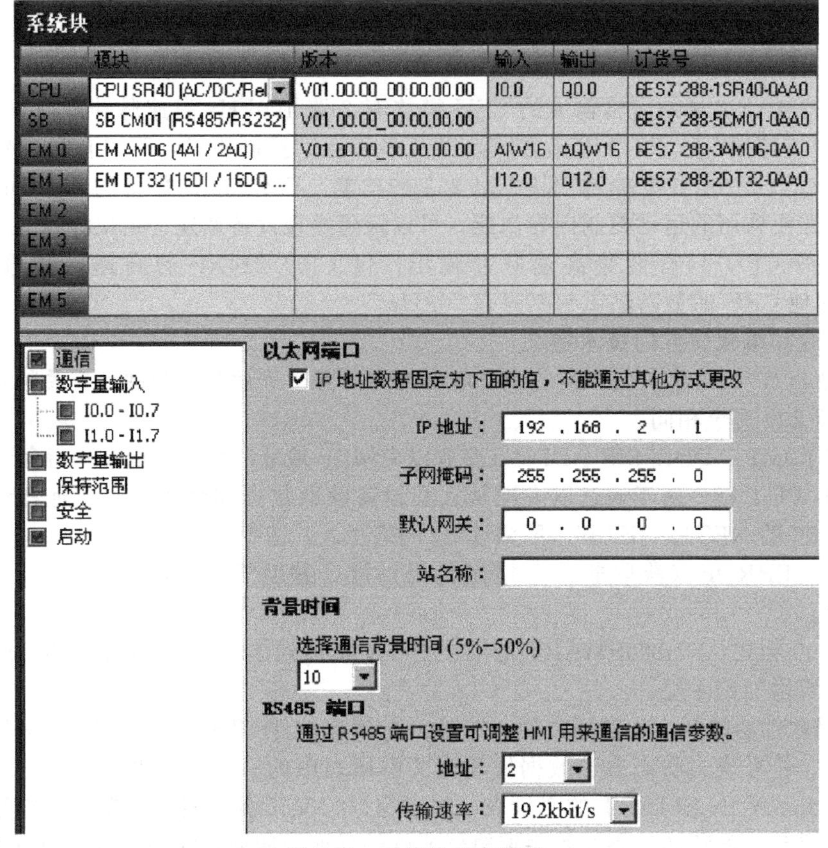

图 5-20 系统块组态界面

S7-200 SMART 有高速计数器、运动控制、PID、PWM、文本显示、数据日志的向导，用于 CPU 之间以太网通信的 GET/PUT 指令也有相应的指令向导。

⑥ 提供组态与调试工具 STEP7-MicroWIN SMART 提供了用于手动和自动整定 PID 控制器参数的 PID 控制面板、帮助开发运动控制解决方案的运动控制面板，以及组态智能驱动器的工具。

S7-200 SMART 继承了 S7-200 的优点，例如先进的程序结构、简化复杂任务的向导和库、PID 参数自整定功能等。S7-200 SMART 的编程语言、指令系统和监控方法与 S7-200 兼容。熟悉 S7-200 的用户几乎不需要任何培训就可以使用 S7-200 SMART。

5.4 提高 PLC 控制系统可靠性的措施

虽然 PLC 具有很高的可靠性，并且有很强的抗干扰能力，但在过于恶劣的环境或安装使用不当等情况下，都有可能引起 PLC 内部信息的破坏而导致控制混乱，甚至造成内部元件损坏。为了提高 PLC 系统运行的可靠性，使用时应注意以下几个方面的问题。

5.4.1 适合的工作环境

(1) 环境温度适宜

各生产厂家对 PLC 的环境温度都有一定的规定。通常 PLC 允许的环境温度在 0～55℃。因此，安装时不要把发热量大的元件放在 PLC 的下方；PLC 四周要有足够的通风散热空间；不要把PLC安装在阳光直接照射或离暖气、加热器、大功率电源等发热器件很近的场所；安装PLC的控制柜最好有通风的百叶窗，如果控制柜温度太高，应该在柜内安装风扇强迫通风。

(2) 环境湿度适宜

PLC工作环境的空气相对湿度一般要求小于85%，以保证PLC的绝缘性能。湿度太大也会影响模拟量输入/输出装置的精度。因此，不能将PLC安装在结露、雨淋的场所。

(3) 注意环境污染

不宜把PLC安装在有大量污染物（如灰尘、油烟、铁粉等）、腐蚀性气体和可燃性气体的场所，尤其是有腐蚀性气体的地方，易造成元件及印制线路板的腐蚀。如果只能安装在这种场所，在温度允许的条件下，可以将PLC封闭；或将PLC安装在密闭性较高的控制室内，并安装空气净化装置。

(4) 远离振动和冲击源

安装PLC的控制柜应当远离有强烈振动和冲击的场所，尤其是连续、频繁的振动。必要时可以采取相应措施来减轻振动和冲击的影响，以免造成接线或插件的松动。

(5) 远离强干扰源

PLC应远离强干扰源，如大功率晶闸管装置、高频设备和大型动力设备等，同时PLC还应该远离强电磁场和强放射源，以及易产生强静电的地方。

5.4.2 合理的安装与布线

(1) 注意电源安装

电源是干扰进入PLC的主要途径。PLC系统的电源有两类：外部电源和内部电源。

① 外部电源。是用来驱动PLC输出设备（负载）和提供输入信号的，又称用户电源，同一台PLC的外部电源可能有多种规格。外部电源的容量与性能由输出设备和PLC的输入电路决定。由于PLC的I/O电路都具有滤波、隔离功能，所以外部电源对PLC性能影响不大。因此，对外部电源的要求不高。

②内部电源。是PLC的工作电源，即PLC内部电路的工作电源。它的性能好坏直接影响到PLC的可靠性。因此，为了保证PLC的正常工作，对内部电源有较高的要求。一般PLC的内部电源都采用开关式稳压电源。

在干扰较强或可靠性要求较高的场合，应该用带屏蔽层的隔离变压器，对PLC系统供电，还可以在隔离变压器二次侧串接LC滤波电路。同时，在安装时还应注意以下问题。

① 隔离变压器与PLC和I/O电源之间最好采用双绞线连接，以控制串模干扰。

② 系统的动力线应足够粗，以降低大容量设备启动时引起的线路压降。

③ PLC输入电路用外接直流电源时，最好采用稳压电源，以保证正确的输入信号，否则可能使PLC接收到错误的信号。

(2) 远离高压

PLC不能在高压电器和高压电源线附近安装，更不能与高压电器安装在同一个控制柜内。在柜内PLC应远离高压电源线，二者间距离应大于200mm。

(3) 合理的布线

① I/O线、动力线及其他控制线应分开走线，尽量不要在同一线槽中布线。

② 交流线与直流线、输入线与输出线最好分开走线。

③ 开关量与模拟量的I/O线最好分开走线，对于传送模拟量信号的I/O线最好用屏蔽线，且屏蔽线的屏蔽层应一端接地。

④ PLC的基本单元与扩展单元之间电缆传送的信号小、频率高，很容易受干扰，不能

与其他的连线敷埋在同一线槽内。

⑤ PLC 的 I/O 回路配线，必须使用压接端子或单股线，不宜用多股绞合线直接与 PLC 的接线端子连接，否则容易出现火花。

⑥ 与 PLC 安装在同一控制柜内，虽不是由 PLC 控制的感性元件，也应并联 RC 或二极管消弧电路。

5.4.3 正确的接地与必需的安全保护环节

(1) 正确的接地

良好的接地是 PLC 安全可靠运行的重要条件。为了抑制干扰，PLC 一般最好单独接地，与其他设备分别使用各自的接地装置，如图 5-21(a) 所示；也可以采用公共接地，如图 5-21(b) 所示；但禁止使用如图 5-21(c) 所示的串联接地方式，因为这种接地方式会产生 PLC 与设备之间的电位差。

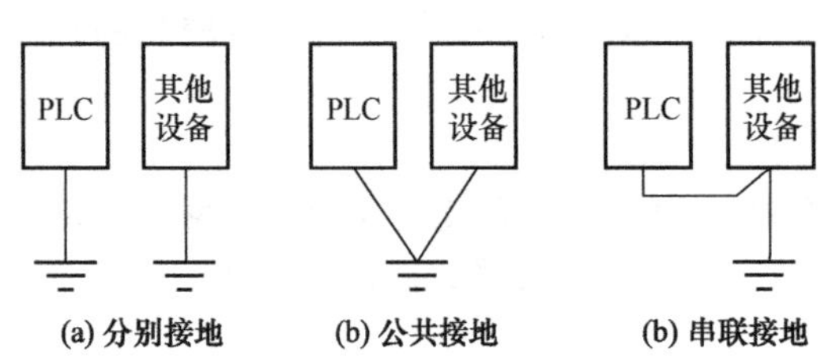

图 5-21 PLC 的接地

PLC 的接地线应尽量短，使接地点尽量靠近 PLC。同时，接地电阻要小于 100Ω，接地线的截面应大于 $2mm^2$。

另外，PLC 的 CPU 单元必须接地，若使用 I/O 扩展单元，则 CPU 单元应与它们具有共同的接地体，而且从任一单元的保护接地端到地的电阻都不能大于 100Ω。

(2) 必需的安全保护环节

① 短路保护　当 PLC 输出设备短路时，为了避免 PLC 内部输出元件损坏，应该在 PI，C 外部输出回路中装上熔断器，进行短路保护。最好在每个负载的回路中都装上熔断器。

② 互锁与联锁措施　除在程序中保证电路的互锁关系，PLC 外部接线中还应该采取硬件的互锁措施，以确保系统安全可靠地运行，如电动机正、反转控制，要利用接触器 KMl、KM2 常闭触点在 PLC 外部进行互锁。在不同电动机或电器之间有联锁要求时，最好也在 PI。C 外部进行硬件联锁。采用 PLC 外部的硬件进行互锁与联锁，这是 PLC 控制系统中常用的做法。

③ 失压保护与紧急停车措施　PLC 外部负载的供电线路应具有失压保护措施，当临时停电再恢复供电时，不按下“启动”按钮，PLC 的外部负载就不能自行启动。这种接线方法的另一个作用是：当特殊情况下需要紧急停机时，按下“停止”按钮就可以切断负载电源，而与 PI，C 毫无关系。

5.4.4 必要的软件措施

有时硬件措施不一定完全消除干扰的影响，采用一定的软件措施加以配合，对提高 PLC 控制系统的抗干扰能力和可靠性起到很好的作用。

(1) 消除开关量输入信号抖动

在实际应用中，有些开关输入信号接通时，由于外界的干扰而出现时通时断的“抖动”现象。这种现象在继电器系统中由于继电器的电磁惯性一般不会造成什么影响，但在 PLC 系统中，由于 PLC 扫描工作的速度快，扫描周期比实际继电器的动作时间短得多，所以抖动信号就可能被 PLC 检测到，从而造成错误的结果。因此，必须对某些“抖动”信号进行处理，以保证系统正常工作。

如图 5-22(a) 所示，输入 X0 抖动会引起输出 Y0 发生抖动，可采用计数器或定时器，经过适当编程，以消除这种干扰。图 5-22(b) 所示为消除输入信号抖动的梯形图程序。当抖动干扰 X0 断开时间间隔 $\Delta t<(K_x\times 0.1)$s，计数器 C0 不会动作，输出继电器 Y0 保持接通，干扰不会影响正常工作；只有当 X0 抖动断开时间 $\Delta t\geqslant(K_x\times 0.1)$s 时，计数器 C0 计满 K_x 次动作，C0 常闭断开，输出继电器 Y0 才断开。K_x 为计数常数，实际调试时可根据干扰情况而定。

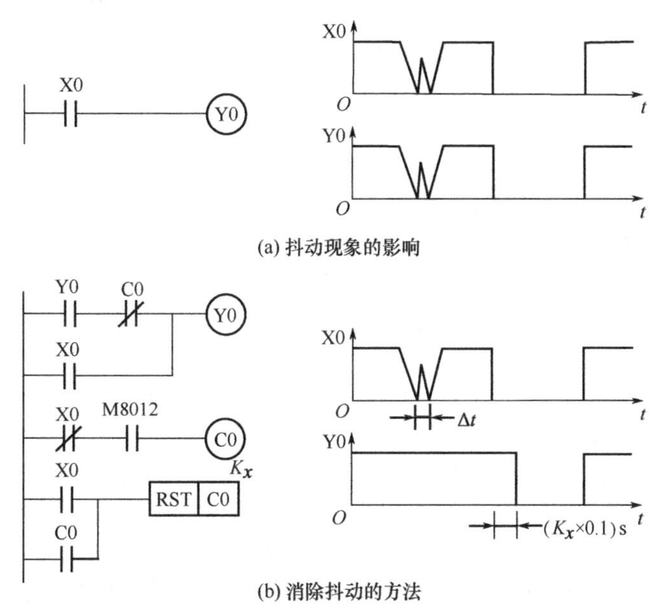

(a) 抖动现象的影响

(b) 消除抖动的方法

图 5-22　输入信号抖动的影响及消除

(2) 故障的检测与诊断

PLC 的可靠性很高且本身有很完善的自诊断功能，如果 PLC 出现故障，借助自诊断程序可以方便地找到故障的原因，排除后就可以恢复正常工作。

大量的工程实践表明，PLC 外部输入/输出设备的故障率远远高于 PLC 本身的故障率，而这些设备出现故障后，PLC 一般不能觉察出来，可能使故障扩大，直至强电保护装置动作后才停机，有时甚至会造成设备和人身事故。停机后，查找故障也要花费很多时间。为了及时发现故障，在没有酿成事故之前使 PLC 自动停机和报警，也为了方便查找故障，提高维修效率，可用 PLC 程序实现故障的自诊断和自处理。

现代的 PLC 拥有大量的软件资源，如 FX2N 系列 PLC 有几千点辅助继电器、几百点定时器和计数器，有相当大的裕量，可以把这些资源利用起来，用于故障检测。

① 超时检测　机械设备在各工步的动作所需的时间一般是不变的，即使变化也不会太大，因此可以以这些时间为参考，在 PLC 发出输出信号，相应的外部执行机构开始动作时启动一个定时器定时，定时器的设定值比正常情况下该动作的持续时间长 20%左右。例如：设某执行机构（如电动机）在正常情况下运行 50s 后，它驱动的部件使限位开关动作，发出动作结束信号。若该执行机构的动作时间超过 60s（对应定时器的设定时间），PLC 还没有接收到动作结束信号，定时器延时接通的常开触点发出故障信号，该信号停止正常的循环程序，启动报警和故障显示程序，使操作人员和维修人员能迅速判别故障的种类，及时采取排除故障的措施。

② 逻辑错误检测　在系统正常运行时，PLC 的输入/输出信号和内部的信号（如辅助继电器的状态）相互之间存在着确定的关系，如出现异常的逻辑信号，则说明出现了故障。因

此，可以编制一些常见故障的异常逻辑关系，一旦异常逻辑关系为ON状态，就应按故障处理。例如某机械运动过程中先后有两个限位开关动作，这两个信号不会同时为ON状态，若它们同时为ON，说明至少有一个限位开关被卡死，应停机进行处理。

（3）消除预知干扰

某些干扰是可以预知的，如PLC的输出命令使执行机构（如大功率电动机、电磁铁）动作，常常会伴随产生火花、电弧等干扰信号，它们产生的干扰信号可能使PLC接收错误的信息。在容易产生这些干扰的时间内，可用软件封锁PLC的某些输入信号，在干扰易发期过去后，再取消封锁。

5.4.5 采用冗余系统或热备用系统

某些控制系统（如化工、造纸、冶金、核电站等）要求有极高的可靠性，如果控制系统出现故障，由此引起停产或设备损坏将造成极大的经济损失。因此，仅仅通过提高PL。C控制系统的自身可靠性满足不了要求。在这种要求极高可靠性的大型系统中，常采用冗余系统或热备用系统来有效地解决上述问题。

（1）冗余系统

所谓冗余系统，是指系统中有多余的部分，没有它系统照样工作，但在系统出现故障时，这多余的部分能立即替代故障部分而使系统继续正常运行。冗余系统一般是在控制系统中最重要的部分（如CPU模块），由两套相同的硬件组成，当某一套出现故障立即由另一套来控制。是否使用两套相同的I/O模块，取决于系统对可靠性的要求程度。

如图5-23(a) 所示，两套CPU模块使用相同的程序并行工作，其中一套为主CPU模块，一块为备用CPU模块。在系统正常运行时，备用CPU模块的输出被禁止，由主CPU模块来控制系统的工作。同时，主CPU模块还不断通过冗余处理单元（RPU）同步地对备用CPU模块的I/O映像寄存器和其他寄存器进行刷新。当主CPU模块发出故障信息后，RPU在1～3个扫描周期内将控制功能切换到备用CPU。I/O系统的切换也是由RPU来完成。

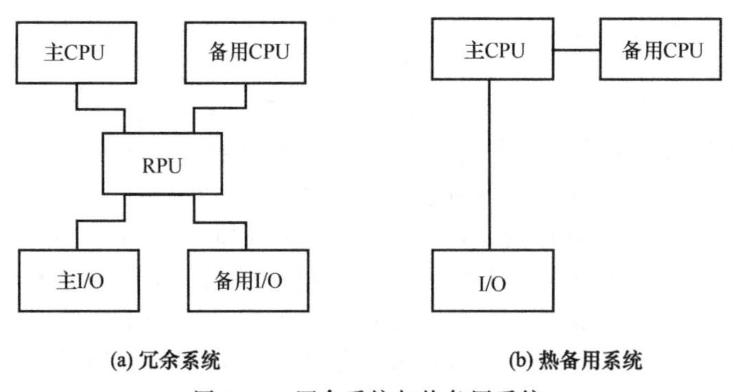

图5-23 冗余系统与热备用系统

（2）热备用系统

热备用系统的结构较冗余系统简单，虽然也有两个CPU模块在同时运行一个程序，但没有冗余处理单元RPU。系统两个CPU模块的切换，是由主CPU模块通过通信口与备用CPU模块进行通信来完成的。如图5-23(b) 所示，两套CPU通过通信接口连在一起。当系统出现故障时，由主CPU通知备用CPU，并实现切换，其切换过程一般较慢。

5.5 PLC 控制系统的维护和故障诊断

5.5.1 PLC 控制系统的维护

PLC 的可靠性很高，但环境的影响及内部元件的老化等因素，也会造成 PLC 不能正常工作。如果等到 PLC 报警或故障发生后再去检查、修理，总归是被动的。如果能经常定期做好维护、检修，就可以做到系统始终工作在最佳状态下。因此，定期检修与做好日常维护是非常重要的。一般情况下，检修时间以每 6 个月至 1 年 1 次为宜，当外部环境条件较差时，可根据具体情况缩短检修间隔时间。

PLC 日常维护检修的一般内容如表 5-8 所示。

表 5-8 PLC 日常维护检修项目、内容

序号	检修项目	检修内容
1	供电电源	在电源端子处测电压变化是否在标准范围内
2	外部环境	环境温度(控制柜内)是否在规定范围 环境湿度(控制柜内)是否在规定范围 积尘情况(一般不能积尘)
3	输入/输出电源	在输入/输出端子处测电压变化是否在标准范围内
4	安装状态	各单元是否可靠固定、有无松动 连接电缆的连接器是否完全插入旋紧 外部配件的螺钉是否松动
5	寿命元件	锂电池寿命等

5.5.2 根据 LED 指示灯诊断 PLC 故障

任何 PLC 都具有自诊断功能，当 PLC 异常时应该充分利用其自诊断功能以分析故障原因。一般当 PLC 发生异常时，首先请检查电源电压、PLC 及 I/O 端子的螺钉和接插件是否松动，以及有无其他异常。然后再根据 PLC 基本单元上设置的各种 LED 的指示灯状况，以检查 PLC 自身和外部有无异常。

下面以 FX 系列 PLC 为例，来说明根据 LED 指示灯状况来诊断 PLC 故障原因的方法。

(1) 电源指示（[POWER] LED 指示）

当向 PLC 基本单元供电时，基本单元表面上设置的 [POWER] LED 指示灯会亮。如果电源合上但 [POWER] LED 指示灯不亮，请确认电源接线。另外，若同一电源有驱动传感器等时，请确认有无负载短路或过电流。若不是上述原因，则可能是 PLC 内混入导电性异物或其他异常情况，使基本单元内的熔丝熔断，此时可通过更换熔丝来解决。

(2) 出错指示（[EPROR] LED 闪烁）

当程序语法错误（如忘记设定定时器或计数器的常数等），或有异常噪声、导电性异物混入等原因而引起程序内存的内容变化时，[EPROR] LED 会闪烁，PLC 处于 STOP 状态，同时输出全部变为 OFF。在这种情况下，应检查程序是否有错，检查有无导电性异物混入和高强度噪声源。

发生错误时，8009、8060～8068 其中之一的值被写入特殊数据寄存器 D8004 中，假设这个写入 D8004 中内容是 8064，则通过查看 D8064 的内容便可知道出错代码。与出错代码相对应的实际出错内容参见PLC使用手册的错误代码表。

(3) 出错指示（[EPROR] LED灯亮）

由于PLC内部混入导电性异物或受外部异常噪声的影响，导致CPU失控或运算周期超过200ms，则WDT出错，[EPROR] LED灯亮，PLC处于STOP，同时输出全部都变为OFF。此时可进行断电复位，若PLC恢复正常，请检查一下有无异常噪声发生源和导电性异物混入的情况。另外，请检查PLC的接地是否符合要求。

检查过程如果出现[EPROR] LED灯亮→闪烁的变化，请进行程序检查。如果[EPROR] LED依然一直保持灯亮状态时，请确认一下程序运算周期是否过长（监视D8012可知最大扫描时间）。

如果进行了全部的检查之后，[EPROR] LED的灯亮状态仍不能解除，应考虑PLC内部发生了某种故障，请与厂商联系。

(4) 输入指示

不管输入单元的LED灯亮还是灭，请检查输入信号开关是否确实在ON或OFF状态。如果输入开关的额定电流容量过大等原因，容易产生接触不良。当输入开关与LED亮灯用电阻并联时，即使输入开关OFF但并联电路仍导通，仍可对PLC进行输入。如果使用光传感器等输入设备，由于发光/受光部位粘有污垢等，引起灵敏度变化，有可能不能完全进入"ON"状态。在比PLC运算周期短的时间内，不能接收到ON和OFF的输入。如果在输入端子上外加不同的电压时，会损坏输入回路。

(5) 输出指示

不管输出单元的LED灯亮还是灭，如果负载不能进行ON或OFF时，主要是由于过载、负载短路或容量性负载的冲击电流等，引起继电器输出接点粘合，或接点接触面不好导致接触不良。

5.5.3 PLC系统故障检查与处理

PLC系统可能会出现一些故障。PLC内部故障则主要根据程序分析，而自身故障则可以靠自诊断判断。常见故障有电源系统故障、主机故障、通信系统故障、模块故障、软件故障等。

常见故障总体检查的目的是找出故障点的大方向，然后再逐步细化，确定具体故障点，达到消除故障的目的。

(1) 电源故障检查与处理

PLC系统主机电源、扩展机电源、模块中电源，任何电源显示不正常时都要进入电源故障检查流程，如果各部分功能正常，只能是LED显示有故障，则应首先检查外部电源，如果外部电源无故障，再检查系统内部电源故障。

一般来说，出现的故障现象为电源指示灯灭，故障原因有指示灯坏或熔丝断、无供电电压、供电电压超限、电源坏。如果是指示灯坏或熔丝断，那么处理办法为更换指示灯或者熔丝。若无供电电压，就加入电源电压，或检查电源接线和插座使之正常。

供电电压超限，则调整电源电压在规定范围。电源坏的处理方法为更换电源。

(2) 异常故障检查与处理

PLC系统最常见的故障是停止运行（运行指示灯灭）、不能启动、工作无法进行，但是电源指示灯亮。这时，需要进行异常故障检查。

① 不能启动，原因多为供电电压超过上极限、供电电压低于下极限、内存自检系统出错、CPU或内存板故障。处理办法分别是降压、升压、清内存和初始化、更换。

② 工作不稳定频繁停机，原因多为供电电压接近上下极限、主机系统模块接触不良、

CPU或内存板内元器件松动、CPU或内存板故障。处理办法分别是调整电压、清理后重插、清理后戴手套按压元器件、更换。

③ 与编程器（微机）不通信，原因多为通信电缆插接松动、通信电缆故障、内存自检出错、通信口参数不对、主机通信故障、编程器通信口故障。处理办法分别是按紧后重新联机、更换、内存清零后拔去停电记忆电池几分钟后再联机、检查参数和开关并重新设定、更换、更换。

(3) 通信故障检查与处理

通信是PLC网络工作的基础。PLC网络的主站、各从站的通信处理器、通信模块都有工作正常指示。当通信不正常时，需要进行通信故障检查。

① 单一模块不通信，故障原因多为接插不好、模块故障、组态不对。处理办法分别是按紧、更换、重新组态。

② 从站不通信，故障原因多为分支通信电缆故障、通信处理器松动、通信处理器地址开关错、通信处理器故障。处理办法分别是拧紧插接件或更换、拧紧、重新设置、更换。

③ 主站不通信，故障原因多为通信电缆故障、调制解调器故障、通信处理器故障。处理办法分别是排除故障或更换，断电后再启动无效更换，清理后再启动无效更换。

④ 通信正常，但通信故障灯亮，故障原因多为某模块插入或接触不良。处理办法是插入并按紧。

(4) 输入输出故障检查与处理

输入输出模块直接与外部设备相连，是容易出故障的部位，虽然输入输出模块故障容易判断，但是必须查明原因，而且往往都是由于外部原因造成损坏，如果不及时查明故障原因，及时消除故障，对PLC系统危害很大。

① 特定编号输入不关断。故障原因多为输入回路不良，输出指令用了该输入号。处理办法是更换模块，修改程序。

② 输入不规则地通、断。故障原因多为外部输入电压过低，噪声引起误动作，端子螺钉松动，端子连接器接触不良。处理办法是使输入电压在额定范围内，采取抗干扰措施，拧紧螺钉，将端子板拧紧或更换。

③ 异常输入点编号连续。故障原因多为输入模块公共端螺钉松动，端子连接器接触不良，CPU不良。处理办法是拧紧螺钉，将端子板锁紧或更换连接器，更换CPU。

④ 输出全部不接通。故障原因多为未加负载电源，负载电源电压低，端子螺钉松动，端子板连接器接触不良，熔丝熔断，I/O总线插座接触不良，输出回路不良。处理办法是接通电源，加额定电源电压，将螺钉拧紧，将端子板锁紧或更换。

⑤ 特定编号输出不接通。故障原因多为输出接通时间短，程序中继电器号重复，输出器件不良，端子螺钉松动，端子连接器接触不良，输出继电器不良，输出回路不良。处理办法是更换，修改程序，更换，拧紧，将端子板拧紧或更换。

第6章　PLC-液压伺服/比例系统应用

PLC-液压伺服/比例控制系统主要包括位压力控制系统、速度控制系统、位置控制系统、同步控制系统、能源监控系统等。

6.1　PLC 在液压系统压力控制中的应用

液压系统压力控制是用压力阀、压力继电器或压力传感器来控制和调节液压系统主油路或某一支路的压力，以满足执行元件所需的力或力矩的要求。在这个过程中，PLC 接收来自系统的压力信息（由压力继电器或压力传感器提供），然后给相关液压阀发出控制指令。将比例压力阀、PLC、人机界面组合起来，可实现较大范围的压力调整与多个压力参数的设定。在此通过实例介绍 PLC 用于液压系统压力控制。

6.1.1　PLC 控制的四柱式万能液压机

(1) 液压机控制系统

PLC 的系统设计包括硬件系统和软件 2 部分。PLC 系统设计步骤如图 6-1 所示。

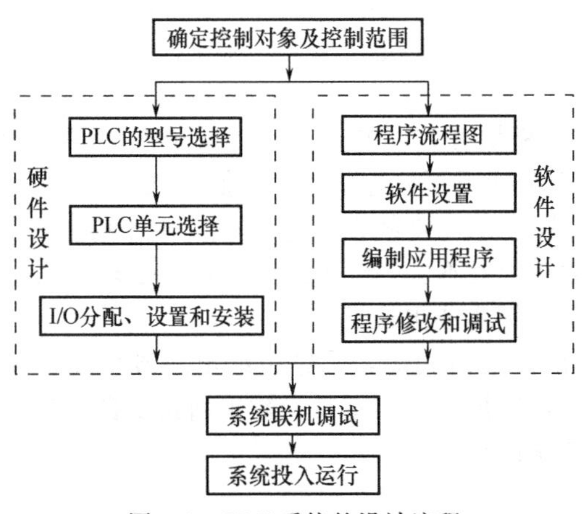

图 6-1　PLC 系统的设计流程

1）硬件系统

① 控制对象　315t 液压机全部动作由上下 2 个液压缸（主工作缸和顶出缸）来完成，液压缸动作由相应的电磁阀控制，电气部分通过控制电磁铁的通、断电来控制整个液压机工作。

该机还设有调整、手动、半自动等 3 种工作方式可供选择，根据工作情况选不同的工作方式。其中：调整操作为按下相应按钮得到要求的寸动动作；手动操作为按下相应按钮得到要求的连续动作；半自动操作为按下工作按钮使活动横梁自动完成一个工艺动作循环。

315t 液压机提供了利用顶出缸完成液压压边，压边力用普通溢流阀控制，能实现定压边力控制，压边力大小用手动调节实现。

② PLC 控制电路　电路接线图要综合考虑接线环境、控制要求及 PLC 性能等多方面因素。由于电磁阀的启动功率大，若直接由 PLC 控制，容易烧毁 PLC 触点，长时间将烧毁 PLC，所以采用中间继电器衔接。同时，在 PLC 各工控端连接熔断器，以防电流过大烧毁 PLC。PLC 的 I/O 端口接线如图 6-2 所示。

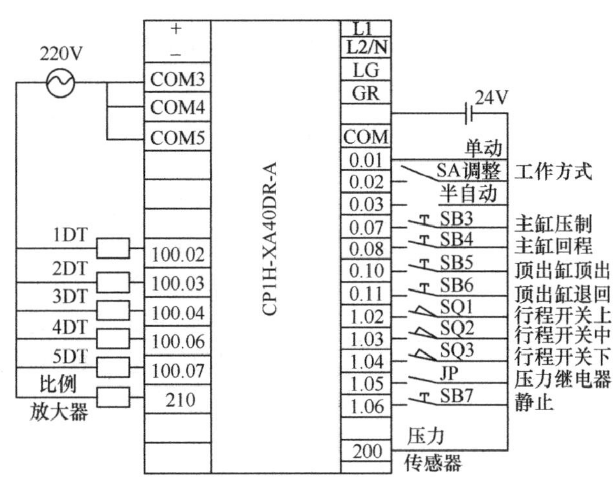

图 6-2 I/O 端口接线图

2）软件系统

应用程序是整个程序的核心内容，程序分开关量和模拟量两部分。

电气部分用PLC控制代替继电器控制，实现液压机的基本动作，这部分是开关量控制。开关量仅有两种相反的工作状态，例如高电平和低电平、继电器线圈的通电和断电、触点的接通和断开，PLC可以直接输入和输出开关量信号。

要实现变压边力控制，需要改造压边力控制系统，把控制压边力的溢流阀改为比例溢流阀，由PLC控制比例溢流阀实现对压边力的控制。这部分是模拟量控制，模拟量是连续变化的物理量，例如电压、温度、压力和转速等。PLC不能直接处理模拟量，需要用模拟量输入模块中的A/D转换器，将模拟量转换为与输入信号成正比的数字量。PLC中的数字量需要用模拟量输出模块中的D/A转换器将它们转换为与相应数字成比例的电压或电流，供外部执行机构使用。

① 开关量程序

a.跳转指令的应用。在满足控制要求的情况下，为简化程序和减少扫描时间，选用了控制程序流程的指令——跳转指令JMP（004）及JME（005），两指令配对使用。JMP指令执行前，要建立逻辑条件；JME不要条件，只表示跳转结束。要跳转的程序列于这两个指令之间。当执行JMP时，若其逻辑条件为ON，则不跳转，照样执行JMP与JME间的指令，如同JMP、JME不存在一样；若为OFF，则不执行JMP与JME间的程序，有关输出保持不变。

跳转指令在程序中应用如图6-3所示。

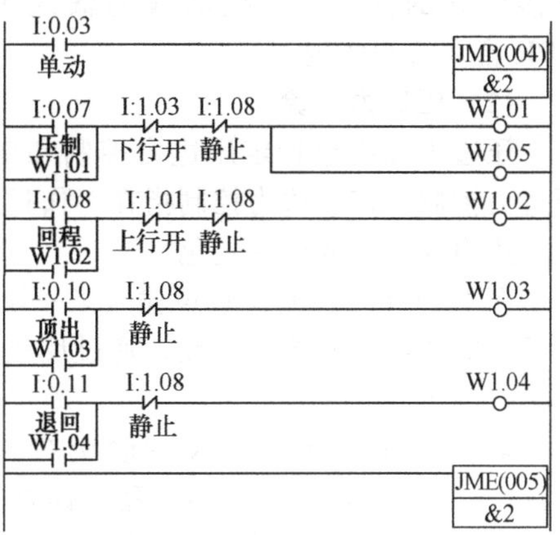

图 6-3 JMP 指令程序段

b. KEEP指令与保持继电器的应用。压机工作时速度由快变慢的转换，由中行程开关发讯从而控制5DT的通断来实现。通过对KEEP指令的使用保持继电器实现这部分程序，即使在急停或突然断电时，也可以保持以前的状态，再开机保证工作的正常运行。部分程序如图6-4所示。

c.定时器指令的应用。编程用到了普通定时器CNT和可逆定时器CNTR。普通定时器CNT是递减计数器，当计数输入端有上升沿脉冲输入时，计数器当前值减1，直到当前值为0，计数器完成标

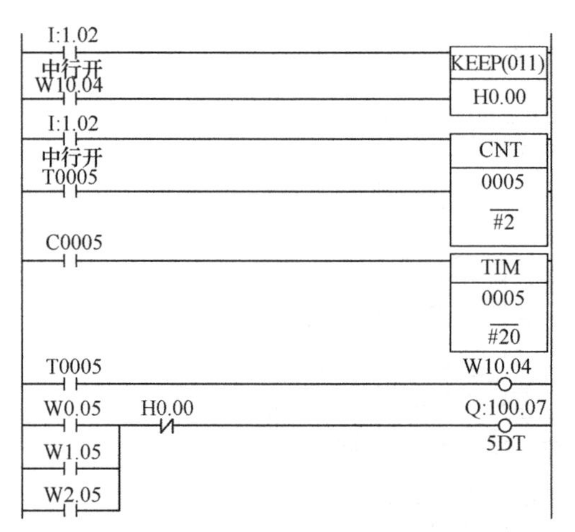

图 6-4 控制 5DT 程序

志变为 ON。可逆计数器 CNTR 有加计数端、减计数端和复位端，当加计数端有上升沿输入时，计数器当前值加 1，当达到预定值时计数器完成标志为 ON，当减计数端有上升沿输入时，执行减计数，减到 0 时标志为 ON。普通定时器 CNT 的应用如图 6-4 所示。

② 模拟量程序

a. SCL 指令的应用。采集的压力和位移经 A/D 转换成 PLC 能处理的数字量，但在实际运算中还要将这个数值转换为实际的物理量，转换时综合考虑变送器的输入/输出量程和模拟量输入模块的量程，找出被测物理量与 A/D 转换后数据之间的比例关系。然后应用缩放指令 SCL，它的功能是根据指定的一次函数，将无符号的 BIN 数据缩放（转换）成无符号的 BCD 数据。

采用 2 路模拟量输入分别采集压力和位移，对压力和位移采集后的数值要转换成实际的物理量。

压力的采集和转换过程如图 6-5 所示。量程为 0～200kN 的压力传感器输出信号为 0～3.2V，选择 200 通道的量程为 0～5V，转换后的数字量 0～1770HEX。图 6-5(a) 为压力采集，用 MOV 指令存到数据寄存器 D100；图 6-5(b) 为 SCL 指令的应用，把压力的数字量转变成压力的实际值。

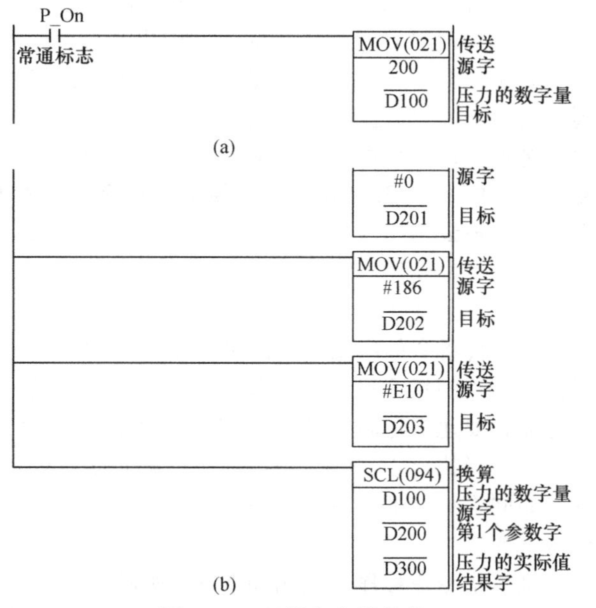

图 6-5 SCI 指令应用程序

b. PID 指令的应用。采用 PID 指令实现模拟量 PID 控制程序，实现 PLC 的闭环控制系统。

c. 数据转换指令 APR 的应用。APR 指令用于折线近似运算。变压边力控制（即压边力的设定值）是随时间或位移变化的曲线，这些曲线的输入用 APR 指令编程实现。

(2) 压边力试验

压边力控制包括定压边力控制和变压边力控制。定压边力控制指在工作过程中设定压边力为常数；变压边力控制指在工作过程中压边力随时间或位移变化。

在 PID 指令控制字首位输入某一设定值 SV，使系统进入闭环控制，通过验证系统采集阶跃响应曲线观察控制情况，通过反复试验，确定最佳 PI 参数组合：比例带为 70%，$T_i=0.02s$，$T=0.01s$。

对设定值 SV＝160kN 的阶跃响应曲线作时域分析，如图 6-6 所示。$\sigma=5.6\%$，$t_d=0.7s$，$t_r=0.9s$，$T_s=1.2s$，稳态误差在±5%之内。

综上阶跃响应时域分析，控制系统基本满足稳、准、快的要求，但系统随设定压边力减小超调量增大。这是因为比例溢流阀在0附近开环放大系数最大，小压力对应大的开环放大系数，系统出现大的超调。要解决此问题，可对压边力分挡控制，不同挡位调节不同的PI参数，从而达到较理想的控制效果。

根据压边力在板料冲压工艺中的应用，归纳了5种变压边力试验曲线，即三角形变压边力曲线、梯形变压边力曲线、逐渐上升变压边力曲线、类似正弦波形变压边力曲线和类似余弦波形变压边力曲线。仅对梯形变压边力曲线进行分析，图6-7中示出最大误差值。

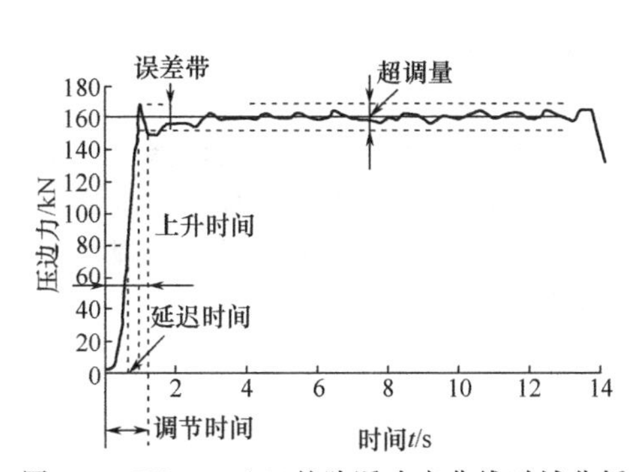

图6-6 SV=160kN的阶跃响应曲线时域分析

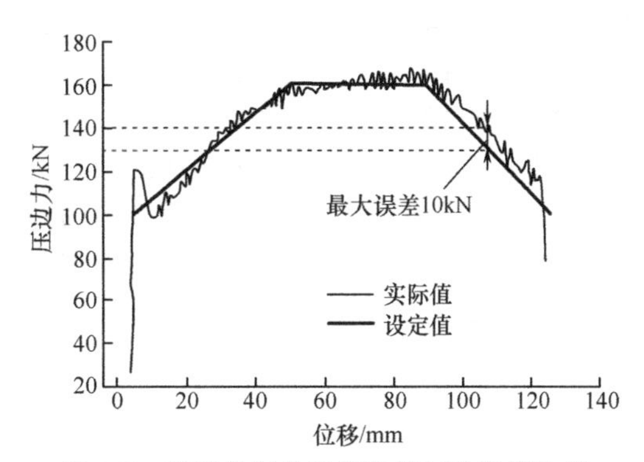

图6-7 梯形控制曲线实测值与设定值比较

对梯形变压边力控制曲线的实测值与设定值进行比较，如图6-7所示，最大误差值为10kN。

从变压边力控制实际曲线与设定曲线比较结果可以看出以下两点。

① 实测变压边力曲线在初始阶段有过冲现象，这是二阶系统典型现象。在工艺上可采用拉深启动延时的方法，即在过冲之后再拉深。

② 实测压边力曲线与设定曲线存在较小跟踪误差，控制曲线的最大误差值为10kN左右。

6.1.2 MPS型中速磨煤机自动加载系统

(1) 概述

在现代火力发电机组中，MPS磨煤机成为制粉系统中广泛应用的设备，它具有启动迅速、阻力小、单位磨煤金属磨耗小、结构紧凑、占地面积小及制粉系统简单、单位电耗低、噪声低等优点。

电液比例阀一般多用于开环控制，由于电液比例阀本身的固有特性，如死区、滞环、非线性等使一般的系统难以达到较好的控制效果。但系统中若用可编程控制器PLC控制，则可用软件方法对其实施补偿，这就可较好地解决死区、滞环、非线性等问题。因此，在某些工业应用场合中，使用软件组成闭环对系统进行控制，可大大改善系统的性能，提高自动化程度。

中速磨煤机为减小自身体积和重量，对研磨部件均要施加外力以获取最大研磨能力，施加的外力称为加载力，施加外力的方式称为加载方式。但传统的固定式磨辊加载系统由于磨辊加载力不能随磨煤机出力变化而变化，导致磨煤机出力降低、电耗增大等一系列问题。锅炉中速磨煤机的改进优化就成为电站锅炉重要试验研究课题之一。针对这些问题，根据液压加载装置的参数要求，改进了调速装置使液压系统同步加载，采用电液比例技术使液压系统能够可变加载，应用PLC实现液压系统的自动化控制。

(2) 问题提出

早期的加载方式是加载液压缸的加载力由直动溢流阀调定，系统加载压力根据生产情况需要调节时，需要专人到液压站上调定，这种液压加载系统称定加载系统。

定加载系统存在很多缺陷：

① 定加载系统只能在磨煤机运行初期通过试验得到一个相对合理的磨辊加载力，不能根据磨煤机出力的变化而变化，导致较长时间内磨煤机耗电量高、煤粉变粗、锅炉燃烧效率低、寿命降低等问题。

② 磨煤机的抬辊、落辊、卸荷等动作都是通过手动换向阀来完成的，磨煤机的操作程序非常繁琐，需要总控、现场交叉配合，无法在中控室统一完成。

③ 三个加载缸不能很好地同步，使煤粒的受力不均，不能达到很好的碾磨效果。

(3) 改进措施

磨煤机变加载液压系统为集成式液压控制系统，如图 6-8 所示，系统的执行器为三个液压缸控制磨辊的升降，三缸的运动方向通过三位电磁换向阀控制来实现。变加载系统通过调节比例溢流阀压力大小，从而变更蓄能器和油缸的油压来实现液压加载油压随着磨煤机的出力变化，以达到最佳的碾磨效果。液压系统主要技术参数见表 6-1。

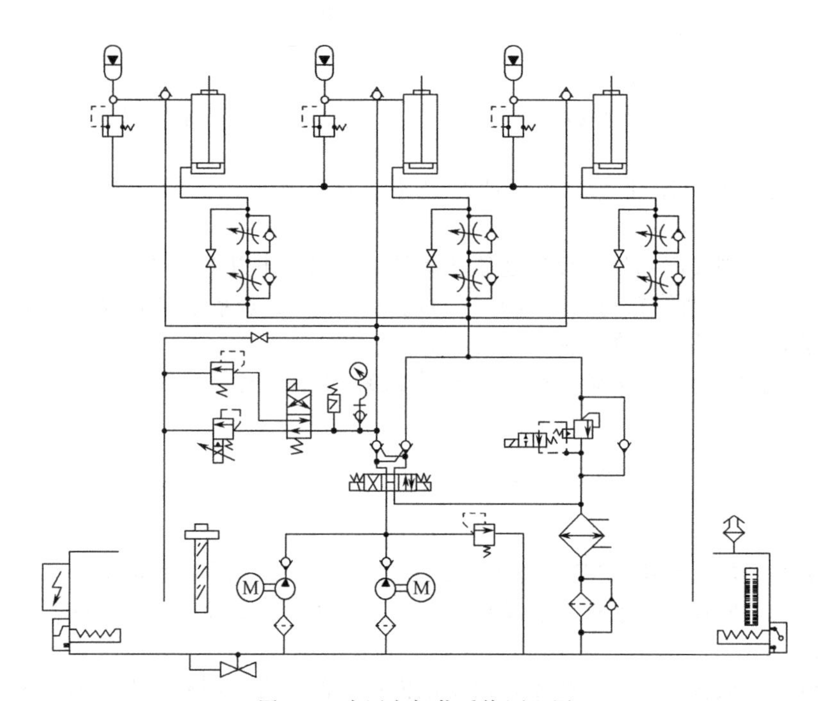

图 6-8 液压变加载系统原理图

表 6-1 液压系统主要技术参数

项　目	参　数
额定压力	12MPa
最大流量	23L/min
工作压力	AC380V/50Hz
控制电压	D24V
工作油温	20～60℃
电动机功率	5.5kW

系统采用两个单向节流阀和一个截止阀并联组成的调速阀组，结构简图和原理图如图 6-9 所示。在调试的时候关闭截止阀调节单向节流阀控制液压缸升降的速度使三个液压缸

达到同步，运行时打开截止阀，这样就可以实现液压缸的同步加载。采用蓄能器以补偿由于煤粒大小的不同而引起的对液压系统的冲击，起到保压和缓冲吸振作用，完善液压系统动作的平滑性，进一步解决三个液压缸动作不同步的问题。

液压系统能随负荷自动改变加载力，液压泵达到相应的加载力后自动停止，系统处于保压状态，当保压时间较长，液压系统有一定的内部泄漏而降压，降压值超过给定值时，压力传感器发讯，液压泵启动，补压到位后液压泵停止工作，系统再次处于保压状态。

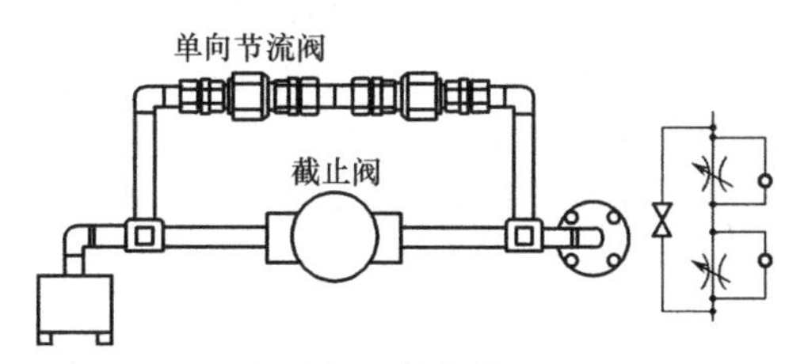

图 6-9　调速阀组结构简图及原理图

系统采用PLC自动控制电磁阀的换向来实现加载动作，该系统的控制核心是Siemens S7 PLC，它主要负责控制系统的数据采集、滤波、数据处理、驱动输出以及与触摸屏的相互通信。由图 6-10 可见，PLC通过压力变送器检测加载压力，CPU将给定的控制量通过模拟量模块转换为4～20V电压送给比例溢流阀，比例溢流阀根据电压值控制液压缸输出压力。压力变送器实时采集液压缸输出压力，PLC比较液压站油泵出口油压信号和液压缸油压信号，同时机组运行中的给煤量信号也实时输入PLC，PLC按油压与给煤量成线性的关系进行信号处理，通过模拟量模块和CPU的高速计数器送至CPU与给定量进行比较，将处理结果经信号放大后传输到各执行元件，执行元件按条件分别得电或失电进行油路控制。

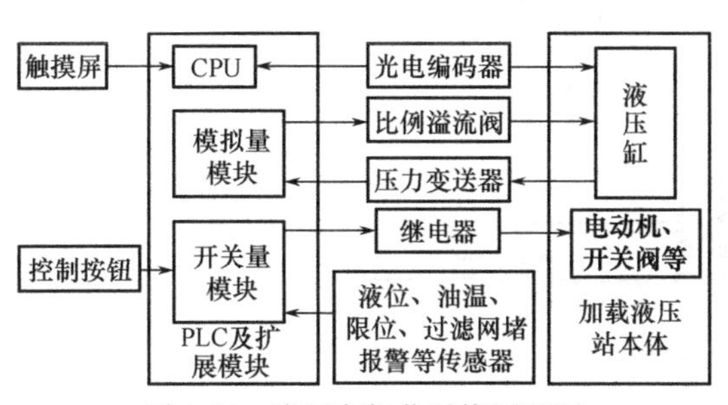

图 6-10　液压变加载系统原理图

改进后的系统有以下优点：①磨煤机的加载力可以随给煤量大小而进行实时调整，使系统始终处于最佳状态运行；②三个液压缸能达到同步的加载，使煤粒受力均衡；③随时可加载、卸载，维护检修方便；④采用PLC实现对系统动作的控制及对液压站加载压力的自动调节，提高了煤磨控制系统的自动化程度，减少了岗位的劳动强度。

6.1.3 海洋石油钻井平台称重系统

海洋石油钻井平台单体自重常常达到数千吨甚至数万吨。它们的理论重量与实际重量往往存在较大差异，由于海上运输、安装等施工作业，需要知道平台精确自重和精确重心位置，因此必须在设备竣工后对实物进行称量，并求出实际重心位置。理论上实地称量并不难，只要用大吨位称重传感器托起重物就可以称出总重并计算出重心，但是，实地称量石油钻井平台时，如果只用三点托起重物，往往会使局部应力过大，造成损坏。根据石油钻井平台结构的不同，有时需要6点、8点甚至几十点同时均衡托起平台，然后进行称量并计算重心位置，于是就有一个如何使几十个称量点均衡承载并保持平台正确姿态的问题。

一种新型模块化液压装置，采用伺服控制的多点液压系统，使用带内置压力传感器和位移传感器的超高压油缸，对钻井平台实施现场称重。称重结果通过工控网络，以无线或有线方式传送至检测中心。

(1) 称重系统液压原理

图 6-11 所示为多点托起石油钻井平台称重的情景，由于称重时，不单要控制被称钻井平台托起的高度和姿态，还要控制各称量点之间的荷重分配，因此必须采取液压闭环控制，

包括位置闭环和力闭环。可是平台很重，常规液压伺服系统，体积大，设备重，不适合现场流动测试，采取超高压系统，体积小、重量轻，比较实用，可就是高压下的比例伺服控制元件比较难选，为此采用变频调速电动机控制的超高压泵作比例控制元件，依靠成熟的变频技术，克服了缺少超高压闭环伺服控制元件的难题，液压原理见图 6-12；阀配流的超高压泵 P 在变频调速电动机的驱动下变成一个伺服变量泵，依靠超高压电磁阀 DF 换向，控制油缸的升与降；平衡阀 LH 保护油缸不致因重载而自由滑落，同时也使重载的举升和落放都变成进油调速，都受变频调速泵的控制。

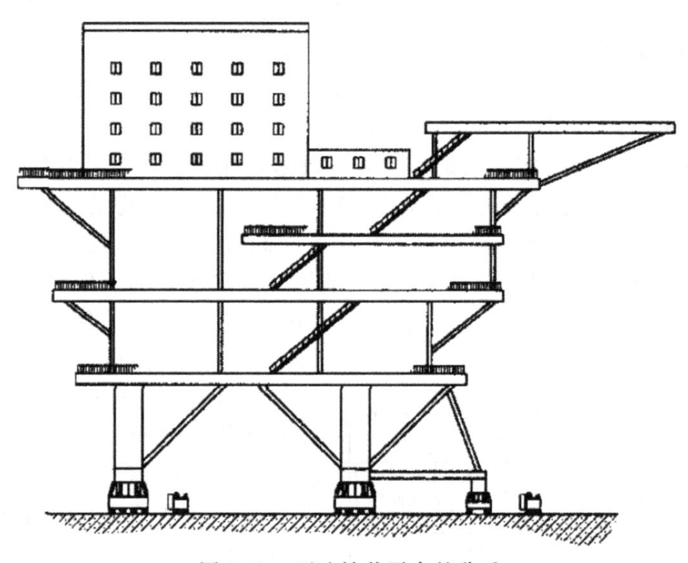

图 6-11 石油钻井平台的称重

与伺服变量泵站配套的是带内置压力传感器和位移传感器的测量油缸（见图 6-13），将压力传感器和位移传感器内置，可提高设备的一体化水平，大大改进系统的可靠性，也便于测量油缸的标定和校验。伺服变量泵站与这样的油缸配套，组成了模块化的称重单元，实现力闭环控制或位置闭环控制如图 6-14 所示。

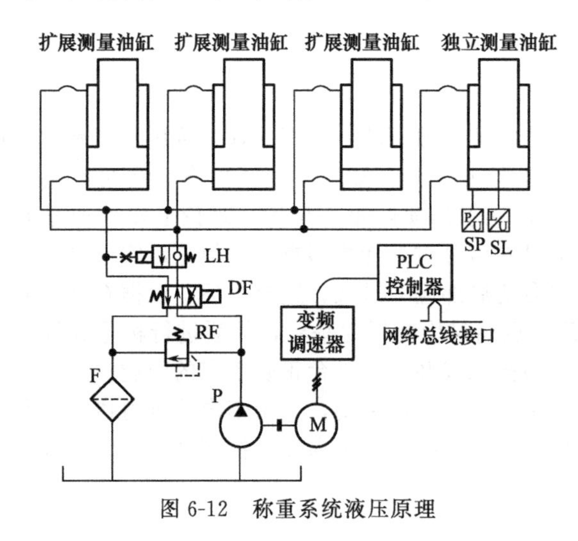

图 6-12 称重系统液压原理

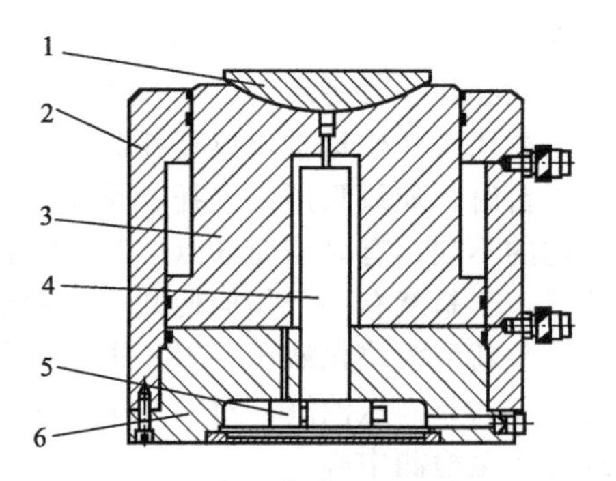

图 6-13 内置传感器的测量油缸

1—球面支座；2—缸体；3—活塞；4—位移传感器；5—压力传感器；6—底盖

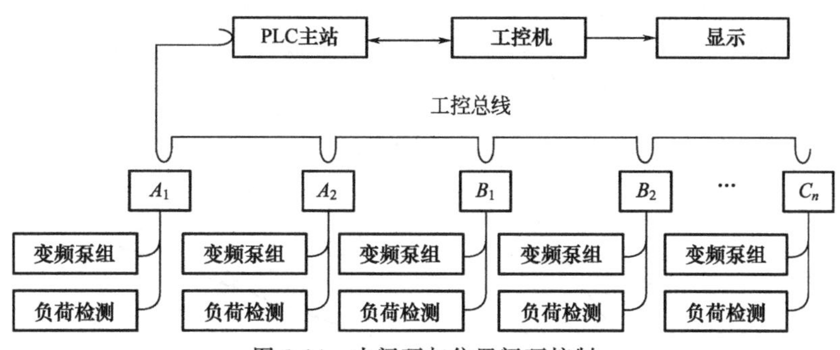

图 6-14 力闭环与位置闭环控制

当一个油缸的顶升力不够时，可并联不带检测元件的扩展油缸，由于最后称量时油液不再流动，无沿程损失，因此并联扩展油缸不会增加测量误差。

由于是模块化的液压单元设计，称重单元的多少和称重油缸的数量，可根据被称平台的需要任意组合。

各称重单元通过工控总线连接在一起。在工控总线上，每个称重单元都是一个子站，只有工控机为主站，各子站通过有线或无线的工控网络，与主站连接，组成一个称重控制系统，统一接收工控机操纵指令，统一采集测量数据，在工控机上记录和显示称重结果（见图 6-15）。

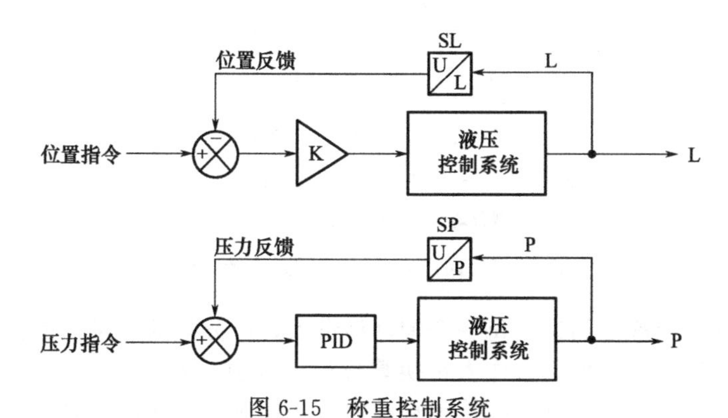

图 6-15 称重控制系统

(2) 多点共面的力均衡条件

四点称重是钻井平台最基本的多点称量方式，由于四点共面为超静定冗余约束，不进行力均衡补偿无法得到稳定测量结果。超过四个称量点时可选其中四个点作为基准称量点 A_1、A_2、B_1、B_2，其余的作为辅助称量点 $C_1 \sim C_n$，通常选四个最外围的称量支点作为基准称量点，见图 6-16，基准称量点在控制系统中组态成位置闭环，并增加力均衡条件，辅助称量点在控制系统中组态成力闭环，并由操作者指定该辅助称量点的承载权值 J_n。

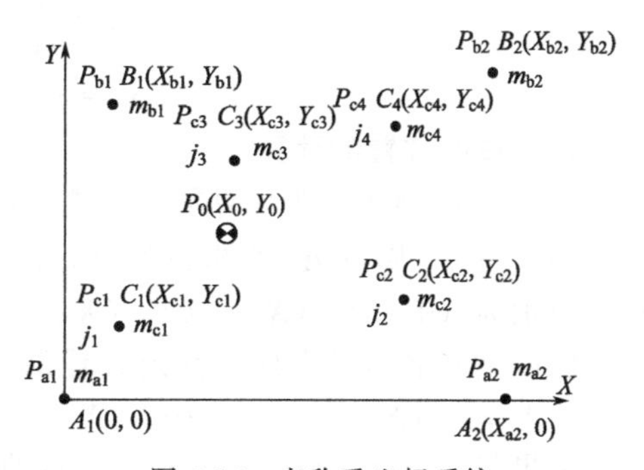

图 6-16 点称重坐标系统

四个基准称量点 A_1、A_2、B_1、B_2 组成的位置闭环，需要进行力均衡修正，力均衡修正一共有 a、b、c、d 和 x 五种算法类型，见图 6-17，主站中存储有五种力均衡条件的控制软件，由操作者任选一种。不同的力均衡条件，允许的偏心范围不同，被称重的钻井平台的重心，必须落在阴影区内，否则会发生平台倾覆。x型力均衡模式允许的偏心圆最大，称重时优先采用x型力均衡模式。如果称重操作者清楚了解被称平台的偏重方向，并且偏心量又比较大时，可通过工控机选择其他力均衡模式。

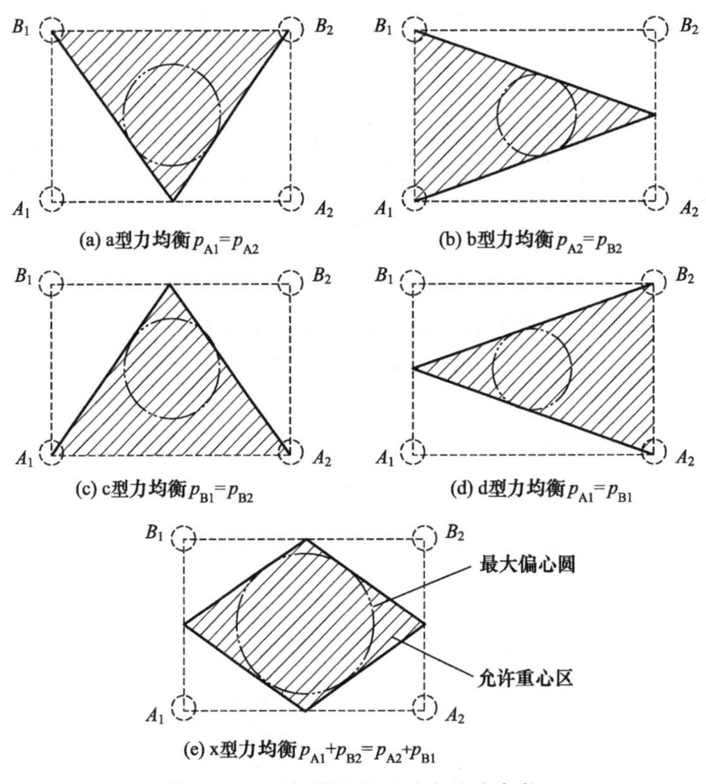

图 6-17 四点共面的五种力均衡条件

辅助称量点都是超静定约束，每一个辅助称量点，应分担的荷重比例，结构工程师需要根据平台特点事先确定，由称重操作人员换算成称重权值，J_n 输入工控机，这个权值是该点称重油缸的液压压强与四个基准称重油缸的液压平均压强之比，假设：

$$\bar{p}_0=\frac{p_{a1}+p_{a2}+p_{b1}+p_{b2}}{m_{a1}+m_{a2}+m_{b1}+m_{b2}} \tag{6-1}$$

$$p_n=p_{cn}/m_{cn} \text{ 则 } J_n=p_n/\bar{p}_0$$

(3) 重心位置的计算

如图 6-17 所示，为计算重心位置，需指定平面直角坐标，如果四个基准称量点为 A_1、A_2、B_1、B_2，则以 A_1 为坐标原点，以 $A_1 \sim A_2$ 为 X 轴，A_1、A_2、B_1、B_2 四点的坐标位置分别为 (0，0)、(X_{a2}，0)、(X_{b1}，Y_{b1})、(X_{b2}，Y_{b2})，见图 6-18。

除四个基准称量点外，其余为辅助称量点 C_1、C_2、…、C_n，它们的坐标位置分别为 (X_{c1}，Y_{c1})、(X_{c2}，Y_{c2})、…、(X_{cn}，Y_{cn})。

如果每一个称量点除一个独立测量油缸外还有若干个扩展测量油缸，则该称量点的计算坐标位置应该为全部油缸的合力中心。将每个称量点的顶升油缸的总顶升能力除以 300t 作为该称量点的顶升模数 m_n。通过触摸屏将顶升模数 m_n 输入控制系统，工控机便可根据系统压力，按 300t 标准顶升缸的作用面积，计算该点总负荷。如果称量点的坐标位置，已由称重操作者事先实地测量，并把全部坐标位置通过触摸屏输入控制系统，则平台总重和重心位置将按以下公式，由工控机自动算出：

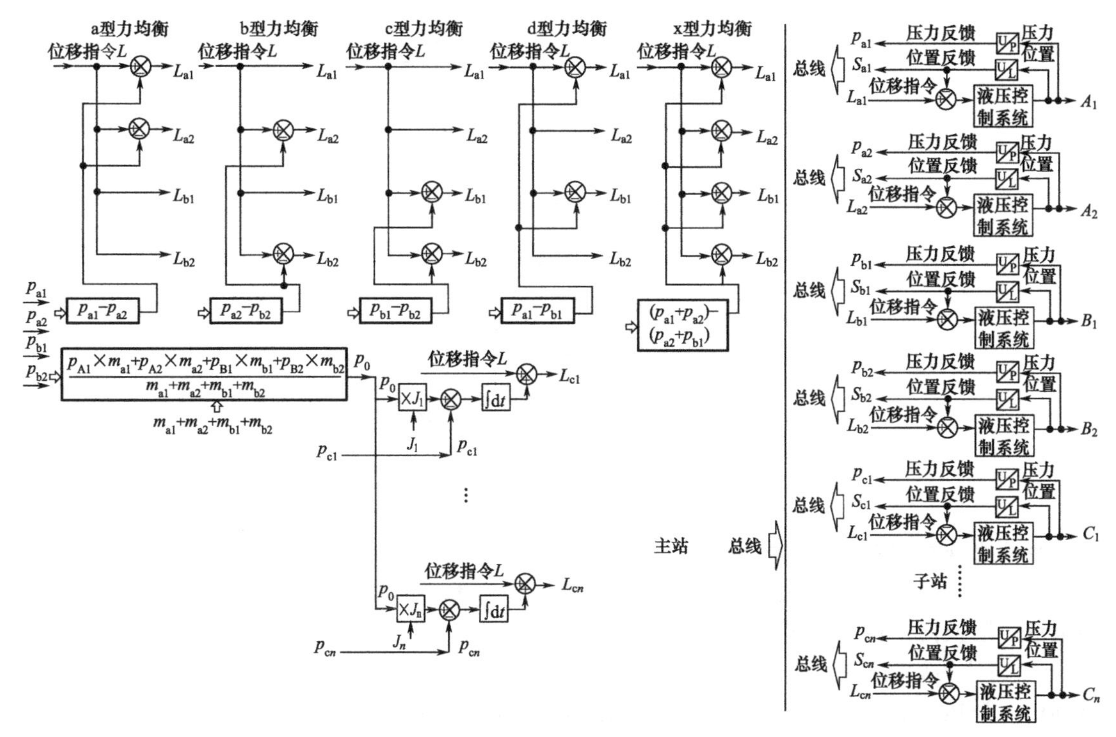

图 6-18 称重控制系统原理框图

$$p_0=p_{a1}+p_{a2}+p_{b1}+p_{b2}+p_{c1}+p_{c2}+p_{c3}+p_{c4} \tag{6-2}$$

$$X_0=\frac{p_{a2}X_{a2}+p_{b1}X_{b1}+p_{b2}X_{b2}+p_{c1}X_{c1}+\cdots+p_{cn}X_{cn}}{p_0} \tag{6-3}$$

$$Y_0=\frac{p_{b1}Y_{b1}+p_{b2}Y_{b1}+p_{c1}Y_{c1}+\cdots+p_{cn}Y_{cn}}{p_0} \tag{6-4}$$

实际使用证明，系统测量精确、工作可靠。

6.2 PLC 在液压系统速度控制中的应用

液压系统速度的 PLC 控制，可通过比例调速阀、比例方向阀来实现。即 PLC 通过模拟模块给比例阀发出不同的电信号，来获得比例阀的不同输出流量。在控制精度要求更高的情况下用伺服阀取代比例阀。

也可通过 PLC 控制换向阀接通不同的调速阀来控制液压缸的运动速度。

在此通过实例介绍 PLC-液压速度控制。

6.2.1 磨蚀系数实验台电液比例速度控制系统

磨蚀系数是表示煤岩对金属磨蚀性的指标，磨蚀系数实验台是一种用于测量矿石磨蚀系数的专用工程机械，可用于测量各种矿石的磨蚀系数。

使用比例控制技术和 PLC 可以实现对磨蚀系数实验台的自动控制，可有效地提高系统参数的控制精度，从而提高磨蚀系数的测量精度。

(1) 磨蚀系数实验台工作原理

磨蚀系数实验台原液压系统原理如图 6-19 所示。

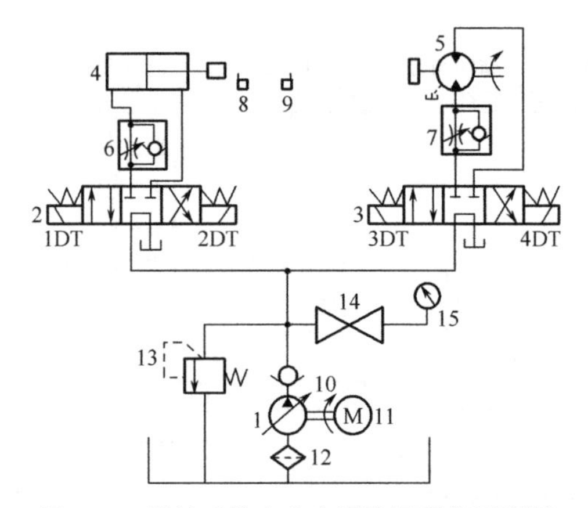

图 6-19 磨蚀系数实验台原液压系统原理图

1—柱塞泵；2,3—三位四通电磁换向阀；4—液压缸；5—叶片马达；6,7—单向节流阀；8,9—行程开关；10—单向阀；11—电动机；12—粗过滤器；13—溢流阀；14,15—压力表和压力表开关

影响磨蚀系数精度的主要参数：

① 往复缸的速度 往复缸的速度是磨蚀过程中最重要的控制参数之一。在磨蚀过程中，要求液压缸换向平稳，并应有良好的速度稳定性。

② 马达的旋转速度 马达旋转速度的稳定性，严重影响磨蚀系数的测量精度。在磨蚀过程中，马达的旋转速度容易受到负载变化的影响，从而影响磨蚀系数的测量精度。

③ 正压力是系统中重要的控制参数 正压力的稳定性直接影响磨蚀系数的测量精度。但是，由于原系统采用继电器，接触器控制系统，接线复杂，故障率高，调试和维护困难。速度受负载影响很大，且不能够自动调节。重锤提供的压力随系统运动的振荡产生振荡，很难保持恒定的力，容易使测量结果产生误差。

(2) 电液比例控制系统

结合比例控制技术和 PLC 的优点，进行自动化改造。改造之后的液压系统原理图如图 6-20 所示。设备由 3 个比例控制回路进行控制：往复缸速度电液比例控制回路（B）、马达速度电液比例控制回路（C）、恒压电液比例控制回路（A）。

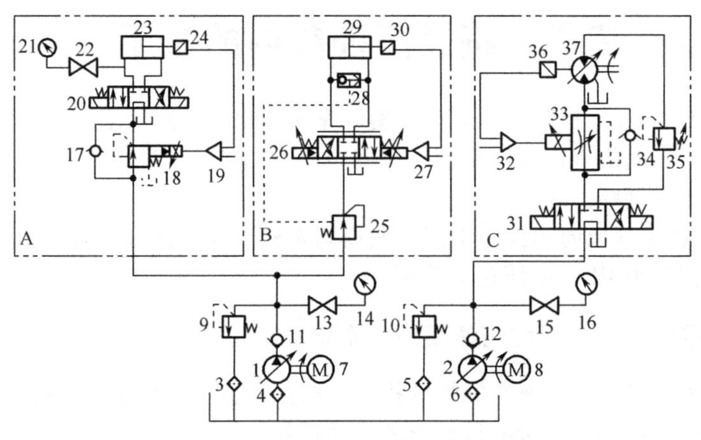

图 6-20 改造之后的液压系统原理图

1,2—液压泵；3～6—过滤器；7,8—电动机；9,10—溢流阀；11,12,17,34—单向阀；13～16,21,22—压力表及开关；18—先导式比例减压阀；19,27,32—放大器；20,31—三位四通电磁换向阀；23,29—液压缸；24—压力传感器；25—定差减压阀；26—比例方向阀；28—或门型梭阀；30，36—速度传感器；33—电液比例调速阀；35—背压阀；37—液压马达

① 往复缸速度电液比例控制回路 往复缸速度电液比例控制回路即图 6-20 中 B 回路，该回路由定差减压阀 25、比例方向阀 26、放大器 27、或门型梭阀、液压缸 29、速度传感器 30 组成。应用电液比例方向阀和速度传感器构成的闭环控制系统，可以方便地为液压缸提供很好的速度控制。比例方向阀在控制液压缸运动速度的过程中，供油压力或负载压力的变化会造成阀压降的变化和对阀口流量的影响，使液压缸的运动速度偏离调定值，对磨蚀系数实验台正常工作产生不利影响。为了解决阀口受 Δp（减压阀口正常工作时形成的压差）干扰的问题，尤其是要消除负载效应的影响，本系统选用二通进口压力补偿器，其目的就是保证 Δp 为近似定值，不随负载压力的波动而改变，从而保证通过比例阀的流量与输入的电信号成正比例的变化，实现了液压缸往复速度的精确控制。

② 马达速度电液比例控制回路 马达速度电液比例控制回路即图 6-20 中 C 回路，该回路由三位四通换向阀 31、放大器 32、比例调速阀 33、单向阀 34、背压阀 35、速度传感器 36、液压马达 37 组成。用比例调速阀和速度传感器构成的闭环控制系统，能够很好地控制马达的旋转速度，使系统能够运行平稳。

电液比例调速阀用来调节马达的旋转速度，速度的大小由一个速度传感器测得，把测得的数据反馈到 PLC 中，由 PLC 输出一个控制信号来调节电液比例调速阀的开口度，从而调节马达的进油量，使马达的速度稳定在所要求的数值。在回油路上安装有背压阀，主要作用是产生回油路的背压，改善马达的振动和爬行，防止空气从回油路吸入。加背压后可以使回路液压阻尼比和液压固有频率增大，因此动态刚度得到提高，从而使运动平稳提高。

③ 恒压电液比例控制回路 恒压电液比例控制系统即图 6-20 中的 A 回路，该回路由单向阀 17，先导式比例减压阀 18，放大器 19，三位四通换向阀 20，压力表及开关 21、22，液压缸 23，速度传感器 24 组成。采用比例控制的恒压系统提供恒定的正压力，并采用压力传感器测量系统的输出压力，能够很好地控制液压缸的输出压力，使系统压力能够稳定。比例减压阀是系统中重要的元件，控制比例减压阀的比例电磁铁是位移调节型电磁铁，并带有电感式位移传感器。由 PLC 来的电信号通过电磁铁直接驱动阀芯运动，阀芯的行程与电信号成比例；同时，电感式位移传感器检测出阀芯的实际位置，并反馈至 PLC 的 AD 模块进行转换。在 PLC 中，实际值与设定值进行比较，检测出两者的差值后，以相应的电信号输给电磁铁，对实际值进行修正，构成位置的反馈闭环。

根据磨蚀系数实验台回路的循环情况，写出该液压系统的电磁铁动作顺序，如表 6-2 所示。表中，标明“＋”者表示电磁阀线圈通电，否则电磁阀线圈处于断电状态。

表 6-2 电磁铁动作顺序表

相应动作	往复缸		推力缸		液压马达		卸荷
	YA1	YA2	YA3	YA4	YA5	YA6	YA7
往复缸伸出推力缸伸出马达正转	＋		＋		＋		
往复缸缩回马达反转		＋				＋	
推力缸缩回				＋			
卸荷							＋

(3) 实验台电气控制系统

采用 PLC 作为系统的控制核心，用触摸屏作为指令输入和参数显示，根据控制要求，选用 FX2-24M 作为控制系统的核心部件，该机基本单元有 12 个输入点，12 个输出点，触摸屏采用 F930GOT；其自身不带模拟量的输入输出，需要扩展两个特殊功能模块，型号为 FX2N-4AD 和 FX2N-4DA。

① 输入、输出点分配　PLC输入、输出点分配见表6-3。

表6-3　PLC输入、输出点分配表

编号	输入点	编号	输出点
X000	电动机M1启动按钮SB2	Y0	电动机1交流接触器KM1
X001	电动机M1停止按钮SB3	Y1	电动机2交流接触器KM2
X002	电动机M2启动按钮SB4	Y2	指示灯L1
X003	电动机M2停止按钮SB5	Y3	指示灯L2
X004	机床急停按钮SB6	Y4	比例方向阀电磁铁YA1
X005	行程开关1 S1	Y5	比例方向阀电磁铁YA2
X006	行程开关2 S2	Y6	电磁换向阀1电磁铁YA3
X007	速度传感器SL1	Y7	电磁换向阀1电磁铁YA4
X008	速度传感器SL2	Y8	电磁换向阀2电磁铁YA5
X009	压力传感器SL3	Y9	电磁换向阀2电磁铁YA6
		Y10	卸荷YA7
		CH1	模拟量YA8
		CH2	模拟量YA9
		CH3	模拟量YA10

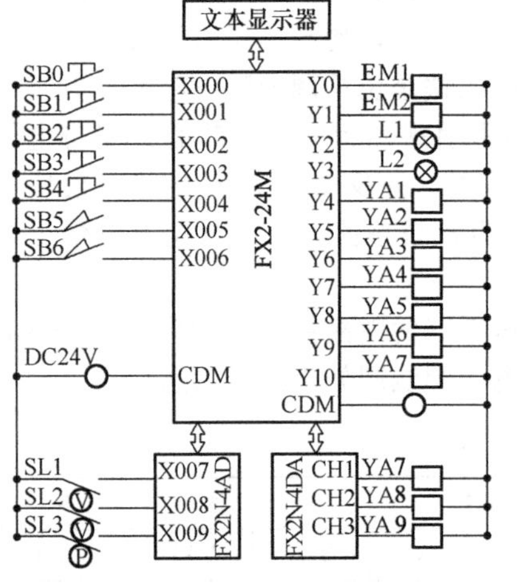

图6-21　PLC与外围元件接线图

② PLC外围电路　PLC与外围元件接线如图6-21所示，PLC的输入为开关量时，可直接与PLC输入端子直接相连，电磁阀可直接与PLC的输出端子相连。对于回路压力、速度的测量和控制，选用压力、速度传感器得到电压信号，通过接入PLC模拟量输入/输出模块的输入端子得到数字量，上位机通过串口通信程序对实验数据进行采集，并通过相应的软件对数据进行处理，并输出实验曲线；同时PLC的模拟量输入/输出模块的输出端子接比例电磁阀的电磁铁，通过程序控制来改变回路的压力、流量，实现磨蚀系数实验台压力和速度的自动控制。

(4) 小结

利用可编程控制器、比例阀与人机界面等自动化装置的有机结合来实现对磨蚀系数实验台的自动控制，提高了劳动生产率。系统柔性好，工艺参数调整容易，工作可靠性高，速度、压力控制精度高，速度无级调节，各工序间状态切换冲击小，噪声小，且改善工作环境，节省能源，可有效提高磨蚀系数的测量精度。

6.2.2 PLC控制的机械手液压系统

(1) 控制要求

在生产现场工作开始后，机械手在一个工作循环中需要依次完成以下顺序动作：下降、夹紧、上升、左移、下降、松开、上升、右移（共8个顺序动作），这是一个典型的顺序控制问题。采用 PLC 实现机械手的自动循环控制，需要在某些动作位置设置位移传感器或行程开关来检测动作是否到位，并确定从一个动作转入到下一个动作的条件。

根据机械手的动作要求，选用 3 个液压缸来完成该 8 个顺序动作：升降缸 1 在工件两个位置（原位与目标位置）上方的下降和上升运动，移动缸 2 的左移和右移运动，夹紧缸 3 的夹紧和松开动作。缸 1 下降或上升到位时应停止运动，缸 2 左移或右移到位时也应停止运动，故需分别设置一行程开关 S1、S2、S3、S4。根据机械手的动作过程和要求，绘制出系统的控制功能流程图，如图 6-22 所示。

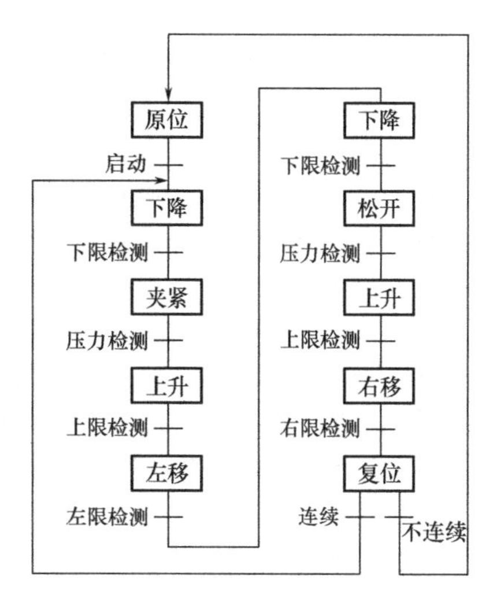

图 6-22 控制功能流程

(2) 液压系统图

根据机械手的动作要求和工作循环设计出液压系统图，如图 6-23 所示。

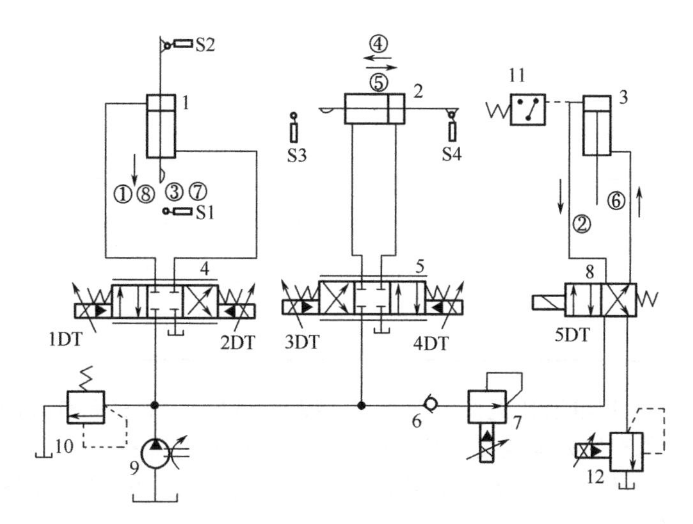

图 6-23 液压系统

1—升降液压缸；2—移动液压缸；3—夹紧液压缸；4,5—比例换向阀；6—单向阀；7—比例减压阀；8—电磁换向阀；9—液压泵；10—溢流阀；11—压力继电器；12—比例溢流阀；S1,S2,S3,S4—行程开关

按下启动按钮，电磁铁 1DT 得电，阀 4 左位接入，液压泵 9 输出的压力油经阀 4 左位接入升降缸 1 的上腔，其活塞向下运动，推动机械手下降（动作①右位下降）。

当缸 1 下降到下限位置，压下行程开关 S1，使得电磁铁 1DT 断电，阀 4 切换至中位（O 型中位机能），缸 1 停止在下限位，而电磁铁 5DT 得电，阀 8 左位接入，泵输出的压力油经过单向阀 6、减压阀 7 进入夹紧缸 3 的上腔，推动其活塞下移夹紧工件（动作②夹紧）。

夹紧工件后，当缸 3 上腔压力达到减压阀 7 的调定压力时，压力继电器 11 动作发出信号，控制电磁铁 2DT 得电，阀 4 的右位接入系统，推动缸 1 向上运动（动作③右位上升）。

缸 1 上升到上限位置时，压下行程开关 S2，电磁铁 2DT 断电，阀 4 切换到中位，缸 1 停止在上限位，而电磁铁 3DT 得电（此时工件仍被夹紧，压力继电器 11 仍在动作），阀 5 左位接入，缸 2 向左运动（动作④左移）。

缸 2 左移到左限位置，压下行程开关 S3，电磁铁 3DT 断电，阀 5 切换至中位，缸 2 停止在左限位，而电磁铁 1DT 得电，阀 4 左位接入系统，缸 1 向下运动（动作⑤左位下降）。

缸 1 下降到下限位置，压下行程开关 S1（此时缸 2 处于左限位置），电磁铁 5DT 断电，阀 8 回复右位，缸 3 活塞上移放下工件于目标位置（动作⑥松开）。

松开工件后，缸 3 油腔压力降低，压力继电器 11 复位，发出信号控制电磁铁 2DT 得电，缸 1 向上运动（动作⑦左位上升）。

上升到上限位置，压下行程开关 S1，电磁铁 2DT 断电，缸 1 停止在上限位置，同时电磁铁 4DT 得电，阀 5 右位接入，缸 2 向右移动（动作⑧右移）；右移到右限位置，压下行程开关 S4，阀 5 切换至中位，缸 2 停止在右限位置（复位）。

至此完成了机械手的 8 个自动控制动作，进入下个动作循环。电磁铁动作顺序表如表 6-4（“+”表示得电，“-”表示断电）所示。

表 6-4 电磁铁动作顺序表

项目	1DT	2DT	3DT	4DT	5DT	压力继电器
缸 1 下降	+	-	-	-	-	-
缸 3 夹紧	-	-	-	-	+	-
缸 1 上升	-	+	-	-	+	+
缸 2 左移	-	-	+	-	+	+
缸 1 下降	+	-	-	-	+	+
缸 3 松开	-	-	-	-	-	-
缸 1 上升	-	+	-	-	-	-
缸 2 右移	-	-	-	+	-	-
复位	-	-	-	-	-	-

该液压系统中，利用电液比例换向阀 4 和 5 控制升降缸 1 和移动缸 2 的运动速度，用比例溢流阀 12 控制夹紧缸的夹紧速度；减压阀的作用是限定并保持夹紧压力，单向阀的作用是对夹紧液压缸 3 进行保压，比例溢流阀 12 还起到平衡作用。在 PLC 对各输入输出量的控制下，完成顺序动作。

(3) PLC 选型与 I/O 分配

目前市场上的 PLC 品种规格众多，控制功能也各有特点。综合分析机械手的动作要求，PLC 在机械手中需要完成的控制功能较多，控制精度较高，运算速度较快且具有数据处理能力，并考虑整个系统的经济和技术指标，由于 PLC 的输出电流较小，需要用功率模块来控制比例液压阀，选用西门子公司的 S7-200 系 CPU226 型 PLC，其 I/O 功能和指令系统都能满足对该机械手的控制要求。控制按钮、各处的行程开关及压力继电器等开关量信号直接与 PLC 的输入端子相连，PLC 的开关量输出端子直接与各个电磁阀相连，用 PLC 上所带的 24V 电源或外接 24V 电源驱动，采用编程软件（STEP 7-Micro/WINV4.4 版）进行编程和运行监控。图 6-24 为 PLC 的 I/O 地址分配和外部接线图。

系统设有 5 种工作式：手动、连续、单周期、单步和回原点，可以满足不同的工作要求。

6.2.3 PLC 控制的电液数字伺服系统

电液伺服阀是一个独立的液压元件，可以与液压缸匹配成数控液压缸，也可以与液压马达匹配成数控液压马达。在工作时，由数字控制系统来控制步进电动机的运转状态，步进电动机的负载是细而短的芯轴，转动惯量很小，而系统的输出功率和行程由与之匹配的液压缸或液压马达的尺寸和所使用的液压决定，可在较大范围内灵活选择，能实现各种速度、各种行程的多种控制。

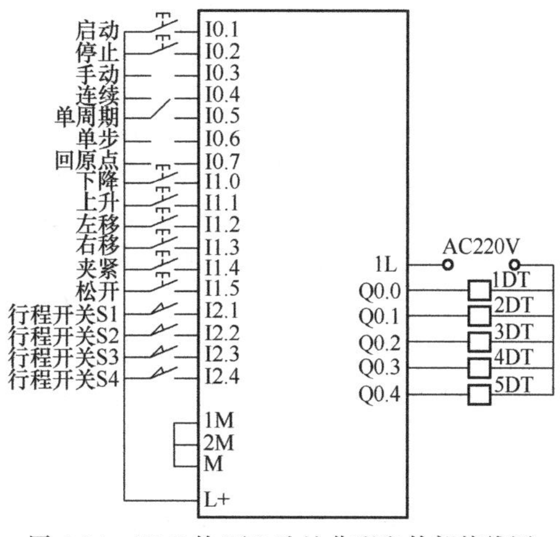

图 6-24 PLC 的 I/O 地址分配和外部接线图

(1) 电液伺服阀与液压缸匹配使用

电液伺服阀与液压缸匹配使用如图 6-25 所示。

当有电脉冲输入步进电动机 1 时，步进电动机根据指令顺时针或逆时针旋转，联轴节 2 带动芯轴 3 随步进电动机转动。

反馈螺母 5 不能轴向移动，芯轴 3 便产生轴向位移，带动阀杆 4 轴向位移，打开油缸的进、回油通道 a、b，油压推动活塞杆 6 轴向位移，方向与阀杆 4 相反。

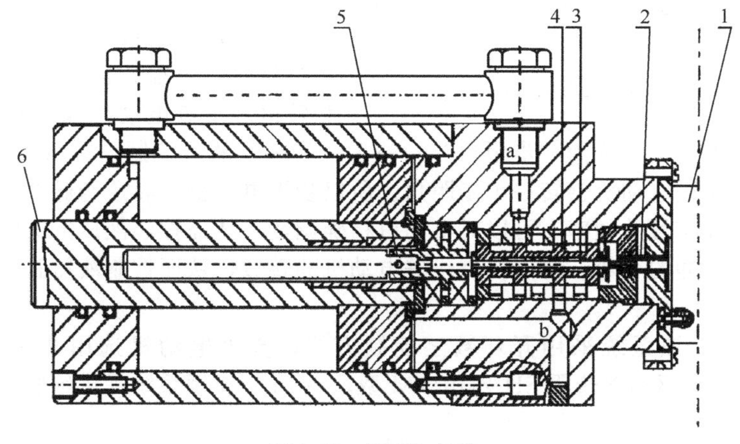

图 6-25 液压缸结构

1—步进电动机；2—联轴器；3—芯轴；4—阀杆；5—反馈螺母；6—活塞杆；a,b—进、回油通道

由于活塞杆 6 不能转动，活塞杆 6 轴向位移迫使活塞杆 6 中心的反馈螺杆旋转，带动阀的反馈螺母 5 产生角位移，旋向与步进电动机旋向相同，使芯轴 3 产生反向轴向位移。当位移量使阀杆 4 关闭油缸的进回油通道，活塞杆 6 就停止移动，油缸完成了一次脉冲动作。

油缸移动的速度和位移量由计算机程序控制，步进电动机的步距角、芯轴 3 螺距和油缸反馈螺杆的导程，决定芯轴 3 和活塞杆 6 的脉冲当量，不同匹配可获得不同的脉冲当量。

(2) 电液伺服阀的 PLC 控制方法

液压缸的控制在于电液伺服阀的控制，而电液伺服阀的控制就在于步进电动机的控制，步进电动机可以采用单片机或可编程控制器（PLC）进行控制。目前，PLC 因具有编程简单易掌握、体积小、通用性强、可靠性高、接口安装方便等优点而获得广泛应用，而且电液伺服阀的 PLC 控制只占用 PLC 的 3～5 个 I/O 接口及几十 Bit 的内存，控制系统简洁、编程方便，因此采用 PLC 控制方式。

PLC 对步进电动机的控制主要有三个方面。

① 开度控制　由步进电动机的工作原理和特性可知步进电动机的总转角正比于所输入

的控制脉冲个数，因此可以根据阀芯伺服机构的位移量（即阀芯的开度）确定 PLC 输出的脉冲个数。

$$n=\Delta L\delta \tag{6-5}$$

式中 ΔL——电液伺服阀阀芯的位移量，mm；

δ——阀芯位移的脉冲当量，mm/脉冲；

② 速度控制　步进电动机的转速取决于输入脉冲的频率，因此可以根据阀芯要求的开闭速度，确定 PLC 输出脉冲的频率。

$$f=V_f/60\delta(\text{Hz})$$

式中 V_f——电液伺服阀的开闭速度，mm/min。

③ 方向控制　通过 PLC 某一输出端输出高电平或低电平的方向控制信号，该信号改变硬件环行分配器的输出顺序，从而实现高电平时步进电动机正转，反之低电平时步进电动机反转。

(3) 电液伺服阀控制系统的组成及接口电路

① 电液伺服阀控制系统组成　系统主要由硬件和控制软件两部分组成，其中硬件部分包括可编程控制器、功率驱动器和步进电动机，其结构如图 6-26 所示。

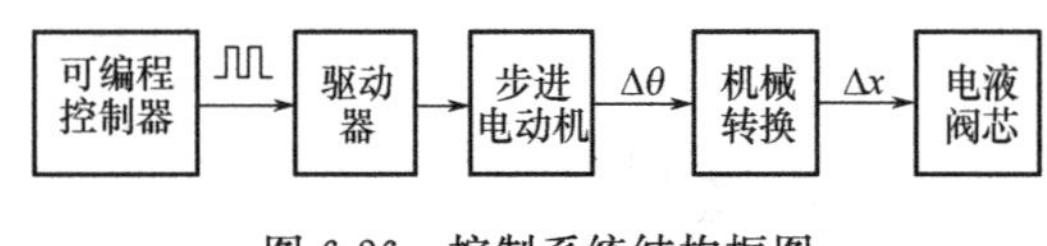

图 6-26　控制系统结构框图

控制系统中 PLC 用来产生控制脉冲，通过 PLC 编程输出一定数量、一定频率的方波脉冲，再通过功率驱动器将脉冲信号进行放大、分配，控制步进电动机的转角和转速。步进电动机属于特种电动机，它的旋转是以固定的角度（称为“步距角”）一步一步运行的，控制系统每发一个脉冲信号，通过驱动器就使步进电动机旋转一个步距角。所以步进电动机的转速与脉冲信号的频率成正比，控制步进脉冲信号的频率，可以对电动机精确调速，从而控制液压缸或液压马达的运行速度；控制步进脉冲的个数，可以控制步进电动机的转数，从而控制液压缸或液压马达的位移量。

② 接口电路　该系统采用开环数字控制方式，步进电动机选用北京斯达特公司的 23HS3002 型，配套驱动器选用 SH-2H057M 型。由 PLC 控制系统提供给驱动器的信号主要有以下三路。

a. 步进脉冲信号 CP。这是最重要的一路信号，驱动器每接受一个脉冲信号 CP，就驱动步进电动机旋转一个步距角，CP 脉冲的个数和频率分别决定了步进电动机旋转的角度和速度。

b. 方向电平信号 DIR。此信号决定电动机的旋转方向。例如：此信号为高电平时电动机顺时针旋转，此信号为低电平时则电动机逆时针旋转，这种换向方式叫作单脉冲方式。

c. 脱机信号 FREE。此信号为选用信号，并不是必须要用的，只在某些特殊情况下使用，此端为低电平有效，这时电动机处于无力矩状态；此端为高电平或悬空不接时，此功能无效，电动机可正常运行，此功能若用户不采用，只需将此端悬空即可。

另外，驱动器的 A 及 $\underline{A}$、B 及 $\underline{B}$ 分别接两相步进电动机的两个线圈，“＋”“－”两端为电源端。其接口电路如图 6-27 所示。

(4) 调试

通过改变 PLC 程序中定时器和计数器的参数，可以实现液压缸运行速度和位移的灵活控制。但需要注意步进电动机的控制为开环控制，启动频率过高或负载过大易出现丢步或堵转的现象，停止时转速过高易出现过冲的现象，所以为保证其控制精度，应采用晶体管输出型的可编程控制器，同时在编程时应处理好升、降速问题。

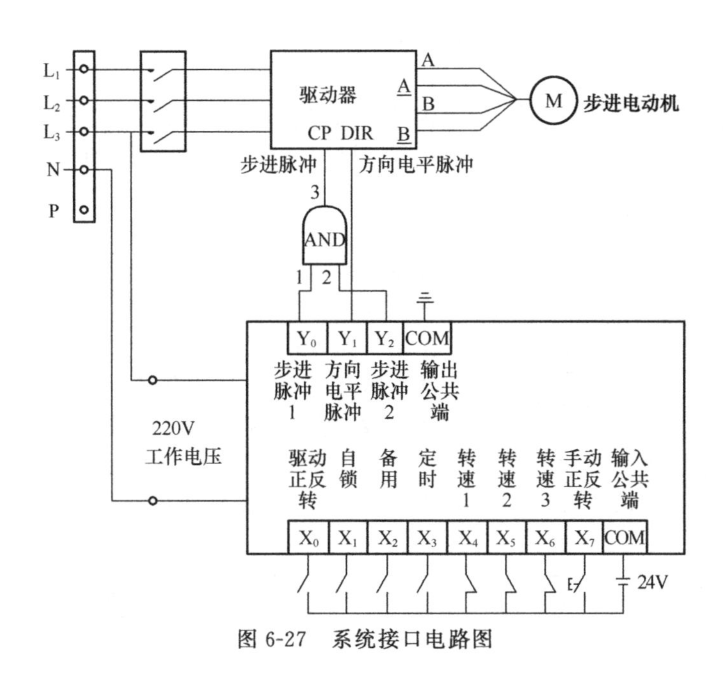

图 6-27 系统接口电路图

6.3 PLC在液压系统位置控制中的应用

在液压位置控制系统中，经常使用PLC与位移传感器对位置实行精确控制，在此通过实例介绍PLC用于液压系统位置控制。

6.3.1 电液比例位置控制数字PID系统

PLC存在I/O响应滞后较大、定位误差较大、定位精度不高等缺陷，因此，有必要在控制的过程中加入必要的控制算法来提高定位精度。在经典控制理论中，最常用的控制算法就是PID调节。PID调节是比例（P）、积分（I）、微分（D）控制的简称，它不需要精确的控制系统数学模型，有较强的灵活性和适应性，程序设计简单，工程上容易实现。

(1) 电液比例位置控制系统结构及组成

① 系统控制要求 电液比例位置控制系统的液压原理见图6-28。该系统由伺服比例阀、液压锁、液压缸、位移传感器、溢流阀、变送器、比例放大器等几大部分组成，要求液压缸运动过程中运行平稳，液压缸定位准确，定位精度高，无爬行和抖动现象发生。

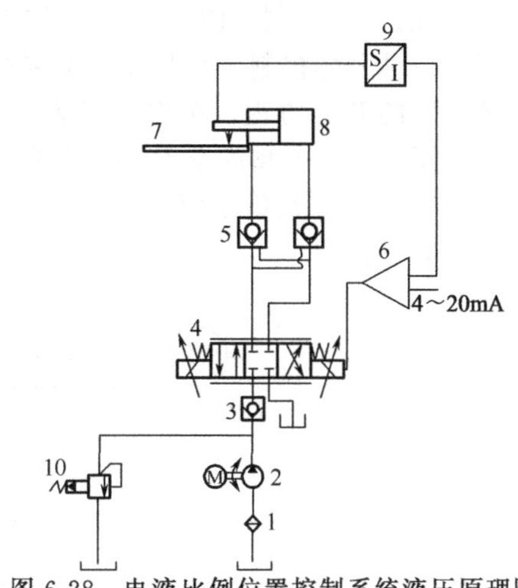

图 6-28 电液比例位置控制系统液压原理图
1—过滤器；2—定量泵；3—单向阀；4—伺服比例阀；5—液压锁；6—比例放大器；7—位移传感器；8—液压缸；9—变送器；10—溢流阀

② 控制系统结构 根据控制系统的要求，电液比例位置控制系统的测控原理见图6-29。控制器采用三菱公司的FX2N系列的PLC，该PLC具有指令执行速度快、模块化配置、扩展灵活等特点。PLC可以通过RS-485总线同上位机进行通信。一方面，上位计算机将控制指令传递给PLC；另一方面，PLC可以

将位移传感器信号通过上位计算机显示在屏幕上。

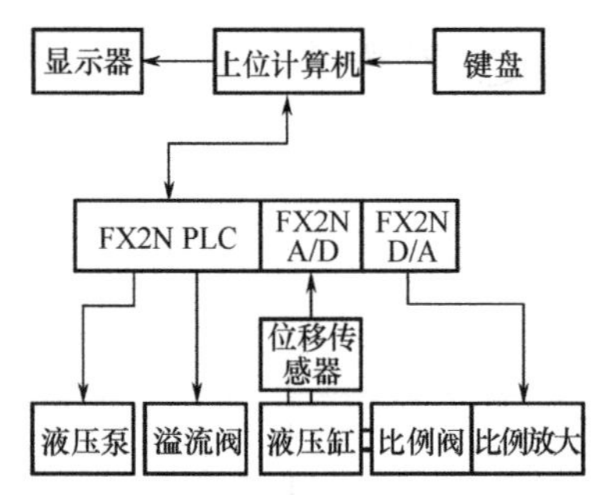

图 6-29 电液比例位置控制系统测控原理图

首先PLC根据采集的信号计算出偏差 e_n，根据偏差 e_n 通过PID控制算法计算出控制量，并输出控制量 $M(t)$。PID算法流程图见图6-30。其中，p_n 为设定值，p_{vn} 为反馈量。输出控制量 $M(t)$ 必须要通过D/A转换，D/A转换采用三菱FX2N-4DA模块来完成，转换后的数据存入PLC内部数据存储器。经过PLC的D/A转换成4～20mA的模拟量输出信号后，模拟量输出信号直接传送给比例放大器。在本液压系统中，比例阀采用Bosch伺服比例阀，比例放大器采用与之配套的比例放大器。由于比例阀阀芯的位置与输入电流成比例，那么伺服比例阀阀芯的开口量正比于输入电流的大小，从而使期望位移的数值同液压缸的实际位移值一致，达到精确控制液压缸位置的目的。

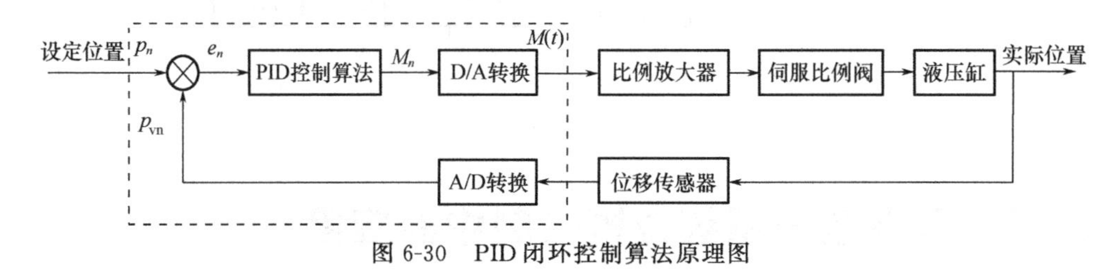

图 6-30 PID闭环控制算法原理图

液压缸的行程检测由位移传感器来完成，它的主要目的是用来检测液压缸的位置。在本系统中位移传感器采用MTS公司Temposonics磁致伸缩线性位移传感器，它输出为+4～+20mA或0～+5VDC，0～+10V的标准信号，因此传感器输出的反馈信号能够很方便地送入A/D转换模块。A/D转换采用三菱FX2N-4AD来完成，转换后的位置数据也存入PLC的内部寄存器，最后PLC将内部寄存器的数据通过计算处理后调用PID闭环控制算法对液压缸的位置实施闭环控制。

(2) 位置控制的PID算法

① PLC的PID控制　PLC的PID控制算法设计是以连续的PID控制规律为基础，而计算机控制是一种采样控制，它只能根据采样时刻的偏差值来计算控制量，因此将其数字化，写成离散形式的PID方程，再根据离散方程进行控制程序的设计。

在连续系统中，典型的PID闭环控制系统见图6-31。

图6-31中 $p(t)$ 是给定值，$p_v(t)$ 为反馈量，$c(t)$ 为系统的输出量，PID控制器的输入输出关系如下。

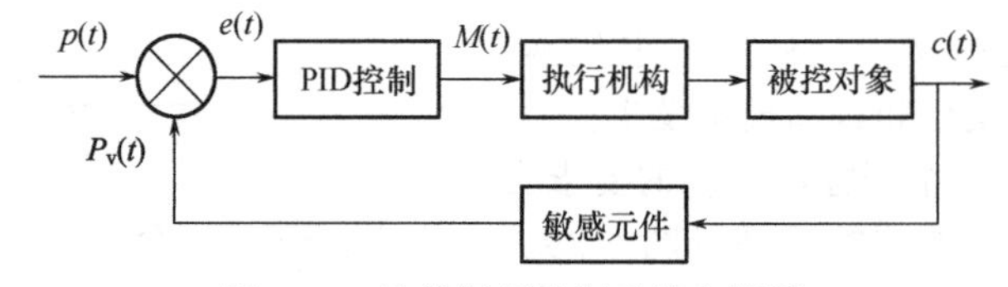

图 6-31 连续闭环控制系统方框图

$$M(t)=K_c\left[e(t)+\frac{1}{T_i}\int_0^t e(t)\mathrm{d}t+\frac{1}{T_d}\mathrm{d}e(t)/\mathrm{d}t\right]+M_0 \tag{6-6}$$

$$e(t)=p(t)-p_v(t)$$

式中 $M(t)$——控制器输出；

M_0——输出的初值；

$e(t)$——误差信号；

K_c——比例系数；

T_i——积分时间常数；

T_d——微分时间常数。

假设采样周期为 T_s，系统开始运行的时刻为 $t=0$，用矩形积分来近似精确积分，用差分近似精确微分，将式（6-1）离散化，第 n 次采样时控制器的输出为：

$$M_n = K_c e_n + K_i \sum_{j=1}^{n} e_j + K_d(e_n - e_{n-1}) + M_0 \tag{6-7}$$

式中 e_n——第 n 次采样时的误差值；

K_i——积分系数；

K_d——微分系数。

基于 PLC 的闭环控制系统见图 6-30，图中虚线部分在 PLC 内，p_n、p_{vn}、e_n、M_n 分别为模拟量 $p(t)$、$p_v(t)$、$M(t)$ 在第 n 次采样的数字量。

式(6-2) 计算出来的是第 z 次采样后控制器输出的数字量，从式(6-2) 中可以看出要计算 M_n，不仅需要本次与上次的偏差信号 e_n 和 e_{n-1}，而且还要在积分项中把历次偏差信号 e 相加，这样不仅计算繁杂，而且保留的 e_j 占用 PLC 内部寄存器的很大空间，因此将式(6-2) 写成递推形式为：

$$M_n - M_{n-1} = K_c(e_n - e_{n-1}) + K_i e_n + K_d(e_n + e_{n-2} - 2e_{n-1})$$

化简可得：

$$M_n = M_{n-1} + p_c(n) + p_i(n) + p_d(n) \tag{6-8}$$

其中：$p_c(n) = K_c(e_n - e_{n-1})$；$p_i(n) = K_i e_n$；$P_d(n) = K_d(e_n + e_{n-2} - 2e_{n-1})$

② 控制系统的 PID 算法 本系统电液位置控制程序工作过程如下：当上位机设定参考位置并把位置数据通过 RS-485 总线传送给 PLC，PLC 通过 D/A 发送控制比例阀的比例放大器的模拟信号，并通过 A/D 接收位移传感器的反馈信号。接收的位移传感器信号与预先设定的参考值作比较，如果偏差超过了 2mm，启动 PID 控制算法，直到偏差在 2mm 以内。在偏差控制的范围内，系统启动积分调节，直到偏差为零。在本系统的 PID 调节算法中，P、I 调节是分开的。PLC 系统首先检查实际位置和设定参考位置的偏差 Δ，当偏差 Δ 较大时，PI 调节器均起作用，但主要是 P（比例）调节起作用，从而缩短了系统的响应时间。此时 PID 调节器给出较大的开度，提供给比例放大器的电流加大，比例阀的开度也相应地加大，液压缸运动速度加快；当偏差比较小的时候，P 调节停止，只有 I（积分）起调节作用，PID 调节器给出较小的开度，提供给比例放大器的电流减小，比例阀开度也相应减小使缸速降低，最终液压缸以很小的速度到达参考设定位置，从而实现了液压系统的精确位置调节。PID 控制算法的流程图及电液位置比例控制流程图分别见图 6-32、图 6-33。

6.3.2 基于 PLC 的油罐清洗机器人控制系统

油罐清洗机器人是一种智能服务机器人，它可以在油罐内部自由移动，对油罐进行冲洗、清扫和刮铲等动作，代替人工进行油罐清理作业。因此，为满足作业安全性和操作灵活性要求，机器人采用 PLC 和液压控制系统。

(1) 系统组成

油罐清洗机器人的液压控制系统包括液压系统和控制系统。

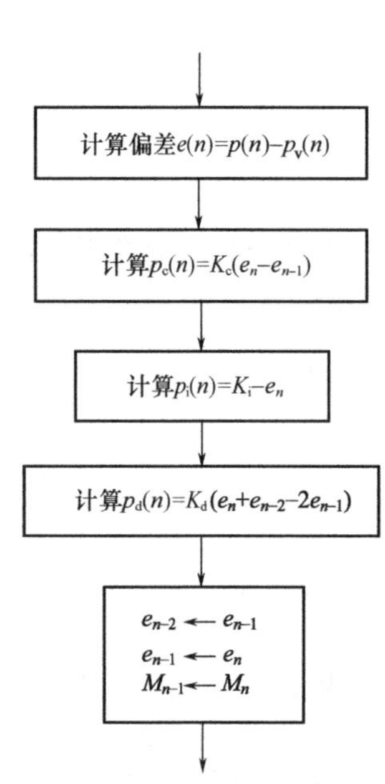

图 6-32　PID 控制算法流程图

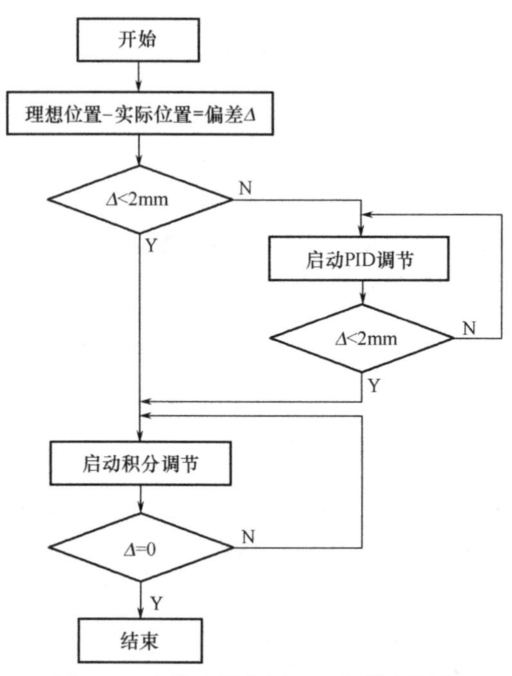

图 6-33　电液比例位置 PID 控制流程图

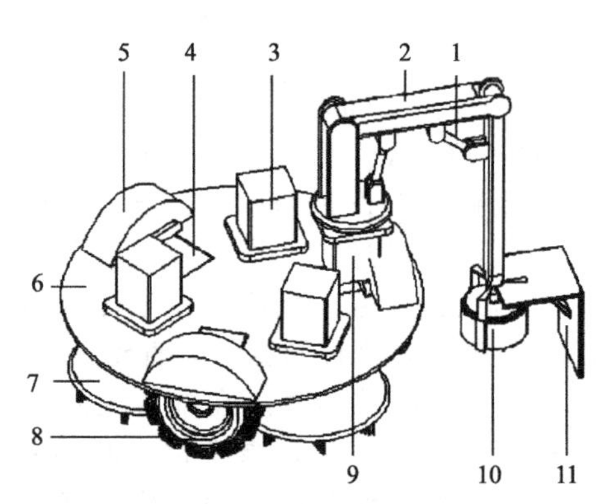

图 6-34　机器人液压执行系统

1—液压缸（2 个）；2—机械臂；3—清洗盘刷液压马达（3 个）；4—全向轮液压马达（3 个）；5—挡水板（3 个）；6—底盘；7—清洗盘刷（3 个）；8—全向轮（3 个）；9—机械臂液压马达；10—射流喷嘴；11—油泥刮铲

机器人液压系统执行元件主要有能实现直线往复运动的液压缸和能实现往复旋转运动的液压马达。执行元件系统组成如图 6-34 所示，包括移动单元和清洗单元。移动单元由液压马达驱动的 3 个对称布置的全向麦克纳姆轮构成，可以使机器人实现平面内的全方位移动；清洗单元包括 3 个对称布置的清洗盘刷和机械臂，清洗盘刷由液压马达驱动进行清扫作业，机械臂的 3 个关节分别由 1 个液压马达和 2 个液压缸驱动，末端固定有射流喷嘴和刮铲，进行冲洗和刮铲作业。

液压系统通过各种阀体等控制元件控制执行元件的运动。机器人液压系统控制元件对液压回路的工作状态进行控制。溢流阀、蓄能器和压力监测器对回路进行减压和稳压，起安全保护作用；三位四通电磁换向阀和调速阀控制液压缸和液压马达的伸出收回、转动方向和转速等；电液伺服阀通过调节流经各执行元件的流量，对液压缸的工作位移及液压马达的转动角度进行控制。

根据功能和结构特点，油罐清洗机器人的控制系统包括 PLC 控制系统和电液伺服位置控制系统，二者联合实现对各执行元件的工作方向、位移和角度进行控制。

（2）液压系统

根据上述机器人移动单元和清洗单元的工作原理和过程，设计如图 6-35 所示的液压系统原理图。

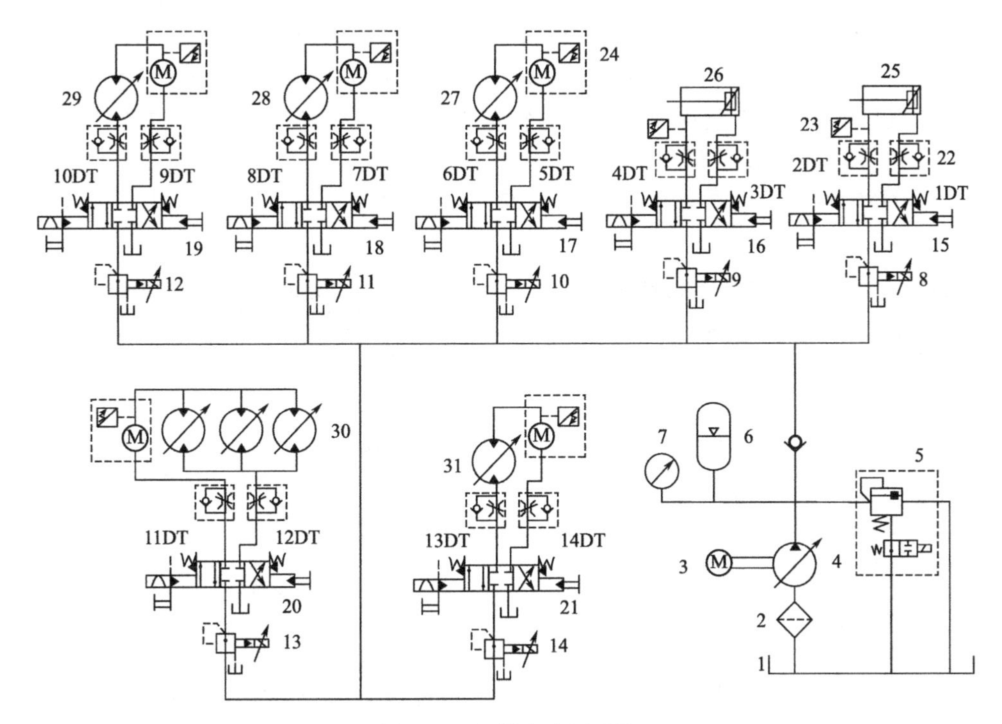

图 6-35 机器人液压系统

1—油箱；2—过滤器；3—电动机；4—液压泵；5—电磁溢流阀；6—蓄能器；7—压力表；8～14—比例减压阀；15～21—三位四通电磁换向阀；22—流量阀；23—位移传感器；24—扭矩传感器和编码器；25,26—机械臂可调双缓冲双作用缸；27～29—全向轮双向定量液压马达；30—清洗盘刷双向定量液压马达；31—机械臂双向定量液压马达

① 移动 由全向轮的特性及结构布置特点可知，机器人需要移动时，只需协调控制3个液压马达27～29的旋转即可实现原地旋转和直线移动。

a. 原地旋转。当电液比例减压阀10～12压力相等且三位四通电磁换向阀17～19的5DT、7DT和9DT或6DT、8DT和10DT通电时，3个全向轮均顺时针或者逆时针同速转动，机器人以形心为中心原地旋转。

b. 直线移动。当5DT、7DT和9DT其中两个通电，另一个不通电或6DT、8DT和10DT其中两个通电，另一个不通电时，两个全向轮同向同速转动，另一个全向轮不转动，机器人沿不转动全向轮的轴线方向直线移动。

非上述两种情况时，机器人沿不规则曲线转动或移动。

② 清洗

a. 清洗盘刷。3个清洗盘刷由3个液压马达30独立驱动，互不干涉，三者同步工作，由共同的电液比例减压阀13和三位四通电磁换向阀20进行控制，可以实现对盘刷转动力矩、速度和方向的控制。

b. 机械臂。机械臂整体的转动由基座液压马达31驱动，三位四通电磁换向阀21控制转动的方向。机械臂的伸展由两个双向作用液压缸25和26驱动，可以调整射流喷嘴和刮铲的工作位置和角度。当1DT和3DT通电，液压缸伸出，机械臂伸展；当2DT和4DT通电，液压缸收回，机械臂收缩。

(3) PLC 控制系统

上述各个液压缸和液压马达的动作由三位四通电磁阀来控制，为了实现 PLC 对回路的控制，用 PLC 的输入/输出信号控制 1DT～14DT 的状态而实现动作的先后顺序。

根据机器人工作过程，PLC 需要 19 个数字输入点和 16 个数字输出点。根据电液系统中有 7 个模拟量输入（2 个位移传感器和 5 个编码器）和 7 个模拟量输出（7 个比例放大器）的要求，扩展了 7 个 EM235 模块。

PLC 的部分输入/输出点分配及功能如表 6-5、表 6-6 所示，PLC 的 I/O 端子接线如图 6-36 所示。

表 6-5 输入信号分配及功能对照表

功能	名称	地址
启动按钮	IB1	X0
停止按钮	IB2	X1
液压缸 1 伸出	IQ1	X2
液压缸 1 收回	IQ2	X3
液压缸 2 伸出	IQ3	X4
液压缸 2 收回	IQ4	X5
全向轮液压马达 1 正转	IQ5	X6
全向轮液压马达 1 反转	IQ6	X7
全向轮液压马达 2 正转	IQ7	X8
全向轮液压马达 2 反转	IQ8	X9
全向轮液压马达 3 正转	IQ9	X10
全向轮液压马达 3 反转	IQ10	X11
机械臂液压马达正转	IQ11	X12
机械臂液压马达反转	IQ12	X13
清洗盘刷液压马达正转	IQ13	X14
清洗盘刷液压马达反转	IQ14	X15
过滤器报警	ID1	X16
伺服报警	ID2	X17
报警复位	ID3	X18
位移传感器 1 输入	IE1	X19
位移传感器 2 输入	IE2	X20
编码器 1 输入	IF1	X21
⋮	⋮	⋮
编码器 5 输入	IF5	X25

表 6-6 输出信号分配及功能对照表

功能	名称	地址
准备	OB1	Y0
停止	OB2	Y1
液压缸 1 伸出	DT1	Y2
液压缸 1 收回	DT2	Y3
液压缸 2 伸出	DT3	Y4
液压缸 2 收回	DT4	Y5
全向轮液压马达 1 正转	DT5	Y6
全向轮液压马达 1 反转	DT6	Y7
全向轮液压马达 2 正转	DT7	Y8
全向轮液压马达 2 反转	DT8	Y9
全向轮液压马达 3 正转	DT9	Y10
全向轮液压马达 3 反转	DT10	Y11
机械臂液压马达正转	DT11	Y12
机械臂液压马达反转	DT12	Y13
清洗盘刷液压马达正转	DT13	Y14
清洗盘刷液压马达反转	DT14	Y15
液压缸 1 放大	OE1	Y16
液压缸 2 放大	OE2	Y17
液压马达 1 放大	OF1	Y18
⋮	⋮	⋮
液压马达 5 放大	OF5	Y22

6.3.3 基于 OPC Server 的液压伺服精确定位系统

(1) 概述

液压伺服定位系统的适用范围已越来越广，但是很多应用系统中需要采集一些关键环节的数据，比如位移、压力和流量等。这类定位系统与计算机数据采集技术联系的非常紧密，当前主流的数据采集开发语言是 VC 和 VB 等，但是这两种语言的编写都很繁琐，开发周期较长，并且它们的数值分析处理功能不强大。鉴于此种条件，MATLAB 完全可以克服这些缺点，原因是 MATLAB 具有强大的数值分析、计算及绘图功能。同时，MATLAB 还提供了控制系统和 OPC Server 工具箱，这可以实现第三方硬件（PLC 或 MCU 等）与 MATLAB 的连接。由于 PLC 的计算能力不强，也很难实现较为复杂的控制策略的需求，但其实是通信模块功能较为强大，开发人员也无须编写低层驱动程序便可实现与 MATLAB 的连接，这为实现 MATLAB 与 PLC 的优势互补，有效提高控制算法的运行速度提供了很好的解决方案。

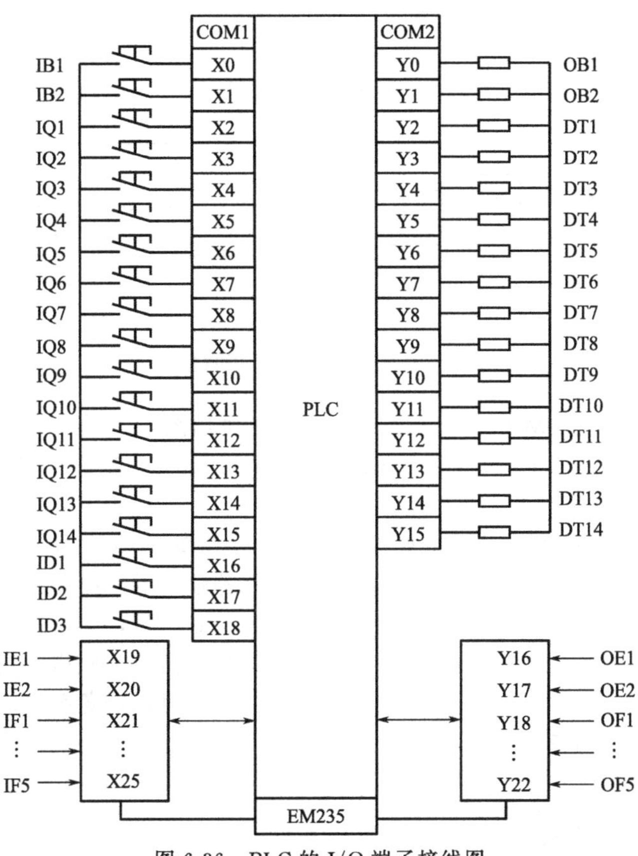

图 6-36 PLC 的 I/O 端子接线图

(2) 定位系统的数学模型

① 系统参数 液压缸最大作用力 F_M 为 1900kN；液压缸最大速度 v_{max} 为 4mm/s；系统频宽 f_b 为 16～20Hz；载弹性系数 K_t 为 4.98×10^8N/m；液压缸作用面积 A_t 为 7.126×10^{-4}m^2；位移传感器放大系数为 90V/m；系统误差 E_{max} 为 30μm；负测量压力系数 K_{ce} 为 9×10^{-10}m^5/（N·s）；伺服阀流量增益 K_q 为 18.15×10^{-4}m^3/(s·A)。

② 系统模型 伺服控制阀加上电子控制技术组成的伺服定位系统，可以完全满足控制要求。其系统组成主要包含以下部分：阀控制器、放大器、执行机构和位移传感器。其系统结构框图如图 6-37 所示。

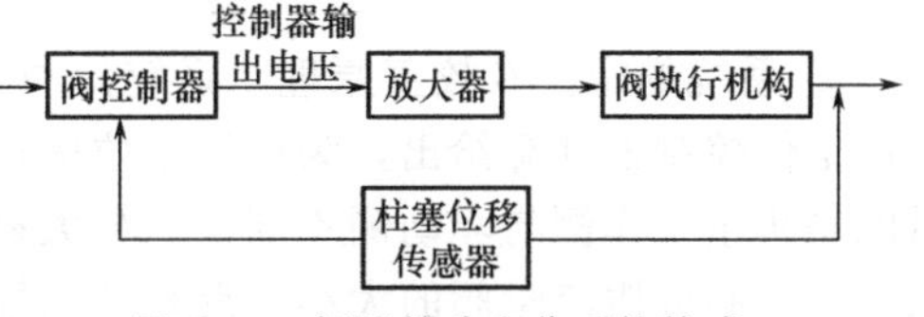

图 6-37 伺服精确定位系统构成

根据伺服系统的设计准则，可建立图 6-38 所示数学模型：

由于 ω_k 相对于 ω_h 其值很小，因此可忽略不计，则惯性环节近似为积分环节；因 ω_h 相对于 ω_v 其值很小，因此在分析系统的频率特性是，可以把伺服阀看成是一个比例环节，对分析系统的稳定性不会产生影响，经过计算化简，该系统的开环传递函数为：

$$G_{(s)}=\frac{K_q K_a}{At}\times\frac{1}{s\left(\frac{1}{\omega_v^2}s^2+2\frac{\delta_h}{\omega_h}s+1\right)}$$

将各参数代入可得

$$G_{(s)}=\frac{98.6}{s\left(\frac{1}{171396}s^{2}+\frac{0.24}{207}s+1\right)}$$

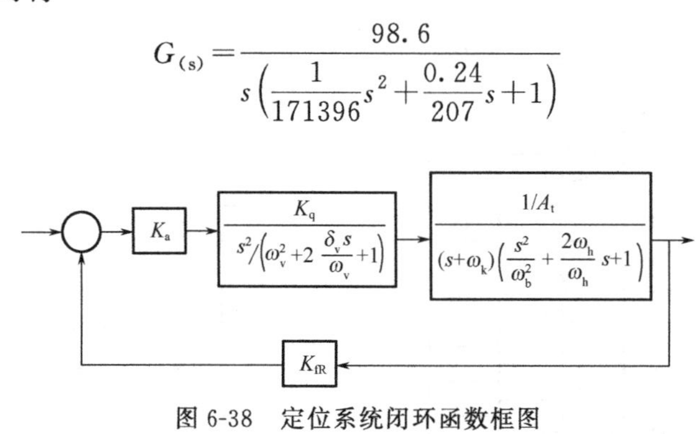

图 6-38　定位系统闭环函数框图

③ 系统性能分析　由 MATLAB 的 bode 函数可画出图 6-39 所示的系统开环 bode 图。由图可知，$\omega_c\approx 99$rad/s，$\omega_b\approx 126$rad/s，$f_b\approx 19.89$Hz，动态性能符合要求。

(3) 定位系统原理

① 伺服阀控制器的控制原理　伺服阀控制器原理如图 6-40 所示。输入信号有两个：一个是由控制过程决定的设定值；另一个是由位移传感器输入的实际位移值。目标值以程序或模拟量的方式输入控制器中，由控制器向伺服阀发出控制信号，实现对伺服液压缸的运动控制。伺服液压缸的位移由位置传感器检测，并反馈到控制器。为获得较高的控制精度，控制器根据位移输入值计算驱动活塞杆的速度和加速度，这样可以避免系统的复杂化和减少测量速度和加速度的传感器个数。

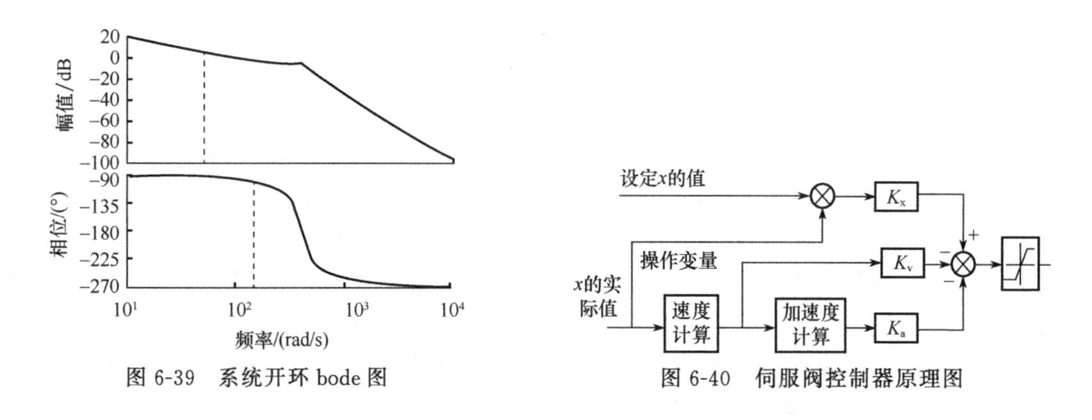

图 6-39　系统开环 bode 图

图 6-40　伺服阀控制器原理图

② 系统的定位及校正原理　系统定位主要由位移传感器所反馈的偏差来确定，该偏差是由定位控制器计算给出，为保证定位的精确，在原理设计过程中加入了平衡压下的回路，目的是防止工作侧与驱动侧不同步。放大控制器的增益调整是很重要的一部分，放大控制器的增益控制伺服流量阀的大小，反映液压缸的运动速度，在定位时，所要求的速度和精度均不同，所以必须对放大控制器的增益做适当的调整。

为了定位控制有一个基准点，在定位系统投入使用之前，必须对位移传感器进行调整，其调整校正原理图如图 6-41 所示。在校正开始后，位移传感器会检测液压缸的位置，通过定位控制器计算判断其精度，如果精度＜0.1%，则经 PLC 指示停止，如果连续两次经过 PLC 调用 MATLAB 算法之后，仍未达到精度要求，那么 PLC 指示停止。

③ 定位系统的通信原理　上位机 MATLAB 与下位机 PLC 的通信平台选用的是 OPC Server，MATLAB 集成了 OPC Toolbox，它提供了在 OPC 客户端和 OPC 服务器之间建立

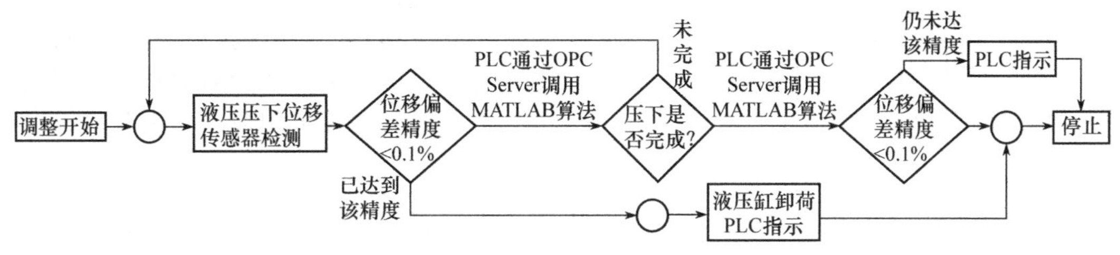

图 6-41 定位系统校正原理图

连接的方式，以此实现 MATLAB 与 PLC 及现场仪器设备之间的实时通讯，MATLAB 对 PLC 的数据存取步骤如下。

a. 创建 OPC 数据访问客户端对象：

Sys＝opcda（localhost，S7200. OPC. Server）；

b. 在 OPC 客户端添加组对象：

S7200 _ 1＝addgroup（Sys）；

c. 在 OPC 客户端添加项对象：

itm1＝additem（S7200 _ 1，out00）；

itm2＝additem（S7200 _ 1，out01）；

itm3＝additem（S7200 _ 1，out02）；

d. 开始读取 PLC 的数据：

start（S7200 _ 1）；

e. 停止删除客户端：

stop（Sys）；

disconnect（Sys）；

这样就构建了一种以 PLC 为下位机和以 MATLAB 为上位机的两级监控系统，它充分显示了 MATLAB 快速的数值图形处理能力和 PLC 强大的抗干扰能力。

(4) 小结

经过实际运行及测试，该伺服精确定位系统运行稳定可靠，MATLAB 与 PLC 之间的通信良好，实时采集数据稳定，有很好的控制效果，完全达到了设计要求。OPC 技术在工业设备和控制软件之间建立了统一的数据存取规范，MATLAB OPC Toolbox 中含有丰富的工具函数，方便用户创建客户对象，缩短了软件的开发周期。

6.3.4 装胎机液压伺服-PLC 控制系统

在汽车车轮总成工艺中，轮胎装配生产是全自动轮胎装配线的重要环节。以 PLC 为控制核心，结合电-液伺服控制及伺服变频技术的自动装胎机控制系统，有利于提高生产效率，降低劳动强度和保证生产质量。

(1) 系统组成及工作原理

自动装胎系统的结构示意图如图 6-42 所示。

送胎时，先把轮毂放在支架一上，再把轮胎斜放在轮毂之上，小车上升托起轮胎和轮毂后加速向装胎机内运行；为保证装胎效率和定位精度，在接近目标时，遇到限速传感器使小车低速运行直至到达装胎位置；小车下降将轮胎轮毂放在支架二上后返回，由支架二上的卡盘固定轮毂等待组装。

装胎时，由升降液压缸带动装胎头整体下降，3 个电液伺服阀推动各自的伸缩缸将装胎头内的装胎臂、装胎器和压胎器调整到合适位置，装胎器伸入轮胎与轮毂之间的间隙，由装

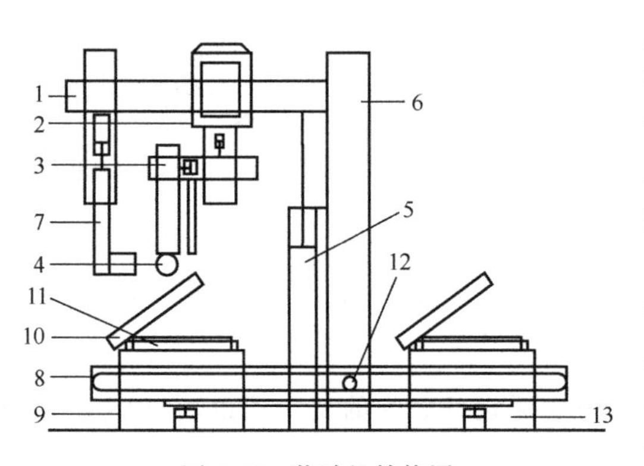

图 6-42 装胎机结构图

1—装胎头；2—伺服电动机；3—装胎臂；4—装胎器；5—装胎头升降液压缸；6—主机架；7—压胎器；8—小车；9—支架二；10—轮胎；11—轮毂；12—小车驱动电动机；13—支架一

胎臂带动旋转第一圈将轮胎下缘导入轮毂，轮胎自然下落后，电液伺服阀推动压胎器压住轮胎，装胎臂带动装胎器旋转第二圈使轮胎上缘导入轮毂完成组装，且小车入位准备送出轮胎。

装胎完成后，装胎头带动装胎臂、装胎器和压胎器回原位等待下一个轮胎到来。回原位信号和支架一上的轮胎就绪信号启动小车上升将装好的轮胎托起然后送出，同时下一个需组装的轮胎又送入装胎机，如此循环完成自动组装。

(2) PLC电气控制系统

PLC为该控制系统的核心，根据生产工艺过程需要18个数字输入点、15个数字输出点。系统选用西门子CPU226DC/DC/DC型PLC。这种晶体管型PLC带40个输入/输出点，附加的PPI端口可增加灵活性和通信能力，可扩多7个扩展机架，满足复杂技术任务的高性能要求。根据电液伺服系统中有3个模拟量输入（3个位移传感器）和3个模拟量输出（3个伺服放大器）的要求，扩展了3个EM235模块。电气控制系统图如图6-43所示。

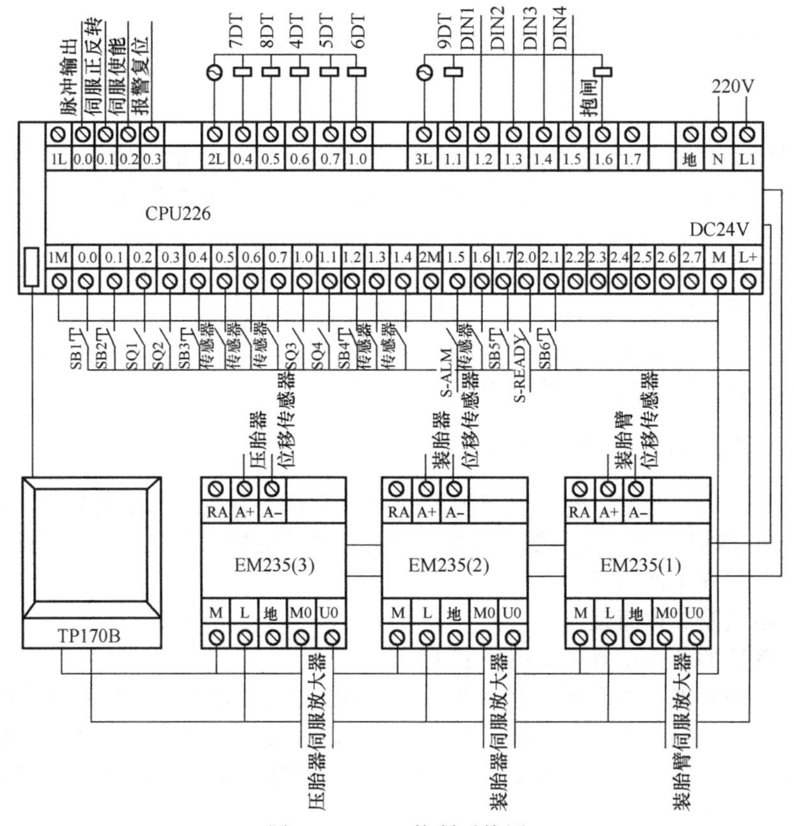

图 6-43 PLC控制系统图

① PLC 的 I/O 分配及功能　轮胎输送系统占用 PLC 的 I0.4～I1.4、Q1.1～Q1.6，与 MM440 变频器组合驱动一台三相异步电动机。

PLC 对伺服电动机的控制由 I1.5～I2.1、Q0.0～Q0.3 配合实现。

在电液伺服系统中的 3 个 EM235 模块，分别控制装胎臂、装胎器和压胎器达到精确定位。具体 I/O 分配及功能如表 6-7 所示。

表 6-7　I/O 分配表

I/O	功能说明	I/O	功能说明
I0.0	装胎头上升	Q0.0	脉冲输出
I0.1	装胎头下降	Q0.1	伺服正反转控制
I0.2	装胎头上升行程开关	Q0.2	伺服使能
I0.3	装胎头下降行程开关	Q0.3	报警复位
I0.4	启动按钮	Q0.4	装胎头上升(8DT)
I0.5	轮胎检测传感器	Q0.5	装胎头下降(7DT)
I0.6	小车前进限速传感器	Q0.6	装胎臂截止阀(4DT)
I0.7	小车返回限速传感器	Q0.7	装胎器截止阀(5DT)
I1.0	小车支架一端行程开关	Q1.0	压胎器截止阀(6DT)
I1.1	小车支架二端行程开关	Q1.1	控制电磁阀(9DT)
I1.2	停止按钮	Q1.2	频率选择端(DIN1)
I1.3	小车上升终点传感器	Q1.3	频率选择端(DIN2)
I1.4	小车下降终点传感器	Q1.4	频率选择端(DIN3)
I1.5	伺服报警输入	Q1.5	变频器启停控制(DIN4)
I1.6	原点位置检测传感器	Q1.6	小车抱闸
I1.7	报警复位按钮	EM235(1)	装胎臂定位控制
I2.0	伺服准备	EM235(2)	装胎器定位控制
I2.1	伺服回原点按钮	EM235(3)	压胎器定位控制

② 监控系统　为便于操作和对整个生产过程进行监控，系统以西门子 TP170B 作为上位机对装胎机的运行状态进行监控。在触摸屏上分别组态了小车运行速度 I/O 域，装胎臂、装胎器及压胎器 I/O 域，设备的报警画面，各运动部件的手动调节按钮。其中速度 I/O 域用于设定小车的速度；装胎臂、装胎器及压胎器 I/O 域可根据不同型号的轮胎及时调整位移量；设备的报警画面供在设备发生故障时查阅；各运动部件的手动调节按钮供设备调整时使用。

(3) 轮胎输送系统

轮胎和轮毂是由一个沿直线导轨运动的小车运送到装胎机中。由于在运送轮胎的过程中放在小车上的轮胎无固定装置，小车快速停止轮胎会因惯性太大而脱落，故要求开始时中速运行在接近目标位置时减速运行，返回时因车上无轮胎可高速运行以节省时间提高生产效率，接近停止位置时低速运行以减少冲击。为实现上述功能系统采用西门子 MM440 变频器的 4 段固定频率控制方式来实现轮胎的输送。

(4) 装胎臂的电气伺服控制系统

装胎过程是由装胎臂经两次旋转完成。系统采用伺服电动机及驱动器与 PLC 配合组成电气交流伺服系统实现控制要求。PLC 作为控制器发送高速脉冲信号给伺服驱动器驱动电动机旋转。伺服电动机运行的速度与各脉冲旋转的角度由电子齿轮比设定。其公式为：

电子齿轮比＝编码器分辨率/转一圈所需脉冲

伺服电动机所选配编码器为：2500p/r，5线制增量式，分辨率为10000p/r。如伺服电动机每转一圈需3600个脉冲，则设定电子齿轮比为25/9。

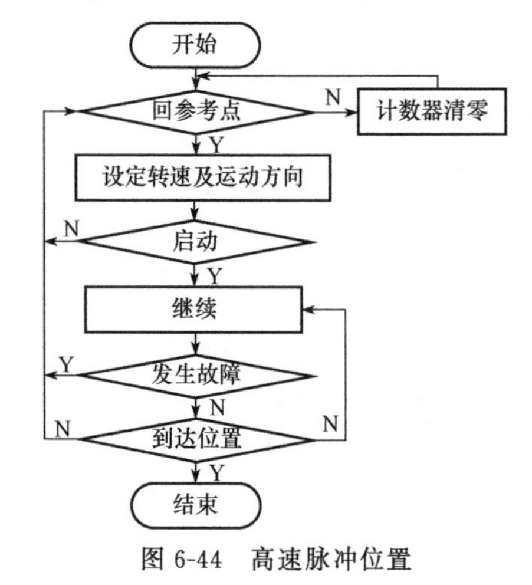

图 6-44　高速脉冲位置

控制过程中，在伺服驱动器的脉冲方向工作模式下，Q0.0发脉冲信号，控制电动机的转速和目标位置；Q0.1发方向信号，控制电动机正反两个方向的运动。在装胎头上设置了参考点传感器用于限位及寻找参考点。控制思路是：通过PTO模式输出一个50%占空比脉冲串，用于控制伺服电动机的速度和旋转角度。当发生故障停机后，由I2.1给出回原点信号迅速返回参考点。图6-44为高速脉冲方式位置控制流程图。

(5) 装胎机液压系统

① 液压系统的组成　装胎头的上升和下降、装胎臂的尺寸调整及装胎器和压胎器的下降深度调节都靠液压驱动。液压系统如图6-45所示。

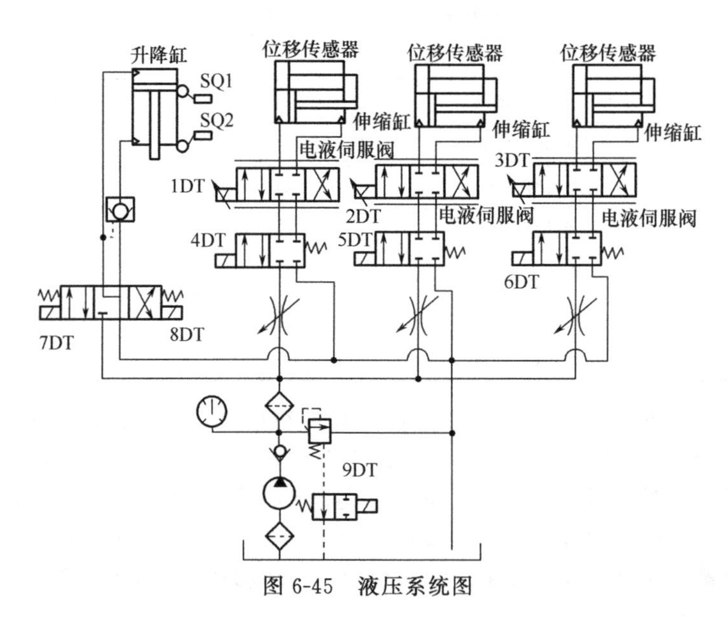

图 6-45　液压系统图

其中装胎头的上升和下降都是液压缸的满行程运动，所以一个开关阀7DT即可控制其上升下降，而装胎臂、装胎器和压胎器都要有准确的位置调节，系统中采用了3组电液伺服装置来实现。图中1DT为装胎臂电液伺服阀，2DT为装胎器电液伺服阀，3DT为压胎器电液伺服阀，4DT、5DT、6DT为开关阀。根据实际要求选用了动圈式电液伺服阀及与之配套的伺服放大器。

② 电液伺服控制　电液伺服系统主要包括位置控制系统、速度控制系统和力矩控制系统等。装胎机的3套电液伺服装置是位置控制系统，分别控制装胎臂、压胎器和装胎器。其控制框图如图6-46所示。

系统以PLC作为闭环比较点，以触摸屏输入的位移量（D_{u1}）作为装胎臂伸缩的给定

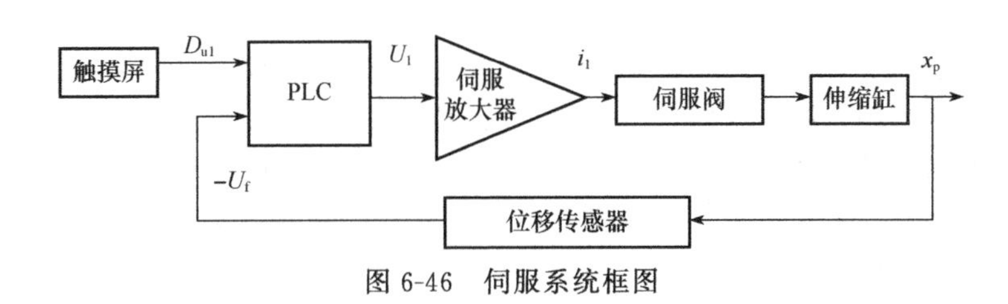

图 6-46 伺服系统框图

信号，位移传感器将伸缩缸位移 x_p 转换成电压信号 U_f 输出，再经过 A/D 转换与 D_{u1} 比较运算得到偏差信号 U_1，并经伺服放大器转换成电流信号驱动伺服阀，最终使伸缩缸向目标位置运动。

将 PLC、触摸屏、液压伺服、变频调速及伺服电动机控制结合在一起实现了自动装胎功能，单个轮胎的组装时间减少到 13s，只有手工装胎的 1/5，生产过程中的轮毂划伤减少到 0.1%。

6.4 PLC 在液压同步控制中的应用

PLC-液压同步控制系统一般是由 PLC 按照预先编制的控制程序输入液压、位移指令给液压系统和位移监控系统，液压系统接受指令后，液压缸根据控制参量产生相应的位移：位移监控系统根据各液压缸的位移情况，及时反馈给 PLC，控制软件程序将根据位移反馈信息及时修整液压、位移指令，通过反复调控形成位移的闭环，使各缸的位移在每个循环内的系统误差控制在规定以内。

6.4.1 爬模机液压比例同步控制

某核心筒爬模机步进液压系统，步进定位准确，速度同步误差小于 3mm，在相距 26.2m 等边三角形重载工作平台下，全靠 3 只主升比例液压缸定位与导向。

(1) 主机

如图 6-47 所示，顶端与平台固定（三边相同），中间井字形横梁为上横梁，左右牛腿分别由两台液压缸控制在塔体径向预留孔内。下横梁结构与上横梁相同。主升液压缸固定在此横梁上，活塞杆端连接在支撑钢管柱的下端，上横梁固定在支撑钢管柱 4.5m 处，形成爬模工况。其爬模原理是：原始状态主升液压缸活塞在下端，左右牛腿均在预留孔内，整个工作平台挂着模板处于静止状态，当爬模时，主升比例液压缸步进 50mm 处停止，上左右牛腿退出，主升比例液压缸上升 4.5m 处停止，上左右牛腿伸出，主升比例液压缸后退 50mm 处停止，下左右牛腿退出，主升比例液压缸回到原始状态，一个工作循环过程完成，进入下一工作循环。主升比例液压缸步进行程是不同的，通过支撑钢管柱将钢平台及模板向上顶升一个层高的混凝土浇灌层（73 层以下为 4500mm，74 层以上为 3375mm）。

(2) 比例液压缸同步控制

三台主升比例液压缸采用外置式位移传感器，根据主缸活塞步进、同步要求，三台主升比例液压缸的行程检测由计算机程序处理，纠偏设定值为 3mm，再通过 PLC 反馈电信号到比例电磁换向阀的不同开口度来改变流量的大小，从而达到速度同步在 3mm 以内。

(3) 液压系统

本液压系统分 3 部分组成：动力部分、控制部分和执行部分。

① 动力部分　如图 6-48 所示，本液压动力源由两台油泵电动机组组成互为备用。常开式电磁溢流阀 12 的作用：一是为油泵电动机组（M_1 或 M_2）空载启动；二是为执行元件在

工作过程中待机时全系统卸荷，从而减少油液发热，节约能源。其工作原理：空载启动油泵电动机组（M_1 或 M_2）延时10s后，电磁铁 Y_{100} 得电，系统建压，延时3s后，P_1、P_2、P_3 共三组压力油进入控制系统：系统回油通过 T_1、T_2、T_3 进入油箱。为了提高系统油液的清洁度，在压力油出口处和系统回油管道上分别设置 5μm、10μm 精度的过滤器。液压动力源还设置了压力控制器、液位继电器、温度控制器、风冷却器等，便于计算机对其监控，提高压力源的安全性和可靠性。

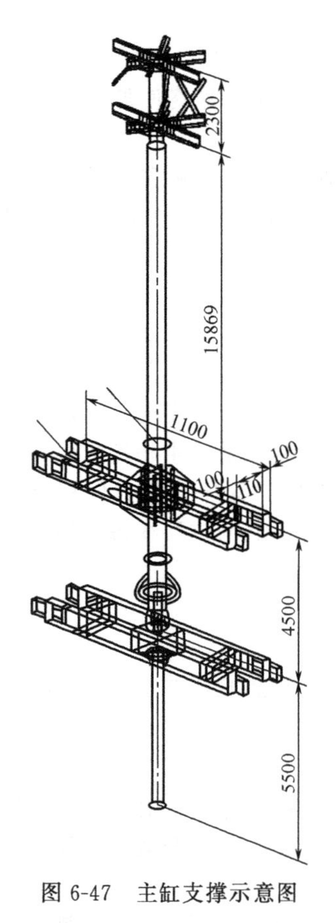

图 6-47 主缸支撑示意图

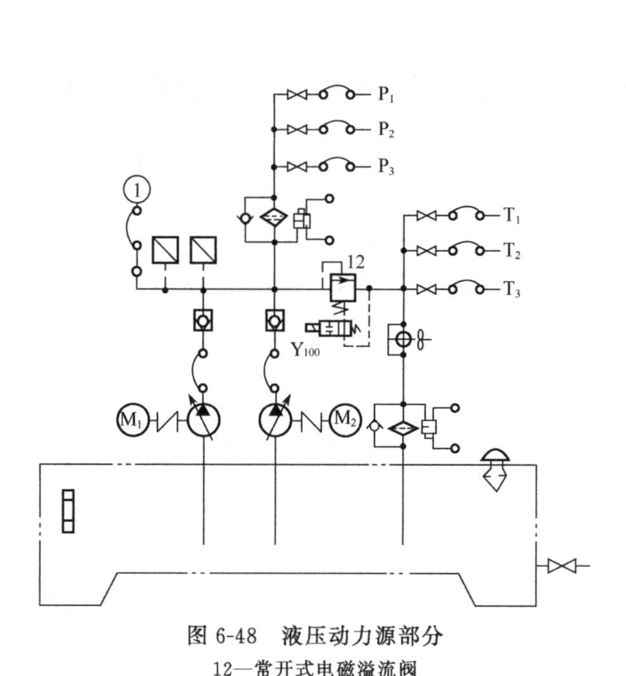

图 6-48 液压动力源部分

12—常开式电磁溢流阀

② 控制部分 液压控制系统由3组相同的两种回路构成，如图6-49所示。比例方向流量控制回路和方向自锁回路。比例方向流量控制回路，主要是由比例电磁换向阀，通过3台主升比例液压缸的不同步误差大于计算机设定值（3mm）时，PLC反馈电信号的电流大小来控制比例电磁铁的位移量，同时操纵直动型滑阀来实现方向、流量大小的变化，从而达到3台主升比例液压缸的步进、同步要求。方向自锁控制回路，它由液控单向阀、电磁换向阀叠加而成，主要控制上下横梁两端牛腿的12台液压缸安全爬模的可靠性、稳定性。

③ 执行部分 液压执行系统由两部分组成：一部分是控制上下横梁两端牛腿的12台液压缸；另一部分是控制核心筒爬模机平台的3台主升比例液压缸。主升比例液压缸由4部分组成：液压缸、缸上平衡阀组、外置位移传感器和压力传感器。为了提高主升液压缸活塞杆的稳定性、导向性能和耐磨抗蚀性，可采用优质钢材料，加大导向长度和表面处理等。缸上平衡阀组（见图6-50），采用双单向平衡阀和防系统压力超高保护回路，作用是在核心筒爬

模机平台下降过程中防止超速下滑，并能使之在任意位置上锁紧，起到安全保护功能。为了随时监控3台主升比例液压缸的负载变化，在缸上平衡阀组的无杆腔上设置压力传感器，通过4～20mA模拟量输到主控制台，实时显示主液压缸顶升力的大小，由计算机对负载变化情况实施监控外置位移传感器（开度仪），为了有效、可靠地检测并监测3台主液压缸的行程及位置关系，选用数字自动测控位移传感器（开度仪）。该装置采用自动排绳机构，恒张力收绳卷筒装置，无须吊挂配重其检测原理是将较大量程的线位移转化为角位移进行测量。它由自动排绳装置、恒张力测量装置、光电编码器、精密齿轮丝杆传动机构、数显仪表和断绳保护装置等组成。该移位传感器测量精度高，性能稳定，使用方便，控制灵活，准确可靠。其测量精度可达0～19.99m，分辨率1mm，系统误差＋3mm，工作环境温度－20～＋50℃，防护等级为IP65，工作环境湿度95％SH。根据其特点进行建模，计算机编程、PLC控制来实现核心筒爬模机平台同步、步进上升与下降速度控制在3mm以内两端牛腿的12台液压缸，它的位置关系，采用24个进口的机械式限位开关来控制，其使用寿命达10万次以上，防护等级为IP63。

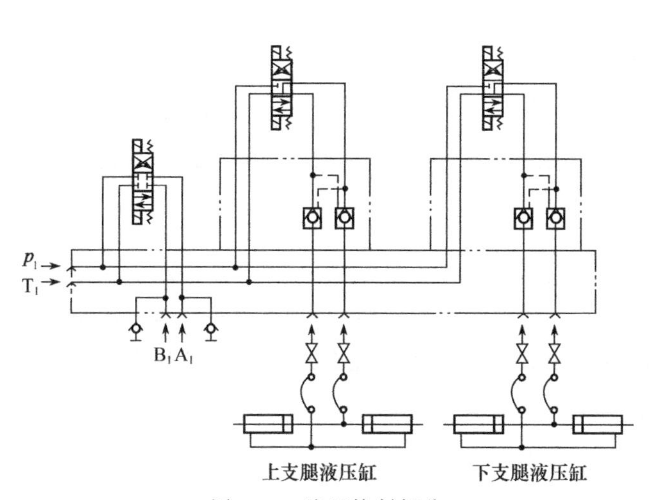

图6-49 液压控制部分

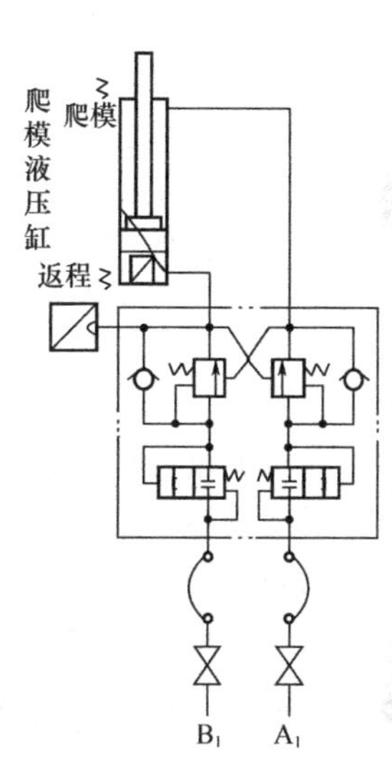

图6-50 比例液压缸执行部分

(4) 电气控制系统

整个操作系统由一台主控制台来实现。主控制台上分布有：触摸电脑、操作按钮、电源指示、故障指示、手动、自动指示、系统运行指示、油泵电动机运行指示、油泵电动机电流指示、进线电压指示等。

采用的10.4in触摸电脑屏，可对所有现场设备实行操作和监控。报警记录，自动打印输出，屏显画面等多种功能。

① 技术要点

a. 触摸电脑可设定任意输入伸出/缩回长度、工况程序。

b. 实时检测系统偏差并显示，高精度高智能纠偏系统，设定自动纠偏在3mm内。

c. 三缸同步纠偏，采用追踪纠偏法，纠偏效果良好。

② 手动操作　手动运行工况，目的是为方便安装调试过程，手动状态是不允许带负载操作的，因为此时3套顶升/提升主缸的整体纠偏系统不参与整个控制，不能保证整个系统的同步。手动控制需先启动油泵电动机组，手动运行可检测3套系统分步运行的正确性及可靠性，在手动运行情况下，除了必要的控制互锁外，其他都可单独操作。

③ 自动操作　自动运行为手动调试正常后及整个爬升系统进入正常工作时的选择：通过选择开关、按钮操作，PLC 在内部对所有中继、电磁阀、保护信号、3 台主缸行程等进行扫描，系统时刻在监控中运行，一旦出现异常。3 台主缸偏差大于 3mm 时，系统自动自锁，使系统暂停运行。当滤油器堵塞、液位过高或过低时，系统将通过蜂鸣器报警，以提醒操作者停机排除故障。

④ 自动模式下操作流程　系统爬升启动后：

a. 爬模机主缸下支撑缸伸出，上支撑缸确认缩回。

b. 满足 3 个下支撑缸全伸出到位，上支撑缸全缩回到位的情况下，3 台主缸同时作顶升运行，在顶升过程中时刻检测顶升位移量，始终以位移量最小的主缸为基准，确保位移量误差在 3mm 之内立刻动作，将过快的主缸暂停顶升动作。

c. 顶升到位后，立刻伸出上支撑缸。

d. 确认所有上支撑缸伸出到位后，缩回下支撑缸。

e. 确认所有下支撑缸缩回到位后，三主缸同时作提升操作，在提升过程中时刻检测顶升位移量，始终以位移量最小的主缸为基准，确保位移量误差在 3mm 之内立刻动作，将过快的主缸暂停提升动作。

f. 提升到位后，立刻伸出下支撑缸。

依次循环，直至到达爬升位置，在上下支撑缸都能进入各自的支撑位置时，伸出所有的支撑缸，以确保支撑的稳定和负荷的均匀，注意在动作过程中，操作员可在触摸屏里始终看到各执行机构的运行情况和各行程开关的动作情况，万一出现系统异常，操作员可查看系统故障源。

(5) 小结

现场安装调试过程中，核心筒爬模机步进平台上升 500mm 停止，对 3 台主升比例液压缸活塞杆反复观察，平台变形的径向力对活塞杆产生弹性变形量均在设计计算范围内。

比例电磁换向阀、比例液压缸和 PLC 组成的控制系统完全适应核心筒爬模机同步、步进的工况要求，速度同步误差在 3mm 以内。

6.4.2 桥梁施工中的液压同步顶推顶升技术

(1) 概述

液压同步顶推技术原理基本与液压同步顶升技术相同，液压同步顶升技术早期主要应用在水力发电行业水轮机转轮和叶轮的安装中，由于其具有静平衡顶升、结构变形小及承载力大等众多优点，所以被广泛应用于其他大型设备的安装中。同步顶推技术起源于同步顶升技术，是同步顶升技术在实际应用中的拓延。

在大型桥梁钢箱结构梁的安装中，由于跨内吊装、原位分段拼装等传统施工方法很难适应实际施工的需求，所以长期以来都没有形成较好的处理办法。

本例利用 PLC 控制实现液压同步顶推顶升技术在桥梁施工中的应用。针对桥梁施工中液压同步顶推顶升技术的要求开发了相应的 PLC 控制系统和组合式液压站，实现了液压系统的多路多点联控和多点同步液压顶推顶升。系统构建主要由 PLC 控制模块、多点通信模块、液压系统模块、同步顶推顶升模块和结构运动模块组成，其中 PLC 控制模块与液压系统模块设计是构成本多点同步液压顶推顶升技术的基础。

(2) 应用背景

某高速公路黄河大桥全长 4473.04m，根据起重能力和运输能力，全桥共划分为 46 个梁段，根据梁段长度、钢板厚度等共划分为 11 种类型。各梁段长度及重量见表 6-8。

表 6-8 钢箱结构梁梁段参数

梁段类型	梁段长/m	梁段重/t	梁段类型	梁段长/m	梁段重/t
A 型	14.05	280.9	E1 型	11.25	237.0
B1 型	15	285.6	E2 型	11.25	244.4
B2 型	15	285.6	F1 型	15	319.5
B3 型	15	314.3	F2 型	15	329.4
C 型	15	344.9	G 型	11.30	281.1
D 型	8.75	176.2			

在整个桥梁中建立 8 个临时桥墩，每个临时桥墩上各有一组液压顶推顶升设备，在跨端的适当位置设置预拼胎架，在胎架上进行钢结构节间或区段的整体预拼装，通过逐步累积和顶推完成整个钢箱结构梁的安装。每安装一段钢箱结构梁，则由多点同步液压顶推系统顶推至一定的移动距离。连续顶推顶升结构由第一组开始工作，连续依次实施其他各组顶推顶升系统直到最终完成，最后再对桥梁整体做线性调整和对接合拢。

(3) 同步顶推顶升系统

1）同步顶推顶升控制系统

① 同步顶推顶升系统的原理与组成　桥梁同步顶推分为单点顶推式、多点顶推式两种工作模式。

a. 单点顶推时，平顶推力装置的位置集中于桥台上，其他各桥墩上设置一定的滑动导轨。单点顶推装置结构简单、易于实施，但对于大型结构不适宜使用。

b. 多点顶推时，在每个桥墩上均设置滑动导轨和顶推装置，将集中的顶推力分散到各个桥墩上。多点顶推与集中单点顶推相比较，可以避免配置大型顶推设备，能有效地控制顶推时梁体的偏移；但多点顶推需要较多的设备装置，操作时同步度要求较高。

大桥属于大型斜拉索连续钢箱梁结构桥梁，安装采用整体多点顶推方式。首先，在每个临时墩顶部及索塔横梁上安装 8 套 Enerpac 顶推系统，这 8 套顶推液压系统由一套电气控制系统控制，整体在计算机控制下实现推力均衡并保持同步运动。其次，每套液压系统由 2 套超高压液压泵站、1 套高压液压泵站、8 个螺母锁紧顶升缸、4 个顶推缸及压力和位移传感器等附件构成。

多点分散顶推的动力学原理数学表达式为：

$$\sum_{i=1}^{n} F_i > \sum_{i=1}^{n} (f_i \pm a_i) N_i \tag{6-9}$$

式中　F_i——第 i 个桥墩处的顶推动力装置的顶推力；

N_i——第 i 桥墩处的支点瞬时（最大）支反力；

f_i——第 i 个桥墩处支点装置的相应摩擦系数；

a_i——桥墩纵坡率，“+”为上坡顶推，“−”为下坡顶推。

当式(6-9) 成立时，梁体才可以被推动，否则顶推系统将无法达到正常工作状态。

② PLC 控制系统　控制系统主控制器为 S7-300，分控制器由 S7-200 系列的 CPUS7-224 构成，利用 PLC 网络总线 PROFIBUS 实现主控制器与分控制器的通信，由工控机处理显示各个顶升和顶推缸的信息参数及记录整个顶推过程。其中，主控制器实现对整个系统的集中控制，主要包括：顶升、顶推装置的控制，压力数据、位移数据的采集以及各种故障报警等辅助功能。程序流程图如图 6-51 所示。

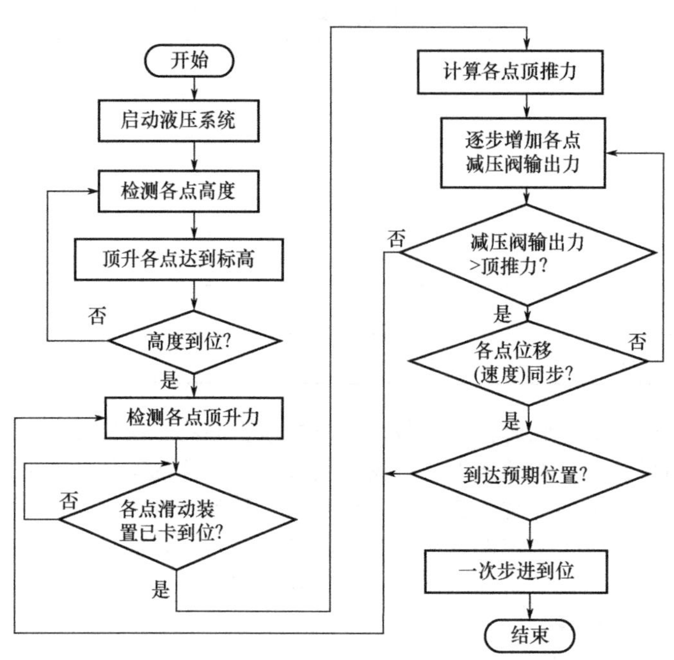

图 6-51　同步顶推顶升控制系统流程图

③ 控制策略　对纵向支撑力变化较大的临时墩，根据支墩的垂直支撑力大小来控制本支墩顶推顶升力的大小；对于恒定支撑力的临时墩，根据系统之前记录的数据控制恒定的顶推力；同时，还要对顶推缸的位移（速度）进行控制，以顶推缸的顶推力和位移作为控制参数，采用闭环控制理论，实现力和位移的协同控制。

④ 控制方式　根据多点牵引式的循环性与箱梁拼接的阶段性，系统使用半自动模式实现控制（分别为每一循环的自动控制及各个阶段的人工控制。匹配相应的辅助系统实现一些基本调节功能以及必要的纠错功能，确保系统应对各种突发状况的能力）。

2）同步顶推顶升液压系统

① 顶推液压系统的构建　如图 6-52 所示，同步顶推液压系统由电动机、单向阀、顶推缸、压力传感器、位移传感器及控制器等元件组成。系统工作原理：工作压力为 32MPa 液压站输出压力油驱动缸，电磁换向阀控制液压缸推出、缩回的方向；液压缸最大总顶推力 200t，液压缸分成左右侧两组，两组均由一个电磁控制阀来控制；临时墩单侧的缸配有压力传感器，用于检测控制指令并控制液压缸的顶推力；顶推力通过比例减压阀来实现力的同步控制，单侧位移由一个位移传感器在保证力同步的同时保证位移同步。液压系统参数如表 6-9 所示。

表 6-9　顶推液压系统参数

项目	参数	项目	参数
系统压力	32MPa	行程	1000mm
流量	21L/min	顶推速度	0.3m/min
电动机功率	11kW	顶推步进	937.5mm/步
顶推缸	49.2t/32MPa		

② 顶升液压系统的构建　如图 6-53 所示，同步顶升液压系统主要由超高压电动泵站、

螺母自锁缸、液控单向阀、压力传感器、位移传感器和控制器等元件组成。系统工作原理：工作压力为 70MPa 电动泵站输出高压油驱动液压缸，电磁换向阀控制液压缸上升、下降的方向；液压缸最大总顶升力 2400t，分成左右侧两组，每组由一个电磁阀控制；临时墩单侧的缸配有压力传感器，并且由位移传感器检测单侧位移；检测数据经控制器运算比较后，发出控制指令通过电磁控制阀来实现对单个墩上的两侧缸的顶升力和位移的控制。液压系统参数如表 6-10 所示。

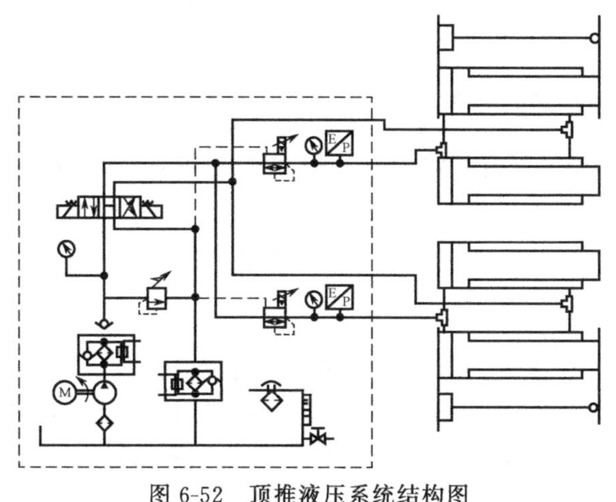

图 6-52 顶推液压系统结构图

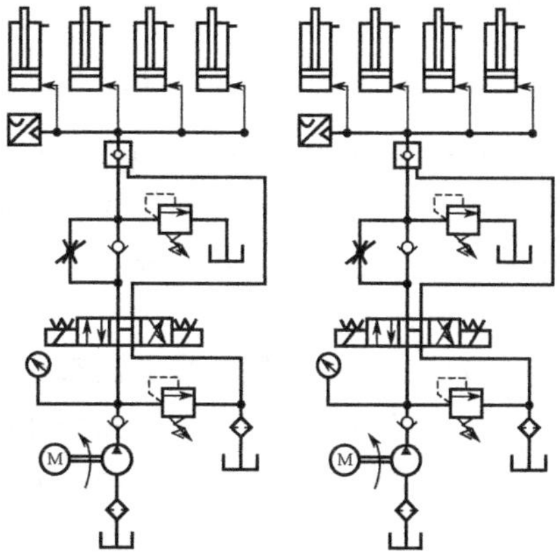

图 6-53 顶升液压系统结构图

表 6-10 顶升液压系统参数

项目	参数	项目	参数
系统压力	70MPa	行程	300mm
系统总流量	1.64L/min	顶升速度	4mm/min
电动机总功率	2.2kW	螺母自锁缸	300t/70MPa

(4) 桥梁施工中同步顶推顶升技术的实现

① 液压系统安装结构 安装采用整体顶推方式，顶推设备（顶推缸、双作用缸及各相关附件）的需要由 GPS 与空间三角网点测绘定位。液压系统安装结构如图 6-54 所示。

② 钢箱结构梁顶推顶升过程

a. 启动第一个临时墩上的顶推设备，在第一个临时墩上用纵向支撑缸将导梁同步顶升到预定高度；顶推缸在要求的压力下提供顶推力，并且控制临时墩上两侧顶推缸同步顶推。完成推进一个行程之后，所有顶推缸回至下一个行程起点，随后进行下一个行程的顶推。

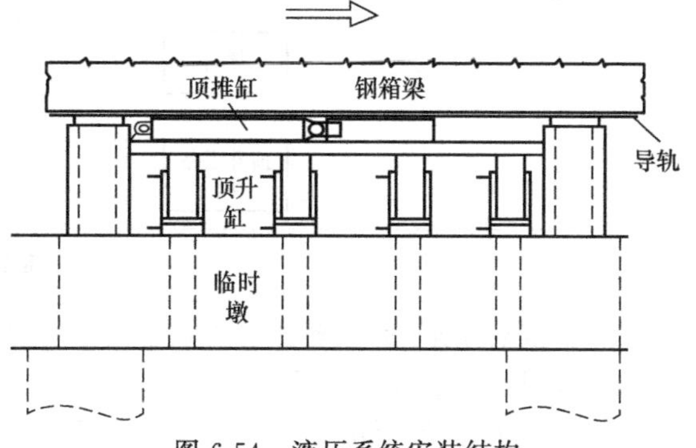

图 6-54 液压系统安装结构

b. 随着钢箱梁的焊接拼装，重复执行上述顶推步骤直到将导梁顶推到索塔附近，利用全站仪检测导梁的变形量。待导梁完全架在索塔的顶推装置上以后，通过调整临时墩以及索塔上的支撑缸将钢箱梁调节到预定高度。然后重复顶推钢箱梁，同时要保证临时墩和索塔的顶推缸具有一致的设定压力值。

c. 重复执行上述顶推顶升步骤，钢箱结构梁将全部顶推到指定位置。

(5) 小结

PLC 控制同步顶推顶升系统已经在桥梁的施工中取得了较好的应用。液压同步顶推顶升系统具有移动振动低，矩阵式应力分布有利于提高平移的稳定性等众多优点，这使其能满足各种施工环境的要求。关于同步顶推顶升技术的研究开发，拓展了整体安装技术的领域、功能和优势的进一步发展，为类似领域的桥梁施工和大型构建的平移和建设提供了良好的参照。

6.4.3 基于 PROFIBUS 的 PLC 分布式液压同步系统

系统采用 PROFIBUS 总线通信方式，利用模糊自整定 P 闭环控制和前馈开环控制的综合方法对电动机进行变频调速，并通过组态软件程序进行全程监控，可实现液压同步系统油缸运动的连续可调。系统成本较低、自动化程度高、通信方便可靠且故障可诊断、控制精度较高、可扩充。

(1) 分布式液压同步控制系统

系统采用闭环和前馈变频调速的控制方式，来实现各个油缸运动位移同步的连续控制。主要是通过高精度位移传感器实时监测位移信号，通过模糊自整定 P 控制和前馈控制算法进行闭环控制；通过变频器调节三相交流异步电动机转速，实现液压油泵流量的连续可调；同时通过组态软件实现数据和状态实时监控、报警、故障存储和查询等功能。

① 总体结构原理　分布式液压同步控制系统的总体结构如图 6-55 所示。

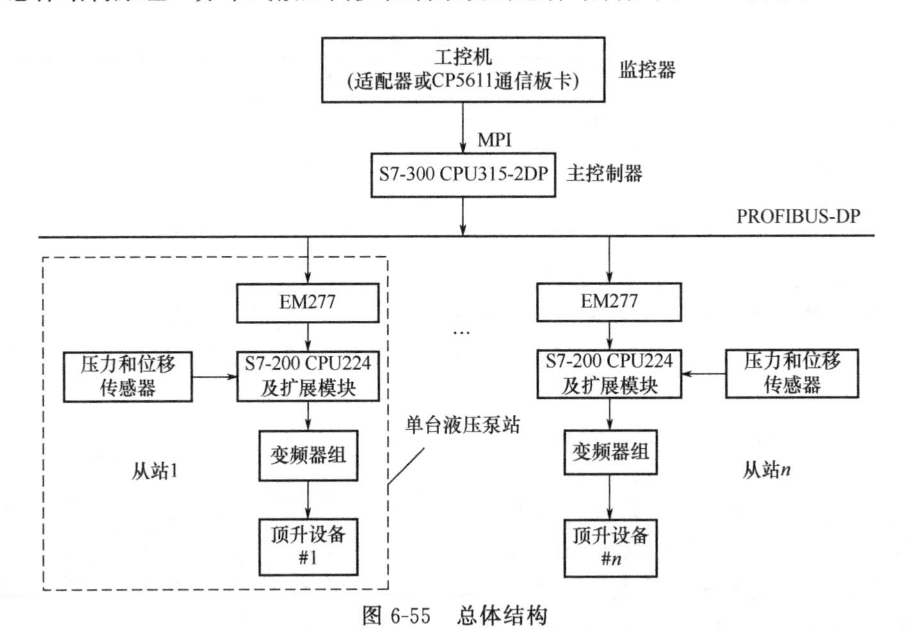

图 6-55　总体结构

工控机通过 MPI 适配器或 CP5611 通信板卡与主控制系统进行通信，主要作用是通过开发组态软件 KingView 对系统信息进行监控、报警、故障诊断和控制。主控系统由控制器 S7-300 及其 I/O 扩展模块等组成，在整个系统中作主站。从站由控制器 S7-200、传感器及其液压设备等组成。单台液压泵站的控制系统如图 6-56 所示。一台液压泵站一般做成四点控制系统。主控制系统与各个液压泵站之间的信息传输通过 PROFIBUS 高速工业总线完成。由于 PROFIBUS 高速工业总线具有的特殊性能，整个控制系统中通信和控制信号线大大减少，改善了控制性能，提高了可靠性。

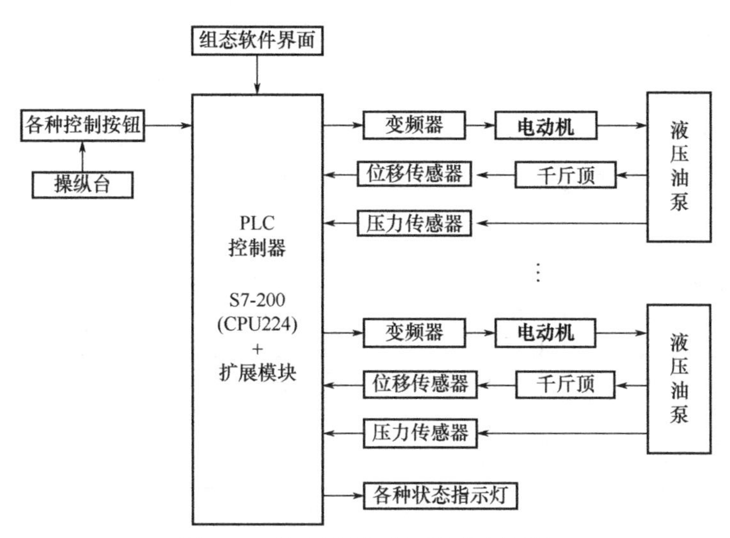

图 6-56 单台液压泵站系统设计框图

② S7-300 和 S7-200 之间的 PROFIBUS-DP 通信 PROFIBUS（现场总线）是以 SIEMENS 公司为依托制定的现场总线标准，包括 PROFIBUS-FMS、PROFIBUS-DP 和 PROFIBUS-PA3 种系列。其中，PROFIBUS-DP 与 PROFIBUS-PA 兼容，是一种具有高速数据传输能力（9.6Kbit/s～12Mbit/s）、完善的故障诊断能力和无差错传输能力的常用通信连接方式，专为自动化控制系统与分散的控制器或 I/O 设备级之间的通信而设计，在系统中可以代替 24VDC 或 4～20mA 的信号传输。该系统采用 PROFIBUS-DP 数据传输技术，数据通过异步传输技术和 NRZ（Non Return to Zero）进行编码，通过 RS-485 双绞线或光缆传输信息，连接 S7-300 与 S7-200 之间的通信。

由于 S7-200 CPU 自身没有 DP 端口，EM277 作为 DP 扩展端口使用，并传送和保存中间数据。系统中 S7-200CPU 通过 EM277 通信模块连入 PROFIBUS-DP 网，主站 S7-300CPU 通过 EM277 对 S7-200CPU 的 V 存储区进行读/写数据。同时，在主站 S7-300CPU 的软件组态中，EM277 作为一种特殊的从站模块，其相关参数是以 GSD 文件的形式保存。在主站 S7-300 CPU 中配置 EM277，需要安装相关的 GSD 文件并需对从站地址和 I/O 分配。

③ 基于 PROFIBUS-DP 的分布式控制 分布式控制系统的核心思想是集中管理，分散控制，即管理与控制相分离，上位机用于集中监视管理和控制功能，若干台下位机分散到现场实现分布式控制。

一般大型结构物形状不规则、体积较大且跨度较长，需要较多液压顶升点。为了协调多点运动关系的整体控制能力，方便各种先进的控制算法对各个顶升点处的执行机构进行控制，保证系统的简单性和易控制性，实现智能化设备控制，分布式控制系统是一种必然选择。

根据 S7-300 CPU 的 DP 模板的能力，一个 PROFIBUS-DP 网最多可以有 99 个 EM277 通信模块，因此具有良好从站数目的扩展性，保证分布式控制系统的实现。

④ 液压泵站 单台液压泵站分布式液压同步控制系统如图 6-57 所示。

泵站由变频调速机泵组提供液压动力源，每一路的液压油经过溢流阀进行压力调节后，由单向阀输出到各自的电磁换向阀中，通过控制电磁换向阀换向来实现外接液压油缸的升降。

在阀块至外接油缸的进出油口处还分别安装有无泄漏锥阀结构平衡均载保护阀。其主要

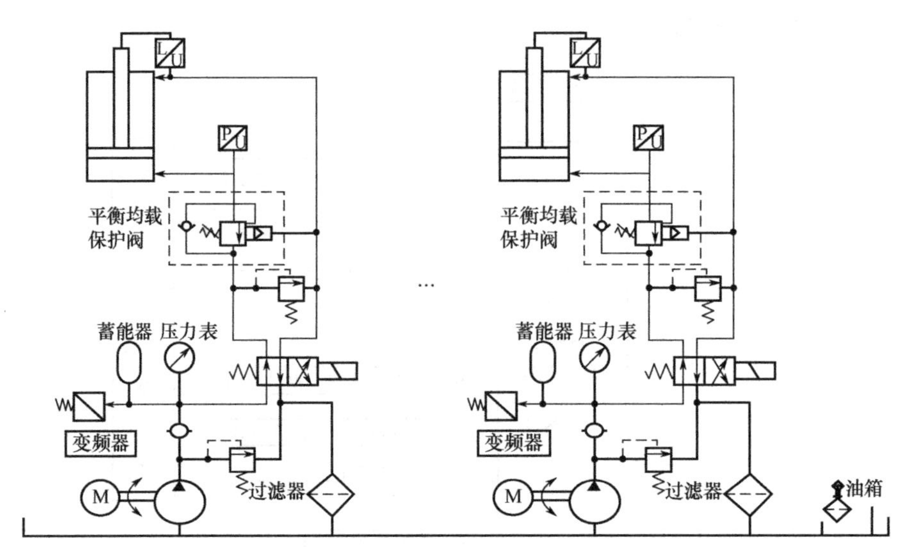

图 6-57 单台液压泵站液压原理图

功能：a. 平衡油缸的负荷压力，带载液压油缸运动不至于失压下滑。当带载液压油缸失压不平衡时，内部保护阀会立即将下腔封闭，保证工件不会自由下滑，使千斤顶在停电状态仍能可靠承载。b. 保护油缸不发生过载现象。平衡均载保护阀的保压腔装有过载安全阀，当油缸内的压力超过调定压力时，该阀能自动开启，卸掉过高的油压，使各油缸载荷均衡，从一定程度上讲实现了“力均载”和“过载转移”的功能。c. 保证千斤顶升降时都处于进油调速状态。

另外，每个液压回油口处安装有一只精细回油过滤器，保证油液的清洁，提高液压系统的可靠性，延长泵站使用寿命。每个液压进油口安装有蓄能器，对液压系统进行保压和蓄能，提高液压系统的整体效率。

系统中采用增量式双向脉冲输出型拉线式位移传感器，其分辨率为 0.05mm。当千斤顶上下运动时，传感器可以精确测定千斤顶的上升和下降的实时位移。一般情况下在每个控制阀块中跟液压油缸的无杆腔连接的油口中还安装有一只压力传感器，依靠它可以实时测定液压油缸的负荷（有些情况下压力传感器直接安装在泵出油口处）。最终位移和压力信号通过电气信号接口将信号反馈到同步控制电气系统中，供实时监测和控制。

（2）多点同步控制原理及软件

一般多顶升点液压同步控制方式有“同等方式”和“主从方式”两种。所谓同等方式，是指预先设定某一理想输出，使多个需同步控制的执行元件跟踪理想输出，从而使各个执行元件都分别受到控制并达到同步驱动。“主从方式”是指以多个需同步控制的执行元件中某一个输出为理想输出，其余执行元件均受到控制并跟踪这一选定的理想输出并达到同步驱动。比较上述两种控制方式，若两者均采用闭环控制，采用“同等方式”不受构件载荷分布不均的影响，可以保障所有顶升点的严格同步性，且程序设计相对较为简单，但对系统的元件之间的性能要求更高，匹配关系要求更严格。该设计系统采用脉冲量输入，模拟量输出的“同等方式”控制，其中位移脉冲信号通过 CPU224 内置高速计数器进行采集。

① 同步控制原理　“同等方式”控制方式下，上升和下降理想指令位移脉冲值计算框图如图 6-58 所示。图 6-58 中全部置零结束代表一种进入闭环前准备结束的状态，指各个顶升点已处于同步升降的同一基准的位置，确保油缸“同时”同步升降。当全部置零结束后按下上升或下降按钮，系统进入闭环状态，系统根据设定指令速度计算理想的指令位移脉

冲值。

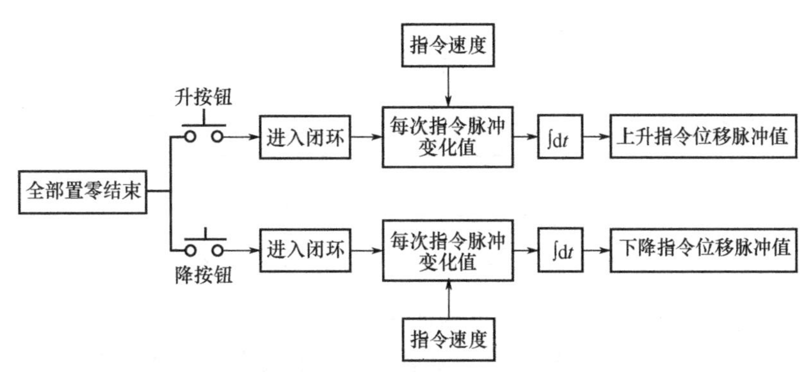

图 6-58　理想指令位移脉冲值计算框图

以单顶升点为例，同步控制过程如图 6-59 所示（①和②分别表示在同步升和同步降状态下的同步控制过程）。实现过程：首先，各个顶升点处油缸的实际位移信号通过信号电缆传送到液压泵站的电气控制柜内，信号经放大后将实际位移脉冲值传送到 CPU224 中。

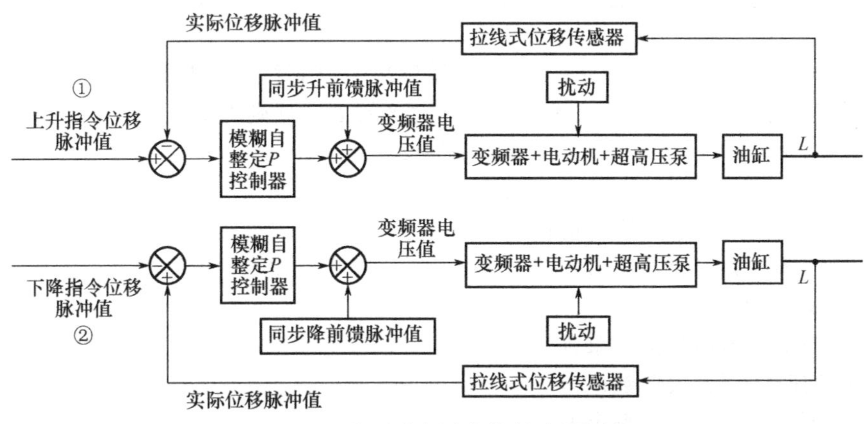

图 6-59　单顶升点同步控制过程框图

其次，当实时实际位置脉冲值与计算理想位移脉冲值存在偏差时，便会产生偏差信号。该偏差信号经模糊自整定 P 控制和前馈补偿控制的综合控制后输出到变频器。

最后，通过改变变频器频率的方式，使得电动机转速加快或变慢，实现连续可调的动力油供给外接液压油缸，引起液压油缸的位置发生变化（即实际位置脉冲值发生变化），偏差信号减小，接近于理想输出。

加入前馈补偿的目的在于抗干扰，减小升降过程的跟踪误差。

同时由于组间顶升系统的位置信号由同一个数字积分器给出，可保证不同顶升组之间同步上升和下降。

② 前馈＋模糊自整定控制器　由于液压同步升降设备一般应用于地形、结构和气候等比较复杂的场合，很难建立一个统一的模型，使得经典 PID 控制的固定参数设置很难适应各种工况。程序设计的简单性和有效性，该系统设计应用了模糊自整定 P 闭环控制和前馈开环控制的综合方法，其框图如图 6-60 所示，能够自整定 P 的大小，优化 P 控制器，同时抗干扰能力也得到提高。

模糊控制是一种依靠人工经验性的控制方法，主要由模糊化、知识库、模糊推理和解模糊 4 个部分组成，其中控制器的核心就是知识库的建立。隶属度函数的建立是知识库建立的

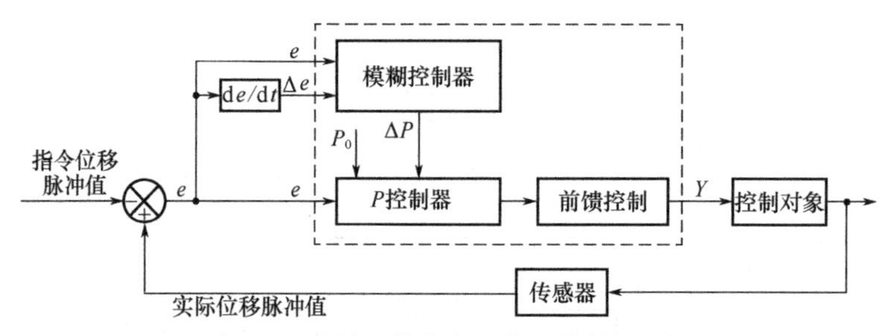

图 6-60 前馈＋模糊自整定 P 控制器框图

一方面，该设计系统中采用通用的正态分布曲线。同时由于在“同等方式”控制作用下系统输出的偏差较小，使用高分辨的模糊集，使输出变化值较大，及时调整系统偏差。由于 P 决定系统的响应速度，增大 P 可以加快系统响应速度，减小稳态误差；但是 P 值过大会造成较大的超差，甚至系统不稳定。因此要合理地设定 P 的范围，同时根据偏差 e 和偏差变化率 Δe 的变化情况制定 P 控制规则。

P 的模糊控制规则：当 e 较大，Δe 较小，为加快响应速度，增大 ΔP。当 e 中等大小，Δe 较大时，为使超调减小，适当减小 ΔP。当 e 很小，Δe 较大时，为使系统稳定，减小 ΔP 等。

系统中根据 e 和 Δe，通过模糊控制器的模糊决策（系统采用加权平均法）输出闭环放大倍数 P 的调整值 ΔP，最终输出实时闭环放大倍数 P。规则如下：

$$u=\Delta P=K_{\mathrm{p}}U \tag{6-10}$$

$$P=P_0+\Delta P \tag{6-11}$$

式中 u——模糊控制器实际输出值；

ΔP——闭环放大倍数调整值；

K_{p}——ΔP 的量化因子；

U——输出值模糊查询结果；

P——实时闭环放大倍数；

P_0——闭环放大倍数预整定值。

结合前馈控制，可得到最终输出值：

$$Y=Pe+X_0 \tag{6-12}$$

式中 X_0——前馈输入值。

“前馈＋模糊自整定 P 控制器”的 PLC 的软件设计流程图如图 6-61 所示。模糊控制总控制表是离线生成的，而控制方式通过地址偏移在线查询来实现。

(3) 实验与分析

KingView 是一种功能强大的开发监控系统软件。它以标准的工业计算机软、硬件平台构成的集成系统取代传统的封闭式系统，具有适应性强、开放性好、易于扩展、经济、开发周期短等优点。系统采用 KingView 6.5 软件开发监控系统。

系统具有同步升降和同步调坡两种方式。同步升降是指各个顶升点指定的上升或下降位移相同，速度也相同，理论上同时到达指定位移。同步调坡是指各个顶升点指定上升或下降位移可能不同，根据各个顶升点同时到达指定位移的要求，以其中一个顶升点速度为参考基准，其他顶升点的速度通过计算得出。

在此以两个泵站中的顶升点 $A1$ 和 $A2$，指令速度为 10mm/min（此值为最大值）为例，进行空载试验。

两顶升点运动和停止状态下的实时位移曲线监控画面如图 6-62 所示。实验中第 1 和 Ⅱ

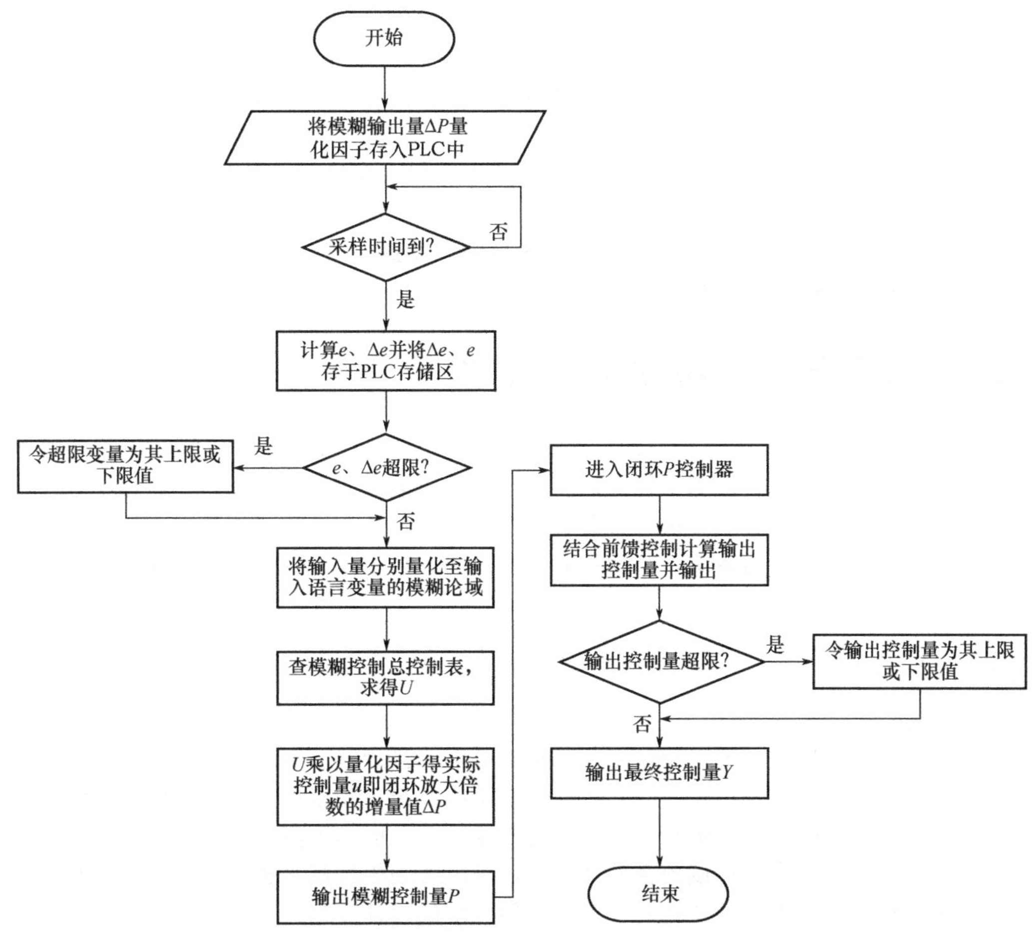

图 6-61 “前馈＋模糊自整定 P 控制器”软件设计流程图

阶段处于同步升降方式，两顶升点的指定位移相同，第Ⅲ阶段处于同步调坡状态。

图 6-62 运动状态下的实时位移误差监控画面如图 6-63 所示。系统要求同步位移误差值不能超过 0.5mm，由此监控画面可以看出满足要求。变频器的 V/F 曲线调节特点使电动机平滑快速响应，响应时间为毫秒级。由于各种不确定因素，如油缸惯性、油路的不稳定性、试验环境和控制方法等，位移误差出现一定的静差和波动，但不影响满足实际的控制要求。

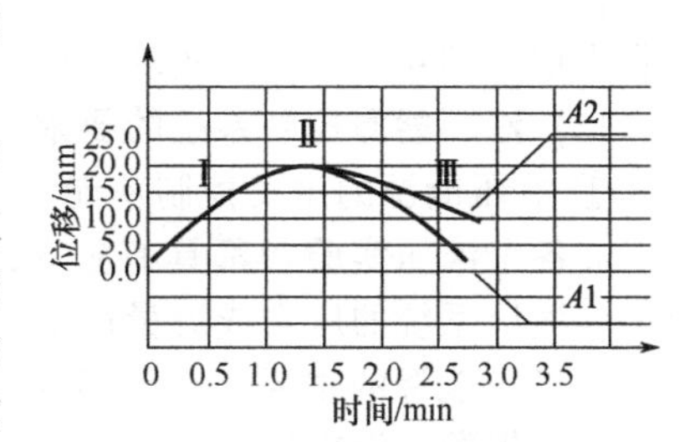

图 6-62 实时位移曲线监控画面

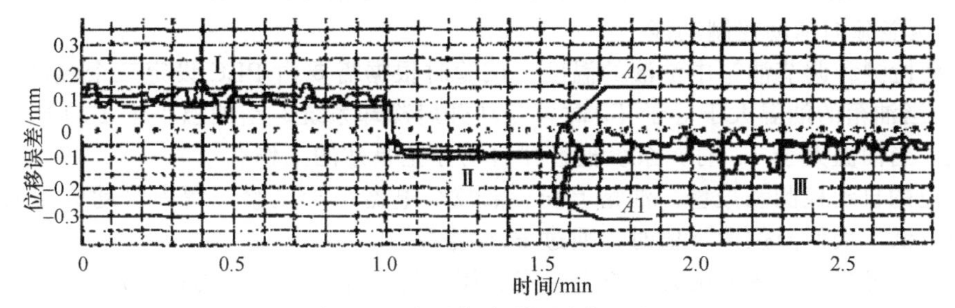

图 6-63 实时位移误差监控画面

（4）小结

① S7-300 和 S7-200 之间通过 EM277 建立 PROFIBUS DP 通信桥梁，构成分布式控制系统。该通信方式结构简单，性能稳定且具有很好的扩展性，便于液压同步系统顶升点数目的增加。

② 同步控制系统采用模糊自整定 P 闭环控制和前馈开环控制的综合方法进行变频调速，试验证明控制精度较高，自适应能力较强。

③ 通过组态软件开发的监控系统进行全程监控，实现了参数设置、数据和状态的监控，并能对故障进行实时诊断，为整个系统控制过程的顺利进行提供了良好的支撑。

6.5 PLC 在泵站监控中的应用

采用 PLC 测控液压液压泵站，具有多种的检测和保护手段，不但使整个液压能源测控系统的可靠性、自动化程度得到了提高，而且便于液压能源的控制（如泵的启停、泵源出口压力的调节等）和液压能源主要运行参数的显示；同时，还使液压能源测控系统成为一个独立的自主监测、自主控制的系统，辅助控制功能完善，便于系统的维护，有利于系统安全正常的运行。

6.5.1 PLC 在液压实验台能源系统中的应用

（1）概述

传统的液压能源控制系统设计是采用各种继电器、接触器、开关及触点，按特定的逻辑关系组合来实现其启停控制功能的。其特点是：结构复杂，安全性差，安装困难，维护工作量大，逻辑关系一经确定更改困难，但维护技术要求低，成本不高。

随着试验品种的增多，被试项目的增加，液压能源的规模越来越大，结构更加复杂，逻辑关系有时需根据实验条件的变化而更改，沿用传统的设计和器件，已很难满足要求。采用可编程逻辑控制器（PLC）是解决这类问题的有效出路，它的优势在于：体积小型化，高度集成，用软件编程替代连线逻辑，可靠性高，操作简单，维护方便，有数字运算、数据处理和数据通信的功能，易于实现机电一体化。

（2）液压能源控制系统的要求

① 液压能源的主要控制功能

a. 各个液压实验台都具有独立的操作控制功能，都能通过 PLC 对液压能源实现油泵的启停、液压系统的压力或流量调节。

b. 液压能源的主要运行参数包括出口压力、油箱温度，以及主要状态信号包括超压报警、超温报警、污染报警、油箱低液位报警等都能通过 PLC 传送到各测试台和主控制室进行显示。

c. 每台油泵的启停由 PLC 综合各实验台的油泵启停信号而得出。

② 液压能源的辅助控制功能

a. 自动检测和调节油箱中油液的温度。试验时根据需要由 PLC 设定三个温度点：$T_1 < T_2 < T_3$。当油箱的油温大于等于 T_2 时，自动开启冷却系统；当油温小于 T_1 时，冷却系统停止工作；当油温大于 T_3 时，系统报警并自动停止泵站的工作。

b. 油位的自动检测和报警。油箱上安装液位继电器用于试验过程中自动监测油箱液位，当油箱液位低于最低液位设定值时，通过 PLC 报警。

c. 超压报警卸荷。在主压力油路上，安装压力继电器。系统压力高于设定值时继电器实现超压报警卸荷，以增加液压能源的安全性。

d. 污染报警。通过滤油器上的污染报警装置实现污染报警，并预留油液在线检测接口。

(3) 控制系统组成及实现

液压能源控制系统是保证液压能源安全运行的可靠保证，采用 PLC 作为主控制器。一方面综合来自各个实验台的控制信号，以形成对液压能源的主要控制功能；另一方面根据来自液压能源系统的信号，使液压能源系统构成闭环控制，自主实现液压能源系统的辅助控制功能。这样就实现了整个试验室测试系统对液压能源系统的自动控制，PLC 与其他系统关系如图 6-64 所示。

系统硬件主要分为外围电路和核心单元 2 部分。外围电路主要完成能源系统压力、流量的调节，系统运行状态等信号的采集、处理和转换以及电动机启动指令的驱动等。核心单元（即 PLC）主要完成信号处理，发出电动机驱动指令和其他实验台之间的通信。

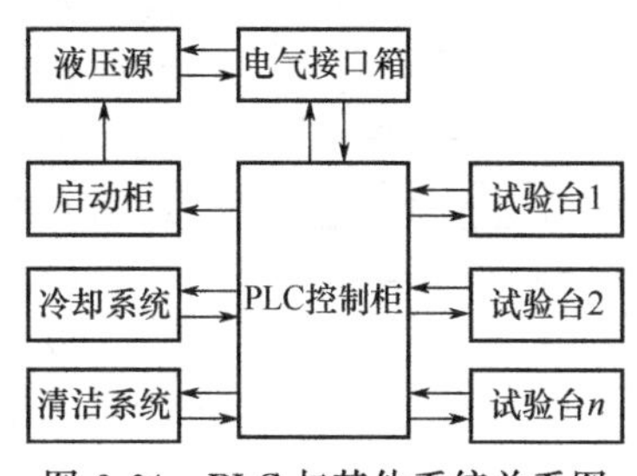

图 6-64 PLC 与其他系统关系图

① 外围电路 外围电路主要包括以下几个部分：a. 液压能源压力监测。它通过 2 个压力传感器将泵源压力转换为 4～20mA 直流信号。b. 液压能源温度监测。它通过 1 个温度传感器将泵源温度转换为 4～20mA 直流信号。c. 电动机运行状态信号监控。电动机运行状态信号通过电动机控制回路中的 1 个干接点输入到 PLC 的输入模块。所有信号的输入都经过光耦隔离，以提高抗干扰能力。d. 电动机驱动单元。电动机启动信号由 PLC 发出，输出单元不直接驱动电动机，而是通过 1 个 220V、10A 的中间继电器带动电动机操作回路。这样一方面提高了驱动能力，另一方面使得电气操作回路和 PLC 控制回路分隔，提高了系统的安全可靠性。

② 核心单元 根据系统的要求，其核心 PLC 采用 SIEMENS 的 S7-300 可编程序控制器，主要有以下几部分。a. CPU314 及系统软件。它完成电压和电动机运行状态监测，实时进行逻辑判断，发出电动机分批自启动指令。b. 电源模块 PS307-1E。输入：24/48/60/110VDC；输出：24VDC。c. 模拟量输入模块 SM331（8 路输入）。它把各种变送器输入的 4～20mA 的模拟量转换为数字信号，并将数字信号送到 PLC 的控制单元，以供 PLC 做出判断。d. 模拟量输出模块 SM332（2 路输出）。它调节液压能源的压力和流量。e. 数字量输入模块 SM321。16 路输入 2 个，32 路输入 1 个，完成 4 台油泵和 2 台运行状态监测，以及泵源系统超温、超压、污染的报警。f. 数字量输出模块 SM332（输出 8 路）。接受 PLC 控制单元的指令，完成油泵和水泵驱动信号输出，通过出口中间继电器，驱动电动机操作回路，完成电动机分批自启动。g. 通信模块 CP341，串行通信 0.3～76.8Kbit/s，完成与其他实验台的数据交换。

(4) 系统软件

电动机分批自启动系统软件主要任务为：①完成系统初始化；②正常状态下的数据监测；③系统压力出现波动后，即压力超过额定压力的 125%，所有液压泵都会因为电气保护装置而强制退出运行，在此之前，程序已经做出判断并锁存电动机状态信号；④无论在正常状态下或是在电动机自启动过程中，PLC 均实时监测系统的压力、流量和温度；⑤通信接口程序。包括系统监测数据和故障信息，PLC 将采集的压力、流量和温度信息、电动机启动状态信息传输到上位机或其他实验台，便于维护人员实时了解设备运行状况，同时接收来自其他实验台的控制信号对液压能源进行控制。总体程序框图如图 6-65 所示。

6.5.2 大型定量泵液压油源有级变量节能系统

液压伺服系统中，伺服阀要求液压油源提供稳定的恒定压力，所以液压伺服系统大部分

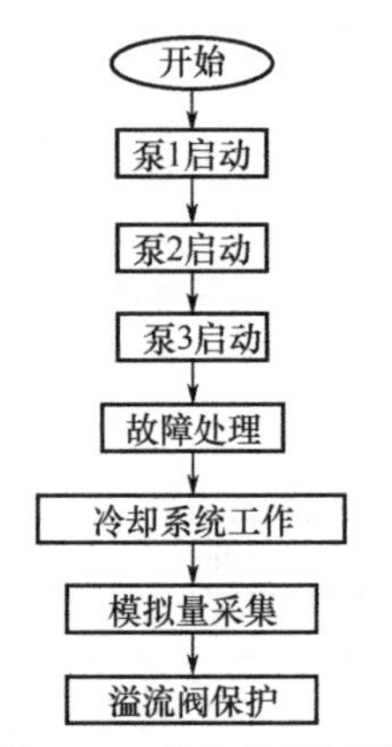

图 6-65 总体程序框图

都采用溢流阀来控制压力。但是在大型液压伺服系统中，很大的溢流量导致能源浪费严重。采用变量泵实现节能的方法，虽然效率高，但是大流量的变量泵存在成本高、摆角反应慢、噪声大等缺点。定量泵节能相对于变量泵来说成本比较低、使用维护简单，更为重要的是，定量泵溢流阀组成的液压油源相比于恒压变量泵，具有稳压性能好、动态响应快的优点，是液压伺服系统的首选液压动力源。因此，采用定量泵间歇性工作的节能方式，根据不同工况下液压系统流量需求的不同，通过对泵的卸荷和加载来实现流量的有级变量控制，从而实现大型液压伺服系统的节能。设计中油源的总流量不是连续变化的，而是以单台泵流量为级差变化的，所以此系统为有级变量节能控制系统。

(1) 定量泵液压油源有级变量节能控制系统的总体方案

该定量泵液压油源有级变量节能控制系统总体设计方案如图 6-66 所示，包括液压油源、溢流阀调压阀组、PLC 控制器、油箱附件等部分。

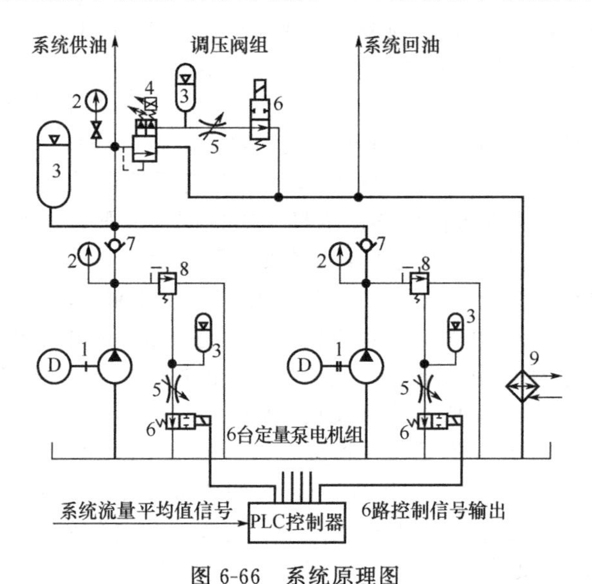

图 6-66 系统原理图

1—泵电动机组；2—压力表；3—蓄能器；4—比例溢流阀；5—节流阀；6—电磁换向阀；7—单向阀；8—安全阀；9—热交换器

工作原理是：系统的油源流量跟随系统流量平均值的变化而变化，并通过两者之间的偏差实现对负载流量的反馈控制。PLC 从伺服控制器得到系统所需要的流量平均值，同时根据加载的液压泵数量得到油源流量；PLC 将油源流量与流量平均值进行比较，当油源流量大于流量平均值时进行卸载；当油源流量小于流量平均值时进行加载，实现油源流量始终近似跟随负载流量平均值的变化而变化。

(2) 定量泵液压油源有级变量节能系统组成

① 液压泵电动机组　该定量泵液压油源为由 5 台 200L/min 液压泵电动机组和 1 台 100L/min 液压泵电动机组构成的 1100L/min 的大型液压油源。每一台泵电动机组都有独立的安全和启动卸荷回路，实现软启动和缓慢卸荷，同时由安全阀限定该泵电动机组的压力上限。安全和启动卸荷回路由电磁阀、溢流阀和蓄能器等组成。系统的节能是通过 PLC 对卸荷回路的电磁阀进行控制，达到卸荷节能的效果。当电磁阀得电时液压泵电动机加载；电磁

阀断电时液压泵电动机组卸荷。

② 调压阀组　调压阀组用于设定系统的工作压力，给系统提供恒定的供油压力。调压阀组包括比例溢流阀及启动卸荷回路，可实现系统压力的远程设定控制，也可以对整个液压油源进行远程启动或远程卸荷。

③ PLC控制器　系统采用的PLC控制器的型号为S7-CPU224CN，EM223扩展I/O模块，EM235模拟量采集模块。PLC控制液压油源进行加载、卸载动作，实现有级变量节能控制的要求。实时控制的过程中，PLC控制器根据接收到的系统流量平均值$Q_{系}$和油源流量Q的关系对油源进行闭环控制。除此之外，PLC控制器还要实时控制油温、液位和系统压力。

（3）流量

液压伺服系统工作时，伺服控制器不断采集液压缸的实际位移信号，实现闭环反馈控制。根据指令和实测的液压缸位移，伺服控制器可以计算出系统流量平均值并发送给PLC控制器，PLC控制器将系统流量平均值与油源流量值进行比较，然后发出信号控制液压油源的启动卸荷回路，执行加载和卸载动作。系统加载和卸载按照100L/min流量级差，保证液压油源的供油流量略大于系统所需要的流量平均值。

① 系统流量平均值　伺服控制器将从液压缸上采集到的位移信号y，进行求导计算得到活塞的运动速度v：

$$v=\frac{\mathrm{d}y}{\mathrm{d}t} \tag{6-13}$$

速度v乘以液压缸的活塞面积s，得到液压缸的瞬时流量Q_1，即$Q_1=sv$。

取绝对值，然后可求得平均流量，将多个液压缸的平均流量值加起来得到实际的系统平均流量$Q_{系}$：$Q_{系}=Q_1+Q_2+Q_3+Q_4+Q_5$

将系统平均流量$Q_{系}$值送给PLC控制器。

② 实际流量　PLC控制器根据已加载的液压泵电动机组数量，得到实际供油量Q，系统的溢流量$\Delta Q=Q-Q_{系}$。在该系统中，设定系统的溢流量ΔQ范围为50～150L/min。当$Q-Q_{系}<50$时，系统要加载100L/min液压泵电动机组；若$Q-Q_{系}>150$时，系统要卸载100L/min液压泵电动机组。当100L/min液压泵电动机组已经加载，再增加油源流量，可加载200L/min液压泵电动机组，同时卸载100L/min液压泵电动机组。即系统在满足溢流量ΔQ的条件下，最大限度地降低了能量的损失。

系统具有以下优点。

a. 用定量泵代替变量泵实现节能，降低系统成本。

b. 通过PLC控制电磁阀的动作带动卸荷阀进行加载或卸载，油源流量始终略大于系统所需要的流量平均值。

c. 伺服控制器从液压缸上测得活塞的位移，能够快速的计算出所需流量，提高响应速度。

6.5.3 PROFIBUS现场总线在液压泵站控制中的应用

液压泵站的规模与复杂性日益提高，且环境比较恶劣，日常维护。为提高系统的可靠性与安全性，对分布式泵站实施集中在线监控是必要的。泵站控制系统集监视测量、控制、保护、信号、管理等于一体。它包括对液压泵、泵站主机运行参数的测量、控制、保护，相应的辅助设备、节制阀的控制调度，以及油液油温、液位、污染度等数据的收集处理；它能实现室内集中数据显示、分析、处理，现场分散控制和保护，并能够通过计算机网络将泵站运行数据和状态实时地展示在各级管理人员面前。因此能大大提高泵站的劳动生产率，增强泵站运行的安全可靠性。

(1) 通信网络的整体框架

某热轧厂4个大型泵站设备之间的距离相对较远，整个网络需要连接的现场设备比较多，如果采用原有的控制系统，系统的网络结构复杂，使得泵站控制系统的成本比其他相对集中的工业控制系统要高得多，而网络结构的复杂，使得系统的可靠性大大降低。

选择网络方案时，主要考虑以下一些因素：网络构建的简单性和可维护性；尽量少增加新的元件；未来网络扩展的需求；整个系统直接面向底层控制，需要对生产线的工艺数据和生产线运行状况进行实时监控，并及时做出处理，因此对网络的通信功能有一定的实时性和可靠性要求；设备为同一公司的产品。综合以上一些因素，方案采用SIEMENS公司的现场网络产品——PROFIBUS网。

PROFIBUS控制系统可使分散式数字化控制器从现场底层到车间级网络化，系统分为主站和从站。主站决定总线的数据通信，当主站得到总线控制权（令牌）时，没有外界请求也可以主动发信息。从站为外围设备，包括泵站的输入输出装置，如阀门、驱动器和测量变送器等，它们没有总线控制权，对收到的信息予以确认或当主站发出请求时向它发送信息。

从站只需用总线协议的一小部分，实施起来非常经济。在泵站监控系统中，传统的网络结构为局域网（包括以太网、令牌网等）一级网络，连接监控计算机、PLC等上层监控设备；现场总线连接现场设备构成局域网的下层网络。显然，由于现场总线的参与，监控系统实现了彻底的分散和分布，并且节约了大量设备及安装维护费用。

采用SIEMENS S7-315-2DP作为主站，4个泵站的智能仪表、油温和液位等的传感器作为从站，通过PROFIBUS-DP总线互连，构成现场控制网络，形成整个泵站的通信体系。通信系统的结构框架如图6-67所示。在PLC网络中，连入了一台PC机，作为工作站，用于完成对4个泵站的油温、液位、各种阀进行集中监控。

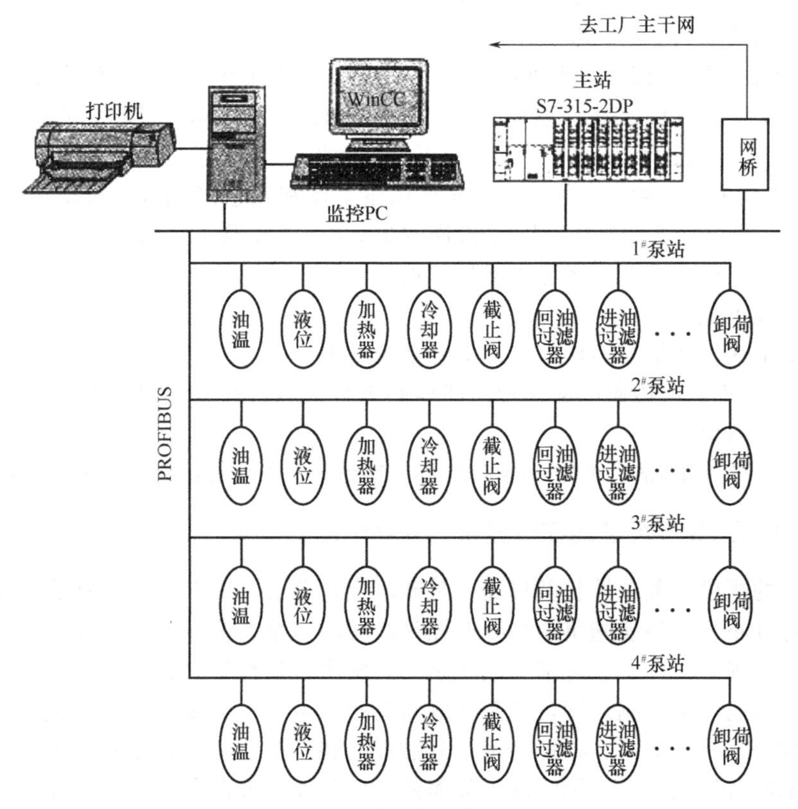

图6-67 泵站通信网络框架图

PROFIBUS网的通信协议定义中，要求连入网络的现场装置全部微机化，传输的信号为数字信号，其最大传输速率为12Mbit/s。在数据链路层采用令牌控制和主从控制相结合的数据存取控制方式。总线上的各控制器作为主站组成逻辑环，通过令牌在主站之间的浮动实现主站间的通信，而各智能传感器、执行器等只能作为从站，当某主站要求时，才同主站按主从方式与自己交换信息。DP通信数据交换如图6-68所示。

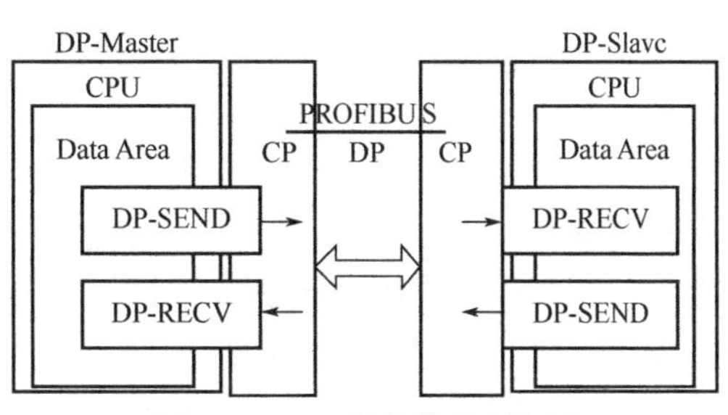

图6-68 DP通信数据交换图

泵站的现场设备、智能仪表及现场总线构成了现场控制层，由于现场设备的智能化，能够将原DCS系统中处于控制室的控制模块、各输入输出设备置入现场设备，加上现场设备的控制系统能够不依赖于控制室的计算机或控表，直接在现场完成，实现了彻底的分散。通信控制器将来自现场一线的信息送往操作站，并将操作站的命令发给现场，从而完成现场总线网段与厂站控制层之间的信息交换控制，实现厂站控制，而站级再通过局域网和服务器完成与上一级管理层的通信。网络的连接电缆采用双绞屏蔽线。网络的末端要加终端电阻。

(2) 监控系统的软件

监控软件选用SIEMENS公司的WinCC5.1作为主要开发工具。在用于监视和控制的HMI（人机接口）产品中，WinCC具有控制自动化过程的强大功能，它提供成熟可靠的操作和高效的组态性能。其预设置的各种软件模块可以非常容易地实现和完成监控层的各项功能，并能很好地与SIEMENS系列的PLC无缝连接。用其作为开发工具，具有开发周期短、灵活等优点。

① 上位机与PLC系统的通信设置　上位机配置西门子通信卡CP5412A2；并安装组态软件WinCC5.1，用于开发用户程序，建立人机接口。监控软件要获得现场的数据和对现场发出指令，首先要进行通信组态。在WinCC的变量管理器中添加PROFIBUS驱动程序，在其标签项下分别建立对应的变量，其地址与PLC的DB、I/O、M区等对应。

② 人机接口（HMI）软件　人机接口主要用组态软件WinCC5.1进行开发。包括操作监控主画面、泵站监控画面、历史数据保存、读盘和打印等几个功能模块。液压泵站运行过程中的状态参数通过设备总线传到监视站。工程技术人员可以通过工程师站对系统运行环境、参数进行设定、修改和维护。本监控系统还可以通过扩展，将运行信息保存和发送到厂信息中心，供厂级监视诊断中心和远程监视诊断中心使用。

上述系统在某钢厂大型液压泵站上投入应用后，将原来单一分散的液压泵站系统实现联网集中监控，自动化程度、管理质量和可靠性大大提高，故障诊断和处理直观，便于维护和使用，减轻了工人的劳动强度，提高了劳动生产率，取得了良好的经济效果。

第7章 液压控制系统中的传感器及应用

传感器（transducer/sensor）是检测装置，能感受到被测量的信息，并能将检测感受到的信息，按一定规律变换成为电信号或其他所需形式的信息输出，以满足信息的传输、处理、存储、显示、记录和控制等要求。它是实现自动检测和自动控制的首要环节。

在液压控制系统中，传感器用于检测系统信号，并将信号传给控制器，实现反馈闭环控制。

7.1 压力传感器及应用

7.1.1 压力传感器概述

压力传感器是液压系统中最为常用的一种传感器。

(1) 工作原理

压电式压力传感器原理基于压电效应。压电效应是某些电介质在沿一定方向上受到外力的作用而变形时，其内部会产生极化现象，同时在它的两个相对表面上出现正负相反的电荷。当外力去掉后，它又会恢复到不带电的状态，这种现象称为正压电效应。当作用力的方向改变时，电荷的极性也随之改变。相反，当在电介质的极化方向上施加电场，这些电介质也会发生变形，电场去掉后，电介质的变形随之消失，这种现象称为逆压电效应。

压电式压力传感器的种类和型号繁多，按弹性敏感元件和受力机构的形式可分为膜片式和活塞式两类。膜片式主要由本体、膜片和压电元件组成。压电元件支撑于本体上，由膜片将被测压力传递给压电元件，再由压电元件输出与被测压力成一定关系的电信号。这种传感器的特点是体积小、动态特性好、耐高温等。现代测量技术对传感器的性能提出越来越高的要求。

(2) 性能参数

压力传感器性能参数主要如下。

① 额定压力范围（MPa）。是满足标准规定值的压力范围。也就是在最高和最低温度之间，传感器输出符合规定工作特性的压力范围。在实际应用时传感器所测压力在该范围之内。

② 最大压力范围（MPa）。指传感器能长时间承受的最大压力，且不引起输出特性永久性改变。特别是半导体压力传感器，为提高线性和温度特性，一般都大幅度减小额定压力范围。因此，即使在额定压力以上连续使用也不会被损坏。一般最大压力是额定压力最高值的2～3倍。

③ 损坏压力（MPa）。指能够加工在传感器上且不使传感器元件或传感器外壳损坏的最大压力。

④ 线性度（%F・S）。在规定条件下，传感器静态校准曲线与拟合直线间的最大偏差 ΔY_{max} 与满量程输出值 Y_{SF} 之比的百分数称为传感器的线性度，即 $\delta_L=\pm\Delta Y_{max}/Y_{SF}\times100\%$。

⑤ 压力迟滞（%F・S）。在室温下及工作压力范围内，在同一次校准中，用对应同一输入量的正程和逆程其输出值间的最大偏差 ΔH_{max} 与满量程输出值 Y_{SF} 的百分比表示传感器的迟滞，即 $\delta_H=\pm\Delta H_{max}/Y_{SF}\times100\%$。

⑥ 温度范围（℃）。分为补偿温度范围和工作温度范围。补偿温度范围是由于施加了温度补偿，精度进入额定范围内的温度范围。工作温度范围是保证压力传感器能正常工作的温度范围。

⑦ 灵敏度（μV/Pa）。指对被测非电量的敏感程度，用 K 表示。压力传感器灵敏度 K 定义为在稳定状态下传感器的输出电压变化量 ΔY（μV）与引起此变化的输入压力变化量 ΔX（Pa）之比，即 $K=\Delta Y/\Delta X$。

⑧ 漂移。漂移是指在一定时间间隔内，传感器输出存在着与被测输入量无关的不需要的变化。包括零点漂移和灵敏度漂移。其中零点漂移是指输出偏离零值（或原指示值）ΔY_0 与满量程输出值 Y_{SF} 的百分比，即零点漂移$=\Delta Y_0/Y_{SF}\times100\%$。

⑨ 温漂。表示温度对传感器输出的影响程度。通常用温度每变化 1℃所引起输出最大偏差 Δ_{max} 与满量程 Y_{FS} 的百分比来表示。即温漂$=[(\Delta_{max}/Y_{FS})/\Delta T]\times100\%$，式中，$\Delta T$ 为温度变化范围。

其他技术参数还有重复精度、输入电阻、输出电阻、零点输出、频率响应特性等。

(3) 压力传感器示例——HySense PR130 压力传感器

这种传感器是压阻式传感器，通过金属隔膜的形变影响电阻变化，这种变化可以反映系统压力值和动态变化。这是一种工业用标准传感器，外壳材料为高强度钢。有防爆、增强防护等级和 CAN 信号输出等多种特别版本。传感器外形如图 7-1 所示，技术参数如表 7-1 与表 7-2 所示。

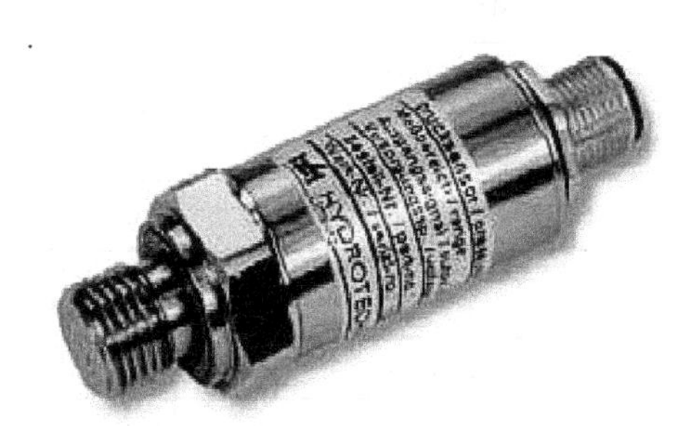

图 7-1 HySense PR130 压力传感器外形

表 7-1 HySense PR130 压力传感器技术参数（性能）

超载压力范围	1.5 倍公称压力	
爆破压力	3 倍公称压力	
信号类型	2 条线路模拟信号(4～20mA);3 条线路模拟信号(0～10VDC)	
供给电压(U_b)		
4～20mA	10～30VDC	30V
0～10VDC	12～32VDC	—
电流消耗	6.5mA	50mA
超载保护	32VDC	
测量误差	包括非线性、迟滞、重复性、零点和量程误差的影响	
22℃(室温)	量程的±0.5%	
−15～85℃	<量程的±1%	
85～100℃	<量程的±2.5%	
−40～−15℃	<量程的±2.5%	

续表

补偿温度范围	−40～100℃
非线性	<量程的±0.4%
重复性误差	<量程的±0.1%
迟滞误差	<量程的±0.1%
长期稳定性误差	<量程的±0.1%/年
响应时间	≤1ms(10%～90%)
频率范围	≤1kHz
绝缘电阻	最小 100MΩ
总电阻	$R_G=(U_b-10V)/20mA$(输出信号 4～20mA 时)
负载电阻	$R_L\geqslant 5000\Omega$(输出电压 0～10V DC)
负载周期数	$>1\times10^7$
介质温度	−40～125℃
环境温度	−40～105℃
存储温度	−40～125℃
EMV 测试标准	EN 50081-2,EN50082-2
振动稳定性	5mm,10～32Hz,20g 32～500Hz,DIN EN60068-2-6
冲击稳定性	50g(11ms,正半弦波)
安装方向	任意

表 7-2 HySense PR130 压力传感器技术参数（连接）

工作原理	压阻效应(高强度钢膜上的多晶硅薄膜结构)
压力类型	相对压力
输出信号	4～20mA/0～10VDC
电气连接	4 针插头,M12X1
机械连接	ISO228-G1/4
密封材质	接口密封按 DIN 3689 标准,氟橡胶
防护等级(EN60529/IEC529)	IP67(螺纹连接)
外壳材料	不腐蚀的高强度钢
膜材料	不腐蚀的高强度钢
拧紧力矩	40N·m(±5N·m)
净重	约 85g

7.1.2 压力传感器的应用

(1) 正确安装压力传感器

工作状态下油路系统内部可看作一个密封的连通容器，服从帕斯卡定律，即油路系统内部油压处处相等。理论上在油路中任何接口处安装压力传感器都可以，但是实际上并非如此。

试验表明，分别在不同位置安装压力传感器，结果相差很大。

事实上，油路系统并不是理想状态下的密闭容器，在管路、阀体及油缸与活塞之间会存在泄漏，造成不同点压力变化不一致。

其次，受油黏度的影响，油压传递有一定的滞后。并且，由于油路中存在着缓冲阀、节流阀等元件，会造成液压油流经时由于截面积的变化而产生的油压波动，导致各点间瞬时油压变化不同。

再次，是由机械传动作用力所致。在油压推动测力活塞向下运动产生的作用力反作用于活塞，引起油压的较大波动，造成在传感器检测到的油压信号不稳定。

因此，要将压力传感器安装在能直接、迅速地检测到稳定的油压信号，准确地反映被测对象的受力情况，干扰因素少的部位。

此外，测压口尽量不要取自有污染物沉积的下部；不应开在管道（阀块）上部气泡容易积聚的部位和局部流速快的部位；测压口尽可能开在管道侧面，尽可能采用测压软管，隔离机械振动。

(2) 避免液压冲击对压力传感器的损坏

一般来说液压冲击产生的峰值压力，可高达正常工作压力的3～4倍，极限峰值可达10倍，使管路破裂、液压元件和传感器损坏，引起液压系统升温，产生振动和噪声以及连接件松动漏油，使压力阀的调整压力（设定值）发生改变。

① 合理选择量程　压力检测器件在量程内使用，输入输出是呈线性变化的。

超量程使用会造成传感器应变膜片的塑性变形，从而输出值有较大误差，初始残余值难以消除。这就要求设计时按照精度的要求，合理选择量程。量程应该超过最大压力的20%（包括压力尖峰和压力波动值），至少超出安全阀设置值1.2倍。如某厂系统压力38MPa，选择了量程40MPa的传感器，在调试和使用中，由于水锤造成传感器破坏经常发生。后改用60MPa量程的传感器，再未发生损坏传感器的故障。通常选择量程是实际工作压力的1.5～2倍，对于压力冲击和有水锤的场合，在不影响精度和响应速度的前提下，可适当扩大量程范围。

② 加装适当的阻尼　在传感器和压力继电器油口加装阻尼，既能保证分辨率，又可避免冲击过载造成传感器应变膜片塑性变形而失效。一般阻尼将影响传感器频率响应1～10ms。德国HYDAC公司有专用标准0.3mm、0.5mm、0.8mm阻尼供选，也有本身加装了0.5mm阻尼的标配传感器。试验证明0.5mm阻尼具有很好的响应性能，能满足大多数工业应用场合，上升时间延迟不超过1ms，且能有效的保护传感器。对于要求压力响应特别高的地方，可以在调试阶段，不妨先加装阻尼，等系统运转正常后再拆除。注意：阻尼并不能解决气泡压缩破裂造成局部高温、高压的冲击问题，试验表明，压力尖峰持续时间超过3ms，将会对传感器膜片造成危害，阻尼也就起不到多少作用了。

③ 采取排气措施　设计时在液压缸、管路、阀块等局部高位合理设置测压排气接头，在安装调试、检修时充分对系统进行排气。在系统调试初期，冲击振动比较大，系统中空气未能充分排放，应当暂时断开系统中的敏感测量元件，确认充分排气，运行平稳后，再连通压力传感器和压力继电器。

④ 制定调试和检修规程　制定调试和检修规程，在调试、使用中充分认识液压冲击的危害，调试时按步骤、按计划进行，可以大大减少液压冲击对液压系统元器件，特别是压力检测元器件的损害。一些经验欠缺的现场调试人员，调试方案不尽科学，在调试期间造成系统元器件、仪表、管路接头等损坏现象的概率明显高，这需要引起安装单位和系统成套厂、用户的充分重视。

7.2 流量传感器及应用

7.2.1 流量传感器概述

流量传感器一般叫流量计，是指示被测流量和（或）在选定的时间间隔内流体总量的仪表。流量的控制与监测在自动化过程担当重要角色。

(1) 流量传感器的技术参数

准确度：指测试精度，厂家注明的误差是%F·S（上限）或%R·D（测值）。

重复性：指环境条件介质参数不变时，对某一流量值多次测量的一致性，是传感器本身的特征。

量程比：在一定准确度范围内，最大与最小流量之比。差压式流量传感器，从传感器本身可以有较大量程比，但受二次表制约，一般只有3∶1。

压力损失：流量传感器（除电磁、超声）都有检测件（如孔板、涡轮等），以及强制改变流向（如弯头）都将产生压力损失。

输出信号：一般为标准的模拟信号（0～10V，4～20mA等），通信要求数字信号。

工作范围：指传感器可以提供有效信号的允许的介质流速。工作范围可能因为介质的不同而改变，如不同的导热率。在参数表中，总是以水和油代表。

耐压：是针对传感器外体而言，在达到最大标定压力，传感器可正常稳定的输出信号。

介质温度：传感器正常工作且不会损坏的温度。

标准流速：传感器各项参数被标定的特定流速。在此流速下，传感器的各项参数等被测量给出。

响应时间：输出信号随流量参数变化反应的时间，对控制系统来说，越短越好；对脉动流，则希望有较慢的输出响应。

启动时间：指流量传感器从供电直至达到操作状态所需的时间。仅在启动时间后，传感器才可以设定，输出信号才被认为有效。

防护等级：指传感器对固体和水的防护能力（符合EN 60529）。

(2) 流量传感器的类型及特点

流量计的种类较多，以下是较常使用的类型。

① 差压式流量计　差压式流量计是根据安装于管道中流量检测件产生的差压，已知的流体条件和检测件与管道的几何尺寸来计算流量的仪表。

差压式流量计由一次装置（检测件）和二次装置（差压转换和流量显示仪表）组成。通常以检测件形式对差压式流量计分类，如孔板流量计、文丘里流量计、均速管流量计等。

二次装置为各种机械、电子、机电一体式差压计，差压变送器及流量显示仪表。它已发展为三化（系列化、通用化及标准化）程度很高的、种类规格庞杂的一大类仪表，它既可测量流量参数，也可测量其他参数（如压力、物位、密度等）。

差压式流量计是一类应用最广泛的流量计。

优点：结构牢固，性能稳定可靠，使用寿命长；应用范围广泛；检测件与变送器、显示仪表分别由不同厂家生产，便于规模经济生产。

缺点：测量精度普遍偏低；范围度窄，一般仅(3∶1)～(4∶1)；现场安装条件要求高；压损大（指孔板、喷嘴等）。

② 浮子流量计　浮子流量计，又称转子流量计，是变面积式流量计的一种，在一根由下向上扩大的垂直锥管中，圆形横截面的浮子的重力是由液体动力承受的，从而使浮子可以

在锥管内自由地上升和下降。浮子流量计是应用范围宽广的一类流量计。

优点：玻璃锥管浮子流量计结构简单，使用方便。

缺点：耐压力低，有玻璃管易碎的较大风险；适用于小管径和低流速；压力损失较低。

③ 容积式流量计　容积式流量计，又称定排量流量计，在流量仪表中是精度最高的一类。它利用机械测量元件把流体连续不断地分割成单个已知的体积部分，根据测量室逐次重复地充满和排放该体积部分流体的次数来测量流体体积总量。

容积式流量计按其测量元件分类，可分为椭圆齿轮流量计、刮板流量计、双转子流量计、旋转活塞流量计、往复活塞流量计、圆盘流量计、液封转筒式流量计、湿式气量计及膜式气量计等。

优点：计量精度高；安装管道条件对计量精度没有影响；可用于高黏度液体的测量；范围度宽；直读式仪表无须外部能源可直接获得累计总量，清晰明了，操作简便。

缺点：结果复杂，体积庞大；被测介质种类、口径、介质工作状态局限性较大；不适用于高、低温场合；大部分仪表只适用于洁净单相流体；产生噪声及振动。

④ 涡轮流量计　涡轮流量计是速度式流量计中的主要种类，它采用多叶片的转子（涡轮）感受流体平均流速，从而推导出流量或总量的仪表。一般它由传感器和显示仪两部分组成，也可做成整体式。涡轮流量计和容积式流量计、科里奥利质量流量计合称为流量计中三类重复性、精度最佳的产品，作为十大类型流量计之一，其产品已发展为多品种、多系列批量生产的规模。

优点：高精度，在所有流量计中，属于最精确的流量计；重复性好；无零点漂移，抗干扰能力好；范围度宽；结构紧凑。

缺点：不能长期保持校准特性；流体物性对流量特性有较大影响。

⑤ 电磁流量计　电磁流量计是根据法拉第电磁感应定律制成的一种测量导电性液体的仪表。

电磁流量计有一系列优良特性，可以解决其他流量计不宜测量的问题，如脏污流、腐蚀流的测量。

优点：测量通道是段光滑直管，不会阻塞，适用于测量含固体颗粒的液固二相流体，如纸浆、泥浆、污水等；不产生流量检测所造成的压力损失，节能效果好；所测得体积流量实际上不受流体密度、黏度、温度、压力和电导率变化的明显影响；流量范围大，口径范围宽；可应用腐蚀性流体。

缺点：不能测量电导率很低的液体，如石油制品；不能测量气体、蒸汽和含有较大气泡的液体；不能用于较高温度。

⑥ 涡街流量计　涡街流量计是在流体中安放一根非流线型漩涡发生体，流体在发生体两侧交替地分离释放出两串规则地交错排列的漩涡的仪表。

涡街流量计按频率检出方式可分为：应力式、应变式、电容式、热敏式、振动体式、光电式及超声式等。

涡街流量计属于最年轻的一类流量计，但其发展迅速，目前已成为通用的一类流量计。

优点：结构简单牢固；适用流体种类多；精度较高；范围度宽；压损小。

缺点：不适用于低雷诺数测量；需较长直管段；仪表系数较低（与涡轮流量计相比）；仪表在脉动流、多相流中尚缺乏应用经验。

⑦ 超声波流量计　超声波流量计是通过检测流体流动对超声束（或超声脉冲）的作用以测量流量的仪表。

根据对信号检测的原理，超声流量计可分为传播速度差法（直接时差法、时差法、相位差法和频差法）、波束偏移法、多普勒法、互相关法、空间滤法及噪声法等。

超声流量计和电磁流量计一样，因仪表流通通道未设置任何阻碍件，均属无阻碍流量计，是适于解决流量测量困难问题的一类流量计，特别在大口径流量测量方面有较突出的优点，近年来它是发展迅速的一类流量计之一。

图 7-2 HySense QG100/QG110 型齿轮流量计外形

优点：可做非接触式测量；为无流动阻挠测量，无压力损失；可测量非导电性液体，对无阻挠测量的电磁流量计是一种补充。

缺点：传播时间法只能用于清洁液体和气体；而多普勒法只能用于测量含有一定量悬浮颗粒和气泡的液体；多普勒法测量精度不高。

（3）流量传感器示例——HySense QG100/QG110 型齿轮流量计

这种流量计测量精度高，误差小；不依赖高黏度，每种型号的量程广泛；适合高温介质，工作压力高达 630bar；在测试仪中进行线性化处理；可检测流向，安装位置和连接方式限制很少；最小黏度 5cSt。QG110 型流量计输出的频率信号可检测介质流向和脉冲重复性，可应用于测算液压缸行程。流量计外形如图 7-2 所示，技术参数如表 7-3 所示。

表 7-3 HySense QG100/QG110 型齿轮流量计技术参数

工作原理	齿轮转数与流量成正比
黏度范围	5～500cSt
介质温度	－20～120℃
环境温度	最大 80℃
存储温度	－20～85℃
输出信号	频率(矩形)/4～20mA
供给电压(U_b)	12～24VDC
电气连接	5 针插头,M16×0.75
防护等级(EN60529/IEC529)	IP40
拧紧力矩	<0.5N·m,螺纹插头(夹紧片)T3362000
工厂校准标定黏度	30cSt
外壳材料	1.4305
中间和底部材料	0.706
密封材料	氟橡胶
齿轮材料	1.7131
测量电缆	MK 01

7.2.2 超声波流量监测技术在车辆液压监测中的应用

（1）试验对象与检测原理

① 试验对象 试验对象为某车辆操纵液压系统，由齿轮泵、换向阀组、滤油器总成、油缸、油箱、压力表、管路等组成，主要完成各水上滑板和百叶窗的驱动控制以及油气悬挂

的驱动控制。依据元件的重要程度，确定用超声波流量计进行状态检测的元件为动力元件齿轮泵，监测的性能参数为容积效率。油液分析以从操纵液压系统油箱采集的油液为样本，利用发射光谱分析，确定油液中各种金属元素的含量。

② 检测原理　利用超声波检测流量的技术已经成熟，试验选用的仪器FLUXUS便携式时差法超声波流量计。该超声波流量计对小管径小流量有较高的测量精度，它由超声波换能器、电子转换线路、流量显示累积系统3部分组成。它利用超声波在横向穿过流动的液体时，超声波在其顺流和逆流介质中形成的速度差(时间差)。时差法超声波流量计就是利用该原理对流体的流速和流量进行测量的，其测量原理如图7-3所示。

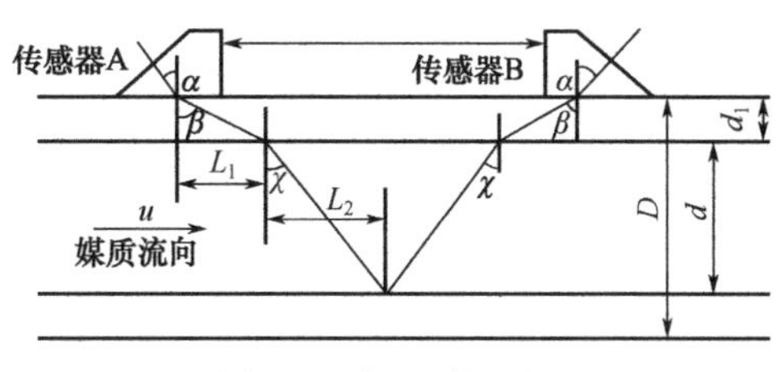

图7-3　流量测量原理

(2) 试验与数据处理

① 试验条件　连续对某一台或某几台车辆的操纵液压系统进行监测所用的周期较长，而且跟踪也存在一定的困难，因此采用了横向离散采样的策略，对14辆使用了不同摩托小时且油液未更换的该装甲车辆的操纵液压系统进行试验，依据使用的摩托小时数从小到大依次编号为1～14。

操纵液压系统动力元件齿轮泵随着工作时间增长，齿顶与壳体内表面之间的磨损间隙会逐渐增大，导致油液泄漏量增加，容积效率下降。因此，通过检测容积效率可判定元件的磨损情况及密封性。通过分析操纵液压系统组成结构及原理，可监测齿轮泵出口流量。

② 试验步骤

a. 发动车辆，使发动机转速保持在(1000±5)r/min，维持10min使液压系统油液完全循环。

b. 超声波流量计探头安装完毕后进行流量监测，首先用超声波流量计检测操纵液压系统齿轮泵空载流量，待流量计读数稳定后，记录流量值；打开控制面板悬挂系统按钮，用超声波流量计检测操纵液压系统泵满载流量。检测时，待流量检测仪读数稳定后，记录流量值。

c. 发动机熄火。

d. 打开油箱，利用油液采样器进行油液采样，用于光谱分析。

③ 齿轮泵性能评估　表征齿轮泵的重要性能参数是容积效率，依据国家标准，合格的齿轮泵容积效率应不低于90%。根据齿轮泵失效判据，其容积效率使用极限标准为85%。

用实车监测得到的数据对齿轮泵性能进行评估。各车流量监测值与计算得到容积效率值见表7-4。可以看出，泵容积效率均大于泵容积效率使用极限值，可以判断该14台车操纵液压系统齿轮泵工作状况良好。

表7-4　实车监测流量与容积效率

车辆编号	使用摩托小时/h	系统泵空载/(L/min)	系统泵满载/(L/min)	容积效率/%	检测结论
1	25.5	14.68	13.54	92.25	合格
2	36.5	15.4	14.23	92.43	合格
3	53	16.33	15.07	92.29	合格
4	54	15.25	14.11	92.50	合格
5	78.5	14.39	13.33	92.62	合格
6	83	16.28	15.07	92.55	合格

续表

车辆编号	使用摩托小时/h	系统泵空载/(L/min)	系统泵满载/(L/min)	容积效率/%	检测结论
7	94	15.09	13.93	92.31	合格
8	102	15.05	13.87	92.16	合格
9	152	14.16	13.06	92.20	合格
10	210	13.16	12.12	92.11	合格
11	282	14.46	13.32	92.13	合格
12	330	15.48	14.25	92.06	合格
13	392	13.23	12.16	91.95	合格
14	488	15.65	14.38	91.89	合格

④ 泵使用容积效率趋势分析　泵容积效率大致呈线性下降，此液压系统泵容积效率是近似线性的关系。利用 MATLAB 对数据进行最小二乘法处理得到泵容积效率与使用摩托小时存在如下近似关系：

$$Q=-1.3711\times10^{-5}t+92.5012\times10^{-2}$$

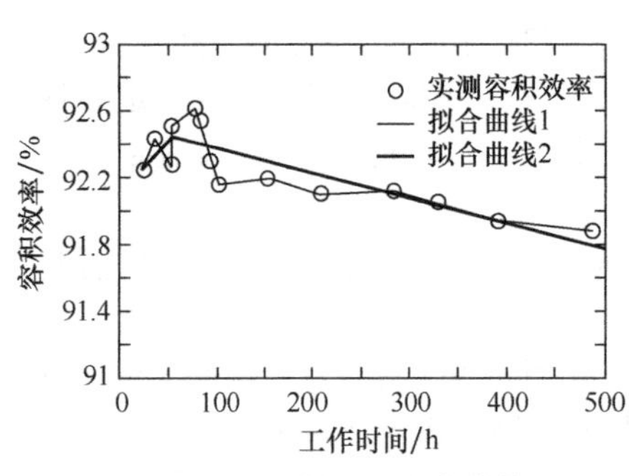

图 7-4　泵泄漏量及变化趋势

拟合曲线见图 7-4，可看出泵容积效率在开始的 80 摩托小时左右，由于摩擦副处于“磨合”阶段，使表面变得更光滑，使密封作用更明显，因而泵的容积效率有一个小幅的上升；此后，随着工作时间的增长，容积效率逐渐下降。根据图中 80 摩托小时后的拟合曲线，工作时间达到 5100 摩托小时左右，操纵液压系统泵容积效率将低于允许的极限值 85%。但实际使用过程中在一定阶段液压系统需要更换油液，会降低泵的泄漏量的增长速度，因此泵泄漏量达到允许极限值时，工作时间将会超过 5100 摩托小时。

7.2.3　LUGB-Ⅱ涡街流量传感器

(1) 工作原理

LUGB-Ⅱ系列应力式涡街流量传感器是基于卡门涡街原理，采用压电晶体敏感检测元件而研制的流量传感器，属于流体振动流量计。当流体通过非流线柱体时，流束因在柱体两侧界面发生剥离，交替出现方向相反的两列旋涡（即卡门涡街）。

涡街流量传感器是由一个内径与公称通径相同的表体和一个断面为三角体的柱体组成，当表征流体的雷诺数在 $8\times10^3\sim7\times10^5$ 之间时，其旋涡剥离旋涡发生体的频率 f 与流体的流速 v 成正比。

旋涡在柱体两侧交替产生时，将产生与流通方面垂直的横向交变力，此力传于插入旋涡发生体内的传感器检测头，使检测元件内压电晶体产生与旋涡分离频率相同的电荷信号，检测放大器把电荷信号变换处理后，输出与流量成正比例的脉冲信号 f。

则

$$f=Stv/d$$

式中　f——发生体一侧产生的卡门旋涡频率；

St——斯特罗哈尔数（无量纲数）；

v——流体的平均流速；

d——旋涡发生体的宽度。

涡街流量传感器工作原理如图 7-5 所示。

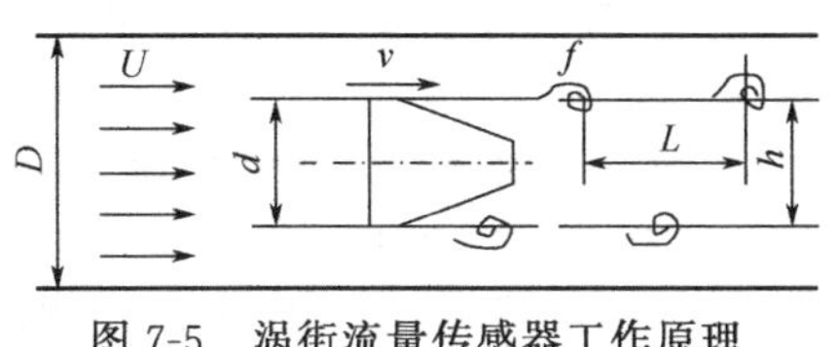

图 7-5 涡街流量传感器工作原理

此脉冲信号频率正比于旋涡分离频率。

流过传感器单位体积内所输出的脉冲数称为传感器的仪表系数。进行数据处理时，仪表系数是个重要参数（根据用户需要也可以换算为传感器输出单个脉冲所代表的容积，dm^3/Hz）。

(2) 特点

① 检测传感器不接触流体，因此性能稳定，可靠性高。

② 没有可动部件，构造简单而牢固，长期运行可靠，使用寿命长。

③ 压力损失较小，测量范围宽，测量精度较高。

④ 适用范围广，可用于液体、气体、蒸汽的流量测量，气液通用。

⑤ 输出脉冲信号，便于同计算机等数字系统配套使用。

⑥ 结构简单牢固，维护方便，安装费用较低。

⑦ 在一定的雷诺数范围内，输出信号频率不受液体物性和组分的变化影响，仪表系数仅与旋涡发生体形状和尺寸有关，为旋涡发生体的标准化创造了条件。

⑧ 可根据介质和现场选择相应的检测方法，仪表的适应性较强。

(3) 主要技术参数

① 被测介质：低温气体、高压气体、液体、饱和蒸汽、过热蒸汽等。

② 测量可能范围：雷诺数为 8000～7000000。

③ 正常工作范围：雷诺数为 20000～7000000。

④ 公称压力：2.5～10MPa（液体）。

⑤ 流体温度：－40～350℃。

⑥ 传感器精度：1.0 级。

⑦ 阻力系数：$C_a \leqslant 2.4$。

⑧ 供电电源：DC12～24V，0.1A。

⑨ 输出信号：三线制脉冲电压，低电平≤2V，高电平≥4V；三线制电流输出 0～10mA 或 4～20mA（该类产品不包括防爆功能）。

⑩ 传感器材质：不锈钢 1Cr18Ni9Ti。

⑪ 防爆等级：ExiaⅡC T1～T4。

⑫ 环境工作条件：温度－40～＋55℃，湿度≤85% RH。

⑬ 公称通径（mm）：20、25、32、40、50、65、80、100、125、150、200、250、300、350、400、450、500。

(4) 转换器原理

转换器原理如图 7-6 所示。

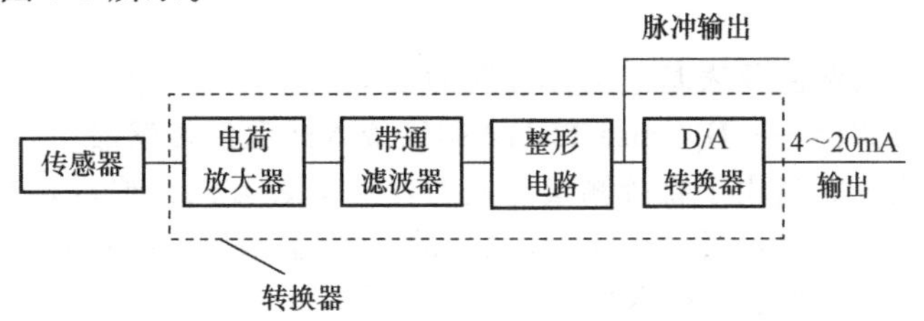

图 7-6 LUGB-Ⅱ涡街流量传感器转换器原理

① 电荷放大，从压电元件输出的交变电荷经电荷放大器进行电压放大。

② 带通滤波，低流速时（输出电压小），高频噪声由于低通特性而被消除。高流速时（输出电压大）随着低通特性被解除，使其具有限幅特性，防止在信号中所含的低频噪声放大。

③ 整形，把涡街频率的交流电压放大整形成一定幅度的脉冲信号，使之转换成二次仪表输入端相适应的脉冲信号。

④ 标准电流输出，用户在订货时须注明，并说明输出电流要求（0～10mA 或 4～20mA）。

7.3 温度传感器及应用

7.3.1 温度传感器概述

温度传感器是指能感受温度并转换成可用输出信号的传感器。温度传感器是温度测量仪表的核心部分，品种繁多。按测量方式可分为接触式和非接触式两大类，按照传感器材料及电子元件特性分为热电阻和热电偶两类。

温度传感器的技术指标包括测量精度、分辨率、测量温度范围、时间常数等。

(1) 接触式温度传感器

接触式温度传感器的检测部分与被测对象有良好的接触，又称温度计。

温度计通过传导或对流达到热平衡，从而使温度计的示值能直接表示被测对象的温度。

一般测量精度较高。常用的温度计有双金属温度计、玻璃液体温度计、压力式温度计、电阻温度计、热敏电阻和温差电偶等。它们广泛应用于工业、农业、商业等部门。

(2) 热电偶和热敏电阻

① 热电偶　热电偶是温度测量中最常用的温度传感器。其主要好处是宽温度范围和适应各种大气环境，而且结实、价低，无须供电，也是最便宜的。热电偶由在一端连接的两条不同金属线（金属 A 和金属 B）构成，当热电偶一端受热时，热电偶电路中就有电势差，可用测量的电势差来计算温度。

② 热敏电阻　热敏电阻是用半导体材料，大多为负温度系数，即阻值随温度增加而降低。

温度变化会造成大的阻值改变，因此它是最灵敏的温度传感器。但热敏电阻的线性度极差，并且与生产工艺有很大关系。制造商给不出标准化的热敏电阻曲线。

热敏电阻体积非常小，对温度变化的响应也快。但热敏电阻需要使用电流源，小尺寸也使它对自热误差极为敏感。

(3) 非接触式温度传感器

它的敏感元件与被测对象互不接触，又称非接触式测温仪表。这种仪表可用来测量运动物体、小目标和热容量小或温度变化迅速（瞬变）对象的表面温度，也可用于测量温度场的温度分布。

最常用的非接触式测温仪表基于黑体辐射的基本定律，称为辐射测温仪表。

(4) 温度传感器实例——HySense TE110 螺纹旋入式温度传感器

该传感器的品质好。当用于直接测量介质时，对安装方向无要求，并具很高的精确度。其安装拆卸均很方便，只需通过一个 1620 系列的压力温度测点旋入或旋出。

传感器外形如图 7-7 所示，技术性能如表 7-5 所示。

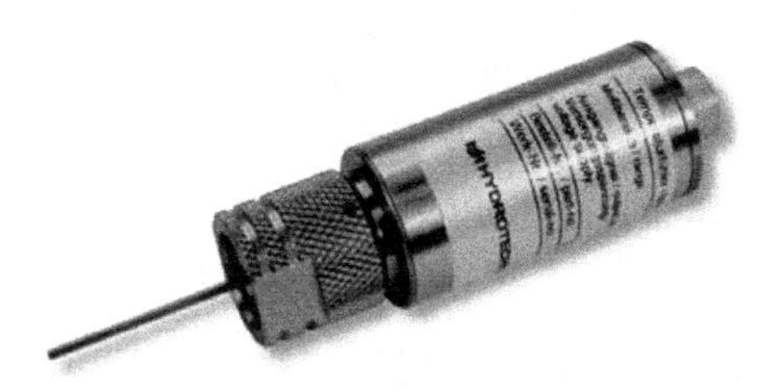

图 7-7 HySense TE110 型温度传感器外形

表 7-5 HySense TE110 型温度传感器技术性能

连接测点系列	1620 系列
工作原理	Pt100(铂电阻测量,依据 DIN43760-B)
量程	－50～200℃
输出信号	0～20mA/4～20mA
信号类型	三线(0～20mA)/双线(4～20mA)
供给电压(U_b)	10～30VDC
过压保护	36VDC
误差	<量程的±1.0%
温度误差	<±0.3%/10℃
最大负载压力	630bar
环境温度	－20～80℃(与电子元件有关)
存储温度	－20～85℃
电气连接	5 针插头,M16×0.75
机械连接	旋入
防护等级(EN60529/IEC529)	IP40
材料	1.4104
测量电缆	MK 01

(5) 温度传感器使用要求

温度传感器在安装和使用时，应当注意以下事项方可保证最佳测量效果。

① 安装不当引入的误差 热电偶的安装应尽可能避开强磁场和强电场，所以不应把热电偶和动力电缆线装在同一根导管内以免引入干扰造成误差；热电偶不能安装在被测介质很少流动的区域内，当用热电偶测量管内气体温度时，必须使热电偶逆着流速方向安装，而且充分与介质接触。

② 绝缘变差而引入的误差 热电偶绝缘变差，不仅会引起热电势的损耗，而且还会引入干扰，由此引起温度测量误差增大。

③ 热惰性引入的误差 由于热电偶的热惰性使仪表的指示值落后于被测温度的变化，在进行快速测量时，这种影响尤为突出。所以应尽可能采用热电极较细、保护管直径较小的热电偶。测温环境许可时，甚至可将保护管取去。由于存在测量滞后，用热电偶检测出的温度波动的振幅较炉温波动的振幅小。测量滞后越大，热电偶波动的振幅就越小，与实际温度的差别也就越大。当用时间常数大的热电偶测温或控温时，仪表显示的温度虽然波动很小，但实际温度的波动可能很大。为了准确的测量温度，应当选择时间常数小的热电偶。时间常数与传热系数成反比，与热电偶热端的直径、材料的密度及比热成正比，如要减小时间常

数，除增加传热系数以外，最有效的办法是尽量减小热端的尺寸。使用中，通常采用导热性能好的材料，管壁薄、内径小的保护套管。在较精密的温度测量中，使用无保护套管的裸丝热电偶，但热电偶容易损坏，应及时校正及更换。

④ 热阻误差　高温时，如保护管上尘埃附在上面，则热阻增加，阻碍热的传导，这时温度示值比被测温度的真值低。因此，应保持热电偶保护管外部的清洁，以减小误差。

7.3.2 DS18B20型温度传感器在液压温度测控中的应用

(1) DS18B20温度传感器

DS18B20数字温度传感器接线方便，封装成后可应用于多种场合，如管道式、螺纹式、磁铁吸附式、不锈钢封装式，型号多种多样，有LTM8877、LTM8874等。主要根据应用场合的不同而改变其外观。封装后的DS18B20可用于电缆沟测温、高炉水循环测温、锅炉测温、机房测温、农业大棚测温、洁净室测温、弹药库测温等各种非极限温度场合。耐磨耐碰，体积小，使用方便，封装形式多样，适用于各种狭小空间设备数字测温和控制领域。

DS18B20数字温度传感器具有以下技术特点。

① 独特的单线接口方式，DS18B20在与微处理器连接时仅需要一条口线即可实现微处理器与DS18B20的双向通信。

② 测温范围为－55～＋125℃，测温误差0.5℃。

③ 支持多点组网功能，多个DS18B20可以并联在唯一的三线上，最多只能并联8个，实现多点测温，如果数量过多，会使供电电源电压过低，从而造成信号传输的不稳定。

④ 工作电源：3～5V/DC。

⑤ 在使用中不需要任何外围元件。

⑥ 测量结果以9～12位数字量方式串行传送。

⑦ 不锈钢保护管直径ϕ6mm。

⑧ 适用于DN15～25、DN40～250各种介质工业管道和狭小空间设备测温。

⑨ 标准安装螺纹M10×1，M12×1.5，G1/2任选。

⑩ PVC电缆直接出线或德式球形接线盒出线，便于与其他电气设备连接。

(2) 液压油温控制系统

液压油温控制系统是由油温传感器、信号检测硬件系统、检测软件系统和冷却回路四个部分组成，系统的具体框架如图7-8所示。

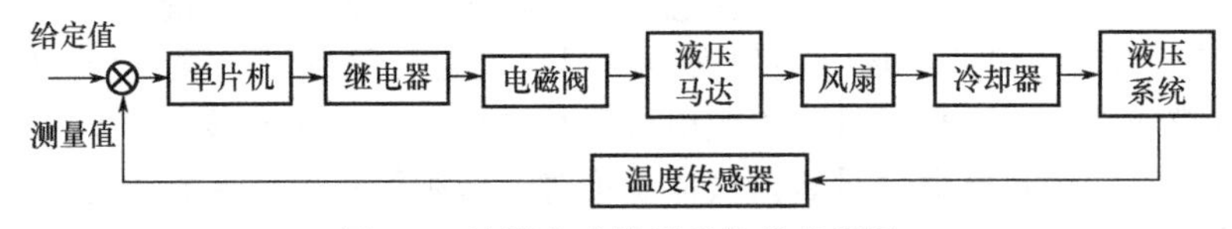

图7-8　油温自动控制系统组成框图

温度闭环控制系统中，单片机为控制器，温度传感器为测量元件，冷却器为执行装置。在这个系统中温度传感器与液压系统相连接，另一端则接信号检测硬件系统，可以将采集的温度数据与给定值相比较。信号检测的测试硬件系统主要包括单片机、主控电路以及数码显示管三个部分。而在软件检测系统中有一部分安装在主电路中的下位单片机是使用C语言来进行编写的，这部分软件系统主要是用于信号的实时判读，而另一用于数据分析的部分则是安装在上位PC机上。

通过将传感器测量值与软件系统中事先输入的比较值进行比较，如果测量值大于事先输入的比较值，系统就会将指令发送给单片机，之后单片机再发送指令给继电器，接着就可以让电磁阀通过换向来使液压马达进行工作，带动风扇进行转动，从而达到为冷却器散热的目的。

图 7-9 为油温控制系统方框图。

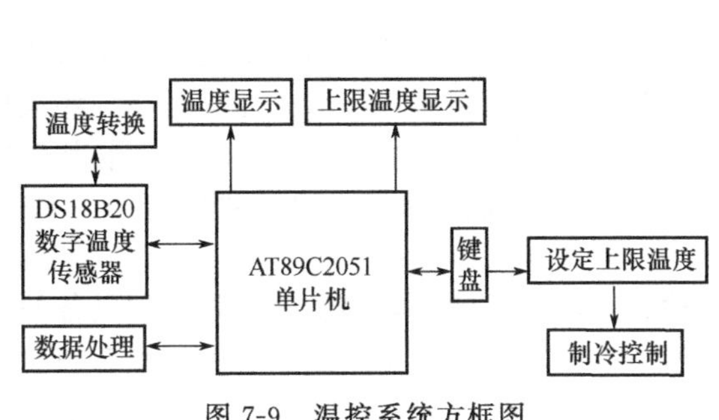

图 7-9　温控系统方框图

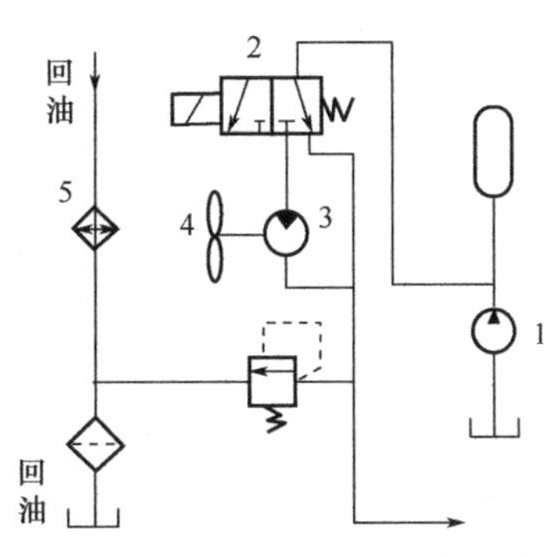

图 7-10　自动调节油温冷却回路

1—小流量齿轮泵；2—二位三通电磁阀；3—齿轮马达；4—风扇；5—冷却器

(3) 油温控制系统的硬件和软件

系统由硬件与软件两个部分组成。硬件包括信号检测系统与液压冷却回路。软件系统是驱动信号检测系统的相关软件。硬件系统中的信号检测系统是通过继电器和液压冷却回路中的电磁铁相连接构成闭环温度控制回路。

① 液压冷却回路　温控系统液压冷却回路的工作原理如图 7-10 所示。

在系统工作时 1 供油，2 控制 3，而 4 则是由 3 带动的。

当油温超过一个规定的数值时，油温传感器就使电子阀 2 的左位上位来接通齿轮马达以带动风扇运转，液压油就可以冷却了。同样的当电磁阀不通电的时候，则风扇不会运转，这样液压油就被控制在一定的范围之内了。

② 温度测控　液压油温控制系统中主要硬件是 DS18B20 温度传感器、AT89C2051 单片机和数码显示管。

传感器与微处理器是通过总线连接来实现二者之间的通信，该传感器具有较强的抗干扰纠错能力，同时电路的构造也很简单，它将检测的结果以数字温度信号的形式输出，传送给 CPU，在这同时还可以传送 CRC 校验码。采用的单片机具有成本低，便于系统扩展和升级、省电等优点。具体的温度测量电路流程图见图 7-11。

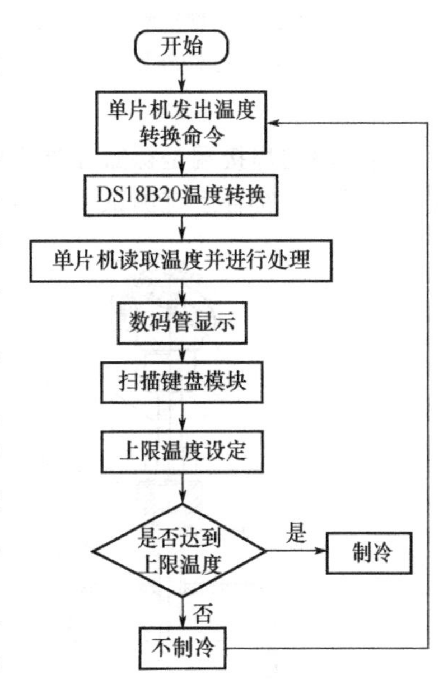

图 7-11　温度测控系统流程图

由图 7-11 可知，由单片机向传感器发出温度转换命令，温度转换后单片机对温度进行读取处理，由数码管对温度进行显示，由扫描键盘模块对上限温度进行设定，单片机将检测的温度数值与设定的上限温度进行比较，如果监测的温度值高于所设定的上限温度则制冷系统开始工作。如果检测的温度数值低于设定的上限温度则制冷系统停止工作。油温控制系统的通过循环测量的方式来对温度进行显示和控制。驱动软件程序由 C 语言编制而成的，选用了 KEILC51 作为开发工具。

7.3.3 高响应热电偶温度传感器及应用

(1) 高响应热电偶温度传感器的应用价值

影响系统局部工作管路油温的因素有很多，包括液压系统的工作状态、节流情况、外界温度场以及系统设计的不同等。在很多情形要求对液压系统中的局部工作管路的油温进行测量与监管，例如：在复杂情况下对温度的测量；在恶劣的自然环境下对仪器的试验测量；在液压控制系统中对精密仪器的数据测量以及其他更为复杂的情况等。尤其是在一些大规模的液压系统综合模拟试验中，必须对数据、参数、温度、压力等很多方面进行相当充分的测试，并且这些测试的结果还要存档记录，以此来寻找其中的规律，并检验出一些变化的趋势。

在这类大规模严密的试验中，快速巡检、自动显示和打印等功能都是必须具备的，它们统一按照试验中计算机的程序进行工作。所以，在这样的液压测试系统中，动态响应的反应速度应是很快的。而对温度反应不够灵敏，或者说热响应速度不能提高一直是问题。这主要依赖于温度传感器。在一般工业应用中，常常利用恺装式热电偶，但它的响应常数往往过大，对温度变化的监控明显跟不上温度变化的速度，不符合对试验的要求。因此必须想办法对试验设施进行一系列的改进，设计出一种更能适合恶劣环境的先进设备。

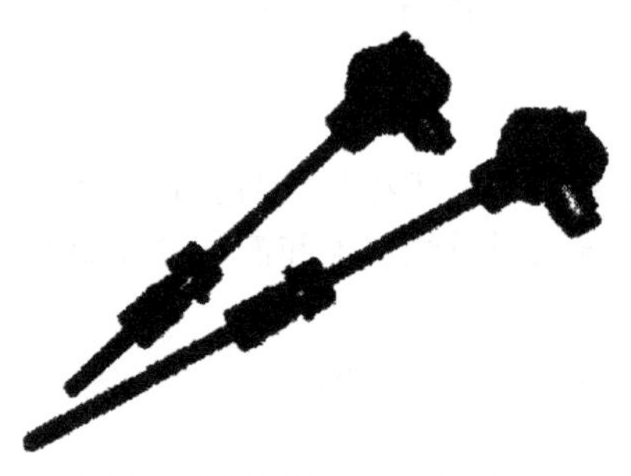

图 7-12 C153-01 型高响应热电偶温度传感器外形

(2) 高响应热电偶温度传感器

C153-01 型高响应热电偶温度传感器能被应用在航空液压系统和燃油系统等特殊环境下的地面综合模拟试验中。该温度传感器的实物照片如图 7-12 所示。其管道安装示意图如图 7-13、图 7-14 所示。温度传感器的整个外壳结构都是插入式的，利用喇叭口能与专用三通管紧密连接的原理将它密封，这样做不仅便于陕速拆卸。热电偶的焊接端是裸露在外面的，属于裸露型，因此热响应时间常数比封闭式的铠装热电偶小很多，符合系统测试中实时监测瞬间温度变化的要求。

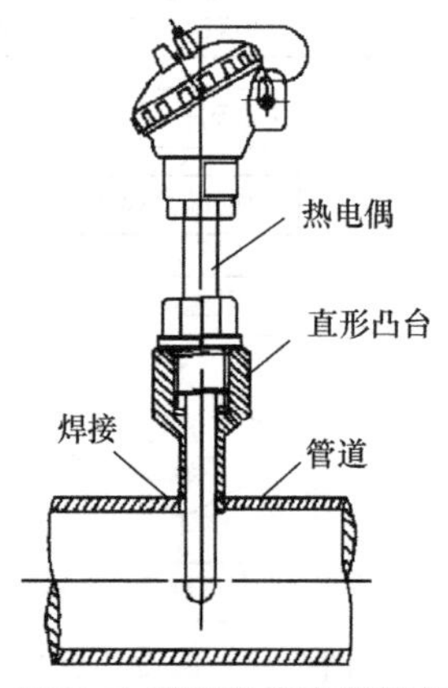

图 7-13 C153-01 型温度传感器垂直管道安装

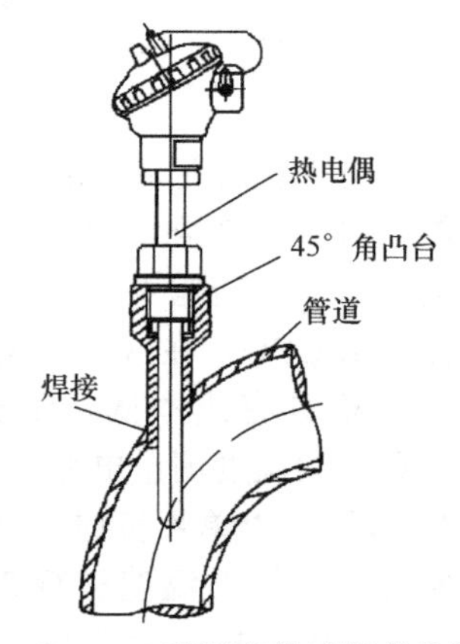

图 7-14 C153-01 型温度传感器弯曲管道安装

对于这种高响应速度的温度传感器，因为它的焊接端裸露在空气中，解决温度传感器壳体的灌封技术才是问题的关键，只有把它的密封问题解决好，才能确保它能够承受其高温（200℃）高压（21MPa）的情况，并保持其密封强度。“UWDU 分层密封技术”在研制

C153-01 型温度传感器的过程中，成功地用在灌封技术上，使合格率提高到 90%以上。

(3) 高响应热电偶温度传感器检测试验

在静压强度及密封性试验中，在压力为 20.1MPa 的情况下，对液压系统进行试验，C153-01 型温度传感器均通过了各方面全强度的密封性试验。高温静压密封性试验装置安排：将温度传感器所处的环境加压到 21MPa，且由常温升到 200℃，第一次试验进行之后再将压力升至 40MPa，同时，在这种情况下将它放在液压系统的环境中保持 10min，然后检测最后的结果，按照全部情况的 20%进行的抽查，最后试件全部过关。紧接着在大规模、大幅度的温度冲击之后，进行压力阶跃冲击试验。目前监测温度传感器的试验目的就是测试在静压情况下，高响应温度传感器能承受的极限压力值有多大。在试验的过程中认为，可以任意抽 4 支传感器进行测试。经温度冲击后的传感器在液压升压台上进行静压压力试验，测试结果如表 7-6 所示。

表 7-6 破坏试验结果

试验件号	高温静压试验	大幅值温度冲击后静压试验						
		400×10kgf/(cm^2·min)	450×10	500×10	550×10	600×10	700×10	900×10
5-16	√	√	√	√	√	√	未进行	
5-46	√	√	√	√	√	√	未进行	
6-26	√	√	√	微渗油				
6-40	√	√	√	√	√	√	√	√

热响应时间常数就是一个十分重要的考虑因素，应尽可能的缩小热响应时间常数，只有热响应时间常数缩小了才能确保其在液压系统中的温度发生瞬时变化时随之变化。否则在液压系统的局部工作的管路系统中，温度变化过快，温度传感器就不能准确地测量出温度的变化量。

这种温度传感器由于是封闭的，所以相对时间常数比较小，能够跟上液压控制系统的温度变化。

7.4 位移传感器及应用

7.4.1 位移传感器概述

位移传感器又称为线性传感器，是一种属于金属感应的线性器件。位移传感器的作用是把各种被测位移量转换为电量。

(1) 技术参数

标称阻值：电位器上面所标示的阻值。

重复精度：此参数越小越好。

分辨率：位移传感器所能反馈的最小位移数值，此参数越小越好，导电塑料位移传感器分辨率为无穷小。

允许误差：标称阻值与实际阻值的差值跟标称阻值之比的百分数称阻值偏差，它表示电位器的精度。

线性精度：直线性误差，此参数越小越好。

温度系数：温度变化导致的输出电信号的相对变化。

寿命：导电塑料位移传感器都在 200 万次以上。

(2) 位移传感器的类型

① 分类方法　位移的测量一般分为测量实物尺寸和机械位移两种。

位移的测量常用于油缸行程的位置量。安装结构有内置式、外置式安装。安装在物件的腔体里，称为内置式安装。附着在设备的表面为外置安装。

从原理上讲，有电阻式位移传感器、磁致伸缩位移传感器、电位器 LVDT 位移传感器、拉线位移传感器、角位移传感器、光栅尺、磁栅尺等动态或者静态检测物体运动的线性位置。另外也可以按被测变量变换的形式不同，位移传感器分为模拟式和数字式两种。常用位移传感器包括电位器式位移传感器、电感式位移传感器、自整角机、电容式位移传感器、电涡流式位移传感器、霍尔式位移传感器等。数字式位移传感器的一个重要优点是便于将信号直接送入计算机系统。这种传感器发展迅速，应用日益广泛。

小位移通常用应变式、电感式、差动变压器式、涡流式、霍尔传感器来检测，大的位移常用感应同步器、光栅、容栅、磁栅等传感技术来测量。光栅传感器因具有易实现数字化、精度高（目前分辨率最高的可达到纳米级）、抗干扰能力强、没有人为读数误差、安装方便、使用可靠等优点，得到日益广泛的应用。

② 电位器式位移传感器　它通过电位器元件将机械位移转换成与之成线性或任意函数关系的电阻或电压输出。普通直线电位器和圆形电位器都可分别用作直线位移和角位移传感器。但是，为实现测量位移目的而设计的电位器，要求在位移变化和电阻变化之间有一个确定关系。电位器式位移传感器的可动电刷与被测物体相连。物体的位移引起电位器移动端的电阻变化。阻值的变化量反映了位移的量值，阻值的增加还是减小则表明了位移的方向。通常在电位器上通以电源电压，以把电阻变化转换为电压输出。线绕式电位器由于其电刷移动时电阻以匝电阻为阶梯而变化，其输出特性亦呈阶梯形。如果这种位移传感器在伺服系统中用作位移反馈元件，则过大的阶跃电压会引起系统振荡。因此在电位器的制作中应尽量减小每匝的电阻值。电位器式传感器的另一个主要缺点是易磨损。它的优点是：结构简单，输出信号大，使用方便，价格低廉。

③ 霍耳式位移传感器　它的测量原理是保持霍耳元件的激励电流不变，并使其在一个梯度均匀的磁场中移动，则所移动的位移正比于输出的霍耳电势。磁场梯度越大，灵敏度越高；梯度变化越均匀，霍耳电势与位移的关系越接近于线性。霍耳式位移传感器的惯性小、频响高、工作可靠、寿命长，因此常用于将各种非电量转换成位移后再进行测量的场合。

④ 光电式位移传感器　它根据被测对象阻挡光通量的多少来测量对象的位移或几何尺寸。特点是属于非接触式测量，并可进行连续测量。光电式位移传感器常用于连续测量线材直径或在带材边缘位置控制系统中用作边缘位置传感器。

⑤ 磁致伸缩位移传感器　磁致伸缩位移传感器通过非接触式的测控技术精确地检测活动磁环的绝对位置来测量被检测产品的实际位移值的，该传感器的高精度和高可靠性已被广泛应用于成千上万的实际案例中。

⑥ 数字激光位移传感器　激光位移传感器可精确非接触测量被测物体的位置、位移等变化，主要应用于检测物的位移、厚度、振动、距离、直径等几何量的测量。

按照测量原理，激光位移传感器测量方法分为激光三角测量法和激光回波分析法，激光三角测量法一般适用于高精度、短距离的测量，而激光回波分析法则用于远距离测量。

激光发射器通过镜头将可见红色激光射向被测物体表面，经物体反射的激光通过接收器镜头，被内部的 CCD 线性相机接收，根据不同的距离，CCD 线性相机可以在不同的角度下“看见”这个光点。根据这个角度及已知的激光和相机之间的距离，数字信号处理器就能计算出传感器和被测物体之间的距离。同时，光束在接收元件的位置通过模拟和数字电路处理，并通过微处理器分析，计算出相应的输出值，并在用户设定的模拟量窗口内，按比例输出标准数据信号。如果使用开关量输出，则在设定的窗口内导通，窗口之外截止。另外，模拟量与开关量输出可独立设置检测窗口。

激光位移传感器采用回波分析原理来测量距离以达到一定程度的精度。传感器内部是由处理器单元、回波处理单元、激光发射器、激光接收器等部分组成。激光位移传感器通过激光发射器每秒发射100万个激光脉冲到检测物并返回至接收器，处理器计算激光脉冲遇到检测物并返回至接收器所需的时间，以此计算出距离值，该输出值是将上千次的测量结果进行的平均输出。激光回波分析法适合于长距离检测，但测量精度相对于激光三角测量法要低。

(3) 位移传感器示例——HySense RO180拉绳式位移传感器

HySense RO180依据拉绳原理工作。它安装简便，并且不需要线性指引。它适合用于需要测量距离或探测位置变化的载重起重机、液压和其他安装。其所有机械和电子元器件均由一个坚固的外壳保护着。

传感器内部经过特别制造和校准的钢丝被紧紧缠绕在一个高精度鼓形锤上，发条传动装置驱动该锤顺着牵引力方向运动。在检测鼓形锤转动的过程中，传感器把线性运动转换为电信号。

这种传感器体积紧凑，精确度高。它适合运动状态，对环境影响不敏感。

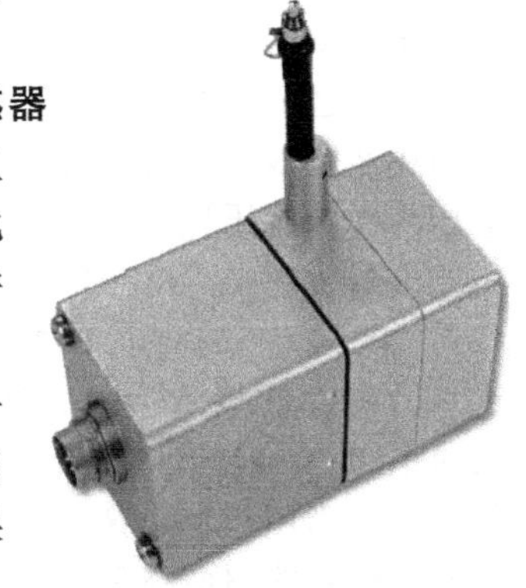

图7-15 HySense RO180拉绳式位移传感器外形

传感器外形如图7-15所示，技术参数如表7-7所示。

表7-7 HySense RO180型位移传感器技术参数

工作原理	拉绳式
输出信号	4～20mA
防护等级(EN60529/IEC529)	IP65(带电缆盒)
外壳材料/测量钢丝	铝合金和高强度钢/高强度钢
信号类型	双线
供给电压(U_b)	12～27V DC
电流消耗	最大35mA
温度系数	0.01%/K
非线性	<量程的±0.1%
输出噪声	50mV$_{eff}$
分辨率	接近无限
环境温度	-20～85℃
存储温度	-20～85℃
EMV测试	IEC 1000-4-2,-4,-5
安装方向	任意

7.4.2 磁电阻(MR)传感器及应用

(1) MR传感器

MR传感器由3部分组成：①刻有凹凸槽的磁标记尺；②测量磁标记的磁阻敏感元件；

③信号处理电路板。

MR传感器是利用某些金属、合金和化合物等在磁场力作用下，在外加电场方向的电流分量发生大小变化时会表现出其电阻大小发生变化，即磁电阻效应来工作的。将这些材料做成薄膜型磁阻敏感元件（MR芯片），并和永久磁铁以及内部处理电路集成封装在一起，组成传感器头，再加上外接的磁标记尺就组成了MR位移传感器。

从具有这种特性的MR芯片中选出2个相同特性的芯片（MR1、MR2）串联连接，在2个MR芯片上用永久磁铁加以均等的偏磁场。将2个MR芯片的连接部分引出输出接头，输出电压为V_0（见图7-16）。在串联的MR芯片两端加直流电压V时，输出电压V_0是电压V的一半，这个静态电压又称作中点电压。

当在2个MR芯片上加不同强度磁场时，就导致2个MR芯片的阻值变化，此时的输出电压与中点电压呈不同值。如图7-16所示，MR1上加以强磁场后，因它的电阻值比MR2大，输出电压比中点电压低，相反MR2上加上强磁场后，其输出电压比中点电压高。

同样考虑动态磁场时的检测状况（见图7-17）。当2个MR芯片的一方（如MR2）与类似铁片的磁性体接近，磁力线朝着铁片方向偏转，MR2上产生比MR1强的磁场。这样MR2的阻值就会增大，输出电压也随之变高，当物体连续往复运动时，就可输出类似正弦波的信号。当用4个MR芯片相差一定角度联结成电桥后，就可以根据物体按不同方向运动时输出信号的超前与滞后的关系来判断物体的方向了。

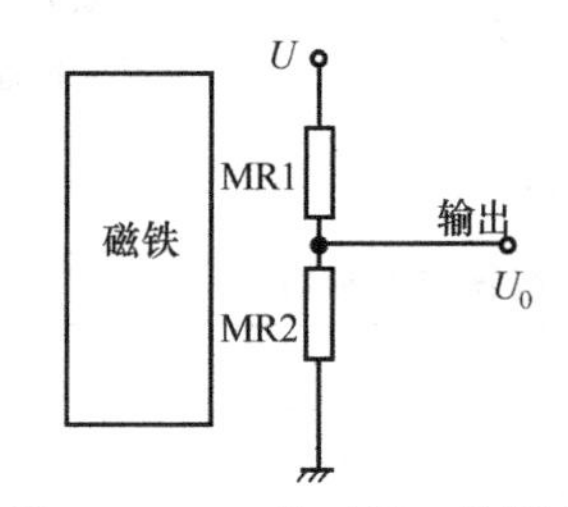

图7-16 MR传感器工作原理

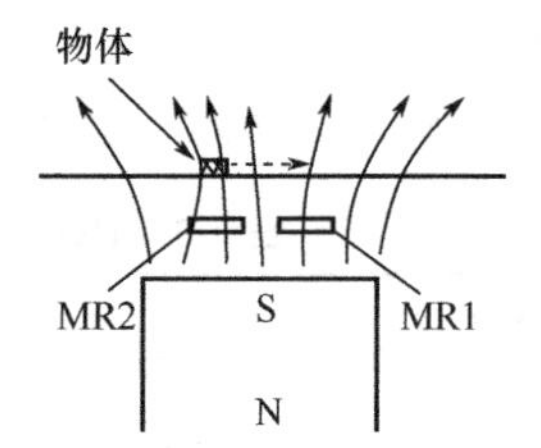

图7-17 MR芯片中的磁场变化

MR传感器具有分辨率较高，量程大，线性度好；工作温度范围宽；无接触性传感器间接测量，可靠性高和使用寿命长；耐振好（可达20G），抗冲击（可达100G）能力强；防腐性能好，不受油渍、溶液、灰尘，空间电场及寄生电容等影响，工作性能稳定等特点；同时，由于MR传感器内部集成了数字处理电路，所以它还具有直接输出数字信号，便于计算机处理的优点。把这种传感器头安装在液压缸（或气缸）上，再在活塞杆上加工出一系列有尺寸要求的等距离凹凸槽，使之起到磁标尺的作用，就可以制造出MR液压（气）缸。另外，MR传感器还可应用于测量齿轮转数，精密地控制电动机的转动，检测带有磁性的物体，如纸币的防伪及其他应用等。

（2）MR液压缸

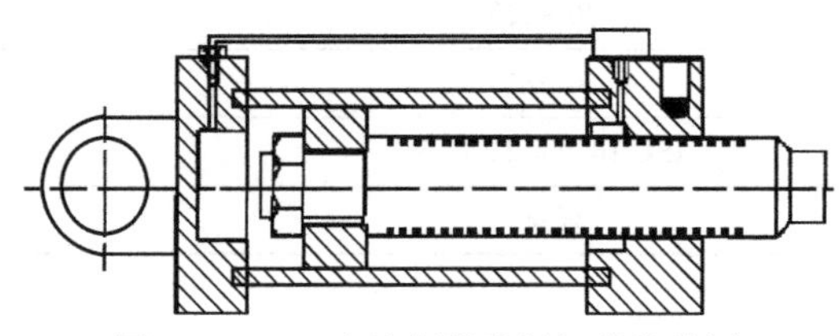

图7-18 MR电液伺服液压缸结构简图

① MR液压缸结构　MR液压缸结构如图7-18所示。从MR电液伺服液压缸的结构简图上可以看出，MR液压缸在结构上与普通伺服缸的区别主要在于：a. MR液压缸的活塞杆是专用的；b. 在液压缸端盖上外挂有MR传感器。

活塞杆作为执行件，在传递功率和力的同时，还起到了磁标记尺的作用。在活塞杆的表面上加工出一系列等距离的环状凹凸槽后，为了防止泄漏，对凹槽还需要进行工艺处理，最常用的方法是在凹槽处填充上特殊材料。此外，为了增强活塞杆表面的硬度，提高耐磨性和防腐性，还需要在活塞杆的表面进行相应的工艺处理。这样，传感器的凹凸槽（磁标尺）就组成了一个完整的传感器。

② MR液压缸的工作原理　活塞杆在运动过程中，每经过一个凹凸槽，就会引起一次磁阻敏感元件电阻大小发生周期性的变化，经过传感器内部固有的集成电路处理后，就可直接输出周期性的一个或多个方波（方波数的多少，取决于内部的处理电路），从而产生脉冲，触发外接触发电路和计数电路。这样，活塞杆工作时，每移动一个凹凸槽，计数器就被触发计数一次或多次，移动了多少个凹凸槽，就会触发计数出相应的次数，于是，液压缸的位移就可以通过所计数到的脉冲数和凹凸槽距离之间的特定关系来确定了。

MR液压缸在飞机与船舶舵机控制系统、雷达、火炮控制系统、精密冲床、振动实验台以及六自由度仿真转台等方面，有着广泛的应用。一方面用来提供动力，传递功率；另一方面可以进行位移检测，实现位置控制。此外，MR液压缸还可应用于压铸机，游乐场的模拟游戏机，木材加工机械以及矿山机械，建筑机械，地下机械等野外作业要求对位移进行检测，而环境条件又相对恶劣的场合。MR传感器是进行模块化封装的，防水性能好，对有位移检测和位置控制要求的水下作业，MR液压缸的优势是显而易见的。

7.4.3 磁致伸缩位移传感器及应用

(1) 工作原理

磁致伸缩意指一些金属（如铁或镍），在磁场作用下具有伸缩能力。磁致伸缩传感器是基于磁致伸缩和逆磁致伸缩效应而检测位移量的传感器。

磁致伸缩传感器主要有波导丝、测杆、电子舱和套在测杆上的非接触磁环（内有永久磁铁）组成（见图7-19）。

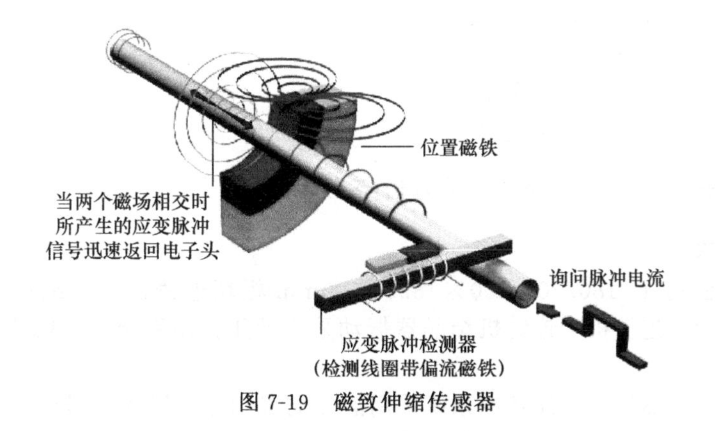

图7-19　磁致伸缩传感器

当传感器工作时，电子舱内的电子电路产生一“询问脉冲”，此起始脉冲沿磁致伸缩线（波导丝）以恒速传输，同时产生一沿着波导丝跟随脉冲前进的旋转磁场，当该磁场与定位装置中的永久磁场相遇时，产生磁致伸缩效应，使波导丝发生扭动。这一扭动被安装在电子舱内的信号处理机构感知并转换成相应的“应变脉冲”，通过计算“询问脉冲”与相应“应变脉冲”之间的时间差，即可精确测出其位移量。磁致伸缩传感器在读出活动磁铁的位置后，经内部电路转换成一个串行数据，将数据直接传送到PLC。

(2) 技术特点

磁致伸缩位移传感器输出信号是一个真正的绝对值，即使电源中断重接也不会对数据接收产生影响，更无须重新标定归回零位。

磁致伸缩位移传感器是根据磁致伸缩原理制造的高精度、长行程绝对位置测量的位移传感器。它采用内部非接触的测量方式，由于测量用的活动磁环和传感器自身并不直接接触，所以就算感测过程是不断重复的，也不会对传感器造成摩擦、磨损，因而其使用寿命长、环境适应能力强，可靠性高，安全性好，便于系统自动化工作，即使在恶劣的工业环境下，不易受油渍、溶液、尘埃或其他污染的影响。此外，传感器采用了高科技材料和先进的电子处理技术，因而它能应用在高温、高压和高振荡的环境中，因此磁致伸缩位移传感器非常适合这种工作在比较恶劣环境中的设备。

一个可靠的液压系统当然少不了一个可靠的和精确的位移传感器，提供行程测量和控制反馈。MTS位移传感器的抗震和防冲击指标十分高，在液压系统（尤其是伺服系统）广泛使用。

MTS位移传感器技术参数如下。

测量对象：位置、速度（绝对速度），可测量1～2个位置。

测量范围：50～8000mm。

零点可调范围：100%F·S。

输出电流：4～20mA，最大负载电阻600Ω。

输出电压：0～10VDC，0～5VDC，最低负载>5kΩ。

供电电源：+24VDC±10%。

工作温度：-40～+85℃。

储存温度：-40～+100℃。

刷新周期：0.5ms达到1200mm，1.0ms达到2400mm。

分辨率：采用16Bit D/A转换，0.0015%F·S（最小1μm）。

非线性：<±0.015%F·S（最小±50μm）。

重复精度：<±0.002%F·S（最小±3μm）。

迟滞：<0.002%F·S。

温度系数：<0.007%F·S/℃。

速度测量精度：<0.01%满量程。

7.4.4 结晶器振动系统位移控制故障分析与治理

(1) 液压系统

某钢铁有限公司4# 180/200/250×1320-2100mm板坯连铸机是直结晶器、连续弯曲、连续矫直、弧形板坯连铸机，连铸机结晶器振动采用液压控制系统，整机均由PLC系统进行控制。

板坯连铸机结晶器振动液压控制系统采用液压伺服阀作为输入信号的转换与放大元件。该系统能以小功率的电信号输入，控制大功率的液压流量输出，以获得很高的控制精度和很快的响应速度、位置控制，其液压执行机构的运动能够高精度地跟踪随机的控制信号的变化，是机械、液压、电气一体化的电液伺服阀、伺服放大器、传感器系统。

板坯连铸机结晶器振动装置共有两个液压缸，工作时要求两个液压缸同步振动。振动系统原理如图7-20所示。液压伺服阀2共有两个，每个液压伺服阀控制一个液压缸的运动，当液压伺服阀得到电信号输入后，液压流量按比例输出，位移传感器3将液压缸缸杆的位移信号反馈给PLC，系统根据控制信号的变化控制液压缸缸杆的伸缩运动，从而控制结晶器的上下振动，通过PLC和计算机实现对结晶器振动远程控制。蓄能器1和回油蓄能器5起到了减少系统冲击的作用，合理调整回油阀块组6的回油压力，可以使系统振动比较平稳。

结晶器振动控制系统参数如振幅、振频及非正弦系数等在PLC上设定情况如下。

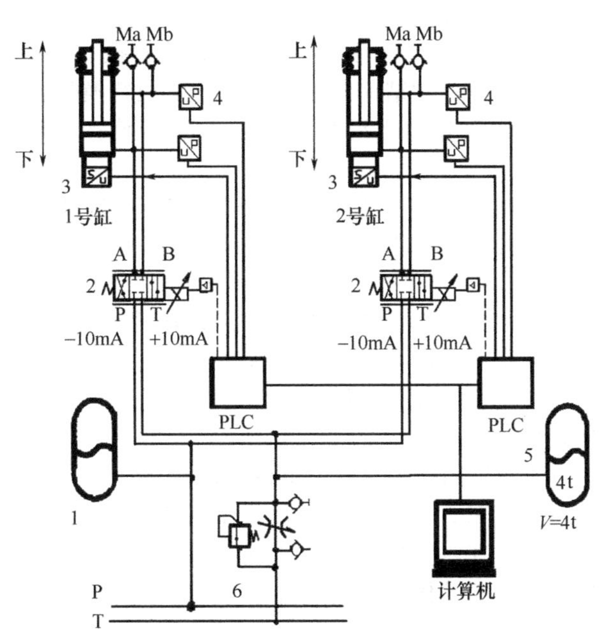

图 7-20 板坯连铸机结晶器振动系统原理图

1—蓄能器；2—液压伺服阀；3—位移传感器；4—压力传感器；5—回路蓄能器；6—回油阀块

最小振动频率：40L/min。

最大振动频率：400L/min。

在最小频率的最大行程：190mm。

在最大频率的最大行程：190mm。

(2) 位移控制故障查找治理

① 故障现象　在拉钢过程中，出现了如下情况：当拉速设为 1.2m/min 时，结晶器振动 2#液压缸位移超差报警，造成振动停止、拉矫停止。系统重新启动后正常。再次将拉速设定为 1.2m/min，计算机画面振动图形和结晶器实际振动均正常。当拉速设为 1.5m/min 时，计算机画面振动图形显示稍有偏差，当拉速设置为 1.8m/min 时，计算机画面振动图形显示偏差较大，当拉速设置为 2.0m/min 时，结晶器振动和拉矫机停止。选择尾坯模式自动校准位置，重新上引锭试车，振动很短时间就停止。之后对相关的系统反复重新启动，问题依然存在。

② 故障分析　首先，对设置的参数进行检查。排除了参数设置不合理的因素，检查 PLC 元器件工作情况及各线路连接情况，但未找到故障点。经过排查分析后，认为液压伺服阀控制系统出现问题的可能性较大。随后从以下几个方面作进一步排查。

a. 检查油源压力，无异常。

b. 检查油的清洁度，实测为 NAS1，正常。

c. 进一步检查伺服阀的内部反馈情况，通过在计算机上设定液压伺服阀某一电流信号(在±10mA 之间)，检查 1# 液压伺服阀和 2# 液压伺服阀的开口度，并进行对比，两个阀的开口度几乎一致，排除了伺服阀故障。

d. 检查传感器的输出信号是否正常，分别在手动和定位模式下，对结晶器升降位置即液压缸缸杆升降位置反复进行测量，发现计算机显示的 2# 液压缸缸杆升降位置与实际位置相差很多，初步判断 2# 液压缸缸杆位移信号出现了问题。之后对电缆进行重新接线，通电测试，位移信号还是有问题，然后对位移传感器进行静态电阻测试，发现电阻值与 1# 液压缸的电阻值相差很多，最后判定 2# 位移传感器失灵。

③ 电源与信号共地造成位移信号漂移　在更换了结晶器振动液压缸总成（包括伺服阀、位置与压力传感器等）后，重新启动结晶器振动系统，发现新换伺服阀电流 0mA 输出时的开口度为 8.7%，仍不能正常工作。之后再次对参数进行修改、零位调整等，故障仍未找到。

液压缸总成由国外公司整体提供，经向外方专家咨询，确认是新换液压缸总成有一根零线出厂时没拆除，此零线连接导致 24V 电源与 4～24mA 信号共地造成位移信号漂移所致。

将零线拆除后，故障点排除。

④ 伺服阀故障引起位移控制失灵　当浇铸开始后，结晶器 1# 液压振动又间歇性出现异常，工作不稳定，无法保证正常生产。随后进行排查。

a. 系统油压正常，液压泵、溢流阀工作正常。

b. 执行元件无卡锁现象。

c. 经过检查液压伺服放大器的输入、输出电信号正常。

d. 检查液压伺服阀的电信号，在计算机上给定电液压伺服阀一定开启度后，实际测量结晶器位置。发现 1# 液压缸不随伺服阀控制信号变化而变化，而计算机屏幕显示信号正常，即控制信号输入后，执行元件无动作，输入电信号变化时，液压缸输出不随之变化。故判定 1# 液压伺服阀工作不正常。

更换了液压伺服阀后，振动正常。并重新校正了振动振幅的最大值和最小值、非正弦系数及回油压力等，故障排除。

7.5　污染传感器及应用

在众多的检测方法中，颗粒计数法能够实现真正意义上的油液颗粒污染度的精确测量，而光散射法由于其具有非接触测量、对试样影响小、测量速度快、准确度高等优点，又是颗粒测量中最具生命力和应用前景的方法。运用光纤作为传感材料，并与光电转换及单片机技术相结合，便可以实现油液污染度的实时在线测量。

7.5.1　光散射法在液压油污染检测中的应用

(1) 光散射法

光电系统所处理的输入信号中有一类是辐射光通量直接随被测信息变化的。这种情况下的被测信息是载荷在光通量的幅度大小、变化频率或变化相位上检测这些参量可以获得所需要的信息。

光强度的减弱，即光通量的改变或透光强度的变化均可以认为是两个因素造成：一是介质对光的“真正吸收”，即光能量转变为介质分子的热运动能量，损失小部分光能；二是细小微粒杂质散射作用，散射的光能量占了大部分。

为了描述颗粒的光散射，首先必须根据不同的颗粒形状建立各种不同的光学理论模型。由于油液中所含颗粒的形成机理和来源不同，导致产生具有不同形状、表面型貌的颗粒，而对其进行光学理论分析计算相当复杂也没必要，所以作如下假定：颗粒散射模型可以看作是一个二维的、不透光的圆盘。所有穿过圆盘的光线被吸收，而通过圆盘边缘出的光被衍射。用这种模型描述的颗粒散射只表明颗粒大小的作用。

这种最简单的模型可以描述颗粒的大小，通过测量散射光强度变化来对颗粒进行分类计数，也即通过颗粒大小的测量来反映油中污染物的含量，获得相关的污染度等级指标。

设强度为 I_0 的光线通过厚度为 L 的不均匀介质（油液），由于悬浮在油中的颗粒对入射光的吸收和散射作用，使穿过颗粒的透射光强度减弱到 I，那么光强度减弱符合公式(7-1)：

$$I=I_0\exp(-\tau L) \tag{7-1}$$

式中 τ——与光强无关的比例系数，称为衰减系数或浊度；

L——测量光程。

$$\tau=NK\sigma=\frac{\pi}{4}D^2NK \tag{7-2}$$

式中 K——消光系数，表征每个颗粒对入射光的散射量，是粒径、波长及颗粒相对于介质的折射率的函数；

N——颗粒个数浓度，即指单位体积内的颗粒数；

D——颗粒直径；

σ——颗粒迎光面积。

由经典的 Mie 理论求出消光系数 K 与米氏散射系数关系为：

$$K=(2/\alpha^2)\sum_{n=0}^{\infty}(2n+1)(|a_n|+|b_n|) \tag{7-3}$$

$$\alpha=\pi D/\lambda$$

式中 a_n，b_n——米氏散射系数；

λ——入射光波长。

在不均匀介质中，光强度减弱是由于光线一部分被颗粒在所有方向上散射，一部分被颗粒吸收，所以消光系数是由吸收项和散射项组成。另外颗粒所处的介质不同，其相对折射率会有不同的数值，甚至同一种颗粒和介质系统在入射光波长不同时，其相对折射率也不同，因此颗粒的消光系数计算相当复杂。

对于多分散颗粒系统，公式(7-1) 可写作求和形式。

对公式(7-1) 求对数并用求和形式表示具有一定粒径分布的多颗粒系统，则可写作：

$$\ln\left(\frac{I_0}{I}\right)=\frac{\pi}{4}\sum_{i=1}^{M}D_i^2N_iK(\lambda,m,D_i)L \tag{7-4}$$

式中 m——颗粒相对于周围介质的折射率；

N_i——直径为 D_i 的颗粒个数。

当用 ρ 表示颗粒的比重，则颗粒重量频度 W 与颗粒数目尺寸分布关系表示为：

$$W_i=\frac{\pi}{6}D_i^3\rho N_i \tag{7-5}$$

将式(7-5) 代入式(7-4)，在单一波长入射的情况下得到 Beer-Lambert 公式：

$$\ln\left(\frac{I_0}{I}\right)=C\sum_{i=1}^{M}\frac{W_i}{D_i}K(\lambda,m,D_i) \tag{7-6}$$

若用多波长则可将式(7-6) 中 λ 变为 λ_j 即可，j 为波长个数，C 为常数。

Mie 理论中的散射光强度信号是微粒粒径的函数，由强度脉冲可以反演出粒径分布，由强度脉冲的个数或者透射光与入射光强度比的 Beer-Lambert 定律可以测出粒子的个数密度。这种方法利用 Mie 散射理论，通过测量油液中悬浮的磨损颗粒及杂质等固体污染物的散射光强，可一次得出颗粒的分布。

悬浊液透光率脉动值与悬浊液颗粒粒径有关，这为测量颗粒粒径传感器开辟了新的途径。

(2) 检测系统

测量系统如图 7-21 所示。包括光源、测量区、光探测器、数据采集和信号处理等部分。

在图 7-21 中，由光源产生的光通量 I_0，通过光导纤维和透镜将光引入测量区域，即布置于光路上的样品区域。油液管路中装有石英玻璃作为观察窗口，未被颗粒散射和吸收的部

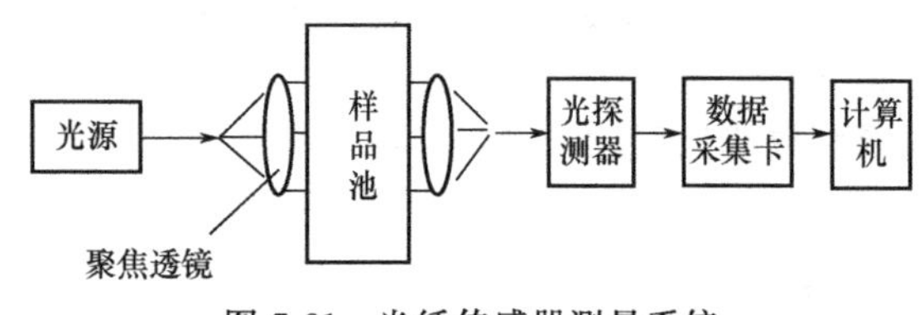

图 7-21　光纤传感器测量系统

分出射光由透镜会聚，经第 2 根光纤导出到光电处理信号单元，即光点接收管的光敏表面上。利用光电信号放大器可以测量出载有信息的光通量 I，通过信号采集系统输入计算机进行数据处理和分析。计算机主要完成对信号的存储、运算、线性化和灵敏度调整以及标定等，最后显示被测量的结果。

在单通道系统中，直接测量光通量值，并通过与标准样品的对比测定被测量的方法称作直读法。例如，为了测量样品的透光率，为了测量样品的透光率，在图 7-21 所示的光路中事先放置了透光率已知的标准样品，每次对光通量进行标定。经过这样处理后，再将被测样品放在光路中，即可由光通量大小直接得到被测样品的透光率值。

上述单通道测量方法在实际中是很难获得应用的。因为作为光源的电子器件都有一定的温度漂移和时间漂移，光源的驱动电路也会受到外界干扰，因而使光源的光强不稳定，使测量结果产生误差。为此，在测量系统中设计了光源波动修正系统，如图 7-22 所示。

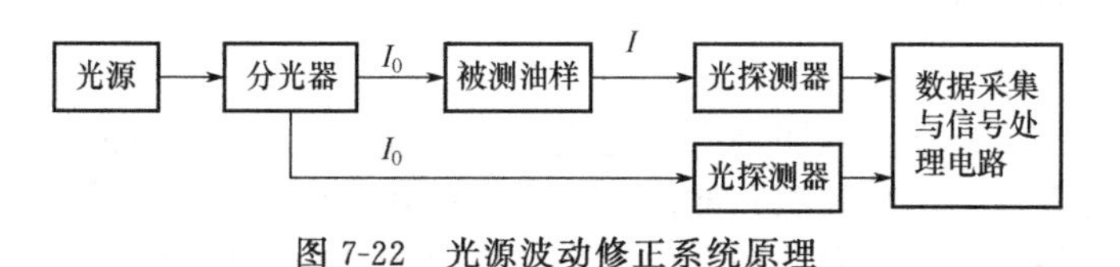

图 7-22　光源波动修正系统原理

这样，当光源波动时，其波动信息由参考光路检测到，这时传感器检测到的量值变化就知道是由光源波动引起的，可根据参考光路信号的大小加以修正。

而当光源未波动时，参考光路量值不变，这时传感器测量的变化就是由检测对象的变化引起的，代表了被测量的真实情况。

(3) 试验

测量系统的试验测试包括两部分：一是传感器线性度的测试；二是传感器灵敏度的测试。前者必须构造符合标准的影响因素（如已知分布等级的多种油样），后者主要模拟实际中可能出现的多种情况（如液压油中含有不同数量的磨粒或水分等）。

① 油液颜色的影响　不同颜色的油液对光的吸收作用不同，因而，即使污染度相同，由于颜色不同，测量结果也会产生差异。

为了提高测量精度，消除油液颜色及其他油液自身特性的影响，可以利用图 7-23 所示的方法。其原理是：

利用分光器得到两束强度相等的光，分别通过同一牌号、不同污染度的两个油样，其中一个油样已知污染度，作为参比，另一油样为被测对象，二者的光程相同。根据透射光强度之差就可得知两油样之间的污染度差异。由 Lambert-Beer 定律，ΔI 可表示为：

$$\Delta I = I_2 - I_1 = I_2 [1 - e^{-\mu L(C_1 - C_2)}] \tag{7-7}$$

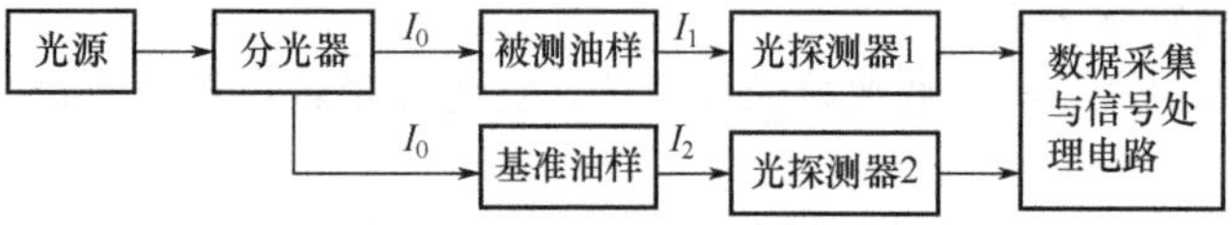

图 7-23　采用参比油样的测量系统

则待测油样的污染物重量 C_1 为：

$$C_1=C_2-\frac{1}{\mu L}\ln\left(1-\frac{\Delta I}{I_2}\right) \tag{7-8}$$

式(7-8)中的对数项部分可以通过相应的电路实现。

② 油液黏度（速度）的影响　油液及其所含颗粒的相对折射率随油液的黏度变化而发生改变。而温度改变时其黏度变化比较明显，因此必须在适当的温度下确定污染度指标。另外由于样品池体积很小，如果黏度太大，则有可能发生堵塞，油液中残留的污染物容易黏附到石英玻璃的表面，改变油液系统的传光方向，造成极大的测量误差。

在每次测量中，由于黏度越大，则残余油膜产生厚度越大，严重地影响了后续测量的准确性，这方面必须在数据处理中加以分析和考虑。在实际过程中应尽量保证样品池要小，使其能快速适应外界浓度变化，并保证被测油样都通过测量区域，然后迅速排出。对于黏度太大的油液测量必须考虑稀释或增加抽吸装置。只有当测量的变化量随黏度的变化很小或不在一个数量级时才能认为不受黏度的影响。

③ 透光率变化原因分析　透光率的变化可认为是由两部分产生：一是油中添加剂浓度和杂质颗粒的影响，任何小的颗粒与油混合后都会使油液浊度提高而透光率降低，这种引起变化的原因属于检测的主要部分；二是由于水或气泡的混入而引起的，一般情况下机械扰动紊流因素形成的水滴或气泡等颗粒较粗大，影响相对较小，而当该液滴均匀细化为微小颗粒后，影响会明显升高。因此测量中应该选择背景浊度数据作比较，求出两者之差可认为浊度的变化即为固体杂质颗粒的影响。

7.5.2 光电传感器应用于液压油污染度监测

(1) 光电传感器

① 光电传感原理　光电传感器主要由发光二极管与光敏三极管等组成，二者在液压油管接头处相对设置，从发光二极管射出的光透过工作油液，被光敏三极管接受并转换成电压，经接口电路，由微机读取其数据。微机系统根据此电压的大小，经处理后，使其得出污染度的大小。当液压系统污染度变化时，此电压值也跟着发生变化。在系统调定后，一定的电压值范围将对应某一污染度范围。图7-24为利用光电传感器对油液污染度进行测量的工作原理图。

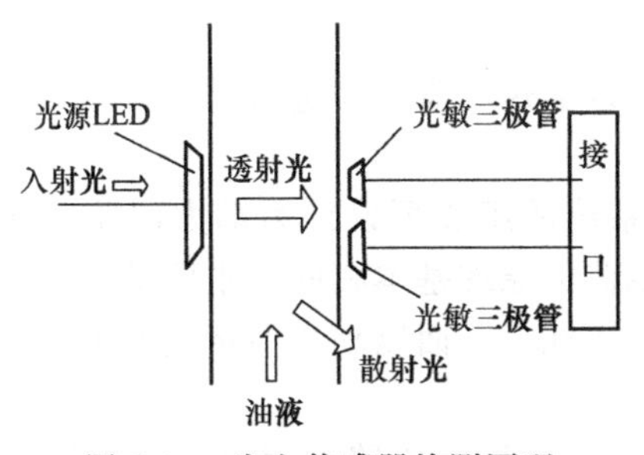

图7-24　光电传感器检测原理

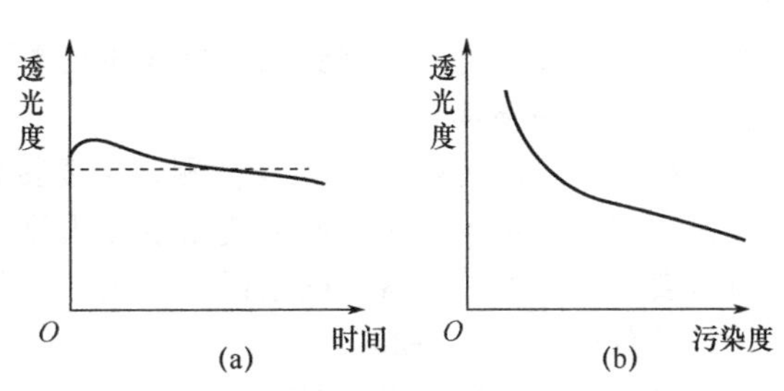

图7-25　光电传感器输出油液污染度关系

光电传感器发光二极管的发光强度初始设定值，是在NAS1638等级液压标准油液的条件下确定的。图7-25(a)为该工作油液下光电传感器的输出随时间变化情况，其中V为该种油液的饱和透光度（这里实际是某一对应的电压值）。不同的等级污染度的工作油液，其饱和透光度不同。随着工作油液污染度的增加，颗粒污染浓度越来越大，其饱和透光度越来越小。对各种等级污染度的标准液压油分别进行试验，可得出液压油污染度与饱和透光度关系曲线，如图7-25(b)所示。

② 颗粒污染度等级的判定　通常，影响光电传感器透光度的主要因素有：污染颗粒的浓度；液体的流动状态；油液自身的色度；油液中水及空气含量。

此外，光电传感器的输出还与油液温度有关，光电传感器安装在液压系统中流速较小且单向流动处，使油液呈层流状态。颗粒污染度的判定采用对比法（或查表法），其过程为：特定系统→标准油样配制→油样试验→实时监测查表。

对于某待测液压系统，首先应抽取所用型号油液；然后按 NAS1638 污染等级标准（见表 7-8）配制各污染等级的标准油样；对各污染等级油液在室温（20℃）下进行光电传感试验，得出确定油液透光度与污染度等级关系曲线，从而确定油液的透光度等级与光电传感器输出电压的关系，此关系表固化于单片机系统 EPROM 中。当液压系统运行时，单片机实时采集各时刻光电传感器的电压值，通过查表（由单片机 80C51 系统自动完成），便可确定该油液的污染度值。

表 7-8　NAS1638 污染度等级标准（100mL 油中的颗粒数）

等级 \ 尺寸/μm	5～15	15～25	25～50	50～100	>100
0	250	44	8	2	0
1	500	89	16	3	1
2	1000	178	32	6	1
3	2000	356	63	11	2
4	4000	712	126	22	4
5	8000	1425	253	45	8
6	16000	2850	506	90	16
7	32000	5700	1012	180	32
8	64000	11400	2025	360	64
9	128000	22800	4050	720	128
10	256000	45600	8100	1440	256
11	512000	91200	16200	2880	512
12	1024000	182400	32400	5760	1024

考虑到油液温度对光电传感器的输出影响，液压系统中安装温度传感器（与红外 LED 并列安装），实时监测液压系统油液温度，根据红外 LED 的温度特性对其输出修正值进行修正。

当系统更换油液时，考虑到油液色度和黏度影响，以上过程需重新进行。

（2）监测系统硬件

工程机械液压油污染度的在线监测，主要按液压系统的组成可设计为动力回路监测系统、控制回路监测系统、执行回路监测系统几种，在线监测原理基本相同，主要是选择合理的监测位置、合理的传感器，确定评判参数，实现调控措施。下面以动力回路监测系统为例进行设计及分析，见图 7-26。

监测系统电路以单片机 80C51 为核心，由光电传感器、显示电路、超限报警电路和键盘等构成。其中，检测系统由光电传感器、温度传感器、放大电路、A/D 转换器等组成。光电传感器的安装如前所述（见图 7-24），安装方便，不需加任何元件。

系统的工作原理是：泵出口处的液压油通过管道流经光电传感器，光电传感器的输出随之变化。工作油液污染度发生变化时，输出也随之变化。某采样时刻光电传感器和温度传感器的输出，经 A/D 转换后变为数字信号，送入中央处理器 CPU，再经过数字滤波和温度修正后，得出工作油液常温时的饱和透光度对应的电压值，与标准污染度所对应的电压值进行比较，即得出此时系统油液的污染度，LED 显示，达到早期预防的目的。此外，液压油污染度接近允许的最大允许值时，将会发生报警信号，提醒操作人员停机待修或处理。系统键盘用来设定发光二极管的光强、系统初始化等。

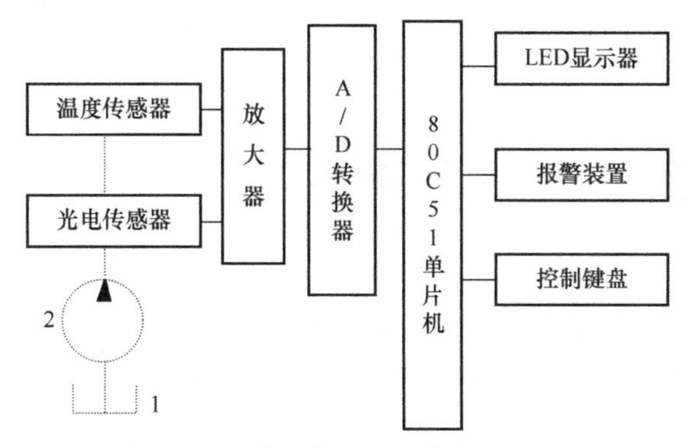

图 7-26　系统工作油液污染度监测原理

1—液压油箱；2—液压泵；虚线—液压油通路；实线—电路

(3) 软件和系统试验

① 软件　整个监测系统的程序可分为：初始化、键盘及显示、A/D 转换及数据处理、超限报警等几部分。在软件上采用模块化设计，分为采样子程序、A/D 转换子程序、数字滤波处理子程序、污染等级确定子程序（包括温度修正、查表）等，输出显示子程序、中断查询子程序、超限报警子程序，系统主程序框图如图 7-27 所示。

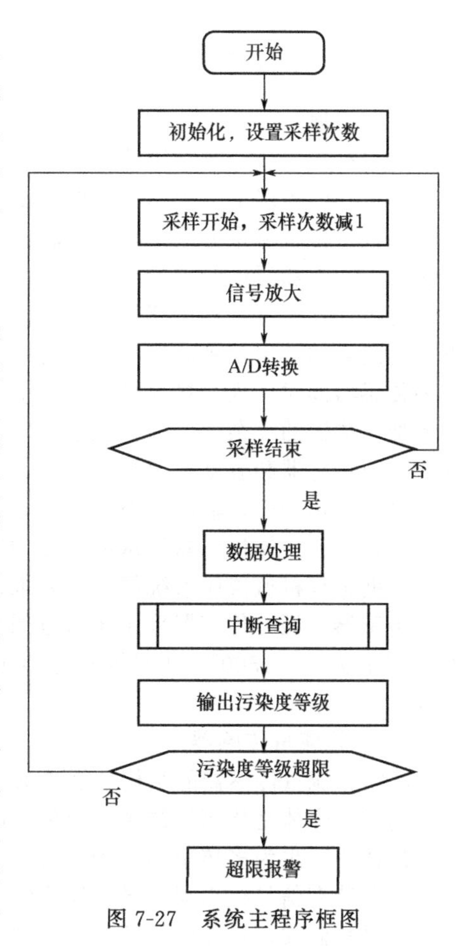

图 7-27　系统主程序框图

首先对系统进行自检，检查各个单元在通电无输入状态下是否正常工作，再进行校 0，即用该装置（系统）对标准的无杂质液压油进行检测，对应的 I_s 定为最小值，并以此标定为零杂质浓度（污染度等级），再用此系统检测根据污染度等级标准配制的液压油，得出不同的 I_s 值，最后得到 I_s 与污染度等级的对应关系，将此关系固化在单片机的存储器里面。系统经数据采样，A/D 转换，数据计算处理，中断查表后，将结果送显示子程序，并由 LED 进行显示，通过超限报警子程序判断污染度等级是否超限，超限则驱动报警装置进行报警。

为减少外界因素对采样值的干扰，提高采样信号的可靠性和程序的抗干扰能力，通过 MAX187 对数据进行采集，运算采用双精度四节浮点乘除运算子程序，计算出第 i 次的杂质浓度，再对杂质浓度进行数字滤波，求取浓度平均值，再经过单片机查表得出相对应的污染度。

为避免透光度峰值的影响，按数字滤波子程序对某一较小时段内工作油液的透光度进行连续多次采样，滤除最大值，取其均值求出该时刻油液的饱和透光度。

② 系统试验　实验室内，用 30 号机械油，在室温为 20℃，油压 $p=30\text{MPa}$ 时，分

别对 4～13 级标准油样在 4WS 电液控制试验平台液压系统上进行试验，检测结果如图 7-28 所示。

从结果可以看出，系统具有较高的准确性，可以满足液压油污染度监测的要求。

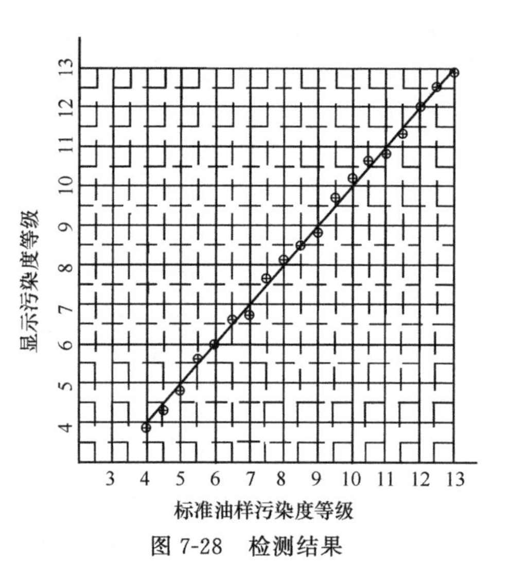

图 7-28 检测结果

7.6 液压系统传感器综合应用

在大型液压系统中，多数情况是采用多类传感器，采集不同的物理量，并转换成技术信息，实现综合的监测与控制。故障诊断和维修往往是一项复杂的工作，需要应用大量检测数据、技术数据和基准检测数据与信息，才能有效地解决复杂故障的诊断问题。

7.6.1 工程机械液压系统三位一体传感器

(1) 概述

工程机械液压系统在用检测仪进行状态监测和故障诊断时，要求在不进行系统拆卸或尽可能少拆卸的情况下，采用有效的测试方法，能快捷简便地测量液压系统的流量、压力、温度等参数。传统测量方法是利用涡轮流量传感器、压力传感器和铂热电阻温度传感器分别进行流量、压力和温度的测量。用这种测量方法，即使传感器有较高的测量精度，测量误差仍难以避免：首先这三种传感器的物理安装位置始终存在着差别，所测出的流量、压力、温度不是同测点的数值，距离测试模型的同点、同时、适时测量要求有很大的差距；其次，由于三种传感器同时接入，接入过程中会引起过多泄漏，影响测试的准确性和液压系统性能，同时增加了测试的复杂性。为克服上述缺点，将三种传感器集成，即将涡轮流量传感器、硅压阻式压力传感器和温度传感器有机结合，做成三位一体传感器，并增加信号接口电路对其输出信号进行预处理，输出反映流量、压力和温度的数字信号。

(2) 三位一体传感器的构成及工作原理

根据工程机械液压系统的测试要求，流量传感器选用测量范围为 12～350L/min 的涡轮流量传感器，压力传感器采用压力范围为 0～40MPa 硅压阻式压力传感器，温度传感器采用温度范围为 0～1500℃ 的铂热电阻传感器，并增加信号接口电路对传感器输出信号进行处理。

① 涡轮流量传感器

a. 涡轮流量传感器的结构。涡轮流量传感器由壳体、导流器、叶轮、轴、轴承及信号检出器组成。壳体是传感器的主要部件，起到承受被测流体的压力，固定安装检测部件，连接管道的作用，也为多传感器的有机结合提供了支撑平台；壳体通常采用不导磁硬质合金制造，外壁装有信号检出器。导流器安装在传感器的进出口处，对流体起导向整流作用；叶轮由轻质材料制成，是传感器的检测部件；动平衡性是其重要指标，能直接影响到传感器的性能和使用寿命；轴与轴承支撑叶轮旋转，信号检出器是传感器的输出设备，输出反映流量的电信号。其结构原理图如图 7-29 所示。

b. 涡轮流量传感器的特点。涡轮流量传感器具有测量精度高、重复性好、量程范围宽、耐高压、结构紧凑、对流量变化反应迅速等特点，其输出脉冲频率信号，抗干扰能力强，且无零点漂移，特别适用于与计算机连接。

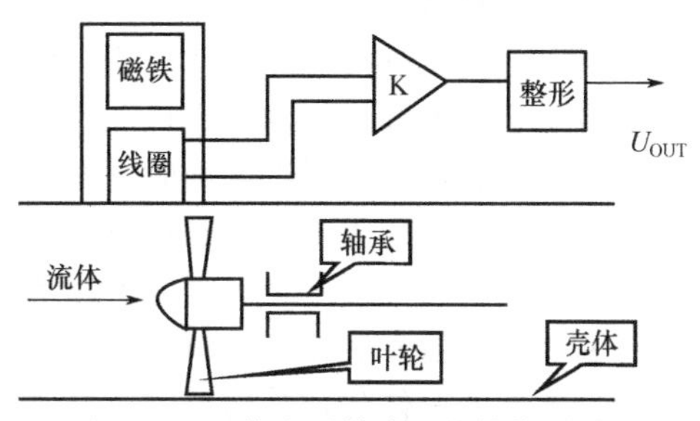

图 7-29 涡轮流量传感器的结构原理图

c. 涡轮传感器工作原理。当被测流体流过传感器时，在流体作用下，叶轮受力旋转，其转速与管道平均流速成正比，通过叶轮的转动周期性地改变磁电转换器的磁阻值。检测线圈中磁通随之发生周期性变化，并产生周期性的感应电动势，装在壳体外的非接触式磁电转速传感器输出脉冲信号的频率，与涡轮的转速成正比，因此，只要测出传感器输出脉冲信号的频率即可确定流体的流量。检测系统中流量的测量通常采用计数的办法，通过单片机上的计数器计数，设计为 2s 计数一次，算出频率，利用下式即可求出流量：

$$Q=af+b \tag{7-9}$$

式中 Q——流量，L/min；

f——频率，Hz；

a,b——传感器标定参数。

② 压力传感器 压力传感器采用硅压阻式压力传感器，是基于半导体材料（单晶硅）的压阻效应制成的传感器件。它利用了集成电路工艺，直接在硅平膜片上按一定的晶向制造出四个等值的薄膜电阻并组成电桥电路，其工作原理图如图 7-30 所示。当传感器不受压力作用时，电桥处于平衡状态，无电压输出。传感器工作时，流体压力通过传感器外壳传输到扩散硅膜片上，当膜片两边存在压力差时，膜片上各点存在压力。它上面的四个电阻在应力作用下，阻值发生变化，电桥失去平衡，输出端有电压输出，其大小与膜片两边的压力成正比，即：

$$U_{OUT}=A(R_1R_4-R_2R_3) \tag{7-10}$$

式中 A——由桥臂电阻和电源电压决定的常数。

压力传感器采用 SENSYM 公司的硅压阻式压力传感器，该传感器已将检测电阻组成的桥路、温度补偿电路、电压放大器和 U/I 电路集成在一起。电桥检测出电阻值的变化，经差分放大后，再经过 U/I 变换成电流信号。该电流信号通过非线性矫正环路的补偿，输出 4～20mA 的电流信号，信号大小与液体压力成线性关系。这种采用了温度补偿和差动放大电路的集成压力传感器，温度漂移和零位漂移几乎为零，且输出信号大，响应速度快，适于液压系统压力测量的需要。传感器外形结构简单，尺寸小，适合集成使用。电路原理图如图 7-31 所示。

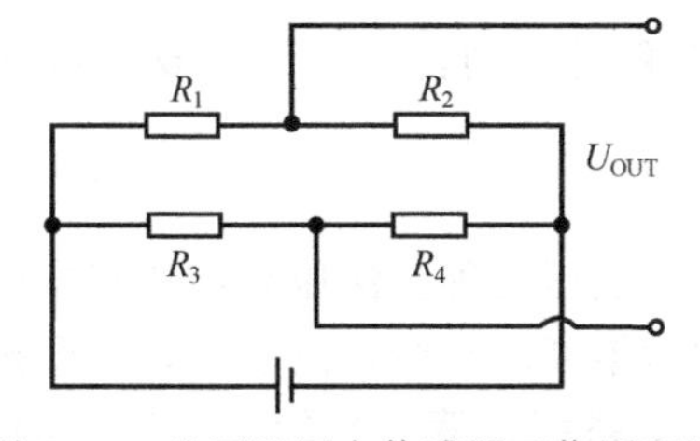

图 7-30 硅压阻压力传感器工作原理图

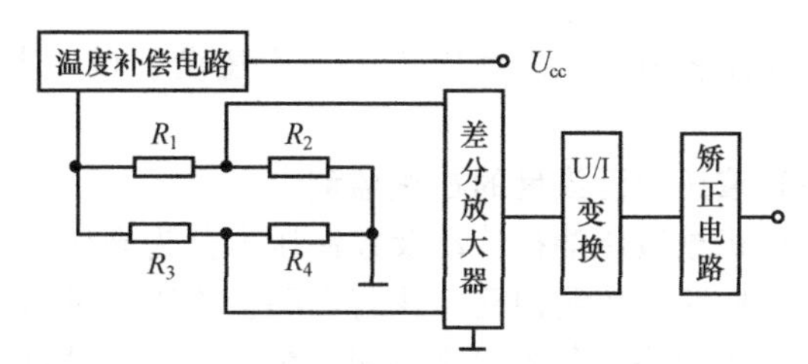

图 7-31 集成硅压阻式压力传感器的原理框图

③ 温度传感器 温度传感器采用铂热电阻温度传感器 Pt100。此传感器结构简单，测量精度高，稳定性好，测温范围为 0～150℃，满足液压系统中温度测量的需要。

(3) 三种传感器的集成

① 结构　当涡轮流量传感器、压力传感器和温度传感器等分别接入液压管路进行测量时，很容易引起泄漏、工作效率低和测试精度低等问题。为了避免上述问题的发生，实现液压系统中流量、压力、温度的同时、同点、高精度测量，可利用涡轮流量传感器壳体有一定的尺寸、硅压阻式压力传感器和铂热电阻传感器外形结构简单、尺寸小的特点，以涡轮流量传感器的壳体作为支撑平台，壳体上预留压力传感器和温度传感器的接入口，分别将压力传感器和温度传感器安装在接入口处并进行密封；将各传感器的输出端接入信号接口电路，实现三个传感器的一体化，结构如图 7-32 所示。

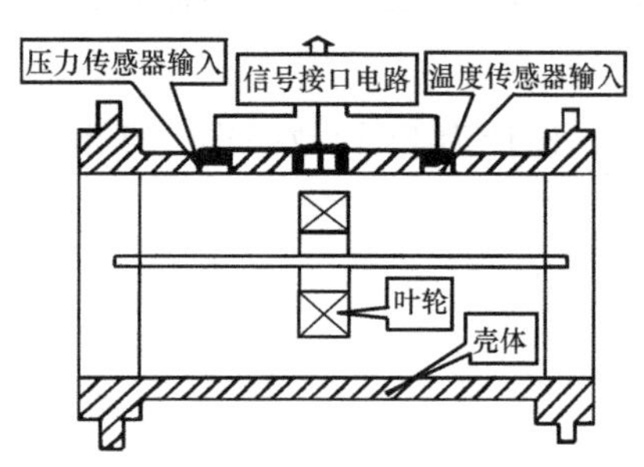

图 7-32　三位一体传感器结构图

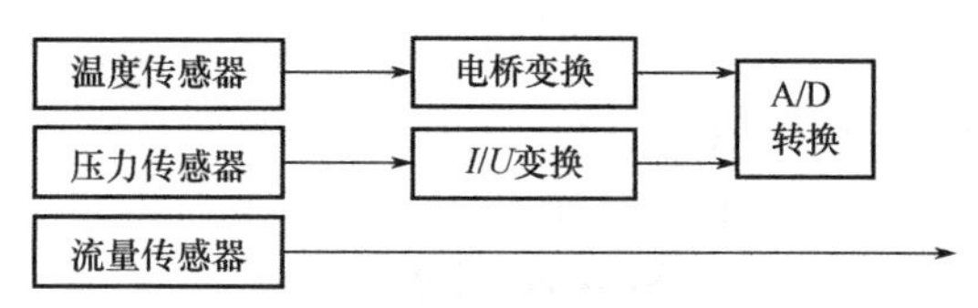

图 7-33　信号接口电路

② 信号接口电路　信号接口电路由 I/U 变换电路、电桥变换电路和 A/D 转换电路组成，原理图如图 7-33 所示。将流量、压力、温度信号经接口电路处理后输出数字信号。涡轮流量传感器直接输出反映流量的脉冲频率信号；温度传感器输出的信号经电桥变换、放大得到反映温度大小的信号 U_T。压力传感器输出 4～20mA 电流信号，经 I/U 变换后，得到反映液体压力大小的电压信号 U_P。再将压力信号、温度信号送入双积分 A/D 转换器，利用间接测量原理，将经过前置信号处理的模拟电压信号转换为与模拟电压信号成正比的积分时间 T，然后用数字脉冲计时方法转换成计数脉冲，再将计数脉冲个数转换成二进制数字输出。这样，三位一体传感器输出反映流量、压力、温度大小的数字信号。

在流量传感器的主体上同时安装三种传感器并对各传感器的输出信号进行变换、处理，实现了液压系统中流量、压力、温度等参数的同时、同点测量，避免了多传感器接入带来的泄漏，既方便了测量，又减轻了系统负担。三位一体传感器输出脉冲数字信号，根据设计需要适当处理，送入单片机系统，使小型化、智能化、精确可靠的液压系统检测仪的设计成为可能。

7.6.2　大型工程机械液压油污染与温度在线监测

大型工程机械被广泛应用于工程建设领域，大型工程机械的传动系统主要以液压传动为主。

(1) 液压油污染度的在线监测

工程机械液压油按传动及控制压力分为高压、中压、低压几种，液压系统的基本回路可分为动力回路、控制回路、执行回路。工程机械液压油污染度的在线监测系统，主要按液压系统油液传动路径分为回路监测系统、主要元件前置监测系统、液压泵的出油口监测系统。几种在线监测原理基本相同，主要是选择合理的监测位置、选择合理的传感器、确定对比参数、实现调控措施。图 7-34 是在线监测与处理系统原理设计图。

① 该系统采用光电传感器作为监测元件，将监测元件安装在要监测油路中，通过光电传感器所测得的信号传输给处理器，处理器将信号进行转化和分析，由显示器显示液压油污

染度，当污染度达到一定值时，由报警装置进行分级报警并处理。

② 监测报警装置的主要功能是根据监测数据判断工作状况，当状态异常时发出报警。监测报警装置采用单参数阈值报警和多参数融合报警两种形式。单参数阈值报警是将单个工况参数的监测数据与其正常工作状态的标准值进行比较，根据差别情况的大小进行报警；多参数融合报警，首先将几个关键工况参数的监测值与阈值差值进行统一量化，然后用信息融合的办法（这种采用神经网络）进行综合，给出系统级的状态指示状态。

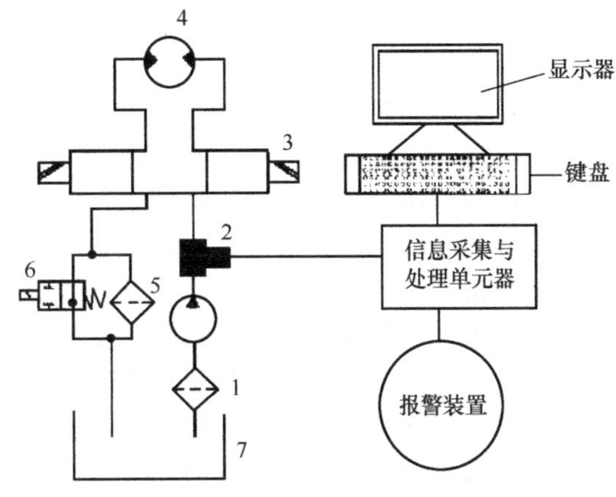

图 7-34 油液污染监测与处理系统

1,5—过滤器；2—光电传感器；3,6—电控液压阀；4—液压马达；7—油箱

③ 油污自动处理，根据在线监测到的油液污染程度，信号采集单元和中心处理单元器给出相应指令，控制电控阀 6 的开启，使精过滤阀 5 适时开启，对油液进行清洁处理。

在工程机械上采用液压油污染度在线监测，可随时监测液压油在使用过程中的品质，显示污染等级及相应的原因，当污染度达到相应的级别时，报警装置也会进行分级报警，以确保工程机械在使用中液压油性能及品质的良好性。

(2) 液压油油温的自动监控

大型工程机械液压传动系统热平衡温度，一般为 60～80℃，保持该温度范围，对液压系统的正常工作和元件使用寿命起到非常重要的作用，现设计一种油温自动监控系统，确保液压传动系统在正常温度范围内工作，如图 7-35 所示。

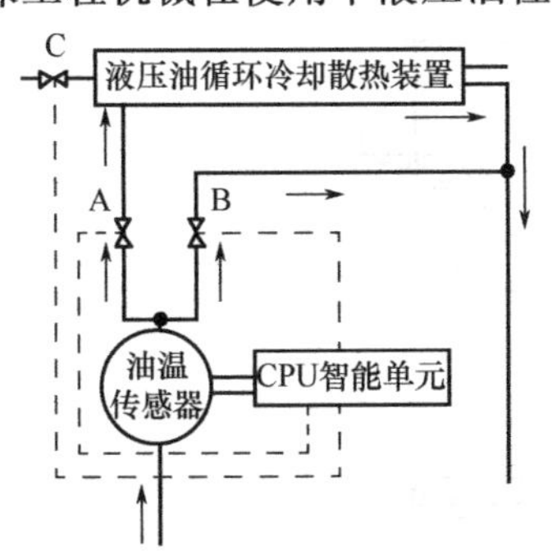

图 7-35 油温自动监控原理

A,B—电控油阀；C—冷却介质电控阀

在液压油循环冷却散热装置前，安装 2 个自动电控油阀 A 阀、B 阀，油温传感器在线监测油温，此传感器安装在油路中，直接检测液压油的实际温度，并将温度反馈给 CPU 智能处理单元，CPU 智能处理单元将检测到的实际温度与设定温度（即理论设计温度）进行比较，再相应调整 A 阀、B 阀、C 阀的开度，当油温正常时，B 阀工作，A 阀关闭；当油温较高时，适当开启油 A 阀，B 阀适当关闭，设计时注意 A 阀、B 阀的开启、关闭时，流量 Q 控制平衡，防止液压系统产生背压。当系统油温高时，A 阀全开启，B 阀关闭。

如果油液循环全部经散热装置，油液温度还是较高时，开大 C 阀或 C 阀全开，加大冷却介质循环流量，以保证正常油液工作温度。

A 阀、B 阀、C 阀的开启程度通过 CPU 智能处理单元控制，智能单元的命令的发出来自温度传感器监测温度高低，通过智能神经系统单元对比处理，实现动态热平衡温度，即系统正常工作温度。

(3) 传感器信号处理电路

在线传感器、信号采集单元和中心处理单元。根据所选择的监测参数选择和安装传感器，在液压系统上加装接口。信号采集单元负责传感器信号的调理、采集及提出。基于图 7-34、图 7-35 工作原理可知，传感器是实现在检测和控制的首要环节，起着准确检测工况作用。传感器主要是接受被测对象的各种非电量信号，并将其转化为电信号，即传感器→运算放大电路→A/D 计算机。但此信号一般比较小，需经过放大处理，提高信噪比，抑制零漂，增强抗干扰能力，以满足数据采集板的要求。

7.6.3 传感器在新型数字化压力机的应用

(1) 数字化压力机

传统压装过程使用的压力机基本上只具有压力检测功能，这样在整个零件的压装过程中，只能知道压力是否达到预期要求，而对压装是否到位或过位，以及压装位移与压装力间的关系则不能清楚地表示出来，这样也就不能判断此次压装是否完全合格，有鉴于此，在原有的压力机基础上增加一位移传感器，并对其结构进行一些合理的改进，使其能实时对压装力与位移进行检测和显示，从而提高了判断压装合格与否的能力。

通过在压力机中设置力与位移传感器，能准确地测量出压装过程中实际的压装力及压头位移的数值，并能在显示屏上数字显示压装力与压头位移之间的二维曲线，从而可实时检测压装质量及判断被压装工件的加工质量。

主体机身为单柱C型，工件可从三面接近工作区域，操作方便。机器的各组成部分有机排列，油缸、荷重传感器、位移传感器均安装于机身之上，电气柜布置在机身的背后部位，操作面板采用折叠式可伸缩结构，通过连杆安装在机身的右边，设备整体显得美观大方操控方便。

压力机机身的外形如图7-36所示。

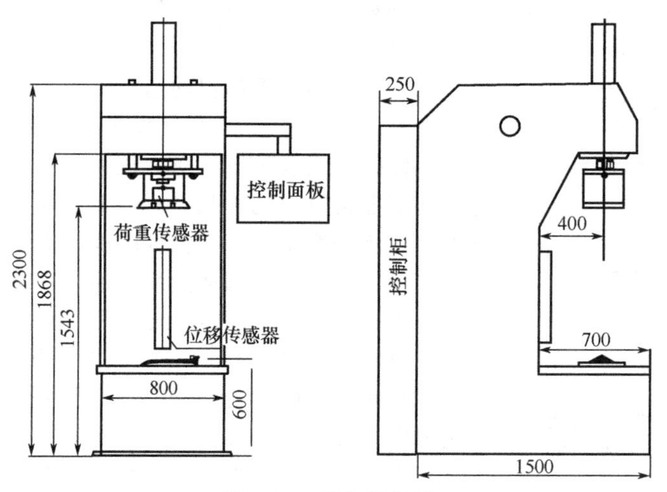

图7-36 压力机外形

(2) 传感器的选用与安装

① 位移传感器及其安装 根据压力机研制的需要，采用光栅式数字位移传感器（又称光栅尺）。光栅是一种在基体上刻制有等间距均匀分布条纹的光学元件。光栅传感器又称光栅读数头，主要由标尺光栅、指示光栅、光路系统和光电元件等组成。标尺光栅的有效长度即为测量范围。

必要时，光尺还可接长，以扩大测量范围。指示光栅比标尺光栅短得多，但两者刻有同样栅距。使用时两种光栅相互重叠，两者之间有微小的空隙 d（取 $d=\omega^2/\lambda$，λ 为有效光波长），使其中一片固定，另一片随着被测物体移动，即可实现位移测量。

光栅传感器具有分辨率高（可达 $1\mu m$ 或更小）、测量范围大（几乎不受限制）、动态范围宽等优点，且易于实现数字化测量和自动控制，是机床和精密测量中应用较广的一种检测元件。

光栅尺在安装时要注意以下几点。

a. 应尽量与运动方向的元件保持一致性。在压力机械中，光栅尺一般安装在机身的腹板上，方向与压头动作的方向一致。如果光栅尺装配不当，特别是导轨误差，对位置测量有巨大影响。为了将由此产生的差降到很小，定尺和定尺外壳应尽可能地固定于机身的腹板面上，安装面一定要与压头导轨平行。

b. 要避免各种加速度，抗振的最高值在 2000Hz，对振动和冲击负荷（平正弦型）允许加速度最高值在 10g；在装配调整时应避免使用钢件或相近材质的部件；光栅尺的定尺与动尺的相对移动代表机床的位移。

c. 因为定尺安装在固定结合面上，动尺需要用支架与运动部件连接，这就要求支架有足够的刚性。在动尺运行时，要消除支架与各运动部件间的共振。

② 压力传感器及其安装　采用金属应变片式压力传感器，它主要包括两个部分：一是弹性敏感元件，利用它将被测物理量转换为弹性体的应变值；二是应变片作为元件将应变转换为电阻的变化。

应用时金属应变片用黏结剂牢固地粘贴在被测试件表面上。当试件受力变形时，应变片的敏感栅也随同变形，引起应变片电阻值变化，通过测量电路将其转换为电压或电流信号输出。

金属应变片式压力传感器具有以下特点：精度高、测量范围广；频率响应特性较好，一般电阻应变式传感器的响应时间为 10^{-7}s；结构简单，尺寸小，质量轻，因此应变片粘贴在被测试件上对其工作状态和应力分布的影响很小，同时使用维修方便；可在高（低）温、高速、高压、强烈振动、强磁场及核辐射和化学腐蚀等恶劣条件下正常工作等。

压力传感器在安装时应注意：当压力机不工作时，传感器应处于自由状态，这样能够很好地保证其测量精度。具体的安装形式如图 7-37 所示。

(3) 特点

可通过电控操作面板直接对液压机的参数进行数字化调节，通过 PLC 程序对压力机系统的压力、速度、位移进行控制。

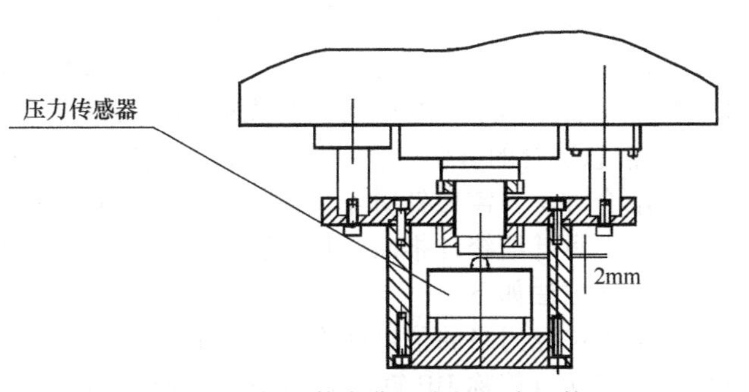

图 7-37　新型数字化压力机压头组件

① 调整方便，可直接通过输入设备（触摸显示屏）输入液压机系统的控制压力和速度，实现系统压力精确调整而且可实现执行机构速度的程序控制，不仅节省了调整时间，而且避免了手动调整的不精确。

② 配合位移和力传感器等测量环节，可实现压装力随位移（或者管道压力）的函数变化，并能进行数字显示，从而可实时检测压装质量及判断被压装工件的加工质量。

③ 系统压力调整灵活，在液压机一次工作过程中可通过各种方式方便灵活地改变液压机的压力。

④ 压力参数可存储，液压机设定的各种压力参数可存储和数字调整，为装配工艺的合理制定提供数据支持。

7.6.4 液压设备故障诊断中的多传感器信息融合技术

液压设备运行工况复杂，影响因素众多，因此，仅靠单一传感器很难完整地把系统实际运行状态真实地反映出来，进而完成故障诊断任务。同时由于液压设备受外界环境的干扰以及传感器老化等因素的影响，所测参数有一定的偏差。基于单参数进行故障诊断，所得结论就不能准确确定设备是否有故障。利用多传感器信息融合技术，从各个不同的角度获得有关系统运行状态的特征参量，并将这些信息进行有效的集成和融合，能比较准确地完成液压故障分类与识别。

(1) 多传感器信息融合技术

多传感器信息融合技术主要用于解决多源信息的处理问题，就是将来自不同传感器的信息进行组合，归一化处理之后与其他先验知识进行联想、过滤、联结和合成，从而得出精确定位和特征判断的各种信息。

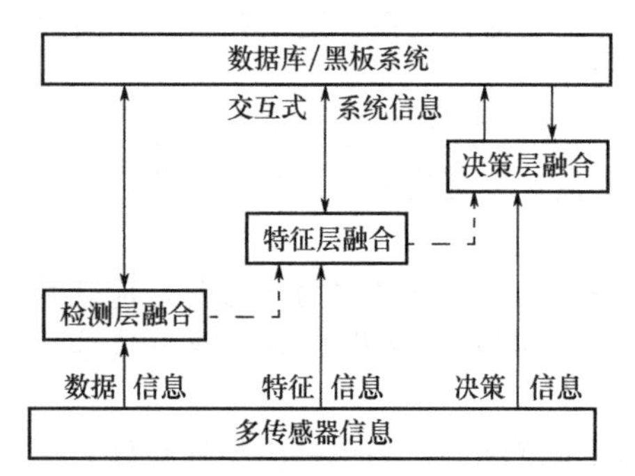

图 7-38 信息融合的层次模型

① 信息融合的层次 按照传感器获取信息的抽象程度不同，信息融合技术一般分为 3 层，如图 7-38 所示。

a. 检测层信息融合。检测层信息融合是直接对传感器采集的原始信息进行融合，即各类传感器采集的信息在未进行预处理之前就进行融合，通过这种融合，操作人员可以直接从感性上对设备的运行状态进行认识。但是，它只针对同质传感器的信息进行融合，而且处理的信息量过于庞大。

b. 特征层信息融合。特征层信息融合是针对传感器传来的原始信息中提取的特征信息进行融合。这种融合的优点是可以将各个不同质的传感器传来的信息放在同一个层面进行分析，从而有效地完成设备的故障分类。但是，它只给出了设备的诊断结果，并没有针对诊断结果给出具体的处理建议。

c. 决策层信息融合。决策层信息融合是最高层次的融合，它是采用不同类型的传感器监测设备的不同目标状态，每类传感器各自完成变换、处理、诊断、决策。而后，通过关联处理，将各个决策结果进行融合，从而得到最终的联合决策结果。

② 信息融合的方法 由于多传感器信息融合技术是一门多学科交叉的边缘学科，没有统一的融合方法，需要针对不同的应用背景选择相应的融合方法。目前，常用的方法有经典推理技术、贝叶斯统计推断、D-S 证据理论、人工神经网络、模糊集理论等。几种应用最为广泛的融合方法如下。

a. 基于神经网络的信息融合方法。目前，在故障诊断领域中应用较多的神经网络算法是反向传播算法（简称 BP 算法）。算法分为两个阶段：第一阶段（正向过程）输入信息从输入层经隐层逐层计算各单元的输出值；第二阶段（反向传播过程）输出误差逐层向前算出隐层各单元的误差，并以此修正其前层权值。该算法的具体流程如图 7-39 所示。在该算法中，通常采用梯度法修正权值，为此要求输出函数可微；另外还有两个重要的参数，步长 n 对收敛性影响很大，惯性系数 a 对收敛速度影响很大。

b. 基于贝叶斯理论的信息融合方法。在机械故障诊断系统中，人们总是希望根据设备的状态观察量，得出最为准确的诊断结果。从这样的角度出发，利用概率论中的贝叶斯公式就能得出错误率最小的分类规则。

在设备运行过程中，各类故障的出现是随机的，但是，它们又是受一定规律支配的。在贝叶斯理论中，描述这种规律的数学工具就是概率密度函数。在设备的运行过程中，可能出现的各类故障用先验知识对其估计，称之为先验概率。例如，用 $P(W_i)$ $(i=0,1,\cdots,n)$ 表示出现第 W_i 类故障的先验概率，$P(W_0)$ 表示设备正常工作时的概率，$\sum_{i=0}^{n}P(W_i)=1$；对一状态向量 X，$P(X/W_i)(i=0,1,\cdots,n)$表示在第 W_i 类故障发生的前提下，设备出现此种状态 X 的条件概率密度，则贝叶斯公式：

$$P(W_i/X)=\frac{P(X/W_i)P(W_i)}{\sum_{i=0}^{n}P(X/W_i)P(W_i)} \tag{7-11}$$

式中 $P(W_i/X)$——设备在已经出现这种状态向量 X 时，据此推断是第 W_i 类故障的概率，称之为后验概率；如果满足 $P(W_i/X)=\max\{P(W_i/X)\}$，则把特征向量 X 归类为第 W_i 类故障。

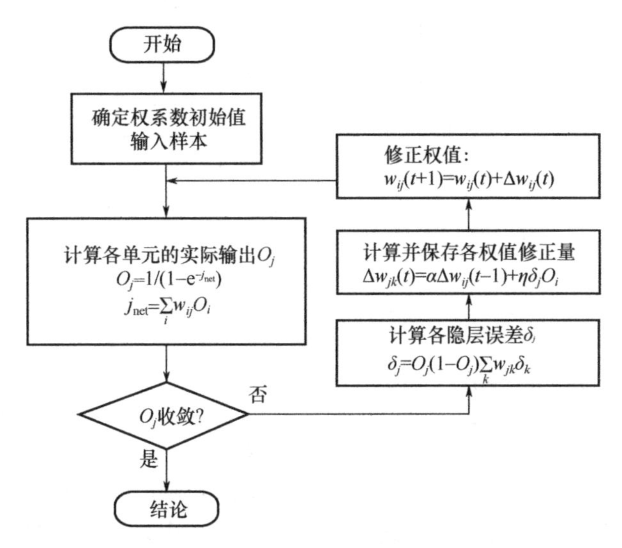

图 7-39 BP 神经网络算法实现流程图

c. 基于 D-S 证据理论的信息融合方法。D-S 证据理论的基本思想是把证据集合（故障症状）划分为若干个不相关的部分，并分别利用它们对识别框（故障类）进行判断，然后利用组合规则把它们组合起来。

首先，根据诊断对象本身的结构建立相应的识别框架 $\theta=\{A_1,A_2,\cdots,A_j\}$，再利用一定的判别方法，得到各类传感器 X_i 对各个故障类 A_j 和不确定性口的 mass 函数，将各 mass 函数按照 D-S 融合规则进行融合，确定新的 mass 函数，再计算信任测度 Bel(A_j) 和似然测度 Pls(A_j)，从而产生对各故障类 A 的信任区间[Bel(A_j),Pls(A_j)]，最后依照一定的决策规则进行诊断决策。

(2) 基于多传感器信息融合技术的液压设备故障诊断系统

① 系统整体结构　液压设备最基本的失效形式有污染、泄漏、磨损、疲劳老化、气蚀、液压卡死、冲击断裂等。对液压设备本身工作参数的监测一般包括压力、温度、振动、泄漏量、污染度等。针对具体的液压设备，监测的参量略有差别，在本文描述的故障诊断系统中，选取了 3 个最能反映液压设备运行状态的参量作为监测参量，分别为压力、振动、污染度。据此可以得出基于多传感器信息融合技术的液压设备故障诊断系统的模型，如图 7-40 所示。

基于多传感器信息融合技术的液压设备故障诊断系统由信息采集模块和中心处理模块组成。两个模块之间通过数据线实施交互。

信息采集模块直接安装在液压设备的各主要部位上，它们分别由传感器、信号调理、A/D 转换、总线接口等组成。主要完成液压设备的各个状态信号的采集，以及某些信号（如压力和振动信号）的特征提取，而后将采集到的信号送给中心处理模块。

中心处理模块主要由 CPU 处理器及相应的支撑软件组成，由于液压设备工况复杂，所

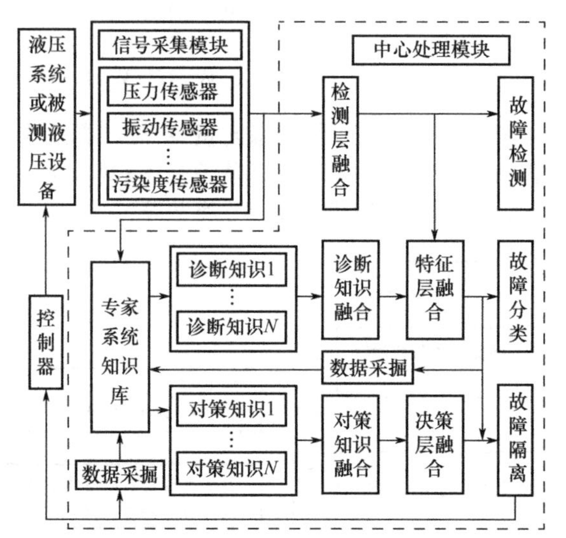

图 7-40 基于多传感器信息融合的液压设备故障诊断模型

以这里一般选择性能比较好的工控计算机作为信息融合的中心处理单元。它主要完成对信息采集模块传送的数据进行分析处理，融合计算和故障诊断，并将诊断的结果以不同的方式显示出来，供操作人员参考，从而采取合理的应对措施。

② 系统工作原理 在该系统中，各个被监测参量分别由相应的传感器检测，将检测后的信号经过预处理之后，送入计算机系统。在计算机系统中，按照信息处理的过程并依据相应的融合算法对信息进行融合计算。

从数据采集模块得到的信息首先是进行检测层的数据融合。该层上的融合一般是针对原始数据取算术平均或加权平均，同时针对相应的状态参量设定相应阈值。通过融合计算，如果相应的算术平均或加权平均超过相应阈值，则对设备进行报警和初级诊断。

特征层信息融合是针对特征信息进行分析和处理，它既需要检测层的信息融合结果，同时也需要专家知识的融合结果，对照已建立的故障模式，对特征量进行检验，以确定哪一个故障类与假设相匹配。这里用到的方法一般为：贝叶斯统计推断、D-S 证据理论、人工神经网络、专家系统等。

决策层信息融合是该系统中融合的最高层，它是在特征层信息融合的基础之上完成的。与特征层信息融合不同，在该层融合之后，不直接给出融合的诊断结果，而是针对各个诊断结果，参照已建立的对策知识，给出最终的决策建议。

在该系统中，由于使用了多传感器信息融合技术，所以可以对设备的各个状态参量进行最有效的融合，从而实现了液压设备故障类别的有效识别。

多传感器信息融合技术是一个多层次、多方位的处理多源信息的过程。它运用各种融合方法对源信息进行检测、联想以及组合处理，获得更为精确的被测目标状态，从系统整体的角度对目标进行全面判断。

信息融合技术在液压设备故障诊断中的应用，通过对液压设备各方面的状态信息进行综合分析和处理，克服了利用单一传感器进行故障诊断带来的片面性和不确定性，从而实现了对液压设备故障状态的准确分类，降低了诊断成本，节省了诊断时间，保证了机器的正常运行。

7.6.5 基于 IEEE1451_ 2 标准的智能液压传感器模块

由于液压工作元件的复杂性，以及液压系统的封闭特性和网络特性，单一的状态检测并不能全面地反映液压系统的运行情况。同时，现场有各种模拟和数字传感器，各种接口标准都互不兼容，这会给监测系统的维护、扩展和升级带来了许多麻烦。基于IEEE1451.2标准的智能传感器能实现对多个液压设备的压力、流量和温度等状态特征量的实时监控功能。

(1) 智能液压传感模块的硬件

智能液压传感模块（STIM）可分为传感器采集模块、基于DSP的数据处理单元和NCAP通信接口模块等。STIM通过TII智能传感器接口可以与任意的网络适配器（NCAP）通信，向远程监控终端发送检测数据。具体的硬件原理如图7-41所示。

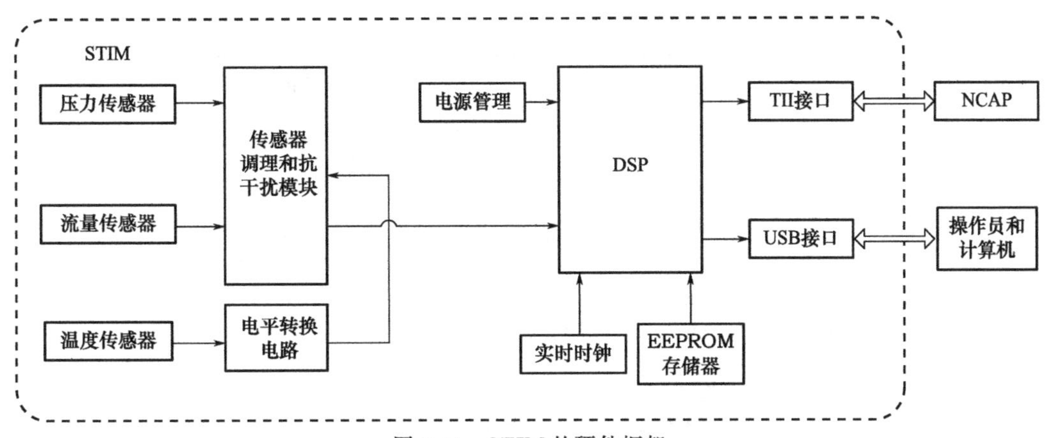

图7-41 STIM的硬件框架

① 信号采集模块 液压系统运行状态的特征量包括压力、流量、温度及泄漏量，STIM将集成这四类传感器，能精确地得到液压系统中某一测点的数值。

a. 压力传感器。压力是衡量液压系统运行状态的一个重要特征量。为了能精确测量液体压力，选用南京宏沐的HM24压力传感器。该传感器的测量范围是0～70MPa，测量精度可达±0.5%FS，灵敏度温度系数为±0.04%FS/℃，适用在较恶劣的介质中测量液压，并具有较好的长期稳定性。

b. 流量传感器。采用LWGT型涡轮传感器，该流量计具有高精度（±0.50%R）、重复性好（±0.05%）的特点，可应用于测量水、石油、化学液体等的流量。

c. 温度传感器。

温度传感器是采用德州仪器的TMP108。这是一款数字型传感器。测量精度达±1℃，输出信号为IIC或SMBus，具有方便灵活的特点。

② 电子数据表格 TEDS是IEEE14512自定义的一种电子表格，存储传感器传感器的类型、属性、行为特点等参数。如表7-9所示，TEDS分为7大类，描述了传感器生产商的名称、通道的函数模型、通道地址、通道的校准信息等，从而使传感器具有了自我描述与识别的能力，增强了不同传感器之间的通信能力，实现即插即用。

表7-9 TEDS的具体内容与功能

TEDS名称	内容与功能
Meta-TEDS	描述任何一个通道所有信息及所有通道的共同信息
Channel-TEDS	描述每个通道的具体信息，如函数模型、校正模型、物理单位等
Calibration-TEDS	存放通道的校准参数
Channel-ID TEDS	用于识别每个被赋予地址的通道

续表

TEDS 名称	内容与功能
Calibration ID TEDS	提供描述 STIM 中每个通道的校准信息
End-Users' Application-Specific TEDS	存放最终用户的特定信息
Industry Extensions TEDS	TEDS 的扩展

在本智能传感器中，电子数据表格中的 Meta-TEDS、Channel-TEDS 和 Calibration-TEDS 存放在 STIM 的 Flash 中，当 STIM 连接 NCAP 后，NCAP 通过 TII 接口读取 TEDS 中的传感器信息。图 7-42 是电子数据表格 TEDS 框图。

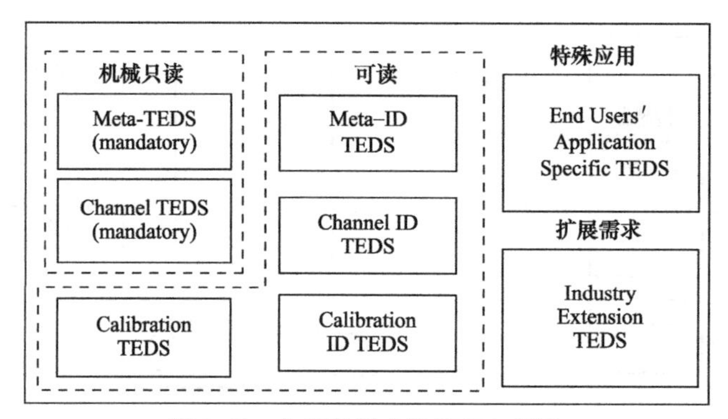

图 7-42 电子数据表格 TEDS 框图

（2）STIM 的软件实现

STIM 的总体软件结构主要包含 IEEE1451.2 协议栈、数据采集模块、电子数据表格、HMI 和底层驱动，如图 7-43 所示。下面将分析 STIM 的关键软件模块的软件设计原理。

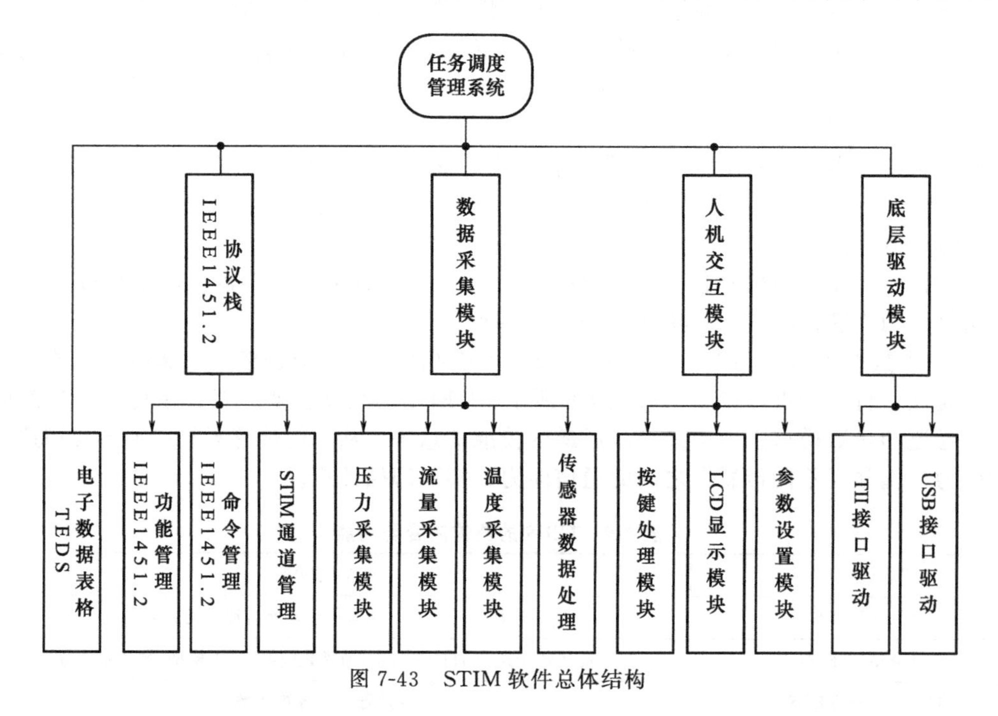

图 7-43 STIM 软件总体结构

① 任务调度管理模块 基于 uCOS 实时操作系统设计任务调度管理系统，负责整个

STIM 中各软件模块的调度，优化系统管理，使整个软件系统运行更加高效。

② IEEE1451.2 协议栈　IEEE 1451.2 协议是 STIM 的设计核心。因此设计协议栈对该协议进行解析与封装。在协议栈下，包含电子数据表格、功能和命令管理模块以及 STIM 通道管理模块。电子数据表格用来存放传感器的各种信息，方便系统的调用。

③ TII 接口驱动　TII 接口定义的传输协议规范了 STIM 与 NCAP 之间的数据通信，主要包括触发和传输两部分。下面以通过 TII 接口读取数据为例，说明数据传输的主要过程。首先 NCAP 使能 NIOE，等 STIM 将 NACK 置为有效后，NCAP 写入执行和地址命令，然后读取 STIM 的数据，最后将 NIOE 禁止使能，并将 NACK 置为无效。图 7-44 是 TII 数据传输时序。

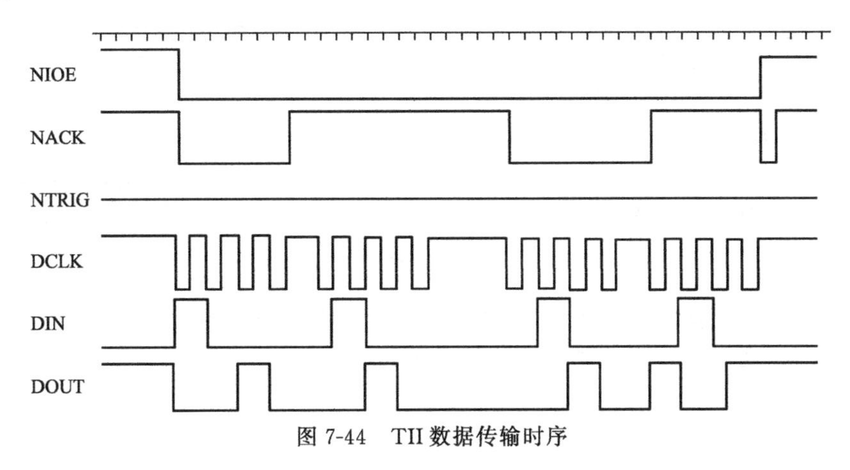

图 7-44　TII 数据传输时序

④ 电子数据表格　电子数据表格中定义各传感器通道中的结构体，在读写不同通道时，只需调用和初始化通道结构体。结构体定义如下。

```
Tyhedef struct channel_desc
{
unsigned char channel_n;//定义通道号
unsigned short TEDS_add;//通道 TEDS 所在地址
unsigned short TEDS_len;//通道 TEDS 长度
unsigned short CAL_add;//校正 TEDS 所在地址
unsigned short CAL_len;//校正 TEDS 的长度
unsigned char * buffer;//定义一个数据区
unsigned char valid_flg;//数据区标志位
unsigned char C_type;//通道类型
unsigned short status;//通道的状态寄存器
unsigned short int mask;//中断屏蔽寄存器
}
```

(3) 智能液压传感器的运行测试

STIM 采集数据后，通过 TII 接口与 NCAP 通信，由 NCAP 经 GPRS 网络将数据传输至后台管理系统。图 7-45 是压力和流量的数据示意图。

管理用户可以通过后台管理系统对液压系统进行实时的检测，记录压力、流量和温度的变化。当压力和流量超过预设的阈值时，后台管理系统将进行预警。

IEEE145 系列标准能统一不同传感器的接口，提高传感器的兼容性，实现“即插即用”的功能。

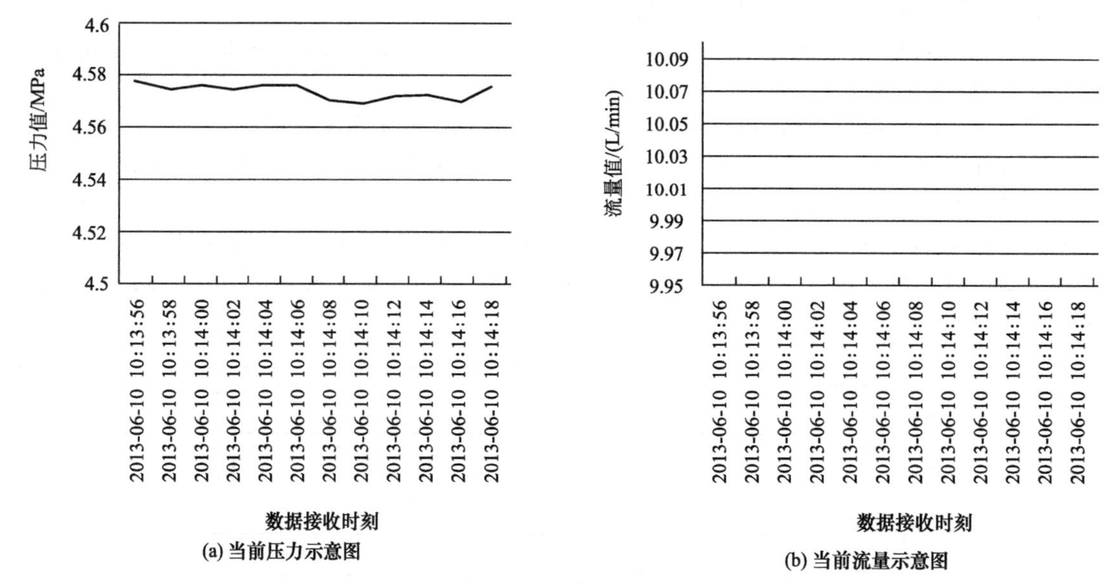

图 7-45 压力和流量的数据示意图

基于 IEEE1451.2 标准的智能液压传感器能应用于液压系统状态的远程监测，实现了多参量实时检测、无线网络控制和传感器即插即用的功能。

第8章 液压控制系统中的触摸屏及应用

8.1 触摸屏技术概述

随着计算机技术的普及，在20世纪90年代初，出现了一种新的人机交互作用技术——触摸屏技术。触摸屏在液压控制中得到广泛的应用。

8.1.1 触摸屏

触摸屏（Touch screen）又称为“触控屏”“触控面板”，是一种可接收触头等输入讯号的感应式液晶显示装置，当接触屏幕上的图形按钮时，屏幕上的触觉反馈系统可根据预先编程的程式驱动各种连结装置，可用以取代机械式的按钮面板，并借由液晶显示画面制造出生动的影音效果。利用触摸屏技术，用户只需用手指轻轻触碰计算机显示屏上的图符或文字就能实现对主机的操作，摆脱了键盘和鼠标操作，使人机交互更为直截了当。

触摸屏作为一种较新的电脑输入设备，是目前最简单、方便、自然的一种人机交互方式。它赋予了多媒体以崭新的面貌，是极富吸引力的全新多媒体交互设备。触摸屏在我国的应用范围较为广泛，主要应用于公共信息的查询，如电信局、税务局、银行、电力等部门的业务查询，城市街头的信息查询，办公、工业控制、军事指挥、交通运输、电子游戏、点歌点菜、多媒体教学、房地产预售等。将来，触摸屏还会走入家庭。随着电脑作为信息来源的与日俱增，触摸屏以其易于使用、坚固耐用、反应速度快、节省空间等优点，使得系统设计师们越来越多地感到使用触摸屏的确具有相当大的优越性。

触摸屏是一个使多媒体信息或控制改头换面的设备，它赋予多媒体系统以崭新的面貌，是极富吸引力的全新多媒体交互设备。它极大地简化了计算机的使用，即使是对计算机一无所知的人，也照样能够信手拈来，使计算机展现出更大的魅力。随着城市向信息化方向发展和电脑网络在国民生活中的普及，信息查询都已用触摸屏——显示内容可触摸的形式出现。

8.1.2 触摸屏工作原理及应用

触摸屏技术使界面能够访问计算机的数据库，而不依赖于传统的键盘、鼠标界面。因此，触摸屏应用已经发展成为显示器市场的一支生力军。

(1) 触摸屏的工作原理

为操作方便，采用触摸屏代替鼠标或键盘。

工作时，首先用手指或其他物体触摸触摸屏，然后系统根据手指触摸的图标或菜单位置来定位选择信息输入。

触摸屏由触摸检测部件和触摸屏控制器组成。触摸检测部件安装在显示器屏幕前面，用于检测用户触摸位置，接受后送至触摸屏控制器。而触摸屏控制器的主要作用是从触摸点检测装置上接收触摸信息，并将它转换成触点坐标，再送给CPU，它同时能接收CPU发来的命令并加以执行。

触摸屏的基本原理是用手指或其他物体触摸安装在显示器前端的触摸屏，所触摸的位置（以坐标形式）由触摸屏控制器检测，并通过接口（如RS-232串行口）送到CPU，从而确定输入的信息。

（2）采用触摸技术的原因

触摸是人类最简单、最本能的共有行为之一。采用触摸技术的原因有很多，如岗亭型应用中限制终端用户对计算机的访问，再如恶劣环境中数据输入和计算机之间的密封、保护需采用触摸技术。

① 触摸屏技术的益处　触摸屏是用户和计算机之间实现互动的最简单、最直接的方式。尽管触摸屏技术相对较新，但是用户和触摸屏交互的基本方式已非常久远：你的手会伸向你想要的东西，这几乎是所有人的本能。

现在，各行各业都已成功地将触摸屏的效用发挥到各自的应用中。航空公司使用它来模拟机舱、训练飞行员驾驶飞机；房地产公司通过它使购房者能够在弹指之间观看商品房的全彩图像；贺卡公司使用它来让客户创建自己的个性化卡片；餐馆饭店使用它来简化店内的POS终端；医科学校使用它来指导护士学员如何应对危机状况。

触摸屏技术带来的实质益处如下。

a. 简化了人机界面，使用户无须经过任何培训就能使用计算机。

b. 提高了精确度，消除了操作员误操作的可能性，因为供用户选择的菜单设置非常明确。

c. 触摸屏取代了键盘和鼠标。

d. 结实耐用，可以承受键盘和鼠标易受损坏的恶劣环境。

e. 通过触摸屏可以快速访问所有类型的数字媒体，不会受到文本界面的妨碍。

f. 底座更小，保证空间（桌面或其他地方）不被浪费，因为输入设备已完全整合到显示器中。

② 触摸屏的应用场所　包括工业控制（轻工、机械、电力、化工、冶金、建筑、矿山、国防工业等）；医院；零售摊点；观光区；学校；交通系统（车站、机场、码头等）等。

（3）触摸屏的分类

根据触摸屏的工作原理和传输信息的介质，把触摸屏分为四种，它们分别为电阻式、表面声波式、红外线式以及电容式。

① 电阻式触摸屏　电阻触摸屏的屏体部分是一块多层复合薄膜，由一层玻璃或有机玻璃作为基层，表面涂有一层透明的导电层（ITO膜）。上面再盖有一层外表面经过硬化处理、光滑防刮的塑料层。它的内表面也涂有一层ITO，在两层导电层之间有许多细小（小于千分之一英寸）的透明隔离点把它们隔开。当手指接触屏幕时。两层ITO发生接触，电阻发生变化，控制器根据检测到的电阻变化来计算接触点的坐标，再依照这个坐标来进行相应的操作。电阻屏根据引出线数多少，分四线、五线等类型。五线电阻触摸屏的外表面是导电玻璃而不是导电涂覆层，这种导电玻璃的寿命较长，透光率也较高。

② 表面声波触摸屏　表面声波是超声波的一种，它是在介质（例如玻璃）表面进行浅层传播的机械能量波。表面声波性能稳定、易于分析，并且在横波传递过程中具有非常尖锐的频率特性。表面声波触摸屏的触摸屏部分可以是一块平面、球面或柱面的玻璃平板，安装在CRT、LED、LCD或是等离子显示器屏幕的前面。这块玻璃平板只是一块纯粹的强化玻璃，没有任何贴膜和覆盖层。玻璃屏的左上角和右下角各固定了竖直和水平方向的超声波发射换能器，右上角则固定了两个相应的超声波接收换能器，玻璃屏的四边刻有由疏到密间隔非常精密的45°角反射条纹。在没有触摸的时候，接收信号的波形与参照波形完全一样。当

手指触摸屏幕时，手指吸收了一部分声波能量，控制器侦测到接收信号在某一时刻的衰减，由此可以计算出触摸点的位置。除了一般触摸屏都能响应的 X、Y 坐标外，表面声波触摸屏的突出特点是它能感知第三轴（Z 轴）坐标，也就是能感知用户触摸压力的大小值，其原理是由接收信号衰减处的衰减量计算得到，三轴一旦确定，控制器就把它们传给主机。

③ 红外线式触摸屏　红外触摸屏的四边排布了红外发射管和红外接收管，它们一一对应形成横竖交叉的红外线矩阵。用户在触摸屏幕时，手指会挡住经过该位置的横竖两条红外线，控制器通过计算即可判断出触摸点的位置。任何触摸物体都可改变触点上的红外线而实现触摸屏操作。

④ 电容式触摸屏　电容式触摸屏利用人体的电流感应进行工作。电容式触摸屏是一块 4 层复合玻璃屏，用真空金属镀膜技术在玻璃屏的内表面和夹层各镀有一层 ITO，玻璃四周再镀上银质电极，最外层是只有 0.0015mm 厚的玻璃保护层，夹层 ITO 涂层作为工作面。4 个角引出 4 个电极，内层 ITO 为屏蔽层。以保证良好的工作环境。在玻璃的四周加上电压，经过均匀分布的电极的传播，使玻璃表面形成一个均匀电场，当用户触摸电容屏时，由于人是一个大的带电体，手指和工作面形成一个耦合电容。因为工作面上接有高频信号，手指吸收走很小的一部分电流。电流分别从触摸屏 4 个角上的电极流出，流经这 4 个电极的电流与手指到 4 个角的距离成正比。控制器通过对这 4 个电流比例的精密计算，得出触摸点的位置。

(4) 触摸屏技术的发展趋势

触摸屏技术方便了人们对计算机的操作使用，是一种极有发展前途的交互式输入技术。世界各国对此普遍给予重视。并投入大量的人力、物力进行研发，新型触摸屏不断涌现。

触摸笔：利用触摸笔进行操作的触摸屏类似白板，除显示界面、窗口、图标外，还具有利用触摸笔签名、标记的功能，系统已做到了自动辨认。这种触摸笔比早期只提供选择菜单用的光笔功能大大增强。

触摸板：触摸板采用了压感电容式触摸技术，屏幕面积最大 3m×4m，是一种壁挂式系统。触摸板由三部分组成：最底层是中心传感器，用于监视触摸板是否被触摸。然后对信息进行处理，中间层提供了交互用的图形、文字等，最外层是触摸表层，由强度很高的塑料材料构成。当手指点触外层表面时，在千分之一秒内就可以将此信息送到传感器并进行登录处理。触摸板与 PC 机兼容，它还具有亮度高、图像清晰、易于交互等特点，因而被应用于指点式信息查询系统（如电子公告板），收到了非常好的效果。

触摸屏的发展趋势具有专业化、多媒体化、立体化和大屏幕化等特点。随着信息社会的发展，人们需要获得各种各样公共信息。以触摸屏技术为交互窗口的公共信息传输系统通过采用先进的计算机技术，运用文字、图像、音乐、解说、动画、录像等多种形式，直观、形象地把各种信息介绍给人们，给人们带来极大的方便。

8.2 触摸屏技术在液压控制中的应用

触摸屏是一种智能化操作部件，是目前最简单、方便、自然的一种人机交互方式。PLC 和触摸屏的组合使用是工控领域的发展趋势。

触摸屏和 PLC 组合系统既利用了 PLC 强大的控制功能，又发挥了触摸屏友好的人机交互、灵活、可靠的优点，大大减少了操纵台上的开关数量，省去了复杂的电气接线，使操作人性化。操作人员可以直接通过触摸屏的按钮来控制系统的运行，简化了操作难度，且通过运行曲线可以更直观地掌握系统的运行状态。系统具有实时显示被控系统的参数值、显示曲线、控制、报警、记录及设置参数等功能，可以随时修改设备运行模式、设定运行参数，实现了 PLC 的可视化功能。

8.2.1 触摸屏-PLC 在液压摆式剪板机中的应用

(1) 液压摆式剪板机

液压摆式剪板机是一种精确控制板材加工尺寸，将大块金属板材进行自动循环剪切加工，并由送料车运送到下一工序的自动化加工设备，其整个工艺过程很符合顺序控制的要求，所以，在控制过程中，采用可编程控制器对自动剪板机进行控制，它较好地解决了采用继电器、接触器控制，控制系统较复杂，大量的接线使系统可靠性降低，也间接地降低了设备的工作效率这一问题。因此，将 PLC 应用于该控制，具有操作简单、运行可靠、抗干扰能力强，编程简单，控制精度高的特点。在控制的过程中，剪板机剪板的个数可根据工艺参数方便的修改，而且利用光电接近开关检测板料状态非常准确。

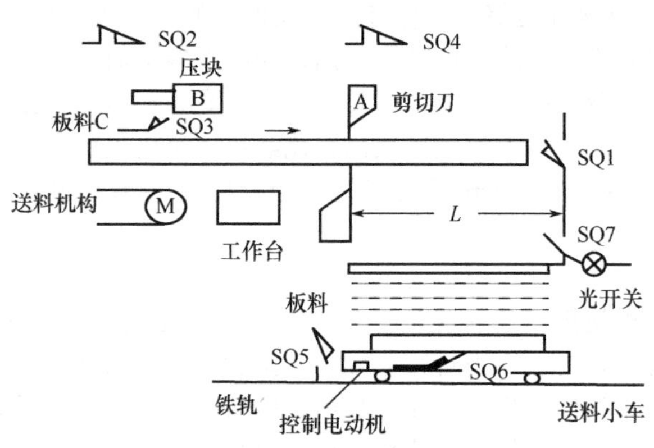

图 8-1 液压摆式剪板机原理图

(2) 设备结构

液压摆式剪板机是一种精确控制板材加工尺寸，将大块金属板材进行自动循环剪切加工，并由送料车运送到下一工序的自动化加工设备，其结构及原理如图 8-1 所示。

上电后，检测各工作机构的状态，控制各工作机构处于初始位置，进料，由控制系统控制进料机构将待剪板料自动输送到位，定剪切尺寸，采用伺服电动机控制挡料器位置保证精确的剪切尺寸，其尺寸可是定值也可以设置为循环变动值；压紧和剪切，待剪板料长度达到设定值后，由主电动机带动压料器和剪切刀具，先压紧板料，然后剪断板料；送料车的运行，包括卸载后自动返回，剪切板料的尺寸设定，自动计数及每车板料数的预设定，具备断电保护和来电恢复功能，能实现加工过程自动控制，加工参数显示，系统检测。

(3) 工作原理

液压摆式剪板机工作过程可进行点动、单次和连续三种动作选择。

点动：选择点动操作挡位，踩下脚踏慢进，下压剪切机构自动下压，碰下行程开关停止下压，下压过程松脚踏慢进，停在当前运行位置；下压过程踩下脚踏回程，下压剪切机构自动回程，碰上行程停止回程，回程过程松开脚踏回程，停在当前回程位置。

单次：设定保压时间，卸压时间，水平挡料进退距离，调整好水平挡料位置；选择单次操作挡位，下压剪切机构不在上行程开关位首先自动回上行程开关位；踩下脚踏慢进，下压剪切机构自动下压；碰下行程开关时，水平挡料机构后退设定距离，同时自动进行保压；保压时间到自动进行卸压，卸压时间到下压剪切机构自动回程，同时水平挡料机构自动前进设定距离；碰上行程开关，单次剪切动作结束。

连续：连续（工步）流程如图 8-2 所示。

① 设定保压时间、卸压时间、水平挡料进退距离，调整好水平挡料位置。

② 设定工步数以及每个工步的挡料位置、剪板张数。

③ 选择连续操作挡位，下压剪切机构不在上行程开关位首先自动回上行程开关位；踩下脚踏慢进，下压剪切机构自动下压。碰下行程开关时，水平挡料机构后退设定距离，同时自动进行保压，保压时间到自动进行卸压，卸压时间到下压剪切机构自动回程，同时水平挡

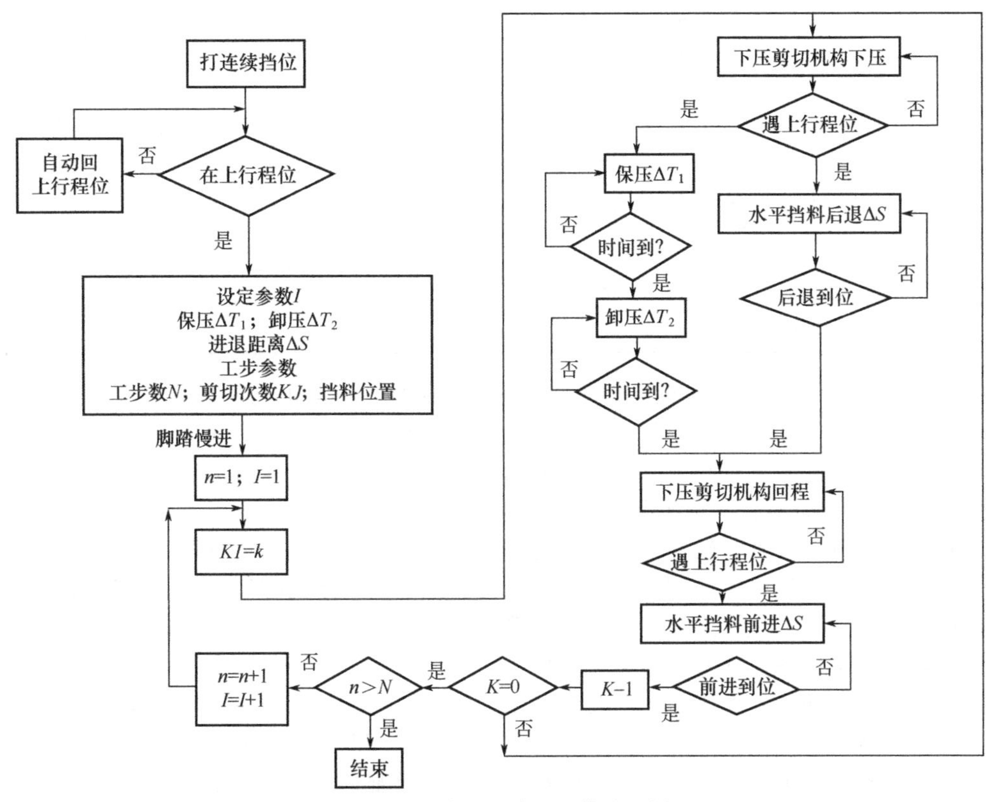

图 8-2　连续（工步）工作流程图

料机构自动前进设定距离，碰上行程开关，一次剪切动作结束，进行下一次剪板。

④ 当前工步剪切次数完成，碰上行程开关，水平挡料位置自动进行调整，进入下一工步剪切动作。

⑤ 所有工步动作完成，碰上行程开关，连续剪切动作结束。

(4) 控制系统

液压摆式剪板机控制系统由控制部分、驱动部分和监控部分组成。控制系统结构见图 8-3。

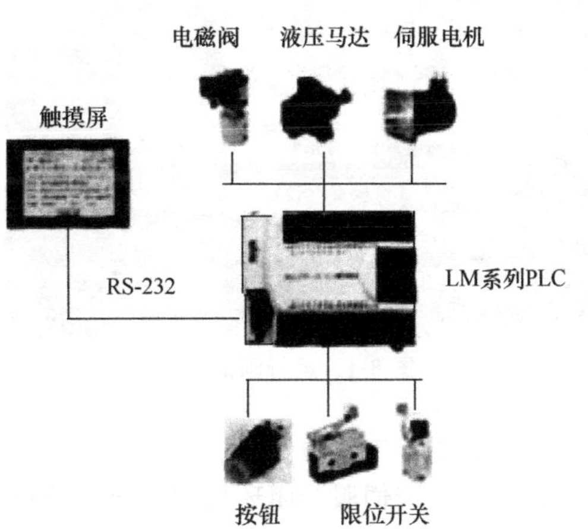

图 8-3　控制系统结构图

① 控制部分　本系统采用 LM 系列专用高速运动控制模块 LM3106A 控制。LM3106A 是专为实现高速运动控制而设计的模块，主要用于实现步进或伺服电动机的定位控制。

LM3106A 本体集成 14 通道 24VDC 输入，10 通道晶体管输出，其输出有 2 个公共端，输出通道采用 5～24VDC 驱动电源供电，具有两路高速输出，可做 PWM（100kHz）或 PTO（50kHz）使用，另外，还可以通过 RS-232 通信口与和利时触摸屏进行通信。

表 8-1 为控制系统的 I/O 配置。

表 8-1 系统 I/O 分配表

信号类型	设备名称	PLC 地址	信号类型	设备名称	PLC 地址
开关量输入信号(DI)	上行程开关	IX0.4	开关量输出信号(DO)	电磁阀	QX0.0
	连续选择按钮	IX0.5		油泵	QX0.1
	点动选择按钮	IX0.6		空置	QX0.2
	下行程开关	IX0.7		挡料伺服方向	QX0.3
	急停	IX1.0		挡料伺服脉冲	QX0.4
	油泵启动	IX1.1			
	油泵停止	IX1.2			

② 驱动部分 液压摆式剪板机驱动部件主要包括横向伺服电动机和竖直液压气动装置。

伺服电动机及驱动器均采用和利时公司的产品，其中“蜂鸟（Hummer）”系列低压无刷伺服电动机驱动器是北京和利时电动机公司最新推出的适合低压直流供电的、小体积、高性能全数字伺服驱动器。硬件上采用 32 位高速 RISC 专用控制芯片，高效功率变换技术，以及创新编码器反馈技术；软件上采用最先进的电动机控制策略，完全以软件方式实现了电流环、速度环、位置环的闭环伺服控制；驱动器嵌入了高级运动控制功能，通过通信接口即可完成如多段点到点、直线插补、圆弧插补等功能。挡料采用伺服电动机进行定位，达到了精确定位，保证了设备控制要求及运行效果。

往复下压剪切动作由液压和气动装置完成，通过 PLC 控制电磁阀的得失电进行。

③ 监控部分 上位监控部分由一台和利时触摸屏，配以监控软件来完成，触摸屏上可以进行动作操作，运行参数设定，工作状态选择以及显示 PLC 的输入输出点工作状态。图 8-4 和图 8-5 为触摸屏部分监控画面。

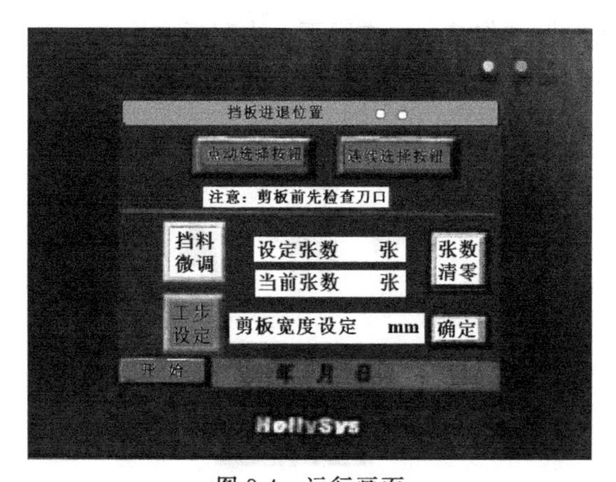

图 8-4 运行画面

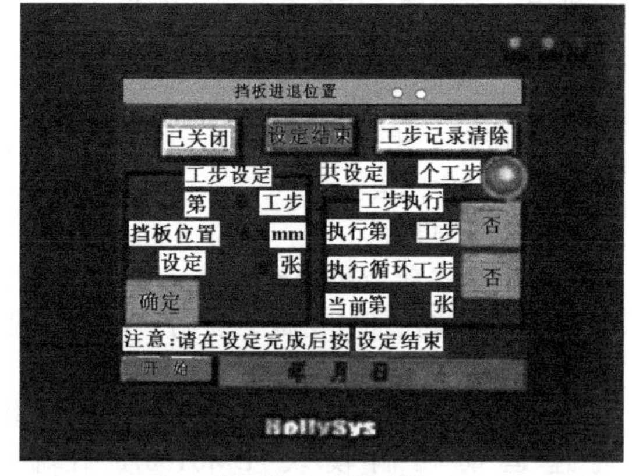

图 8-5 工步画面

系统具有以下特点。

a. 采用电液伺服全闭环控制系统，剪板厚度精度、重复定位精度达到很高的水准。

b. 每步程序可设定挡料位置（后挡料 X，相当于伺服的绝对位置）、凸模具下压位置（Y 值，相当于凸模具下降的距离）、剪切次数、保压时间 4 个参数。

c. 具有多工步编程功能，可实现多自动运行，每一步执行完后，触摸屏都要自动把下一步参数输入 PLC 和伺服，实现多工步零件一次性加工，提高生产效率。

该系统运行稳定可靠，控制精度高，维护使用方便。

8.2.2 触摸屏-PLC在恒力压力机电液伺服控制中的应用

恒力压力机是为某特殊产品开发的专用设备，要求具有普通压力机操作方便性、可靠性，同时具备试验机的性能。要求是加载力、位移及其速率可控、可测，既可保持加载力、位移恒定（恒值方式），也可保持加载力、位移的速率恒定（恒速率方式）。加载力精度要达到1级压力试验机水平。

(1) 液压系统

液压原理如图8-6所示，液压缸为ϕ160mm柱塞缸，快速上升时由液压源2的大泵供油，小泵卸载，在恒值或恒速率调节阶段小泵供油，大泵卸载。调节阶段的加载阀为额定流量5L/min的伺服比例阀13，其根据偏差控制进入液压缸的流量，实现恒值或恒速率输出。回程时换向阀9的电磁铁YV3通电，打开液控单向阀10，液压缸靠自重快速下行。

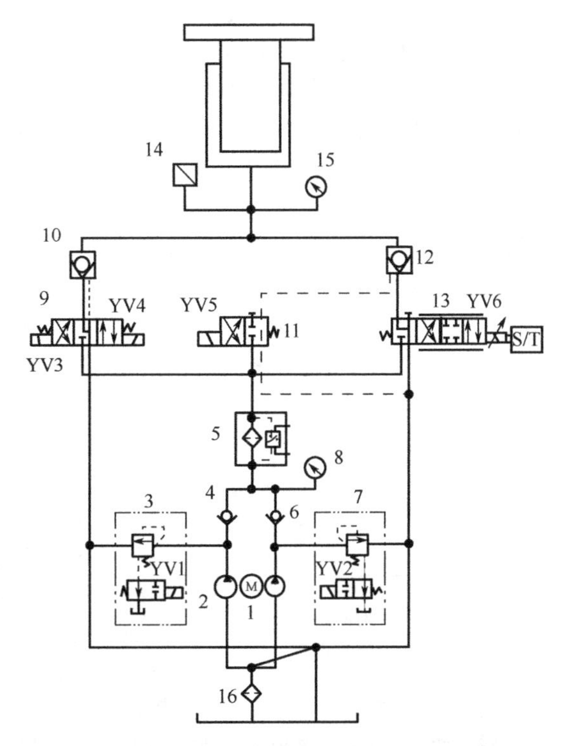

图8-6 液压系统

1—电动机；2—泵；3,7—卸荷阀；4,6—单向阀；5,16—过滤器；8,15—压力表；9,11—换向阀；10,12—液控单向阀；13—伺服比例阀；14—压力传感器

在工作空间调整上，本压力机与试验机不同，试验机是通过电动机、减速器、丝杆等一套机械装置来实现上压盘定位，其结构复杂。本压力机上横梁即为上压盘，液压缸全行程，利用大泵实现液压缸快速上行定位，机械结构大大简化。

伺服比例阀13出口处加一个液控单向阀12，目的是对于要求恒值精度不高的工作场合，可以利用该阀保压，此时伺服比例阀停止工作，液压泵卸载，以节约能源。为了使液控单向阀保压到伺服比例阀调节过程中切换平稳，卸荷阀7先通电，之后换向阀11再通电。在调节过程中，换向阀11应始终通电。

卸荷阀3、7卸荷压力要低，以防止电动机启动后换向阀9、伺服比例阀13的泄漏造成液压缸自动上行。

(2) 控制系统

控制系统如图8-7所示。

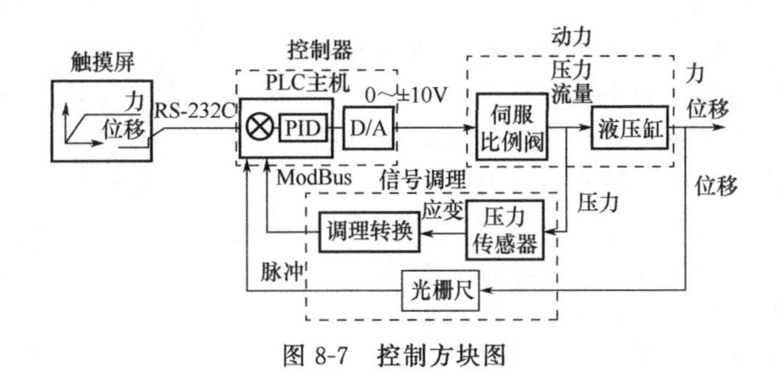

图8-7 控制方块图

由参数设定和显示（触摸屏）、控制器（PLC）、信号调理及动力环节4部分组成。

控制程序包括过程参数记录显示、标定、中断倍频、反馈调节、零点调整等几部分，其中最重要的反馈调节采用自编的全浮点运算、变参数的PID程序，解决了内置PID指令输入范围受限，不能实时控制的问题。

信号调理环节含光栅尺和压力调理转换模块两部分。光栅尺将压力机下压盘（活动横梁）的位移转换为AB两相脉冲，PIE采用中断方式接受脉冲，实现计数功能，再经软件四倍频，从而提高位移测量精度和分辨率。

调理转换模块是提高加载力测量和控制精度的关键。系统采用了高精度、高分辨率的压力传感器和调理转换模块。压力传感器的满量程精度为±0.1%，调理转换模块将压力传感器的应变信号放大，经24位A/D转换器转换为数字量，编码成浮点数，通过其ModBus串行总线输出，最后PLC以通信的方式采集压力信号，压力值经过标定后转换为力值。

从系统原理图中可知，与位移控制不同，力的控制是半闭环的，是通过控制液压缸压力间接控制的，但经过0.3级标准测力仪标定后，力的测量和控制完全能到达1级试验机示值误差±1%的要求。

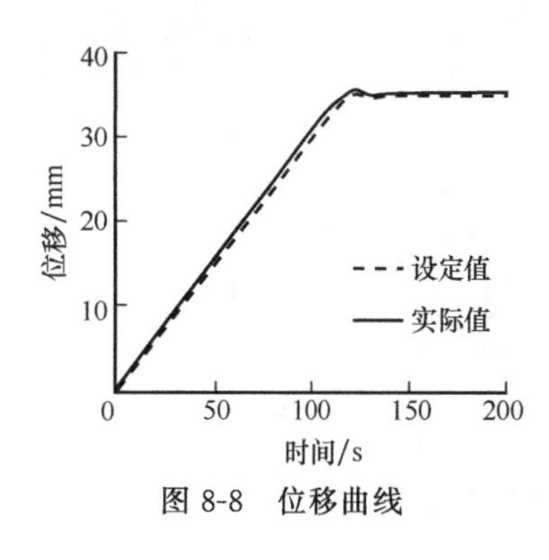

图8-8 位移曲线

(3) 试验结果

图8-8是一条先恒速率再恒值的位移控制曲线。

在恒速率开始阶段几秒内，由于速率振荡，其值略高，使整个位移曲线左移，但稳定后的速率误差很小，只有0.02mm/s。达到恒值段时有超调和回调误差，超调峰值0.5mm，170s后稳定，其误差为0.03mm。

考虑到是单作用缸，下行靠重力和被压物料弹性，这样的控制效果是不错的，也达到了设计要求。加载力的控制曲线与位移控制相似，只不过是可以分多个恒速率恒值段。力控制效果优于位移控制，比如1kN/s的恒速率加载，其误差为0.03kN/s，170kN的恒加载力误差为0.12kN，并且在恒速率恒值转换过程没有超调，就控制而言其误差可以忽略，但由于是半闭环，力的实际误差取决于标定结果。

采用伺服比例阀和高性能调理转换模块是恒力压力机开发成功的关键因素。对于生产设备，除了系统响应能完全达到要求外，其可靠性要高，维护简单容易，伺服比例阀正好能满足这样要求。控制系统采用的工业控制常用控制器PLC和触摸屏，其可靠性高于工控机或嵌入式控制器，并且界面友好、操作方便，以通信方式实现压力采集也较好地解决了PLC的A/D模块性能低的问题。

8.2.3 触摸屏-PLC在液压弯管机控制中的应用

(1) 弯管机工作原理

半自动液压弯管机主要由机械部分、液压系统和PLC-触摸屏控制系统3部分构成。

机械部分主要由送料定位装置、转管定位夹持装置、弯管传动装置、压料装置、床身及弯管模等组成，主要完成直线送料、空间转管以及其他弯管辅助动作（如夹紧、压料等）。弯管的工作原理如图8-9所示：弯管模固定在主轴上并随主轴夹一起转动，管子通过夹紧模固定在弯管模的夹紧槽上，

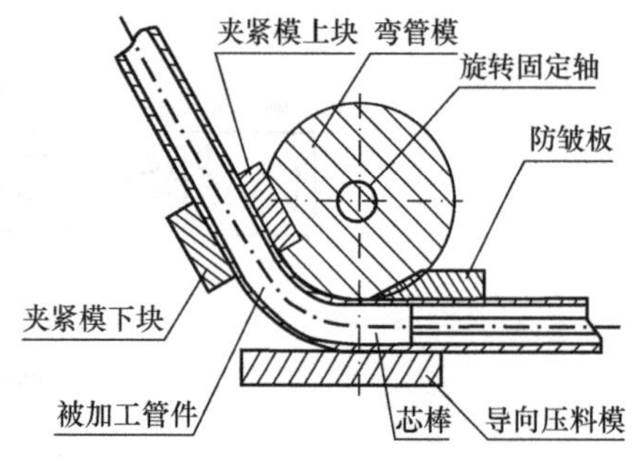

图8-9 工作原理示意图

移动式导向压料滑槽紧贴于管坯的弯曲外侧，当弯管模回转一角度时，管子就被缠绕在弯管模的周向，从而得到某一弯曲半径的弯曲角度。要实现空间弯曲，手动通过送料小车将管件送到下一弯曲位置（由机械挡块确定，最多有 8 个），并转过一所需空间角度（由机械凸轮确定，有 8 组机械凸轮，可设置 8 种空间转角），进行弯管，即可得到相同弯曲半径的空间弯管，更换弯管模可改变弯曲半径。

(2) 半自动液压弯管机的液压系统

图 8-10 为半自动液压弯管机的液压系统，主要由 6 个液压缸组成，料夹缸用于夹持管料，保证弯管、送料、空间转管时管料的固定；芯棒缸驱动芯棒进入空心管料，使芯棒在弯曲时起支撑作用，特别是薄壁管料加工时，防止管料产生内皱和塌陷；主夹缸在弯管时始终保证管料通过夹紧模固定于弯管模的夹紧槽上；导夹缸起辅助夹管作用，同时保证在弯管时，管坯弯曲外侧能沿着导向滑槽作移动；弯曲主油缸通过齿条齿轮，使弯曲模旋转，实现弯管。倾转轴归零缸用于手动空间转管后，使倾转轴回零位。

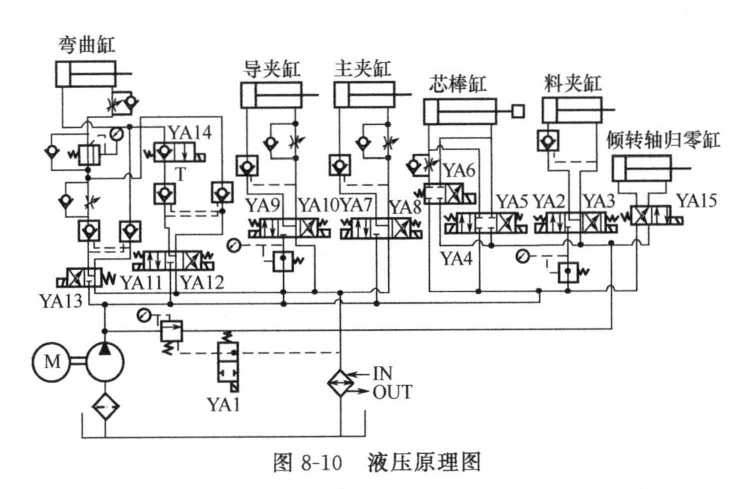

图 8-10 液压原理图

在弯管机的液压系统中，弯曲主油缸、主夹缸、导夹缸和料夹缸均由液控单向阀锁紧，减少了压力损失，保证弯管过程中弯曲、夹紧、压料动作可靠。弯曲主油缸、主夹缸、导夹缸和芯棒缸都采用了单向节流回路，使得系统速度可调，满足不同的弯管工艺。其中弯曲主油缸设置了 2 次回油节流调速回路，这样工作速度平稳、无冲击，速度负载特性好，在达到弯曲角度前 5°～10°时，可采用慢速弯管，使最终到达的弯曲角度与设定弯曲角度十分接近；芯棒缸的单向节流回路用于弯管结束时，芯棒慢退使管制品轻微凹陷部分拉平滑，保证管制品的最终质量。用电磁溢流阀形成卸荷回路，系统结构简单，能量利用合理，节能效果明显。

(3) PLC-触摸屏控制系统

① 控制系统原理　半自动液压弯管机的控制系统采用可编程序控制器，PLC 是专门在工业环境下设计的控制装置，具有功能强、可靠性高，程序设计简单、修改方便等优点；操作系统采用触摸屏人机界面，具有显示直观，操作简易，实时监控数据、修改参数功能强和工作稳定性好等优点。半自动液压弯管机硬件控制系统结构如图 8-11 所示。可编程控制器选用日本三菱公司 FX2N-32MR，触摸屏选用深圳人机电子有限公司触摸屏 MT510L，它们之间通过一根 RS-485 通信电缆线实现实时通信。PLC 接受触摸屏上的操作控制按钮以及接近开关和光电编码器检测的位置和角度控制信号，使液压缸按规定的顺序完成弯管各动作。触摸屏一方面将弯管机操作控制信号和工艺参数等传送给 PLC，另一方面将 PLC 工作状态和运行信息显示在触摸屏上，实现生产过程的动态监视。其中，角度控制是利用 PLC 中高

速计数器和光电编码器来实现。

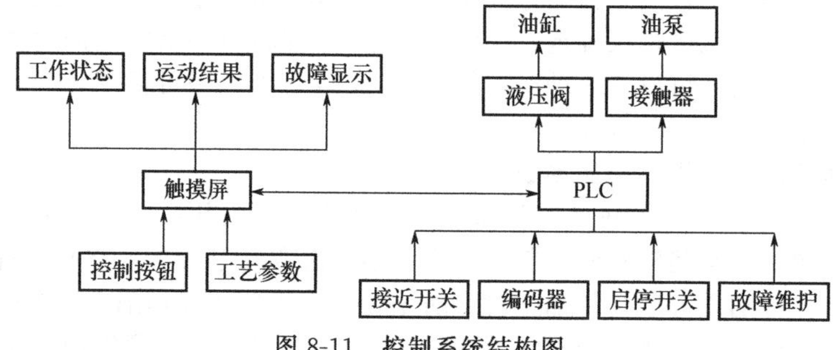

图 8-11 控制系统结构图

② PLC 的 I/O 地址分配

PLC 的 I/O 地址分配为：

输入	输出
X0 弯管编码器 B 相脉冲输入	Y0 油泵电动机控制接触器 KM
X1 弯管编码器 A 相脉冲输入	Y1 油泵电动机卸荷电磁阀 YA1
X2 急停按钮	Y2 料夹夹紧电磁阀 YA2
X3 倾转编码器 B 相脉冲输入	Y3 料夹松开电磁阀 YA3
X4 倾转编码器 A 相脉冲输入	Y4 芯棒前进电磁阀 YA4
X5 液压油泵过载	Y5 芯棒后退电磁阀 YA5
X6 脚踏开关（料夹）	Y6 芯棒慢退电磁阀 YA6
X7 脚踏开关（启动）	Y7 主模夹紧电磁阀 YA7
X10 芯棒前进限位	Y10 主模松开电磁阀 YA8
X11 芯棒后退限位	Y11 导模夹紧电磁阀 YA9
X12 主夹缸后退限位	Y12 导模松开电磁阀 YA10
X13 导夹缸后退限位	Y13 弯管电磁阀 YA11
X14 弯管缸原位限位	Y14 退弯电磁阀 YA12
X15 倾转轴归零缸原位限位	Y15 慢弯管电磁阀 YA13
	Y16 缓衡阀 YA14
	Y17 倾转轴归零电磁阀 YA15

③ PLC 控制软件　半自动液压弯管机有手动、半自动 2 种工作模式。手动模式主要用于系统的调整（包括模具、弯曲速度、弯曲力及其相互之间的匹配等）及设备排查故障和维修。通过触摸屏控制各按钮，使各工序单独工作。半自动模式为正常工作模式，调整好每一弯的弯曲位置和空间倾转角度，设置好每一弯的弯曲工艺参数（弯曲角度、夹模夹持时间、慢速弯管角度、慢速退芯角度)，完成有/无进芯、有/无慢退芯功能选择，将小车送到初始位，装上管坯，夹料，然后按下脚踏开关（启动)，自动完成 1 弯；接着将小车拉到第 2 弯定位块，转动管子到第 2 倾转角，按下脚踏开关（启动)，自动完成第 2 弯，直至最后 1 弯（1 根管材最多可有 8 个弯头)，松开料夹，人工取走管制品。

半自动液压弯管机 PLC 控制软件包括触摸屏界面和 PLC 程序。

a. 触摸屏界面。触摸屏界面设计首先在计算机上应用触摸屏工具软件 EasyBuilder 500，根据生产工艺的控制要求进行界面设计，并做好相关设定，再进行编译，在计算机与触摸屏正确通信后，下载给触摸屏 MT510L。触摸屏界面设计有初始界面、手动模式、半自动模式、角度编辑、多角度模式和故障报警等界面。各界面之间切换方便、快捷。手动模式界面主要有手动操作设备的各按钮及其相关显示；半自动模式界面主要用于完成 1 弯的半自动操作及其显示。角度编辑界面主要用于设置弯管的1组参数以及弯管总数，可设置最大为38组的系统参数存储档案。每组中可对弯曲轴的8种角度以及每种弯曲角度的夹模夹持时间、慢速弯管角度、慢速退芯角度进行编辑。多角度模式界面主要用于半自动多弯加工过程中的实时监控，多角度模式界面如图8-12所示。另外还设计有电动机过载、弯曲角度超程、接近限位开关故障等报警界面，当出现故障时，触摸屏转入报警界面，显示故障信息，以利于故障处理。

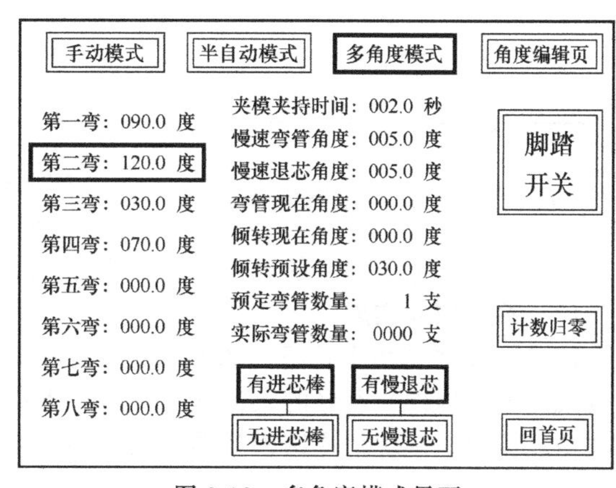

图8-12　多角度模式界面

b. PLC系统。对于半自动液压弯管机的手动和半自动2种工作方式，考虑操作方便及安全可靠性，采用模块式程序设计，分手动控制程序和半自动控制程序，2个模块的更改互不干扰，有利于程序维护。在半自动控制程序中，针对有进芯棒与有慢退芯、有进芯棒与无慢退芯和无进芯棒3种不同加工工艺需要，设计出各对应的控制程序，各控制程序为一子程序。因此，当管件的加工工艺不同时，对应的控制程序只需通过有进芯棒/无进芯棒、有慢退芯/无慢退芯2个选择开关的选择来进行切换即可。半自动工作方式在手动送料、手动转角下自动弯管，完成管件的空间多弯，下面是有进芯棒与有慢退芯的自动弯曲控制流程。

即在管件弯曲位置与空间转角确定后，芯棒前进到位，主夹模和导夹模夹紧并延时，弯管并检测角度，在达到弯管角度前5°～10°（可设置）时，慢速弯管至弯管角度，慢退芯5°～10°（可设置），快退芯至原位，主夹模和导夹模松开，弯管臂退回到原位。

(4) 小结

该半自动液压弯管机具有以下特点。

① 弯管能力强，加工范围广，半自动液压弯管机可实现三维多弯，每一管件最多可加工8个弯头数，每弯可有8挡空间转角，最大弯管角度可达185°，同时适合于钢管、不锈钢管、铝管、钛合金管等管材加工。

② 弯管工艺精度高，质量好。采用编码器和PLC对弯管角度进行自动准确控制，弯管精度达±0.1°，另外增加了慢速弯管、慢退芯工序使弯管质量可进一步得到提高。

③ 安全可靠，操作方便。

8.2.4 触摸屏-PLC在液压同步顶升控制中的应用

(1) 概述

同步顶升系统用于通航船闸人字门的顶升，属重型设备。以葛洲坝下闸首人字门为例，其高达34m，宽19.7m，厚2.7m，每扇门叶有11层楼高，质量达600t。

由于闸门在高压（闸门两侧水压差）、高强度（闸门开启频繁）、大作用力（闸门本身质量大，轴承受力大）、腐蚀性（水的作用）的复杂环境下工作，每两年的时间就需要对闸门进行彻底的检查和维修。

在以往的施工过程中都是采取水平仪校准，人工调整上升或者下降的方式操作闸门。操作过程中常常无法保证精度和稳定性，而且工作量大，时间长，容易拖延工作时间，影响工作效率，并且容易发生安全隐患。

通过分析已有系统的利弊，结合电子技术、PLC控制技术，研制开发了PLC控制的液压同步顶升系统，该系统采用硬件软件化思想，以PLC为控制核心，采用通用控制模板组成控制系统。

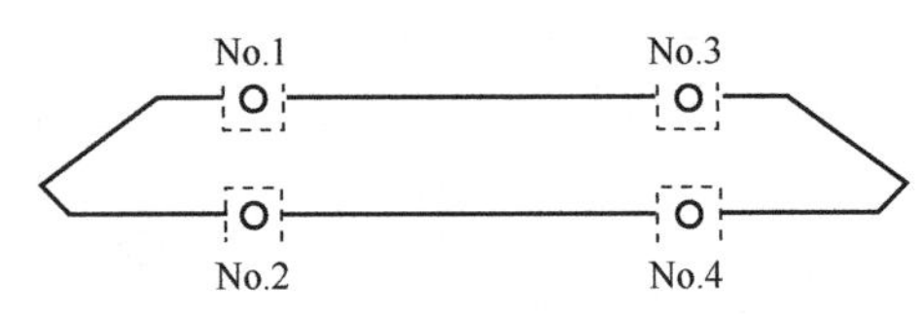

图 8-13 船闸人字门横截面示意图

图8-13所示为船闸人字门横截面示意图，图中所标注的位置为放置油缸的位置，其中1号油缸所在位置由于受力情况最为复杂，所以被确定为基准油缸，其他各油缸的运动均以1号油缸为基准。

(2) 系统硬件构成

PLC同步系统由上位机（人机交互界面）和下位机（PLC控制系统）2个部分组成。上位机由触摸屏构成友好的人机交互平台，下位机PLC控制系统包括CPU处理器以及各种相关功能模块。系统组成结构如图8-14所示。

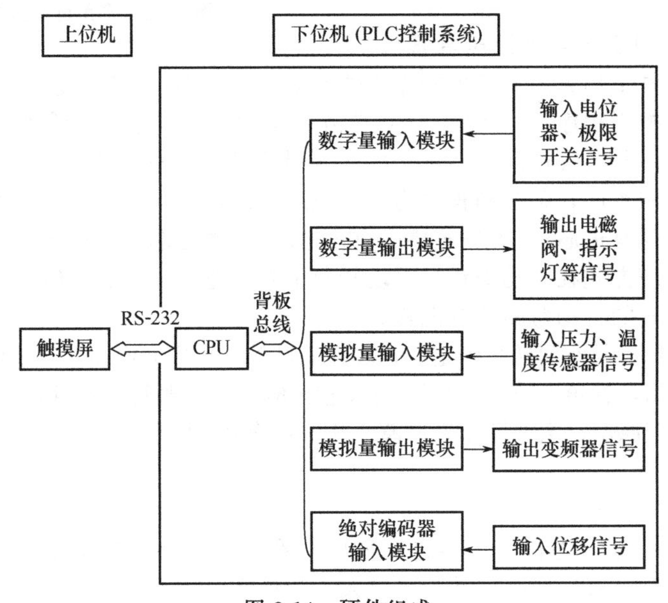

图 8-14 硬件组成

(3) 人机交互界面

人机交互界面如图8-15所示。人机交互界面具有以下几种功能。

① 参数设置。用于对系统中不变的参数的设定。

② 预顶操作。以确保油缸是否到位。

③ 调平操作。依据现场情况将调整闸门水平，记录当前位置为零点，以后的操作均在此基础上进行。

④ 同步顶升。系统最为关键的步骤，控制油缸同步上升，保证任意两油缸之间的误差不超过0.6mm。当误差超过0.5mm时，系统报警，而超过0.6mm时则停机。停机之后进入“调整操作”，对油缸进行调整水平。

⑤ 同步下落。功能同上。

⑥ 调整操作。在同步顶升和下落过程中出现问题时，人为调整油缸水平。

维护操作与测试操作是独立于完整的系统流程之外的操作过程，维护操作主要用于在平时的检修设备过程中对设备进行维护与保养。而测试操作则是在系统使用之前，对系统相关参数进行测量，得实际值与设定值的差距，用软件对硬件进行修正。

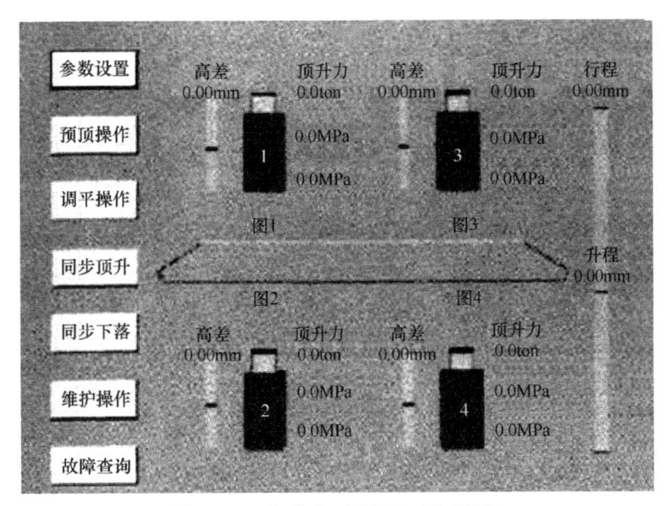

图 8-15 人机交互界面（主界面）

(4) 程序

PLC控制系统主要负责采集各种相关的开关量和模拟量信号，传递给CPU；通过信号处理模块对信号进行分析处理；根据初始化参数和采集信号计算运行参数和上位机实时显示参数；输出各个油缸的动作信号和模拟量信号控制各个油缸动作；输出报警判断及处理信息；输出事件处理信息（见图8-16）。

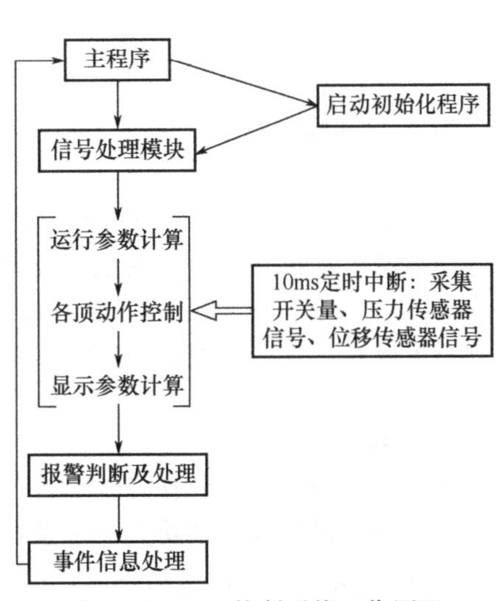

图 8-16 PLC控制系统工作原理

同步运动分为5个过程，分别是充压过程、加速过程、匀速过程、减速过程、停机过程。加速和减速过程，主要是为了控制大负载下冲击对门体结构和油缸造成损坏。

① 充压过程控制 由于大负荷状态时启动过程需要压力达到一定数值（一个能量积累过程），在控制上为了防止油缸受力不均衡启动时间差异太大，导致某些油缸受力过大损坏或者各油缸之间高度相差超过允许范围。所以在加速之前要进行充压，以保证各油缸受力相差不大。

预充压过程控制方法：

a. 计算同步顶中下腔压力值最小的，赋值为最低转速 v_{min}（最低许用速度）的2倍运行，即 $v_{low}=2v_{min}$，下腔压力最小值记为 p_{low}，其余油缸的速度 $v=v_{low}p/p_{low}$ 但不高于泵的许用转速（顶升时）；所有油缸均以 $v=2v_{min}$ 速度运行（下落时）。

b. 油缸运行位移达到5个脉冲（0.1mm），该油缸 $v=v_{min}$。

c. 当所有油缸的位移都达到5个脉冲后，所有油缸开始进入加速阶段，预充压阶段结束。

② 加速阶段控制 根据加速时间计算出每10ms各油缸的电动机转速增加值增加后对应变频器编码，每10ms赋值给变频器一次。直至速度达到设定值。

③ 顶升同步算法 控制目标为高差，以高差作为反馈控制信号，来调节电动机转速。基准油缸以给定的速度曲线运动，加减速阶段不作高差反馈控制，其控制方程如下。

顶升时：

$$\begin{cases} v=\left(1-\dfrac{q}{a}\right)v_0 & q<b \\ v=\left(1-\dfrac{c\sqrt{|q|}}{a}\right)v_0 & q\geqslant b\left(c=\dfrac{q}{|q|}\right) \\ v_{\min}\leqslant v\leqslant v_{\max} \end{cases}$$

下落时：

$$\begin{cases} v=\left(1+\dfrac{q}{a}\right)v_0 & q<b \\ v=\left(1+\dfrac{c\sqrt{|q|}}{a}\right)v_0 & q\geqslant b\left(c=\dfrac{q}{|q|}\right) \\ v_{\min}\leqslant v\leqslant v_{\max} \end{cases}$$

式中 v——输出油缸速度；

v_0——设定速度；

p——与基准油缸高度差；

a——控制系数；

b——控制拐点。

当 p 与基准油缸的高度差大于 b 时表明油缸的速度与基准油缸相差太大，需要加大调整力度。

④ 减速度阶段控制　根据设定速度和减速时间计算出油缸减速起始位置，并按每 10ms 对各油缸的电动机转速对应变频器编码赋值。理论上，当减速过程完成时，即当电动机速度降为 $v_{\min}+100$r/min 时，油缸的位置正好到达设定位置。如果在减速过程中，行程提前到达则马上停机；如果减速过程完成而尚未到达，则以 $v_{\min}+100$r/min 的速度运行至设定位停机。

(5) 小结

基于 PLC-触摸屏控制的液压同步顶升能全自动完成同步顶升过程，实现位移控制、过程显示、故障报警等多种功能。该系统具有以下特点。

① 具有友好的人机交互界面，操作简单。

② 整体安全可靠，功能齐全。

③ 操作控制集中，所有油缸既可同时控制，也可单独控制。

④ 效率高，工作时间短，劳动强度小。

系统在水坝现场使用后，采集的数据显示各控制点同步偏差不超过 0.02mm，移位精确。

8.2.5 触摸屏-PLC 在气-液压实验台控制中的应用

为了使工业控制更简单化，更具人性化，在 PLC 控制中，人机界面的应用，更加体现了控制系统的可视化程度和先进性，更加方便了使用者的操作和监控等。而基于触摸屏的人机界面极富人性化、符合人与外界进行沟通的自然方式。某试验装置采用触摸屏监控并结合 PLC 控制实现全自动控制。

(1) 气液压试验装置

该试验装置由气动送料装置和液压冲压、落料装置组成。气动送料装置使用气缸构成直线间歇式进给，其结构如图 8-17 所示。前、后支承座 2、9 之间安装有两根导轨 6，活动送料块 4 在送料气缸 1 的驱动下可在导轨 6 上前后移动，固定送料块则固定在导轨的尾部，调节螺母 3 用于调节活动送料块 4 的前进位置，与挡块配合确定送料长度和送料位置。夹紧气缸采用薄膜式夹紧气缸，该气缸行程短，动作快，可提高送料速度。

图 8-18 为该试验装置的驱动回路。驱动系统采用气-液压混合驱动形式，使读者对气-液压传动技术有更全面、综合的理解。

A、B、C 三个气缸用于对带料进行间隙输送，带料厚 0.8mm，宽 40mm，气压源压力为 8kg，送料缸工作压力调为 4kg，夹紧缸压力调为 6kg；D、E 分别对工件冲压成形和将成形后的工件从板料或带料上落料，液压源的工作压力为 10MPa，冲压缸最大出力为 8t，落料缸最大出力为 6t。

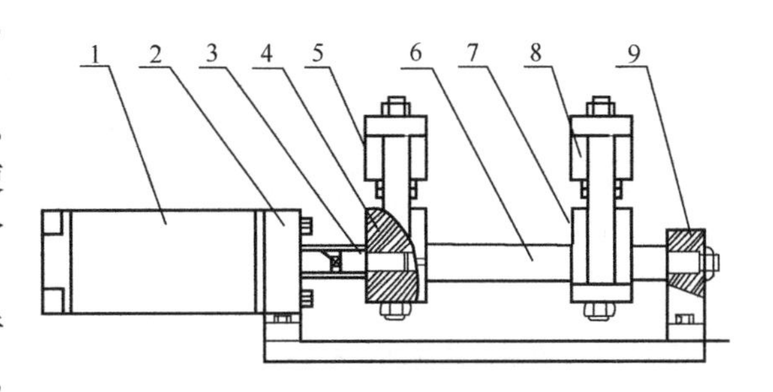

图 8-17 送料装置结构

1—送料气缸；2—前支承座；3—调节螺母；4—活动送料块；5—夹紧气缸；6—导轨；7—固定送料块；8—夹紧气缸；9—后支承座

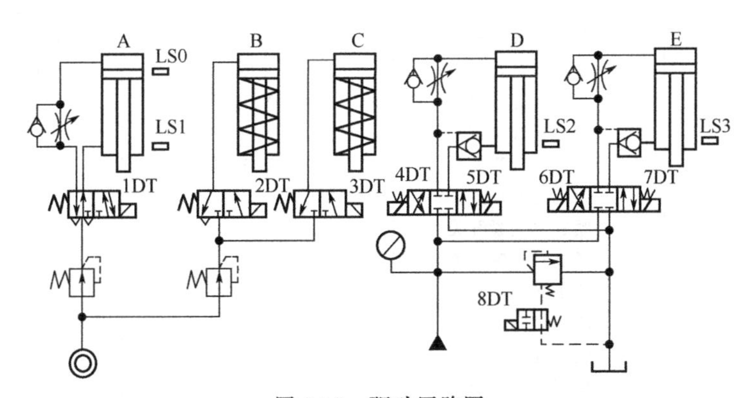

图 8-18 驱动回路图

A—送料气缸；B,C—夹紧气缸；D—冲压油缸；E—落料油缸

各元器件的动作顺序如下。

① 各缸在原始位置时，按下启动按钮，线圈 8DT 通电，液压系统加压工作。

② 线圈 2DT 通电，夹紧缸 B 压紧带料。

③ 1s 后，线圈 1DT 通电，送料缸 A 推动滑块向右运动，至 LS1 停止。

④ 线圈 3DT 通电，夹紧缸 C 缸向下运动，压紧带料。

⑤ 线圈 2DT 失电，夹紧缸 B 返回，放松带料。

⑥ 1s 后，线圈 1DT 失电，送料缸 A 返回，至 LS0 位置。

⑦ 线圈 5DT 通电，冲压缸 D 向下运动对带料进行冲压，到位置 LS2 停止。

⑧ 线圈 7DT 通电，落料缸 E 向下运动对带料进行落料，到位置 LS3 停止。

⑨ 线圈 7DT 失电，线圈 6DT 通电，落料缸 E 向返回。

⑩ 1s 后，线圈 5DT 失电，线圈 4DT 通电，冲压缸 D 向返回。

⑪ 1s 后，3DT 失电，夹紧气缸 C 放松，返回②。

(2) 控制系统

① 控制系统的硬件配置　根据自动冲压设备的控制要求，控制系统以日本三菱公司的可编程序控制器 FX2N-48MR 为控制器、F970GOT 触摸屏为人机界面。

控制功能包括：执行装置的自动运行、手动调试运行、点动调试运行，急停联锁、运行

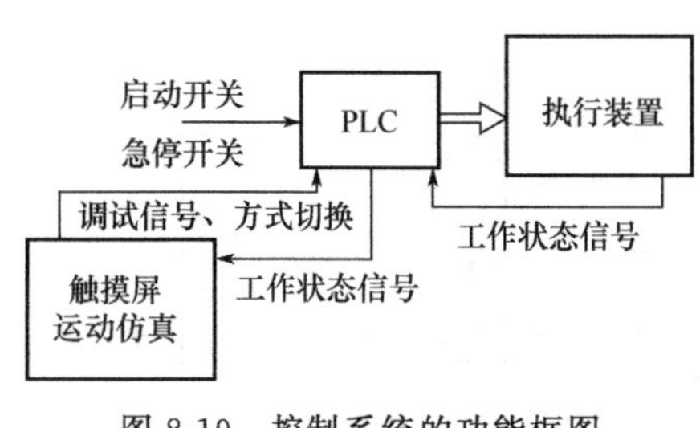

图 8-19 控制系统的功能框图

节拍的外部设置等。PLC负责对气液压装置的下位控制，触摸屏负责显示装置的运动状态，设定工作参数，提供装置的运行方案切换信号和手动调试信号。该系统的功能图如图8-19所示。

② PLC控制程序 触摸屏对装置的控制功能，除现场的输入输出信号直接与PLC相接之外，还需在PLC内确定一些中间继电器元件作为触摸屏控制的输入信号。PLC信号输入输出分配如表8-2所示。

表 8-2 PLC信号输入输出表

PLC输入	输入信号	PLC输出	驱动元件
X00	自动启动	Y00	A缸前进线圈1DT
X01	紧急停止	Y01	B缸夹紧线圈2DT
X02	行程开关LS0	Y02	C缸夹紧线圈3DT
X03	行程开关LS1	Y03	D缸返回线圈4DT
X04	行程开关LS2	Y04	D缸冲压线圈5DT
X05	行程开关LS3	Y05	E缸返回线圈6DT
M0	自动运行方式	Y06	E缸落料线圈7DT
M1	手动运行方式	Y07	液压启动8DT
M2	点动运行方式	Y10	自动运行指示灯
M3	点动运行开关	Y11	报警指示灯
M10	手动送料开关		
M11	夹紧缸B夹紧开关		
M12	夹紧缸C夹紧开关		
M13	液压缸D下行		
M14	液压缸D上行		
M15	液压缸E下行		
M16	液压缸E上行		
M17	液压系统启动		
D100	节拍时间		

编程时采用跳转指令将PLC程序分为自动运行、手动操作和点动操作三个部分，由触摸屏输出的信号M0、M1和M2确定。M3、M10～M17为触摸屏上的手动操作按钮，用于装置调试阶段的操作，触摸屏通过D100设定装置运行的节拍，实现装置的时间顺序控制功能，自动运行程序流程如图8-20所示。

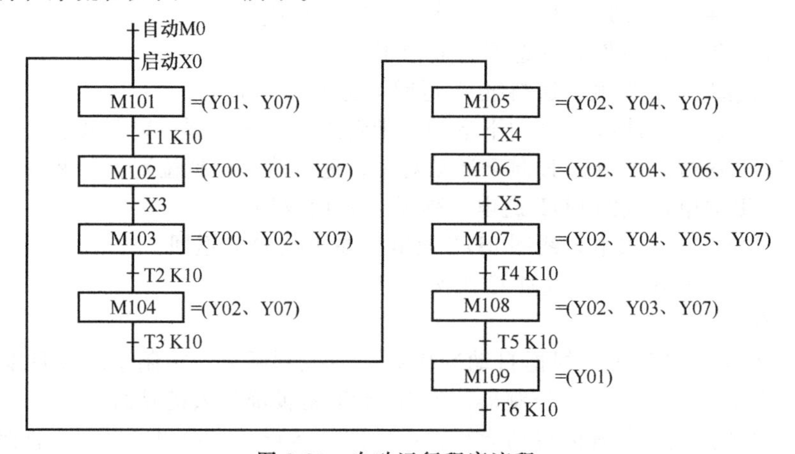

图 8-20 自动运行程序流程

③ 人机界面　GOT触摸屏上的人机界面由5个基本画面和4个窗口画面组成。5个基本画面分别为方式选择和参数设置画面、自动运行状态显示画面、手动运行操作与状态显示画面、点动运行操作与状态显示画面、故障记录画面。其中故障记录画面中记录并保存装置在运行过程中出现的故障情况，如D缸冲压线圈5DT通电后5s后PLC未检测到行程开关LS2，则报警，使装置复位，同时记录下报警时间。窗口画面可在除故障记录画面之外的任何画面弹出故障报警信息。

(3) 试验装置的特点

① 系统为了安装、调试及维护的需要特设置了手动操作画面，对应每个执行元件均有一按键交替控制，即按一下启动，再按则停止，且对应指示灯显示。

② 整个工艺流程图显示在屏幕上，每个执行元件都有对应指示，界面直观明了，不易出错。

③ 可在线修改参数、程序，维护方便。

④ 控制电路简洁明了，增强了可靠性。

⑤ 系统有很高的稳定性和抗干扰能力。

8.2.6 触摸屏-PLC在液压缸综合实验台控制中的应用

液压缸综合实验台控制系统结构简单，降低了成本，提高了检测精度、自动化程度和稳定性。

(1) 液压系统

系统按照GB/T 15622—2005《液压缸试验方法》的要求改进，主要的改进是将溢流阀改成了比例溢流阀，将压力表改成了压力传感器，将油箱温度计改成了温度传感器，改进后的液压缸综合实验台系统原理如图8-21所示。

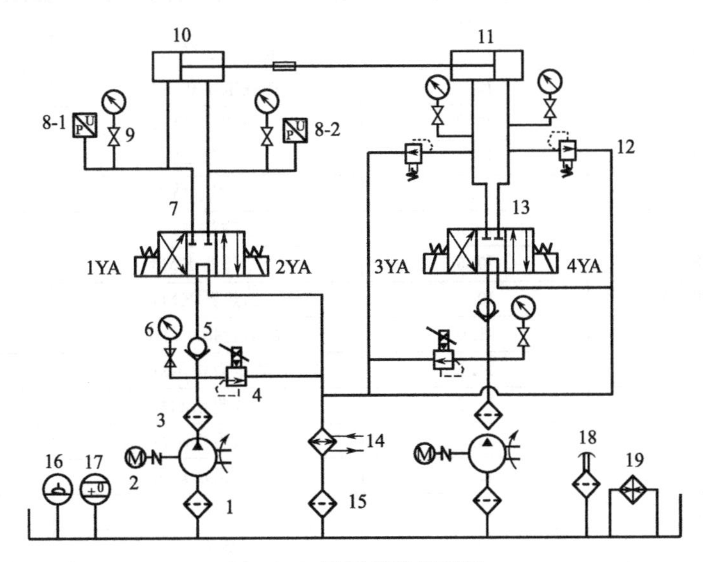

图8-21　液压系统原理图

1—粗过滤器；2—液压泵电动机组；3—精过滤器；4—比例溢流阀；5—单向阀；6—压力表；7,13—电磁换向阀；8—压力传感器；9—截止阀；10—被试缸；11—标准缸；12—安全阀；14—冷却器；15—回油过滤器；16—液位计；17—温度传感器；18—空气滤清器；19—加热器

(2) 控制系统硬件

控制系统主要由主控PLC、触摸屏人机界面、按钮、限位开关、传感器、电动机、故

障报警器、电磁阀组、比例放大器等组成，如图 8-22 所示。

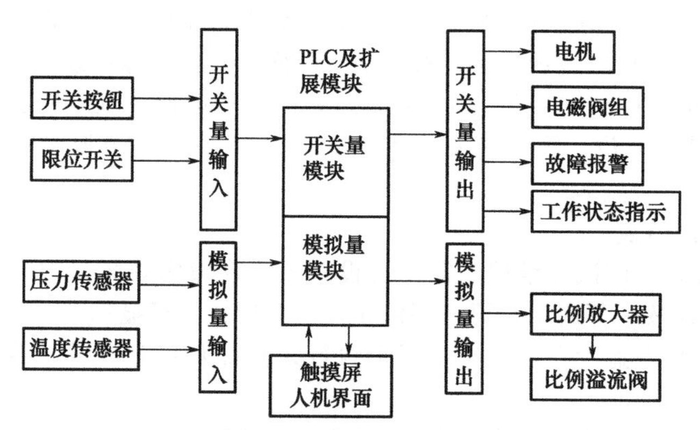

图 8-22　控制系统组成

PLC 为核心控制器，负责开关量传感器等的输入输出，控制电动机、电磁阀、比例阀等的动作；触摸屏人机界面进行参数的设定，试验项目的选择，试验数据图表的显示和储存等；传感器负责采集压力和温度信号。

① PLC 选型与 I/O 分配　控制系统选择 S7-200 系列 PLC，根据试验要求系统共有开关量输入点 18 个，输出点 13 个；模拟量输入点 3 个，输出点 2 个。因此选择 PU224PLC 另外加一台数字量扩展模块 EM223（8 入 8 出）；模拟扩展模块选择 EM231（4 入）和 EM232（2 出），配一个 TPC7062TX 触摸屏，这样最为经济。根据系统功能要求进行了 I/O 分配，如表 8-3 所示。

表 8-3　I/O 分配表

输入名称	地址	输出名称	地址
开始开关 SA1	I0.0	电动机运转 KM1	Q0.0
急停开关 SB1	I0.1	加载电动机 KM2	Q0.1
自动开关 SA2	I0.2	电磁铁 1YA	Q0.2
手动开关 SA3	I0.3	电磁铁 2YA	Q0.3
左端限位开关 SQ1	I0.4	电磁铁 3YA	Q0.4
右端限位开关 SQ2	I0.5	电磁铁 4YA	Q0.5
光电开关 SB2	I0.6	冷却器 KM3	Q0.6
电动机启动按钮 SA4	I0.7	加热器 KM4	Q0.7
电动机停止按钮 SB3	I1.0	试运行指示灯 L1	Q1.0
加载电动机启动 SA5	I1.1	启动压力指示灯 L2	Q1.1
加载电动机停止 SB4	I1.2	耐压试验指示灯 L3	Q1.2
试运行试验 SB5	I1.3	泄漏试验指示灯 L4	Q1.3
启动压力试验 SB6	I1.4	报警指示灯 L5	Q1.4
耐久试验 SB7	I1.5	放大器	QIW0
泄漏试验 SB8	I2.0	放大器	QIW2
耐压试验 SB9	I2.1		
冷却器运行 SB10	I2.2		
加热器运行 SB11	I2.3		
压力传感器 SL1	AIW0		
压力传感器 SL2	AIW2		
温度传感器 SL3	AIW4		

② 硬件接线图　PLC硬件接线图如图8-23所示，开关量和电磁阀可直接与PLC端子连接，电动机等不能直接与PLC连接需采用继电器连接；压力传感器、温度传感器通过模拟模块输入，模拟量输出模块接放大器控制比例溢流阀。

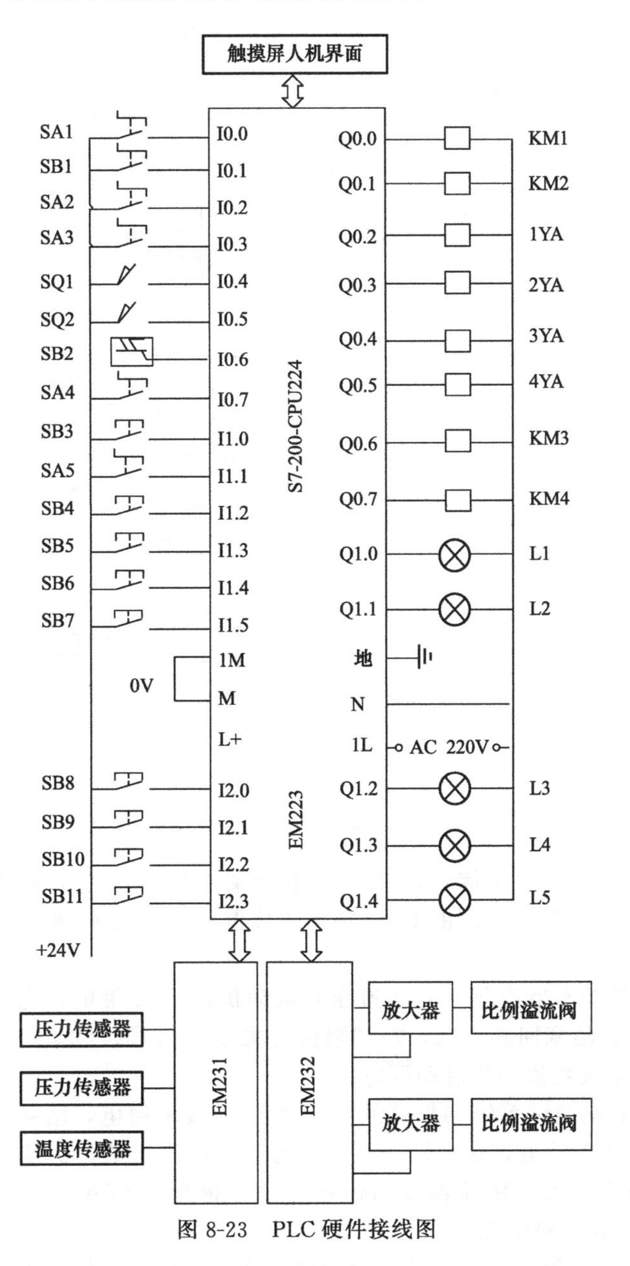

图8-23　PLC硬件接线图

(3) 控制系统软件

程序分主程序和子程序，主程序主要进行用户登录，系统初始化，参数设定，数据采集，子程序调用，试验数据的保存和打印等；子程序分手动和自动两种程序。手动程序主要是维修和故障检测；自动程序主要是选择试验项目自动运行。

① 自动程序　根据功能要求，利用PLC的SFC编程方法。当按下自动运行状态时，选择试验项目，程序可以自动完成试验。编制的自动控制用户程序如图8-24所示。

a.试运行试验空载状态下，液压泵电动机启动，2YA通电，活塞右行；活塞杆到达

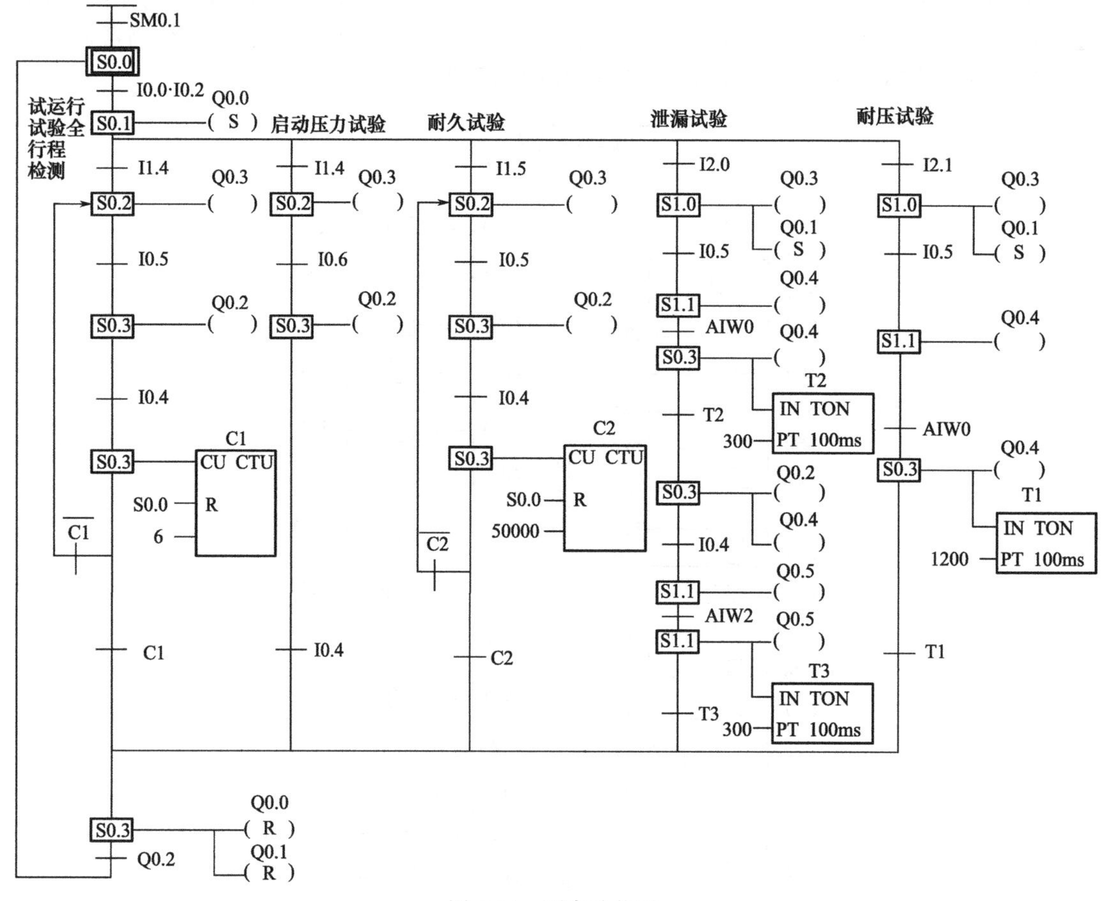

图 8-24　顺序功能图

右端，右端限位开关发出换向信号，1YA 通电活塞左行，到达左端时左端限位开关发出换向信号，如此循环 5 次以上，由 PLC 内部计数器计数。要求液压缸运行平稳不得有外泄漏。

b. 启动压力试验空载状态下，启动液压泵电动机，2YA 带电，光电开关检测到液压缸活塞杆，1YA 带电，活塞回到左端，左端限位开关发出信号，试验完成。压力传感器记录所有压力变化，其最大数值即为启动压力。

c. 内泄漏试验启动被试系统和加载系统电动机，2YA 通电，活塞运动到右端，右端限位开关发出信号，3YA 通电，加载缸加压，压力值到达设定值，保压 30s：时间到 1YA 和 4YA 通电活塞左行到左端，限位器发出信号，1YA 断电，4YA 通电加压，压力到达设定值，保压 30s，时间到试验结束。

② 人机界面软件　触摸屏人机界面设计要考虑到操作简便性和安全性。根据试验项目要求，人机界面设计为：登录界面，手动界面按钮，报警信息界面查询界面按钮，系统参数设定界面按钮和各种试验界面按钮等。主界面如图 8-25 所示。

③ 控制方法

a. 比例控制系统。采用比例溢流阀可以实现试验压力自动调节和无级调压。工作人员在触摸屏上输入所需试验压力，触摸屏将数据传给 PLC，PLC 由 D/A 模块转换成电压信号控制比例溢流阀的开口度从而控制系统压力。

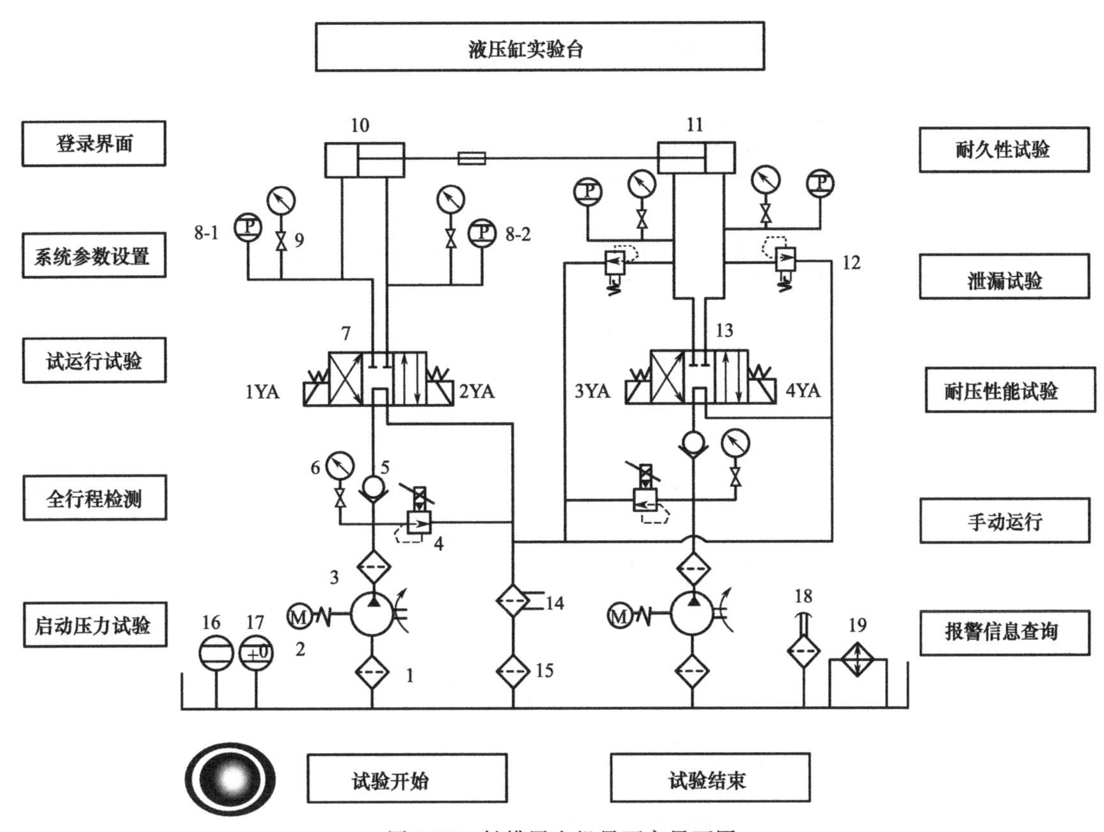

图 8-25　触摸屏人机界面主界面图

b. PLC 闭环控制系统。采用压力反馈的 PID 控制系统如图 8-26 所示。由液压缸端口处的压力传感器采集压力值，由 A/D 模块送给 PLC，PLC 与设定试验压力值做比较，通过 PID 运算，然后将输出的数字量经 D/A 模块转换成电压，经放大器反馈到比例溢流阀上，调节其开口大小控制系统压力，反复此过程使反馈量等于或跟随设定值。自动调节系统压力值稳定在设定压力范围内，提高系统的精度。

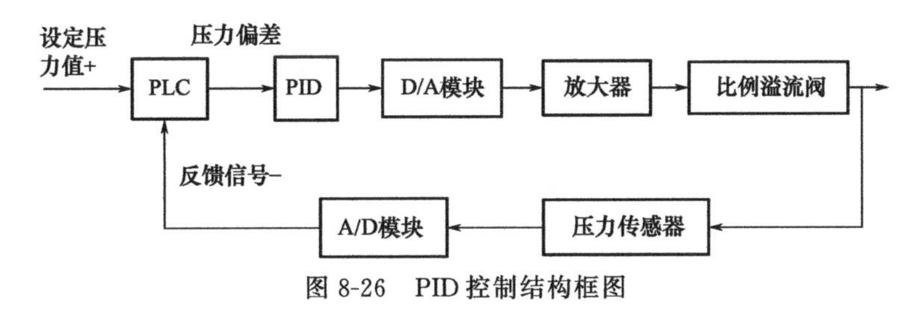

图 8-26　PID 控制结构框图

c. PID 控制算法。PID 控制算法程序图如图 8-27 所示。本实验台系统利用 PLC 内部的 PID 功能整定参数。给定一个误差值 Δp，试验过程中设定的系统压力值与实际测得的压力值误差值为 p；当 $|p|>\Delta p$ 时，则进行比例控制，以便系统快速达到所需压力值，提高动态响应速度；当 $|p|<\Delta p$ 时，实际测得压力值接近设定系统压力值，改用 PID 控制，保证压力精度满足试验精度要求。

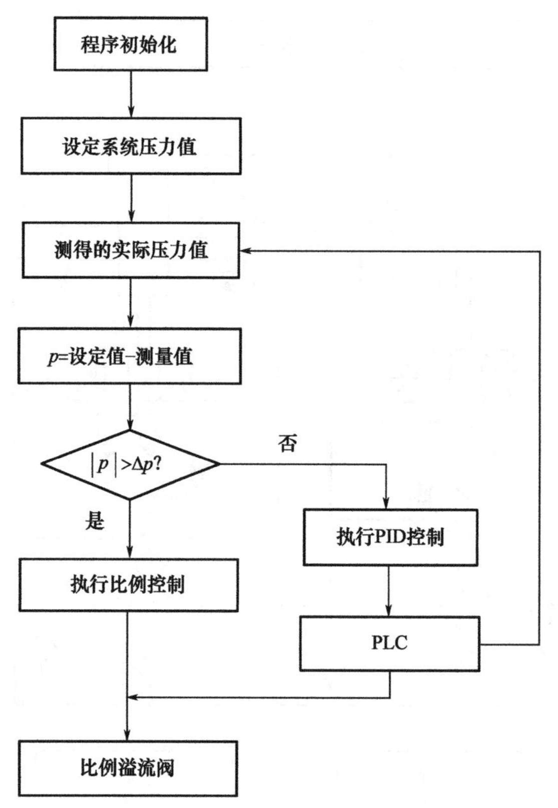

图 8-27 PID 控制算法程序图

第9章 现场总线在液压控制中的应用

9.1 现场总线概论

9.1.1 现场总线的概念

现场总线（Fieldbus）是20世纪80年代末、90年代初国际上发展形成的，用于过程自动化、制造自动化、楼宇自动化等领域的现场智能设备互连通信网络。

它作为工厂数字通信网络的基础，沟通了生产过程现场及控制设备之间及其与更高控制管理层次之间的联系。它不仅是一个基层网络，而且还是一种开放式、新型全分布控制系统。这项以智能传感、控制、计算机、数字通信等技术为主要内容的综合技术，已经受到世界范围的关注，成为自动化技术发展的热点，并将导致自动化系统结构与设备的深刻变革。国际上许多实力、有影响的公司都先后在不同程度上进行了现场总线技术与产品的开发。

现场总线设备的工作环境处于过程设备的底层，作为工厂设备级基础通信网络，要求具有协议简单、容错能力强、安全性好、成本低的特点：具有一定的时间确定性和较高的实时性要求，还具有网络负载稳定，多数为短帧传送、信息交换频繁等特点。由于上述特点，现场总线系统从网络结构到通信技术，都具有不同上层高速数据通信网的特色。

一般把现场总线系统称为第五代控制系统，也称作FCS-现场总线控制系统。人们一般把20世纪50年代前的气动信号控制系统PCS称作第一代，把4～20mA等电动模拟信号控制系统称为第二代，把数字计算机集中式控制系统称为第三代，而把20世纪70年代中期以来的集散式分布控制系统DCS称作第四代。现场总线控制系统FCS作为新一代控制系统，一方面，突破了DCS系统采用通信专用网络的局限，采用了基于公开化、标准化的解决方案，克服了封闭系统所造成的缺陷；另一方面把DCS的集中与分散相结合的集散系统结构，变成了新型全分布式结构，把控制功能彻底下放到现场。可以说，开放性、分散性与数字通信是现场总线系统最显著的特征。

9.1.2 发展历史

1984年美国Inter公司提出一种计算机分布式控制系统——位总线（BITBUS），它主要是将低速的面向过程的输入输出通道与高速的计算机总线多（MULTIBUS）分离，形成了现场总线的最初概念。20世纪80年代中期，美国Rosemount公司开发了一种可寻址的远程传感器（HART）通信协议。采用在4～20mA模拟量叠加了一种频率信号，用双绞线实现数字信号传输。HART协议已是现场总线的雏形。1985年由Honeywell和Bailey等大公司发起，成立了World FIP制定了FIP协议。1987年，以Siemens、Rosemount、横河等几家著名公司为首也成立了一个专门委员会互操作系统协议（ISP）并制定了PROFIBUS协议。后来美国仪器仪表学会也制定了现场总线标准IEC/ISA SP50。随着时间的推移，世界逐渐形成了两个针锋相对的互相竞争的现场总线集团：一个是以Siemens、Rosemount、横河为首的ISP集团；另一个是由Honeywell、Bailey等公司牵头的WorldFIP集团。1994年，两大集团宣布合并，融合成现场总线基金会（Fieldbus Foundation）简称FF。对于现场总线的技术发展和制定标准，基金委员会取得以下共识：共同制定遵循IEC/ISA SP50协议标准；商定现场总线技术发展阶段时间表。

9.1.3 技术特点

（1）系统的开放性

开放系统是指通信协议公开，各不同厂家的设备之间可进行互连并实现信息交换，现场总线开发者就是要致力于建立统一的工厂底层网络的开放系统。这里的开放是指对相关标准的一致、公开性，强调对标准的共识与遵从。一个开放系统，它可以与任何遵守相同标准的其他设备或系统相连。一个具有总线功能的现场总线网络系统必须是开放的，开放系统把系统集成的权利交给了用户。用户可按自己的需要和对象把来自不同供应商的产品组成大小随意的系统。

（2）互可操作性与互用性

这里的互可操作性，是指实现互联设备间、系统间的信息传送与沟通，可实行点对点，一点对多点的数字通信。而互用性则意味着不同生产厂家的性能类似的设备可进行互换而实现互用。

（3）智能化与功能自治性

它将传感测量、补偿计算、工程量处理与控制等功能分散到现场设备中完成，仅靠现场设备即可完成自动控制的基本功能，并可随时诊断设备的运行状态。

（4）系统结构的高度分散性

由于现场设备本身可完成自动控制的基本功能，使得现场总线构成一种新的全分布式控制系统的体系结构。从根本上改变了现有DCS集中与分散相结合的集散控制系统体系，简化了系统结构，提高了可靠性。

（5）对现场环境的适应性

工作在现场设备前端，作为工厂网络底层的现场总线，是专为在现场环境工作而设计的，它可支持双绞线、同轴电缆、光缆、射频、红外线、电力线等，具有较强的抗干扰能力，能采用两线制实现送电与通信，并可满足本质安全防爆要求等。

9.1.4 技术优点

（1）节省硬件数量与投资

由于现场总线系统中分散在设备前端的智能设备能直接执行多种传感、控制、报警和计算功能，因而可减少变送器的数量，不再需要单独的控制器、计算单元等，也不再需要DCS系统的信号调理、转换、隔离技术等功能单元及其复杂接线，还可以用工控PC机作为操作站，从而节省了一大笔硬件投资，由于控制设备的减少，还可减少控制室的占地面积。

（2）节省安装费用

现场总线系统的接线十分简单，由于一对双绞线或一条电缆上通常可挂接多个设备，因而电缆、端子、槽盒、桥架的用量大大减少，连线设计与接头校对的工作量也大大减少。当需要增加现场控制设备时，无须增设新的电缆，可就近连接在原有的电缆上，既节省了投资，也减少了设计、安装的工作量。据有关典型试验工程的测算资料，可节约安装费用60%以上。

节省维护开销由于现场控制设备具有自诊断与简单故障处理的能力，并通过数字通信将相关的诊断维护信息送往控制室，用户可以查询所有设备的运行，诊断维护信息，以便早期分析故障原因并快速排除。缩短了维护停工时间，同时由于系统结构简化，连线简单而减少了维护工作量。

(3) 系统集成主动权

用户可以自由选择不同厂商所提供的设备来集成系统。避免因选择了某一品牌的产品被“框死”了设备的选择范围，不会为系统集成中不兼容的协议、接口而一筹莫展，使系统集成过程中的主动权完全掌握在用户手中。

(4) 准确性与可靠性

由于现场总线设备的智能化、数字化，与模拟信号相比，它从根本上提高了测量与控制的准确度，减少了传送误差。同时，由于系统的结构简化，设备与连线减少，现场仪表内部功能加强：减少了信号的往返传输，提高了系统的工作可靠性。此外，由于它的设备标准化和功能模块化，因而还具有设计简单，易于重构等优点。

9.1.5 网络拓扑结构

现场总线的网络拓扑结构主要有以下四大类：环型拓扑结构、星型拓扑结构、总线型拓扑结构、树型拓扑结构。

(1) 环型拓扑结构 (Ring Topology)

在环型拓扑里，每台计算机都连到下一台计算机，而最后一台计算机则连至第一台计算机。其拓扑结构如图 9-1 所示。

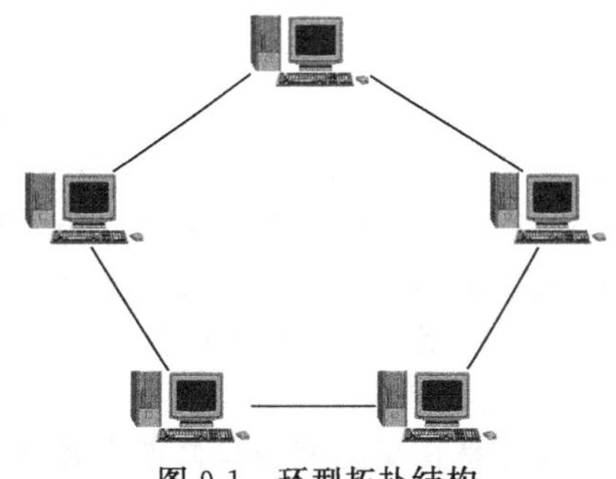

图 9-1 环型拓扑结构

典型情况下，环型拓扑的应用场合包括高性能网络（如 FDDI 光纤网）：要求预约带宽，以便提供对同步性要求很高的信息，比如影像和声音等。

① 环型网络的工作原理　在一个环型网络里，每台计算机都和其他的计算机首尾相连，而且每台计算机都会重新传输从上一台计算机收到的信息。信息在环中朝固定的方向流动，由于每台计算机都能重传自己收到的信息，所以，环型网络是一种有源的网络，不会出现像总线网络那样的信号减弱和丢失问题。所以，在这种网络里用不着采取“终止”措施，因为环是没有终点的。

② 环型网络的优点

a. 由于网络的操作是分布式和非竞争的，对于资源的分配比较公平，不管工作站处于环路的什么位置，每台计算机都有相同的访问权限，所以没有一台计算机可以垄断网络。

b. 网络的性能比较稳定，能承受较重的负担。也就是说，由于公平的共享网络资源，所以随着用户的逐渐增加，网络的性能的下降是匀速进行的。尽管速度很慢，但还是可以保证正常运行，而不是一旦超出网络容量，马上中断服务。

c. 网络的接入控制和接口部件比较简单。

③ 环型网络的缺点

a. 环上的任一台计算机出现故障，会影响到总体的网络。

b. 很难对一个环型网络进行故障诊断。

c. 网络的扩充不方便，添加或删除联网的计算机都会干扰整个网络的正常运行，它的扩充没有总线型容易。

d. 为保证环内信号的单向传输，每个节点的环接器必须是有源部件，而有源部件存在供电问题，可靠性不如无源部件。

e. 环内需要设置对信道资源进行管理的控制装置。

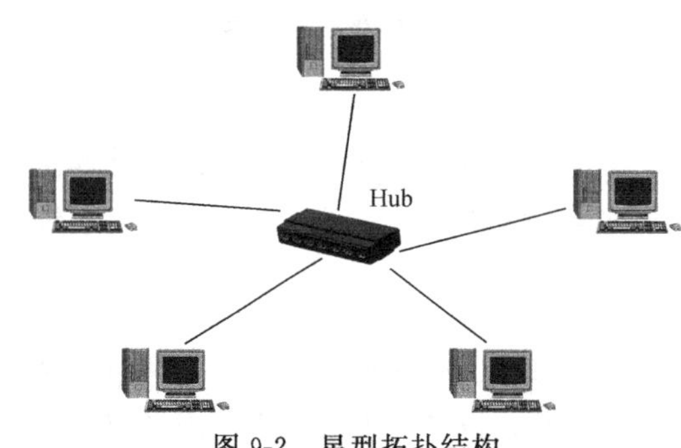

图 9-2 星型拓扑结构

(2) 星型拓扑结构 (Star Topology)

在星型拓扑网络里，所有的电缆都从计算机连到一个中心位置，在这个位置上，用一个名为 Hub（集线器）的设备将所有的线缆连接起来，如图 9-2 所示。

星型拓扑用于集中式网络，在这种网络里可从一个中心位置直接访问末端计算机，如果希望以后容易对网络进行扩展或需要获得星型拓扑提供的更强的可靠性，便可以考虑安装这种类型的网络。

① 星型网络的工作原理　在星型网络里，每台计算机都需要和一个中央集线器（Hub）相连，这个集线器能将所有的计算机的报文转发给其他所有的计算机或者只发给目标计算机。

集线器可以分为有源 Hub 和无源 Hub。有源 Hub 能重新生成电子信号，然后把它发给与自己相连的计算机，这种类型的 Hub 也叫“多端口转发器”。有源 Hub 需要电源才能够运行。而对于无源 Hub 来讲，它只是一个连接点，不能放大或重新生成信号。无源 Hub 不需要电源。现在市场上见到的基本上都是有源 Hub。

在同一个星型网络里，混合的 Hub 可适应不用类型的电缆。为了扩展星型网络的规模，可以在适当的地方再设置一个星型 Hub，让更多的计算机或者 Hub 与这块 Hub 连接起来。这样一来便形成了一种“混合星型”网络，如图 9-3 所示。

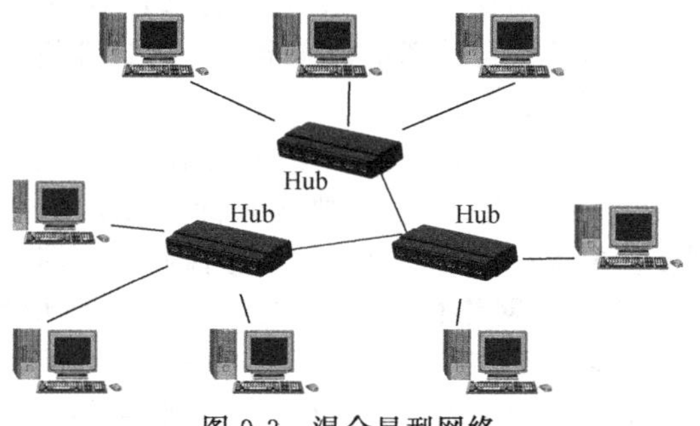

图 9-3 混合星型网络

② 星型网络的优点

a. 容易在星型网络里修改和添加新计算机，同时不会对网络的剩余部分带来任何干扰。只需简单的从计算机向中心位置拉一条新线，然后把它插入 Hub 即可。如果超出了中心 Hub 的容量，可以用带有更多端口的 Hub 来替换，以便连接更多的计算机。

b. 星型网络中心很容易诊断网络故障。利用智能 Hub 可以实现网络的集中监视与管理。

c. 如果单台计算机出现故障，整个星型网络不会受到影响。Hub 可以监测到网络故障，并隔离有问题的计算机和电缆，网络的剩余部分可以照常运行。

d. 在同一个网络里可以使用多种电缆类型，只要 Hub 能使用多种电缆类型。

e. 由于星型 LAN 结构与传统的本地电话网相类似，因此只要有了电话交换机的单位，就可以利用现有的专用自动交换机系统的线路组成 LAN，如果交换机本身具有综合交换功能，更容易组建一个具有综合业务能力的 LAN。

f. 集中控制有利于将各个工作站送来的数据进行汇集，然后与别的网络互连，连接方便和经济，结构简单。

g. 中心交换采用了线路交换并具有透明性，这样任一对工作站之间的报文传输没有转接延时，各通信对之间可以采用不同的通信协议和接口标准，有利于异种机联网，同时，网络的延时时间是确定的。

③ 星型网络的缺点

a. 如果中央集线器出现故障，整个网络会瘫痪。

b. 许多星型网络要求在中心点使用一个设备，以便传播或转换网络通信。

c. 架设星型网络的电缆费用相比之下高很多。

d. 各结点之间的相互通信量不能过大，否则很容易产生信息阻塞现象。

e. 由于线路交换方式存在接续占线的问题，这种星型网络不利于接入共享资源设备。

(3) 总线型拓扑结构 (Bus Topology)

总线拓扑通常用于规模较小、简单或临时性的网络。

① 总线网络的工作原理　在一个典型的总线网络里，通常只有一根或几根电缆，没有安装动态电子设备对信号进行放大，或将信号从一台计算机转发至另一台。也就是说，总线拓扑是一种无源拓扑。

总线型网络中所有的用户结点（计算机、终端、工作站、外围设备或电话机等）都同等的挂接在一条广播式公共传输总线上，它没有对网络进行集中控制的装置，如图 9-4 所示。

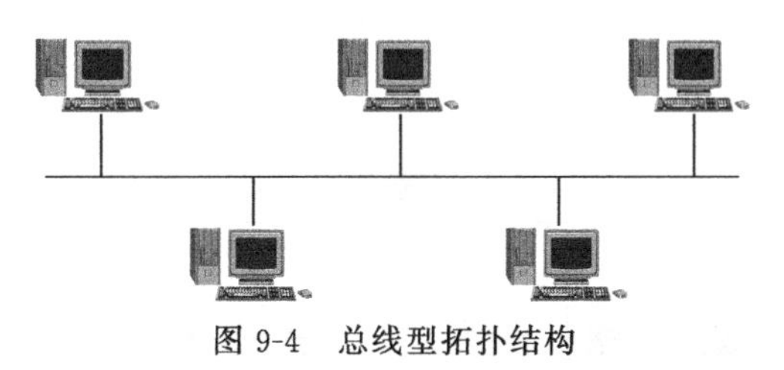

图 9-4　总线型拓扑结构

计算机沿电缆向上或向下发出报文信息以后，网络里的所有计算机都能接受这个信息，但其中只有一台才能真正接受信息，通常，目标地址已编码于报文信息内，只有与地址相符的计算机才能接受信息，其他的计算机尽管收到，但也是简单忽略了事。

在一个特定的时刻，只能有一台计算机发出报文。所以，如果连接到总线网络里的计算机数目较多，便会显著的影响网络的速度。计算机发出信息之前，必须等待总线进入空闲状态。

在总线型网络中，有一个很重要的问题是“信号终止”。由于总线是一种无源拓扑，从起源计算机发出的电子信号会在电缆长度范围内自由的传递。如果不提供终止手段，信号传输到电缆末端的时候，会马上反射回来，再向另一端传输。针对信号这样在电缆段里来回反射，这种情况叫作“振铃”。所以，为了阻止信号“振铃”这种情况的发生，必须在封闭的线缆两端分别安装上一个“终止端子”，叫终结器。这个端子能够吸收电子信号，防止信号的反射，避免可能对网络通信带来的干扰。在总线网络里，必须采取像这样的信号终止措施。

② 总线拓扑的优点

a. 可构建简单的小型网络，易于使用和掌握。

b. 通信费用少。因为在覆盖范围和工作站数目相同的情况下，总线拓扑所需的线缆数量很少，比其他的配线方式便宜得多。

c. 总线网络的扩展相当方便。通过一个 BNC 同轴连接器，可将两条电缆连接成一根更长的电缆，利用这种方式，可将更多的计算机接入网络。也可用一个转发器（中继器）扩展总线网络，转发器能放大信号，允许它在很长的距离内传输。

d. 总线的无源操作和系统的分布控制，保证了网络的高度可靠性。由于公共总线仅仅用于收发信号的无源操作，本身具有高度的可靠性，同时分布控制方式可以保证当某一个工作站发生故障或者脱离网络的时候，不会影响其他的工作站之间的通信。

e. 采用了广播式通信方式没有转接站点，具有点对点传输网络和广播式传输网络。

f. 有利于组建高速的、宽带工作的综合业务局域网。

③ 总线拓扑的缺点

a. 过重的网络负载可能减小了网络的传输速度。由于任何计算机都可以在任何时间传输数据，而它们之间又不能互相通知来预定传输时间。因此，如果网络内连接的计算机数目较多，便会耗去大量的带宽（即传输信息的能力）。进行通信的时候，有可能某台计算机往往会中断其他计算机的通信。在重负荷下，报文时延特性和吞吐特性都会急剧恶化。

b. 每个同轴 BNC 连接器都会衰减电子信号，如果连接数过多，会妨碍信号正常传输到目的地。

c. 总线网络一旦出现故障，例如，匹配器损坏、线缆断裂等故障便很难维修，而导致整个网络的活动停止。

d. 网络覆盖范围受到限制，采用基带传输，一般限制在 2km 以下的电缆长度所能及的范围。

(4) 树型拓扑结构（Tree Topology）

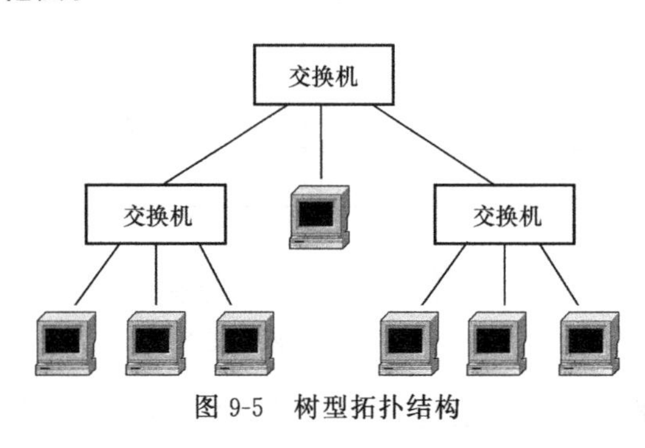

图 9-5 树型拓扑结构

树型拓扑结构是总线型结构的扩展，它是在总线网上加上分支形成的，其传输介质可有多条分支，但不形成闭合回路；也可以把它看成是星型结构的叠加。又称为分级的集中式结构，如图 9-5 所示。树型拓扑以其独特的特点而与众不同，具有层次结构，是一种分层网，网络的最高层是中央处理机，最低层是终端，其他各层可以是多路转换器、集线器或部门用计算机。其结构可以对称，联系固定，具有一定容错能力，一般一个分支和节点的故障不影响另一分支节点的工作，任何一个节点送出的信息都由根接收后重新发送到所有的节点，可以传遍整个传输介质，也是广播式网络。著名的因特网（Internet）也是大多采用树型结构。

优点：

① 结构比较简单，成本低。

② 网络中任意两个节点之间不产生回路，每个链路都支持双向传输。

③ 网络中节点扩充方便灵活，寻找链路路径比较方便。

缺点：

① 除叶节点及其相连的链路外，任何一个工作站或链路产生故障都会影响整个网络系统的正常运行。

② 对根的依赖性太大，如果根发生故障，则全网不能正常工作。因此这种结构的可靠性问题和星型结构相似。

(5) 拓扑结构的选择

① 采用总线型拓扑。包括：a. 网络规模小；b. 网络不需频繁的重配置；c. 要求费用最低的方案；d. 网络的规模增长不快。

② 采用星型拓扑。包括：a. 必须易于添加和删除客户机计算机；b. 必须易于故障诊断；c. 网络的规模较大；d. 预计网络在未来有大幅度的增加。

③ 采用环型拓扑。包括：a. 网络必须在重负载下可靠地运行；b. 要求架设一个高速的网络；c. 经常都要对网络进行重配置。

9.2 CAN 总线在液压控制中的应用

9.2.1 CAN 总线

CAN 总线最初是由德国 Bosch 公司于 20 世纪 80 年代初为解决现代汽车中众多的测控

仪器之间的数据交换而开发的一种现场总线，它属于总线式串行通信网络，已成为国际上最先进、最有前途的现场总线之一。

CAN 总线属于总线式串行通信网络，CAN 总线数据通信具有可靠性高、实时性强等优点，其主要特性有以下几点。

为多主方式工作，网络上任一节点均可在任意时刻主动地向网络上其他节点发送信息，而不分主从，通信方式灵活，而且无须占地址等节点信息。

采用非破坏性总线仲裁技术，网络上的节点信息分成不同的优先级，可满足不同的实时要求，高优先级的数据可在 134μs 内传输。

只需通过报文滤波即可实现点对点、一点对多点及全局广播等几种方式传输数据，无须专门的“调度”。

采用短帧结构，传输时间短，受干扰概率低，具有极好的检错效果。

每帧信息都有 CRC 校检及其他检错措施，数据出错率极低。节点在严重错误的情况下具有自动关闭输出的功能，以使总线上其他节点操作不受影响。

通信速率最高可达 1Mbps，直接通信距离最远可达 10km。

把基于 CAN 总线的 PLC 控制器引入电液系统的目的在于其主控模块特别适用于复杂的工业现场，具有电磁干扰低、抗干扰能力强、可以直接驱动多片电液比例阀等优点。由于总线上传输的信号是数字量，这样就大大地提高了电液系统的精度，以及系统的抗干扰能力，从而改善了电液系统的性能与可靠性。

9.2.2 CAN 总线在平地机液压控制系统中的应用

平地机是一种以铲刀为主，配以其他多种可换作业装置，进行土地平整和整形作业的施工机械。

(1) 系统总体方案

静液压全轮驱动 PY200H 型平地机行走智能控制系统采用微电子技术、智能控制技术和通信技术以及静液压驱动技术，实现平地机的恒速作业控制以及整机在线参数检测和故障诊断报警功能。

其中恒速作业控制包括两个环节：自动换挡控制和恒速控制。自动换挡控制首先是根据行驶速度的设定值确定变速器按设定速度行驶所需的最佳工作挡位，然后自动变换变速器的挡位使其工作在最佳挡位；恒速控制是指平地机工作在最佳工作挡位后，采用 PID（Proportional，Integral and Derivative，比例、积分和微分）调节控制方式保证平地机行驶速度按设定值恒速行驶。

控制系统总体方案如图 9-6 所示。该系统主要由前轮 1、前马达 2、电喷发动机 3、前进挡电磁阀 4、后退挡电磁阀 5、驱动泵 6、前马达电磁阀 7、后驱动马达 8、后马达电磁阀 9、变速器一速电磁阀 10、变速器 11、变速器二速电磁阀 12、后桥 13、平衡箱 14、后轮 15 以及发动机控制器、主控制器、换挡控制器和显示器组成。

控制系统采用了集散型计算机体系结构，即将整个控制系统功能分化为 4 个模块：电喷发动机控制器、主控制器、换挡控制器和显示器。其中，电喷发动机控制器根据发动机实际工况实现发动机转速控制等功能；主控制器实现整车状态参数检测和行驶挡位选择等功能；换挡控制器实现行驶挡位的实际控制等功能；显示器实现整车状态参数和故障报警信息的人机界面显示等功能。考虑到 CAN 总线通信技术在通信过程中具有的可靠性、实时性和灵活性等特点，系统中各控制模块通信采用 CAN 总线技术。

(2) 系统硬件

静液压全轮驱动平地机行走智能控制系统硬件原理图如图 9-7 所示，其核心模块主控制

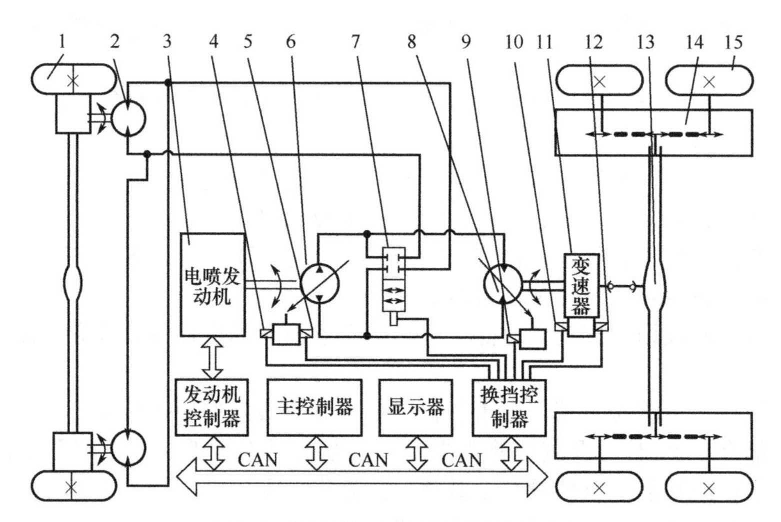

图 9-6 行走智能控制系统总体方案

1—前轮；2—前马达；3—电喷发动机；4—前进挡电磁阀；5—后退挡电磁阀；6—驱动泵；7—前马达电磁阀；8—后驱动马达；9—后马达电磁阀；10—变速器一速电磁阀；11—变速器；12—变速器二速电磁阀；13—后桥；14—平衡箱；15—后轮

器和换挡控制器采用 EPEC 控制器，显示器采用自主开发的工程机械智能监视器，发动机控制器由电喷发动机自带。

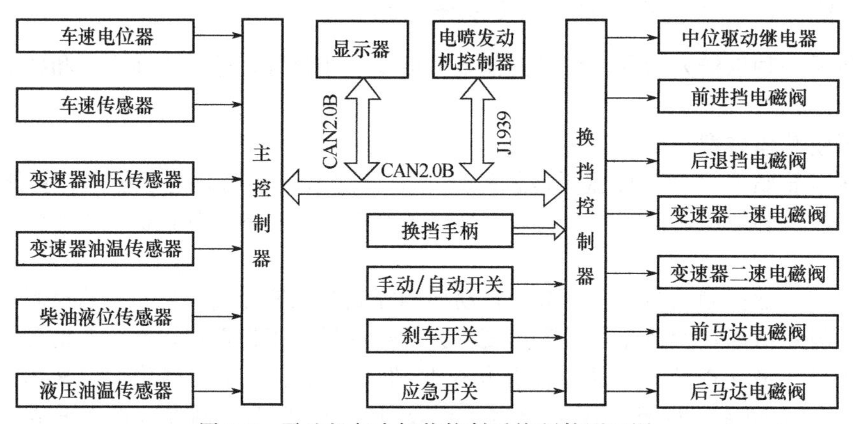

图 9-7 平地机行走智能控制系统硬件原理图

发动机控制器、主控制器、换挡控制器和显示器之间采用 CAN 总线实现数据的双向通信，其中主控制器、换挡控制器和显示器之间采用 CAN2.0B 协议，电喷发动机控制器与主控制器之间采用 J1939 协议。

换挡控制器根据手动，自动选择开关输入的状态信号确定整车行驶控制模式为手动控制模式或自动控制模式。

主控制器检测车速电位器、车速传感器等整车状态传感器的输入信号，并根据车速电位器和车速传感器的输入信号确定自动控制模式下整车的行驶挡位。换挡控制器根据手动模式下换挡手柄输入的挡位信号或自动模式下由主控制器通过 CAN 总线发送过来的挡位信号向变速器输出挡位电磁阀控制信号，实现行驶挡位的变换。该系统能够实现后轮驱动和前后轮同时驱动两种驱动方式。后轮驱动时，前马达电磁阀 7 断电，变速器一速电磁阀 10 或变速器二速电磁阀 12 通电，电喷发动机 3 的动力经驱动泵 6、后马达 8、变速器 11、后桥 13、平衡箱 14 最后到达后轮 15。前后轮同时驱动时，前马达电磁阀 7

通电，同时变速器一速电磁阀10或变速器二速电磁阀12通电，电喷发动机3的动力同时传给前轮和后轮。

(3) 系统软件

平地机行走智能控制系统软件包括整机状态参数检测及其控制模块和整机状态参数人机界面显示模块。整机状态参数检测及控制模块主要完成平地机作业过程中的自动换挡控制和恒速控制。根据手动，自动选择开关状态，平地机作业过程可选择为手动或自动控制模式。图9-8所示为自动控制模式下的自动换挡控制流程。自动控制模式下，首先根据设定车速计算所需最低工作挡位。如果所需最低工作挡位等于当前实际挡位，则首先根据设定速度调整发动机转速，待到设定速度同实际速度的误差小于设定误差范围后，采用PID调节方式对行驶速度进行恒速控制。如果所需最低工作挡位高于当前实际挡位，则需要结合发动机实际负载率大小确定平地机行驶状态。若发动机实际负载率低于负载率下限值，允许变速器自动升挡；若发动机实际负载率高于负载率下限值，则直接进入设定速度过高处理环节。

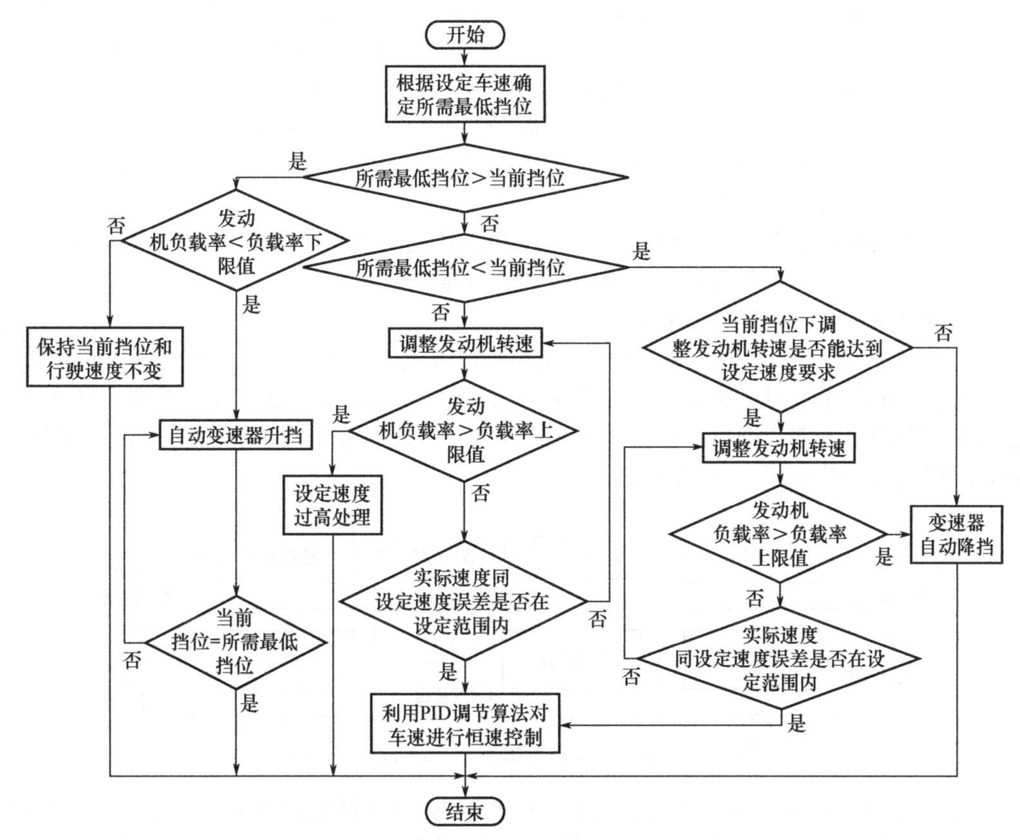

图9-8 平地机行走智能控制系统主流程

如果所需最低工作挡位低于当前实际挡位，则首先判断当前挡位下通过调整发动机转速是否能够保证平地机按设定速度恒速行驶。如果能够满足，采用PID调节方式对行驶速度进行恒速控制，否则对变速器自动降挡。

整机状态参数人机界面显示程序主要实现平地机整机状态参数的多语言显示、故障报警以及控制参数的在线标定等功能，取代了传统控制系统中的诸多仪表，使得参数显示准确、实时、明了。整机状态参数监控界面如图9-9所示，图中上部为平地机换挡方式、行驶方向和挡位的图文显示区域。中部区域为平地机实时状态参数显示区域。如有

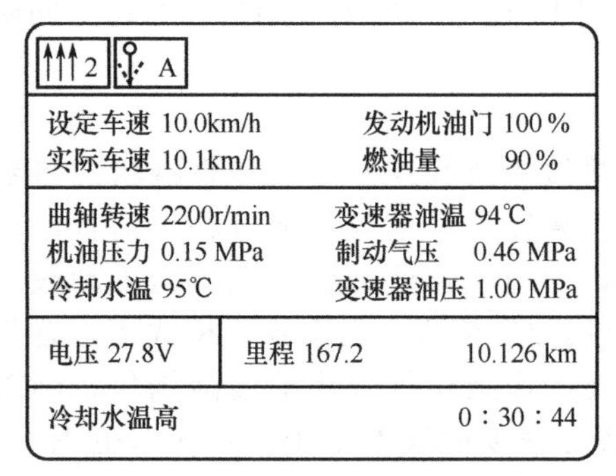

图 9-9 平地机人机界面

报警信息，则显示在屏幕的左下角区域，并以红色字体显示。若有多条报警信息，则采用分时循环显示的方式加以显示。在故障排除后，报警信息自动消失。

基于微电子技术、智能控制技术和通信技术的平地机行走智能控制系统，可以实现平地机作业过程中的恒速行驶和自动换挡控制功能；具有友好的人机交互界面，可实现平地机整机运行状态参数的图文、汉字显示；可以实现平地机整机运行状态参数的实时监控和故障报警。该系统在实际施工过程中表现出了很高的控制精度。

9.2.3 基于CAN总线的运梁车分布式控制系统

高速铁路运梁车基于复杂电液控制系统的多轮组全液压轮胎式运梁车，是工程机械SPMT（Self Propelled Modular Transport，自行式模块运输车）特定用途的一种，用于运载高铁或城际客运专线PC梁。它适用于时速250～350km铁路客运专线32m、25m、20m整孔PC梁片的运载，能适应便道、铁路路基、桥梁、隧道、涵洞等路面工况并向架桥机喂梁，以及驮运架桥机实现架桥机梁场掉头、桥间转移等工作。这里以某公司研制的HJY550型自行式全液压运梁车为例进行阐述。

对运梁车的控制包含发动机控制、行走控制、转向（八字、半八字及斜行等模式）、悬挂及支腿升降控制等，控制对象及监控内容多且复杂。

（1）运梁车控制系统硬件及软件

① 运梁车控制系统功能　根据运梁车使用工况及QC/T 846—2011《重型平板运输车通用技术条件》的要求，对运梁车的控制系统分为发动机及动力系统、行走系统、转向系统、悬挂及支腿升降系统四大部分。整个系统通过CAN总线将各个功能模块互连，实现分布式控制，总线控制拓扑如图9-10所示。

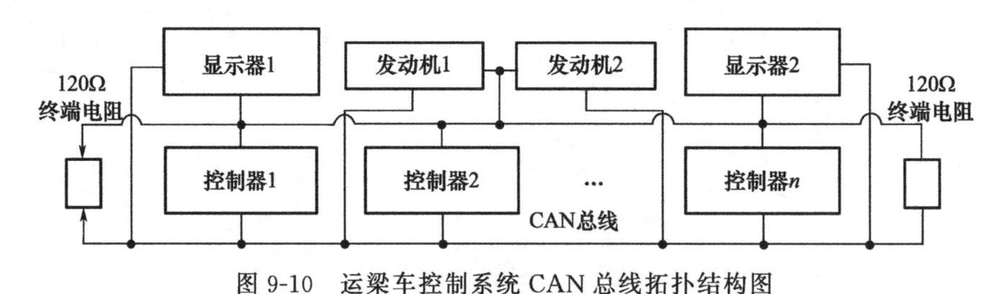

图 9-10 运梁车控制系统CAN总线拓扑结构图

② 运梁车动力控制系统　动力系统由2台275kW康明斯发动机驱动2台A4VG250和2台A11VO145发动机的控制通过J1939总线连接到动力控制器模块，司机室的操作信号由司机室的主控制器通过CAN总线发送给动力舱控制器实现对发动机启停、转速的控制，同时采集发动机的实时转速、冷却液温度、机油压力、燃油油位等信息并显示在司机室的显示屏上。

③ 运梁车转向控制系统　运梁车的转向控制系统是运梁车控制系统中最为复杂的一部分，对于HJY550运梁车，它有21轴，通过81个比例电磁铁实现对12个转向油缸的控制，由12个编码器实现对转向角度的闭环控制。转向控制模型如图9-11所示。

HYJ550运梁车设计为全液压独立转向，每个轮组均能独立转向，方向盘给定一个转向角度左右两侧轮组绕同一个圆心做同心圆运动，左右两侧轮组的转向半径就不同，分别为

R1 和 R2。图 9-12、图 9-13 分别给出八字、半八字转向模型示意图，斜行模式下每组轮组转向角度与方向盘给定角度相同。

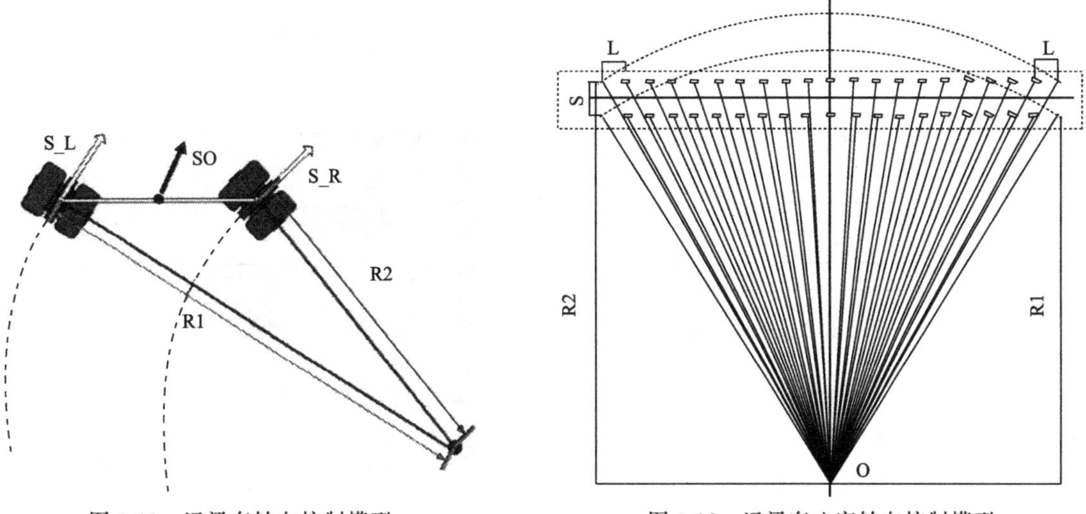

图 9-11 运梁车转向控制模型

图 9-12 运梁车八字转向控制模型

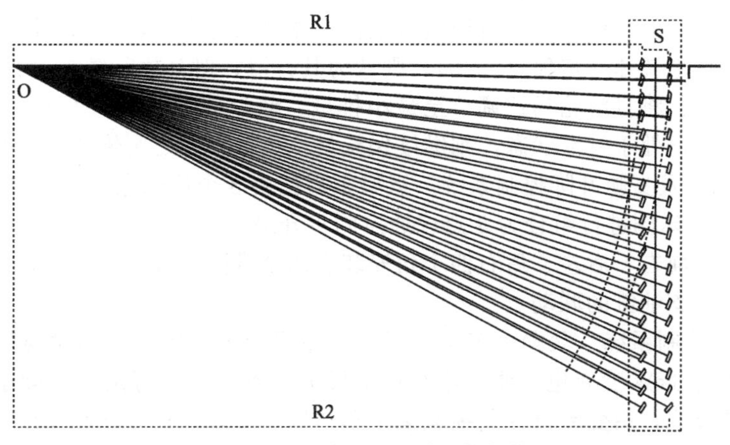

图 9-13 运梁车半八字转向控制模型

转向系统为闭环控制，每个转向轮组安装有绝对值编码器，以提供实时的转向角度测量，图 9-14 为转向闭环控制结构图。采用闭环控制可实现对每个轮组转向的精确控制，同时对转向异常进行监控，如出现异常便给出报警信息。

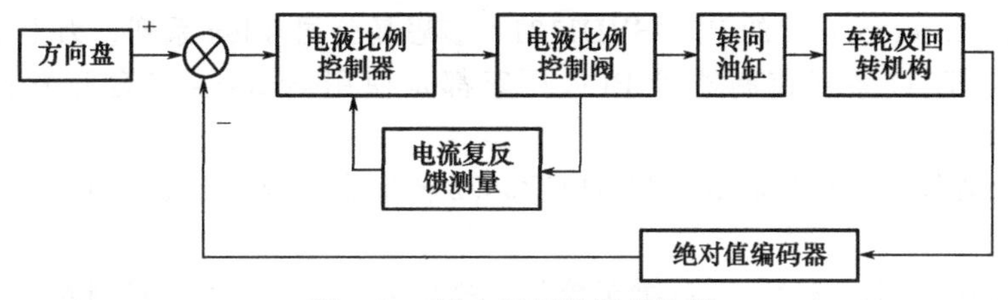

图 9-14 转向闭环控制结构图

④ 运梁车行走控制系统

a. 运梁车行走控制结构。HJY550 的行走控制由 3 个变量共同协调控制，行走速度及输出扭矩必须实现发动机、闭式行走泵以及液压马达进行功率匹配，如图 9-15 所示。

运梁车每个马达安装有霍尔转速传感器实现对驱动行走速度的监控（见图 9-16），此外在八字及半八字模式下，内外侧轮组马达也存在转速差，同样可以通过上述转向公式得到内外侧马达转速比，计算每个马达实际需要输出的转速值转换成马达电磁铁的电流值便可实现差速控制。

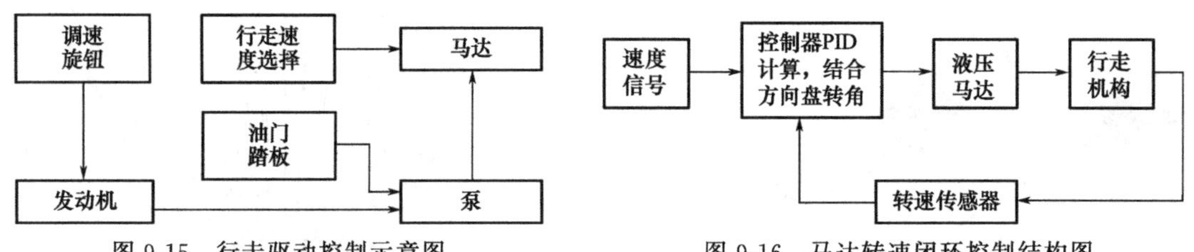

图 9-15 行走驱动控制示意图

图 9-16 马达转速闭环控制结构图

b. 运梁车防打滑控制。基于闭环的行走控制，不仅可以实时掌控运梁车的行走速度，而且可实现对车辆的差速、防跑偏以及防打滑控制。

直行和斜行模式下，利用速度传感器，计算每个驱动轮的平均转速，超出平均转速一定值（3000），则认为其打滑，对其执行防打滑程序。

在八字或半八字模式下，以转向方向首个驱动轴线中点的速度为基准转速，根据差速方程计算出每个驱动轮的理论转速，再通过转速传感器测量每个驱动轮的实际转速，与理论转速相比较，超出理论转速一定值（1500），则认为其打滑，对其执行防打滑程序。

打滑处理方式：将打滑轮马达调节至最小排量，经过一段时间（2～3s）后，再次进行防打滑判断，如若仍处于打滑状态，则继续保持最小排量，反之则恢复正常行驶模式。

⑤ 运梁车悬挂及支腿升降控制系统　运梁车悬挂由 8 个比例电磁铁控制 12 支油缸的升降，12 支油缸由 8 球阀进行组合为 3 点或通点同步升降。

运梁车前左、前右、后左、后右四个角安装有四个升降油缸，同样也是由 8 个比例阀实现单支油缸或某几支油缸的联动。

⑥ 驮梁小车控制系统　驮梁小车位于运梁车主梁上方，用于喂梁时与架桥机前小车同步驮梁。它由 1 台 3kW 变频电气驱动小车在主梁上 2 条轨道上行走，驮梁小车的控制有木地和架桥机 2 种模式，用变频器控制拖驮梁小车的行走实现运行方向和速度控制。这里选用西门子 G120 变频器，用 STARTFR 软件对变频器进行配置。

⑦ codesys 软件及运梁车程序

a. codesys 软件。codesys 是一种功能强大的 PLC 软件编程工具，它支持 IEC61131-3 标准 IL、ST、FBD、LD、CFC、SFC 六种 PLC 编程语言，用户可以在同一项目中选择不同的语言编辑子程序、功能模块等。ABB Bachmann，IFM 易福门，EPEC 派芬，HOLLYSYS 和利时，intercontrol 的 PROSYD1131，赫思曼公司 iFlex 系列、力士乐的 RC 系列，TT control 公司 TTC 系列控制器等 PLC 厂家都是使用 codesys 平台开发自己的编程软件的。

HJY550 运梁车的控制器采用 IFM 的 CR0032 控制器，显示器选用 CR1200，编程软件为 codcsys2. 3。

b. 运梁车程序编制。HJY550 运梁车控制系统复杂，系统庞大，控制及信号多而且种类多。采用 CAN 总线的分布式控制极大地降低了硬件布线设计难度，也为编程带来了极大的便利，编程设计上采用程序功能均衡分布，不同的控制功能分别由独立的控制器进行分层分功能块进行控制，数据交互通过 CAN 总线进行传输。

CR0032以及CR1200均有1个通道的CAN接口，用于监控转向角度的编码器和倾角传感器、激光测距传感器、发动机ECU等也是选用CANopen总线或J1939总线的，只需添加相应的EDS文件或编写总线通信程序，便可对编码器、发动机ECU进行数据交互，实现预定控制功能。

在codesys中按顺序将一个个功能和算法编程封装为FB模块，在程序中进行调用，对于运梁车这样系统庞大，有许多功能重复或相似的子控制系统，可极大地减少编程和调试工作量。

(2) 难点问题的解决

① 传感器种类及数量多，选型匹配困难 由于运梁车所使用的传感器多而且杂，角度、倾角、距离、压力、温度、液位、电流等诸多测量均在一个控制系统中集成。要做到信号接口的匹配也要计算功耗、注意电流电压级别等问题。表9-1给出了运梁车所用到的传感器数量及信号类别。

表9-1 采集信号与传感器选定对照表

数量	采集信号	传感器	安装位置	信号类别
42	转向角度	编码器	回转机构	CANopen
2	方向盘角度	电位器	司机室	0～10V
2	油门踏板	电位器	司机室	0～10V
19	液压压力	压力传感器	液压系统	4～20mA
2	气压压力	压力传感器	气压系统	4～20mA
4	距离	OSM激光测距传感器	主梁四角	J1939
5	距离	激光测距传感器	主梁四角	4～20mA
28	马达转速	HDD2霍尔传感器	马达减速机	脉冲
2	主梁倾角	倾角传感器	主梁	CANopen
4	发动机转速旋钮	电位计	司机室	0～10V
6	液压堵塞	压差开关	液压回路	开关量
1	燃油油位	磁致伸缩液位传感器	燃油油箱	4～20mA
1	液压油位	干簧管式液位传感器	液压油箱	开关量
1	液压油温	铂电阻	液压油箱	PT100

② 布线困难 系统传感器种类达十余种（还未统计开关量信号），数量也有100多个。加上转向控制液压阀81个、行走马达控制阀28个、悬挂及支腿升降控制液压阀16个以及行走泵控制阀1个，电磁阀的控制信号也有136个。这些测量及控制元件分散、给布线带来不小的挑战，若采用集中式布线，则布线就极为复杂。

③ 问题的解决 基于CAN总线的分布式控制便于解决这一难题，控制器分散布置，就近采集传感器信号和控制电磁阀。构件和节段之间采用航空插头连接，既美观又方便拆装和检修。

9.2.4 CAN在拉深筋实验台电液控制系统的应用

拉深筋是拉深工艺重要控制手段之一，也是拉深模具设计中的一个关键环节。拉深筋液压实验台用于给板料样材做拉深试验。以获取拉深筋阻力、上浮力等。同时为后续性能参数比较提供条件。

(1) 基于 PLC 的实验台

① 实验台液压系统组成原理　根据工况，系统为一个开式回路，由同一个泵提供油源。液压系统应用电液比例阀，由微电程序控制阀的开度，从而控制液压缸的速度和伸出量，同时采用手动控制装置，操作人员也可以通过扳动手柄控制电液比例阀开闭，进行试验操作或者液压系统调试及故障排除。液压系统如图 9-17 所示。

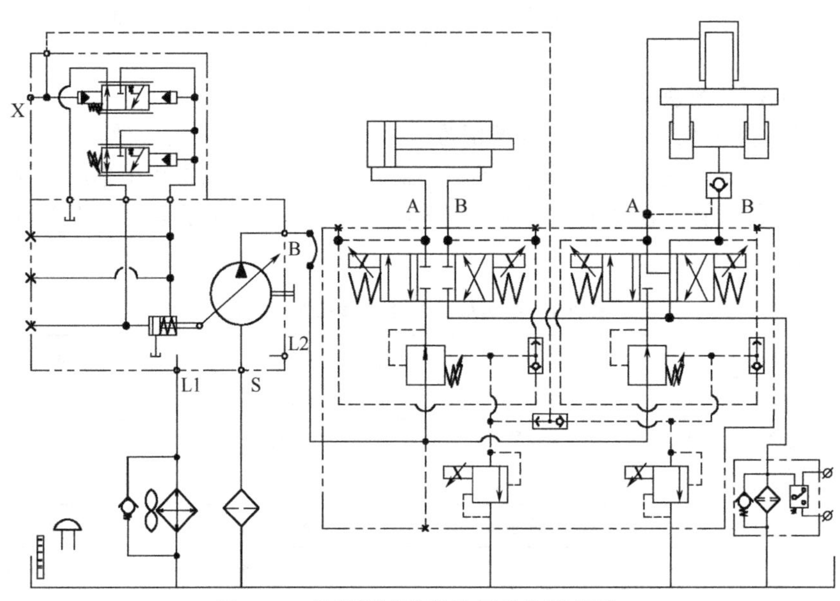

图 9-17　拉深筋试验机液压系统原理图

电动机启动，泵工作，压下部分的方向阀换至左位。压力油经定差减压阀和换向阀，使压下缸上缸压力增大，活塞下压。同时，压力油将方向阀顶开，使下缸油液流回油箱。压下后，换向阀回中位。此时侧拉部分的换向阀换至右位。油液经减压阀和换向阀右位使侧拉缸有杆腔进油加压，无杆腔的油液经过滤器回油箱。

② 实验台电气系统　实验台的电气控制系统采用了 CAN 总线技术，所有的电气控制均由一套基于现场总线（CAN-BUS）的 PLC 控制系统来实现，电气控制系统原理图如图 9-18 所示。

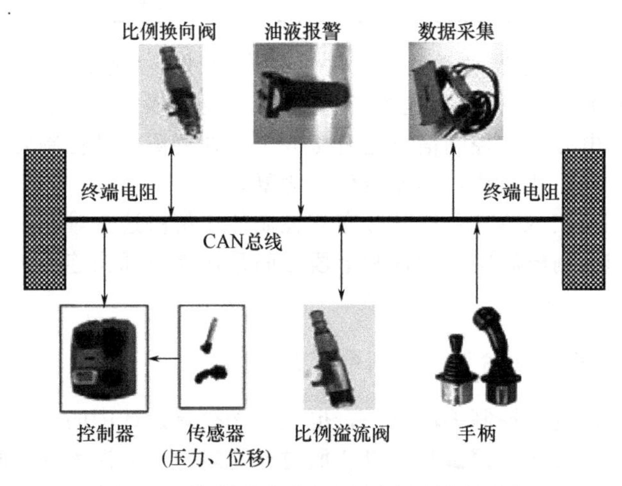

图 9-18　拉深筋试验电气控制系统原理图

实验台采用芬兰EPEC2038控制模块，根据所选择的PLC功能模块的特点，控制系统采用CAN总线技术，数据传输遵循CANopen协议。

EPEC2038控制器是一种集可编程逻辑控制器、比例放大器、模拟量输入MD模块、继电器输出等功能于一身的高性能控制器，丰富的输入输出口：开关量输入、0～5V电压输入、0～22.7mA电流输入、脉冲输入、相位差90°脉冲计数输入、开关最输出、PWM调试输出，有两个CAN口，用户可以根据自己的控制要求自由配置输入输出口以满足系统的控制要求。

系统的控制信号输入集中在板料拉深和压下两个部分，因此该控制系统应用了一个基于CAN总线的SPT-K-2023控制器，形成了CAN总线型网络拓扑结构。在控制系统的设计和调试阶段，在PC机和CAN总线之间，使用了PCAN-USB通信接口来实现对连接在CAN总线上的控制器和显示器的数据传输和编程。PCAN-USB通信模块是一种将CAN总线通信协议与USB标准相连接的非智能CAN-USB模块，CAN总线可以充分满足CAN网络高实时性的要求，USB可以即插即用，该模块可通过USB 13对现场具有CAN通信接口的仪表和控制设备进行监控。使用CAN-USB，在Windows平台下可以与CAN网络进行实时有效的信息交换。

由于采用高速光电隔离，该模块有很强的抗干扰能力。

(2) 关键技术

① 压力补偿和负载敏感技术　负载敏感控制系统，一般由变量泵、负载敏感阀及压力切断阀组成，其控制阀无论在中位开式还是中位闭式方式，都附有压力切断阀。将压差设定为规定值进行的自动控制叫作压力补偿。不受负荷压力变化和液压泵流量变化的影响，由设定节流压差值对流量进行启动控制，称为压力补偿流量控制。负载敏感阀的原理图，如图9-19所示。

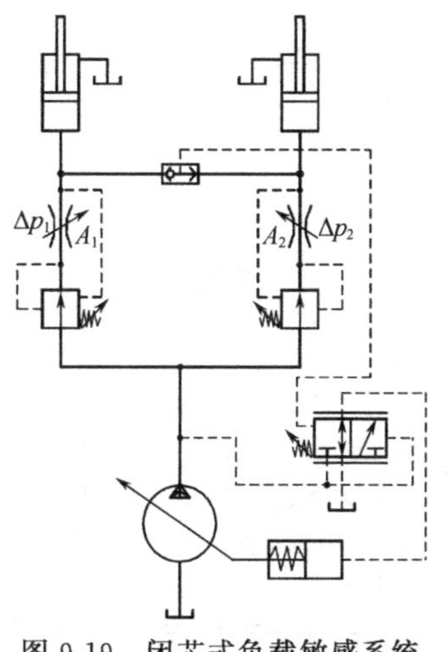

图9-19　闭芯式负载敏感系统

执行机构控制阀都具有压力补偿功能，压力补偿原理和调速阀原理基本相同，压力补偿阀相当于外控定差减压阀，比例阀相当于节流阀。其流量可表达为：

$$Q=C\alpha\sqrt{2\frac{\Delta p}{\rho}} \tag{9-1}$$

式中　C——流量系数；

α——节流开度；

ρ——液体密度。

三参数均为固定值，因此系统流量只与比例阀的节流开度有关，与负载大小无关。因此，通过手动控制节流口开度即可调节流量，并且保持调整的流量恒定，因而工作的速度趋于稳定。

实验台液压泵采用负载敏感变量泵，其结构原理如图9-20所示。泵液压缸左侧通油箱，压力降为零，弹簧松开，泵摆针摆角变大，流量增大，系统平衡；若反馈回的压力小于此时泵源的压力，负载敏感阀左移，此时弹簧收缩，摆针摆角变小，泵流量减小，系统平衡。

负载敏感采控系统由控制阀感应外部信号改变泵自身输出的流量和压力来匹配负载，避免了一般液压系统中由于溢流阀和节流阀带来的溢流和节流损失，使其具备能量损失小、效率高的特点。

② 控制系统软件　采用IEC61131-3国际标准。IEC61131-3规定了两大类编程语言：文本化编程语言和图形化编程语言。前者包括指令表（Instruction List，IL）语言和结构化文本（Structured Text，ST）语言，后者包括梯形图（Ladder Diagram，LD）语言和功能块图

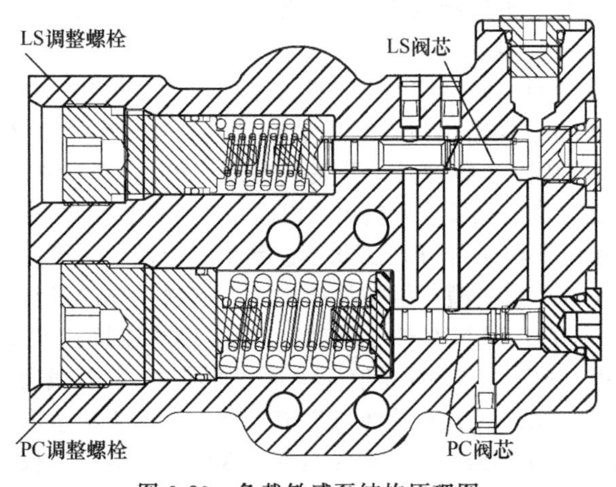

图 9-20 负载敏感泵结构原理图

(Function Block Diagram，FBD) 语言。

采用德国 3S 公司的 CoDeSys 软件，可以把逻辑和顺序控制、运动控制、过程控制和传动控制等的编程纳入一个体系中。同时还将 SCADA 和人机界面软件的设计功能、程序的调试和仿真功能也包容进来。基于 IEC 61131-3 国际标准的编程支持的控制类型，如图 9-21 所示。

③ 液压系统压力数据采集系统 搭建实验台液压测试系统，以验证搭建的液压系统理论仿真研究，验证系统的节能及操纵特性。其工作过程是试验信号由相应的传感器检测，通过数据采集卡经转换输入到计算机，由软件进行编程处理，如存储、显示和打印等。实验台液压系统的压力测控系统数据传输和控制原理图如图 9-22 所示。基于 PLC 的电液比例控制系统能实现节能控制、流量与调速控制和恒功率控制等。同时，提高了工作稳定性，减少了能耗，同时减轻了因安装和维修带来的劳动强度，增强了系统的安全可靠性。

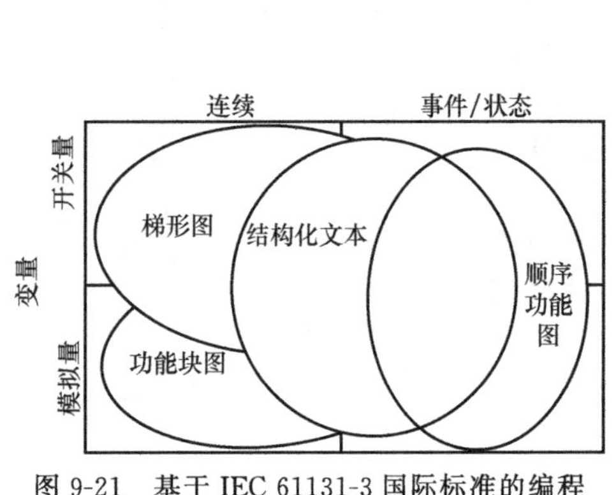

图 9-21 基于 IEC 61131-3 国际标准的编程

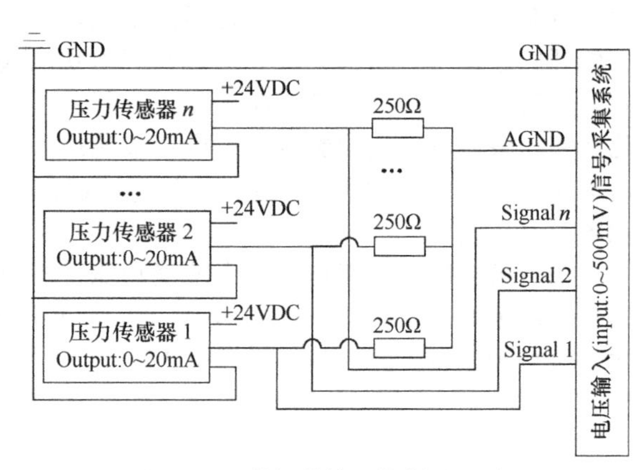

图 9-22 数据传输和控制原理图

9.3 PROFIBUS 现场总线在液压控制中的应用

9.3.1 PROFIBUS 现场总线

PROFIBUS 是一种用于工厂自动化车间级监控和现场设备层数据通信与控制的现场总线技术。可实现现场设备层到车间级监控的分散式数字控制和现场通信网络，从而为实现工厂综合自动化和现场设备智能化提供了可行的解决方案。目前支持 PROFIBUS 标准的产品超过 1500 种，分别来自国际上 250 多个生产厂家。在世界范围内已安装运行的 PROFIBUS 设备已超过 200 万台。

现场总线是应用在生产现场、在微机化测量控制设备之间实现双向串行多节点数字通信的系统，也被称为开放式、数字化、多点通信的底层控制网络。或者，现场总线是以单个分散的、数字化、智能化的测量和控制设备作为网络节点，用总线相连接，实现相互交换信息，共同完成自动控制功能的网络系统与控制系统。

基于现场总线的自动化监控及信息集成系统主要优点：

(1) 增强了现场级信息集成能力

现场总线可从现场设备获取大量丰富信息，能够更好地满足工厂自动化及CIMS系统的信息集成要求。现场总线是数字化通信网络，它不仅能取代4～20mA信号，还可实现设备状态、故障、参数信息传送。系统除完成远程控制，还可完成远程参数化工作。

(2) 开放式、互操作性、互换性、可集成性

不同厂家产品只要使用同一总线标准，就具有互操作性、互换性，因此设备具有很好的可集成性。系统为开放式，允许其他厂商将自己专长的控制技术，如控制算法、工艺流程、配方等集成到通用系统中去，因此，市场上将有许多面向行业特点的监控系统。

(3) 系统可靠性高、可维护性好

基于现场总线的自动化监控系统采用总线连接方式替代一对一的I/O连线，对于大规模I/O系统来说，减少了由接线点造成的不可靠因素。同时，系统具有现场级设备的在线故障诊断、报警、记录功能，可完成现场设备的远程参数设定、修改等参数化工作，也增强了系统的可维护性。

(4) 降低了系统及工程成本

对大范围、大规模I/O的分布式系统来说，省去了大量的电缆、I/O模块及电缆敷设工程费用，降低了系统及工程成本。

其常见网络构成框架如图9-23所示。

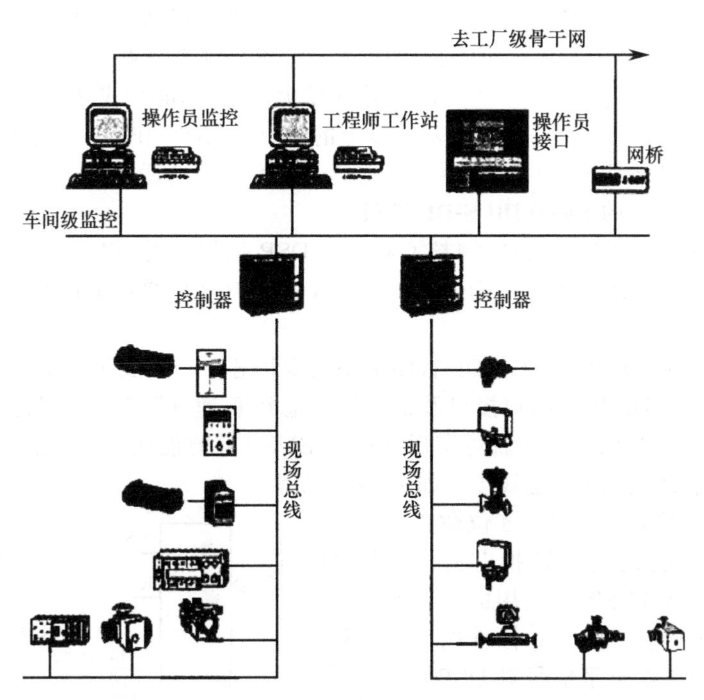

图9-23 基于现场总线的自动化监控及信息集成系统

9.3.2 PROFIBUS总线在电液伺服控制系统中的应用

(1) PROFIBUS总线用于工业自动化网络

PROFIBUS是全集成H1（过程）和H2（工厂自动化）的现场总线，是一种国际化的、不依赖于设备制造商的开放式现场总线标准，主要应用于现场设制造商的开放式现场总线标准，主要应用于现场设备。它广泛应用于制造业自动化、流程工业自动化、工矿和电力等自动化领域。

电液伺服系统是一个集机、电、液于一体的综合系统。随着现代企业生产自动化程度的不断提高，电液伺服控制系统也不断向智能化、网络化、数字化、高精度的方向发展以适应企业生产设备的自动化体系发展趋势。一种带有 PROFIBUS-DP 接口的电液伺服控制系统，实现了与 PLC 之间的通信与控制，使其能作为智能节点或智能从站嵌入工矿企业的 PROFIBUS 总线网络中。

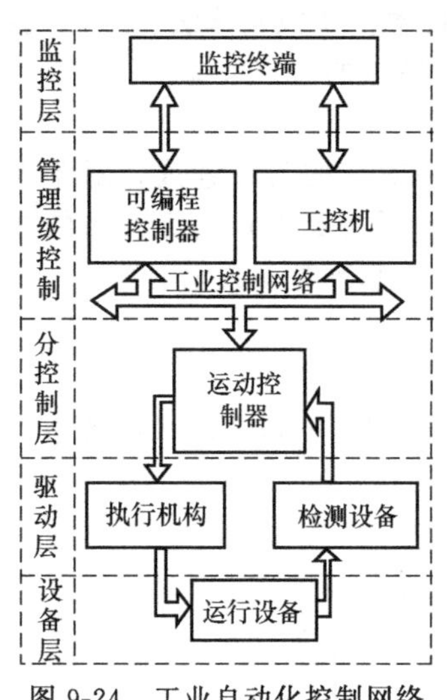

图 9-24 工业自动化控制网络

电液运动控制器运行在工业自动化网络中的示意图如图 9-24 所示。

PROFIBUS 作为一种应用广泛的现场总线技术，除具有一般现场总线的一切优点外，还有许多自身的特点，具体表现如下。

① 最大传输信息长度为 255B，最大数据长度 244B，典型长度 120B。

② 传输速率取决于网络拓扑和总线长度，从 9.6Kb/s 到 12Mb/s 不等。

③ 当用双绞线时，传输距离最长可达 9.6km，用光缆时最大长度为 90km。

④ 采用单一的总线访问协议，包括主站之间的令牌传递方式和主站与从站之间的主从方式。

⑤ 传输介质为屏蔽/非屏蔽式光缆。

基于以上的特点，PROFIBUS 总线非常适用于工业自动化领域，对环境条件恶劣、可靠性要求高的场合都有很好的适应性。

(2) 电液控制系统的 PROFIBUS-DP 接口

控制系统由 DSP＋CPLD 的控制核心构成，DSP 采用的是 TI 公司的 TMS320F2812，CPLD 采用的是 ALTERA 公司的 EPM1270T144C5。DP 通信接口采用西门子公司提供的总线协议芯片 SPC3。

SPC3 是一种用于 PROFIBUS-DP 智能从站的专用芯片，集成了（RS-485）物理层、现场总线数据链路层、DP 从站用户接口及部分现场总线管理（FMA）。因此，在与其相连的 DSP 中只需编写少量的软件工作就可实现 PROFIBUS-DP 智能从站的通信功能。

电液运动控制系统的 DP 总线接口如图 9-25 所示。

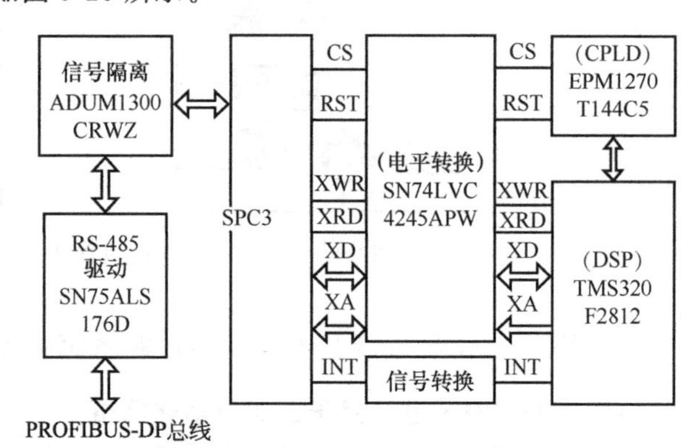

图 9-25 控制系统的 DP 总线接口

图中 SPC3 的控制信号线、8 位数据线和 11 位地址线经电平转换芯片 SN74LVC4245APW 将 SPC3 使用的以 5V 为标准的电平转换为 3.3V 标准的电平，避免了 SPC3 的电平信号对 DSP 的 3.3V 电平器件的损坏。

SPC3 的控制信号线分别为：CS 片选信号、RST 请求发送信号、XWR 写选通信号、XRD 读允许信号。INT 信号为中断信号，SPC3 向 DSP 发送中断信号时，通过信号转换模块将信号转换为DSP可接受电压的电平，避免损坏DSP器件。ADUM1300为3通道的数字隔离芯片，这种数字隔离器将高速CMOS技术与芯片尺寸变压器相结合，在可靠性和易用性方面都比光耦含器有显著提高。该芯片具有双向通信隔离的能力，速度可达10Mbps。SN75ALS176是一个高速485差分信号总线收发器，速率可达30Mbaud。将串行数据转换成A、B两线的差分信号后在DP总线上传输，DP总线的数据传输速率最高可达12M，该芯片可完全适用于DP总线。

(3) DP总线通信的软件实现

一个完整的DP从站通信程序包括：初始化、参数报文处理、通信接口配置检查报文、数据交换、诊断数据上传等，在应用时，还要编写符合本控制器的GSD文件配置于主站的PLC中。PROFIBUS-DP通信模块程序的主要任务就是启动SPC3，根据SPC3产生的中断，把SPC3数据缓冲区中接收到主站发出的数据读出，送到数据缓冲区中刷新数据，在主程序需要时读出，同时将要送到主站的数据放入SPC3输入缓冲区中，并根据要求组织外部诊断等。

从站上电后需要经过初始化、等待参数化过程、等待组态过程，然后进入数据交换状态。在其间的过程中，SPC3接收到主站发来的报文后要向DSP发中断，使DSP响应中断，执行相应的中断服务程序。中断服务程序的处理流程图如图9-26所示。

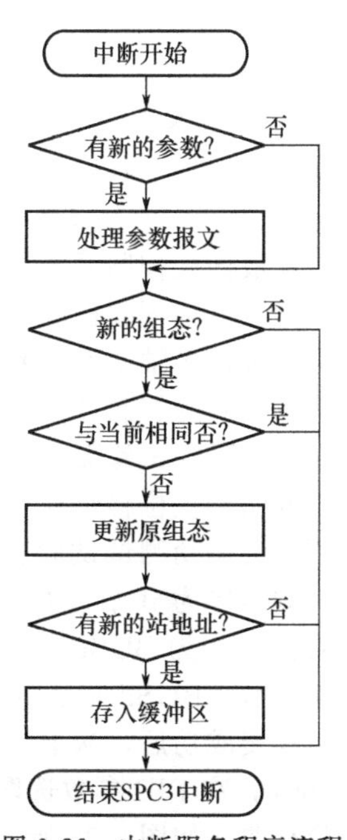

图9-26 中断服务程序流程

从站从上电到进入数据交换状态，其间的每个过程都是SPC3不断的接收主站发送的报文、接收到报文后不断向DSP发中断，DSP相应中断、读SPC3内部RAM接收到的报文，做出相应判断和处理后使SPC3发送相应的应答帧报文通知主站，主站接收到应答帧报文后做出响应，发送下一步的报文给从站。这样的过程持续下去，直至进入数据交换状态，进入数据交换状态即表明主站可以与从站进行信息交互了。

(4) 系统的控制方案

① 系统硬件结构　电液伺服控制系统不同于伺服驱动器，具有独立的对象控制能力，可形成独立闭环控制。系统内部同时集成了驱动器、通信网络、人机界面以及扩展功能等接口，可灵活配置、灵活使用。为满足多轴控制的需要，系统设计了四轴的驱动模式，并留出了部分伺服驱动器接口供驱动电枢使用，四轴驱动的基本模式可实现多轴协调联动控制的功能。

为使控制系统能够良好地运用在工业控制场合，要求系统能够克服现场恶劣的环境，做到防水、防尘、抗干扰。控制器需置于工控机箱中，系统采用了一块主控板两块接口板的结构形式，可按需要灵活配置系统的大小，主要功能集中于主控板上。这样的结构易于系统的维护和升级。控制器硬件结构如图9-27所示。

通信接口、触摸屏显示接口、扩展接口置于主控板上。模拟反馈接口、数字信号反馈接口、伺服驱动接口、数字量输出接口置于接口板上。接口板与主控板之间通过排线连接。接口板电路完成对模数反馈信号的信号调理和伺服输出信号的功率放大。主控板电路完成通信设备的驱动、液晶显示屏的驱动、数字输出信号的DA转换、反馈信号的片内和片外AD采样等。每块接口板可以驱动两个电液轴，接收两通道的位移信号和四通道的压力信号，传输两路电动机伺服驱动信号并接收两路数字反馈信号。

② 控制策略　根据电液伺服系统的特性，对于电液伺服轴的位置控制，采用离散化的数字式位置PID控制算法。该算法控制结构简单，鲁棒性强，在实际应用中易于整定。位

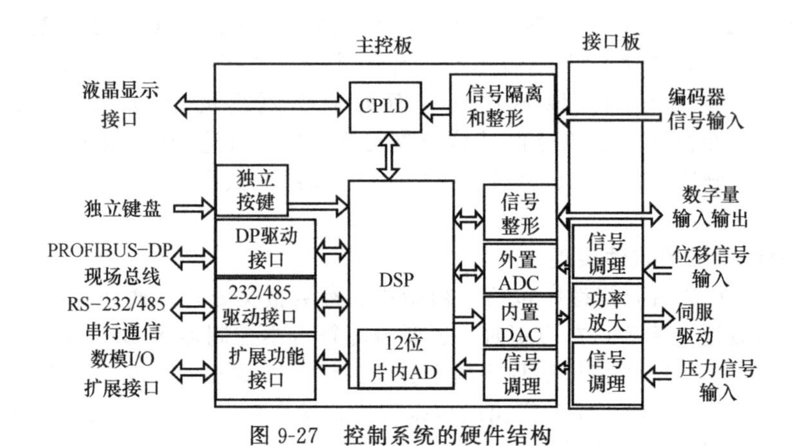

图 9-27　控制系统的硬件结构

置式 PID 算法如下式所示：

$$u(k)=K_{\mathrm{P}}e(k)+K_{\mathrm{I}}\sum_{i=0}^{K}e(i)+K_{\mathrm{D}}[e(k)-e(k-1)] \tag{9-2}$$

式中　K_{P}，K_{I}，K_{D}——比例、积分、微分系数；

$e(k)$——本次偏差值；

$e(k-1)$——上次的偏差值。

电液伺服控制系统结构如图 9-28 所示。

对于单轴伺服控制，系统采用 PID 控制即可满足基本的运动控制使用要求，当控制系统需要进行多轴协调控制时，可根据需要运用合适的多轴控制算法，编写基于多轴联动或多轴协调控制的控制算法软件来实现系统的多轴控制功能。

(5) 系统试验测试

控制器在位移量为 100mm（满程为 200mm）、试验系统压力设定为 8MPa 的情况下进行了位置运动测试试验。PROFIBUS-DP 总线通信试验以西门子 S7-300PLC 作为主站，以本控制器作为分站进行了通信测试。系统开机上电后，主站 PLC 进入搜寻从站的状态，PLC 上标号为 BUSF 指示灯不断闪烁，当主站发送的每一级报文均被从站控制器获取并成功响应后，BUSF 指示灯熄灭，表示连接成功，系统进入数据交换状态，可以进行数据交换。连接成功后，从上位机发送运动控制指令给从站，从站接收到指令后，使伺服缸杆运动 100mm，在 PID 参数选取为 $K_{\mathrm{P}}=800$、$K_{\mathrm{I}}=0.0$、$K_{\mathrm{D}}=200$ 时使用示波器得到的液压缸杆的位移曲线如图 9-29 所示。

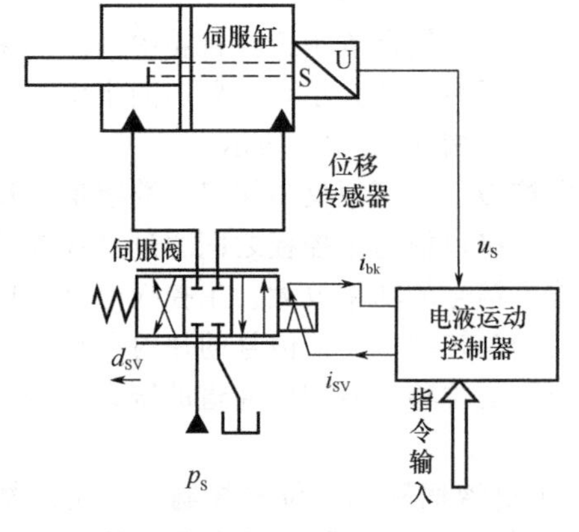

图 9-28　控制系统结构

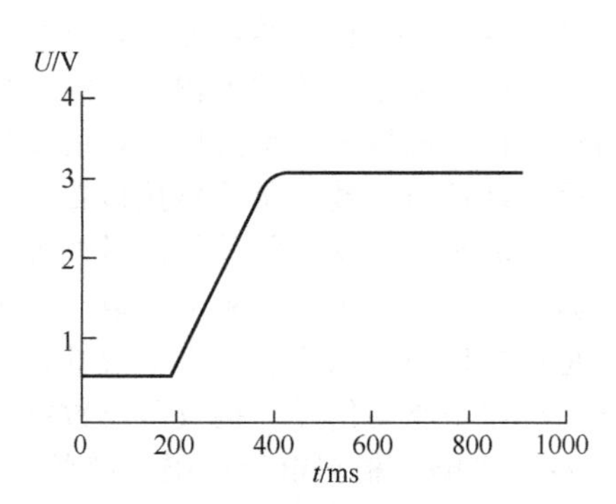

图 9-29　系统位移响应曲线

系统中每500mV代表实际位移的20mm，系统没有超调，调整时间约为210ms，位移稳态控裁精度达到±0.05mm，试验过程中，系统的伺服周期为80μs，其中执行控制程序的时间约为40μs。

DP总线在1.5Mbit/s的通信波特率调试成功以后，又在3M、6M、12M的波特率下进行了测试，均取得了成功。在试验中，控制器的通信速率可以稳定工作在6M的波特率，能满足大多数的应用场合。试验表明：控制器的控制性能能够满足使用需要，利用PROFIBUS-DP总线接口进行信息传输控制是可行的。

9.3.3 PROFIBUS现场总线在海洋平台桩腿液压升降控制中的应用

可移动自升式单桩平台采用单桩腿结构，集采油、储油、输油多功能于一体。

(1) 升降原理

桩腿采用方形箱体结构。下部焊有沉垫及支撑结构。海洋平台桩腿升降系统是在平台与桩腿相交的4个角点上布置4套液压升降装置，每套液压升降装置由升降主液压缸，上、下梁以及推拉液压缸组成（见图9-30）。桩腿4条棱边上开有缺口。主液压缸可绕销轴转动，通过上、下梁在桩腿缺口中的转入转出和主液压缸伸缩协调动作，从而达到升降桩腿或平台的目的。

海洋平台液压升降系统有4种工况，即桩腿上升和下降、平台上升和下降。每个工况都包含8个步序作为1个动作循环，每个动作循环可使桩腿上升或下降1个节距L。桩腿的上升和下降步序流程见图9-31。平台的升降与此类似。流程图中Δ为桩腿缺口与梁之间的间隙，用于使梁能够顺利进出桩腿缺口并实现主液压缸的负载转移。

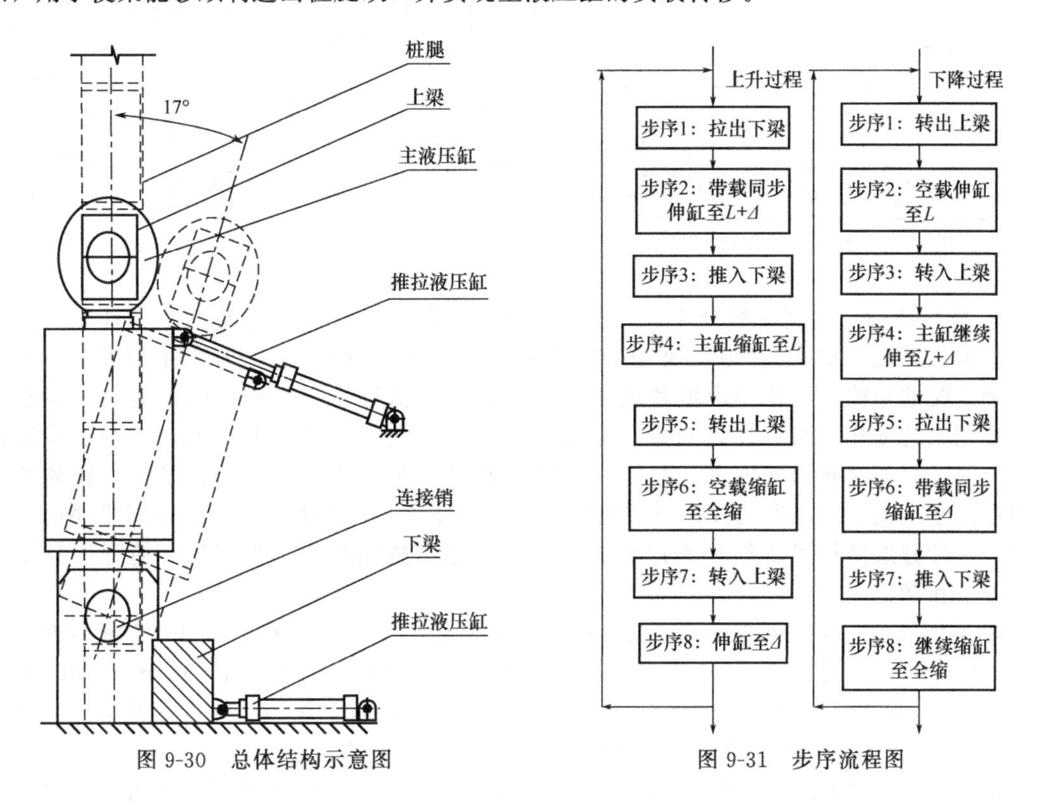

图9-30 总体结构示意图　　图9-31 步序流程图

在主液压缸带载升降的过程中必须保持4个角点的同步，通过就地分布式I/O对液压缸位移传感器的信号进行采集并传送给主PLC处理。当4个角点的最大位移差值超过调节限定值时，通过 PLC 发出指令控制阀门关闭，使较快的一组液压缸减速运行，直到位移差值重新为零时再次开启阀门继续运行。

(2) 控制系统

① 控制对象　升降装置每个工况都要实现主液压缸的伸缩及上、下梁的转入、转出。控制系统实现电磁阀的控制，按照步序要求进行每个工况的顺序控制。将工作信号通过控制面板上的指示灯显示。根据系统 I/O 点数要求选择合适的接口模块，并留有一定的余量供系统进行扩展。

② 硬件组态　控制系统要实现 4 个角点的液压升降装置的控制，根据其布置形式选用 1 个主控制器和 4 个就地控制节点来组成控制网络。主控制器由上位机单元、S7-300 可编程控制器单元（主站）、人机操作界面单元、外围电器单元等组成。四组分布式 I/O 单元 ET200M（从站）作为就地控制节点。ET200M 具有多通道、模块化特点，适合于多点数、高性能及野外恶劣气候条件应用。系统采用 PROFIBUS-DP 现场总线形式连接主控 PLC 及 ET200M 进行主-从站的通信和数据传输，从而实现系统集中处理，分散控制，见图 9-32。

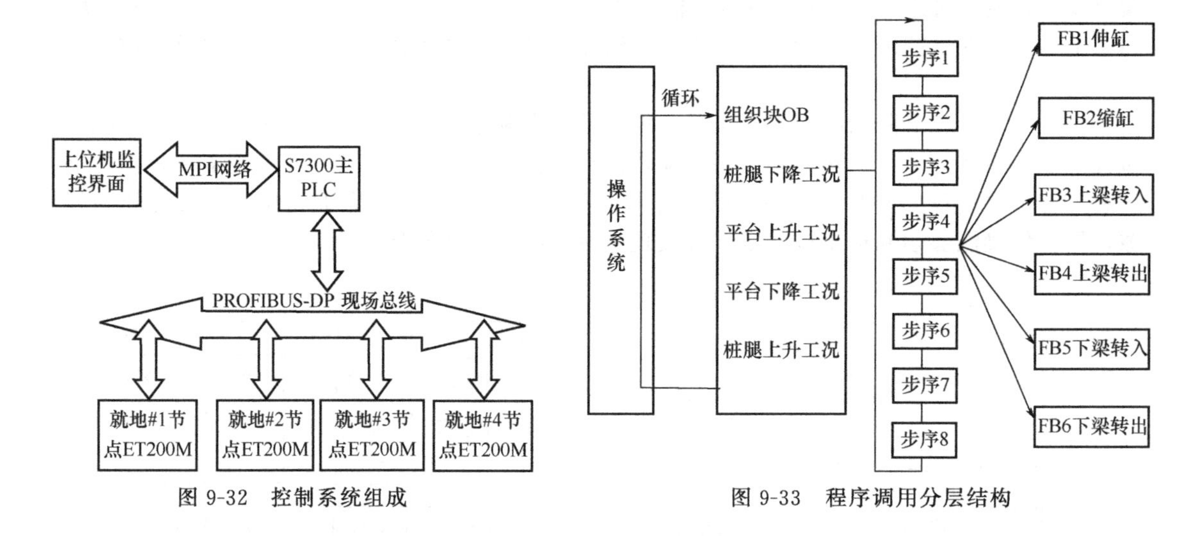

图 9-32　控制系统组成

图 9-33　程序调用分层结构

③ 程序结构　控制过程分 4 个工况。每个工况包括 8 个步序循环。本设计采用程序分块结构（见图 9-33）。在组织块 OB 中编写 4 种工况的选择程序，并选用 S7 Graph 来设计每个工况的功能块，用图形清楚地表明 8 个步序的执行情况。S7 Graph 为每一步指定该步要完成的动作，可以实现自动、手动、单步及顺控运行模式的切换，由每一步转向下一步的进程通过转移条件进行控制，并用梯形图和功能块图语言为转换、互锁和监控等编程。考虑到不同工况的步序具有通用性，编写了 6 个 FB 功能块用于不同步序的程序调用，这种分层结构可以简化程序组织，增加程序的透明性、可理解性，使程序易于修改、查错和调试。

④ 网络通信　控制系统通信包括上位机与主 PLC 的通信、主 PLC 与 4 个就地控制节点中的分布式 I/O 单元 ET200M 的通信。其中上位机与主 PLC 采用 MPI（Multi Point Interface）网络，其物理层为 RS-485，最大传输速率为 12Mbit/s；主 PLC 与各节点分布式处理单元采用 PROFIBUS-DP 现场总线，通信协议按 IEC61158 接口标准。

a. PROFIBUS-DP 协议结构。PROFIBUS-DP 协议基于 ISO/OSI 参考模型，其中第 1 层和第 2 层的线路与传输协议符合美国标准 EIA RS-485 [8] 和国际标准 IEC 870-5-1 [3]。PROFIBUS-DP 使用了第 1 层、第 2 层和用户接口，第 3 层至第 7 层未使用。这种精简的结构能够保证高速的数据传输，通过直接数据链路映象程序可以对第2层进行访问。PROFIBUS-DP协议在设计上为用户数据的高速传输作了优化，可以取代4～20mA模拟信号传输，特别适合用于PLC与现场级分布式I/O设备之间的主-从站数据通信。

b. 主-从站通信实现。控制系统采用单主站（即当前有权发送的主动节点）形式，即该主站一直握有令牌，主-从站的通信按照主-从规程进行。主-从规程允许主站寻址那些分配给它的从属设备，这些从站就是被动节点。主站可以向从站传递信息或从从站获取信息，DP主站通过使用轮询列表（Polling List）可以连续地寻址所有DP从站，无论用户数据的内容是什么，DP主站和从站间连续地交换用户数据。

DP主站发出的1个请求帧（轮询报文）和DP从站所返回的相关应答或响应帧构成了DP主从站间的一次循环，见图9-34。

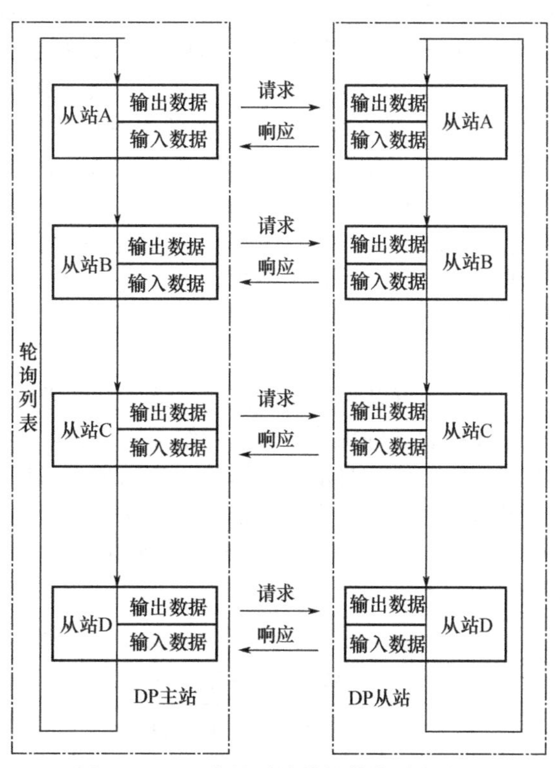

图9-34 DP主站对从站的轮询列表处理

⑤ 人机界面　人机界面主要用于实时显示现场动力系统、各就地节点中油泵工作状态、执行机构的数据参数和运行状态，并提供故障报警，使操作用户可直观地了解现场设备的运行情况。

人机界面采用WinCC组态软件编写，WinCC是一个集成的人机界面（HMI）系统和监控管理系统，其特性之一是全面开放，各系统集成商可用WinCC作为其系统扩展的基础，通过开放接口开发自己的应用软件。STEP7中定义的变量通过变量管理器完成在WinCC中直接使用，变量管理器的任务是从过程中获取请求的变量值，该过程通过集成在WinCC项目中的通信驱动程序来完成，通信驱动程序是WinCC与过程处理之间的接口。

WinCC通信驱动程序通过硬件连接中的通信处理器向PLC发出请求，并把相应请求值返回给WinCC。WinCC组态软件的应用使得PLC与上位机的连接变得非常简便，并且可降低工程开发时间。

组态软件通过I/O驱动程序从现场I/O设备获得实时数据，对数据进行必要的处理后，一方面以图形方式直观地显示在计算机屏幕上，另一方面按组态要求和操作人员的指令将控制数据传送给I/O设备，对执行机构实施控制或调整控制参数。

9.4 CC-Link现场总线在液压控制中的应用

CC-Link是Control&Communication Link（控制与通信链路系统）的简称。在1996年11月，以三菱电动机为主导的多家公司以“多厂商设备环境、高性能、省配线”理念开发、公布和开放现场总线CC-Link，并第一次正式向市场推出了CC-Link，并于1997年获得日本电动机工业会（JEMA）颁发的杰出技术成就奖。

9.4.1 CC-Link 现场总线

(1) CC-Link 总线的特点

CC-Link 是一种高可靠性、高性能的网络，其在实时性、分散控制、与智能机器通信、RAS 功能等方面具有最新和最高功能，同时，它可以与各种现场机器制造厂家的产品相连，为用户提供各厂商设备的使用环境。该网络满足了用户对开放性结构严格的要求，它具有如下特点。

① CC-Link 网络可以形成高速度大容量及远距离的应用组态，使其能适应网络的多样性。当应用 10Mbps 的通信速度时，最大通信距离是 100m；当速率为 156kbps 时，通信距离可达 1200m，加中继器后，通信距离可以延长到 10km 以上。

② 其采用普通屏蔽双绞线，大大降低了接线成本，提高了抗干扰能力。

③ 具备自动在线恢复功能，备用主控功能，切断从站功能，网络监视功能、网络诊断功能，帮助用户在最短时间内恢复网络系统。因此，构成了完善的 RAS [Reliability（可靠性）、Availablity（有效性）、Serviceability（可维护性）] 网络。

④ 一致性测试对于保证多厂家网络良好的兼容性是非常重要的。CC-Link 的一致性测试不仅对接口部分进行了测试，而且还对噪声进行了测试，因此 CC-Link 具有优异抗噪性能和兼容性。

(2) CC-Link 的应用

CC-Link 可以直接连接各种流量计、电磁阀、温控仪等现场设备，降低了配线成本，并且便于接线设计的更改。通过中继器可以在 4.3km 以内保持 10M 的通信速度，因此广泛用于半导体生产线、自动化传送线、食品加工线以及汽车生产线等各个现场控制领域。

某烟厂打叶复烤生产线监控系统采用了 CC-Link 来组建其现场的工作网络并通过 CC-Link 对生产设备进行监控。生产线采用三菱电动机的工控产品进行系统集成，如图 9-35 所示。

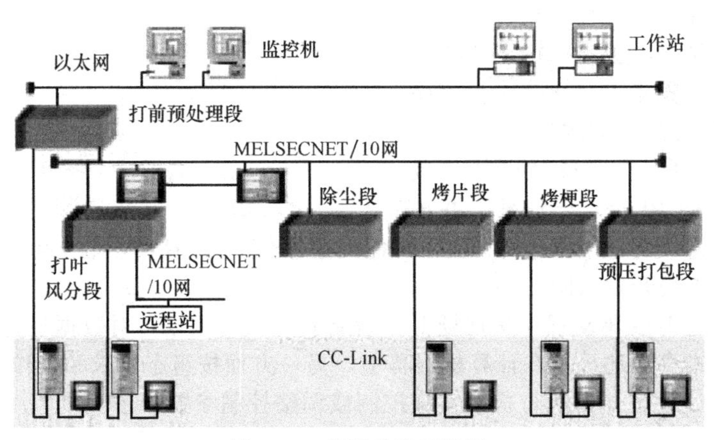

图 9-35　烟厂监控系统图

该生产线由打前预处理、打叶风分、除尘、烤片、烤梗、预压打包等 6 个工艺段组成，分别由 6 个三菱 Q2ASCPU-S1PLC 站控制这 6 个 PLC 站通过 MELSECNET/10 网进行彼此间的通信，并通过打前预处理段的 PLC 经由以太网与上位计算机相连。两台上位监控计算机采用 IFIX 的组态软件对整个生产线进行在线监控，并将现场采集的数据存入数据库。一台工作站计算机可以对数据库的数据进行整理分析。存储和输出工程师站的计算机可以读取现场所有 6 个控制站的程序，监控其运行状态，修改程序或者进行远程控制。

PLC控制站上安装有一块CC-Link链接模块A1SJ61QBT11，通过该模块连接数台变频器以及一台人机界面A985GOT，在人机界面上可以进行各种输入控制和输出监视，并可直接控制变频器。

假定系统的CC-Link模块插在CPU模块右侧的第一个槽上，起始地址为H0000，通过现场总线连接一台变频器和一台人机界面，在人机界面侧对变频器进行启停、频率调整和监测、加速度调整和监测、负载电流监测及复位控制。

具体使用的PLC内部资源如下：X20，启动；X21，停止；X22，输入频率；D201，存放设定的频率值；X23，监控频率；D101，存放监控的频率值；X24，监控电流；D100，存放监控的电流值；X25，输入加速度；D203，存放设定的加速度值；X26，监控加速度；D103，存放监控的加速度值；X27，复位。

采用CC-Link连接时需要做硬件以及软件两方面的设置。

硬件设置采用屏蔽双绞线按照总线方式连接各控制设备，然后对每个站上的站号开关和传输速度开关旋钮式或拨动式做设定。变频器设定为1号站，人机界面设定为2号站。采用5Mbps的通信速度，所有设备的速度必须一致，否则LERR通信出错灯会点亮。

对CC-Link组态可以通过编写初始化程序或者在参数设定画面进行设定来完成，后者只有高版本的产品才支持。

在CC-Link运行以前，需要在主站设定该系统连接了几个子站，每个站都是什么设备等，然后编写初始化程序。

通信程序主要编写变频器通信所需的数据交换。人机界面与CC-Link通信方式有两种：一种为循环通信方式，需要在PLC侧对通信内容进行简单的编程；另一种为瞬时通信方式，只需在人机界面侧直接指定所需监控的软元件就可以，但是所需的通信时间稍长一些，因此对一些实时要求不高的信息可以采用简单设定的瞬时传输方式。本系统人机界面主要采用了瞬时传输，在软元件的设定画面中，在网络选项直接指定需要监控的软元件在第几号网络的第几号站，这里指定HMI要监控的是1号网络的0号站即主站。

对于上述的PLC内部资源X20/X21…D100/D103/D201等依照此方法在人机界面进行设定。

9.4.2 CC-Link在盾构推进液压系统控制中的应用

盾构是一种集机械、电器、液压、测量和控制等多学科技术于一体，专用于地下隧道工程开挖的技术密集型重大工程装备。它具有开挖速度快、质量高、人员劳动强度小、安全性高、对地表沉降和环境影响小等优点。推进系统是盾构的关键组成部分，主要承担着整个盾构的顶进任务。要求完成盾构的转弯、姿态控制、纠偏以及同步运动等。

盾构推进系统的控制目标是在克服推进过程中遇到的推进阻力的前提下，根据掘进过程中所处的不同施工地层土质及其土压力的变化，对推进速度及推进压力进行无级协调调节，从而有效地控制地表沉降，减少地表变形，避免不必要的超挖和欠挖。常规的压力控制能引起流量剧烈波动，导致盾构推进速度不稳定；常规的流量控制又会引起压力振荡，使得液压缸推进压力不一致，从而加剧土体扰动，增加地表变形。因此，单纯的压力控制或流量控制很难同时满足盾构在非线性变负载工况下对推进压力和推进速度的复合控制要求。

(1) 盾构推进液压系统

盾构推进液压系统比较复杂，属于变负载、大功率、小流量的应用场合。本系统在主油路上采用变量泵实现负载敏感控制；对于6个执行元件——液压缸，则模拟实际盾构的控制方式，将其分为6组，进行分组控制。各个分组中的控制模块都相同，均由比例溢流阀、比例调速阀、电磁换向阀、辅助阀及相关检测元件等组成。图9-36为推进液压系统单个分组

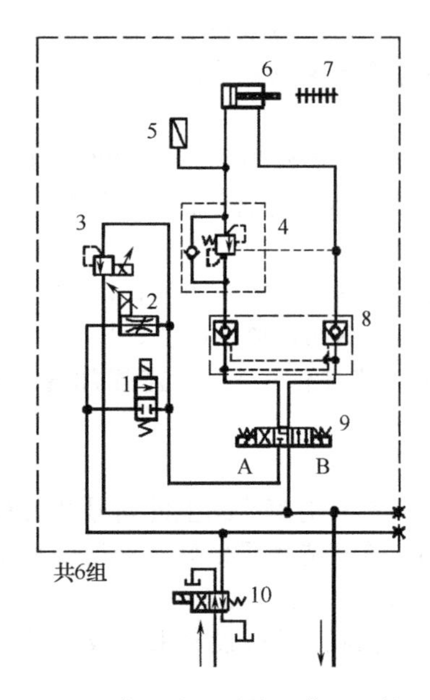

图 9-36　推进液压系统工作原理简图
1—二位二通电磁换向阀；2—比例调速阀；3—比例溢流阀；4—平衡阀；5—压力传感器；6—液压缸；7—内置式位移传感器；8—液压锁；9—三位四通电磁换向阀；10—二位四通电磁换向阀

工作原理简图。

盾构推进时，二位二通电磁换向阀 1 断电，系统压力油经比例调速阀 2 流出，此时三位四通电磁换向阀 9 切换到工作状态 B 位置，液压缸 6 的活塞杆向前运动。推进过程中，液压缸 6 中的内置式位移传感器 7 实时检测推进位移，转换成电信号反馈到比例调速阀 2 的比例电磁铁上，控制比例调速阀 2 中节流口的开度，从而实现推进速度的实时控制，此时系统中多余的流量可从比例溢流阀 3 中流出。为了实现姿态调整，还必须实时控制推进压力，此时可由压力传感器 5 检测液压缸 6 的推进压力，转换成电信号反馈到比例溢流阀 3 的比例电磁铁上，控制比例溢流阀 3 的节流口开度来实现。分组中的比例溢流阀 3 和比例调速阀 2 与压力传感器 5 和位移传感器 7 一起构成压力流量复合控制，可实时控制推进系统的推进压力和推进速度。

快速回退时，二位二通电磁换向阀 1 通电，短路比例调速阀 2，系统采用大流量供油，此时三位四通电磁换向阀 9 切换到工作状态 A 位置，液压缸 6 的活塞杆快速回退，以满足管片拼装的要求。

各个分组中的液压锁 8 与具有 Y 形中位机能的三位四通电磁换向阀 9 组成在一起成为锁紧回路，可很好地防止液压油的泄漏。液压缸单独退回时，平衡阀 4 能起到运动平稳的作用。

需要多个液压缸同时动作时，二位四通电磁换向阀 10 断电，主油路暂时断开，待多个液压缸控制信号到位后，再使二位四通电磁换向阀 10 通电，主油路导通，从而使得多个液压缸同时工作。

（2）盾构推进液压监控系统

根据盾构推进液压系统的功能，兼顾系统的安全性、经济性、相容性以及可扩展性，采用 PLC、工控机以及组态软件组成分布式监控系统。其中，PLC 完成底层设备控制，组态软件完成人机界面接口以及试验数据的采集和管理功能。

① 推进液压系统 PLC 硬件结构　推进液压系统监控对象包括 2 个电动机、7 个压力传感器、6 个位移传感器、6 个比例调速阀、6 个比例溢流阀、13 个电磁换向阀以及一些传感器和控制按钮。其 PLC 硬件结构如图 9-37 所示。上位机和下位机 PLC 之间通过串口通信连接，并同盾构其他系统的上位机组成基于 TCP/IP 协议的计算机局域网。上位机控制系统主要用于推进系统的参数设置，各种设备的检测控制，数据的采集、分析和处理，采用液晶触摸屏，方便操作人员的使用和维护。

作为底层控制的 PLC 和下行设备之间采用了 CC-Link 方式进行通信。CC-Link 作为一种包容了最新技术的开放式现场总线，可以将控制和信息数据同时以 10MB/s 高速传输，具有性能可靠、应用广泛、使用简单和节省成本等优点。

在硬件方面，只需采用屏蔽双绞线按照总线方式即可连接各控制设备。另外，CC-Link 还提供了 110Q 的终端电阻，用于避免在总线的距离较长和传输速度较快的情况下，由于外界干扰出错。系统中 CC-Link 主站与 PLC 的 CPU 模块均安装在主控制柜中。CC-Link 从站按照盾构系统的功能与位置安装在不同的控制柜中，其中推进系统控制柜中安装了 11 个远

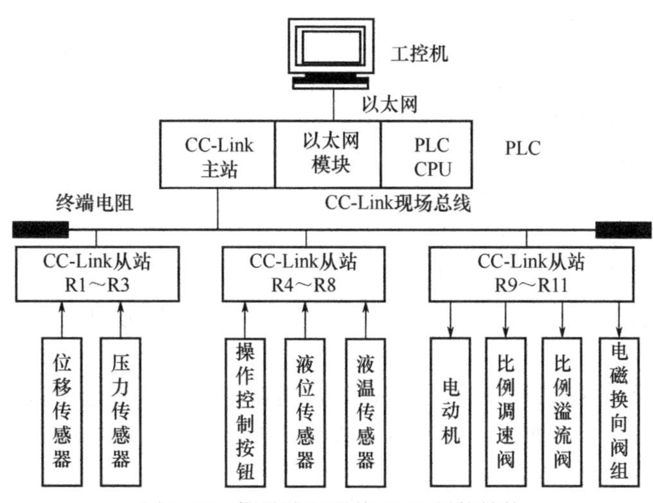

图 9-37 推进液压系统 PLC 硬件结构

程模块，用于控制推进设备和采集相关数据，包括控制 6 个液压缸的伸缩、推进总阀的开关和液压缸的比例调速调压，以及采集 6 个液压缸的推进位移、推力速度、推进压力等模拟量和推进过滤器堵塞、推进油箱液位低和极低、推进油箱液温高和极高等状态量数据。

② 推进液压系统 PLC 控制系统　推进系统中 PLC 控制元器件选用的是日本 Q 系列产品，CPU 型号为 Q02CPU，支持普通 PID 控制以及浮点运算。通过 RS-232，QCPU 实现了最高 115.2kB/s 的通信，高速通信缩短了程序的读写和监控时间，提高了调试时的通信效率。系统采用 GX Developer V8 进行程序编写。

编程过程中采用梯形图方式，并适用模块化结构，使得各部分互不干扰，也便于修改和维护。

控制系统中，PLC 的输入主要是控制按钮和传感器信号，输出则主要为电磁阀线圈控制信号。由于推进液压系统中要控制的元器件比较多，而且每个液压缸均有推进、回退动作，多个液压缸的同步推进、回退等动作，并有比例调速调压等要求，因此在控制面板上设置了推进电动机启动/停止按钮，推进总阀（即原理图 9-36 中的二位四通电磁换向阀 10）合/分按钮、液压缸前进/回退开关以及 6 个液压缸的调速及调压开度旋钮。6 个液压缸的单缸或多缸动作状态则通过触摸屏在组态王中进行选择，冷却电动机的启动可通过 PLC 程序自动触发，也可在组态王中通过触摸屏手动选择。

系统通电后，PLC 采用循环扫描方式。首先是模块初始化，主要包括 A/D 转换模块以及 D/A 转换模块的初始化；接着启动推进电动机；然后是故障报警判断，故障报警包括推进油箱油温极高、推进油箱液位极低、压力管路过滤器堵塞以及主油路油压高 4 种情况，通过相应的传感器检测到的数据与组态王中预先设置的极限值进行比较，通过后接着在触摸屏上进行液压缸选择，此时可选择 1～6 号液压缸的任何一个或多个。

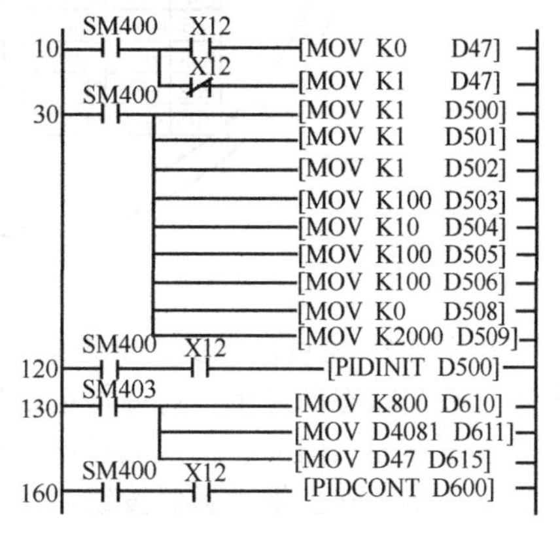

图 9-38 PID 闭环控制 PLC 程序

图 9-38 为采用 PLC 编译的一段关于液压缸推进速度 PID 闭环控制程序图。图 9-38 中，左侧数据为行号，第 10 行起的一段程序为推进调速模式选择，其中 0 为自动，1 为手动。选中旋钮 X12 后，自动调

速模式起作用。第 30 行起为 PID 控制运行前控制数据设定，其中，第 1 行和第 2 行是设定为 1 个闭环调节回路使用数量和执行数量，第 3 行是设定调节回路执行方式，第 4 行是设定采用周期为 100ms，第 4 行到第 7 行是设定好 PID 的比例常数、积分常数和微分常数值，最后两行是设定 PID 输出值的上限和下限定值。第 120 行是设定好 PID 控制数据区从 D500 到 D511。第 130 行为 PID 运行时相应的输入输出数据设定，其中，第 1 行是设定好速度设定值为 800，第 2 行是把检测到的速度值放入数据寄存器 D4081 中，第 3 行是进行自动/手动方式旋转。第 160 行表示 PID 正式运行。

③ 推进控制系统软件组态　上位机中使用的组态软件是国内自行开发的工业组态软件——组态王。组态王具有图形、动画功能，使用组态王可以方便地构造适合需要的数据采集管理系统。

使用组态王进行推进控制系统软件组态时，其监控界面主要包括系统结构、推进画面、参数设置界面、实时曲线界面、报警界面以及历史曲线界面等。通过监控画面、报表、报警数据库等方式，操作人员可以及时了解系统当前工作状态、出现的故障及其产生原因，根据需要对比当前情况，并进行适当的调整，以保证推进工作稳定进行。

图 9-39 为采用组态王软件设计的推进控制系统的推进画面，画面中使用各种动画和文字信息描述了推进过程中的工作状态，主要分为 4 个部分。其中，部分 1 为 6 个液压缸的工作状态，可分别显示 6 个液压缸的推进压力、推进位移、推进速度以及比例调速调压的百分比等；部分 2 为模拟量 PID 闭环控制信息，可在线显示设定值、反馈值以及输出值，从而方便操作者进行调整；部分 3 为显示推进电动机的运行状态；部分 4 为在线显示当前工作的液压缸个数。把这些信息放在同一个画面有利于操作者迅速定位信息。

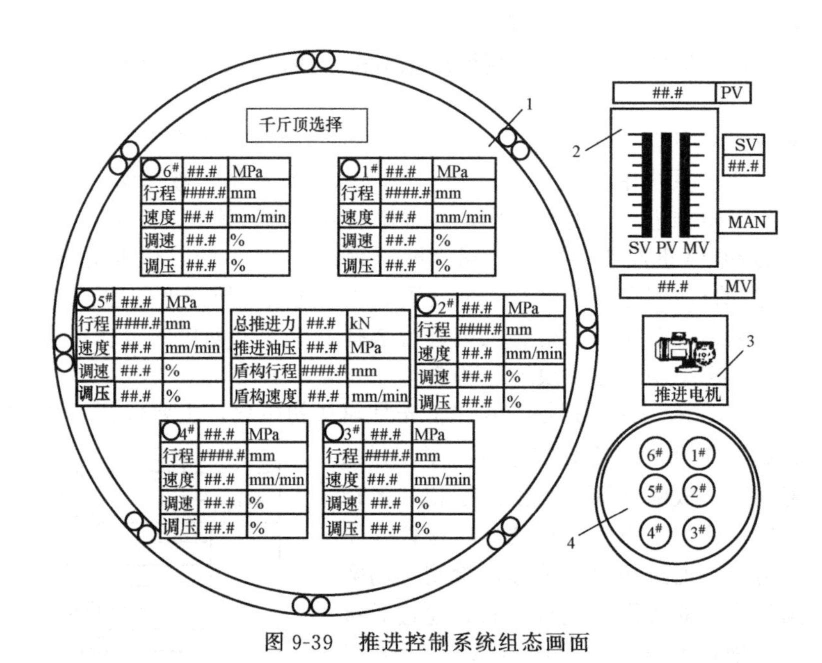

图 9-39　推进控制系统组态画面

从图 9-39 还可以看出，推进画面中包含了所有推进过程中要用到的操作按钮以及所有重要参数与状态的显示，这使得在推进过程中不用进行频繁的画面切换。

各个画面之间的切换是通过动画连接来实现的。例如系统要切换到推进画面时，在组态王开发环境下双击推进画面按钮，出现动画连接对话框，单击动画连接中的命令语言连接选项弹起时，出现命令语言显示窗口，然后在命令语言窗口中输入命令语句 ShowPicture（推进画面)，即可实现画面动画连接。

对于控制而言，可以把按钮的动作关联到脚本语言，在脚本语言中对I/O变量进行赋值等操作，从而把控制命令发送到底层控制器PLC，再由PLC完成相关的控制动作。例如，在用按钮进行控制时，所使用的I/O变量是b，b所关联的PLC寄存器是M300。而PLC程序中把M300作为按钮进行处理，即认为M300被置为1以后，会马上变为0。这样，如果在组态程序中控制时仅仅使变量b置位就会出现问题。在这种情况下，按钮应该关联两个动作：按钮按下时，变量b置为1；按钮弹起时，变量b置为0。

9.5 PXI总线在液压控制中的应用

9.5.1 PXI总线

PXI总线是1997年美国国家仪器公司（NI）发布的一种高性能低价位的开放性、模块化仪器总线，是一种专门为工业数据采集和仪器仪表测量应用领域而设计的模块化仪器自动测试平台。

(1) PXI总线的特点

PXI（PCI eXtensions for Instrumentation）总线是Compact PCI总线规范的进一步扩展，其数据传输速率达132～264MB/s。PXI综合了PCI和VME计算机总线、Compact PCI的插卡结构、VXI与GPIB测试总线的特点，专门增加同步总线，提高了抗干扰能力。PXI总线采用Windows和Plug&Play的软件工具作为自动测试平台技术的软件基础。另外，PXI技术提供了与VXI、GPIB和PCI等总线规范的接口模块，其兼容能力较强。

PXI总线吸收了VXI总线的一些特点，是PCI总线面向仪器领域的扩展，其目的是吸取台式PC机的性价比高的优点，以及VXI总线实现高性能模块的一些做法，形成了价位以及性能居于VXI总线平台与PC插卡式平台之间的新一类虚拟仪器平台。

PXI总线具有易于集成、使用灵活、功能强、可靠性高、价格适中、软件与个人计算机兼容等特点。

PXI技术已成为自动化测试领域的前沿和热门。

(2) PXI总线体系结构

PXI总线符合PCI的电气特性，采用Compact PCI规定的板卡外形，使得PXI系统可以使用7个外设卡槽，通过PCI的桥接器可以扩充到13槽甚至更多。PXI通过增加触发、局部总线和系统时钟来满足仪器领域的高性能要求。

PXI系统软件兼容性设计，使得台式PC用户所开发的从操作系统到设备驱动程序都可以移植到PXI系统上来。而且，PXI实现了虚拟仪器软件体系结构（VISA）。通过VISA，系统能够与串口、VXI及GPIB模块定位和通信。PXI扩展VISA的接口，增加了VISA与PXI外设模块的定位与通信，使得软件平台融合了PXI、CompactPCI、PCI、VXI、GPIB以及其他仪器体系结构。

PXI体系结构如图9-40所示。

PXI机械结构完全符合Compact PCI规范的相关要求。PXI结构支持两种外形卡：3U卡和6U卡。3U卡规格是160mm×100mm，它装有两个接口连接器J1和J2。J1连接器包括32位局部总线信号，J2连接器包括64位PCI传输信号及PXI附加电气信号。6U卡规格是233mm×160mm，它可安装4个接口连接器。J1和J2功能同3U卡连接器，J3和J4保留为将来PXI规范扩充之用。PXI系统由机柜、底板、控制模块和外设模块组成。机柜必须设有1个控制槽和一个至多个外设槽。为了避免冲突和不兼容性，PXI系统规定系统控制模块槽必须定位在背板各槽的最左边，并且此槽不能用来做外设槽。使用单一 33MHzPXI 总线段，PXI 系统最大可使用 7 个外设模块；而使用单一 66MHzPXI 总线段，PXI 系统最大可用 4 个外设模块。各模块与机柜应当使用符合 Compact PCI 规范的标识。PCI 底板、系统控制模块、外设模块需经过温度与存储环境测试，并需将测试结果提供给 PXI 系统的用户。插入模块的设计应当考虑自底向上的气流通道，以便散热。底板则应当提供散热装置（风扇），还应能保证足够的功率需求。底板和所有模块都需通过电磁兼容试验。

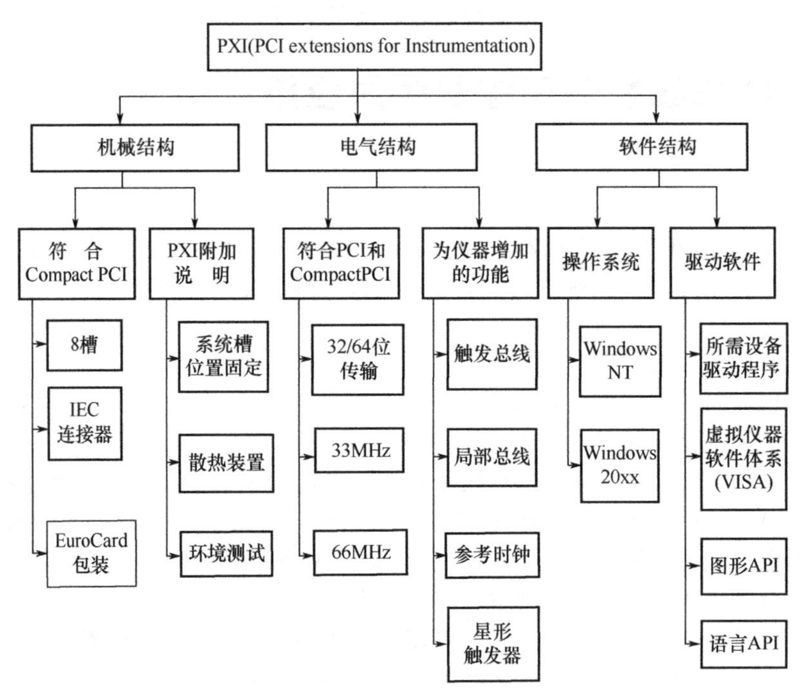

图 9-40 PXI 体系结构

PXI 使用标准的 PCI 总线，并且为仪器仪表应用增加了特殊信号。PXI 提供与 PCI 规范相同的性能特性。然而，PXI 单一 33MHz 总线段可以驱动 8 个模块，相同情况下，PCI 只能驱动 5 个模块。PXI 局部总线采用菊花链式结构，它通过相邻外槽自左向右连接每一个槽。每个局部总线可利用 13 条连线，用来传输模拟信号或者提供高速单边带数字通道，而不影响 PXI 带宽。局部总线电压范围无论 TTL 电平还是模拟信号最大可到 42V 电压，键控电路的实现使得初始化软件能够禁止使用不兼容模块。PXI 系统为每一外设模块提供 10MHz 的系统参考时钟，可以用来同步外设模块。8 条 PXI 总线触发线具有很高的灵活性，它可以用来同步外设的操作；通过触发总线，一个模块可以精确控制系统内其他模块的时序操作；触发信号可以从一个模块传给下一模块，可以精确的异步外部事件。PXI 星形触发总线为 PXI 系统用户提供高性能的同步功能，星形触发器可为外设模块提供十分精确的触发信号。触发器安装在毗邻控制槽的第一个外设槽，系统无须此触发器即可在此槽安装外设槽。使用触发器结构为 PXI 系统带来两大益处：其一为每一模块确保了单独的触发线；其二从触发器到每一外设槽提供精确的传播时延。图 9-41 描述了 PXI 触发器结构。

PXI 系统通过使用标准的 PCI-PCI 桥技术可以实现多总线段，以达到扩展外设槽的目的。在每一个总线段，一个桥设备占据一个 PCI 负载。因此，有两个总线段的 33MHz 系统提供 13 个 PXI 外设槽。其计算公式如下：

2(总线段)×8(槽/总线段)－1(系统控制槽)－2(PCI 桥接器槽)＝13PXI

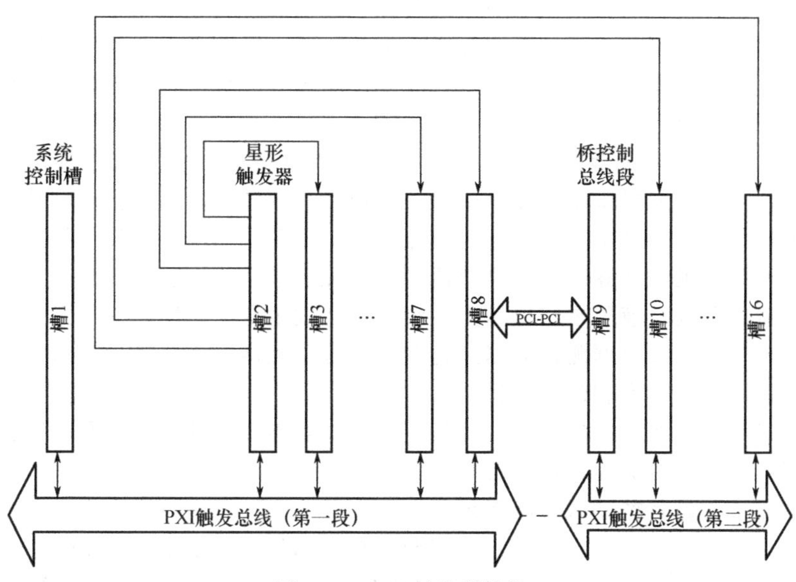

图 9-41 PXI 触发器结构

触发器结构考虑到系统多总线结构，PXI 触发总线在单一总线段提供互连，但是不允许物理连接到相邻总线段。这保证了触发总线高性能特性，使得多总线系统的每一个总线段可以从逻辑上占有仪器。不同的物理段通过缓冲器实现逻辑连接。在两个总线段情况下，星形触发器为需求同步和控制时序的仪器提供独立访问所有 13 个外设槽的途径。

在 PXI 多总线段（超过两个）情形下，星形触发总线仅在前两个总线段各槽布线连接。

如同其他总线结构，PXI 定义的标准允许不同厂商的软件在硬件接口级保证可用性。但是，PXI 为易于集成，在总线一级定义了软件需求。这些需求包括要求使用标准的操作系统结构如 Windows2000 等，同时需要符合由 VXIplug&play 系统联盟开发的仪器软件标准。PXI 软件可以利用现有已成熟的 PC 软件技术，因而，PXI 软件结构支持流行的工业标准应用程序接口，例如 Microsoft 和 Borland C、Visual Basic、LabVIEW、LabWindows/CVI 等。PXI 要求硬件供应商提供各平台的模块驱动程序，免去由客户开发驱动程序的负担 a PXI 要求支持的虚拟仪器软件体系为 PXI 到 VXI 底板、模块以及单独的 GPIB 总线和仪器提供链接。PXI 与 CompactPCI 兼容性如图 9-42 所示。

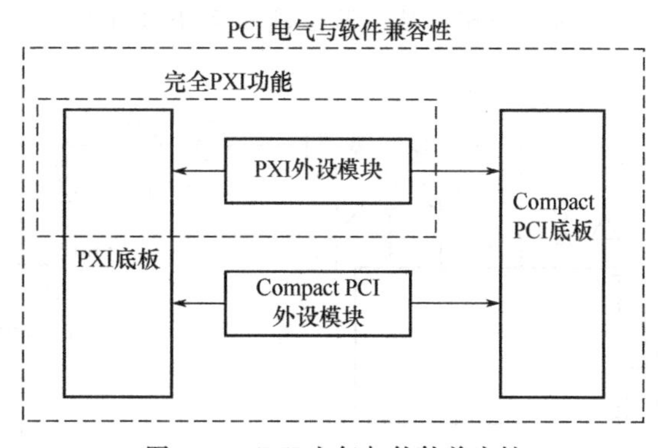

图 9-42 PCI 电气与软件兼容性

9.5.2 PXI 总线在飞机舵机泵站测试中的应用

在定期检查和排故过程中，通常要对某型飞机的自主式液压舵机和舵机部件变量液压泵站、操纵继电器及回输传感器等部附件性能进行检测。试验测试变量液压泵站的压力流量特性时，在外场不允许将泵站拆下，在内场测试时将泵站拆下安装于专用实验台上进行检测，这种测试方法无法实现在线检测，不仅费用高、效率低，而且也会增加检测工作量，使人为差错概率增大。

在舵机和其附件进行性能检测时不允许拆卸相关附件，但变量液压泵站出油和回油两个过滤器要经常拆下进行清洗更换。所以可以不拆下泵站，将两个过滤器拆下换上专用装置切断舵机内循环，接通外循环的一套液压系统实现在线进行舵机泵站压力流量特性的测试。

(1) 测试系统概况

基于 PXI 总线控制比例节流阀的舵机泵站压力流量特性自动测试方法，是用自主开发的专用装置切断自主式舵机泵站内循环回路，接通设计的液压测试系统外循环回路，在舵机液压实验台液压泵出口管路中安装有比例节流阀，用于替代传统的手动节流阀。

在测试过程中，测控计算机向比例节流阀发出控制指令，在设定的时间周期内逐渐减小或增大比例节流阀开度，液压泵出口压力、流量随之发生变化，同时采集记录液压泵出口压力、流量的测试数据，并根据测试数据进行曲线拟合，确定液压泵压力流量特性测试中的两个主要的参数：零流量压力和额定流量。

整个测试过程不需要人的参与，只要按下人机交互界面上的“开始测试”按钮，整个测试工作和数据处理全部由测控计算机自动完成。

(2) 泵站压力流量特性测试液压系统

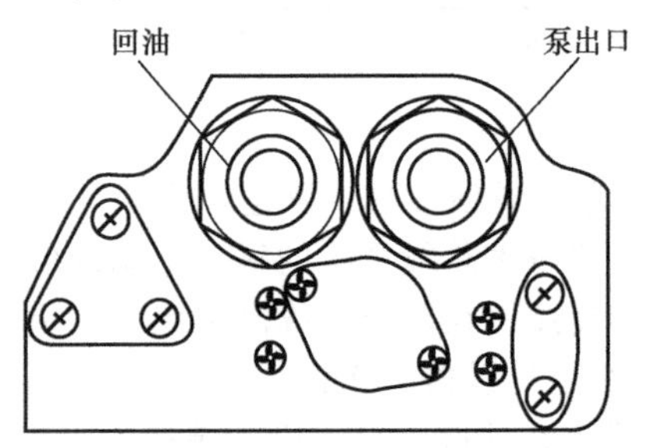

图 9-43　专用装置安装图

当要进行变量液压泵站压力流量特性测试时，需安装专用装置切断自主式舵机泵站内循环回路，接通设计的液压测试系统外循环回路。安装专用装置时取出舵机泵站出油和回油两个过滤器的滤芯装入“工艺滤芯”，拧紧堵帽，将软管与性能测试液压系统的接头连接，最后将自封接头对接。安装专用装置时注意不要将泵出口和回油口的“工艺滤芯”装错（回油口仿制滤芯芯体较粗），并保证专用装置及液压试验系统充满油液，保证没有空气进入舵机。泵出口和回油口位置如图 9-43 所示。

泵站压力流量特性测试液压系统设计原理如图 9-44 所示（虚线框内部件为舵机部件）。

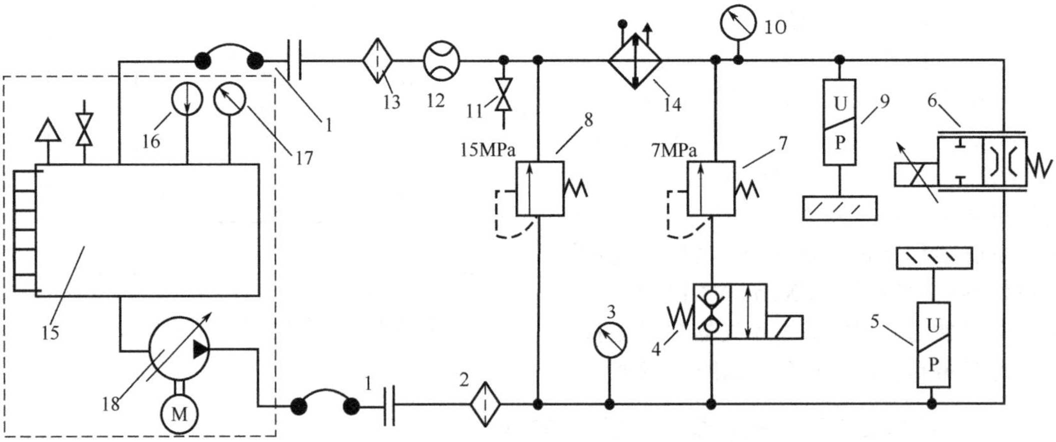

图 9-44　舵机泵站测试液压系统原理图

1—专用装置总成；2—高压过滤器；3—泵出口压力表；4—电磁球阀；5—高压压力变送器；6—比例节流阀；7,8—安全阀；9—低压压力变送器；10,17—压力表；11—采样阀；12—流量传感器；13—低压过滤器；14—冷却器；15—舵机油箱；16—温度表；18—被测泵站

用常开型比例节流阀进行远程调压与稳压，通过电信号给比例阀的控制器，输出压力与

电信号输入成正比，保证系统流量变化过程中自动稳定地提供压力。其优点是调压方便，工作可靠，能实现稳定、自动、快速而直接地调整泵的压力，自动化程度高。

溢流阀在系统中主要起安全作用。系统的安全压力限定也由该阀设定。本系统通过两个并联溢流阀分别设置7MPa和15MPa安全压力。7MPa安全阀前置电磁开关（二位二通无泄阀），通电状态系统安全压力7MPa。

测试过程中，根据被测自主式舵机的液压泵的型号设定比例节流阀的压力，测控计算机自动调节比例调压阀的开度，控制信号增大，比例节流阀的开度减小，在此过程中可完成液压泵压力流量特性测试。被测压力和流量等参数通过压力、流量传感器，高压压力变送器送往测控计算机，由软件记录和处理，最终确定舵机泵站压力流量特性。

(3) 测试系统硬件

舵机泵站压力流量特性自动测试系统采用的PXI系统基于PXI主机＋多功能数据采集卡＋ADAM-3014信号调理模块＋传感变送器等。PXI主机选用美国某公司出品的PXI-1031主机系统，该系统带有4个3U PXI模块插槽，嵌入式零槽控制器选用PXI-8196(xP)系列，数据采集选用PXI-6259-M系列多功能卡，信号调理模块采用直流输入输出调理模块ADAM-3014系列完成电流/电压转换。

泵站压力流量特性测试原理框图如图9-45所示，泵站流量和泵站出口压力分别经过带有压力传感器的高压压力变送器进入测控计算机的A/D转换模块输入端（输入4～20mA或0～10V），测控计算机的D/A转换模块输出端（输出信号0～10V）通过放大调理模块送入比例节流阀，测控计算机记录处理测控计算机采集的数据，最后输出测试结果。

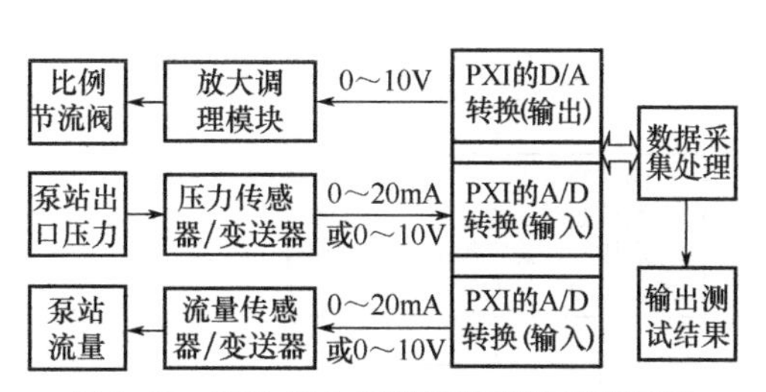

图9-45 泵站压力流量特性测试原理框图

(4) 测试软件

① 开发工具　基于舵机液压实验台和控制比例节流阀的变量液压泵压力流量特性自动测试系统的复杂性、操作方便性、系统性和可靠性等方面的考虑，决定使用虚拟仪器技术进行测试软件开发。开发工具采用一直受测控领域人士青睐的虚拟仪器专用工具LabWindows/CVI。

相对于其他工具软件，LabWindows/CVI的优点是软件开发周期短、用户界面友好、操作简单、运行稳定等。

LabWindows/CVI是美国NI公司推出的进行虚拟仪器设计的交互式C语言开发平台。它将使用灵活的C语言与用于数据采集分析和实现的测控专业工具有机地结合起来，为熟悉C语言的开发人员建立检测系统、自动测试环境、数据采集系统、虚拟仪器等提供了一个理想的软件开发环境。

② 软件流程图　测试软件流程图如图9-46所示。

由测试软件的流程图可知，在测试开始后，进行以下步骤。

步骤一，选择人机交互界面上的变量液压泵压力流量特性测试菜单，按下自动测试按钮，测控计算机输出比例节流阀初始控制电压$V=V_{max}$，其中，V_{max}为比例节流阀初始电压。

步骤二，控制软件等待一个数据采集周期Δt，采集并记录被测液压泵出口的压力和流量数据。

步骤三，判断比例节流阀开度控制电压V是否小于零？如果仍大于零，测控计算机输出比例阀控制电压$V=V-\Delta V$，其中，ΔV为缸时间内比例节流阀开度调节电压，使比例节流阀开度按控制规律逐渐变化，并返回步骤二继续采集数据，反之转入步骤四。

步骤四，对测试数据进行曲线拟合，绘出流量随压力的变化规律的测试曲线，并根据测试曲线确定额定流量、零流量压力和最大流量数据。

步骤五，输出最终的零流量压力和额定流量结果。测试结束后，自动生成试验测试报告，保存试验数据以供事后分析，退出测试软件。

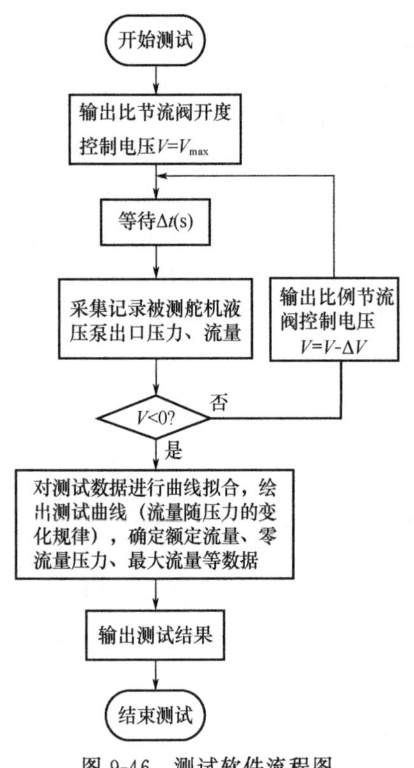

图 9-46 测试软件流程图

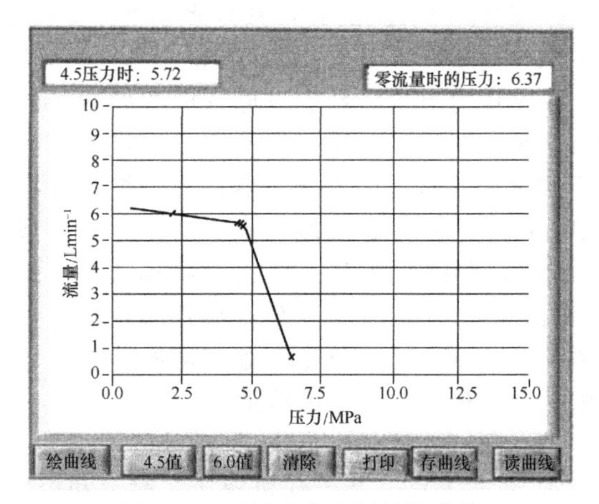

图 9-47 泵站压力流量特性曲线

(5) 实例

某飞机自主式舵机泵站压力流量特性指标要求：零流量对应压力为 6MPa＋1MPa，压力为 4.5MPa 时流量为 4.7～7.5L/min。由图 9-47 泵站压力流量特性曲线可以看出，测试结果符合指标要求。

PXI 总线控制比例节流阀的舵机泵站压力流量特性自动测试方法，实现了自主式舵机泵站压力流量特性的在线自动测试，克服了以往拆装附件测试人为差错和误差大，自动化程度低、效率低等缺点，大大提高了检测的灵敏度和准确度。经过试验验证，实验台具有功能完善、移植性强、可靠性高等特点。

9.5.3 PXI 总线在车辆液压测试中的应用

(1) 系统硬件组成与工作原理

工程车辆液压系统状态检测与诊断系统是对各种工况下工程车辆装备液压系统的压力、流量、温度以及转速 4 种参数同时进行测试，所以参数设置比较复杂。系统共有 32 个通道，根据实际测试需要分配通道数为：16 通道压力、8 通道温度、6 通道流量、2 通道转速。数据采集时，需要 4 种参数同时各显示一个通道，要求显示通道可以由用户选择，压力、温度、流量参数需要显示实时波形、最大值、平均值等，转速要求显示最大值及平均值，所以实时显示要求较多。

系统不但要求程序运行出错报警，还要求在实时显示的同时，压力、温度参数要有过载报警的功能，报警要求比较高。测试完成后，要求快速出具完整的测试报告。

① 总体结构　根据上述要求，结合自动测试系统的硬件与软件集成原理，系统硬件的总体结构采用“主控计算机（含嵌入式控制器）＋PXI模块化仪器＋程控仪器＋连接器-适配器”的结构方式。

主控计算机通过标准总线连接PXI模块化仪器、程控设备和外部资源，测试资源和被测液压系统之间通过连接器-适配器结构连接。

计算机运行系统软件和测控程序，实现对整个检测系统的管理和控制，并通过各种标准总线与测试仪器连接；标准连接器对上实现与模块化仪器相连接，对下通过连接器与信号调理模块相连，测试仪器和矩阵开关共同构成整个测试系统的资源，完成测试和激励功能；测试资源与各种被测液压系统之间通过连接器-适配器接口相连接。连接器与测试资源相对应，是测试资源对外的统一标准接口；适配器与被测对象相对应，针对一种被测对象，只需要更换适配器模块，就可以完成该对象的测试，从而较好地实现了系统的通用性。

通用测试系统中的测试资源不直接面向用户，而是通过标准的连接器接口提供给用户，这样系统测试资源可以根据实际需要进行灵活的配置。由于连接器接口的标准性和统一性，可根据不同需要，开发不同适配器，增加了系统的扩展性和灵活性。

系统的传感器选用上海812所、中航机电公司等单位生产的压力、温度、流量和转速传感器。检测系统的硬件总体方案见图9-48。

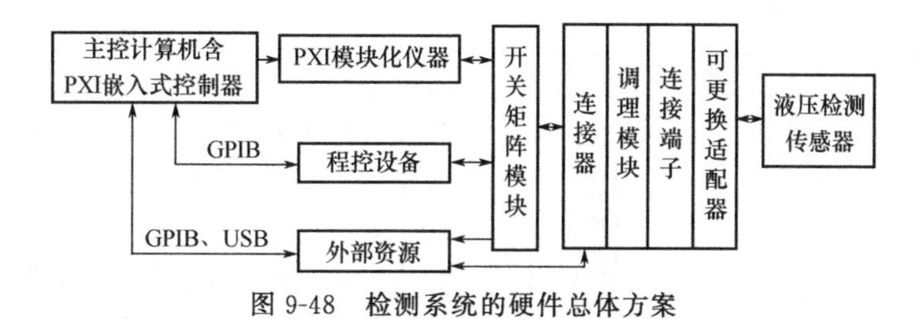

图9-48　检测系统的硬件总体方案

② PXI模块化仪器　PXI模块化仪器资源的选用和搭配应充分考虑被测对象的测试需求和系统扩展能力。因系统采用标准PXI机箱＋嵌入式控制器结构，故系统不需要0槽等模块。

PXI测试资源主要包括：数字万用表模块、AD模块、DA模块、任意波形发生器模块、示波器模块、数字I/O模块、模拟I/O模块、定时器模块、多路开关模块、矩阵模块、计数器模块等。

数字万用表模块：与多路开关配合以实现多路扫描系统，实现对低速、高精度信号的采样。

AD模块：完成小信号和慢变信号的测试。

DA模块：提供测试系统所必需的激励信号、自校准信号等。

示波器模块：选用2通道示波器模块，实现对交流快变信号的测试。

数字I/O模块：实现对数字信号的输入、输出操作。

多路开关和矩阵模块：完成信号通路的切换和信号的隔离。

定时器计数模块：完成具有严格时间约束的测量任务。

③ 连接器-适配器结构　可更换适配器直接与液压系统检测传感器相连，其内部嵌入了适合于各种液压系统测量的传感器调理模块，完成液压传感器的电源激励、型号识别、信号

转换放大与隔离等功能。根据工程机械液压系统特点，适配器模块可以方便地更换为适合不同自动化程度的液压自动测试调理模块，其结构如图 9-49 所示。

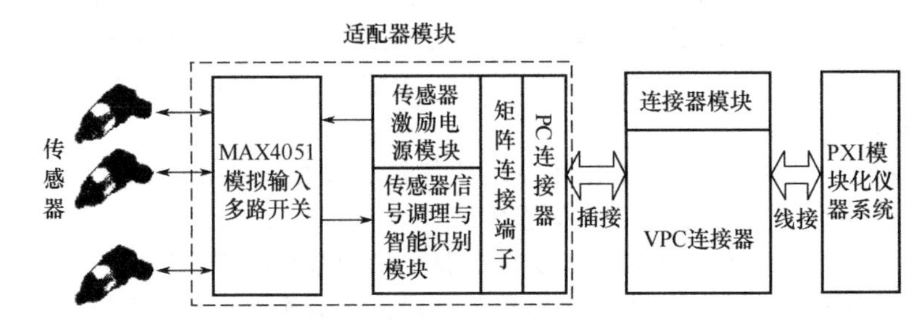

图 9-49　连接器-适配器结构图

(2) 软件系统

系统以 Lab windows/CVI 为开发平台，利用标准 C 语言开发。液压系统故障检测内容包括标准参数值库、液压系统参数库、故障信息库等数据库文件，因此程序开发结合数据库进行，利用 LabSQL 扩展包和 SQL Server 数据库开发平台开发整个软件系统。

Lab windows/CVI 是一种交互式 C 语言虚拟仪器开发平台，将 C 语言与用于数据采集分析和显示的测控专业工具有机地结合起来。CVI 的开发环境由用户界面编辑器、C 语言和丰富的驱动函数库等组成。方便的界面编辑工具提供了开发测控程序界面的手段，强大的各类函数库为开发应用程序提供了基础。

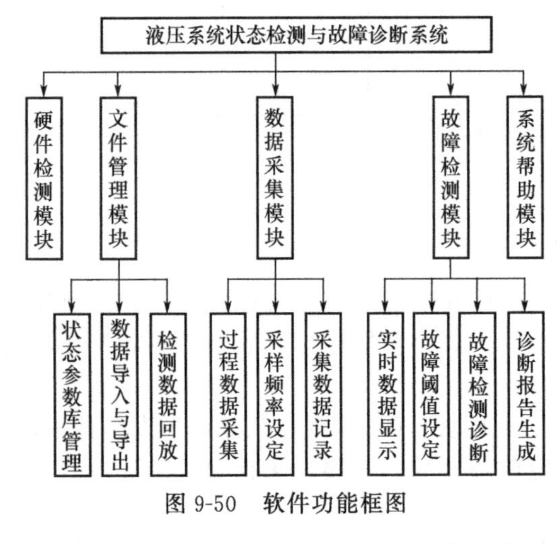

图 9-50　软件功能框图

检测系统软件采用模块化结构，基于数据库设计，将故障检测诊断程序与测试数据分开，即把检测任务流程按规定要求写入数据库中，系统通过操作数据库来控制检测过程。系统的主界面设计为主菜单和下拉菜单形式，各功能模块通过菜单调用来实现。主菜单有 4 项，分别是“文件管理”“数据采集”“故障检测”和“帮助”等（见图 9-50）。

① 硬件检测报警模块　主要是完成对计算机和测试系统之间工作状态的自我检查与测试，如测试地址、中断级和通信传输速率等，检测数据采集卡的配置与工作状态，如系统自检不能通过，则提示相应信息，终止程序运行。另外，传感器的接入状态、型号识别及传感器故障判别等也由该模块完成。

② 过程数据采集　提供液压系统工作状态数据采集功能。过程数据采集主要用于对液压系统各个测点所测得的工况参数进行连续记录，记录过程中同步显示相应数据，此时如按下主界面的存储图标按钮，则将所记录的工况数据以数据文件格式存储于数据库系统中，并将其输出到 U 盘或其他外接存储介质中。

③ 故障阈值设定　工程机械液压系统的各个测点的参数测量值随转速、负荷等工况在不断变化。对其故障进行判断和识别时，必须在不同的工况下检测各测点的参数值，并与标准值进行比较，从而进行故障的诊断。故障阈值的重新设定功能为使用和维修人员提供了随时更新和修改标准参数值的能力，便于故障的检测与诊断。

④ 故障检测诊断　工程机械液压系统结构的复杂性使其故障具有多层次性、模糊性和不确定性等特点，而且本系统要求实现故障的在线诊断和离线分析两种功能，因此故障诊断模块采用了神经网络算法模型。

故障诊断模块工作时，将检测数据库中采集的数据取出并进行预处理，作为神经网络处理模块的输入量，神经网络的输出量代表故障诊断的结果。首先对神经网络进行训练学习，即将特定故障对应的状态参数作为样本，建立较全的样本库，然后用所有的样本对神经网络进行训练，这样就可以将样本库的知识以网络节点的形式存储在神经网络的连接权值数据矩阵中，最后，通过神经网络输入量的计算完成故障诊断与分析。

9.6 MODBUS总线在液压控制中的应用

9.6.1 MODBUS总线

MODBUS是Modicon公司为该公司生产的PLC设计的一种通信协议，从其功能上看，可以认为是一种现场总线。它通过24种总线命令实现PLC与外界的信息交换。具有MODBUS接口的PLC可以很方便地进行组态。

(1) MODBUS协议

MODBUS协议是工业控制器的网络协议中的一种。通过此协议，控制器相互之间、控制器经由网络（例如以太网）和其他设备之间可以进行通信。它的开放性、可扩充性和标准化使它成为一个通用工业标准。有了它，不同厂商生产的控制设备可以简单可靠地连成工业网络，进行系统的集中监控，从而使它成为最流行的协议之一。

MODBUS协议包括ASCII、RTU、PLUS、TCP等，并没有规定物理层。此协议定义了控制器能够认识和使用的消息结构，而不管它们是经过何种网络进行通信的。标准的MODBUS是使用RS-232C兼容串行接口，RS-232C规定了连接器针脚、接线、信号电平、波特率、奇偶校验等信息，MODBUS的ASCII、RTU协议则在此基础上规定了消息、数据的结构、命令和应答的方式。MODBUS控制器的数据通信采用Master/Slave方式（主/从），即Master端发出数据请求消息，Slave端接收到正确消息后，就可以发送数据到Master端以响应请求；Master端也可以直接发消息修改Slave端的数据，实现双向读写。

MODBUS可以应用在支持MODBUS协议的PLC和PLC之间、PLC和个人计算机之间、计算机和计算机之间、远程PLC和计算机之间以及远程计算机之间（通过Modem连接），可见MODBUS的应用是相当广泛的。

由于MODBUS是一个事实上的工业标准，许多厂家的PLC、HMI、组态软件都支持MODBUS，而且MODBUS是一个开放标准，其协议内容可以免费获得，一些小型厂商甚至个人都可根据协议标准开发出支持MODBUS的产品或软件，从而使其产品联入到MODBUS的数据网络中。因此，MODBUS有着广泛的应用基础。在实际应用中，可以使用RS-232、RS-485/422、Modem加电话线甚至TCP/IP来联网。所以，MODBUS的传输介质种类较多，可以根据传输距离来选择。

(2) MODBUS协议的通信格式

MODBUS可分为两种传输模式：ASCII模式和RTU模式。使用何种模式由用户自行选择，包括串口通信参数（波特率、校验方式等）。在配置每个控制器的时候，同一个MODBUS网络上的所有设备都必须选择相同的传输模式和串口参数。

① ASCII模式　当控制器设为在MODBUS网络上以ASCII模式通信，在消息中的每个8Bit字节都作为两个ASCII字符发送。这种方式的主要优点是字符发送的时间间隔可达

到1s而不产生错误。

如表9-2所示，使用ASCII模式，消息以冒号（:）字符（ASCII码3AH）作为起始位，以回车换行符（ASCII码0DH，0AH）作为结束符。传输过程中，网络上的设备不断侦测“:”字符，当有一个冒号接收到时，每个设备就解码下个位的地址域，来判断是否发给自己的，与地址域一致的设备继续接受其他域，直至接受到回车换行符。除起始位和结束符外，其他域可以使用的传输字符是十六进制的0～9，A～F，当然也要用ASCII码表示字符。当选用ASCII模式时，消息帧使用LRC（纵向冗长检测）进行错误检测。

表9-2　ASCII模式的消息帧

起始位	设备地址	功能代码	数据	LRC校验	结束符
1个字符	2个字符	2个字符	n个字符	2个字符	2个字符

② RTU模式　当控制器设为RTU模式时，消息帧中的每个8Bit字节包含两个4Bit的十六进制字符，见表9-3。

表9-3　RTU模式的消息帧

起始位	设备地址	功能代码	数据	CRC校验	结束符
T1-T2-T3-T4	8Bit	8Bit	n个8Bit	16Bit	T1-T2-T3-T4

该模式下消息发送至少要以3.5个字符时间的停顿间隔开始。传输过程中，网络设备不断侦测网络总线，包括停顿间隔时间内。当第一个域（地址域）接收到，相应的设备就对接下来的传输字符进行解码，一旦有至少3.5个字符时间的停顿就表示该消息的结束。

在RTU模式中整个消息帧必须作为一连续的流传输，如果在帧完成之前有超过1.5个字符时间的停顿时间，接收设备将刷新不完整的消息，并假定下一字节是一个新消息的地址域。同样地，如果一个新消息在小于3.5个字符时间内接着前个消息开始，接收的设备将认为它是前一消息的延续。如果在传输过程中有以上两种情况发生的话，必然会导致CRC校验产生一个错误消息，反馈给发送方设备。

当控制器设为RTU（远程终端单元）模式通信时，消息中的每个8bit字节包含两个4bit的十六进制字符。这种模式与ASCII模式相比，在同样的波特率下，可比ASCII模式传送更多的数据。

(3) 系统应用示例

一个基于MODBUS的工业控制网络，它主要由实现现场控制功能的智能控制仪表、实现对智能控制仪表在线配置与监控功能的主机两部分组成。

作为从机的现场智能控制仪表主要任务有：实现现场温度采集、输出控制、显示、系统配置以及响应主机激励；主机的主要任务是在线配置从机、监控从机，从而得到相应从机的状态、历史温度数据分析；两者之间的通信是基于现场总线技术的。

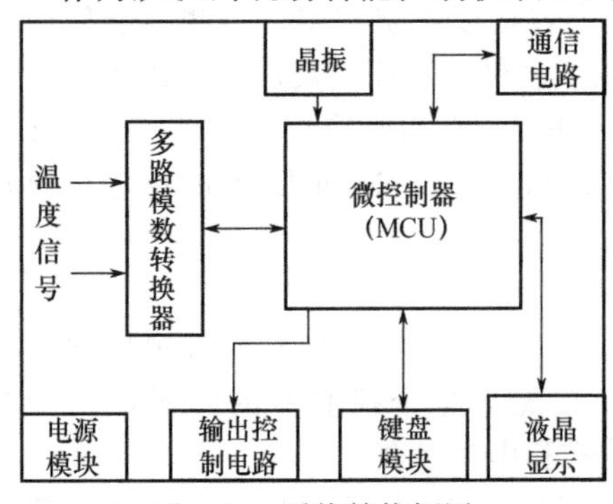

图9-51　系统结构框图

① 系统的硬件　系统主要由通信电路（输入）、数据采集、输出控制、LCD显示、通信及电源模块等组成。如图9-51所示，系统具有对外界温度信号进行采集的能力，采集的模拟信号经A/D模块转换为相应的数字量，送入微处理器进行处理。采集到的每一路温度都要与系统此路的温度设定值进行

比较，然后根据结果调用合适的控制算法，并通过控制相应的继电器的占空比实现对温度的调节。

微控制器选用了中国台湾 Syncmos 公司生产的 8 位微控制器 SM5964，它是 80C52 微控制器家族的派生产品，其强大的片内资源，只需添加少量的外围器件即可实现系统的要求。温度测量利用 Pt（10011）热敏电阻，测量的模拟信号经 A/D 模块转换后送入微处理进行处理。模数转换器选用凌特公司（Linear Technology）推出的 20 位无延迟模数转换器 LTC2430，此模块可直接对测量的毫伏级信号进行处理，并能够满足精度要求，其他也选用了与通信和输出控制相关的器件。

由于标准的 MODBUS 物理层采用了 RS-232 串行通信标准，在 PC 机上模拟 MODBUS 通信通过使用 RS-485 插卡或者 RS-232/RS-485 转换模块，实现多点通信，这里选用的是 RS-232/RS-485 转换模块。

SM5964 的串行发送端口 TXD 和接收端口 RXD 经 MAX232 芯片进行电平转换后，分别与 PC 机的数据接收端口 RXD 和数据发送端口 TXD 相连接。

SM5964 串行通信的发送端 TXD 连接到的 11 引脚，发出的数据信号经过 MAX232 芯片转换后，由 0～5V 的 TTL 电平变为－12～＋12V 的 RS-232 电平，从 14 引脚输出到 PC 机串行口的第二引脚。按 RS-232 通信协议规定，PC 机串行口的第二引脚为数据输入端，这样，发出的数据就可被 PC 机接收到。由 PC 机串行口的发送端 TXD（PC 机串行口的第三引脚）传输来的数据，作为 RS-232 电平的信号输入到 MAX232 芯片的第 13 引脚，经过 MAX232 芯片进行电平转换后变为 TTL 电平，再由 MAX232 的 12 引脚输出到 SM5964 串行口的接收端口 RXD，从而完成数据的双向传输。这里使用了两个发光二极管 D7 和 D8 监视通信的工作状态。

② 系统的软件　系统的软件基于软件开发平台 μC/OS-Ⅱ，它是由 Labrosse 编写的一个开放式内核，最主要的特点就是源码公开，清晰明了。在单片机系统中嵌入 μC/OS-Ⅱ将增强系统的可靠性，并使得调试程序变得简单起来。但由于它没有功能强大的软件包，基于具体应用需要自己编写驱动程序，对内核进行扩充。为使其能够正常工作，要根据具体的硬件平台完成相应的移植工作。μC/OS-Ⅱ是一个占先式的内核，即已经准备就绪的高优先级任务可以剥夺正在运行的低优先级任务的 CPU 使用权，这个特点使得它的实时性比非占先式的内核要好。根据要实现的功能，将系统划分为如下 6 个任务：按键处理、LCD 显示、串行通信、输出任务、控制运算、信号采集处理。这里介绍和 MODBUS 总线协议相关的部分。

当选用的是 MODBUS 的 RTU 模式时，一帧报文中字节与字节之间的时间间隔比帧与帧之间的时间间隔小得多，因此主要的难点在于如何判断一帧报文接收结束与否，这可以利用单片机内置的定时器来进行判断。若实际实现时，选择了 19200 的传输速率，那么空闲间隔时间 $T\geqslant 1/19200\times 8\times 3.5=1.5\text{ms}$。每当接收到一个新的字节，就启动定时器开始计时，定时器的时间设定为帧与帧之间的最小时间间隔（上面提到的例子中是 1.5ms）。波特率不同，该时间的间隔也不同。若不到预定时间又接收到下一个字节，则说明一帧报文尚未结束，定时器重新开始计数；若定时器顺利计数到预定时间，就会触发相应的中断，在该定时中断服务程序中设定帧结束标志字节，表明一帧报文接收完毕。这样就可以防止报文接收不完整，导致该帧通信任务无法结束而影响下一帧的接收。

如图 9-52 所示，在一个帧开始接收时判断接收的第一个字节是否为本机地址，如果是则保存到接收缓冲区中，不是则继续等待下一帧报文的到来，这样节省了保存数据的时间，接收中断服务程序只是保存数据而不处理数据，只是在一帧新的报文接收结束后，通知系统（通过发出信号量来实现）；MODBUS，协议还规定了从方接收报文不正确时发问的出错帧。

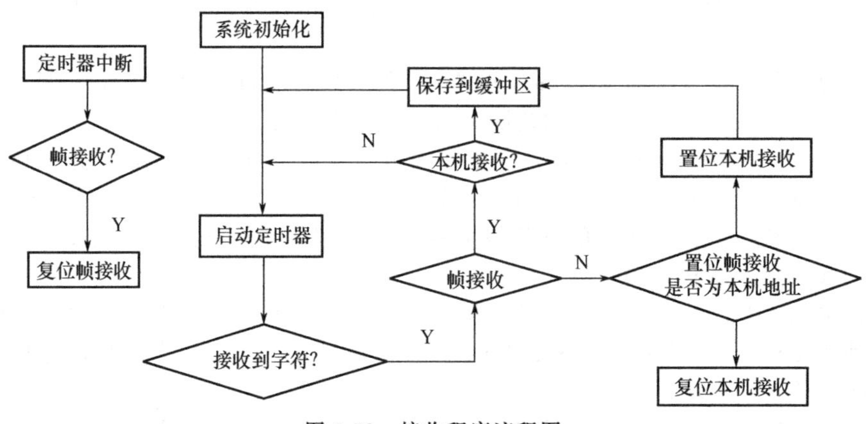

图 9-52 接收程序流程图

考虑到装置内部通信的过程不是很复杂，在实际应用中，如果从方收到的报文校验不正确，采取不作应答的方式。主方若在规定时间内未收到从方的应答报文时，将重发请求报文；若多次末收到从方应答报文，则报通信故障。

上面的措施大大缩短了中断服务程序的执行时间，防止了系统资源的无谓浪费。

在数据处理方面设计了一个环形的缓冲区，用来存放接收到的数据，这个缓冲区是一个二维数组。假设一个帧不超过 12 个字节，可以定义一个 5×12 的二维数组。数组的第一个元素是标志位，前四位用来表示数据是否已经处理，后四位存放接收的数据的个数；每接收一个帧的数据，数组下移一个。当接收的数据要覆盖未处理数据时系统报警，这种情况一般不会发生，因为数据处理程序在本系统中被设成优先级最高。

在 MODBUS 协议中另外一个问题就是 CRC 校验和的计算问题，一般情况下，它是由硬件电路直接产生的，这样速度比较快，系统负载小。此单片机没有这种专用电路，而且一般的中低端的单片机也不具有这种专用电路。这里只有充分利用现有的资源，如果直接计算的话，单片机负载很大，而且浪费了大量的系统时间，影响系统的实时性，考虑到 MCU 的 Flash ROM 比较大，可以存储大量的常量线性表数据，利用查表方式可以非常方便地计算出 CRC 校验码。

9.6.2 MODBUS 总线在液压变频控制中的应用（1）

(1) 系统概述

本系统采用“PLC＋变频器”的控制方案，以和泉 FC5A-C24R2 系列 PLC 作为主机，变频器采用 VACON 公司的 NXL 系列变频器，PLC 和变频器通过它们内嵌的 RS-485 接口使用 MODBUS 协议进行通信，从而实现电动机转速的平滑调节，驱动定量泵达到调节液压系统所需的有效输出流量，同时也包括对电动机的启动、停止、故障检测、故障复位等实时控制，系统构成如图 9-53 所示。

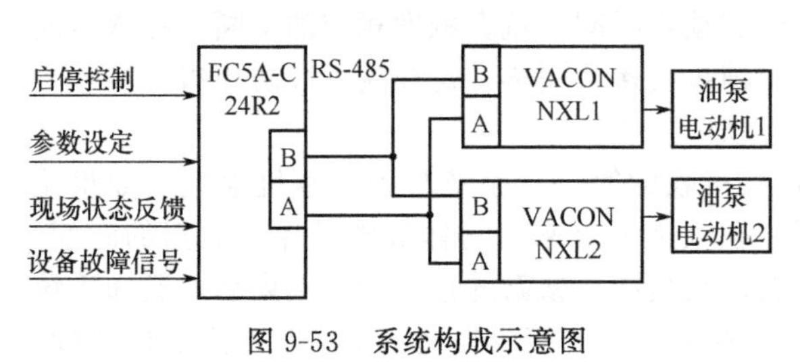

图 9-53 系统构成示意图

(2) 基于 MODBUS 协议的通信实现

① PLC 中的通信设置 当使用用户通信功能与外部 RS-232C 或 RS-485 设备进行通信时，必须设置 MicroSmart 的通信参数与外部设备的保持一致。

在 WindLDR 菜单栏中选择“设置”→“功能设置”→“通信”，选择端口 2 列表框中的用户协议，出现通信设置对话框（见图 9-54）。

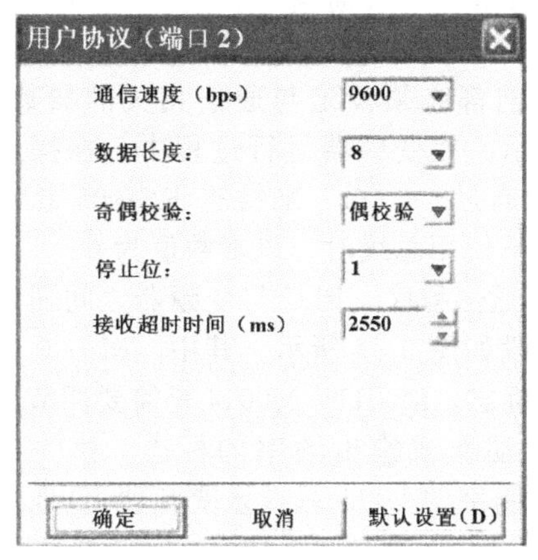

图 9-54 通信设置对话框

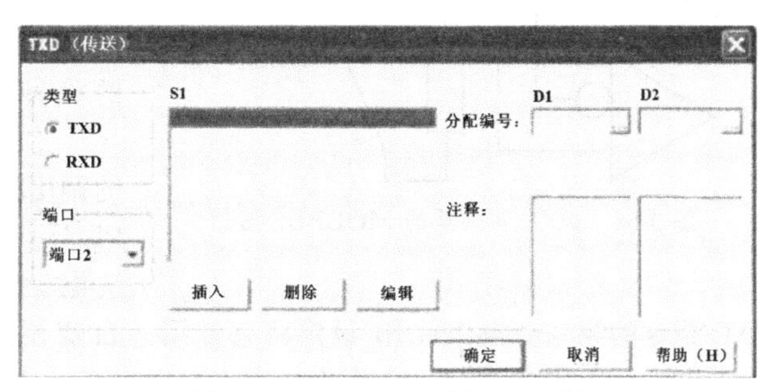

图 9-55 TXD/RXD 指令对话框

在此系统中，把 PLC 设置为 MODBUS RTU 主机，通过端口 2 的 RS-485 与各变频器通信。通信参数设为：9600bps 波特率，8 位数据位，偶校验，1 位停止位，重试次数为 1，接收超时为 2550ms（表示禁用接收超时功能）。

② 使用 WindLDR 编写 TXD/RXD 指令　WindLDR 中的用户通信发送/接收指令对话框如图 9-55 所示。

该对话框中各选项和操作数如表 9-4 所示。

表 9-4 对话框中各选项和操作数

类型	TXD	RXD
	发送指令	接收指令
端口	从端口 1(TXD1)或端口 2(TXD2)发送用户通信	接收至端口 1(RXD1)或端口 2(RXD2)的用户通信
S1	在此区域中输入要发送的数据。发送数据可以是常量值(字符或十六进制)、数据寄存器或 BCC	在此区域中输入接收格式。接收格式可以包括起始分隔符、存储输入数据的数据寄存器、结束分隔符、BCC 和跳过
D1	发送完成输出可以是输出或内部继电器	接收完成输出，可以是输出或内部继电器
D2	发送状态寄存器可以是数据寄存器 D0～D1998、D2000～D7998 或 D10000～D49998。下一个数据寄存器存储已发送数据的字节计数	接收状态寄存器可以是数据寄存器 D0～D1998、D2000～D7998 或 D10000～D49998。下一个数据寄存器存储已接收数据的字节计数

发送数据时源操作数 S1 使用常量值或数据寄存器指定发送数据，还可以自动计算 BCC 代码并将其添加到发送数据，1 个 TXD 指令最多可以发送 200 字节的数据。这里 BCC 计算起始位置设为 01，计算类型选择 MODBUS RTU 方式。

接收数据时由源操作数 S1 指定的接收格式将指定存储接收数据的数据寄存器、存储数据的数据位数、数据转换类型和重复次数。接收格式中包括起始分隔符和结束分隔符以区别有效输入通信。当需要接收数据中的某些字符时，可以使用“跳过”来忽略指定数量的字符，还可以将 BCC 代码附加至接收格式以确认接收数据，1 个 RXD 指令最多可以接收 200 字节的数据，这里 BCC 的计算使用和发送数据时相同的设置。

③ 各变频器中相关参数设置　NXL 变频器有一个内置的 MODBUS RTU 总线接口，接

口的信号电平与 RS-485 标准一致，如图 9-56 所示。

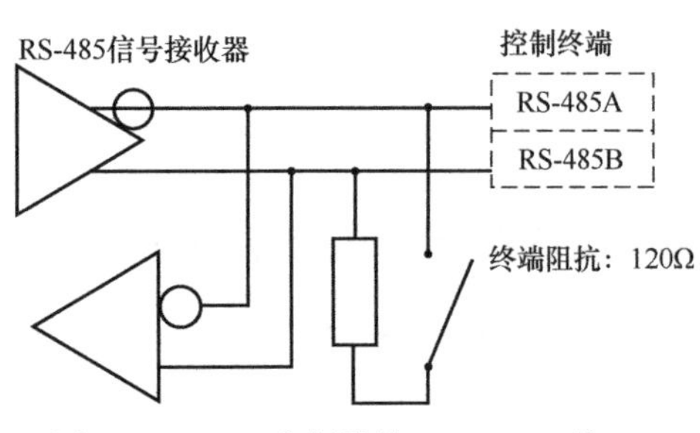

图 9-56 NXL 变频器的 MODBUS 接口

使用 RS-485 方式通信时，为了提高系统的抗干扰能力，接入 120Ω 的终端电阻。每台变频器使用前都必须设定与通信相关的参数，如表 9-5 所示。在变频器运行过程中，在操作面板上可以通过 16.10.1 来检查 RS-485 总线的状态，当不使用总线时，该参数值为 0。

④ 主机通信程序 PLC 与变频器之间通信的调用程序段如图 9-57 所示。其中，M8000 为 PLC 运行的标志，M0011～M0014 是需要调节相应电动机的动作或输出频率的标志。第一条 TXD 指令的第一个操作数 S1 设定将存储第一台变频器控制字的 D111 写入该变频器 ID 地址 2001 中，发送完成以 M0201 作为标志，发送状态可通过数据寄存器 D0201 查询。第二条 TXD 指令的第一个操作数 S1 设定将存储第一台变频器给定频率的 D0101 写入该变频器 ID 地址 2003 中，发送完成以 M0202 作为标志，发送状态可通过数据寄存器 D0203 查询，在整个程序中可以根据控制的需要来改变 D0101 和 D0111 的大小，从而改变电动机的速度和各种动作。

表 9-5 VACON 变频器面板上相关参数设置

参数	代码	设定值	备注
控制信号源	P3.1	2	1=I/O 端子，2=面板，3=现场总线
现场总线协议	P6.10.2	1	0=不使用，1=MODBUS 协议
从机地址	P6.10.3	1～255	设定从机地址
波特率	P6.10.4	5	0=300baud，1=600baud 2=1200baud，3=2400baud 4=4800baud，5=9600baud 6=19200baud，7=38400baud 8=57600baud
通信停止位	P6.10.5	0	0=1 个停止位，1=2 个停止位
校验类型	P6.10.6	2	0=无校验，1=奇校验，2=偶校验
通信超时	P6.10.7	0	0=不使用通信超时功能 1=1s，2=2s 等

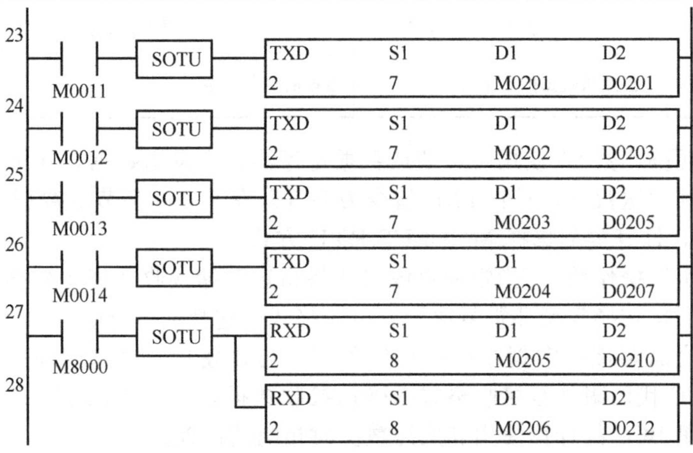

图 9-57 PLC-变频器通信调用程序

第三条和第四条TXD指令用于实现对第二台变频器的控制，其中用D0112和D0102分别存储第二台变频器的控制字和给定频率，分别写入第二台变频器ID地址2001和2003。

当系统运行时，即M8000为ON，使用两条RXD指令实时读取两台变频器的各种参数值，并且分别存放在以D0301和D0401为起始地址的数据存储器中，以实现对变频器的实时监控。

基于MODBUS RTU的变频驱动液压控制系统，结构简单，操作方便，容易实现计算机的智能控制；同时也进一步拓宽了系统的调速范围，降低系统的硬件成本，使系统的噪声大大降低，改善了工作环境。该调速系统已应用在液压实验台装置上，试验表明，该系统工作稳定，操作简单，实时性好，具有较强的适用性。

9.6.3 MODBUS总线在液压变频控制中的应用（2）

（1）变频液压驱动系统

系统采用“PLC＋变频器＋电动机＋定量液压泵”的控制方案，PLC选用欧姆龙公司的CP1H-XA型PLC，变频器选用欧姆龙公司的3G3MV系列变频器，PLC和变频器通过RS-485总线使用MODBUS协议进行通信，从而实现4台油泵电动机转速的平滑调节，驱动定量液压泵运行，同时通过NS10触摸屏完成对系统的启动、停止以及参数设定、显示等控制。

系统构成如图9-58所示。

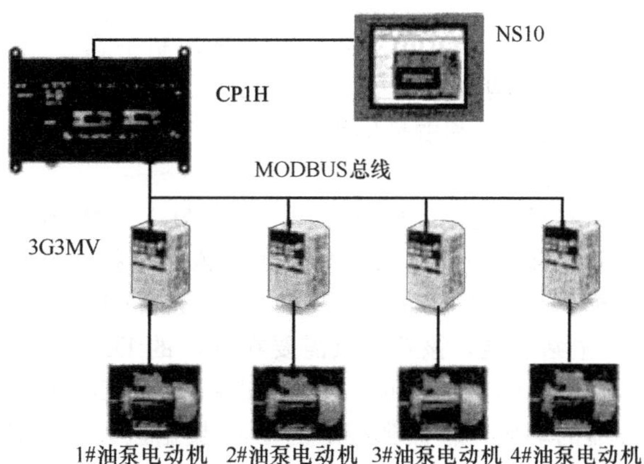

图9-58 控制系统构成

（2）MODBUS总线的技术特征

MODBUS通信协议是一种工业现场总线通信协议，是一种设备控制器可以识别和使用的信息帧结构，独立于物理层介质，可以承载于多种网络类型中。MODBUS协议把通信参与者规定为“主站”（Master）和“从站”（Slave），数据和信息的通信遵从主/从模式，当它应用于标准MODBUS网络时，信息被直接传送。MODBUS总线网络中的各个智能设备通过异步串行总线连接起来，只有一个控制器作为主站，其余终端均作为从站。采用命令/应答的通信方式，主站发出请求，从站应答请求并送回数据或状态信息。网络中的每个从站都分配给一个唯一的地址，只有符合地址要求的从站才会响应主站发出的命令。

① MODBUS通信格式　MODBUS协议定义了两种传输模式，即RTU和ASCII。在RTU模式中，1字节的信息作为一个8位字符被发送，而在ASCII模式中则作为两个ASCII字符被发送，发送同样的数据时，RTU模式的效率大约为ASCII模式的2倍。一般来说，数据量少而且主要是文本时采用ASCII，通信数据量大而且是二进制数值时，多采用RTU模式。

主站一次可向一个或所有从站发送通信请求（或指令），主站通过消息帧的地址来选通从站。主站发送的消息帧的内容和顺序为：从站地址、功能码、数据（数据起始地址、数据量、数据内容）、CRC校验码；从站应答的信息内容和顺序与主站信息帧基本相同。MODBUS除了定义通信功能码之外，同时还定义了出错码，标志出错信息。主站接收到错误码后，根据错误的原因采取相应的措施。从站应答的数据内容依据功能码进行响应，例如功能代码 03 要求读取从站设备中寄存器的内容。

② CRC 校验的实现　MODBUS 通信的 RTU 模式中，规定信息帧的最后两个字节用于传递 CRC（Cyclic Redundancy Check，循环冗余校验）码。发送方将信息帧中地址、功能码、数据的所有字节按规定的方式进行位移并进行 XOR（异或）计算，即可得到 2 字节的 CRC 码，并把包含 CRC 校验码的信息帧作为一连续的数据流进行传输。接收方在收到该信息帧时按同样的方式进行计算，并将结果同收到的 CRC 码的双字节比较，如果一致就认为通信正确，否则认为通信有误，从站将发送 CRC 错误应答。

③ 链路特征　MODBUS 标准的物理层可以采用 RS-232 串行通信方式，但在长距离通信中一般采用 RS-422 或 RS-485 通信方式。在多点通信情况下采用 RS-485 方式，RTU 模式下的 MODBUS 系统采用屏蔽双绞线，通信距离可达 1000m。一条总线上最多可配置 31 个从站设备。信息交换采用半双工模式，即同时只能有一台设备允许发送信息，主站在发送下一条指令之前等待从站回应，从而避免了线路的冲突。

RTU 模式的传输格式是 1 个数据位，2 个停止位，没有奇偶校验位。通信数据安全由 CRC-16 校验码保证。RTU 接收设备依靠接收字符间经过的时间判断一帧的开始，如果经过 3 个半的字符时间后仍然没有新的字符或者没有完成帧，接收设备就会放弃该帧，并设下一个字符为新一帧的开始。

在采用 MODBUS 总线构建的控制系统中，主站和从站中的控制设备上都要实现 MODBUS 通信协议。

(3) 基于 MODBUS 的变频调速控制系统

① 系统构成　如图 9-58 所示，系统硬件由可编程序控制器 CP1H、4 台 3G3MV 变频器、4 台电动机和触摸屏组成，PLC 与变频器之间通过 RS-485 串行总线进行通信。各部分说明如下。

a. PLC。选用欧姆龙公司的 CP1H-XA 型 PLC 作为控制器。CP1H-XA 是欧姆龙公司推出的功能强大的一体化小型 PLC，该机型扩展能力强，集成 4 轴高速脉冲输出，内置 4 入 2 出的模拟量，2 个可选的 RS-422/485 和 RS-232 接口。CP1H 的串口内置了 MODBUS、RTU 主站功能，该功能只需要在规定的 DM 数据区写入需要发送的 MODBUS 命令，触发发送标志，CP1H 就可以自动发送添加了 CRC 校验码的 MODBUS 命令，CP1H 将自动接收变频器的响应，存储到特定的 DM 数据区。使用这种方法不仅可以和变频器通信，而且可以和任何支持 MODBUS、RTU 协议的设备通信。

b. 变频器。选用欧姆龙公司的 3G3MV 系列变频器。3G3MV 系列变频器，除了电压、电流、多段速控制和旋钮控制外，还支持点对点的 MODBUS 协议通信，其硬件接口采用 RS-422/485 串行方式；软件接口协议采用 Modbus、RTU 模式，消息帧中的每个 8bit 字节包含两个 4bit 的十六进制数字字符。

c. 触摸屏。选用欧姆龙公司的 NS10 触摸屏，完成系统启动、停止、参数设定以及显示等。

② 系统功能特点　图 9-58 中的 CP1H 有 2 个通信口，一个配备 RS-232 选件板与 NSIO 进行通信，另一个通过 RS-485 选件板 CP1W-CIF11 扩展 RS-485 接口。CP1H 作为主控制器，它通过 RS-485 总线与 4 台 3G3MV 变频器组成一个通信控制网络。CP1H 向从站变频器发送参数设置、启停、数据查询等指令，而变频器则根据指令要求控制电动机运行，并返回信息。

该系统不仅可以同时实现对 4 台油泵电动机的远程控制，而且还可以通过 CP1H 与 NS10 的通信，完成整个液压驱动系统的操作和监控。

该系统具有以下优点。

a. CP1H 直接利用 MODBUS 协议对变频器读写，无须使用其他附件进行组态，简化了硬件，并可实时获取各变频器的工作状态，包括运行状态、运行参数、故障报警等。

b. 采用 RS-485 通信，CP1H 与变频器之间的连接只有两根通信线，既延长了系统的控制距离，又降低了线路连接的复杂性，提高了系统可靠性。

c. 采集电动机的运行参数并显示在触摸屏上，不需要各种现场智能仪表，降低了线路连接的复杂性，提高了系统可靠性。

③ PLC 中的通信设置　在 CXP 软件中对 CP1H 的串口 2 进行设定，如图 9-59 所示，将串口 2 的通信模式设为串口网关。

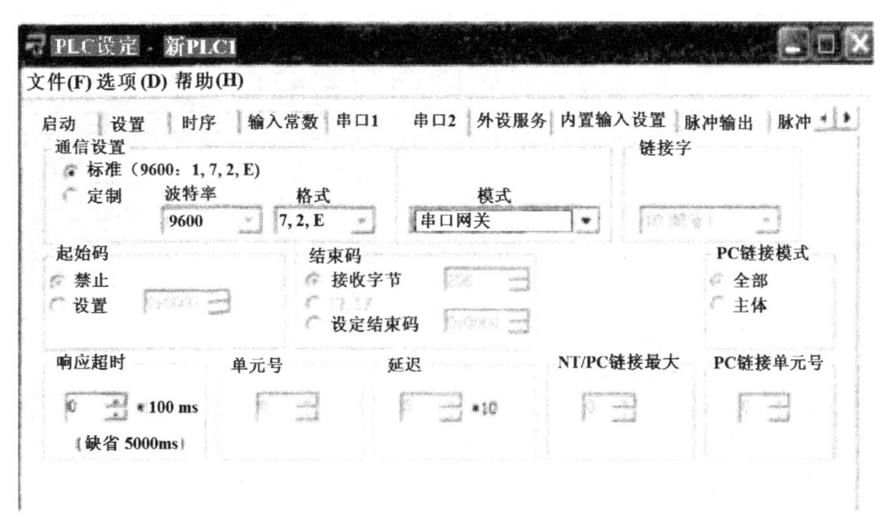

图 9-59　MODBUS-RTU 主站通信设置

④ CP1W-CIF11 开关设定　RS-485 选件板 CP1W-CIF11 的 DIP 开关设置为：1＝ON（终端电阻）；2、3＝ON（RS-485 方式）；4＝OFF；5＝ON（接收有 RS 控制）；6＝ON（发送有 RS 控制）。

⑤ 硬件接线　MODBUS-RTU 通信接线如图 9-60 所示。将 3G3MV 变频器的 S＋和 R＋，S－和 R－短接，然后同 CP1W-CIF11 选件板的 R＋和 R－对接。

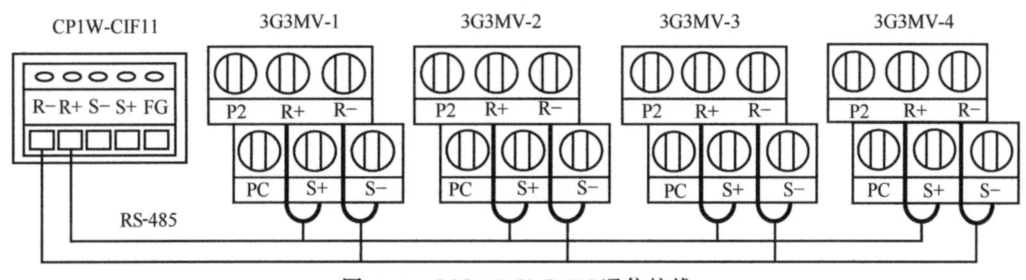

图 9-60　MODBUS-RTU 通信接线

⑥ 变频器参数设置　为了实现 MODBUS 总线控制，需要预先设置变频器的操作参数，3G3MV 变频器参数设置如表 9-6 所示。

表 9-6　变频器参数设置

参数	设定值	功能
n003	2	运行指令从 RS-485 来

续表

参数	设定值	功能
n004	6	频率从 RS-485 来
n151	4	无超时检测
n152	0	频率单位 0.1Hz
n153	1～4	1～4 分别为 4 个从站的站点号
n154	2	波特率为 9600bps
n155	0	数据帧格式为 8,E,N
n156	10	发送等待时间 10ms
n157	0	RTS 控制使能

变频器 3G3MV-4 的 SW2 终端电阻拨到 ON。

⑦ 数据的发送与接收　设置好变频器参数之后，CP1H 可以通过 RS-485 总线发送通信指令，控制变频器运行。编程对指定地址的变频器进行操作，信息帧中包括数据的字节数、起始地址等。3G3MV 变频器只使用 3 个功能码：03H、08H、10H，分别实现数据读出、回路反馈测试和数据写入的功能。

对于串口 2，发送数据从 D32300 通道开始，接收数据从 D32350 开始。当 A640.00（串口 2 发送使能位）设置为 ON 后，把 D32300 开始的数据发送出去，D32350 开始接收到反馈的数据。数据写入的格式是：变频器地址＋10＋发送字节数＋起始通道＋写通道数＋写字节数（占一个字节）＋发送的数据。

基于 MODBUS 总线的变频驱动液压系统，结构简单、操作方便，减少了控制系统的布线数量，提高了系统集成度和可靠性，大大改善了设备的操作性能。直接利用 MODBUS 协议对其组网监控，是机械设备控制系统获得低成本、高性能的好途径。

参考文献

[1] 黄志坚.液压伺服与比例控制实用技术.北京：中国电力出版社，2012.
[2] 黄志坚.液压系统控制与PLC应用.北京：中国电力出版社，2012.
[3] 黄志坚.智能液压气动元件及控制系统.北京：化学工业出版社，2018.
[4] 李永建，王少萍.电液伺服控制器的电路设计及精度研究.控制工程，2007，(2).
[5] 王洪蛟，董学仁.基于DSP的高速液压控制器研究.仪表技术，2008，(2).
[6] 林躜，陈奎生.电液伺服装置的嵌入式数字控制器研究.液压气动与密封，2006，(3).
[7] 姜继海，陈海初，吕鹏，等.带磁电阻位移传感器的新型电液伺服缸.液压与气动，2002，(4).
[8] 潘易龙，张毅，魏祥雨.闭环控制数字液压缸及其控制系统.液压气动与密封，2005，(3).
[9] 孙如军.数控液压伺服阀组成与伺服油缸的性能分析.机床与液压，2007，(7).
[10] 何培双，刘庆和.无阀电液伺服系统.制造技术与机床，2003，(6).
[11] 费树辉，雷秀，贺艳飞.基于泵控缸位置伺服系统的模糊控制系统设计.电气时代，2006，(10).
[12] 马俊功，王世富，王占林.液压马达速度伺服系统研究.机床与液压，2002，(6).
[13] 尚增温，张旭，马骋.电液伺服马达控制系统.液压与气动，2004，(9).
[14] 于兵，沈华旭.基于DSP的电液伺服驱动设计.电子器件，2015，(3).
[15] 柴汇，孟健，荣学文，李贻斌.高性能液压驱动四足机器人SCalf的设计与实现.机器人，2014，(4).
[16] 魏东，李维嘉，张金喜.一种船用舵机水动力负载模拟装置的液压控制系统设计及实现.液压与气动，2013，(4).
[17] 韩泓.挤压机液压定针系统的研究.重型机械，2013，(4).
[18] 李素玲，刘军营.比例控制与比例阀及应用.液压与气动，2003，(2).
[19] 吴海荣，郭新民.电液比例溢流阀在发动机上的应用.农机化研究，2006，(9).
[20] 谭俊材.350液压系统工作泵流量的电控调节.采矿技术，2003，(3).
[21] 潘柳萍，米智楠.液压连续升降控制的策略与试验.建筑机械，2007，(4).
[22] 行文凯.一种实用的液压顶升同步控制系统.建筑机械，2006，(4).
[23] 黄建龙，高伟光.p-Q阀可控液压系统单元的计算机控制.兰州理工大学学报，2006，(4).
[24] 李勇，于韶辉.电液比例阀的双闭环控制技术.微特电动机，2005，(6).
[25] 王仁福.几种典型液压同步系统探讨.四川冶金，2007，(3).
[26] 邱士浩，芮丰，胡大邦.液压数字控制器（HNC）在液压同步系统中应用.流体传动与控制，2007，(1).
[27] 王明兴.比例方向控制回路中的压力补偿.液压气动与密封，2002，(4).
[28] 孙雁利，裴学智.比例系统中压力补偿回路的应用.液压气动与密封，2007，(1).
[29] 朱小明.比例多路换向阀.现代零部件，2005，(12).
[30] 张磊，李谋渭，刘鸿飞.比例伺服阀在铜带轧机厚度控制系统中的应用.机床与液压，2008，(1).
[31] 雷华北，卢秀琼.D633系列直动伺服比例控制阀应用研究.机床与液压，2007，(9).
[32] 胡小毛.VT3000比例放大器及其在盾构机中的应用.流体传动及控制，2007，(3).
[33] 吴水康，符寒光.不同阻抗的比例放大器.液压气动与密封，2002，(2).
[34] 尹军.比例放大器在液压系统中的应用.天津冶金，2002，(3).
[35] 王洪蛟，董学仁.基于DSP的高速液压控制器研究.仪表技术，2008，(2).
[36] 黎职富，肖昌炎，彭楚武.工程机械新型电液比例阀放大器设计.微计算机信息，2008，(14).
[37] 葛订记，徐莉萍，任德志.基于PROFIBUS-DP总线的数字电液比例控制器的设计.煤矿机械，2007，(4).
[38] 杨华勇，王双，张斌，等.数字液压阀及其阀控系统发展和展望.吉林大学学报（工学版），2016，(5).
[39] 李振振，黄家海，权龙，王胜国.基于数字流量阀负载口独立控制系统.液压与气动，2016，(2).
[40] 须民健，李文锋，廖强，习燕.液压系统伺服比例阀数字控制技术研究.液压气动与密封，2015，(3).
[41] 李鹏，朱建公，张德虎，赵登峰.新型内循环数字液压缸系统设计及仿真研究.机械科学与技术，2014，(1).
[42] 许仰曾.工业4.0下的液压4.0与智能液压元件技术.流体传动与控制，2016，(1).
[43] 赵宏亮.DSV数字智能阀.汽车工艺师，2004，(z1).
[44] 徐梓斌，李胜，阮健.2D高频数字换向阀.液压与气动，2008，(2).
[45] 侯昆洲.TBM刀盘电液同步驱动系统的设计与应用.矿山机械，2017，(10).
[46] 李金龙，孔祥坤，张业淼.一种比例泵在RH精炼炉液压系统中的应用.重型机械，2011，(3).
[47] 杨华勇，丁斐，欧阳小平，陆清.大型客机液压能源系统.中国机械工程，2009，(18).
[48] 李运华，王占林.机载智能泵源系统的开发研制.北京航空航天大学学报，2004，(6).
[49] 安高成，王明智，付永领.液压变量泵的数字控制现状.流体传动及控制，2008，(3).

[50] 刘凡银. 250CKZBB 电液伺服变量机构及特性分析. 中国设备工程，2003，(4).
[51] 刘健. A4V 变量泵伺服变量原理及试验研究. 矿山机械，2007，(10).
[52] 高波，付永领. 伺服变量泵在一体化电动静液作动器中的应用分析. 液压与气动，2005，(2).
[53] 郑开陆. 变量泵在大型注塑机液压伺服系统中的应用. 轻工机械，2006，(1).
[54] 岳一领，王平，韩雪梅，等. 新型电液比例负载敏感控制变量径向柱塞泵的分析. 太原重型机械学院学报，2001，(2).
[55] 邢彤，杨华勇，龚国芳. 多变量泵驱动液压系统比例与恒功率控制研究. 工程机械，2008，(6).
[56] 资新运，郭锋，王深. 电液比例变量泵控定量马达调速特性研究. 工程机械，2007，(7).
[57] 赵茂翠. 电子闭环控制轴向柱塞泵的应用. 流体传动与控制，2006，(1).
[58] 饶启琛，张涛. 比例变量泵系统在注塑机上的应用. 橡塑技术与装备，2002，(4).
[59] 赵庆龙. 变频容积调速液压系统的试验研究. 煤矿机电，2011，(2).
[60] 杨明松，涂婷婷，彭巍，张勤超. 采用开式油路的阀控-变频节能液压电梯研究. 液压气动与密封，2011，(6).
[61] 陈玲，石峰，杨存智. 基于 PLC 控制的变频容积调速在液压绞车系统中的应用. 液压与气动，2007，(11).
[62] 姜继海，刘海昌，谷峰，等. 基于二次调节静液传动-变频回馈技术的电能回馈型液压抽油机. 液压与气动，2009，(11).
[63] 廖常初. S7-200SMART 型 PLC 的技术特点. 电世界，2016，(7).
[64] 李年煜，袁斌，李挺前. 海洋石油钻井平台的称重. 液压与气动，2014，(1).
[65] 李悦，周利冲，冯建伟，付贵永. 基于 PLC 与电液伺服的油罐清洗机器人控制系统设计. 机床与液压，2014，(9).
[66] 张立娟. PLC 在 YA32-315 四柱式万能液压机改造中的应用. 精密成形工程，2012，(1).
[67] 冯文涛. MPS 型中速磨煤机自动加载液压系统改进的研究. 液压与气动，2012，(4).
[68] 杨志永，李辉. 基于 PLC 与伺服液压的装胎机控制系统设计. 机床与液压，2012，(2).
[69] 刘学伟，严思杰，祝恒佳. 基于 PROFIBUS 的 PLC 分布式液压同步系统. 机电工程，2012，(1).
[70] 陈四华，陈奎生，罗国超，沈全成. PROFIBUS 现场总线在大型液压泵站中的应用. 机床与液压，2006，(3).
[71] 陈洁，孙汝军，徐静. 电液伺服阀的 PLC 控制. 机床电器，2007，(3).
[72] 熊世军，余普清，张金鑫，等. 比例同步液压控制系统在广州“西塔 9000kN 爬模机”上的应用. 液压气动与密封，2008，(6).
[73] 张鹏飞，张浩，胡江峰，等. 采用 PLC 控制的液压油缸的同步升降. 科技信息，2009，(2).
[74] 张朝亮，张河新，董伟亮，等. 液压同步顶推顶升技术在桥梁施工中的应用. 液压与气动，2008，(8).
[75] 赵丽娟，周双喜，谢波. 磨蚀系数实验台的自动化改造. 液压与气动，2009，(3).
[76] 陈小军，吴向东. 基于液压比例位置控制的数字. PID 设计与实现. 机械工程与自动化，2009，(6).
[77] 胡林文，王启志，滕达. 一种基于 OPC Server 的液压伺服精确定位系统的设计. 液压与气动，2010，(5).
[78] 卞和营，曹小荣，王泳，等. 基于 PLC 的液压位置控制系统建模与仿真. 煤矿机械，2009，(7).
[79] 孙春耕，袁锐波，吴张永，等. PLC 在液压泵站中的应用. 液压与气动，2010，(2).
[80] 吴勇，赵彩云，李战朝，等. 大型定量泵液压油源有级变量节能系统研究. 机床与液压，2010，(1).
[81] 霍俊仪，李靖. 基于 OMRON-PLC 的液压泵站电气控制系统改造. 电气技术与自动化，2008，(5).
[82] 刘相波，盛锋，晁智强，韩寿松. 基于超声波技术和油液分析的某装甲车辆操纵液压系统状态监测方法. 润滑与密封，2009，(10).
[83] 凌艺春. 液压温度测控系统的设计开发探究. 液压与气动，2012，(6).
[84] 凌艺春. 高响应温度传感器在液压系统中的应用分析. 液压与气动，2012，(7).
[85] 崔义东. 板坯连铸机结晶器振动系统故障分析与治理. 天津冶金，2007，(4).
[86] 任国军. 基于光纤传感技术的液压油污染度在线检测. 液压与气动，2008，(7).
[87] 马丽英，曹源文，归少雄. 液压油污染度自动监测技术研究. 重庆交通大学学报（自然科学版），2007，(4).
[88] 何祥林. 液压系统三位一体传感器的设计. 鄂州大学学报，2010，(5).
[89] 邓经纬，匡华云. 大型机械液压油污染分析及在线监测技术. 液压与气动，2006，(12).
[90] 赵刚，田绪杰，刘波. 新型数字化压力机的研制. 合肥工业大学学报（自然科学版），2009（增).
[91] 陈法法，程珩，杨勇. 多传感器信息融合技术在液压设备故障诊断中的应用. 太原理工大学学报，2008，(1).
[92] 温玉娟，蔡恒，刘哲. 基于 IEEE1451_2 标准的智能液压传感器模块的设计. 电子制作，2013，(22).
[93] 李银川. LM 系列 PLC 在液压摆式剪板机中的应用. 自动化博览，2009，(11).
[94] 焦建平，白杰. 500KN 恒力压力机电液伺服控制系统设计. 液压与气动，2010，(7).
[95] 王文红，左继承. 半自动液压弯管机及其 PLC 控制. 新技术新工艺，2006，(3).
[96] 颜雪娟，李晓雪. PLC 和触摸屏控制系统应用于气-液压试验. 机械设计与制造，2006，(9).
[97] 周科，陈柏金，冯仪，等. 基于 PLC 控制的液压同步顶升系统. 机床与液压，2007，(12).

[98] 韩以伦，姬光青，邱鹏程，等. 液压缸综合实验台的控制系统设计. 液压与气动，2016，(5).
[99] 邵善锋，吴卫国，吴国祥，李玉河. 静液压全轮驱动平地机行走智能控制系统. 工程机械，2008，(4).
[100] 杜小刚. 基于CAN总线的运梁车分布式控制系统的研制. 计算机测量与控制，2017，(25).
[101] 李娜，金淼，郭宝峰，李群. 基于PLC的拉深筋实验台电液控制系统改造设计. 液压气动与密封，2010，(8).
[102] 徐莉萍，何刘宇，吕春晖. 基于PROFIBUS-DP的电液伺服控制系统设计. 液压与气动，2008，(11).
[103] 乌建中，温建明，侯贤士. 自升式海洋平台桩腿液压升降装置控制，机电一体化，2008，(9).
[104] 龚国芳，胡国良，杨华勇. 盾构推进液压系统控制分析，中国机械工程，2007，(12).
[105] 苏新兵，曹克强，李小刚，李娜. 基于PXI总线的自主式舵机泵站压力流量特性自动测试方法研究. 液压与气动，2009，(2).
[106] 任焱晞，杨小强，韩军，等. 基于PXI模块化仪器的液压系统状态检测系统设计. 机械制造，2010，(7).
[107] 王泽波，王喜顺. MODBUS RTU在变频驱动液压控制中的应用. 组合机床与自动化加工技术，2008，(5).
[108] 田志勇，戴一平. 基于MODBUS总线的变频驱动液压系统设计. 机床与液压，2010，(4).